辽河流域生态文明建设发展战略研究

中国工程院"辽河流域生态文明建设发展战略研究"
项目组 编

科学出版社
北京

内 容 简 介

本书是一部关于辽河流域生态文明建设发展战略的综合性专著。作者从环境与生态保护、产业发展与城市格局、文化与制度等多个角度出发，系统全面地阐述了辽河流域生态环境与社会经济的现状、面临的问题和现阶段的战略任务，建立了辽河流域生态文明发展战略的理论体系，制定了辽河流域生态文明建设总体行动战略，明确了主要战略思想和战略目标，提出了重点任务及相关重大工程和重点行动，并提出了相应的政策建议。

本书可供从事环境科学、环境工程与环境政策的工作者阅读，也可供城市规划、产业规划、市政工程、水利工程、景观设计、城市生态建设的科研、管理和工程技术人员参考，还可作为环境类和相关专业师生的参考用书。

图书在版编目（CIP）数据

辽河流域生态文明建设发展战略研究/中国工程院"辽河流域生态文明建设发展战略研究"项目组编. —北京：科学出版社，2017.10

ISBN 978-7-03-053821-5

Ⅰ.①辽… Ⅱ.①中… Ⅲ.①辽河流域–生态环境建设–研究 Ⅳ.①X321.23

中国版本图书馆 CIP 数据核字（2017）第 139639 号

责任编辑：张 震 孟莹莹/责任校对：贾伟娟 贾娜娜
责任印制：张 倩/封面设计：无极书装

科学出版社 出版
北京东黄城根北街 16 号
邮政编码：100717
http://www.sciencep.com

新科印刷有限公司 印刷
科学出版社发行 各地新华书店经销

*

2017 年 10 月第 一 版　开本：787×1092　1/16
2017 年 10 月第一次印刷　印张：28 1/2
字数：673 000

定价：220.00 元
（如有印装质量问题，我社负责调换）

《辽河流域生态文明建设发展战略研究》

主持和参加单位

主持单位：中国环境科学研究院

参加单位：辽宁省环境保护厅

辽宁省辽河凌河保护区管理局

辽宁省环境科学研究院

中国水利水电科学研究院

中国人民大学

中国工程院"辽河流域生态文明建设发展战略研究"项目组

项目组长：刘鸿亮

咨询专家：金鉴明　王文兴　张　杰　侯立安　丁德文　王　浩
　　　　　郝吉明　任阵海　段　宁　陆钟武　温铁军　王秉杰
　　　　　朱京海　李忠国　王德佳　王治江　李宇斌　肖建辉

各章编写分工

第一章和第二章编写人员：
　　何　萍　王西琴　周传斌　徐　杰　梁　雪

第三章编写人员：
　　张　远　宋永会　雷　坤　刘征涛　彭文启　张　楠
　　孔维静　段　亮　刘　利　郅二铨　丁　森　万　峻
　　钱　昶　闫振广　赵　健　杜　强　谭红武　诸葛亦斯
　　高　欣　郑　欣

第四章编写人员：
　　柴发合　胡炳清　易　鹏　赵金民　赵德刚　杨小银

第五章编写人员：
　　李发生　曹云者　柳晓娟

第六章编写人员：
　　傅泽强　王延松　党中印　栾天新　沈　鹏　高　宝
　　邬　娜　李林子　谢园园

第七章编写人员：
  张林波　刘伟玲　王延松　党中印　栾天新

第八章编写人员：
  席北斗　张列宇　孙启宏

第九章编写人员：
  孙启宏　张　远　王秉杰　朱京海　李忠国　王德佳
  赵　军　范俊韬

第十章编写人员：
  张　远　钱　昶　丁　森　高　欣

前 言

　　生态文明是人类遵循人、自然、社会和谐发展这一客观规律而取得的物质与精神成果的总和；生态文明是以人与自然、人与人、人与社会和谐共生、良性循环、全面发展、持续繁荣为基本宗旨的社会形态。流域生态文明是以流域为单元，以水循环过程为纽带，以维护流域生态完整性为目标，在经济、政治、文化、社会等方面全方位所取得的物质、精神和制度成果的总和。流域生产与经济活动方式、文化与伦理以及社会治理体系是流域生态文明的载体和实现的重要途径。大河流域是人类文明的发源地，也是生态文明至高目标的落脚点，以流域为生态文明建设的合理空间单元，树立人与流域自然的正确伦理观，建立从源头到海洋的整体观，掌握人类文明演替推进挑战-应战规律，建立流域管理的阈值标准，探索不蹈"先污染、后治理"覆辙的新路径，将自然资本变化视为有形资本纳入全社会统计体系等，都是当前科学领域形成的有关流域生态文明的理论范式。

　　辽河流域发源于河北省承德地区七老图山脉的光头山，流经河北、内蒙古、吉林和辽宁，注入渤海。辽河流域是东北老工业基地全面振兴的龙头，人口密度大，城市群集中，工农业发达，重工业行业集中。流域内经济、社会的快速发展造成人类对资源环境的过度开发，超出其承载能力，环境污染压力大，水资源开发过度，河流生态系统调控功能严重退化，生物多样性锐减，河流生态流量及水环境质量问题严重。辽河流域一直是国家优先关注、环境保护部重点治理的流域，学者们在辽河流域环境问题上进行了大量研究工作，近年来在污染控制、产业规划和政策法规上开展了大量的工作，取得了一些有益的成果。本书就是在中国工程院咨询项目"辽河流域生态文明建设发展战略研究"的研究成果基础上产生的。

　　全书共分十章。第一章介绍了流域生态文明的概念与内涵、流域生态文明建设的理论基础和流域生态文明的指标体系构建；第二章介绍了流域生态文明的发展历程和国外实践经验；第三章介绍了辽河流域的自然和社会经济概况，着重关注了辽河流域水环境质量现状、污染控制与管理状况、演变因素和水环境治理趋势预测，并提出了辽河流域水生态系统健康保护战略，主要包括落实流域水生态功能分区，提出水生态保护目标，优化河岸带土地利用格局，优先发展氨氮等 20 种优控污染物的水生生物基准和人体健康基准，建立统一的水资源管理机制，合理配置水资源，生态改造水工建筑物，增加流域生态流量，全面推进辽河流域基于容量总量控制的水环境管理模式等措施；第四章研究了辽河流域大气环境现状，并提出了大气环境保护战略任务；第五章分析了辽河流域土壤环境现状和主要风险，提出了优先解决历史遗留的突出的土壤环境问题，逐步过渡到完善制度、提高能力，以保护和持续改善为主的治理战略；第六章分析了经济与环境的协调性，提出了优化产业布局，调整产业结构，发展清洁生产、循环经济和低碳经济的发展战略；第七章对辽河流域社会经济、景观格局与生态功能现状及变化进行分析与诊断，提出辽河流域生态安全格局构建指标体系与方法，构建辽河流域生态安全格局，划定生态红线，提出了辽河流域生态文明示范区城市群建设策略；第八章对生态文化的内涵与特征、生态文化及生态意识的培育战略等问题进行了研究和探讨，提出适合辽河流域现状、具有可操作性、具备战略指导性的生态文化培育战略指导思想；第九章分析了辽河流域生态文明制度建设现状，提出要参照党的十八届三中全会通过的《中共中央关于全面深化改革若干重大问题的决定》精神，从源头、过程、后果的全过程，按照"源头严防、过程严管、后果严惩"的思路，建立生态文明保障制度体系；第十章为结论和建议，总结了辽河流域生态文明建设战略的研究成果，并提出了若干重大政策建议。

本书是中国工程院"辽河流域生态文明建设发展战略研究"项目组全体研究人员的成果结晶，项目组成员及各章具体写作分工参见项目组名单部分。

在本书编著过程中，刘鸿亮院士、金鉴明院士、王文兴院士、张杰院士、侯立安院士、丁德文院士、王浩院士、郝吉明院士、任阵海院士、段宁院士、陆钟武院士、温铁军教授、王秉杰主任、朱京海厅长、李忠国局长、王德佳局长、王治江厅长、李宇斌局长、肖建辉局长给予了指导，在此一并表示衷心的谢意。另外，本书还参考了其他单位及个人的研究成果，均已在参考文献中注明，在此一并感谢。

由于编者水平有限，书中难免存在不足之处，敬请读者批评指正。

目　　录

前言

第一章　流域生态文明概念和理论体系 ... 1
一、流域生态文明的概念与内涵 ... 1
二、流域生态文明建设的理论基础 ... 3
三、流域生态文明指标体系构建 ... 8
四、小结 ... 28
参考文献 ... 28

第二章　国外流域生态文明建设实践 ... 29
一、生态文明的发展历程 ... 29
二、莱茵河流域 ... 29
三、泰晤士河流域 ... 33
四、墨累-达令河流域 ... 34
五、小结 ... 35
参考文献 ... 36

第三章　辽河流域水环境质量现状与水生态系统健康保护战略 ... 37
一、辽河流域社会经济基本概况 ... 37
二、辽河流域水环境质量与主要污染物排放现状 ... 43
三、辽河流域水环境质量演变的主要原因分析 ... 53
四、辽河流域水环境质量趋势预测 ... 57
五、辽河流域水生态系统健康保护战略 ... 71
六、小结 ... 159
参考文献 ... 160

第四章　辽河流域大气环境保护战略 ... 162
一、污染气象特征与大气环境状况 ... 162
二、大气环境与经济能源耦合性分析 ... 201
三、主要大气环境问题 ... 209
四、大气环境保护战略任务 ... 215
五、小结 ... 221
参考文献 ... 225

第五章　辽河流域土壤环境保护战略 ... 227
一、流域土壤环境现状分析 ... 227

  二、主要土壤环境问题和风险分析 ·· 241
  三、土壤环境保护战略任务 ·· 244
  四、小结 ·· 246
  参考文献 ·· 247

第六章 辽河流域清洁生产与循环经济发展战略 ·································· 248
  一、经济与资源环境协调性分析 ·· 248
  二、产业布局优化战略 ·· 252
  三、产业结构调整战略 ·· 269
  四、清洁生产发展战略 ·· 285
  五、循环经济发展战略 ·· 296
  六、低碳经济发展战略 ·· 303
  七、小结 ·· 308
  参考文献 ·· 311

第七章 辽河流域城市发展格局优化与城市群建设战略 ····························· 312
  一、现状分析与预测 ··· 312
  二、辽河流域城乡发展格局优化战略 ·· 369
  三、辽河流域生态文明示范区城市群建设策略 ································· 372
  四、小结 ·· 377
  参考文献 ·· 378

第八章 辽河流域生态文化与生态意识培育发展战略 ································ 380
  一、文化内涵与特征 ··· 380
  二、生态文化培育战略 ·· 390
  三、生态意识培育战略 ·· 399
  四、小结 ·· 413
  参考文献 ·· 413

第九章 辽河流域环境制度和机制创新战略 ··· 415
  一、辽河流域生态文明制度建设现状分析 ······································· 415
  二、辽河流域生态文明制度建设框架 ·· 419
  三、辽河流域生态文明建设制度和机制创新研究 ······························ 424
  四、小结 ·· 438
  参考文献 ·· 439

第十章 结论与展望 ·· 440
  一、主要结论 ·· 440
  二、重大政策建议 ·· 441

编后语 ·· 443

第一章　流域生态文明概念和理论体系

一、流域生态文明的概念与内涵

（一）流域生态文明的概念

文明是人类所创造的物质财富和精神财富的总和，一般分为物质文明和精神文明。物质文明是人类改造自然界的物质成果的总和，表现为物质生产的进步和物质生活的改善。精神文明是人类在改造客观世界和主观世界的过程中所取得的精神成果的总和，是人类智慧、道德的进步状态。

人类文明从工具时代的原始文明到知识时代的知识文明经历了 4 个主要发展阶段（图 1-1）。经历了漫长的原始发展阶段后，大约 5000 年以前，中国、印度、埃及、两河流域和地中海的克里特岛几乎同时进入古代文明社会。古埃及、古巴比伦、古印度和中国

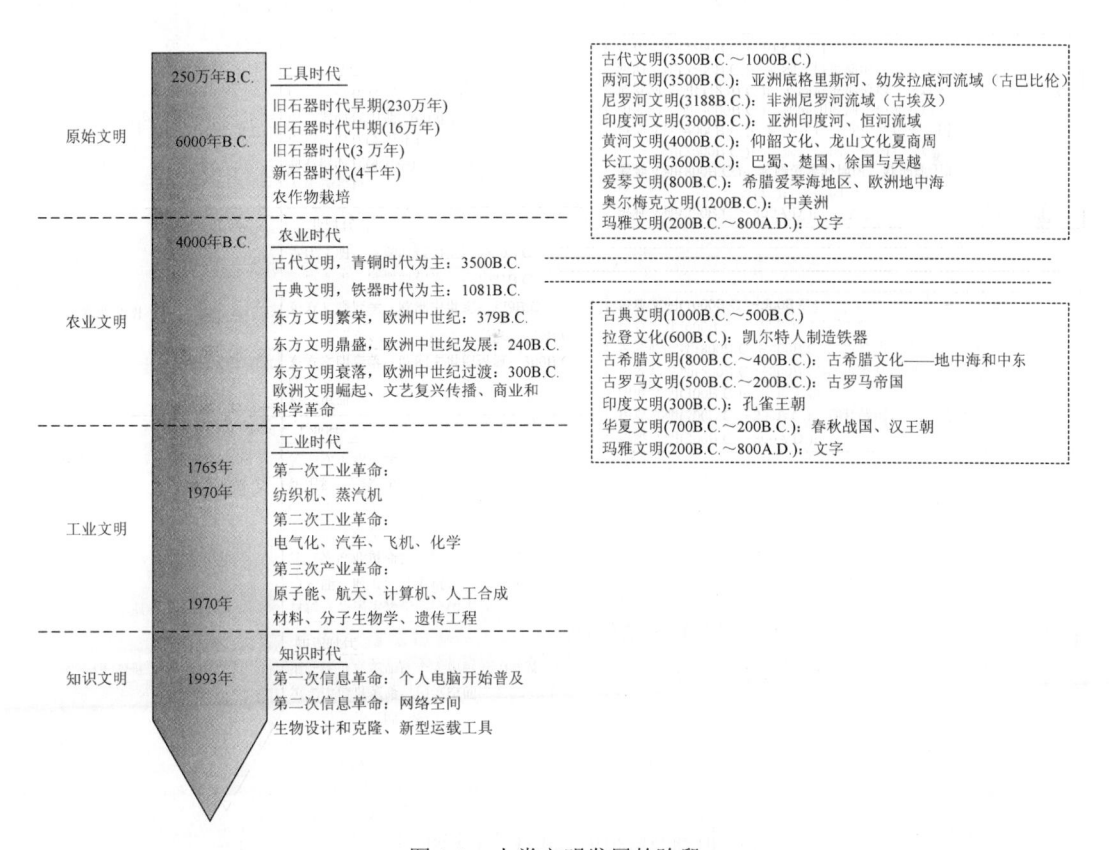

阶段	年代	时代	说明
原始文明	250万年B.C. 6000年B.C.	工具时代	旧石器时代早期(230万年) 旧石器时代中期(16万年) 旧石器时代晚期(3万年) 新石器时代(4千年) 农作物栽培
农业文明	4000年B.C.	农业时代	古代文明，青铜时代为主：3500B.C. 古典文明，铁器时代为主：1081B.C. 东方文明繁荣，欧洲中世纪：379B.C. 东方文明鼎盛，欧洲中世纪发展：240B.C. 东方文明衰落，欧洲中世纪过渡：300B.C. 欧洲文明崛起，文艺复兴传播、商业和科学革命
工业文明	1765年 1970年 1970年	工业时代	第一次工业革命： 纺织机、蒸汽机 第二次工业革命： 电气化、汽车、飞机、化学 第三次产业革命： 原子能、航天、计算机、人工合成材料、分子生物学、遗传工程
知识文明	1993年	知识时代	第一次信息革命：个人电脑开始普及 第二次信息革命：网络空间 生物设计和克隆、新型运载工具

古代文明(3500B.C.~1000B.C.)
两河文明(3500B.C.)：亚洲底格里斯河、幼发拉底河流域（古巴比伦）
尼罗河文明(3188B.C.)：非洲尼罗河流域（古埃及）
印度河文明(3000B.C.)：亚洲印度河、恒河流域
黄河文明(4000B.C.)：仰韶文化、龙山文化夏商周
长江文明(3600B.C.)：巴蜀、楚国、徐国与吴越
爱琴文明(800B.C.)：希腊爱琴海地区、欧洲地中海
奥尔梅克文明(1200B.C.)：中美洲
玛雅文明(200B.C.~800A.D.)：文字

古典文明(1000B.C.~500B.C.)
拉登文化(600B.C.)：凯尔特人制造铁器
古希腊文明(800B.C.~400B.C.)：古希腊文化——地中海和中东
古罗马文明(500B.C.~200B.C.)：古罗马帝国
印度文明(300B.C.)：孔雀王朝
华夏文明(700B.C.~200B.C.)：春秋战国、汉王朝
玛雅文明(200B.C.~800A.D.)：文字

图 1-1　人类文明发展的阶段

四大文明古国都是在适合农业耕作的大河流域诞生的，其各具特色的文明发展史构成了灿烂辉煌的大河文明，对整个人类进步作出了伟大贡献。这些区域灌溉水源充足，地势平坦，土地相对肥沃，气候温和，适宜人类生存，利于农作物培植和生长，能够满足人们生存的基本需要，农业发达，对自然环境的依赖性较强。大河文明以农耕经济为基本形态，同时产生了文字和阶级分化，出现了城市和国家形态等。

西方古典文明以希腊爱琴海和意大利古罗马为核心，形成了城邦民主制度、法典、航海、哲学、自然科学、文学、戏剧、美术、体育、建筑等文明形态，是现代西方文明发展的基础。

三次工业革命将人类从手工作业的纯体力劳动带入了生产力高度发展的时代。工业文明的优势是规模化生产使人类商品迅速丰富，缺陷是对地球资源的消耗与污染也急剧加速。

生态文明的提出是对人类发展史上人与自然关系的重新定位，以及新的发展道路的主动选择。生态文明是人类遵循人、自然、社会和谐发展这一客观规律而取得的物质与精神成果的总和；生态文明是以人与自然、人与人、人与社会和谐共生、良性循环、全面发展、持续繁荣为基本宗旨的社会形态（韦龙义，2008）。

在流域单元上，人类社会的生产和生活对流域生态过程产生了巨大影响，土地的过量开垦，水资源的过度开发，河流形态和节律的破坏和干扰，污染物的输入等，导致山洪、泥石流、水土流失、水华、赤潮等以水为核心的生态环境灾害频繁地惩罚人类，威胁人类的生存。因此，构建流域生态文明是生态文明建设的重要任务。

流域生态文明是以流域为单元，以水循环过程为纽带，以维护流域生态完整性为目标，在经济、政治、文化、社会等方面全方位所取得的物质、精神和制度成果的总和。流域生产与经济活动方式、文化与伦理以及社会治理体系是流域生态文明的载体和实现的重要途径。

（二）流域生态文明的内涵

流域生态文明内涵包括：

1）树立人与流域系统的环境伦理观。伦理是人与人以及人与自然的关系和处理这些关系的规则。环境伦理是人与自然之间的道德关系。确立平等、和谐的关系和立场，能够实现思维方式的根本性转变、唤起我们的生态意识和生态良知、明确我们对自然的责任和义务（余谋昌和王耀先，2004），是建设流域生态文明的出发点。

2）保持从山体到海洋的健康水循环过程。流域是以地表水循环过程划分的空间单元。流域生态文明建设必须着眼于整体与过程。

3）维持流域水生态系统的健康表征。生态文明既有内在的系统过程要求，也有外在的健康表征。健康的表征是对复杂环境影响因子的综合响应。

4）有节制地利用流域自然资源。流域内人类活动应限制在一定的空间范围和强度范围内，在自然生态承载力和恢复弹性范围内，保障生态系统的自我修复功能。

5）建立有效的流域生态环境保护制度。制度是文明的表现形式。需要针对政府职责、企业责任和百姓义务建立规范制度，促进流域生态文明的实现。

6）传承流域水文化。精神财富也是文明的表现形式。文明理念需要通过多种文化载体来实施，实现对环境伦理、科学技术等的传承、培育和创新。

二、流域生态文明建设的理论基础

理论是"关于客观事物的本质及其规律性的相对正确的认识，是经过逻辑论证和实践检验并由一系列概念、判断和推理表达出来的知识体系"。生态学领域理论的发展，是由一定时期的科学范式及其变迁推动的。范式，是指从事同一个特殊领域的研究学者所持有的共同信念、传统、理论和方法。总结出当前生态学中与流域生态文明紧密相关的8个科学范式，用以支撑流域生态文明内涵本质和发展规律的认知。

（一）环境伦理学：重新确立流域的自然本位

环境伦理学，是关于人与自然关系的伦理信念、道德态度和行为规范的理论体系，是一门尊重自然价值和权利的新的伦理学。它以道德手段从整体上协调人与自然的关系。环境伦理学的基本原则包括：①公平正义的原则；②代际公平的原则；③尊重自然的原则。

人类将流域作为资源的源泉和污染物盛纳池，任意攫取自然，改造地表、地貌，造成了一系列严重的后果。一条健康的河流应具有旺盛的生命力，不仅能保持常流不息的基本水量、保持良好水质、安全排泄洪水泥沙，而且能满足人类和其他生物等一定程度上生存和发展的水资源需求，对外界干预具有一定的自我修复或适应能力。一个健康的水循环系统应具有自然的下渗、蒸发、出露、流动过程，连续的空间及自然的动态和节律。一个健康的流域应维持水、陆、河口生态系统中生物群落的繁衍生息。因此，建立流域环境伦理观，就要尊重流域的生命过程，通过陆海统筹、水陆统筹、上下游统筹、地表地下统筹来保护流域生态系统的完整性，实现和谐的人水伦理关系。

（二）深生态学：指引树立更高的流域生态文明目标

深生态学（deep ecology）是由挪威著名哲学家阿恩·纳斯创立的现代环境伦理学新理论，深生态学是要突破浅生态学（shallow ecology）的认识局限，对所面临的环境事务提出深层的问题，并寻求深层的答案。①浅生态学认为"自然界的多样性作为一种资源是有价值的"，是人类统治自然界的世界观。而深生态学运动则以生态系统中任何事物互相联系的整体主义思想来看待和处理环境问题，坚持人与自然相统一的"一元论"。②浅生态学运动认为自然资源只有对人类有益才有价值，离开了人类的需要则无所谓权利与价值；深生态学运动则认为，所有的自然物都具有内在价值，且不依赖于人类的需要。③浅生态学运动解决环境问题的方案通常是技术主义的，试图在不触动人类的伦理价值观、生产与消费模式、社会政治、经济结构的前提下，单纯依靠改进技术的方式来解决人类面临的生态环境危机；深生态学运动则认为，人类面临的生态危机，本质上是文化危机，人类必须确立改变文化价值观念、消费模式、生活方式和社会政治机制,才能从根本上克服生态危机(彭松乔,2002)。④浅生态学运动反对污染和资源枯竭的目的,追求的主要是发达国家人民的健康和物质上的富裕,而深生态学运动声称,保护生态环境的目的是要维护所有国家、群体、物种和整个生物圈的利益,追求个体与整体利益的"自我实现"(黄伟,2007)。

(三)整体观:流域生态文明建设的思考方式

"山水林田湖是一个生命共同体,人的命脉在田,田的命脉在水,水的命脉在山,山的命脉在土,土的命脉在树。"(习近平,2013)。这段话说明了以水循环为纽带的流域生态过程。生态文明的建设必须系统地思考各部分过程和功能的关系,建立流域系统整体观。①流域内各种要素普遍联系、相互作用。气候、水文、地质、土壤、人类、动物、植物等是构成流域的生态要素。这些要素相互作用,体现着各种快慢作用和响应过程。②流域中的生态系统发展的动态性、时空有序性和结构整体性。流域具有森林、草地、荒漠、农田、城市、河流、湿地、河口以及近岸海域等生态系统,能量流动和物质循环使生态系统内外紧密联系、动态变化,并成为有机整体。③层次结构的等级性。高层次的行为或过程常表现出大尺度、低频率、慢速度的特征,而低层次的行为或过程,则表现出相反的特征。不同等级层次之间具有相互作用的关系,即高层次对低层次有制约作用,低层次为高层次提供机制和功能。

(四)挑战-应战论与环境限制论:文明兴衰演进的环境史观

关于文明如何起源及进步的动力存在多种观点。受到学术界认可的主要有英国历史学家汤因比的挑战-应战论和美国人类学家罗伯特·卡内罗的环境限制论。

挑战-应战论认为,地理环境和人类社会之间的挑战和应战过程是推动文明起源、生长、衰落和解体过程的动力。他认为文明往往诞生于相对恶劣的环境之中。为了奋起应付威胁的挑战,人类表现出空前的努力,于是一种文明就在这"挑战与应战"的过程中孕育而出。人类文明的成长、衰弱和解体同样是挑战与应战的结果。人类对于持续不断的挑战能够持续、成功地应战,文明就不断地成长,一旦挑战消失,或者人类不能成功应战,那么文明就趋于衰弱和解体。过于弱小的挑战和过于强大的挑战均可能导致人类文明的夭折。

环境限制论认为,由于地理环境的影响,如山脉、海洋对人类的阻隔,才产生了文明。由于人口增长而没有扩张的余地,人类从而开始争夺稀少的资源。这样就导致在内部出现了阶级,其中,由统治者控制稀少的资源,对于外部就有了扩张的需要,这些都需要有一个中央集权的政府来严密组织,于是产生了国家制度文明。

挑战-应战论和环境限制论对文明起源和发展的动力理论有着内在的一致性——环境、资源的缺乏在文明的更迭中发挥了重要作用。古典文明的兴衰、农业文明和工业文明的兴起都印证了挑战-应战论和环境限制论。生态文明就是人类主动迎接工业文明后果挑战的新的文明形态。

（五）生态阈值：流域生态退化风险管控的关键量值

在流域生态系统演变过程中，存在着阈值规律——某一要素的微弱变化会引起生态系统结构、过程或功能发生剧变。生态阈值就是指生态系统从一种状态快速转变为另一种状态的某个点或一段区间，推动这种转变的动力来自某个或多个关键生态因子微弱的附加改变。生态阈值现象普遍存在于自然生态系统中。

生态阈值是环境管理成功的关键。在部门生态管理中，生态阈值也早就有成功的应用：《水土保持法》中的25°和15°坡成为指导全国退耕还林和水土保持工作的有效基准值；草场最大载畜量是畜牧业管理的传统方法；近年来水利部提出的水资源开发利用控制、用水效率控制和水功能区限制纳污"三条红线"，也是阈值管理的思路。在流域生态系统管理中，植被分异的水热界线，生态脆弱区、敏感区界线和等级，植被恢复中的最佳森林覆盖率，城市中的最小公共绿地面积、最窄景观廊道，湿地滨岸缓冲带最小宽度，维持干旱区植被的最低地下水位等，这些时间维、空间维乃至人类社会压力维的阈值都能作为制定生态标准的基准值，作为生态监测预警和定量管理的重要依据。生态阈值的研究具有重要的理论和管理实践意义。

（六）流域、生态区和景观：科学规律的空间转换原则

流域、生态区和景观是研究生态环境问题的不同空间单元，研究成果的相互借鉴和外推在理论上具有一定的限定性。①流域是以分水岭和出口断面为界的自然集水单元，水循环过程是其核心生态过程。流域是解决水环境问题的理想单元。但是，流域单元的运用也有其局限性：第一，不同流域之间的研究成果缺乏外推的依据；第二，并不是所有陆地面积都能划分为地形上的流域或者具有大中尺度上的流域归属，如占我国国土面积36%的内流区。②生态区是生态系统类型以及地理背景相似的地表区域。生态区范围是以客观基础为主，并结合一定主观性而界定的。生态区不仅是生态监测、评估、编目、管理的理想空间框架，而且还提供了合适的外推机制。通过同一生态区内不同区域规律的调查研究，可以预测未调查过的其他区域，同样，也可以认为对于管理对策具有同样的响应。③流域与生态区都具有等级特征，两种框架相互嵌套，大流域会跨越多种类型的生态区，大生态区内也会含有多个较小的流域。但是，研究成果的外推一定要基于类似的生态区，同一生态区内不同流域的研究成果能够外推。④景观是由相对异质的生态系统组成的地表区域，一般以其生态系统斑块类型和空间分布格局描述景观结构，景观也具有等级性。景观的边界是主观确定的，可以将流域、生态区、行政区等任何区域定为景观研究的范围，而以更小尺度上的异质性组成描述该区域内部的景观结构。因此，景观是研究区域生态问题的适当方法途径。行政区是与社会经济特征紧密关联的空间单元。研究自然资源与社会经济的关联时，必须结合

行政区（何萍等，2009）。

（七）穿越环境库兹涅茨曲线隧道：生态文明的必然道路

20 世纪 90 年代初，Grossman 和 Krueger（1991）通过对 42 个国家环境与经济的横截面数据的分析，发现环境污染与经济增长的长期关系呈倒 U 形。由于该曲线与反映经济增长和收入分配之间关系的库兹涅茨曲线（Kuznets，1955）相像，于是将这种曲线称为环境库兹涅茨曲线。环境经济学家在大量实证研究的基础上，提出了环境库兹涅茨理论假说（图 1-2）。

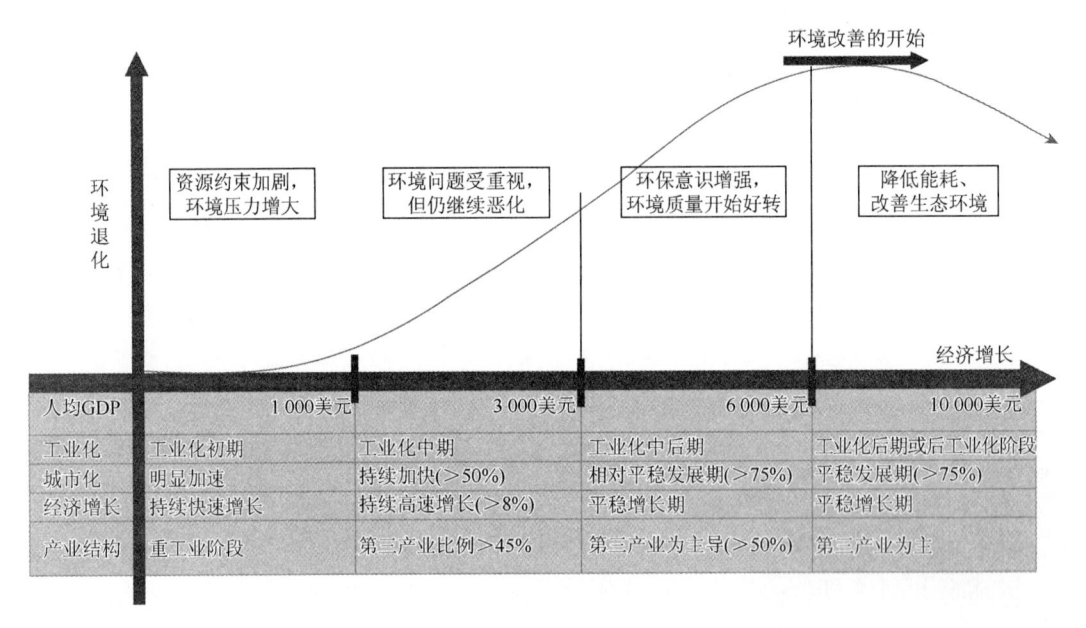

图 1-2 环境库兹涅茨曲线及一般的阶段性判断

环境库兹涅茨曲线的政策含义在于：一个国家工业化的起飞阶段必然会出现一定程度的环境恶化。当经济增长达到一定程度以后，具备了加大环境投入的条件，环境改善随之出现（应瑞瑶和周力，2006）。研究西方发达国家 200 多年的经济增长道路，可以看出这些国家的经济增长实际上就是经历了环境库兹涅茨曲线所反映的"先污染，后治理"的过程。现在，部分发达国家在积累了强大的经济基础之后，大力进行环境治理，已开始走上经济发展和环境改善齐头并进的道路。

根据国家在发展过程中对待经济与生态之间的关系，以及净资本量和至关重要的自然资本存量变动情况，国家可持续发展经验可分为三种模式（图 1-3）：①领先模式，这种模式在北欧部分国家得到了验证，其中以芬兰最具典型。②U 形模式，日本、美国和西欧某些国家的发展路径体现了这种关系，其中以日本的发展路径最具代表性。③追赶模式，普遍存在于发展中国家，如中国，正在探索穿越环境库兹涅茨曲线隧道的发展道路，避免走先污染后治理的 Ug 形模式。

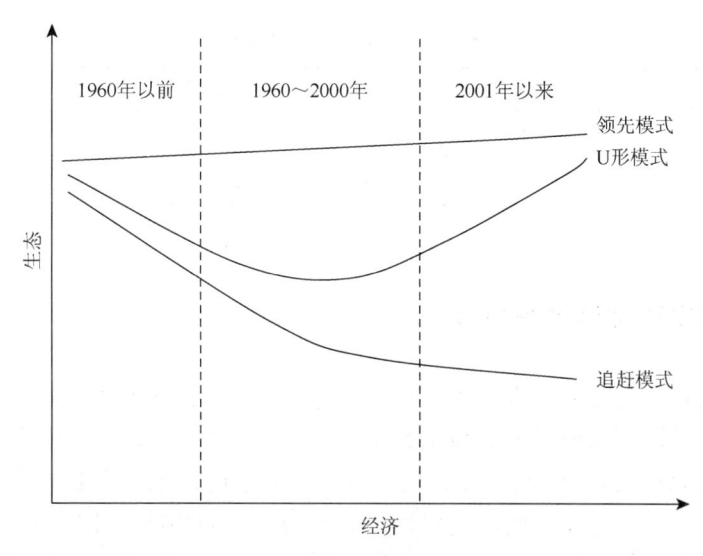

图 1-3　经济-生态关系与国家可持续发展模式（柴盈和曾云敏，2010）

（八）强可持续性理论：保持自然资本

1987 年，布伦特兰夫人提出可持续发展定义。世界各国虽然一致认同可持续发展的全球行动计划，但是在实际发展状态中却表现出巨大差异。Wilson 等（2007）建立了可持续发展的指标体系——生态足迹、盈余生物生产力、环境可持续指数、惠益指数、人文发展指数和国内生产总值，对全球 132 个国家的可持续性等级进行了评估。结果表明，北欧国家的经济、社会、生态和环境发展都表现出可持续性（前八名依次是芬兰、挪威、奥地利、瑞士、瑞典、加拿大、加蓬、乌拉圭）；美国和大部分经济合作与发展组织（Organization for Economic Cooperation and Development，OECD）国家仅在经济和社会发展方面是可持续的；日本的经济和社会发展是可持续的，但生态发展处于波动状态；而发展中国家的经济和社会发展则介于可持续与不可持续之间，环境发展都是不可持续的。

对于可持续发展的定义、测度以及如何予以促进等问题，理论界有着不同的观点。基于对人造资本与自然资本之间是否可替代，可持续发展进一步可分为弱可持续发展和强可持续发展两种范式（柴盈和曾云敏，2010）。①弱可持续发展（weak sustainability）认为自然资本和其他资本之间是可以完全替代的，特别是人造资本可以替代日益减少的自然资本。这就意味着可以不关心转移给后代的资本总存量的具体形式和结构，而是人造资本和自然资本的总和，因此，要想使发展持续下去，就必须让自然资本充分发挥作用，置换出至少不少于原来自然资本作用的人造资本。②强可持续发展（strong sustainability）认为人造资本并不能完全代替自然资本，任何经济发展都客观存在着一个生态环境临界价值，实现经济增长必须考虑其特定资源环境的生态承载力。在强可持续性的发展路径下，不仅需要在代际保持总资本的存量水平，而且还必须在代与代之间维持或增加自然资本的存量水平，也就是在弱可持续发展的基础上对自然资本的消耗提出了额外的要求。

在社会发展和认识发展进程中，可持续发展的程度也是逐步演进的，判定不同的阶段有不同的标志性判据。依据表 1-1，我国正在从弱可持续性阶段迈向中等可持续性阶段。

表 1-1 可持续发展范式

极弱可持续性	弱可持续性	中等可持续性	强可持续性	极强可持续性
GDP 稳定增长	总资本保持稳定，但是自然资本与人工资本相互替代	保护关键的自然资本（最小安全标准，预防的原则）	自然资本总量稳定，针对不同类型的自然资本有个性化对策，投入资金保护自然资本具有意义的单元	建立尊重生物的内在道德观

三、流域生态文明指标体系构建

为了明确流域生态文明建设的规划目标、重点任务并指明努力方向，科学引导流域管理部门和流域内的区域政府开展流域生态文明建设，以理论性、科学性和实用性为原则，结合五位一体的总框架要求，建立了由流域开发空间格局、资源能源利用效率、河流生态系统健康、人居环境、生态文明制度建设共 5 个方面、34 项指标构成的流域生态文明建设指标体系（表 1-2）。

表 1-2 流域生态文明建设指标体系

系统	类型		指标	单位	指标属性
流域开发空间格局	生态空间	1	不透水地面、农用地、生态用地	—	参考性
		2	受保护地占国土面积比例	%	约束性
		3	河流、湖泊滨岸带建设用地面积	m^2	参考性
		4	破碎化指数	—	参考性
		5	自然资产保持率	—	参考性
	生产空间	6	主干河道沿河 2km 缓冲带内水污染高风险企业数量	个	参考性
		7	水土流失面积比例	%	参考性
		8	第三产业占比	%	参考性
	生活空间	9	农村人均建设用地面积	m^2/人	约束性
		10	中心城镇建成区人均公共绿地面积	m^2/人	约束性
资源能源利用效率	水资源	11	地表水资源开发利用系数	—	约束性
		12	平原区地下水超采量	亿 m^3	约束性
		13	海岸带自然岸线保持率	%	约束性
		14	单位工业增加值新鲜水耗	m^3/万元	参考性
		15	农业灌溉水有效利用系数		参考性
	土地资源	16	单位工业用地产值	亿元/km^2	约束性
		17	绿色、有机食品种植面积比例	%	约束性
	能源	18	单位 GDP 能耗	t 标准煤/万元 GDP	约束性
		19	清洁能源比例	%	参考性
	资源效率	20	资源产出增加率	%	参考性

续表

系统	类型		指标	单位	指标属性
河流生态系统健康	水文	21	枯水期河道基流占多年平均径流量比例	%	参考性
		22	平原河流闸堰密度	个/10km	参考性
		23	中心城镇河流硬质护坡河段长度比例	%	参考性
		24	入海流量占多年平均入海流量比例	%	参考性
	水质	25	国控、省控、市控断面水质达标比例	%	约束性
人居环境	农村环境	26	农村生活垃圾无害化处理率	%	约束性
		27	农村生活污水处理率	%	约束性
		28	农村自来水普及率/村镇饮用水卫生合格率	%	参考性
		29	农村卫生厕所普及率	%	约束性
	城市环境	30	重点城市空气质量达到二级标准以上天数比例	%	参考性
		31	污染土壤修复率	%	约束性
生态文明制度建设	制度	32	生态环境提案、议案、建议比例	%	参考性
		33	生态文明建设工作占党政实绩考核比例	%	参考性
		34	流域环保信息公开率	%	约束性

指标解释如下。

（一）不透水地面、农用地、生态用地

不透水地面：指能阻止地表水下渗到土壤的人工地表，包括建筑屋顶、人行道、停车场、车道、公路等。

农用地：指用于农业生产的土地。包括耕地、园地、林地、牧草地、其他农用地。

生态用地：指为了保障城乡基本生态安全、维护生态系统的完整性所需要的土地。包括林地、草地、湿地等具有水源涵养、防风固沙、土壤保持等生态功能的区域。

计算方法：

$$不透水地面比例 = \frac{辖区内不透水地面面积（km^2）}{辖区土地总面积（km^2）} \times 100\%$$

$$农用地比例 = \frac{辖区内农用地面积（km^2）}{辖区土地总面积（km^2）} \times 100\%$$

$$生态用地比例 = \frac{辖区内生态用地面积（km^2）}{辖区土地总面积（km^2）} \times 100\%$$

根据中华人民共和国国家质量监督检验检疫总局和中国国家标准化管理委员会联合发布的《土地利用现状分类》（GB/T 21010—2007），将用地类型分别按照不透水地面、农用地、生态用地三类进行划分（表1-3）。

表 1-3 土地利用分类

不透水地面		农用地		生态用地	
一级类	二级类	一级类	二级类	一级类	二级类
工矿仓储用地	工业用地 采矿用地 仓储用地	耕地	水田 水浇地 旱地	林地	有林地 灌木林地 其他林地
商服用地	批发零售用地 住宿餐饮用地 商务金融用地 其他商服用地	园地	果园 茶园 其他园地	草地	天然牧草 人工牧草 其他草地
住宅用地	城镇住宅用地 农村宅基地	其他土地	田坎 设施农用地	公共管理与公共服务用地	公园与绿地 风景名胜设施用地
公共管理与公共服务用地	机关团体用地 新闻出版用地 科教用地 医卫慈善用地 文体娱乐用地 公共设施用地 风景名胜设施用地			水域及水利设施用地	河流水面 湖泊水面 水库水面 坑塘水面 沿海滩涂 内陆滩涂 沟渠 冰川及永久积雪
特殊用地	军事设施用地 使领馆用地 监教场所用地 宗教用地 殡葬用地			其他土地	盐碱地 沼泽地 沙地 裸地
交通运输用地	铁路用地 公路用地 街巷用地 农村道路 机场用地 港口码头用地 管道运输用地				
其他用地	空闲地				
水域及水利设施用地	水工建筑用地				

数据来源：国土、城建、环保、农业、林业、统计等部门

注：2004 年，建设部《国家生态园林城市标准（暂行）》提出，建成区道路广场用地中透水面积的比例大于等于 50%

（二）受保护地占国土面积比例

1. 指标解释

受保护地占国土面积比例指辖区内各类（级）自然保护区、风景名胜区、森林公园、地质公园、生态功能保护区、水源保护区、封山育林地、基本农田等面积占全部陆地（湿地）面积的百分比，上述区域面积不得重复计算。

2. 数据来源

统计、环保、建设、林业、国土、农业等部门。

3. 备注

环境保护部发布的《国家生态文明建设试点示范区指标（试行）》中关于生态文明试点示范县（含县级市、区）建设指标规定，受保护山区、丘陵区占国土面积比例≥25%，受保护平原地区占国土面积比例≥20%，属约束性指标。

（三）河流、湖泊滨岸带建设用地面积

1. 指标解释

河流滨岸带：指河流高低水位之间的河床及高水位之上直至河水影响完全消失的地带，包括非永久被水淹没的河床及其周围新生的或残余的洪泛平原，其横向延伸范围可抵周围的山脚。

湖泊滨岸带：指湖泊高低水位之间及高水位之上至湖水影响完全消失的地带。由于滨岸带是水陆相互作用的地区，故其分界线可以根据土壤、植被和其他可以指示水陆相互作用的因素变化来确定。

对于有堤防的河湖，可以堤防为边界，作为滨岸带范围。对于无堤防的河流，可以百年一遇洪水位计。湖泊也可以近几十年特大洪水灾害最高水位计。

2. 数据来源

水利、环保等部门。

3. 备注

关于滨岸带禁止开发建设区的规定举例：南京市要求距离河堤坡脚 15m 范围被列入隔离保护区，不得进行房地产等开发建设。

《大庆市城市滨水区域开发建设管理暂行规定》中提出，湖泊蓝线：水域面积 $1.0km^2$ 以内的，蓝线与水域控制线之间的距离原则上不得小于 50m（现状除外）；水域面积在 $1.0km^2$ 以上的，蓝线与水域控制线之间的距离原则上不得小于 80m（现状除外）。河道蓝线：主要河道两侧的蓝线距离河道中心线原则上不得小于 50m（现状除外）；一般河道两侧的蓝线距离河道中心线原则上不得小于 30m（现状除外）。

（四）破碎化指数（LFI）

1. 指标解释

破碎化指数（LFI）表征景观被分割破碎的程度，反映景观空间结构的复杂性，在一定程度上反映了人类对景观的干扰程度。

计算公式：

$$LFI = \sum N_i / \sum A_i$$

式中，N_i 为景观 i 的斑块数；A_i 为景观 i 的总面积。

以 TM 影像（30m 分辨率）解译土地利用状况为主要数据来源。

2. 数据来源

国土、环保、建设等部门。

(五) 自然资产保持率

1. 指标解释

自然资产保持率重点考核辖区内生态系统服务功能相对变化的情况,用于表示具有重要生态功能的林地、草地、湿地、农田等生态系统具有的各项生态服务(如水源涵养、水土保持、防风固沙等)及其价值得到维护和提升的程度,反映通过生态文明建设工作,区域生态系统质量取得的变化。

计算方法:

$$自然资产保持率 = \frac{考核年辖区生态系统生态服务价值(元)}{初始年辖区生态系统生态服务价值(元)}$$

其中,生态系统服务的计算建议以目前普遍使用的 Costanza 计算方法为基础,并充分考虑区域生态系统结构的完整性,估算时具体可参照以下模型:

$$M = \sum_{i=1}^{m} \sum_{j=1}^{n} A_j \times E_{ij} \times (1-S)$$

式中,M 为区域生态系统功能总量;A_j 为 j 类生态系统面积;E_{ij} 为 j 类生态系统的 i 类生态功能基准单量;S 为生态系统景观破碎化指数。因为生态服务功能的计算目前尚无统一标准,各地在开展规划研究时也可以依据实际情况自行确定生态服务的计算参数或方法,但必须要体现生态系统质量变化的涵义。同时,初始年与考核年生态服务的估算应采用同样的方法进行。

2. 数据来源

国土、环保、林业、农业、海洋等部门。

3. 备注

环境保护部发布的《国家生态文明建设试点示范区指标(试行)》中关于生态文明试点示范市(含地级行政区)建设指标规定,自然资产保持率指标值>1,属参考性指标。

(六) 主干河道沿河 2km 缓冲带内水污染高风险企业数量

1. 指标解释

主干河道是指所针对流域的一级、二级河道。

缓冲带是指河岸两边向岸坡爬升的缓冲区域,其功能是防止由坡地地表径流、废水排放、地下径流和深层地下水流所带来的养分、沉积物、有机质、杀虫剂及其他污染物进入河溪系统。

沿河 2km 缓冲带内建设水污染高风险企业，包括石油、化工等企业，有可能将污染物排放到河流，造成水质下降、河岸带生境恶化。

2. 数据来源

统计、环保等部门。

3. 备注

针对沿河 2km 缓冲带内已建成的水污染高风险企业应加强安全生产、环境保护监管，督促企业按标准排放。

（七）水土流失面积比例

1. 指标解释

水土流失面积比例指水土流失面积占土地总面积的比例。水土流失类型包括水蚀、风蚀和冻融侵蚀。侵蚀等级是轻度（含轻度）以上。

计算方法：

$$水土流失面积比例 = \frac{水土流失面积}{土地总面积} \times 100\%$$

2. 数据来源

水利、国土、环保等部门。

（八）第三产业占比

1. 指标解释

第三产业占比指辖区第三产业产值占地区生产总值的比例。

计算方法：

$$第三产业占比 = \frac{第三产业产值（万元）}{地区生产总值（万元）} \times 100\%$$

2. 数据来源

统计、经济和信息化委员会等部门。

3. 备注

环境保护部发布的《国家生态文明建设试点示范区指标（试行）》中关于生态文明试点示范市（含地级行政区）建设指标规定，第三产业占比≥60%，属参考性指标。

（九）农村人均建设用地面积

1. 指标解释

农村人均建设用地面积是指规划范围内的农村建设用地面积除以农村常住人口数。

2. 数据来源

建设部、各省（自治区、直辖市）建委（建设厅）、有关计委。

3. 备注

为了贯彻最严格的节约集约用地制度，国土资源部决定，原则上不再安排人口 500 万以上特大城市新增建设用地。因此，必须在加大城镇建设用地挖潜力度的同时，结合农村居民点用地规模的缩减，满足发展所需的建设用地。

《镇规划标准》（GB 50188—2007）中，人均建设用地指标按表 1-4 分为五级。对已有的村镇进行规划时其人均建设用地指标应以现状建设用地的人均水平为基础，根据人均建设用地指标级别和允许调整幅度确定并应符合表 1-5 的规定。

表 1-4 人均建设用地指标分级

级别	一	二	三	四	五
人均建设用地指标/（m²/人）	>50	>60	>80	>100	>120
	≤60	≤80	≤100	≤120	≤150

表 1-5 人均建设用地指标

现状人均建设用地水平/（m²/人）	人均建设用地指标级别	允许调整幅度/（m²/人）
≤50	一、二	应增 5~20
50.1~60	一、二	可增 0~5
60.1~80	二、三	可增 0~10
80.1~100	二、三、四	可增、减 0~10
100.1~120	三、四	可减 0~15
120.1~150	四、五	可减 0~20
>150	五	应减至 150 以内

（十）中心城镇建成区人均公共绿地面积

1. 指标解释

中心城镇建成区人均公共绿地面积指乡镇建成区公共绿地面积与乡镇建成区常住人

口总数的比值。

计算方法：

$$中心城镇建成区人均公共绿地面积（m^2/人）=\frac{乡镇建成区公共绿地面积（m^2）}{乡镇建成区常住人口总数（人）}$$

公共绿地指乡镇建成区内对公众开放的公园（包括园林）、街道绿地及高架道路绿化地面，企事业单位内部的绿地、乡镇建成区周边山林不包括在内。

2. 数据来源

县级以上住建、林业、农业部门；现场检查。

3. 备注

环境保护部发布的《国家生态文明建设示范村镇指标（试行）》中关于国家生态文明建设示范乡镇建设指标规定，中心城镇建成区人均公园绿地面积≥15m²/人，属约束性指标。

（十一）地表水资源开发利用系数

1. 指标解释

地表水资源开发利用系数指地表水资源开发利用量占地表水资源总量的比例。表征风险源发生突发性水污染事故后，对依赖流域地表水资源的社会经济活动可能造成的影响。利用率越高说明社会经济活动对地表水体依赖程度越深。

计算方法：

$$地表水资源开发利用系数=\frac{地表水资源开发利用量(m^3)}{地表水资源总量(m^3)}$$

2. 数据来源

水利、统计、环保部门。

3. 备注

国际上认为不影响生态环境的水资源合理开发利用率不超过 40%，水资源开发的限值为60%。因此，分为 4 个临界点：10%、30%、40%和50%。

（十二）平原区地下水超采量

1. 指标解释

平原区地下水应总体实现采补平衡，水质不劣于现状水质，逐步节制超采区地下水水位持续、快速下降的趋势，并使因超采地下水引发的海水入侵、咸水入侵、地面塌陷、泉水流量衰减及地下水污染等生态与环境问题逐步得到控制。平原区地下水超采量是指超过地下水允许开采水量范围的地下水可开采量。

计算方法：

$$地下水可开采量 = 可开采系数 \times 地下水总补给量$$

2. 数据来源

环保、水利等部门。

3. 备注

由于在浅层地下水总补给量中，有一部分不可避免地要消耗于自然的水平排泄和潜水蒸发，故开采系数一般<1。对于开采条件良好[单井单位降深出水量大于 $20m^3/(h·m)$]、地下水埋深大、水位连年下降的超采区，可开采系数的参考取值范围为 0.875～1.0；对于开采条件一般[单井单位降深出水量为 5～$10m^3/(h·m)$]、地下水埋深大、实际开采程度较高地区或地下水埋深较小、实际开采程度较低地区，可开采系数的参考取值范围为 0.75～0.95；对于开采条件较差[单井单位降深出水量小于 $2.5m^3/(h·m)$]、地下水埋深较小、开采程度低、开采困难的地区，可开采系数的参考取值范围为 0.6～0.7。

（十三）海岸带自然岸线保持率

1. 指标解释

海岸带自然岸线保持率指自然岸线长度占海岸线总长度的比例。

自然岸线是指未建设防潮堤、防波堤、护坡、挡浪墙、码头、防潮闸和道路等永久性挡水（潮）构筑物，保持自然状态的海岸线。

计算方法：

$$海岸带自然岸线保持率 = \frac{自然岸线长度}{海岸线总长度} \times 100\%$$

2. 数据来源

国土部门。

3. 备注

《全国海洋功能区划（2011～2020 年）》提出，严格控制占用海岸线的开发利用活动，至 2020 年，大陆自然岸线保有率不低于 35%。

（十四）单位工业增加值新鲜水耗

1. 指标解释

工业用新鲜水量指报告期内企业厂区内用于生产和生活的新鲜水量（生活用水单

独计量，且生活污水不与工业废水混排的除外），它等于企业从城市自来水取用的水量和企业自备水用量之和。工业增加值指全部企业工业增加值，不限于规模以上企业工业增加值。

计算方法：

$$单位工业增加值新鲜水耗 = \frac{工业用新鲜水量（m^3）}{工业增加值（万元）}$$

2. 数据来源

统计、水利、农业等部门。

3. 备注

环境保护部发布的《国家生态文明建设试点示范区指标（试行）》，规定单位工业增加值新鲜水耗指标值≤12m³/万元，属参考性指标。

（十五）农业灌溉水有效利用系数

1. 指标解释

农业灌溉水有效利用系数指田间实际净灌溉用水总量与毛灌溉用水总量的比值。

计算方法：

$$农业灌溉水有效利用系数 = \frac{净灌溉用水总量（m^3）}{毛灌溉用水总量（m^3）}$$

净灌溉用水量： 同一时间段进入田间的灌溉用水量。其分析计算针对旱作充分灌溉、旱作非充分灌溉、水稻常规灌溉和水稻节水灌溉等几种主要灌溉方式分别采取典型观测与相应计算分析方法等合理确定不同作物的净灌溉定额，根据不同作物灌溉面积进而得到净灌溉用水量。如果灌区范围较大，不同区域之间气候气象条件、灌溉用水情况等差异明显，则在灌区内分区域进行典型分析测算，再以分区结果为依据汇总分析整个灌区净灌溉用水量。对于非充分灌溉、有洗盐要求和作物套种等情况分别采取相应方法进行分析计算。

毛灌溉用水总量： 指灌区全年从水源地等灌溉系统取用的用于农田灌溉的总水量，其值等于取水总量中扣除由于工程保护、防洪除险等需要的渠道（管路）弃水量、向灌区外的退水量和非农业灌溉水量等。年毛灌溉用水总量应根据灌区从水源地等灌溉系统实际取水测量值统计分析取得。在一些利用塘堰坝或其他水源与灌溉水源联合灌溉供水的灌区，塘堰坝蓄水和其他水源用于灌溉的供水量等根据实际情况采取合理方法进行分析后计入灌区毛灌溉用水总量中。

对于井渠结合的灌区，如果井灌区和渠灌区交错重叠，无法明确区分，则将灌溉系统作为一个整体进行考虑，分别统计井灌提水量和渠灌引水量，以两者之和作为灌区总的灌溉用水量。有些渠灌区中虽包含有井灌面积，但两者相对独立，这种情况下井灌和渠灌作为两种类型分别单独计算。

2. 数据来源

统计、水利、农业等部门。

3. 备注

环境保护部发布的《国家生态文明建设试点示范区指标（试行）》中关于生态文明试点示范县（含县级市、区）建设指标规定，农业灌溉水有效利用系数指标值≥0.6，属参考性指标。

（十六）单位工业用地产值

1. 指标解释

单位工业用地产值指辖区内单位面积工业用地产出的工业增加值，是反映工业用地利用效益的指标。单位工业用地产值越高，土地集约利用程度越高。其中，工业用地参照《土地利用现状分类》（GB/T 21010—2007）统计，工业增加值采用不变价核算。

计算方法：

$$单位工业用地产值 = \frac{年度工业增加值（亿元）}{工业用地面积（km^2）}$$

2. 数据来源

经贸、统计等部门。

3. 备注

环境保护部发布的《国家生态文明建设试点示范区指标（试行）》中关于单位工业用地产值指标值的规定，重点开发区≥65，优化开发区≥55，限制开发区≥45，单位为亿元/km²，属约束性指标。

（十七）绿色、有机食品种植面积比例

1. 指标解释

绿色、有机食品种植面积比例指辖区内绿色、有机食品种植面积与农作物播种总面积的比例。

计算方法：

$$绿色、有机食品种植面积比例 = \frac{绿色、有机食品种植面积（hm^2）}{农作物播种总面积（hm^2）} \times 100\%$$

（注：绿色、有机食品种植面积不能重复统计。）

有机食品指根据有机农业原则和有机产品生产方式及《有机产品国家标准》（GB/T 19630.1—2011）生产、加工出来的，并通过合法的有机产品认证机构认证并颁发证书的

一切农产品。有机食品在生产过程中不使用化学合成的农药、化肥、生产调节剂、饲料添加剂等物质，以及基因工程生物及其产物，而是遵循自然规律和生态学原理，采取可持续发展的有机农业技术进行有机食品生产。

绿色食品：在无污染的生态环境中种植及全过程标准化生产或加工的农产品，严格控制其有毒有害物质含量，使之符合国家健康安全食品标准，并经专门机构认定，许可使用绿色食品标志的产品。

绿色、有机食品的产地环境状况应达到《食用农产品产地环境质量评价标准》（HJ 332—2006）、《温室蔬菜产地环境质量评价标准》（HJ 333—2006）等国家环境保护标准和管理规范要求。

2. 数据来源

统计、农业、林业、环保、质检等部门。

3. 备注

环境保护部发布的《国家生态文明建设试点示范区指标（试行）》中关于生态文明试点示范县（含县级市、区）建设指标规定，绿色、有机食品种植面积比例≥60%，属约束性指标。

（十八）单位 GDP 能耗

1. 指标解释

单位 GDP 能耗指辖区内地区生产总值所消耗的能源，是反映能源消费水平和节能降耗状况的主要指标。

计算方法：

$$单位GDP能耗 = \frac{能源消费总量（t标准煤）}{地区生产总值（万元）}$$

能源消费总量是指一个国家（地区）国民经济各行业和居民家庭在一定时间内消费的各种能源的总和。能源，是指狭义上能源的概念，即从自然界能够直接取得或通过加工、转换取得有用能的各种资源，包括原煤、原油、天然气、水能、核能、风能、太阳能、地热能、生物质能等一次能源；一次能源通过加工、转换产生的洗煤、焦炭、煤气、电力、热力、成品油等二次能源和同时产生的其他产品；其他化石能源、可再生能源和新能源。其中，水能、风能、太阳能、地热能、生物质能等可再生能源仅包括人们通过一定技术手段获得的，并作为商品能源使用的部分；核能仅包括作为能源使用的部分。

标准煤：能源的种类很多，所含的热量也各不相同，为了便于相互对比和在总量上进行研究，我国把含热值为 7000kcal（约 29 301kJ）的能源定义为一千克标准煤，也称标煤。另外，我国还经常将各种能源折合成标准煤的吨数来表示。能源折标准煤系数=某能源实际热值（kcal/kg）/7000（kcal/kg）。

在各种能源折算标准煤之前，首先直接测算各种能源的实际平均热值，再折算标准煤。

平均热值也称平均发热量，是指不同种类或品种的能源实测发热量的加权平均值。计算公式为

$$平均热值（kcal/kg）=\sum（某种能源实测低位发热量）（kcal/kg）\times 该能源数量（t）/能源总量（t）$$

各种能源折标准煤参考系数按照《综合能耗计算通则》（GB/T 2589—2008）执行。

2. 数据来源

统计、经济和信息化委员会、发展和改革委员会等部门。

3. 备注

环境保护部发布的《国家生态文明建设试点示范区指标（试行）》中关于生态文明试点示范县（含县级市、区）建设指标规定，单位 GDP 能耗重点开发区≤0.55，优化开发区≤0.45，限制开发区≤0.35，单位为 t 标准煤/万元，属约束性指标。

（十九）清洁能源比例

1. 指标解释

清洁能源指在生产和使用过程中，不产生有害物质排放的能源。主要包括太阳能、风能、生物能、水能、地热能等可再生能源，化石能源（如天然气等）和利用清洁能源技术处理过的化石能源，如洁净煤、洁净油等。

计算方法：

$$清洁能源比例=\frac{清洁能源总量}{能源总量}\times 100\%$$

2. 数据来源

统计、经贸、能源、农业、环保、发展和改革委员会等部门。

（二十）资源产出增加率

1. 指标解释

资源产出率指的是消耗一次资源（包括煤、石油、铁矿石、有色金属稀土矿、磷矿、石灰石、沙石等）所产生的国内生产总值。它在一定程度上反映了自然资源消费增长与经济发展间的客观规律。若资源产出率低，则一个区域经济增长所需资源更多的是依靠资源量的投入，表明该区域资源利用效率较低。

计算方法：

$$资源产出率=\frac{地区生产总值（万元）}{主要资源消耗总量（t）}$$

考虑到区域间经济发展不平衡，各地资源禀赋、城镇化、工业化差异明显，考核资源产出率的绝对值意义不大。因此，本指标体系采用资源产出增加率，即某一地区创建目标年资源产出率和基准年资源产出率的差值与基准年资源产出率的比值。

计算方法：

$$资源产出增加率 = \frac{目标年资源产出率 - 基准年资源产出率}{基准年资源产出率} \times 100\%$$

2. 数据来源

发展和改革委员会、统计、经贸等部门。

3. 备注

环境保护部发布的《国家生态文明建设试点示范区指标（试行）》规定，资源产出增加率重点开发区≥15%，优化开发区≥18%，限制开发区≥20%，属参考性指标。

（二十一）枯水期河道基流占多年平均径流量比例

1. 指标解释

枯水期河道基流与多年平均径流量比例。

2. 数据来源

水利部门。

3. 备注

《建设项目水资源论证导则（试行）》提出，北方河流生态基流指标原则上不得小于多年年均流量的10%，枯水时段应不得低于同期流量均值的20%，属参考性指标。

（二十二）平原河流闸堰密度

1. 指标解释

闸堰是水库、橡胶坝、节制闸等拦截水流的水利工程设施。该指标中的河流是指五级和五级以上河流。

水库是指拦洪蓄水和调节水流的水利工程建筑物，可以用来灌溉、发电、防洪和养鱼。

橡胶坝又称橡胶水闸，为通过充排管路用水（气）将其充胀形成的袋式挡水坝。坝顶可以溢流，并可根据需要调节坝高，控制上游水位，以发挥灌溉、发电、航运、防洪、挡潮等效益。

节制闸是指调节上游水位，控制下泄流量的水闸。

平原区河流闸堰密度是指每10km闸堰的个数。

计算方法：

$$平原河流闸堰密度 = \frac{平原河流闸堰个数 \times 10}{平原河流全长（km）}$$

2. 数据来源

水利部门。

（二十三）中心城镇河流硬质护坡河段长度比例

1. 指标解释

中心城镇河流硬质护坡河段长度比例指县级（含）以上行政区的中心镇、中心城区规划界内河流硬质护坡河段长度与河流总长度的比例。该指标中的河流是指五级和五级以上河流。

河流硬质护坡是指由坚硬的石块或混凝土材料组成的与土体完全隔绝的结构体，主要有浆砌或干砌块石护坡、现浇混凝土护坡、预制混凝土块体护坡等几种类型，开始主要为防冲防浪和稳定堤坡。

计算方法：

$$中心城镇河流硬质护坡河段长度比例 = \frac{城镇规划界内河流硬质护坡河段长度}{城镇规划界内河流总长度} \times 100\%$$

2. 数据来源

水利、环保等部门。

（二十四）入海流量占多年平均入海流量比例

1. 指标解释

入海流量占多年平均入海流量比例指入海流量占多年平均入海流量的比值。

计算方法：

$$入海流量占多年平均入海流量比例 = \frac{河流入海流量}{多年平均入海流量} \times 100\%$$

2. 数据来源

水利部门。

（二十五）国控、省控、市控断面水质达标比例

1. 指标解释

国控、省控、市控断面水质达标比例指国控、省控、市控断面水质达到功能区水质标准的个数占区域所有国控、省控、市控断面总数的比例。

计算公式：

$$国控、省控、市控断面水质达标比例 = \frac{区域国控、省控、市控断面水质达标数（个）}{区域所有国控、省控、市控断面总数（个）} \times 100$$

2. 数据来源

环保、水利、统计等部门。

3. 备注

环境保护部发布的《国家生态文明建设试点示范区指标（试行）》中关于生态文明试点示范市（含地级行政区）建设指标规定，国控、省控、市控断面水质达标比例≥95%，属约束性指标。

（二十六）农村生活垃圾无害化处理率

1. 指标解释

农村生活垃圾无害化处理率指村域内经无害化处理的生活垃圾数量占生活垃圾产生总量的百分比。

计算方法：

$$生活垃圾无害化处理率 = \frac{经无害化处理的生活垃圾数量（t）}{生活垃圾产生总量（t）} \times 100\%$$

生活垃圾无害化处理指卫生填埋、焚烧和资源化利用（如制造沼气和堆肥）。

生活垃圾资源化利用指在开展垃圾"户分类"的基础上，对不能利用的垃圾定期清运并进行无害化处理，对其他垃圾通过制造沼气、堆肥或资源回收等方式，按照"减量化、无害化"的原则实现生活垃圾资源化利用。

卫生填埋场应有防渗设施，或达到有关环境影响评价的要求（包括地点及其他要求）。执行《生活垃圾填埋场污染控制标准》（GB 16889—2008）和《生活垃圾焚烧污染控制标准》（GB 18485—2014）等垃圾无害化处理的有关标准。

2. 数据来源

县级以上住建（环卫）、统计部门。

3. 备注

环境保护部发布的《国家生态文明建设示范村镇指标（试行）》中有关国家生态文明建设示范村建设指标规定，农村生活垃圾无害化处理率为100%，属约束性指标。

（二十七）农村生活污水处理率

1. 指标解释

生活污水处理率指村域内经过污水处理厂或其他处理设施处理的生活污水处理量占

生活污水排放总量的百分比。

计算方法：

$$生活污水处理率 = \frac{生活污水处理量（t）}{生活污水排放总量（t）} \times 100\%$$

污水处理厂包括采用活性污泥、生物滤池、生物接触氧化加人工湿地、土地快渗、氧化塘等组合工艺的一级、二级集中污水处理厂，其他处理设施包括氧化塘、氧化沟、净化沼气池和小型湿地处理工程等分散设施。依据《城镇排水与污水处理条例》，统筹城乡排水和污水处理相关规划，加强城乡排水和污水处理设施建设，离城市较近的村庄生活污水要纳入城市污水收集管网，其他地区根据经济发展水平、人口规模和分布情况等，因地制宜地选择建设集中或分散污水处理设施；位于水源源头、集中式饮用水水源保护区等需特殊保护地区的村庄，生活污水处理必须采取有效的脱氮除磷工艺，满足水环境功能区要求。生活污水产生量小且无污水外排的地区不考核该指标。

2. 数据来源

县级以上住建、环保部门。

3. 备注

环境保护部发布的《国家生态文明建设示范村镇指标（试行）》中有关国家生态文明建设示范村建设指标规定，农村生活污水处理率≥90%，属约束性指标。

（二十八）农村自来水普及率/村镇饮用水卫生合格率

1. 指标解释

农村自来水普及率是指饮用自来水的农村人口数占农村人口总数的比例。

计算方法：

$$农村自来水普及率 = \frac{饮用自来水的农村人口数}{农村人口总数} \times 100\%$$

村镇饮用水卫生合格率指以自来水厂或手压井形式取得饮用水的农村人口数占农村人口总数的百分率，雨水收集系统和其他饮水形式是否合格需经检测确定。饮用水水质符合《生活饮用水卫生标准》（GB 5749－2006）的规定，且连续三年未发生饮用水污染事故。

计算方法：

$$村镇饮用水卫生合格率 = \frac{取得合格饮用水农村人口数}{农村人口总数} \times 100\%$$

2. 数据来源

统计、县级以上环保部门。

3. 备注

2011年中国农村自来水普及率为72.1%。

(二十九) 农村卫生厕所普及率

1. 指标解释

农村卫生厕所普及率指村域内使用卫生厕所的农户数占村庄农户总数的百分比。卫生厕所标准执行《农村户厕卫生规范》(GB 19379—2012)。

计算方法:

$$农村卫生厕所普及率 = \frac{使用卫生厕所的农户数（户）}{村庄农户总数（户）} \times 100\%$$

2. 数据来源

县级以上卫生计生部门。

3. 备注

环境保护部发布的《国家生态文明建设示范村镇指标（试行）》中有关国家生态文明建设示范村建设指标规定，农村卫生厕所普及率指标值为100%，属约束性指标。

(三十) 重点城市空气质量达到二级标准以上天数比例

1. 指标解释

空气质量二级标准以上天数比例指按照《环境空气质量标准》(GB 3095—2012)，全年空气质量达到二级标准以上天数占全年天数的比例。

计算方法:

$$空气质量二级标准以上天数比例 = \frac{空气质量达到二级标准以上天数}{全年天数} \times 100\%$$

2. 数据来源

环保部门。

(三十一) 污染土壤修复率

1. 指标解释

污染土壤修复率指辖区内污染土壤的修复面积和受污染土壤被二次开发的面积占污染土壤总面积的比例。

计算方法：

$$污染土壤修复率 = \frac{污染土壤的修复面积 + 受污染土壤被二次开发的面积}{污染土壤总面积} \times 100\%$$

土壤污染指人为活动产生的污染物进入土壤并积累到一定程度，引起土壤质量恶化，某些指标超过《土壤环境质量标准》（GB 15618—1995）。

污染土壤修复指通过植物修复、微生物修复、物理修复、化学修复及其联合修复技术，将污染物（特别是有机污染物）从土壤中去除或分离，使修复后土壤达到《土壤环境质量标准》（GB 15618—1995）或当地划定的土壤功能区标准。

2. 数据来源

国土、农业、环保等部门。

3. 备注

环境保护部发布的《国家生态文明建设试点示范区指标（试行）》中关于生态文明试点示范县（含县级市、区）建设指标规定，污染土壤修复率指标值≥80%，属约束性指标。

环境保护部、国土资源部发布的《全国土壤污染状况调查公报》中，调查面积约630万 km^2，土壤总的超标率为16.1%，其中，轻微、轻度、中度和重度污染点位比例分别为11.2%、2.3%、1.5%和1.1%。污染较为严重的地区包括重污染企业用地、工业废弃地、工业园区、固体废物集中处理处置场地、采油区、采矿区、污水灌溉区和干线公路两侧。

（三十二）生态环境提案、议案、建议比例

1. 指标解释

生态环境提案、议案、建议比例是指关于生态环境提案、议案、建议个数占提案、议案、建议总个数的比例，在一定程度上反映了生态环境的受关注度。

计算方法：

$$生态环境提案、议案、建议比例 = \frac{关于生态环境提案、议案、建议个数}{提案、议案、建议总个数} \times 100\%$$

2. 数据来源

统计、环保部门。

3. 备注

2014 年全国两会期间，据中国环境报统计，截至 3 月 9 日，中国人大网记者服务专区内人大代表建议摘登共计约 300 条，其中，生态环保方面的建议共 82 条，约占总量的 27%。

（三十三）生态文明建设工作占党政实绩考核比例

1. 指标解释

生态文明建设工作占党政实绩考核比例指地方政府党政干部实绩考核评分标准中生态文明建设工作所占的比例。该指标考核的目的是推动创建地区将生态文明建设纳入党政实绩考核范畴，通过强化考核，把生态文明建设工作任务落到实处。

2. 数据来源

组织、环保部门。

3. 备注

环境保护部发布的《国家生态文明建设试点示范区指标（试行）》，规定生态文明建设工作占党政实绩考核的比例≥22%，属参考性指标。

（三十四）流域环保信息公开率

1. 指标解释

流域环保信息公开率指与流域生态环境相关的政府和企业信息公开的比例。

政府环境信息指环保部门在履行环境保护职责中制作或者获取的，以一定形式记录、保存的信息。环保部门应当遵循公正、公平、便民、客观的原则，及时、准确地公开政府环境信息。水利部门应当及时向社会公开水资源管理与保护、水利规划、水土保持、信息公开年报等信息。环保部门应当及时向社会公开流域相关统计和调查信息、主要污染物排放及排污许可证发放情况、环境质量状况等信息。流域综合管理部门，可逐步建立跨地区、跨部门的协商、协调机制，如在水资源保护领域，可在水利与环境保护两部门间建立和完善信息共享、协调一致、运转高效的协调机制。

企业环境信息指企业以一定形式记录、保存的，与企业经营活动产生的环境影响和企业环境行为有关的信息。企业应当按照自愿公开与强制性公开相结合的原则，及时、准确地公开企业环境信息。

环境信息公开标准参照2007年原国家环境保护总局颁发的《环境信息公开办法（试行）》的管理规定执行。

2. 数据来源

统计、水利、环保部门。

3. 备注

环境保护部发布的《国家生态文明建设试点示范区指标（试行）》，规定环保信息公开率指标值应为 100%，属约束性指标。

四、小结

大河流域是人类文明发源地，也是生态文明至高目标的落脚点，以流域为生态文明建设的合理空间单元，树立人与流域自然的正确伦理观、建立从源头到海洋的整体观，掌握人类文明演替推进挑战-应战规律，建立流域管理的阈值标准，探索不蹈"先污染、后治理"覆辙的新路径，将自然资本变化视为有形资本纳入全社会统计体系等，都是当前科学领域形成的有关流域生态文明的理论范式。基于这些系统思想，本书构建了由 44 个指标组成的流域生态文明建设指标体系。以流域为单元的人口、经济、资源、环境指标的统计应作为流域生态文明建设管理的基础性保障工作先行开展。

参 考 文 献

柴盈，曾云敏. 2010. 中国走向强可持续性发展的战略选择. 中国流通经济，1：37-40.
何萍，孟伟，王家骥，等. 2009. 流域、生态区和景观构架及其在海河流域生态评价中的应用. 环境科学研究，12：1366-1370.
黄伟. 2007. 研究性学习中的"深生态学"观照——兼论环境伦理教育. 宁波大学学报（教育科学版），3：79-83.
罗伯特·L·卡内罗，陈虹，陈洪波. 2007. 国家起源的理论. 南方文物，(1)：98-99.
彭松乔. 2002. 生态文艺学：视域、范式与文本. 江汉大学学报（人文社会科学版），3：29-34.
汤因比（英）. 1997. 历史研究. 上海：上海人民出版社.
韦龙义. 2008. 论建设社会主义生态文明. 世纪桥，2：24-25.
习近平. 2013-11-16. 关于《中共中央关于全面深化改革若干重大问题的决定》的说明（2013 年 11 月 9 日）. 人民日报，1.
应瑞瑶，周力. 2006. 我国环境库兹涅茨曲线的存在性检验. 南京师大学报（社会科学版），3：74-78，96.
余谋昌，王耀先. 2004. 环境伦理学. 北京：高等教育出版社.
Grossman G M, Krueger A B. 1991. Environmental impacts of a north American free trade agreement. Cambridge: National Bureau of Economic Research Working Paper, 3914: 1-36.
Kuznets S. 1955. Economic growth and income equality. American Economic Review, 45 (1): 1-28.
Wilson J, Tyedmers P, Pelot R. 2007. Contrasting and comparing sustainable development indicator metrics. Ecological Indicators, (7): 299-314.

第二章　国外流域生态文明建设实践

一、生态文明的发展历程

工业化过程对水资源的过度开发以及将河流作为排污场所，对河流健康造成了巨大的损害。欧洲的莱茵河、英国的泰晤士河等都经历了严重污染到多年治理直至恢复的艰难经历。北美五大湖在 20 世纪 60 年代也因为流域内工业、农业、养殖业等而发生严重的污染。澳大利亚的墨累-达令河由于水资源紧缺和过度开发引起了断流和流域的沙漠化。但之后经过持续不断的综合治理，这些流域都得到了巨大的改善。对这个过程从政治、经济、社会文化和环境治理与生态修复等多个方面进行经验梳理，都能为我国流域生态文明建设提供借鉴。

二、莱茵河流域

（一）跨区域综合整治

莱茵河沿岸各国政府和相关国际机构大力协调合作，致力于保护莱茵河的生态环境。1950 年，莱茵河干流主要沿岸国家——荷兰、德国、法国、卢森堡和瑞士等国，共同创建了"莱茵河保护国际委员会"（International Commission for Protection of the Rhine River, ICPR），开创了国际合作联合治理污染的新途径和新模式。ICPR 在沿岸各国设立了若干分委员会，负责观察和监测所辖河段水质的污染情况，总委员会对各分委员会提出的有关治理污染的法规和建议提出咨询。同时，不断推出一系列保护环境的协议和计划，如 1985 年欧共体达成的《水质标准国际协议》和 1986 年在荷兰鹿特丹市由莱茵河各国召开的第 7 届部长联席会议出台的《莱茵河行动计划》（RAP）。在《水质标准国际协议》中制定了严格的排污标准，并加强了监督和治理措施，污水未经处理达标，不许排入莱茵河干支流中。在《莱茵河行动计划》中，确定了到 20 世纪末莱茵河的生态建设目标：恢复莱茵河的生态环境，使鲑鱼等鱼类重返河中；保护和保证莱茵河饮用水的水源和水质；通过有效治理，使莱茵河水中的有害污染物质含量降低到使经过疏浚的河底淤泥被允许倒入海中，或者堆放在岸边而不再造成污染；提高河口及北海的生态环境质量。

另外，各国还制定相关司法措施，限期和分期推行无废水或少废水的生产工艺，安装废污水生物净化装置；改进公共污水的处理，增设下水道网，最大限度地提高废污水的净化率和重复使用率；从质和量上保证饮用水及其他用水质量，保护合乎公共利益的用水要求；加强对工业、农业和居民废水、污水的管理，征收排污费（刘健，1998）。

为防止莱茵河的源头波顿湖遭受污染，德国、法国、瑞士三国签订协议并立法，规定污水必须经过处理后才能排放。为保持空气清新，沿岸各国制定了二氧化硫、氮氧化物等空气污染物的排放许可标准与法规，并严格执行。为了能在莱茵河水资源共享方面加强交流与合作，从 20 世纪 70 年代开始，莱茵河各国定期召开莱茵河部长会议，就莱茵河污染问题进行商讨。

（二）从单纯行政协调转向市场调节

莱茵河治理不仅仅是政府的职能，也是沿河工厂、企业、农场主和居民共同的利益所在。在维护莱茵河良好水质和生态环境中，政府和企业都发挥了重要的作用，主要表现在以下几个方面。

1）多方投资治理污染。政府和企业共同分担水域污染治理费用。

2）企业环保与其经济利益相关联。欧盟国家在环境许可申报、审批、企业排污监控、企业污染治理等各方面已建立起完善的法律法规和制度体系。在法律框架下，环境监察处罚力度非常大，如果企业出现环境污染事故，当事人将面临刑事诉讼，其企业声誉、社会形象和经济利益将受到很大影响。

3）政府严格审批与企业自律相结合控制排污总量。企业的污染防治设施必须按照法律规定经政府环境保护行政主管部门的严格审批。企业也建有严格的自我检测系统和数据申报制度。单个企业在排污口有监测点位，自我检查标准执行效果。化工园区在收纳河流的上、下游均设置了监测断面，以适时跟踪河流水质，及时发现园区可能出现对河流的污染或风险。

4）把实行清洁生产和废物再利用变为企业的自觉行动。环境审计在企业和政府部门被广泛开展，这一过程带动了企业环境行为的不断改变，环境绩效不断提升。通过这种方式，发挥了企业的主体作用，环境监管由被动转为主动。

5）政府为可持续的土地与水资源管理提供财政支持。因为可持续的土地与水资源管理事关集体的利益，莱茵河沿河各国政府将为此提供财政支持。为鼓励作为田园管理者的农民对土地进行可持续管理，政府将付给农民为增强土地抗旱除涝能力而付出的成本，如"质量家庭收入补贴"就专门用于给提高自己土地保水能力的农民减税（吕偲，2004）。

（三）公众参与、企业社会责任与城乡协调发展

1. 开展环境教育与公众参与

作为占莱茵河流域面积一半以上的国家，德国在莱茵河的保护中发挥了重要作用。这既得益于德国完备的环境立法，也应归功于德国对环境教育的重视。政府充分利用教育机构的平台作用，形成了完善的环境教育体制。德国的环保教育从幼儿就开始进行，环境教育在中小学教学大纲中也是必不可少的内容，并且更加注重学生的生活体验。由保护莱茵河国际管理委员会专家所组成的团队在沿岸各州小学开设了以水资源保护为主题的课程。得益于从小培养的环保意识，德国公民普遍具有较高的生态觉悟，能够主动、积极地参与

环境保护活动，这使得环境保护变成了一种全民的自觉行动。

德国的环保组织在环境教育与公众参与中的作用也功不可没。①已有 100 多年历史的"德国自然保护联盟"（Naturschutzbund Deutschland，NABU）是德国最大的环保非政府组织，至今已经有 20 多万成员。联盟最初主要从事鸟类保护活动，目前致力于河流、森林和动物种群的保护。联盟成立的莱茵奥恩自然保护中心在莱茵河流域鸟类监测、栖息地保护、湿地威胁因子调查、法律监督、游客管理、环境教育和公共宣传等方面较好地弥补了官方保护管理的缺失。②成立于 1980 年、一直以"环境优先"为主张的德国绿党是当今世界上成立最早，同时也是最为成功的绿党政治组织。其政治纲领是反对环境污染、核能的过分利用、战争与侵略，以及其他各种过度的工业化行为。德国绿党积极参政议政，并组织、开展环境保护活动，对德国的环境保护运动具有积极的推动作用。

依据《保护莱茵河防治化学污染的波恩公约》的要求，莱茵河沿岸各州环境保护局在本州内建立了完整的监测系统。早在 1987 年，北莱茵威斯特法伦州（以下简称"北威州"）即建立了主要针对自来水厂、污染事故和非法排放的预警监测系统，此后，预警监测站的数量增至 13 个。目前，北威州已形成了由 3500 个基础监测站（每 5 年监测 2 次）、250 个强化监测站（每 1 年监测 1 次）和 91 个趋势监测站（每年监测 13 次）构成的立体、全方位的监测网络（张璐璐，2011）。每年，北威州的监测部门都要向联邦管理部门提交监测公报。监测结果及时对公众公开，人们可以在网上直接查询。超标企业要被列入超标企业名录，并对外公布，企业的形象和产品的销路就会受到不同程度的影响。环境保护直接影响到企业的声誉、形象和长远经济利益，产品不为公众所接受，环境保护就成为企业的一种自律行为。

2. 企业承担社会责任

20 世纪 50 年代末，在大规模的战后重建中，莱茵河沿岸建立了以德国鲁尔为代表的多个工业区。大批能源、化工、冶炼企业向莱茵河索取工业用水，同时又将大量废水排进河里，重金属化合物、农药、碳氢化合物和有机氯化物等 6 万多种有害化学品导致莱茵河水质急剧恶化。1986 年，莱茵河发生了震惊世界的桑多兹污染事件，这让人们把整治莱茵河的注意力从"末端治理"转移到了"预防治理"上。

联邦环保局主张，只有运用法律的手段和技术的提高限制重点企业的排放值，才能有效降低莱茵河的污染负荷。为了达到这个目的，每个废水排放者都应使排放值达到最低限度，同时严格限制排放条件和排放次数。德国的环境政策遵循"谁污染谁负责，谁污染谁治理"的原则，即对环境造成影响或损害的人要负责承担环境治理的费用。如果发生事故后再处理，其费用远比预防的投入要大得多，所以大多数企业宁可把钱投在预防上。

德国巴斯夫公司（Badische Anilin-und-Soda-Fabrik，BASF）是世界最大的化工企业之一。在瑞士桑多兹事件一个月后，德国巴斯夫公司对工厂和仓库采取 2400 项措施用以防止类似事故的发生。为达到政府制定的污染物最低排放限度，自觉修建污水处理设施并通过了政府相关环保主管部门的严格审核。目前，德国巴斯夫公司从生产环节的原料使用、能源消耗到最终的产品使用的每个周期进行生态分析，使材料能够多次循环使用，最大限度降低物耗能耗。该公司现在已经基本实现污水零排放。德国巴斯夫公司还是世界上首批建立"可持续发展理事会"的公司，它致力于国际化工界"责任关怀"运动，推行先进的生态效益工具，坚持从生态和经济两个角度看产品的整个生命周期，关注能源和材料的消耗，以及再循环与废弃物处理等。

德国拜耳集团（BAYER）是一家研究和生产新型医药的大型企业，集团每年用于环境保护的费用平均在 10 亿欧元以上。由于引进了新的循环利用技术，该公司的能源消耗、垃圾、有害废料和废水的产生量大幅度减少，近年来集团在环保工作方面进行了十分彻底的改进。以前的做法是前期只管生产，最后统一对废料进行排放等处理，而现在，集团的环保工作已经融入了每一个生产环节，生产中排放出的固态和液态废物通过地下管道集中进入处理设施，通过生物技术进行处理后，水质可达到许可排放的标准，然后通过管道排入莱茵河。生物处理剩余的残渣再通过焚烧进行无害化处理，无害化处理后的废弃物被运送到专门的填埋场地。1997 年，拜耳集团成为世界可持续发展工商理事会的一员，自 2001 年起，拜耳集团每年发布整个集团的可持续发展报告，2004 年，拜耳集团成为第一家同联合国环境规划署开展青年环保合作项目的私营公司。

3. 建立城乡共同发展协调模式

20 世纪 30～50 年代，德国的莱茵河下游地区，即工业发达、城镇密集的鲁尔区由于煤矿资源的大面积开采和钢铁、化工等重工业的发展，土地资源遭到严重破坏，生态环境不断恶化，莱茵河水质也遭受严重污染。但自 20 世纪 70 年代以来，当时的联邦德国政府成立了区域-城市开发联盟，采取了多种城乡共同发展的协调模式，大力改造与建设德国的重化工、钢铁、机械工业区，使原来城乡分离、城乡对立的局面得到很大的改善（姚士谋等，2004）。

莱茵-鲁尔工业城镇密集区的改造建设有以下五条经验可供我国借鉴：①大量露天开采的煤矿得到复垦，生态环境恢复方面进行了艰巨的改造工程，填埋矿坑，平整土地，人工种植树木、花草，建设一些公园绿地。②推广"城市更新"计划，对老的工矿城市在职能上进行改造，把不具比较优势、环境污染大的产业外迁或停产、转产、限产，以发展高新技术产业和技术含量高的制造业为主；对一些工矿城镇进行重新规划，针对一些生产性建筑，将其主要职能改造为居住、办公或公益用途；在外民族人口较多的城镇推行语言与就业技能培训，以促进不同民族人口在文化上的融合，降低其失业率；在改造的同时，把一些能反映莱茵-鲁尔工业区发展轨迹的建筑或遗迹完好地保留下来。③在地区内规划建设高等级专业道路（高速公路或一级公路）与区域铁路，所有乡村道路均修建成沥青或水泥路面，通过与高速公路连接，从而与各个城镇、社区相联系。④郊区化过程中，在广大的乡村区域，围绕大城市或工矿城镇进行系统的住宅区规划建设，形成一系列相对独立的社区（相当于小城市），社区低密度的土地利用（downzoning）创造了优良的人居环境。⑤根据德国政府有关法规，对本地实行统一规划建设，营造"城乡一体化"的模式，积极推广社会就业保险，大力发展具有地方特色的旅游产业，提高社会就业率（高相铎，2006）。

三、泰晤士河流域

（一）体制改革与科学管理

英国政府于 1963 年颁布了《水资源法》，并依法成立了河流管理局，实施了地表水和地下水取用的许可证制度。从 1973 年颁布新《水资源法》开始，逐步形成了一体化流域管理的模式。约 1600 个独立的与水资源有关的机构被划分为 10 个地区管理机构，此举被欧洲誉为"水业管理体制上的一次重大革命"。地区水资源管理机构的职责是处理所有与水有关的事宜，包括供水、废水处理和河流整治等（李建华，2008）。

国家河流管理局制定了《21 世纪泰晤士河流域规划和可持续开发战略》。这是英国在已有开发规划体系基础上建立起来的更广泛的流域性环保规划，它从水资源、水质、防洪、旅游、航运、渔业等方面提出了泰晤士河流域的可持续发展规划（庞子渊，2005）。这保证了水资源按自然规律进行合理、有效保护和开发利用，杜绝用水浪费和水环境遭到破坏。

泰晤士河的治理仅仅运用了截流排污、生物氧化、曝气充氧等常规措施，其治理成功的关键在于管理上进行了大胆的体制改革和科学的管理方法（许卓等，2008）。

（二）运用灵活的市场机制

20 世纪 60 年代，英国政府成立了隶属于环境部的泰晤士河水务局，是对流域进行统一规划与管理的权力性机构，有权提出水污染控制政策法令、标准，有权控制污染排放，在经济上也有一定的独立性。泰晤士河治理的资金来源主要有两条渠道，一是供水收费，二是靠上市公司在证券市场集资、融资。

国家河流管理局和供水公司在供水过程中担负着相互补充和相互制约的工作。供水公司负责供水、污水处理和清淤等方面的工作，国家河流管理局负责水源、水质和地表水的管理工作，其中包括防洪工作。国家河流管理局通过取水和排水许可、控制排放标准等手段对供水公司进行制约。国家河流管理局的职责，现在是保护和改善水环境，将来是在更广泛的范围内保护和改善环境。因为保护和改善水环境将分享水资源利用的收入，所以对每个参加这项工作的组织都有经济利益。供水公司及其相关单位在取水时需经国家河流管理局同意并获得取水许可证。最近国家河流管理局和供水公司达成一项长期投资计划，以保证供水工业朝着保护环境利益的方向发展（侯起秀，2002）。

泰晤士河管理局是一个经济独立、自主权较大的水污染防治机构。管理局引入市场机制，加强产业化管理，实行谁排污谁付费，发展沿河旅游业和娱乐业，通过多渠道筹措资金，经济效益显著。产业化既解决了城市河流污染治理资金不足的难题，又促进了城市的社会经济发展（汤建中等，1998）。

（三）重视科学研究

在泰晤士河的治理中，科学技术的作用得到高度重视。尤其是泰晤士河的第二次治理，是在有关科学研究的指导下进行的。科学研究帮助水务局制定合理的、符合生态原理的治理目标，根据水环境容量分配排放指标，及时跟踪、监测水质变化。

泰晤士河水务局约有20%的工作人员从事研究工作，随时研究和处置各种应急问题。如遇大雨，科研人员会针对河水水质变化，适时将氧气注入河中。选择治理技术、确定水环境容量、分配排放量等，都要通过科研提出方案。

针对严重的水污染治理问题，伦敦当局运用系统工程学的理论与方法制定出更科学的水质标准，并对各种治理方案作出评价，筛选最优设计与控制方案，使治理工作花费较少的投资和时间，取得良好的治理效果。伦敦当局组织专家选用数学模型进行研究分析，明确了治理水污染"纳管和建污水处理厂"两个重点。至1970年，伦敦在原来的基础上城市下水道普及率达到了98%，污水处理厂有361个，其中，有号称欧洲最大的污水处理厂——百克慕污水处理厂，日处理污水110万t。伦敦目前污水处理量都在400万t/d以上，而且污水处理厂均采用了新工艺，旨在提高河水中含氧量，其废水中的BOD_5均控制在5~10mg/L。他们还建设了若干污泥处理厂，改变了以前将污水处理厂的污泥抛海和填埋的处理方法，杜绝了二次污染。

四、墨累-达令河流域

（一）执行取水限额和水交易政策

墨累-达令河流域管理旨在促进并协调有效计划和管理，实现流域水土与环境资源的公平、高效和可持续利用。为了这些目标，该流域采取了一系列政策措施，如推行取水限额政策与水交易政策。

1. 取水限额政策

为解决因流域引水量不断增加而引发的环境与生态问题，1995年6月，流域部级理事会决定在全流域实施"取水限额政策"。1996年12月，6个政府决定从1997年7月1日起正式实施这一政策，开始了以控制用水为主的水改革。这一政策主要是为了防止进一步增加取水量，它并不限制发展，新建的开发项目仍可建设，但前提是所需水量必须通过提高水利用效率节约出来，或者向已有的开发项目买水。根据2000年的一项评估，这一政策在各州得到了顺利实施，遏制了流域引水量增加的风险。如果不实施该政策，河流生态系统退化会更严重。这一政策的实施使大家认识到提高水利用效率、节水的重要性，促进了州内与州之间不同用水户之间水权交易框架的形成，减缓了水质恶化和自然生态系统的退化。

2. 水交易政策

为缓解各种用水矛盾，提高有限水资源的利用效率，澳大利亚推行水交易政策，开放水权市场，允许用水额度自由交易。为此，流域管理部门在墨累河下游地区开展州之间水交易试点。试点目标有 3 个：一是提高灌溉等水资源效益；二是鼓励水向高产值利用方式转移，推动经济社会可持续发展；三是确保资源和环境的可持续性，防止环境恶化，减轻土地盐碱化。试点项目水权交易仅限于永久水权。此外，流域还存在临时水权交易、水权出租等多种水交易形式。农民可根据自己的需要，确定出售或购买用水额度。通过推行水交易政策，流域各州不再谋求分更多的水，而是控制州内用水需求，走节约用水之路；水权交易促进了用水结构调整，实现了水资源的最佳配置，提高了全社会的节约意识。

（二）社区参与流域管理

1. 实施自然资源管理战略

1990 年，针对流域健康情况恶化的问题，墨累-达令流域的部级理事会启动了"自然资源管理战略"。该战略强调社区参与，其实施是以社区参与为基础的。目的在于建立一个战略框架，使各个社区在这一框架内解决各自的问题，使各地的行为相互协调，并且与资源的可持续利用相一致。在该战略实施以后的 10 年里，流域内社区和政府在工作上相互协调，在自然资源管理方面取得了重大进展。制订并实施了流域自然资源管理战略和行动计划，在社区开展了关爱土地、关注水的行动，采取行动改善水质和环境、增加河流流量，对水资源和植物资源的管理和利用进行了改革，制订了一些全流域战略，协调解决盐渍化和河流中蓝藻爆发等问题。

2. 实施土地关爱计划

这一全国性计划于 1987 年实施，是公众参与流域管理的一个典范，它是以社区民众的广泛直接参与为根本的，有关政府部门、社区、公司、科研机构等均参与的社区生态恢复计划。农民土地关爱小组是从事生态恢复计划的主体，这些小组逐级申报土地关爱计划项目，资金的 50% 由联邦政府提供，另外 50% 为农户投工投劳折资。在墨累-达令流域实施的土地关爱计划，是社区参与流域管理的一项成功计划，不仅提高了公众对流域生态恢复的意识，传播了生态恢复的知识与技术，起到了明显的生态恢复效果，而且对整个流域的规划与管理也起到了积极的作用（史虹，2009）。

五、小结

欧洲莱茵河流域国家通过协作制度的建设、市场机制的运用和全社会的参与，将受工业化污染的河流恢复成为世界跨国合作建立流域生态文明的典范。英国泰晤士河流域管理者通过体制改革、科学研究和市场机制将泰晤士河从严重污染的河流恢复为景观河道。澳大利亚针对墨累-达令河流域干旱缺水的特点，从水资源管理市场机制入手，推动全民参与节水，取得了卓越的成效。这些流域生态文明建设的成果成为了世界的财富。

参 考 文 献

高相铎. 2006. 东北老工业基地产业结构演变城市化响应的地理事实辨析. 长春：东北师范大学硕士学位论文.
侯起秀. 2002. 21 世纪泰晤士河流域水资源规划和可持续开发战略简介（一）. 海河水利，1：61-66.
李建华. 2008. 忆江南百花山四季. 北京观察，3：20.
刘健. 1998. 莱茵河流域的生态环境建设. 世界农业，9：43-45.
吕偲. 2004-09-18. 莱茵河：流域管理新概念. 中国水利报.
庞子渊. 2005. 三峡库区水环境保护法律问题研究. 重庆：重庆大学硕士学位论文.
史虹. 2009. 泰晤士河流域与太湖流域水污染治理比较分析. 水资源保护，5：90-97.
汤建中，宋韬，江心英，等. 1998. 城市河流污染治理的国际经验. 世界地理研究，2：114-119.
许卓，刘剑，朱光灿. 2008. 国外典型水环境综合整治案例分析与启示. 环境科技，S2：71-74.
姚士谋，房国坤，Nipper J. 2004. 中德经济发达地区城乡一体化模式比较——以长江三角洲与莱茵河下游地区为例. 人文地理，2：25-29.
张璐璐. 2011. 论莱茵河流域管理体制之运作. 青岛：中国海洋大学硕士学位论文.

第三章　辽河流域水环境质量现状与水生态系统健康保护战略

一、辽河流域社会经济基本概况

（一）自然概况

辽河流域位于中国东北地区西南部，地理位置为 116°40′～125°35′E，40°28′～45°12′N，东西横跨经度约 8°55′，南北纵贯纬度约 4°44′。发源于河北省承德地区七老图山脉的光头山，流经河北、内蒙古、吉林和辽宁，注入渤海。整个流域东西宽、南北窄，总体上呈北高南低、东西高中部低的地势形态。

辽河全长为 1345km，流域面积为 21.96 万 km^2，由东辽河、西辽河、浑太河、辽河干流及其支流 4 个流域组成。东辽河发源于辽源市境内的萨哈岭山，全长为 488km。西辽河水系的绝大部分都位于内蒙古东北部，主要支流有西拉木伦河、老哈河、教来河和乌力吉木伦河。东、西辽河于福德店汇流后为辽河干流，招苏台河、清河、柴河、柳河等支流流入辽河干流，最后经双台子河由盘锦入海。浑河、太子河于三岔河汇合后形成大辽河由营口入海。辽河流域河道内水库、闸坝众多，河流受控性极强，生态水量严重不足。污染季节性特征显著，枯水期污染最重，平水期次之，丰水期较好。

辽河流域属于温带半湿润半干旱的季风气候。年降水量为 300～950mm，60%的降水量集中在每年的 4～9 月。降水量区域变化很大，辽河干流以东达 900mm 左右，向西逐渐减少，西辽河上游多风沙，降水量减少到 300mm 左右，东部降水量达到西部的 2.5 倍。全流域有很多季节性断流河段。全流域年均气温为 4～9℃，分布特点为平原地区较高、山地区较低，自南向北逐渐递减。1 月最低，达-9～18℃，7 月最高，达 21～29℃。

辽河流域的地貌特征是东、西部两侧为低山、中山所环绕，中部是广大平原。全区山脉走向大都为北东、北北东向，次为北西或东西向，海拔一般为 500～800m。东有千山山脉、龙岗山脉，西有大兴安岭山脉和辽西山地，北有松辽分水岭，三面群山呈马蹄形环抱着辽河大平原。辽河流域地层分布较全，岩性种类多，除三叠系外，各时代地层均有不同程度的出露。

辽河流域在全国土壤分布区中跨两个地带性土类分布区，即东部棕色森林土类土壤区及西部褐色土类土壤区。流域北部与黑土分布区相毗邻，东北部与山地暗棕色森林土交错接壤，西部则与华北、内蒙古褐土区相连接。根据各地区土壤的形成与分布，辽河流域共有八大类土壤类型，即棕壤类土壤、褐土类土壤、黑土类土壤、栗钙土类、湿土类土壤、水稻土类、盐碱土类、岩性土类。

辽河流域自然植被处于长白、华北和内蒙古三大植被分布区的交叉地带，具有明显的过渡性和混杂性，各植被区的代表树种相互渗透，交错分布。由于人类活动不断地开垦、采伐和人工建造，流域内几乎已无原始植被。目前残存的自然植被主要分布在流域东部丘陵山地，少量见之于辽西山地和辽河口一带的芦苇沼泽。流域的植被横跨3个植被区，即东部山地属温带针阔混交林区的南部，辽南和辽西属暖温带落叶阔叶林区的东北部，辽北属温带草原区南界的边缘地区。

流域多年平均地表水资源量为137.21亿 m^3，多年平均地下水资源量为139.57亿 m^3，多年平均水资源总量为221.92亿 m^3，占全国水资源总量的0.78%。辽河流域水资源可利用总量为115.04亿 m^3，水资源可利用率为51.8%，其中，地表水资源可利用量为63.28亿 m^3，占可利用总量的55.0%（党连文，2011）。

（二）辽河流域社会经济现状分析

1. 流域人口分布与城镇化现状分析

（1）流域人口分布现状

2012年，辽河流域总人口达2449.4万，流域内人口出生率为7.6‰，死亡率为10.89‰，人口自然增长率呈负增长，为–3.3‰（表3-1）。

表3-1 2012年辽河流域人口分布情况

城市	平均人口/万	人口出生率/‰	人口死亡率/‰	人口自然增长率/‰
沈阳	724.8	8.6	8.7	–0.1
鞍山	350.3	8.6	9.9	–1.3
抚顺	219.3	6.7	8.5	–1.8
本溪	153.2	6.5	12.5	–6.0
营口	235.1	9.0	9.3	–0.3
辽阳	180.3	7.0	16.2	–9.2
盘锦	128.8	7.6	9.4	–1.8
铁岭	302.2	6.9	12.6	–5.7
北镇、黑山、彰武	155.4	—	—	—
流域人口	2449.4	7.6	10.89	–3.3

从流域内的人口密度的空间分布上来看，东辽河及辽河干流流域内人口密度较大，主要集中在吉林、辽宁两省，其中，辽河中下游城市群人口密度最大，人类活动和工农业生产过程对流域水环境产生了巨大的压力。

（2）流域城镇化现状分析

目前辽河流域大中小城市和小城镇梯次协调发展格局已基本确立，城镇体系结构日趋优化。在辽宁省内，主要流经铁岭、沈阳、鞍山、盘锦等八市，以及北镇、黑暗、彰武三县区。2012年，流域人口数量达20 449.4万，其中，城镇人口所占比率达到了65%以上，近年来，辽宁省不断加大对城镇基础设施建设的投入，城镇人居环境发生了巨大变化。随着区域城镇产业结构不断升级，带动了人口和生产要素向城镇集聚，加快了城镇化进程，城镇经济在国民经济中的主体作用日益突出，如沈阳，集聚了辽宁省辽河流域30%以上的城镇人口，2012年沈阳GDP达6602.6亿元，占辽宁省辽河流域生产总值的40%以上，城镇经济发展达到了较高水平，对周边地区发展起到了较强的辐射带动作用，为推动流域生态文明建设作出贡献（布莱恩·巴克斯特，2007；姬振海，2007；赵晓红，2005；薛晓源和李惠斌，2007）。

目前，辽河流域城镇化正处于稳步发展阶段，但在推进过程中，仍存在着一些不容忽视的问题。

一是城乡差异大、地区间发展不平衡制约城镇化发展。城乡差距大、农民收入普遍偏低、文化素质不高等都是制约城镇化发展的瓶颈问题。

二是城镇的综合承载能力不足。由于历史欠账多、资金需求大、建设周期长、运行效率低等原因，城镇的基础设施条件仍较差。可供城镇发展的土地资源严重不足，土地资源短缺已经成为影响城镇化进程的突出问题。

三是小城镇总体发展水平不高。城镇人口和非农产业主要集中在大中城市，小城镇规模偏小，缺乏产业支撑，经济实力较弱，基础设施建设落后，多数小城镇仍只是传统意义上的政治中心，对人口和生产要素的集聚能力不强，部分地区甚至出现"逆城市化"现象。

四是推动城镇化进程的政策和体制机制不健全。为推进城镇化进程，辽宁省先后出台了一系列配套政策，但仍有部分政策不够健全或者落实不到位。主要问题有：城镇规划缺乏法律保障，部分地区存在建设和规划脱节问题；城乡分割的二元体制改革不到位，医疗、就业、教育等社会保障制度改革没有与户籍制度改革相匹配；城镇管理体制需要进一步规范，当前的管理体制机制已不能适应城镇发展需要。

2. 流域经济发展现状分析

2012年，辽宁省地区生产总值实现2.48万亿元，是2007年的2.2倍，年均增长12.5%，在全国各省份排行中由2007年的第八位升至第七位。公共财政预算收入实现3103亿元，是2007年的近3倍，年均增长23.4%。

与2011年相比，地区生产总值增长9.5%，公共财政预算收入增长17.4%，全社会固定资产投资增长23.2%，社会消费品零售总额增长15.7%，城镇居民人均可支配收入实际增长10.3%，农民人均纯收入实际增长10.3%，居民消费价格总水平同比上涨2.8%。

沿海经济带开发开放全面推进，42个重点园区蓬勃发展。全长1443km的滨海大道建成通车，对辽河下游盘锦和营口二市的发展起到了引领和推动作用。沈阳经济区"同城化一体化"建设全面启动，38个新城、新市镇建设全面启动，57个产业园区初具规模，5条城际开发大道建成通车。县域经济成为新的增长点，城区经济迸发出新的活力，22个新城新区、13个高新区和51个开发区迅速崛起。以上举措为推动流域经济发展、引领生态文明建设，实现经济发展与生态环境保护并举作出了贡献（黄志斌和刘志峰，2004；刘玉龙，2007）。

(1) 三次产业构成

2012年,第一产业增加值为2155.8亿元,比上年增长5.1%;第二产业增加值为13 338.7亿元,比上年增长9.8%;第三产业增加值为9306.8亿元,比上年增长9.9%;人均地区生产总值为56 547元,比上年增长9.3%。生产总值三次产业构成为8.7∶53.8∶37.5。装备制造业、农产品加工业、石化工业、冶金工业是辽宁四大支柱产业。

(2) 区域和县域经济状况

2012年,全省继续大力实施"辽宁沿海经济带开发开放、沈阳经济区国家新型工业化综合配套改革试验区、突破辽西北"三大区域发展战略,并取得重要进展。全省县域地区生产总值实现11 953.7亿元;公共财政预算收入完成875.8亿元,比上年增长24.6%。

(3) 工业产值和增长率

2012年开始,大力实施"工业五项工程",即产业集群工程、企业提升工程、项目工程、企业并购工程、节能降耗与淘汰落后产能工程,全省工业结构调整取得了明显成效。全省全部工业增加值为11 712.7亿元,按可比价格计算,比上年增长9.7%,其中,规模以上工业增加值按可比价格计算,比上年增长9.9%。

(4) 农业产值和增长率

2012年全省农林牧渔业增加值为2155.8亿元,按可比价格计算,比上年增长5.1%。

3. 流域产业结构现状及空间布局分析

(1) 流域产业结构现状分析

"十一五"以来,产业结构调整始终是辽宁省推进经济发展的一条主线,先进装备制造业、新型原料工业和高新技术产业基地加速崛起,现代服务业成为新的经济增长点(孟伟和刘征涛,2008)。

2012年,辽宁省产业结构调整取得了新进展,第二产业强势而进,三次产业结构逐步优化,"二、三、一"的产业格局进一步巩固。2012年全省三产结构为8.7∶53.8∶37.5。从第一产业看,农业结构正向特色、高效种养业集聚。从工业看,装备制造业、石化工业、冶金工业和农产品加工业四大支柱产业竞相发展,成为拉动工业经济增长的主要动力。从服务业看,以信息传输计算机服务和软件业、金融业、房地产业、租赁和商务服务业等现代服务业增速加快,成为新的增长点。

2012年粮食产量达到414亿斤[①],林、牧、渔各业产量和产值跃居全国前列;完成了千万亩[②]设施农业工程,正在实施千万亩节水滴灌工程和千万亩水稻生产全程机械化工程;开工建设了投资10亿元以上的重大农产品加工项目108个;实施了工业五项工程,即通过抓企业提升工程,使销售收入过百亿元的企业达到50户,其中过千亿元的企业达到4户;通过抓产业集群工程,使销售收入过百亿元的产业集群达到75个,其中过千亿元的企业达到4个;通过海外并购工程,使177个项目成为辽宁省企业的控股和独资企业;通过项目工程,使五年开工建设亿元以上重大工业项目达6200个;通过节能降耗和淘汰落后产能工程,使450个企

[①] 1斤=0.5kg。
[②] 1亩≈666.7m²。

业被销号，特别是烟花爆竹生产实现了全行业退出；攻克重大关键技术600项，开发重大技术装备和新产品200项；国家级高新区增至6个；有效发明专利1.3万件；开工建设了136个服务业聚集区。沈阳金廊、大连钻石海湾、锦州十里商街等成为服务业的标志地区。大力发展温泉旅游、沟域旅游和乡村旅游，拓展了发展旅游业的新领域。累计新增贷款1.6万亿元，是前5年的三倍。新增上市公司57家，融资1454亿元。发行各类企业债券2255亿元。银行不良贷款率由14.3%降至2.5%，社会信用环境水平由2007年全国第二十九位，跃升到第十位。土地和矿产管理水平大幅提高，亿元GDP耗地量下降43%。房地产开发的商品房销售面积和销售额年均分别增长18.2%和26.7%。2012年建筑业总产值达7500亿元，由2007年的全国第十位跃升到第四位。商贸市场繁荣活跃，社会消费品零售总额年均增长18.1%。表3-2是辽宁省2012年按行业分的全部规模以上工业企业的主要指标总体情况。

表3-2 辽宁省2012年各行业全部规模以上企业主要指标总体情况表

项目	企业单位数/个	工业总产值（当年价格）/亿元	资产总计/亿元	负债合计/亿元	利润总额/亿元
总计	17 347	49 031.56	34 779.75	20 147.44	2 435.69
煤炭开采和洗选业	173	468.98	1 058.62	678.93	35.81
石油和天然气开采业	1	389.02	643.68	321.65	67.52
黑色金属矿采选业	796	1 668.58	719.20	334.77	162.61
有色金属矿采选业	174	268.12	143.14	64.13	25.90
非金属矿采选业	375	448.86	177.82	54.96	29.75
开采辅助活动	22	96.02	87.43	61.73	−7.12
其他采矿业	1	0.77	0.10	0.07	0.04
农副食品加工业	1 553	4 394.98	1 685.04	752.97	311.56
食品制造业	313	671.63	330.09	136.43	51.85
酒、饮料和精制茶制造业	227	524.90	276.00	125.49	46.13
烟草制品业	4	68.20	44.97	42.44	4.51
纺织业	333	438.81	220.13	112.16	27.32
纺织服装、服饰业	542	770.71	263.54	111.60	47.86
皮革、毛皮、羽毛及其制品和制鞋业	102	244.82	71.65	30.68	31.71
木材加工和木、竹、藤、棕、草制品业	407	770.78	201.85	81.03	43.87
家具制造业	171	380.51	137.46	49.57	19.49
造纸和纸制品业	250	437.86	160.25	72.44	32.09
印刷和记录媒介复制业	107	141.58	75.47	33.13	12.34
文教、工美、体育和娱乐用品制造业	140	173.93	54.00	20.90	10.68
石油加工、炼焦和核燃料加工业	265	4 357.88	1 922.63	1 186.99	−97.64

续表

项目	企业单位数/个	工业总产值（当年价格）/亿元	资产总计/亿元	负债合计/亿元	利润总额/亿元
化学原料和化学制品制造业	990	2 821.58	1 976.32	1 203.89	117.91
医药制造业	269	645.31	449.17	205.93	59.31
化学纤维制造业	16	51.95	33.38	18.25	3.44
橡胶和塑料制品业	860	1 593.92	939.93	436.86	88.54
非金属矿物制品业	1 691	3 491.41	1 762.40	936.22	281.32
黑色金属冶炼和压延加工业	947	5 314.88	5 436.99	3 397.79	35.84
有色金属冶炼和压延加工业	326	1 187.67	820.22	561.53	37.67
金属制品业	938	1 802.13	992.59	487.89	105.77
通用设备制造业	2 047	4 092.35	2 445.65	1 250.85	242.59
专用设备制造业	969	2 249.65	1 914.88	1 164.37	124.20
汽车制造业	426	2 371.17	1 875.48	1 233.43	181.19
铁路、船舶、航空航天和其他运输设备制造业	210	1 222.13	2 327.17	1 792.92	64.90
电气机械和器材制造业	837	2 117.87	1 283.23	670.03	118.86
计算机、通信和其他电子设备制造业	213	969.13	702.45	305.89	63.60
仪器仪表制造业	175	250.66	178.04	73.15	18.45
其他制造业	40	64.55	41.55	18.58	2.60
废弃资源综合利用业	47	78.66	44.12	22.42	5.75
金属制品、机械和设备修理业	63	171.17	94.09	35.75	11.08
电力、热力生产和供应业	249	1 700.20	2 807.89	1 893.87	14.01
燃气生产和供应业	33	50.93	120.90	59.65	3.06
水的生产和供应业	45	67.30	260.23	106.10	−0.68

（2）流域产业结构空间布局分析

辽宁省形成了以装备制造业、化工、农产品加工、原材料深加工4个行业为主的支柱产业集群，以新能源、新材料、新医药、信息和节能环保等为主的新兴产业集群快速发展。截至2012年年底，辽宁省全年重点产业集群实现销售收入23 258亿元，同比增长23.9%；固定资产总投资达6000亿元，同比增长28.5%，其中，项目投资达3605亿元，同比增长41.3%；新项目总数达4134个；销售收入超百亿的产业集群达75个，其中县域27个、超500亿产业集群13个、超1000亿产业集群4个。36个县域产业集群实现销售收入6214亿元，占全部重点产业集群销售收入的26.7%；战略性新兴产业集群34个，实现销售收入7992亿元，占全部的34.4%。

从空间布局来看，沈阳有19个重点产业集群，主要涉及机械加工、农产品加工、金属加工、化工、轻工纺织、陶瓷、包装印刷和医药等领域；沈阳铁西装备制造、本溪生物医药、辽阳芳烃及精细化工、铁岭专用车等成为全省示范产业集群。以沈阳为中心的中部城市群包括沈阳、鞍山、抚顺、本溪、辽阳 5 市，主要以装备制造业、钢铁、汽车产业为主；盘锦以石油化工为主体，重化工业基础雄厚；铁岭是辽宁粮食主产区，主要发展农产品加工业；营口利用临港优势，大力发展商贸、物流。

二、辽河流域水环境质量与主要污染物排放现状

（一）辽河流域水环境质量状况

至 2012 年年底，辽河流域水质总体由重度污染转为轻度污染，并摘掉了重度污染的"帽子"。辽河流域 36 个干流断面 21 项指标符合Ⅳ类水质标准，54 条监测支流入河口断面全部达到或优于Ⅴ类标准，实现了辽河流域治理预期目标。城市集中式生活饮用水源地水质良好，6 座水库水质符合Ⅱ类标准。其水环境质量总体特征如下。

1. 流域干流水质近年来改善显著

自 2001 年以来，辽河全流域干流断面 COD 和氨氮浓度均值呈明显下降趋势。2012 年 COD 年均浓度为 16.1mg/L，达到Ⅲ类水标准，分别比 2001 年、2005 年、2010 年下降 58.3%、57.7%、10.3%。2012 年辽河全流域干流氨氮浓度为 1.1mg/L，达到Ⅳ类水标准，分别比 2001 年、2005 年、2010 年下降 78.3%、72.3%、57.4%（图 3-1）。

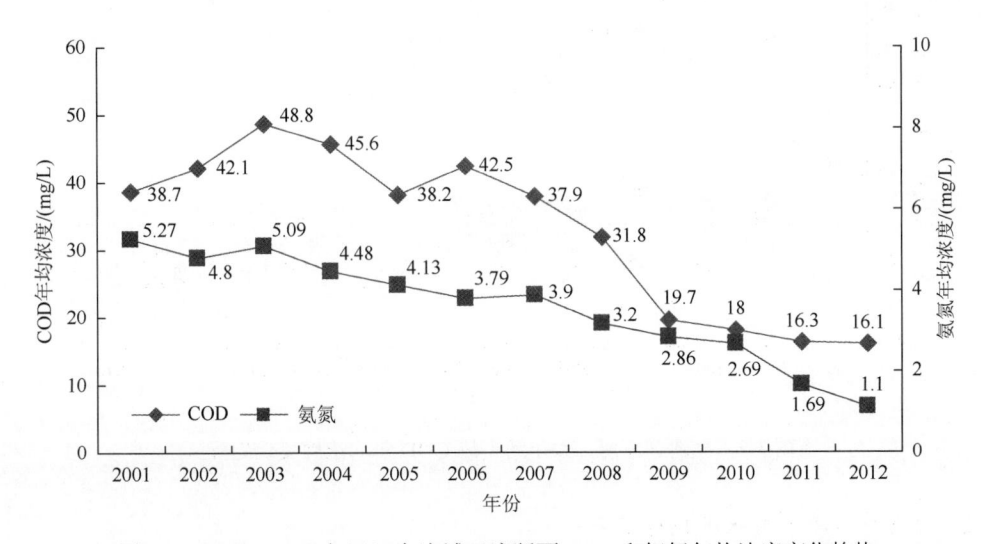

图 3-1 2001～2012 年辽河全流域干流断面 COD 和氨氮年均浓度变化趋势

在高强度人为干扰背景之下，辽河流域水污染以耗氧有机污染为主，主要污染物为 COD 和氨氮。经治理，到 2009 年已逐渐好转，干流 COD 已全面达标，但是氨氮污染是

当前造成水污染的首要污染因子（图3-2）。

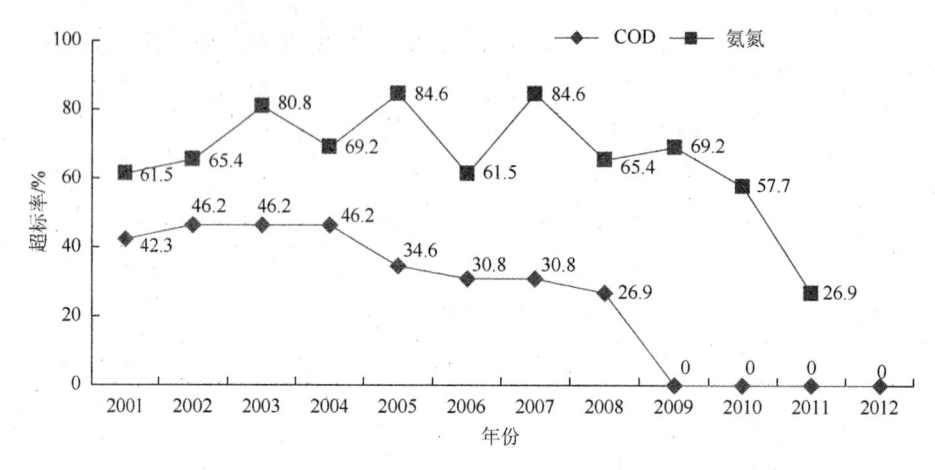

图3-2 辽河流域干流断面COD和氨氮年均超标率变化趋势

辽河流域各水系中，辽河、浑河、太子河COD和氨氮2012年年均浓度达到近10年最低水平，分别达到Ⅲ类和Ⅳ类水质标准。2012年与2001年相比，辽河干流断面COD和氨氮年均浓度分别下降62.6%和73.5%，浑河下降59.8%和88.4%，太子河下降52.8%和38.1%，大辽河氨氮下降64.2%（图3-3和图3-4）。

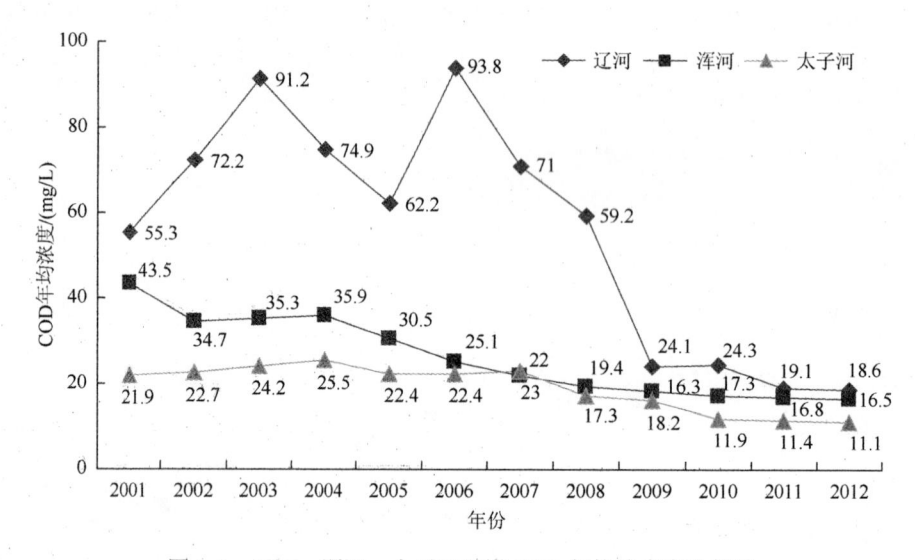

图3-3 辽河、浑河、太子河干流COD年均浓度变化趋势

2. 跨省界河流水质状况相对较差

辽河流域入省的4条河流中，招苏台河和条子河自2001～2011年，水质一直为劣Ⅴ类；西辽河水质改善较为明显，自2008年以来一直稳定保持在Ⅳ类水质；东辽河跨省界断面水质从2008年开始在Ⅳ～Ⅴ类波动（表3-3）。

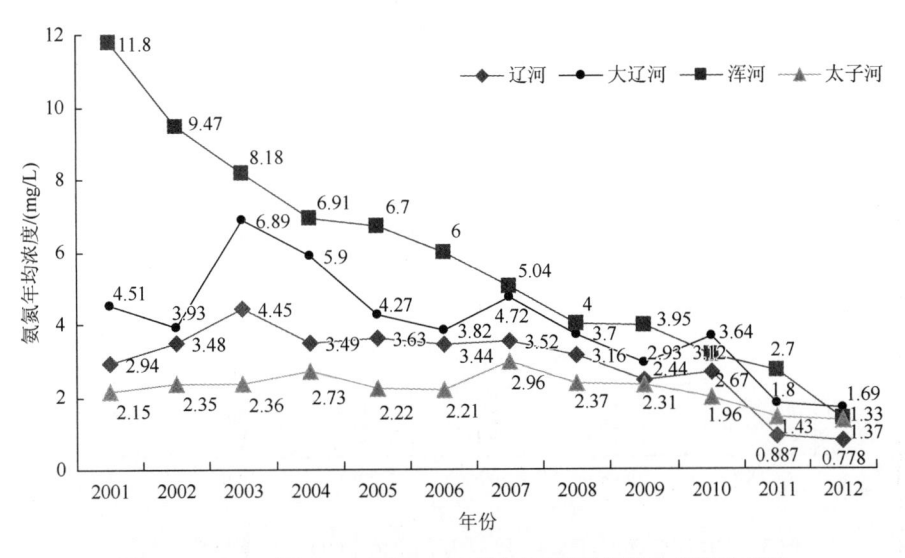

图 3-4　辽河、浑河、太子河、大辽河干流氨氮年均浓度变化趋势

表 3-3　辽河流域入省的 4 条河流水质类别变化

年份	招苏台河	条子河	西辽河	东辽河
2001	劣Ⅴ类	劣Ⅴ类	劣Ⅴ类	劣Ⅴ类
2002	劣Ⅴ类	劣Ⅴ类	劣Ⅴ类	劣Ⅴ类
2003	劣Ⅴ类	劣Ⅴ类	劣Ⅴ类	劣Ⅴ类
2004	劣Ⅴ类	劣Ⅴ类	劣Ⅴ类	劣Ⅴ类
2005	劣Ⅴ类	劣Ⅴ类	无数据	劣Ⅴ类
2006	劣Ⅴ类	劣Ⅴ类	无数据	劣Ⅴ类
2007	劣Ⅴ类	劣Ⅴ类	无数据	劣Ⅴ类
2008	劣Ⅴ类	劣Ⅴ类	Ⅳ类	Ⅴ类
2009	劣Ⅴ类	劣Ⅴ类	Ⅳ类	Ⅳ类
2010	劣Ⅴ类	劣Ⅴ类	Ⅳ类	Ⅴ类
2011	劣Ⅴ类	劣Ⅴ类	Ⅳ类	Ⅳ类

3. 支流水质有所改善，但浑太水系支流氨氮污染仍较重

2007~2012 年，辽河流域各水系支流水质污染明显减轻（图 3-5 和图 3-6）。辽河、浑河、太子河主要支流入河口断面 COD 年均浓度比 2007 年分别下降 79.3%、42.1%、74.0%，大辽河比 2008 年下降 88.4%，已经达到Ⅲ类水质标准。辽河和太子河主要支流入河口断面氨氮年均浓度比 2007 年下降 73.4%、47.7%，2012 年已经达到Ⅳ类水质标准；2012 年大辽河氨氮年均浓度比 2008 年下降 87.9%，浑河氨氮年均浓度呈波动上升趋势，均高于Ⅴ类水质标准。可见虽然浑太水系氨氮年均浓度明显下降，但氨氮污染仍较为严重。

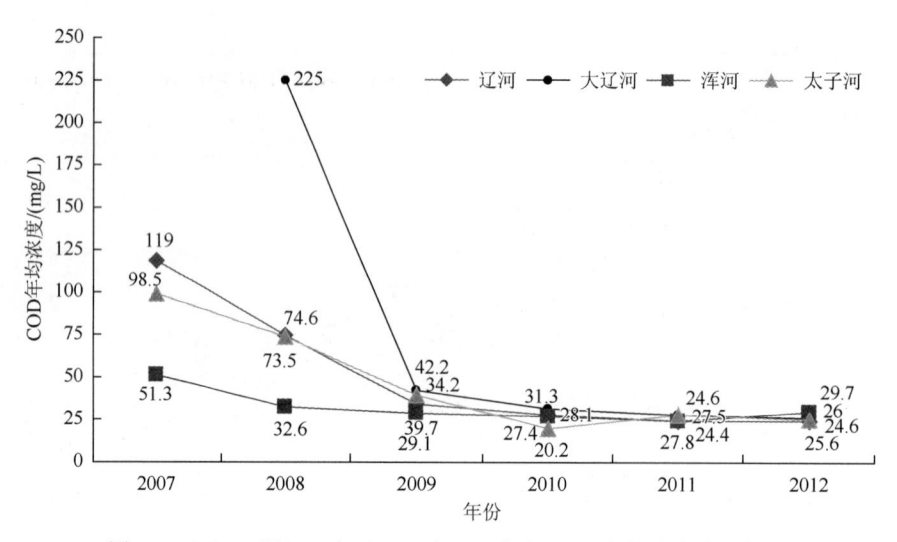

图 3-5　辽河、浑河、太子河、大辽河支流 COD 年均浓度变化趋势

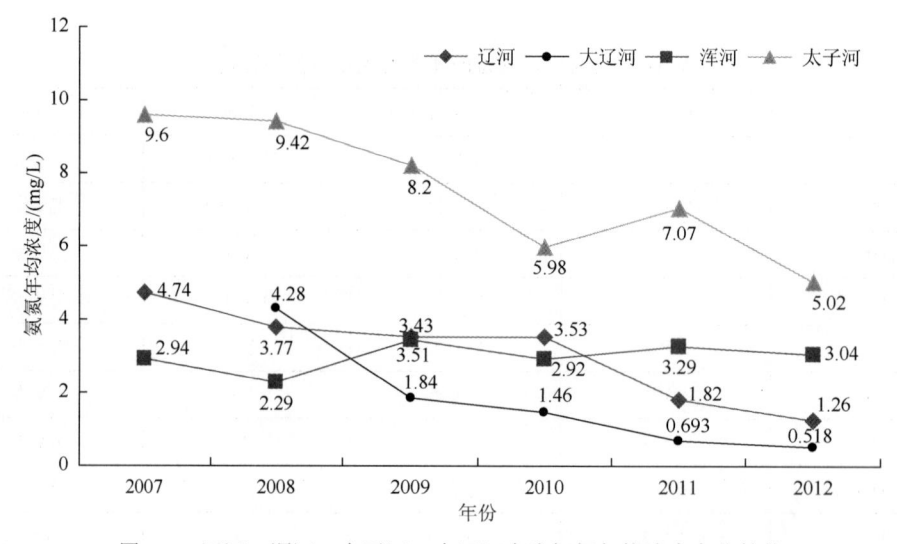

图 3-6　辽河、浑河、太子河、大辽河支流氨氮年均浓度变化趋势

4. 湖库未出现富营养化，但总氮污染严重

（1）水库富营养状态变化

2012 年，辽河流域辽宁省各水库富营养状态为贫营养或中营养，流域内水库均未出现富营养状态，各水库富营养指数见表 3-4。

表 3-4　2007～2012 年各水库富营养状态指数

水库名称	2007 年	2008 年	2009 年	2010 年	2011 年	2012 年
大伙房	39.7	36.6	35.9	45.2	38.8	38.6
观音阁	30.7	31.5	31.5	29.7	32.6	33.6
桓仁	—	32.6	35.2	38.1	40.8	43.1

续表

水库名称	2007年	2008年	2009年	2010年	2011年	2012年
石门	41.3	41.9	44.3	43.3	42.6	45.3
汤河	33.4	36.1	30.6	32.5	31.8	37.2
葠窝	45.6	44.8	45.6	44.4	38.7	44.3
柴河	39.1	40	37.7	39.5	37.6	37.8
清河	39.7	41.6	40.3	40.2	37.8	37.6

（2）水库总氮污染形势依然严峻

在总氮不参加水质评价的情况下，2007~2012年，辽河流域水库水质总体保持良好，以Ⅱ~Ⅲ类水质为主。观音阁和桓仁水库多年水质为Ⅰ~Ⅱ类，水质状况良好。大伙房、石门、柴河、清河4座水库多年均为Ⅱ~Ⅲ类水质，主要污染指标是总磷或高锰酸盐指数。汤河水库2008年由于石油类超标为Ⅳ类水外，其他年份均为Ⅱ类水质。葠窝水库污染比较严重，在Ⅳ~Ⅴ类，主要污染指标为氨氮。2007~2012年各水库水质类别见表3-5。

表3-5　2007~2012年各水库水质类别（总氮不参评）

水库名称	2007年	2008年	2009年	2010年	2011年	2012年
大伙房	Ⅱ	Ⅱ	Ⅰ	Ⅱ	Ⅱ	Ⅱ
观音阁	Ⅲ（总磷）	Ⅱ	Ⅱ	Ⅲ（总磷）	Ⅱ	Ⅱ
桓仁	—	Ⅱ	Ⅱ	Ⅱ	Ⅱ	Ⅱ
石门	Ⅲ（总磷）	Ⅲ（总磷）	Ⅱ	Ⅲ（总磷）	Ⅲ（总磷）	Ⅲ（总磷）
汤河	Ⅱ	Ⅳ（石油类）	Ⅱ	Ⅱ	Ⅱ	Ⅱ
葠窝	Ⅴ（氨氮）	Ⅳ（氨氮、石油类）	Ⅳ（氨氮、总磷）	Ⅳ（氨氮、总磷）	Ⅳ（氨氮）	Ⅳ（氨氮）
柴河	Ⅱ	Ⅲ（总磷）	Ⅲ（总磷）	Ⅱ	Ⅱ	Ⅱ
清河	Ⅲ（总磷）	Ⅳ（总磷）	Ⅲ（总磷）	Ⅱ	Ⅱ	Ⅱ

注：括号内为超水环境功能区标准指标

考虑到总氮是导致湖库富营养化的重要指标，本研究分析了在包含总氮指标情况下的湖库水质评价结果（表3-6）。结果显示2007~2012年各年度80%以上水库未达到Ⅱ类水质标准要求，2007年8座水库中仅三座为Ⅴ类或劣Ⅴ类水质，到2012年增加到7座。大伙房、葠窝、柴河、清河4座水库均为Ⅴ类，甚至劣Ⅴ类，总氮污染比较严重。

表3-6　2007~2012年各水库水质类别（总氮参评）

水库名称	2007年	2008年	2009年	2010年	2011年	2012年
大伙房	Ⅴ（2.8）	Ⅴ（2.6）	Ⅴ（2.6）	劣Ⅴ（4.0）	劣Ⅴ（4.2）	劣Ⅴ（3.6）
观音阁	Ⅳ（1.2）	Ⅳ（1.3）	Ⅲ（0.1）	Ⅲ（0.5）	Ⅳ（1.2）	Ⅳ（1.7）
桓仁	—	Ⅲ（0.1）	Ⅲ（0.2）	Ⅳ（1.3）	Ⅴ（2.0）	Ⅴ（2.7）
石门	Ⅱ	Ⅲ（0.6）	Ⅲ（0.8）	Ⅲ（0.8）	Ⅲ（0.9）	劣Ⅴ（3.5）
汤河	Ⅲ（0.3）	Ⅲ（0.7）	Ⅲ（0.9）	Ⅲ（0.9）	劣Ⅴ（5.0）	劣Ⅴ（4.9）

续表

水库名称	2007年	2008年	2009年	2010年	2011年	2012年
葠窝	劣V（10.5）	劣V（10.6）	劣V（10.0）	劣V（10.8）	劣V（12.0）	劣V（11.9）
柴河	Ⅳ（1.7）	V（2.7）	Ⅳ（1.9）	劣V（5.2）	劣V（4.6）	V（2.0）
清河	V（2.5）	劣V（3.1）	劣V（3.5）	劣V（5.4）	劣V（4.9）	V（2.5）

注：括号内为总氮超标倍数

（二）辽河流域水污染物排放状况

根据辽宁省环境质量公报数据，2005~2012年，辽宁省COD、氨氮排放量呈逐年下降趋势。至2012年年底，COD和氨氮排放量相比于2005年分别减少20%和43%，相比于2010年分别减少4.9%和4.4%（图3-7）。

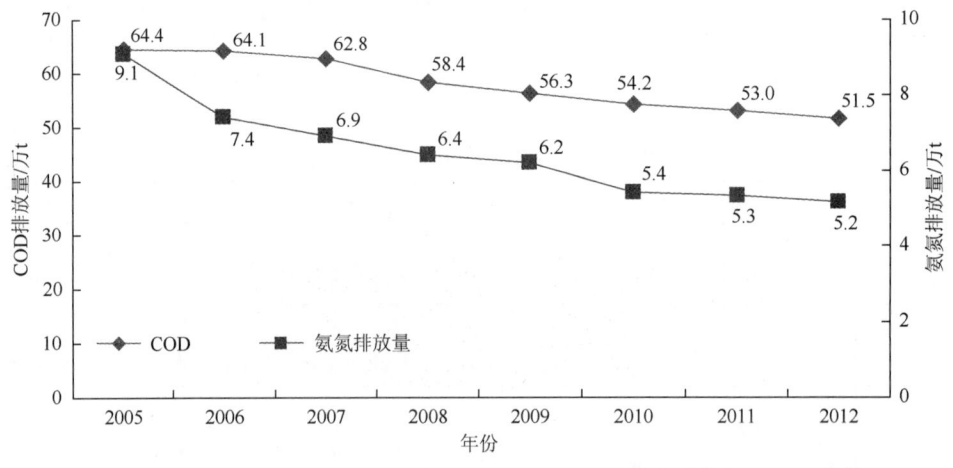

图3-7 2005~2012年辽宁省主要污染物排污状况

辽河流域除大辽河水系COD排放以工业源为主外，辽河、浑河、太子河控制区COD排放主要来自于城镇生活源；各控制区氨氮排放主要来自于城镇生活源（图3-8和图3-9）。

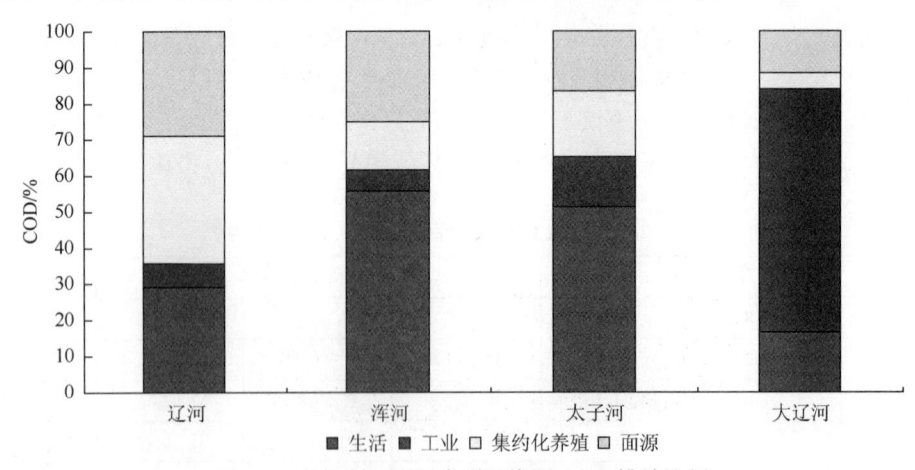

图3-8 各控制区不同类型污染源COD排放比例

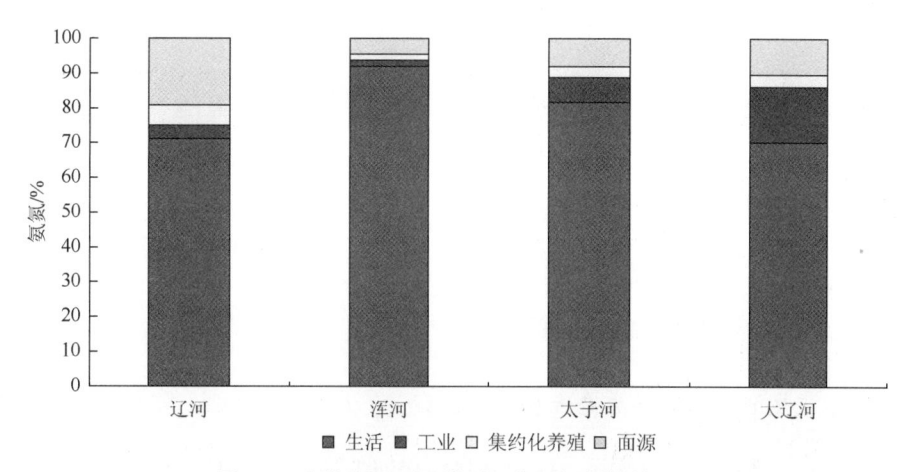

图 3-9　各控制区不同类型污染源氨氮排放比例

2012 年辽河流域工业污染物排放主要集中在石化、冶金、造纸、纺织、医药、饮料、食品 7 个行业。六大重化工行业的工业废水、COD、氨氮排放量分别占全流域工业总排放量的 66.6%、85.2%、87.5%，重化工行业污染特征明显（图 3-10～图 3-12）。

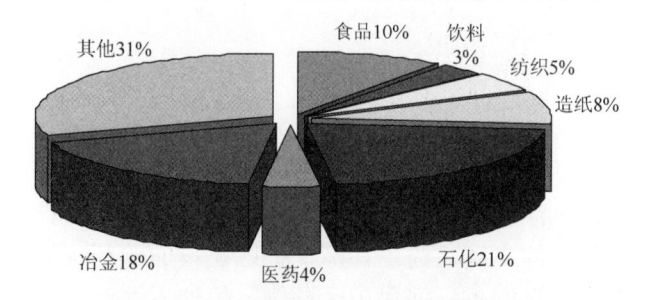

图 3-10　辽河流域工业行业废水排放比例

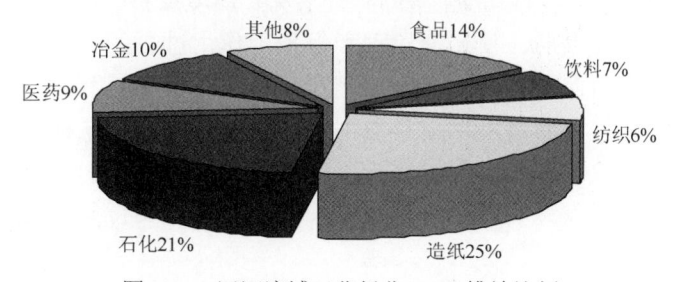

图 3-11　辽河流域工业行业 COD 排放比例

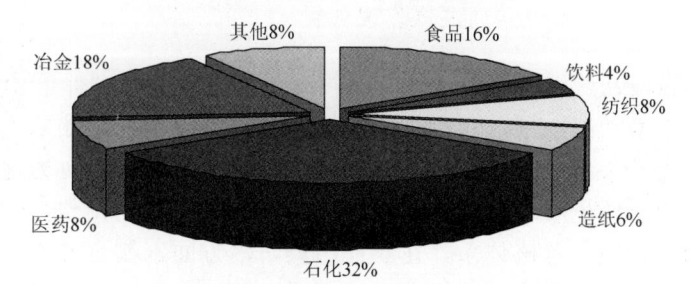

图 3-12　辽河流域工业行业氨氮排放比例

（三）辽河流域水污染控制与管理状况

近 30 年来辽宁省在辽河流域水污染物总量控制管理、政策以及技术方面开展了诸多工作，取得了长足进展和显著成效。进入"十二五"，为彻底改善辽河流域水质，辽宁实施了"三大战役"，即辽河治理攻坚战、大浑太（大辽河、浑河、太子河）歼灭战、凌河治理阻击战，全力推进摘掉辽河流域重度污染"帽子"的工作。

1. 大力推进生活、工业和生态专项治理工程

通过实施工程减排、结构减排、管理减排，辽河流域水污染得到有效控制，水质得到明显改善。"十一五"期间，辽宁投资近百亿元建设 99 座污水处理厂。目前，辽宁省城镇污水处理厂总数达 136 座，城市污水处理率已达 86.1%，县级市污水处理率达 82%。按照"上大、压小、提标、进园"的方针，辽宁省推进造纸等工业企业升级改造。与此同时，以功能恢复为重点，对 60 多条河流进行综合整治，恢复重建流域生态环境，提高水体自净能力。

2. 坚持不断探索，积极创新流域治理体制

2010 年 5 月，为实现辽河干流集中封闭保护，真正让河流休养生息，辽宁省委、省政府正式划建了辽河干流保护区，组建了正厅级建制的辽河保护区管理局，此举开创了全国流域治理与保护的先河。为了保障保护区建设的顺利实施，辽宁省建立了综合治理新机制，颁布了《辽宁省辽河保护区条例》等地方性法规，以法律的形成明确了水污染防治行动；辽河流域"划区设局"，水利、环境保护、国土、交通、农林等部门的相关职能均划归管理局，使辽河治理和保护工作由过去的分散、多头治理向统筹规划、集中治理、全面保护方向转变，这是辽河治理工作发展到一定阶段、取得一定成效后的思路创新和体制创新，标志着辽河治理和保护进入了全面整治、科学保护的新时期、新阶段。此做法得到了环境保护部的大力支持和肯定，时任环境保护部周生贤部长批示："这是重点流域管理的创新和突破，应大力支持其先行先试，不断总结经验，及时给予指导"。

3. 坚持从严监管，建立科学的流域管理机制

加强制度建设，完善地方标准体系，从严开展管理工作。"十一五"期间，辽河流域通过完善地表水功能区划，制定更为严格的地方排放标准，建立跨市界生态补偿制度，实行河（段）长负责制，实施流域限批等多种管理措施，有力地支撑了辽河流域的水污染防治和水环境质量改善。辽宁省政府实施产业结构调整，逐步建立完善了一整套环境监测、管理、考核体系。在农业污染防治方面，制定并下发了《关于加强畜牧业污染防治促进农业源减排工作意见》，促进了畜牧业污染治理及农业污染源减排

项目实施。实施严格的排污监管制度，出台了严于国家的《辽宁省污水综合排放标准》，大大减轻了辽河流域的纳污压力；建立了上下游生态补偿制度，出台了《辽宁省跨行政区域河流出市断面水质目标考核暂行办法》，主要河流出市断面水质超过目标值的，上游地区将给予下游地区补偿资金；推行红、黄色警戒线制度，对超过警戒线的，实施通报、媒体曝光、流域限批等处罚措施，促进了辽河支流与干流的同步治理；建立了年度考核制度，省政府与各市政府签订了责任书，将减排工作和水环境质量纳入省政府对各市政府的年度考核体系；建立并实行了月减排调度制度，省环保厅每月定期召开水质分析会，使污染问题在第一时间被发现，第一时间得到解决；实施督察考核制度，在日常监督检查的基础上，省环保、监察、发改、财政、住建、水利、辽河局、凌河局等部门成立了联合检查组，对辽河流域内各市治理工作情况进行了全面检查，对发现的问题及时整改。

4. 不断提升流域水环境监测监控能力

污染源监控：辽河流域建立了省、市、县三级污染源监测网络，对辽河流域 258 家国控重点污染源、1000 余家省控重点污染源按季度开展监督性监测；针对辽河流域水质污染特征，开展了日排百吨废水污染源及排放有毒有害物质污染源专项监测，取得了大量监测数据，基本掌握了辽河流域污染源排污状况。

通量（总量）监控：从 2004 年起，辽宁省开展入河污染物化学需氧量、氨氮总量监测，在定量评估控制单元实际入河（湖）量及削减量、为核定控制单元实际入河总量提供了数据支撑。

质量和风险监控：辽河流域水质常规监测系统经历了 20 余年的发展，建立了比较完善的常规监测技术方法和路线；在省界断面、主要河流支流入河口新建 11 个水质自动站；并结合已有的 13 个水质自动监测站，构建了"辽河流域水环境风险评估与预警监控平台"；完成了辽宁省地表水水质监控体系，极大地提高了辽河流域省地表水环境监测能力；为辽河流域水质改善提供了重要的数据支撑。

5. 水专项研究支撑流域重大治污行动

"十一五"期间，水体污染控制与治理科技重大专项以构建水污染治理技术和水环境管理技术两大技术体系为核心，围绕质量控制、总量控制和风险控制三大技术措施，具体在辽河流域开展了流域水生态功能分区技术、流域水质基准与水环境标准制定技术、流域水污染物容量总量分配技术、流域水污染治理关键技术和流域监控预警与风险管理技术 5 个大技术研究与示范。以下介绍前四种。

（1）流域水生态功能分区技术

水生态功能分区的目的是以"分区、分级、分类、分期"流域水环境管理思想，推进从水质达标管理到水生态健康管理的转变，为水生态保护目标制订提供支撑。水专项在辽河流域进行了大规模多频次的全流域水生态调查，在此基础上，开展了水生态健康评估、水生态功能评价、水生态功能分区原则、分区体系和定量化分区方法等研究；建立了基于物理完整性、化学完整性和生物完整性的水生态系统健康综合评价技术；完成了辽河流域水生态功能一、二、三级分区，共划分为 4 个一级区、16 个二级区、90 个三级区，并依据流域水生态功能分区成果划定了辽河干流保护范围，提出了辽河干流鱼类保护物种名录（30 种）。健康评估和功能分区的成果为辽河流域以水生生物保护为导向的水环境基准的制定提供支持，对全国水生态保护修复和污染控制分区管理策略的实施有很好的指导性。

（2）流域水质基准与水环境标准制定技术

为建立以水生生物保护和水生态系统健康为目标的新的流域水质基准标准，水专项在辽河流域开展了水环境质量演变特征与基准指标筛选、水生生物毒理学基准指标与基准阈值、水环境生态学基准与标准阈值及方法、水环境沉积物基准技术方法、特征污染物风险评估方法与水质标准转化技术等方面的研究。通过"十一五"的实施，水专项结合辽河流域水环境质量管理目标，建立了具有水生态功能区差异性的水质基准制定技术体系，提出了 3 项基准及标准相关技术导则规范，并针对辽河特征污染物，初步提出三大类 12 种特征污染物的水环境质量基准建议值，强有力地支撑辽河流域两大技术体系的构建，探索出了适合我国国情的水环境质量基准和标准体系制定技术。

（3）流域水污染物容量总量分配技术

为建立流域污染容量总量控制技术，水专项在辽河流域开展了流域水环境系统分析与模拟研究，评估了流域水生态承载力，研究了多目标条件下的流域污染物总量分配技术，完成了辽河流域数字水环境系统集成，并在辽河流域筛选 5~8 类典型控制单元，建立了控制单元水环境问题诊断、污染物控制指标筛选技术、污染源排放总量核算方法，建立污染源负荷与水质目标之间的输入响应关系，制订了控制单元污染物削减方案。

随着项目的实施，在辽河流域提出了基于水生态承载力的产业结构调整方案，在水生态功能分区的基础上，结合行政管理需求，在辽宁省辽河流域共划分了 94 个污染控制单元，选择铁岭、抚顺、盘锦、四平 4 个行政区内的 27 个控制单元，开展了水质目标管理技术示范。流域污染容量总量控制技术从流域整体层面建立了总量控制管理方案，形成了相对完善的流域容量总量计算和分配技术体系，弥补了我国流域污染控制与水质达标之间相关性低的不足，有效地推动了水环境管理由目标总量控制向容量总量管理的转变。

（4）流域水污染治理关键技术

该技术开展重化工业污染控制、农村面源治理、水环境修复技术研发与集成，突破了冶金焦化废水"陶瓷膜过滤—强化硝化反硝化—臭氧催化湿式氧化"技术，解决了挥发酚等物质降解技术难题，实现焦化废水 COD 由传统 A2/O 工艺出水 150~200mg/L 降低到 20~50mg/L，达到了国家污水综合排放标准一级要求。研发的石化综合废水"厌氧/好氧—超滤—反渗透"回用技术，解决了高浓度石化废水资源化回用难题，实现大型联合化工企业 COD 年削减 7800t，年节水 600 万 t，年节约水资源成本 1500 万元；突破制药磷霉素钠废水"水解酸化—接触氧化生物共代谢"技术，高生物毒性的磷霉素钠高达 20mg/L 时处出水达到国家污水综合排放标准二级要求；突破制药小檗碱含铜废水的"Fe/C 微电解—活性炭吸附回收铜"集成技术，可实现吨水（铜离子浓度为 20 000mg/L）回收单质铜 18kg，实现废水达标排放与有价成分资源化回收的有机结合。研发的寒冷地区村镇污水"厌氧/好氧—潜流人工湿地"处理技术，解决了冬季污水稳定达标技术问题，降低污水处理成本 40%，应用于 8 个村镇污水处理工程，实现 COD 年削减 9655t。水专项研发的工业点源污染控制、面源治理、河流修复等关键技术 40 余项，建设大型示范工程 30 余项，实现 COD 年减排 6000t；开展了典型行业水污染控制技术和治理技术评估，形成辽河流域水污染控制技术集成体系、最佳可行技术指南和工程技术规范；初步形成了辽河流域水污染治理技术体系，为流域实现"十一五"控源减排目标提供了技术支撑。

三、辽河流域水环境质量演变的主要原因分析

（一）自然因素对辽河流域水环境的影响

自然条件是人类活动的前提，不同的自然条件适宜人类社会活动、经济活动的方式是不同的；且不同的地域决定水环境演变的主导性因子也是不同的。对辽河而言，降水状况和气温是主要限制因子。

1. 降水时空变化特征及趋势分析

近 50 年辽宁省年降水量呈略减少趋势，降水量阶段性变化明显，20 世纪 50 年代至 70 年代中期，以及 20 世纪 80 年代中期和 90 年代中期，为降水偏多时段；20 世纪 70 年代末至 80 年代初，以及 20 世纪 90 年代末至今，降水明显偏少，近 50 年降水最少的 3 个年份分别为 2000 年、1999 年和 1989 年。除朝阳略增加以外，其他地区年降水量均呈略减少趋势，尤其常年降水量较多的东部、南部地区减少明显，每 10 年减少 40~50mm。进入 2000 年之后，辽宁省年均降水量有上升趋势，2012 年，年降水达 886mm（图 3-13）。

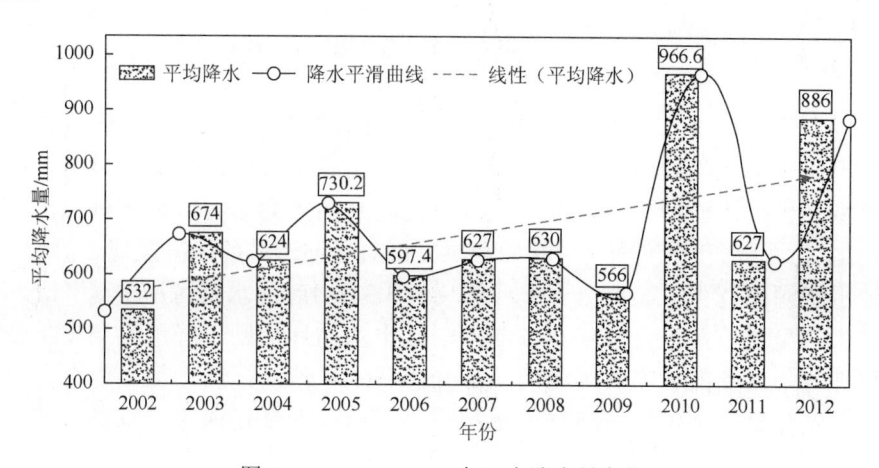

图 3-13　2002~2012 年辽宁降水量变化

受地形的影响，流域内降水的区域分布很不均匀，呈现东南多，西北少，山区多，平原少的特点。流域东部的太子河上游降水量约 900mm，往西北因受千山山脉的阻隔，降水量降低，"本溪—抚顺"一带为 800mm，到"沈阳—铁岭"一带降至 700mm，"法库—新民"一带降至 600mm，部分地区可低至 50mm；千山迎、背风坡降水的差异（约 100mm）明显反映了地形的影响，千山降水的垂直差异也较显著。

2. 年平均气温变化特征及趋势分析

1956~2012 年辽宁省辽河流域平均气温、平均最高气温、平均最低气温均呈明显的上升趋势，年均最低气温的增暖趋势为 0.36℃/10a，增暖幅度大于年平均最高气温（0.20℃/10a）。近 60 年，年平均气温增暖趋势为 0.27℃/10a，即近 60 年上升了 1.4℃，变暖明显地区位于辽河流域、东部山区、辽东湾沿岸和大连南部地区，气温具有明显的年代际变化。1956~1988 年气温处于偏冷时段，1989 年开始至今气温 17 年持续偏高，其中，1998 年最暖，2005 年和 1995 年分别为第二和第三暖年。进入 2000 年以来，全省平均气温出现下降趋势，根据辽宁省年鉴资料，2002~2012 年，辽宁省平均气温由 9.7℃下降至 8.3℃（图 3-14）。

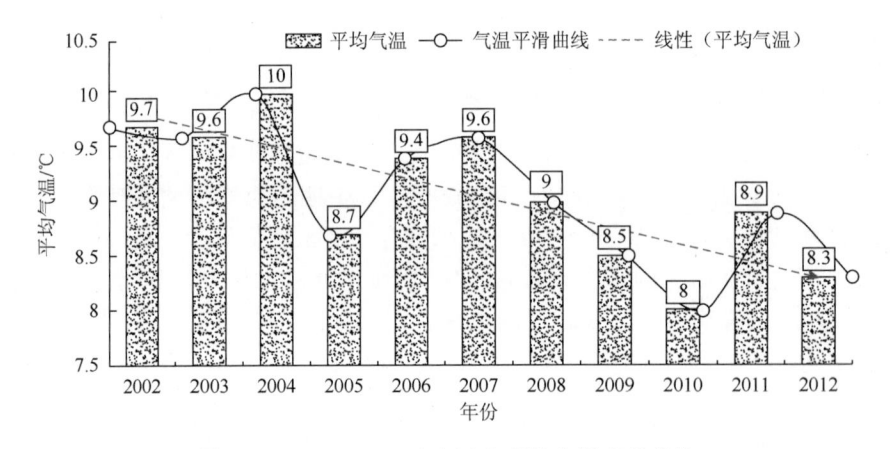

图 3-14 2002~2012 年辽宁年平均气温变化趋势

区域气温升高对水文水资源变化造成了深刻的影响。联合国政府间气候变化专门委员会指出，全球变暖导致极端降水事件的增加比降水量的增加更为显著，因此，未来辽河流域发生大洪涝的可能性增大。同时气温升高还会影响区域水资源的变化，水资源的变化受到降水和温度变化的共同影响。据对辽河流域的研究发现，温度升高 1℃引起当地水资源的减少量，相当于降水量减少 3.3%引起的水资源减少量。辽河流域气温波动较大，呈现震荡上升趋势。预测未来辽宁水循环加剧，降水格局发生变化，极端降水事件（旱涝）的频率和强度明显加强，降水量波动幅度增加。综合分析表明，在全球气温变化背景下，降水格局分布和降水量的改变是辽河流域水资源变化的重要因素。

(二) 人为因素对辽河流域水环境的影响

辽河流域水环境与人类活动之间存在相互制约、相互作用的关系。从20世纪60年代起，随着经济的发展、工业化与城市化进程的加速，流域水环境不断恶化，具有表征意义的辽河水体的化学需氧量（COD）浓度不断上升。辽河流域水环境的演变受自然、人口、社会、经济等多方面因素影响，由于辽河流域人口密集，经济发达，人类活动强度大，所以分析社会经济因素对水环境的作用应摆在首要位置。

辽河流域人类活动与水环境之间的互动关系大致经历了干预、干预—弱制约、干预—制约、干预—强制约、干预—弱制约5个阶段，每个阶段对应着不同的人类活动特征（表3-7）。

表3-7 辽河流域水质环境变化与人类活动的耦合关系

	水质环境特征	人口变化情况	土地利用变化情况	经济发展状况	耦合关系
20世纪60年代	辽河流域水质环境良好，水质为Ⅰ~Ⅱ类，处于清洁或较清洁状态	由于政治经济形势变化大，人口自然增长一度下降。随着经济形势好转，人口增加	1958~1962年出现第一次耕地流失高峰，此后为耕地平缓减少期	60年代经济发展滞缓	干预型阶段
20世纪70年代	1978年以来，乡村工业排放出大量污水。辽河水质为Ⅱ类。	1978年前，人口增长比较平稳。之后，城市人口增加，加上新的工业项目布点，引起人口大幅度上升	耕地平缓减少，城市经济迅猛发展，传统农业向农工副综合发展转化，非农业用地迅速扩展，耕地大量减少	70年代初经济发展滞缓。1976年以来，城乡经济进入新的发展阶段	干预—弱制约型阶段
20世纪80年代	1987年的监测结果表明，60%以上的河道被污染，辽河水质80年代初为Ⅱ~Ⅲ类（尚清洁），80年代末全面进入Ⅲ类	1980年后，人口自然增长回升，人口大量增加	1982~1985年，乡村工业兴起，小城镇和交通快速发展，导致耕地大规模被占，1985~1986年出现第二次耕地流失高峰	80年代为改革开放时期，1985年前后乡镇企业蓬勃发展。工业向农村扩展	干预—制约型阶段
20世纪90年代	河道水质日益变坏，水体污染严重。中期辽河水质为Ⅲ~Ⅴ类	人口增长速度趋缓，但是由于人口基数较大，所以人口总量不断增加	经济快速发展，城镇化与交通基础设施建设加快，各项建设用地呈快速扩张趋势，1993年前后出现第3个耕地流失高峰。1996年后耕地递减趋势减弱	90年代为全面开发开放和开发建设热潮时期，对外开放和开发建设热潮，带动经济高速增长。产业结构不断优化	干预—强制约型阶段
20世纪90年代末至2008年	20世纪90年代末~21世纪初，流域水质污染严重	人口增长趋于稳定，城市化率升高	农业现代化水平逐步提高，环境治理逐步受到重视	产业结构继续优化	干预—弱制约型阶段
2009年至今	2009年辽河干流消灭劣五类水质	人口增长率趋于下降，城镇化程度超过50%	土地利用率提高，绿色农业等环保观念深入人心	产业结构调整与环境治理双管齐下	干预型阶段

1. 工业发展对辽河流域水环境影响分析

辽河流域工业污染源数总体呈先降后升的变化趋势，主要集中分布在高速公路沿线、环渤海地区和中部城市群，且有不断集中的趋势。工业废水中有机污染物排放量高于无机污染物，主要污染物包括挥发酚、石油类、NH_3-N 和 COD 等。

辽河流域工业发展迅速，工业结构性污染问题突出，通过近 20 年辽河流域工业污染源时空分布变化规律，分析工业化进程对水环境演变的关系。

1987~2012 年辽河流域工业污染源（包括废水、废气、固体废物污染源，统计数据为主要污染源排放量占地区排放总量85%以上的全部企业）。在时间尺度上，流域主要工业源数量呈较为明显的波动变化，变化分为两个阶段：①1987~2004 年，我国的产业结构处于明显的政策调整期，污染源数量呈波动下降趋势；②2005 年以后，随着老工业基地振兴战略的实施以及辽宁经济的全面复苏，污染源数量又重新有所回升。

在空间分布上，流域主要工业污染源的分布呈现如下特点：从整体上看，主要工业污染源不断向高速公路沿线、环渤海地区和中部城市群集中，形成"点—轴"和"点—点"的分布体系。2008 年，沈阳市污染源的数量最多，占流域污染源总数的 48.6%，其次为营口市和抚顺市，分别占 11.3% 和 10.9%。2012 年，沈阳市污染源数量仍占流域最高，但由于"十一五"期间辽宁省产业结构改革，总体污染源数量下降，比例降为 36.11%，其次分别为铁岭、营口和鞍山，所占比例分别为 15.17%、12.93% 和 10.61%（图 3-15）。

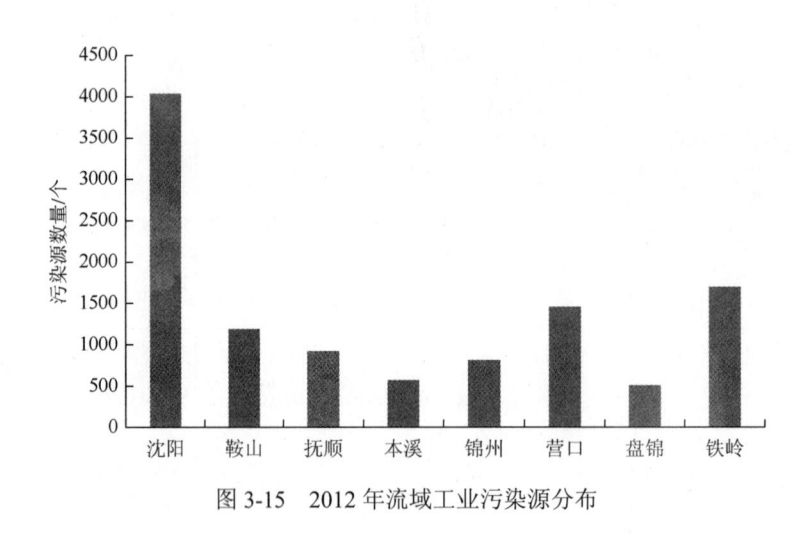

图 3-15　2012 年流域工业污染源分布

2. 面源污染对水环境影响分析

由降水产生的地表径流是面源污染的主要形式，地表径流形成和携带污染物的量取决于地表径流区域的土壤类型、降水量、地形、地貌、植被、农药化肥的施用量和人为管理措施等多种因素。面源污染在形成上与土地利用方式、地质地貌、降水条件密切相关，并且来源广泛，类型复杂。

根据发生区域和过程的特点，面源污染一般分为农业面源污染和城市面源污染两大类。农业面源污染影响最为广泛，氮素和磷素等营养物、农药，以及其他有机或无机污染物，通过农田地表径流和农田渗漏形成地表和地下水环境污染。污染物主要来源于农田施肥、农药、畜禽及水产养殖和农村居民。与点源污染相比，面源污染的范围更广，不确定性更大，成分、过程更复杂，更难以控制。

辽河流域规模最大、危害程度最严重的面源污染类型是土壤侵蚀，长期的经济活动使生态环境遭到破坏，夏季降水集中，导致水土流失严重，土壤表层有机质通过地表径流进入水体，淤积水体，污染水质，降低水体的生态功能。流域内土地利用类型的空间分析结果表明，东、西辽河及辽河干流分布着旱地和沙漠，以及西辽河流域大面积分布着风沙土，反映了西辽河流域内干旱少雨、土壤风蚀严重的现状，流域内草场退化、植被稀疏、土地沙化，造成水土流失严重，大量泥沙夹带有机质进入河道，造成河流水质悬浮物和COD浓度增高，形成非点源污染，直接威胁辽宁省辽河中上游流域。东辽河与浑河、太子河上游的东部山区是辽河中下游平原的天然屏障，中部地区70%的水源靠这一地区补给，但由于无计划地发展蚕场、参场、牧场、柴场、采矿场和坡耕地，致使山地森林和植被遭到破坏，水源涵养能力下降，加重水土流失。

辽河流域面源污染产生的另一个重要原因是农田化肥和农药的施用，使得大量的氮磷营养元素随灌溉排水进入水体，引起水体的富营养化。近年来，随着集约化养殖规模的日益扩大，家畜粪便的产生量不断增多，未经处理的家畜粪便和垃圾分解的有机物通过渗透、淋溶等作用，随地表径流进入水体，同时粪便清掏后也直接排入水体，形成非点源污染。

辽河流域是全国的粮食生产基地之一。农业生产中投入大量的农药和化肥已成为水环境重要的面源污染源之一。从流域内化肥、农药使用强度的分析结果可以看到，在农业生产过程中化肥使用强度最高的地区分布在东、西辽河上游地区，高强度的化肥施用，加上水土流失，对流域水环境危害极大。辽河干流地区在农业生产过程中，除了化肥使用强度较高之外，农药的使用强度在流域内也处于较高的水平，这些地区应作为控制流域农业面源污染的重要区域。

辽河上游地区农业生产中化肥使用强度较大，对辽河水环境的危害极大；辽河中下游地区人口压力大，工农业活动频繁、集中，面源污染物成分复杂，来源广泛，研究与治理难度较大；辽河流域东部地区为水源涵养区，不合理的经济发展模式将对区域植被产生较大威胁，如果不加强保护将成为新的面源污染来源。

四、辽河流域水环境质量趋势预测

（一）社会经济发展对生态环境压力分析

1. 辽河流域产业结构与水环境特征分析

辽河流域产业结构处于不断地转变过程中，调整和优化产业结构是转变经济增长方式的重要内容。从三次产业占 GDP 的比例可以看出经济增长方式的转变趋势,如表 3-8 所示,辽河流域第一产业对地区总产值的贡献在逐年下降,第二产业对地区总产值的贡献基本上保持在 50%以上,且近几年有上升趋势,第三产业对地区总产值的贡献存在波动,产业结构总体上逐步优化。

表 3-8 1995~2012 年辽河流域三次产业产值及占 GDP 比例

年份	GDP/亿元	一产/亿元	二产/亿元	三产/亿元	一产比例/%	二产比例/%	三产比例/%
1995	2 793.4	392.2	1 390.0	1 011.2	14.0	49.8	36.2
2000	4 669.1	503.4	2 344.4	1 821.2	10.8	50.2	39.0
2005	8 047.3	882.4	3 869.4	3 295.5	11.0	48.1	40.9
2006	9 304.5	939.4	4 566.8	3 798.3	10.1	49.1	40.8
2007	11 164.3	1 133.4	5 544.2	4 486.7	10.1	49.7	40.2
2008	13 668.6	1 302.0	7 158.8	5 207.7	9.5	52.4	38.1
2009	15 212.5	1 414.9	7 906.3	5 891.3	9.3	52.0	38.7
2010	18 457.3	1 631.1	9 976.8	6 849.4	8.8	54.1	37.1
2011	22 226.7	1 915.6	12 152.1	8 159.0	8.6	54.7	36.7
2012	24 846.4	2 155.8	13 230.5	9 460.1	8.6	53.2	38.2

如图 3-16 所示,2012 年辽河流域 8 个主要地市国内生产总值为 15 982.6 亿元,占全省的 58.2%。从空间分布来看,沈阳和鞍山产值分别为 6602.59 亿元和 2429.32 亿元,其他 6 市为 900 亿~2500 亿元,从三产比例来看,8 市均为"二三一"结构,二产对 GDP 贡献明显;阜新和铁岭的一产产值比例相对较大,分别为 22.4%和 19.8%,其他各城市都小于 15%;三产产值比例相对较大的为沈阳和鞍山,分别为 44.0%和 41.7%。流域内工业增加值占 GDP 的比例为 53.7%,工业特征显著。

辽河流域是我国重要的工业生产基地,主要以冶金、石化、装备制造业等为核心的产业集群为主,其中冶金行业主要分布在太子河流域,其产值占全流域工业增加值的 15%左右;石化行业主要分布在抚顺、辽阳、盘锦,其产值占全流域工业增加值的 12%左右;以沈阳为中心的装备制造业产业集群的产值占全流域工业增加值的 17%左右。从废水排放总量来看,太子河>浑河>辽河>大辽河,且主要集中在冶金、石化、造纸、纺织等行业;从 COD 排放量来看,太子河>辽河>浑河>大辽河,主要排污行业为冶金、石化、造纸、食品、医药等;从 NH_3-N 排放量来看,太子河>浑河>辽河>大辽河,排污主要集中在冶金、石化、医药、非金属制造等行业。

2. 辽河流域社会经济发展与水环境定量关系研究

2006~2012 年辽河流域四水系城市段水质状况见表 3-9,参照国家《地表水环境质量标准》(GB 3838—2002),8 个城市河段中辽河干流的铁岭段、沈阳段和盘锦段,浑河的

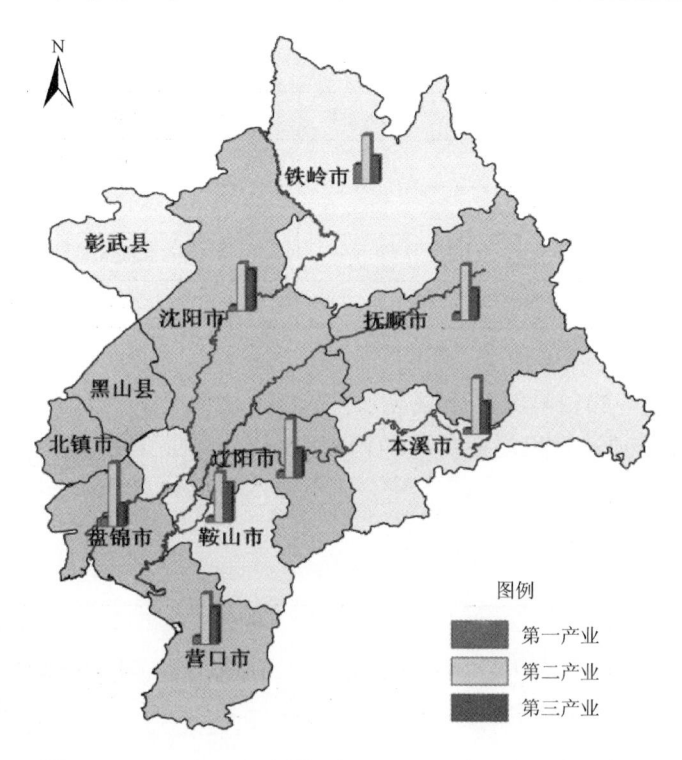

图 3-16　2012 年辽河流域 8 市 GDP 及三产比例分布示意图

沈阳段，太子河的辽阳段和大辽河的营口段常年为劣Ⅴ类水质，浑河、太子河上游的抚顺段、本溪段和鞍山段水质相对好一些，多数为Ⅳ类、Ⅴ类水质。

辽河四水系共设国控断面 26 个。浑河的 7 个断面中，抚顺上游水质较好，为Ⅲ、Ⅳ类标准，经过城市段后水质逐渐恶化，到达沈阳段下游水质变为劣Ⅴ类，主要超标污染因子为 COD、NH_3-N 和石油类。太子河 8 个断面中，本溪上游水质较好，多年水质均可达到Ⅱ类标准，下游接纳本溪和辽阳的生活污水及工业废水，水质变为Ⅳ类、Ⅴ类，并有逐渐变差的趋势，鞍山段沿程水质污染继续加重，各断面水质均为劣Ⅴ类，主要污染因子为挥发酚、NH_3-N、石油类。大辽河全河段常年为劣Ⅴ类水质，主要超标污染因子为 COD、NH_3-N 和石油类。

表 3-9　辽河流域水系城市段水质状况

城市段		2006 年	2007 年	2008 年	2009 年	2010 年	2011 年	2012 年
辽河	铁岭段	劣Ⅴ	劣Ⅴ	劣Ⅴ	劣Ⅴ	劣Ⅴ	劣Ⅴ	劣Ⅴ
	沈阳段	劣Ⅴ	劣Ⅴ	劣Ⅴ	劣Ⅴ	劣Ⅴ	劣Ⅴ	劣Ⅴ
	盘锦段	劣Ⅴ	劣Ⅴ	劣Ⅴ	劣Ⅴ	劣Ⅴ	劣Ⅴ	劣Ⅴ
浑河	抚顺段	Ⅳ	劣Ⅴ	Ⅴ	劣Ⅴ	Ⅳ	Ⅳ	Ⅴ
	沈阳段	劣Ⅴ	劣Ⅴ	劣Ⅴ	劣Ⅴ	劣Ⅴ	劣Ⅴ	劣Ⅴ

续表

	城市段	2006年	2007年	2008年	2009年	2010年	2011年	2012年
太子河	本溪段	V	V	V	IV	IV	V	V
	辽阳段	劣V	劣V	劣V	劣V	劣V	劣V	劣V
	鞍山段	IV	劣V	V	V	V	劣V	IV
大辽河	营口段	劣V	劣V	劣V	劣V	劣V	劣V	劣V

图 3-17 为 2002～2012 年辽河流域废水排放量变化情况图，废水排放总量整体呈上升趋势，生活污水排放总量也逐年升高，工业废水排放总量变化趋势较小。2012 年，流域废水排放总量为 238 786.35 万 t，其中，工业废水排放量占 36.5%，生活污水排放量占 63.5%。

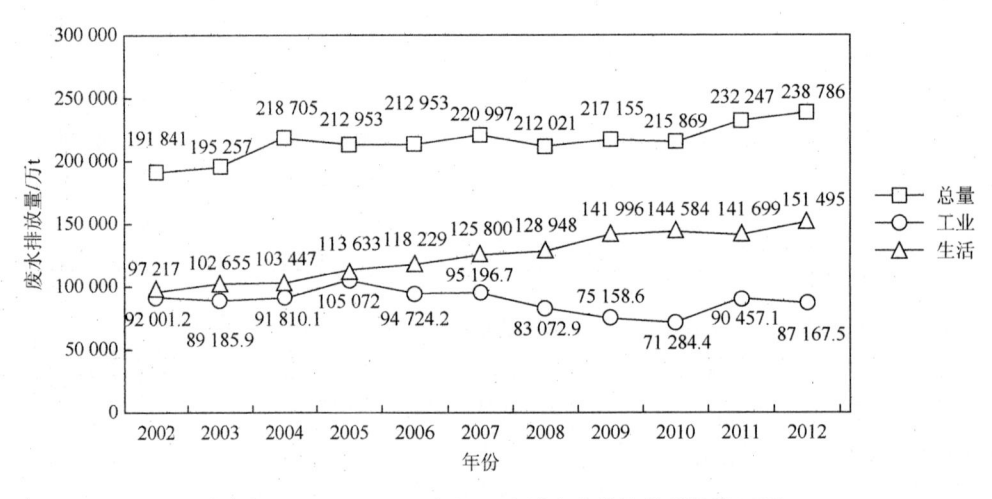

图 3-17　2002～2012 年辽河流域废水排放量变化情况图

运用多元线性回归分析方法，建立辽河流域近 10 年社会经济发展与辽河水质之间的相关模型，其中以水质指标为因变量，以社会经济指标为自变量，并通过误差分析对模型进行了校核。选用的社会经济指标包括国内生产总值（GDP）、一产产值（AGR）、二产产值（IND）、第三产业总产值（TRI）、年末总人口（POP）、非农业人口（POP$_1$）与农业人口（POP$_2$）等；考虑到辽河流域现有资料的实际情况，选择化学需氧量（COD）浓度、氨氮（NH$_3$-N）浓度两项水质评价指标。

模型中输入的社会经济数据是辽河流域所辖各市的合计值，水质资料为辽河流域各干流断面各年水质平均值。通过 SPSS 软件多元回归分析，得到如下关系：

$$\text{COD} = -69.695 + 0.036\text{POP} + 0.051\text{POP}_1 - 0.148\text{ARG} + 0.010\text{IND} \quad (3-1)$$

$$\text{NH}_3\text{-N} = 104.899 + 0.048\text{POP} + 0.004\text{POP}_1 + 0.013\text{ARG} \quad (3-2)$$

以 COD 的线性回归方程为例进行回归分析和方差分析，模型的结果输出见表 3-10

和表 3-11，由表 3-10 中的 R^2 值可以看出所建立的回归方程显著性较好。表 3-11 的方差分析为回归拟合过程中的方差分析结果，F 检验为选择的所有自变量对因变量的解释力度的显著性检验，结果表明回归方程显著性较好，所拟合的回归方程均有效。

由建立的回归方程表明（表 3-12），IND、POP、POP_1 对 COD 的影响显著，并呈正相关；NH_3-N 与 POP 和 ARG 关系显著，并呈正相关。由此可见，生活源和工业源对水体中 COD 的浓度影响较大，因此，要加强对工业、城镇污水处理厂达标排放管理。农业面源污染和生活源的污染排放是 NH_3-N 的主要来源，加快农业面源生态治理，控制水土、有机质流失，提高农业灌溉效率，促进城镇污水集中治理，尤其是加强氮、磷控制，是降低 NH_3-N 排放改善水质的重要措施。

表 3-10 拟合过程小结

模型	R	R^2	修正的 R	标准方差
1	0.9444	0.892	0.9110	7.7

表 3-11 方差分析表

方差来源	平方和	df	均方	F 值	显著水平
回归	593.453 9	4	148.363 5	14.431 0	0.001 7
剩余	71.965 76	7	10.280 82		
总合	665.419 7	11	60.492 69		

表 3-12 回归系数分析

变量	回归系数	标准系数	偏相关	标准误差
常数项	−69.695 8			269.155 1
POP	0.036 36	0.129 65	0.104 8	0.130 43
POP_1	0.050 57	0.356 77	0.589 8	0.026 17
ARG	−0.148 27	−2.780 78	−0.486 16	0.100 74
IND	0.010 13	1.967 31	0.385 05	0.009 18

综合以上研究结果，辽河流域经济社会环境对流域水质环境的主要压力集中在 IND、POP、POP_1。其中，COD 来源主要集中在生活废水和工业生产，而 NH_3-N 主要来源于农业面源污染。因此，在以辽河流域生态环境与社会经济压力预测的评估中，主要对人口和城镇化、工业生产和农业对流域水环境的影响进行评估预测。

（二）辽河流域水环境质量变化预测

1. 辽河流域城镇化对流域污染物排放预测

人类的生产与生活是造成水体污染的直接原因，辽河流域辽宁省境内生活污水排放占总废水排放比例逐年上升，2002~2012 年，辽河流域生活废水排放比例由 52.04%上升至 63.5%（图 3-18）。由此可见，流域废水排放组成中，生活废水排放总量是影响流域水质环境的重要因素之一。

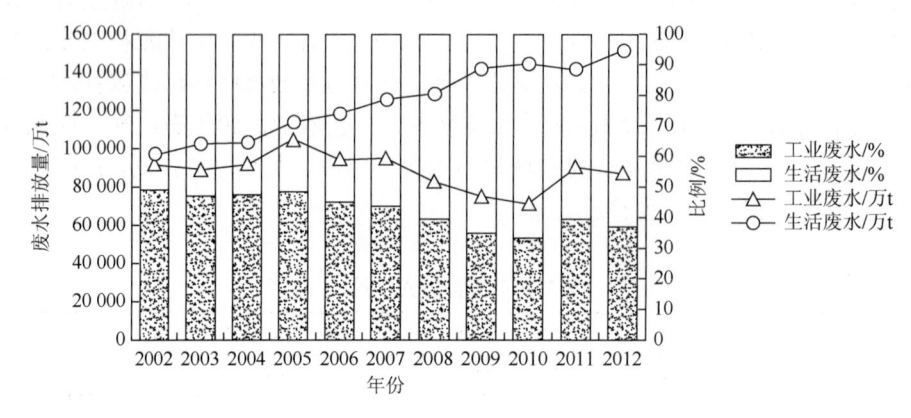

图 3-18　2002~2012 年辽河流域废水排放构成比例图

为了更合理地预测辽河流域生活废水产生量，分别对流域城镇人口和乡村人口进行预测，再计算废水产生量和排放量。

（1）辽河流域人口预测

根据 1980~2012 年辽河流域人口数据，建立预测模型 Rational，3 Parameter Ⅳ Model，分别预测总人口和城镇人口变化趋势（图 3-19），并根据该模型，分别计算人口增长率。最后，根据人口增长率精确计算流域人口与城镇人口变化趋势。

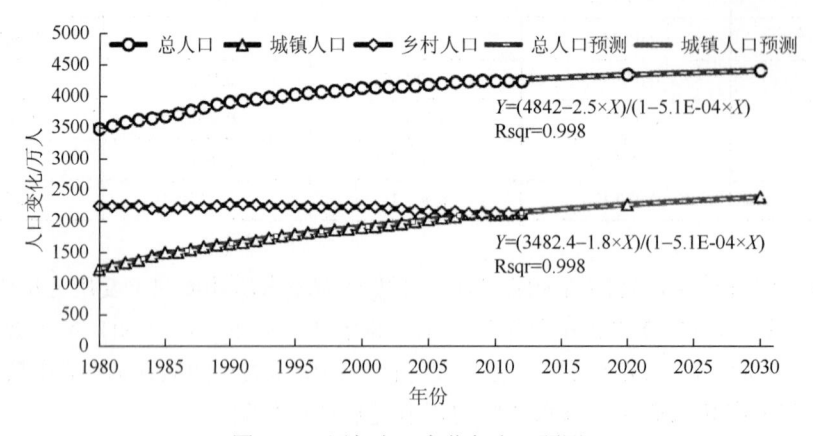

图 3-19　历年人口变化与人口预测

总人口预测模型为：$f=(a+b\times x)/(1+c\times x)$，$f$ 为预测人口数量，a=4842，b=−2.5，c=−5.1E−04，Rsqr=0.998。

该模型极显著地模拟了流域人口总数变化趋势，对历史数据拟合相关系数达到 0.9978。该模型可以真实反映流域人口总数变化，预测结果可采纳。

城镇人口预测模型为：$f=(a+b\times x)/(1+c\times x)$，$f$ 为预测人口数量，a=3482.4，b=−1.8，c=−5.1E−04，Rsqr=0.998。

城镇人口预测模型与总人口预测模型相同，具体系数存在一定变化，根据该模型反演历史时期城镇人口变化，拟合度较高，相关系数可达 0.9981，该模型可以反映流域城镇人口变化趋势，预测结果可采纳。

根据以上模型，确定辽河流域总人口增长率与城镇人口增长率，以 2012 年辽河流域辽宁省境内人口为基数，预测辽河流域人口变化结果，如图 3-20 所示。

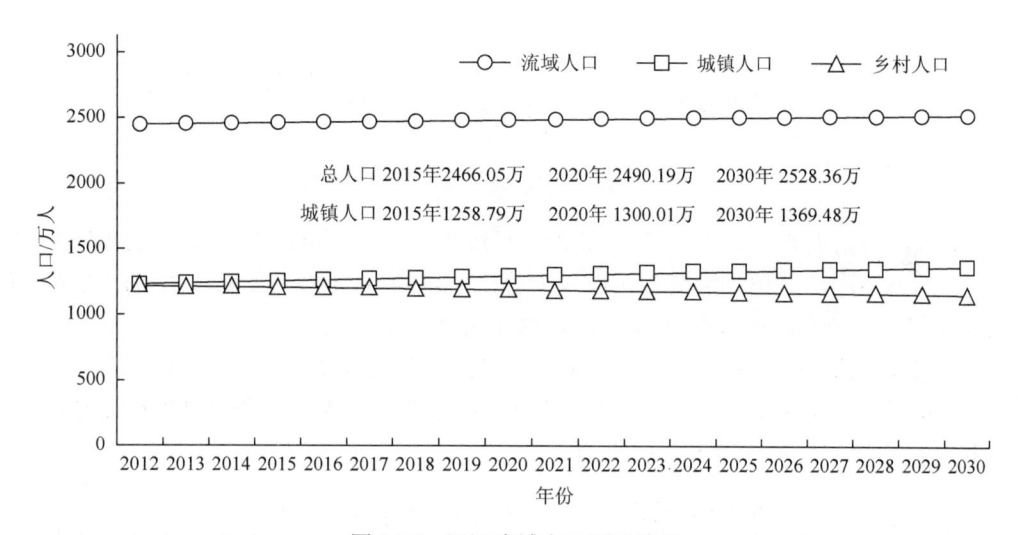

图 3-20　辽河流域人口预测结果

（2）流域生活废水排放量预测

2012 年，辽宁省内辽河流域人口近 2500 万，其中，城镇人口所占比例可达 60%以上。城市生活污染源的调查主要针对排水系统调查其服务人口数及人均用水量。根据 Jogensen 等开发的模型的生活源估算部分，根据国家的发展水平和给水价，将人均用水量划分为 4 个等级，并分别给出了人均产污系数。这 4 个人均用水量等级为 200L/（人·d）、180L/（人·d）、150L/（人·d）和 100L/（人·d），分别适用于给水价较低的工业化国家、具有绿色税收机制而给水价中等的工业化国家、给水价格或污水处理收费较高的工业化国家和发展中国家。结合"十一五"研究成果，确定辽河流域城镇人口人均每日耗水 200L，乡村人口人均每日耗水 100L，其中，产生废水系数约为 0.84，其中，COD 排放约为 55.6g/（人·d），氨氮约为 7.9g/（人·d）。

根据辽河流域人口预测结果，分别计算城镇人口生活废水排放量与乡村人口生活废水排放量，其中，年生活废水排放量计算公式分别为

$$f = a \times n \times 0.84 \times 365/1000$$

式中，f 为年生活废水排放总量（万 t）；a 为人均每日耗水系数；n 为人口数量。根据以上公式，预测辽河流域生活废水排放量结果，如图 3-21 所示。

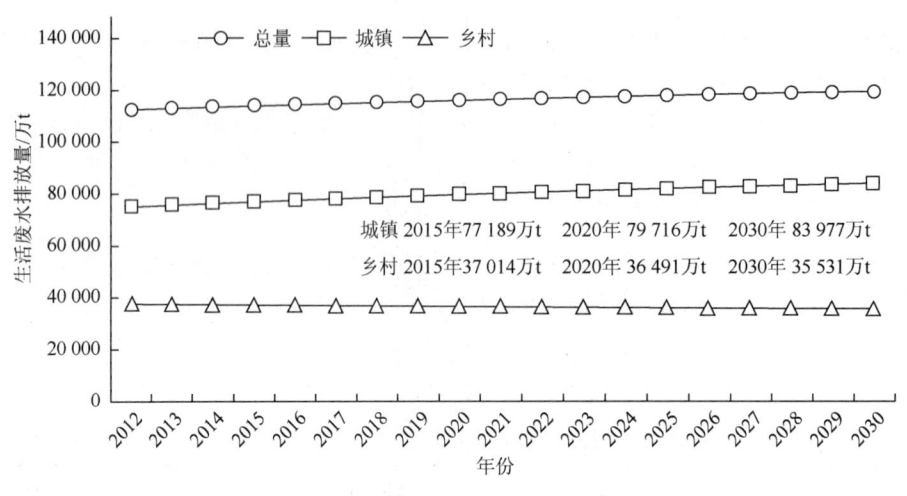

图 3-21 辽河流域生活废水排放量预测结果

以上预测结果表明,到 2020 年,城镇生活废水排放总量可达 79 716.15 万 t,乡村排放量为 36 491 万 t,城镇生活废水排放量占总排放量的 68.59%。如果按照当前的速度发展,2030 年,城镇生活废水排放总量可达 83 976.61 万 t,占总排放量的 70.26%。

在流域人口预测的基础上,对流域 COD 和氨氮排放结果分别进行计算(表 3-13),预测结果表明,2020 年,COD 和氨氮的排放总量分别为 505 359t 和 71 805t,2030 年,COD 和氨氮的排放总量约为 513 105t 和 72 905t(图 3-22)。

表 3-13 辽河流域 COD 和氨氮排放量预测结果

年份	城镇污染物排放量/t		乡村污染物排放量/t	
	COD	氨氮	COD	氨氮
2012	249 925	35 511	247 156	35 117
2020	263 822	37 486	241 537	34 319
2030	277 923	39 489	235 182	33 416

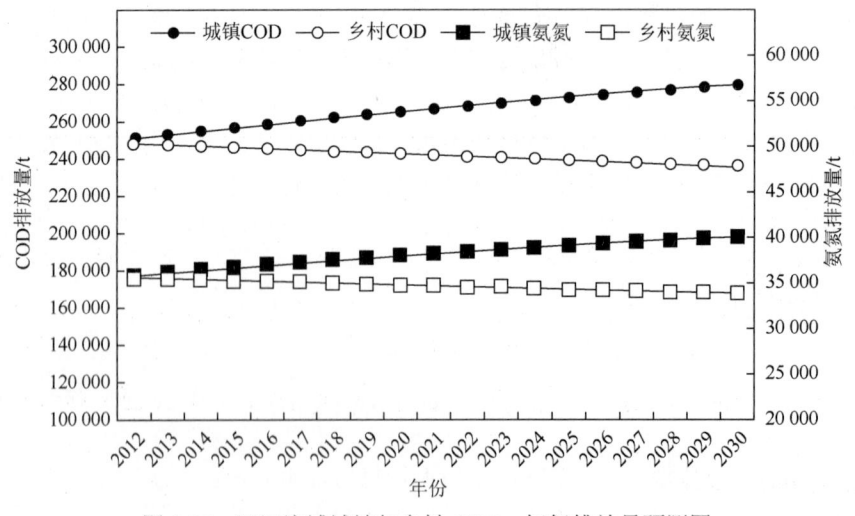

图 3-22 辽河流域城镇与乡村 COD、氨氮排放量预测图

由此可见，城镇化快速发展的同时，对用水的需求量大大提高，这对有限的水资源提出了严重的考验。同时由于潜在污染物排放量提高，也对水环境治理提出了更高的要求。

2. 辽河流域工业点源污染物排放预测

根据"辽宁省统计年鉴"的资料显示（表3-14），从2005~2009年辽宁省的GDP逐年递增，"十一五"期间全省GDP年平均增长率为13%（扣除通货膨胀因素），辽河流域则参照辽宁省的年均增长率进行计算。

表3-14 辽宁省"十一五"期间分市GDP统计表（"统计年鉴"）（单位：亿元）

地区	2009年	2008年	2007年	2006年	2005年
全省	17 019.78	15 454.03	12 692.56	10 373.17	8 729.61
沈阳	4 268.51	3 860.47	3 221.15	2 519.63	2 048.13
大连	4 349.51	3 858.25	3 130.68	2 569.67	2 152.23
鞍山	1 730.47	1 607.86	1 343.54	1 136.01	1 018.01
抚顺	698.64	622.44	547.24	457.82	390.24
本溪	688.39	610.86	484.92	400.34	343.29
丹东	607.52	563.86	464.02	385.33	326.32
锦州	727.30	690.44	551.09	460.25	381.94
营口	806.96	703.57	570.11	457.24	379.59
阜新	287.97	233.91	193.51	158.64	142.59
辽阳	608.26	566.61	467.71	393.03	330.06
盘锦	605.71	675.00	562.86	509.15	441.32
铁岭	518.09	536.33	403.97	323.93	264.23
朝阳	676.87	466.61	334.23	254.02	212.14
葫芦岛	445.58	457.82	417.53	348.11	299.52

（1）预测方法

根据"统计年鉴"1980~2008年的生产总值数据分析结果，采用如下公式预测辽宁省GDP（图3-23）：

$$P_n = 1 \times 10^{-76} e^{0.0917n}$$

式中，P_n为第n年的预测GDP（亿元）；n为年份，如2011年和2012年等；e为自然对数的底，其近似值为2.7183。

年均GDP增长率为

$$e^{0.0917n} = 9.6\%$$

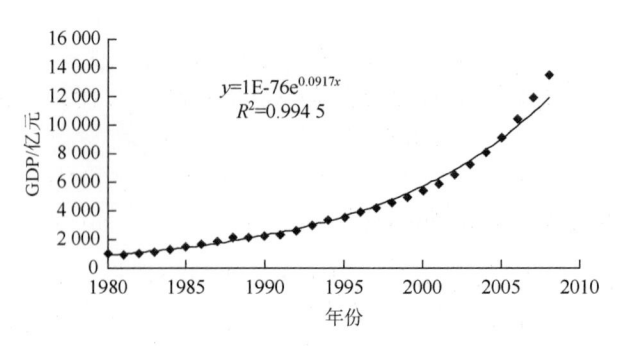

图 3-23 辽河流域 GDP 发展图

（2）单位 GDP 排放系数的确定

单位 GDP 排放系数（$I_{i,\text{COD}}$）综合反映了区域内经济技术发展水平、清洁生产水平、点源治理、污染水处理设施建设和运行等综合情况，$I_{i,\text{COD}}$ 的值随着区域内环境保护技术水平、清洁生产水平等的提高而减小。本次研究利用"全国污染物普查"的 2007 年和 2009 年数据，计算 2007～2009 年的单位 GDP 排放系数的递减率，以此趋势进行预测，并在 2020 年达到发达国家现有水平（图 3-24）。氨氮的预测方法与 COD 相同（图 3-25）。

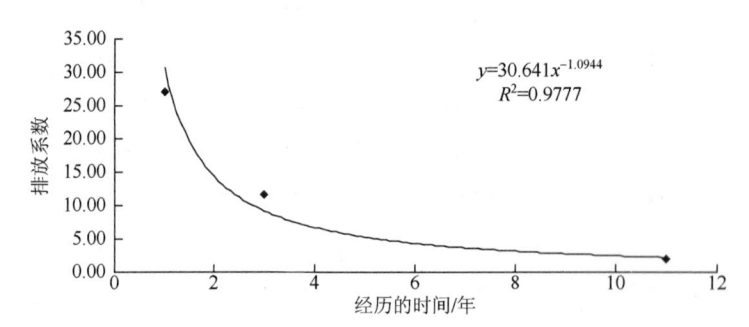

图 3-24 单位 GDP 排放系数（COD）预测趋势图

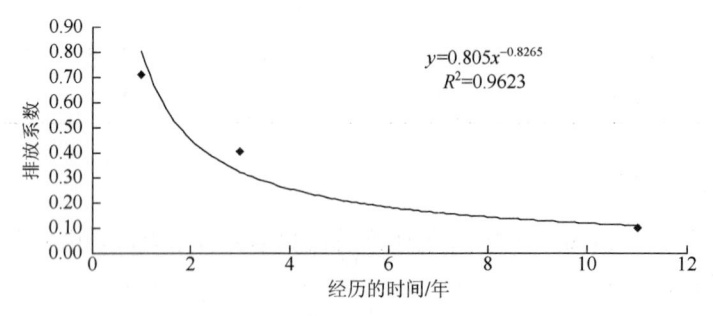

图 3-25 单位 GDP 排放系数（氨氮）预测趋势图

如图 3-24 和图 3-25 所示，单位 GDP 排放系数，$I_{i,\text{COD}}$ 和 $I_{i,\text{氨氮}}$ 分别按以下公式计算：

$$I_{i,\text{COD}} = 30.641 \times (n - 2006)^{-1.0944}$$

$$I_{i,\text{氨氮}} = 0.805 \times (n - 2006)^{-0.8265}$$

（3）排污量预测结果

根据"全国污染物普查"结果，2007年工业点源城市污水处理厂达产率为：COD削减比例为0.24，2009年为0.33，平均削减比例为0.29；氨氮削减比例为0.18，2009年为0.22，平均削减比例为0.20。结合"污染物普查"结果，预测年份污染物的削减比例按2007~2009年的规律增长，并在2030年达到五级水平，即COD的削减比例达到0.95，氨氮的去除率达到0.80。假定污染物的削减比例呈对数增长，工业点源的预测趋势见图3-26和图3-27，预测各年COD和氨氮削减比例按如下公式计算：

$$\eta_{\text{工业, COD}, i} = 0.1906\ln(i-2006) + 0.1934$$

式中，$\eta_{\text{工业, COD}, i}$为第i年工业点源COD的削减比例。

$$\eta_{\text{工业, 氨氮}, i} = 0.267\ln(i-2006) + 0.0812$$

式中，$\eta_{\text{工业, 氨氮}, i}$为第i年工业点源氨氮的削减比例。

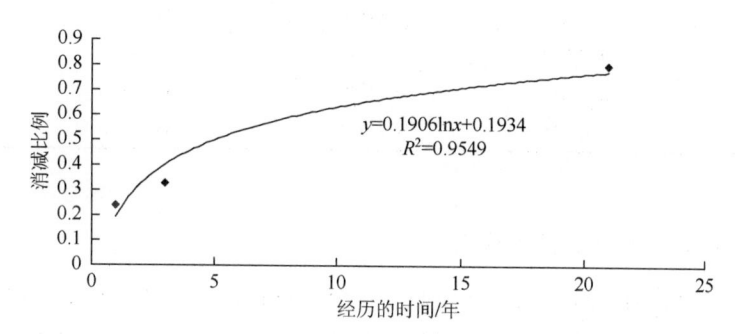

图3-26 工业点源COD削减比例趋势图

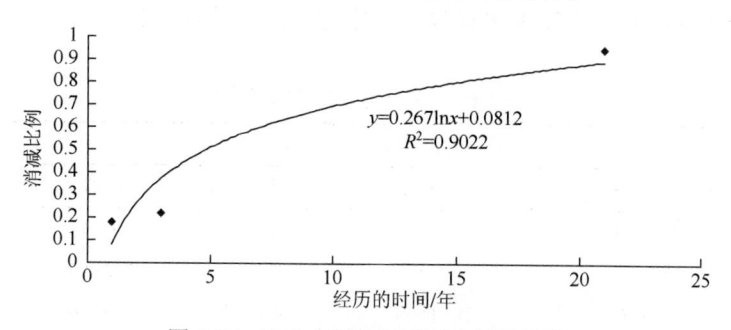

图3-27 工业点源氨氮削减比例趋势图

按上述方法预测到2030年工业点源排污量见表3-15。

表3-15 工业点源排污量预测表 （单位：t）

年份	COD排放量	氨氮排放量	削减后COD排放量	削减后氨氮排放量
2012	81 717.17	3 500.77	38 005.89	1 541.74
2013	75 303.52	3 364.62	32 810.46	1 343.30
2014	70 984.29	3 289.34	29 121.90	1 195.97
2015	68 081.40	3 257.87	26 402.58	1 082.07
2016	66 195.12	3 260.01	24 341.75	991.07

续表

年份	COD 排放量	氨氮排放量	削减后 COD 排放量	削减后氨氮排放量
2017	65 076.19	3 289.36	22 748.11	916.29
2018	64 562.55	3 341.81	21 497.83	853.26
2019	64 545.59	3 414.72	20 507.47	798.90
2020	64 951.02	3 506.37	19 718.85	750.96
2021	65 727.59	3 615.73	19 090.29	707.78
2022	66 839.97	3 742.26	18 591.18	668.06
2023	68 264.28	3 885.76	18 198.54	630.78
2024	69 985.12	4 046.34	17 894.86	595.10
2025	71 993.60	4 224.34	17 666.50	560.29
2026	74 285.93	4 420.29	17 502.76	525.75
2027	76 862.46	4 634.91	17 395.05	490.89
2028	79 727.10	4 869.07	17 336.44	455.22
2029	82 886.77	5 123.82	17 321.25	418.22
2030	79 098.76	4 946.78	15 888.01	347.56

3. 辽河流域农业污染物排放预测

农业污染源划分为农村生活、种植业、畜禽养殖和水产养殖。其中，规模化畜禽养殖和水产养殖作为点源排放，种植业农村生活作为面源排放（王波和张天柱，2003）。根据"污普"调查数据，农业源规模化畜禽养殖排污量计算见表 3-16。

表 3-16 规模化畜禽养殖排量表

畜禽种类	"十一五"养殖规模			排污系数/[kg/(单位·a)]	
	2007年规模/(只/头)	2009年规模/(只/头)	年均增长率/%	COD	氨氮
猪	38 332 73	4 402 794	7.2	36.00	1.80
奶牛	88 352	93 168	2.7	2 131.00	2.85
肉牛	145 437	210 474	4.01	1 782.00	7.52
蛋鸡	31 318 907	32 783 788	2.3	4.75	0.10
肉鸡	37 168 893	76 642 582	4.01	0.42	0.02

畜禽种类	排污量/t			
	COD（2007）	氨氮（2007）	COD（2009）	氨氮（2009）
猪	137 998	6 900	158 501	7 925
奶牛	188 278	252	198 541	266
肉牛	259 169		375 065	1 583
蛋鸡	148 765	3 132	155 723	3 278
肉鸡	15 611	743	32 190	1 533
合计	749 821	12 121	920 020	14 585

如表 3-16 所示，根据"污普"调查结果，集约化养殖污染源分为猪、奶牛、肉牛、蛋鸡和肉鸡，按 2007~2009 年的平均增长率进行预测。

美国国家环境保护局（U.S. Environmental Protection Agency，USEPA）要求将集约化畜禽养殖污染源作为点源来对待，并将其分为大、中、小三种类型，见表 3-17。

表 3-17 集约化养殖场规模划分

畜禽种类	大型	中型	小型
肉牛/头	≥1 000	300~999	<300
奶牛/头	≥700	200~699	<200
幼牛/头	≥1 000	300~999	<300
猪（≥55 磅）/头	≥2 500	750~2 499	<750
猪（<55 磅）/头	≥10 000	3 000~9 999	<3 000
马/匹	≥500	150~499	<150
羊/只	≥10 000	3 000~9 999	<3 000
火鸡/只	≥55 000	16 500~54 999	<16 500
蛋鸡或幼鸡（湿）/只	≥30 000	9 000~29 999	<9 000
肉鸡（干）/只	≥125 000	37 500~124 999	<37 500
蛋鸡（干）/只	≥82 000	25 000~81 999	<25 000
鸭（干）/只	≥30 000	10 000~29 999	<10 000
鸭（湿）/只	≥5 000	1 500~4 999	<1 500

为了估算污染负荷和可能的负荷削减量，USEPA 开发了代表 13 500 个典型养殖条件的模型。这些模型可以估算不同养殖种类、养殖规模、粪便利用方式、粪便利用率和所在区位等各种组合条件下的粪便产生和污染物直接排放情况（Johns，1996）。此外，USEPA 还提供了粪便利用过程中的潜在污染负荷的估算模型。也就是说，通过有效的粪便管理和利用措施可以减少来自养殖场（区）的直接污染负荷，但由于粪便存储系统渗漏和径流流失，潜在污染负荷的大小主要取决于农田利用过程中被植物吸收的量（阮晓红等，2002；张姝等，2006）。

根据辽河流域污染源普查及现场调查结果，将辽河流域集约化养殖种类按养殖项目划分为猪、奶牛、肉牛、肉鸡和蛋鸡五类（表 3-18），用综合产污系数法计算产污量。粪便利用形式绝大多数为农业利用，利用率在 40% 左右，综合考虑入渗及衰减等因素，排污系数约为 0.55。

表 3-18 辽河流域集约化养殖种类划分表

畜禽养殖类别	猪/[kg/(头·a)]	奶牛/[kg/(头·a)]	肉牛/[kg/(头·a)]	蛋鸡/[kg/(羽·a)]	肉鸡/[kg/(羽·a)]
COD 产生系数	36	2131	1782	4.75	0.42
氨氮产生系数	1.8	2.85	7.52	0.1	0.02

根据"污染物普查"结果，集约化养殖 COD 削减比例，2007 年为 0.55，2009 年为 0.55；氨氮削减比例，2007 年为 0.55，2009 年为 0.55。结合"污染物普查"结果，预测年份污染物的削减比例在 2020 年达到五级水平，即 COD 的削减比例达到 0.95，氨氮的去除率达到 0.8。假定污染物的削减比例成对数增长，集约化养殖的预测趋势见图 3-28 和图 3-29，预测各年 COD 和氨氮的削减比例按如下公式计算，预测结果见表 3-19。

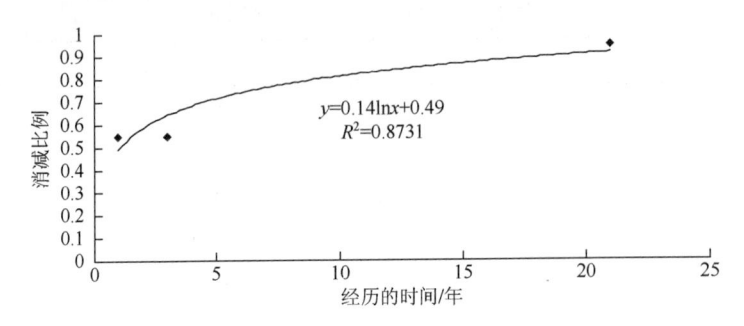

图 3-28　集约化养殖 COD 削减比例趋势图

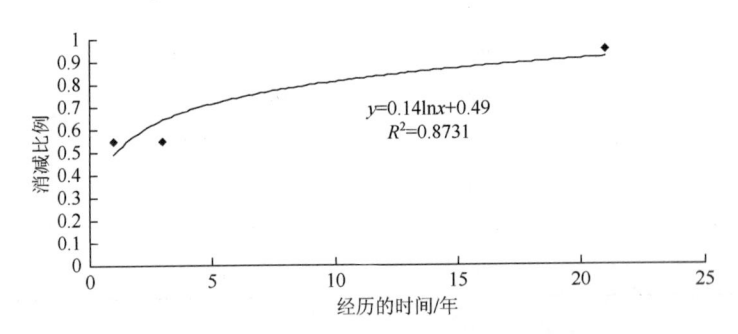

图 3-29　集约化养殖氨氮削减比例趋势图

$$\eta_{农业,COD,i} = 0.14\ln(i-2006) + 0.49$$

式中，$\eta_{农业,COD,i}$ 为第 i 年集约化养殖（农业）COD 的削减比例。

$$\eta_{农业,氨氮,i} = 0.14\ln(i-2006) + 0.49$$

式中，$\eta_{农业,氨氮,i}$ 为第 i 年集约化养殖（农业）COD 的削减比例。

表 3-19　辽河流域养殖业预测与 COD、氨氮排放量预测表

年份	猪/万头	奶牛/万头	肉牛/万头	蛋鸡/万只	肉鸡/万只	削减前 COD 排放量/t	削减前 氨氮排放量/t	削减后 COD 排放量/t	削减后 氨氮排放量/t
2012	5 419 360.7	100 890.7	236 822.9	35 098 296.1	86 237 352.5	1 035 050.2	17 057.9	244 472.9	6 587.7
2013	5 807 928.9	103 604.7	246 319.5	35 905 556.9	89 695 470.6	1 077 031.9	17 986.3	211 010.8	6 221.8
2014	6 224 357.4	106 391.6	256 196.9	36 731 384.7	93 292 259.0	1 120 997.2	18 972.6	184 604.4	5 970.3
2015	6 670 643.8	109 253.6	266 470.4	37 576 206.6	97 033 278.5	1 167 053.8	20 020.7	162 399.8	5 789.1
2016	7 148 929.0	112 192.5	277 155.9	38 440 459.3	100 924 313.0	1 215 315.9	21 134.6	142 887.8	5 655.0
2017	7 661 507.2	115 210.5	288 269.9	39 324 589.9	10 4971 378.0	1 265 904.5	22 318.7	125 170.3	5 554.6

续表

年份	养殖头数					削减前		削减后	
	猪/万头	奶牛/万头	肉牛/万头	蛋鸡/万只	肉鸡/万只	COD排放量/t	氨氮排放量/t	COD排放量/t	氨氮排放量/t
2018	8 210 837.2	118 309.6	299 829.5	40 229 055.5	109 180 730.2	1 318 948.0	23 577.9	108 666.2	5 479.2
2019	8 799 554.2	121 492.2	311 852.6	41 154 323.8	113 558 877.5	1 374 582.9	24 917.2	92 974.2	5 422.9
2020	9 430 482.3	124 760.3	324 357.9	42 100 873.2	118 112 588.5	1 432 953.9	26 341.9	77 801.7	5 381.5
2021	10 106 647.9	128 116.4	337 364.7	43 069 193.3	122 848 903.3	1 494 214.4	27 858.0	74 710.3	5 571.6
2022	10 831 294.5	131 562.7	350 893.0	44 059 784.7	127 775 144.3	1 558 527.6	29 471.5	77 926.4	5 894.3
2023	11 607 898.3	135 101.7	364 963.8	45 073 159.8	132 898 927.6	1 626 066.7	31 189.1	81 303.3	6 237.8
2024	12 440 184.7	138 736.0	379 598.9	46 109 842.5	138 228 174.6	1 697 015.8	33 017.9	84 850.8	6 603.6
2025	13 332 145.9	142 468.0	394 820.8	47 170 368.8	143 771 124.4	1 771 570.2	34 965.4	88 578.5	6 993.1
2026	14 288 060.7	146 300.4	410 653.1	48 255 287.3	149 536 346.5	1 849 937.9	37 039.8	92 496.9	7 408.2
2027	15 312 514.7	150 235.8	427 120.3	49 365 158.9	155 532 754.0	1 932 339.7	39 249.8	96 617.0	7 850.0
2028	16 410 422.0	154 277.2	444 247.8	50 500 557.6	161 769 617.4	2 019 010.3	41 604.6	100 950.5	8 320.9
2029	17 587 049.3	158 427.2	462 062.1	51 662 070.4	168 256 579.1	2 110 199.5	44 114.3	105 510.0	8 822.9
2030	18 848 040.7	162 688.9	480 590.8	52 850 298.0	175 003 667.9	2 206 172.9	46 789.3	110 308.6	9 357.9

五、辽河流域水生态系统健康保护战略

(一) 流域水生态系统健康保护战略

1. 辽河流域水生生物群落特征分析

(1) 水生生物现状资料收集

在总结辽河流域水生生物历史研究结果的基础上，收集并分析了 2009～2013 年近 5 年的相关生物数据。调查范围主要包括浑太河（308 个样点）、辽河干流及支流（136 个样点）、东辽河和西辽河（82 个样点）的藻类、大型底栖动物和鱼类等水生生物类群信息（图 3-30），以便对现阶段水生生物时空分布状况进行总结。

(2) 辽河流域水生生物群落特征

1) 藻类群落特征

通过分析历史数据和实际调查获得数据，辽河流域发现并鉴定出藻类共 229 种，其中，硅藻门 142 种（62.0%），绿藻门 47 种（20.5%），蓝藻门 21 种（9.2%），其他门 7 种（8.3%）（图 3-31）。普生种类包括变异直链藻（*Melosira varians*）、扭曲小环藻（*Cyclotella comta*）和普通等片藻（*Diatoma vulgare*）等。密度优势种类主要有变异直链藻、普通等片藻、普通等片藻线形变种（*D. vulgare* var.）、偏肿桥弯藻（*Cymbella naviculiformis*）和胡斯特桥弯藻（*Cymbella hustedtii*）。

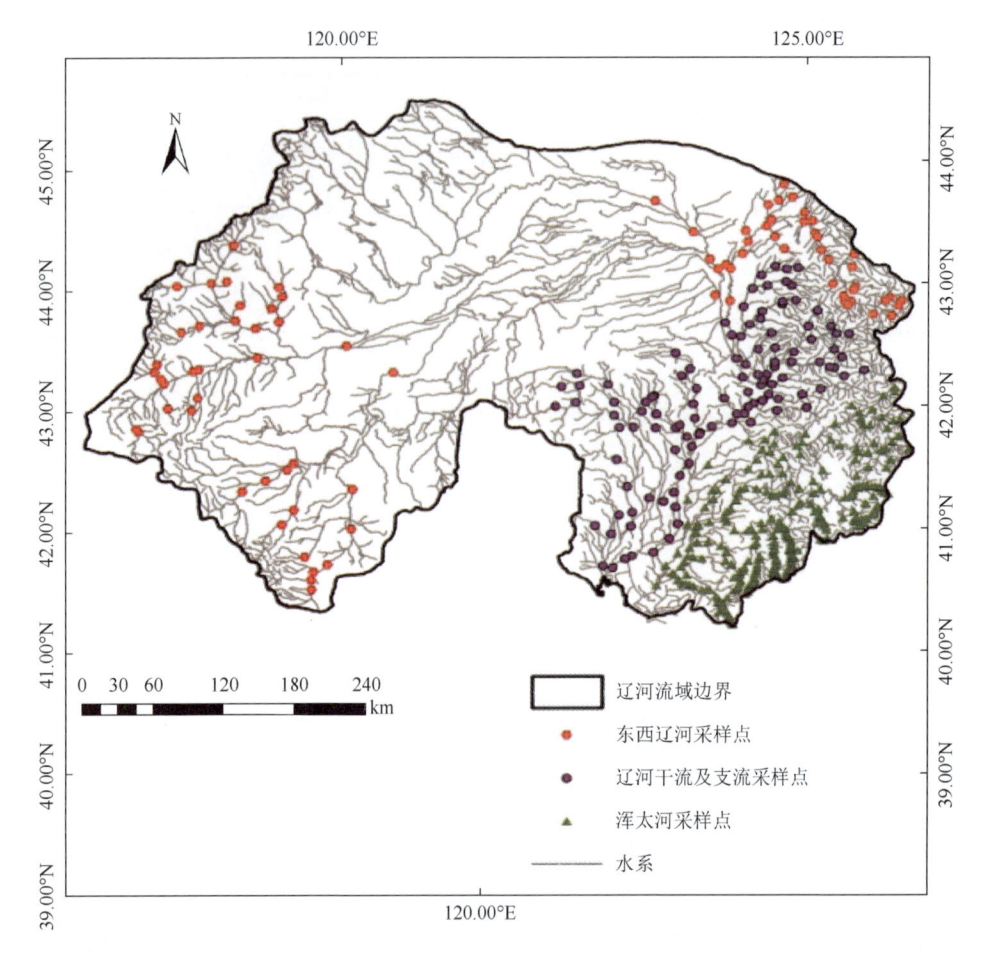

图 3-30　辽河流域信息收集采样点图

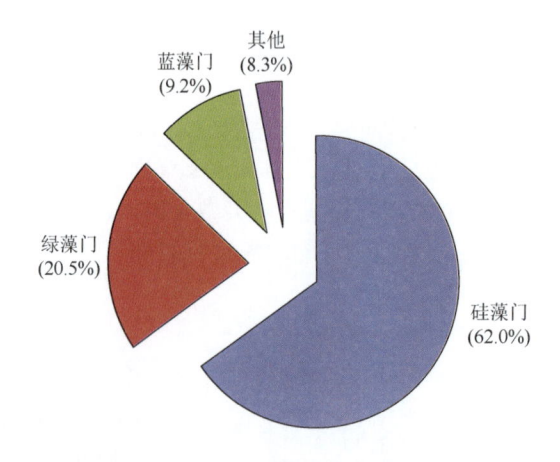

图 3-31　辽河流域着生藻类群落组成

2）大型底栖动物群落特征

辽河流域自然分布大型底栖动物 372 属（种），隶属于 5 门 10 纲 28 目 128 科（图 3-32）。

按照种类数量依次为水生昆虫 306 属（种）（82%），软体动物 39 属（种）（10%），环节动物 24 属（种）（7%），其他类群 3 属（种）（1%）。

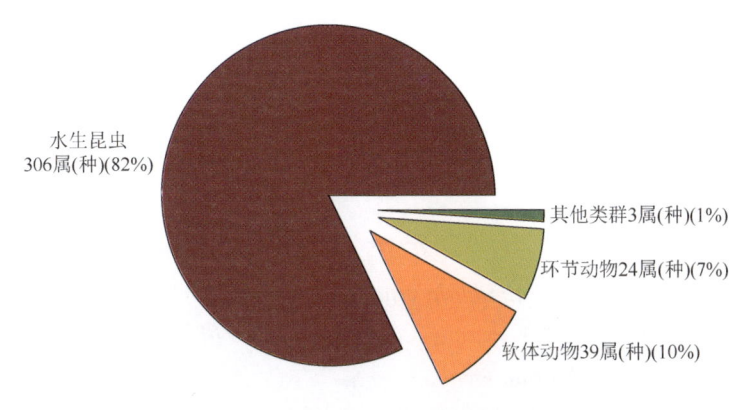

图 3-32　辽河流域大型底栖动物群落组成

依据《中国物种红色名录（无脊椎动物）》，辽河流域濒危的大型底栖动物物种有东北蝲蛄（*Cambaroides dauricus*），易危物种有细指长臂虾（*Palaemon tenuidactylus*）（图 3-33）。由于上述两物种属于敏感类群，因此，栖息地的破坏造成了其种群数量的剧减。

(a) 东北蝲蛄 　　(b) 细指长臂虾

图 3-33　辽河流域的濒危底栖动物

辽河流域大型底栖动物物种丰富度呈东南多西北少的特征。东南部浑太河共 312 属（种），主要类群为水生昆虫 [256 属（种）]；中部辽河干流和东辽河分布有 142 属（种），水生昆虫 94 属（种），软体动物 28 属（种），软体动物数量所占比例最大；西辽河大型底栖动物仅 83 属（种），水生昆虫 60 属（种），以耐污类群的摇蚊幼虫（双翅目）为优势类群（50%以上）。

从大型底栖动物密度来看，水量丰沛、林地覆盖度较高的浑太河区域种群密度较高。辽河干流及东西辽河密度较低，特别是西辽河某些河段甚至没有大型底栖动物存在。与密度的分布格局较为相似，物种丰富度和多样性水平也在浑太河较高，而在辽河干流及东西辽河较低。浑太河流域山区溪流中物种以敏感类群为主，蜉蝣目、襀翅目和毛翅目等清洁水体的指示类群占水生昆虫类群 40%以上；东辽河及辽河干流的指示物种是苏氏尾鳃蚓（*Branchiura sowerbyi*），属耐污类群；西辽河的指示物种是蚋（*Simulium* sp.），属中度耐污种。

3) 鱼类群落特征

A. 辽河鱼类区系组成

辽河流域自然分布鱼类 106 种（亚种）（刘蝉馨和秦克静，1987；解玉浩，2007），鱼类区系兼具江河平原类群和北方平原类群的特点。按种群起源区系组成来看，辽河流域鱼类区系包括：

a. 江河平原类群：古近纪—新近纪在中国东部平原水域发生，多是一些开阔水域的中上层鱼类，如白鲢（*Hypophthalmichthys molitrix*）、青鱼（*Mylopharyngodon piceus*）、草鱼（*Ctenopharyngodon idellus*）、马口鱼（*Opsariichthys bidens*）、红鳍原鲌（*Cultrichthys erythropterus*）、棒花鱼（*Abbottina rivularis*）等。

b. 北方平原类群：北半球北部亚寒带平原地区形成，喜氧耐寒，如雅罗鱼（*Leuciscus* sp.）、北鳅（*Lefua costata*）、花鳅（*Cobitis taenia*）等。

c. 古近纪类群：旧大陆北部温带地区形成并经过冰期残留下来的，如七鳃鳗（*Lampetra japonicum*）、鲤（*Cyprinus carpio*）、鲫（*Carassius auratus*）、麦名（*Pseudorasbora parva*）、泥鳅（*Misgurnus anguillicaudatus*）等。

d. 北方山地类群：冰川期形成于北半球亚寒带山麓区，如细鳞鲑（*Brachymystax lenok*）、杜父鱼（*Cottus* sp.）等。

e. 热带平原类群：原产于南岭以南，适高温耐缺氧，如青鳉（*Oryzias latipes*）、乌鳢（*Ophiocephalus argus*）、黄颡（*Pelteobagrus fulvidraco*）等。

f. 北极海洋类群：形成于欧亚北部高寒地区，强冷水性鱼类，如刺鱼（*Gasterosteus* sp.）。

g. 中亚高山类群：新近纪末喜马拉雅山升高而形成的，耐高寒、急流和盐碱，如达里湖高原鳅（*Triplophysa dalaica*）。

辽河分别在盘锦、营口入海，在河口地区还分布有重要的半咸水种类和洄游种类，如红狼牙鰕虎鱼（*Odontamblyopus rubicundus*）、弹涂鱼（*Periophthalmus cantonensis*）、窄体舌鳎（*Cynoglossus gracilis*）、中国花鲈（*Lateolabrax maculatus*）、鲻（*Mugil cephalus*）、鮻（*Liza haematocheila*）等半咸水种类，以及刀鲚（*Coilia macrognathos Bleeker*）、鳗鲡（*Anguilla japonica*）等洄游种类。

B. 辽河鱼类的过渡性特征

由于辽河流域的地理位置，其鱼类分布呈现出东北地区与中东部地区交汇过渡的特点。辽河是鲤科宽鳍鱲（*Zacco platypus*）、棒花鮈（*Gobio rivuloides*）、点纹银鮈（*Squalidus wolterstorffi*）、越南鱊、高体鳑鲏等和黄鳝、刺鳅、沙塘鳢（*Odontobutis obscura*），以及洄游性、河口性鱼类，如香鱼（*Plecoglossus altivelis*）、鳗鲡（*Anguilla japonica*）、花鲈（*Lateolabrax japonicus*）、鳀科（Engraulidae）、银鱼科（Salangidae）、鰕虎鱼科（Gobiidae）、舌鳎科（Cynoglossidae）、鲀科（Tetraodontidae）等鱼类分布的北界（主要是暖温性鱼类）；七鳃鳗属（*Lampetra* sp.）、突吻鮈（*Rostrogobio* sp.）、黑龙江鳑鲏（*Rhodeus sericeus*）等分布的南界（主要是冷水喜寒鱼类）。

C. 辽河特有鱼类物种

在中国仅分布在东北地区的淡水鱼类有 9 种，包括雷氏七鳃鳗（*Lampetra reissneri*）、东北七鳃鳗（*Lampetra japonia*）、抚顺鮈、突吻鮈（*Rostrogobio amurensis*）、辽河突吻鮈（*Rostrogobio liaoheensis*）、辽宁棒花鱼（*Abbottina liaoningensis*）、兴凯银鮈（*Squalidus chankaensis*）、池沼公鱼（*Hypomesus olidus*）、鸭绿江沙塘鳢（*Odontobutis yaluensis*）。其中，辽宁棒花鱼、辽河突吻鮈、抚顺鮈、鸭绿江沙塘鳢 4 种为中国特有鱼类。

D. 辽河鱼类群落退化

从近 5 年的鱼类组成来看，与历史记录相比，物种数量下降了近一半（2 纲 11 目 18 科 49 属）。这其中包括养殖导致的外来鱼类物种，而本地区野生鱼类小型化趋势明显。此外，鱼类功能结构上也存在退化，肉食性、植食性鱼类物种数量下降，杂食性鱼类成为优势功能类群。

E. 辽河鱼类群落现状

目前辽河鱼类在组成上与我国其他流域较为相似，表现在鲤形目鱼类成为群落的主体。辽河流域鲤形目鱼类最多，共 39 种（占 64%）；其次是鲈形目，共 10 种（占 16%）；鲇形目、鳉形目和鲑形目各有两种，刺鱼目、鲉形目、鳗形目、合鳃目和鲱形目各有 1 种。鲤科鱼类最为丰富，有 32 种（占 52%）；其次为鳅科鱼类，共有 7 种（占 11%），鲇科、鳉科、鰕虎鱼科、塘鳢科、丽鱼科、鳢科、刺鱼科、青鳉科、鱲鱼科、银鱼科、胡瓜鱼科、杜父鱼科、鳗科、鲱科和合鳃鱼科有少量物种数目。

辽河流域鱼类空间分布很不均一，东南部浑太河地区以高屏马口鱲（*Opsariichthys kaopingensis*）、北方条鳅（*Nemacheilus toni*）为优势物种，杂色杜父鱼（*Cottus poecilopus*）等冷水性物种属该地区特有；东辽河及辽河干流地区以鲫鱼（*Carassius auratus*）为优势物种，鳘（*Hemiculter leucisculus*）、棒花鱼（*Abbottina rivularis*）和麦穗鱼（*Pseudorasbora parva*）也广泛分布。西辽河地区以北方条鳅（*Nemacheilus toni*）为优势物种，达里湖高原鳅（*Triplophysa dalaica*）和高体鮈（*Gobio soldatovi*）属该地区特有。

2. 辽河流域水生态系统健康评价

（1）流域水生态系统综合评价方法

水生态系统综合评价也是一种多指标评价，其评价内容不仅从水生生物完整性角度出发，还从化学和物理完整性的角度进行考虑。此处从藻类、大型底栖动物、鱼类、常规水体理化、营养盐 5 个方面，综合评价辽河流域水生态系统健康状况（张远等，2013）。综合评价方法主要步骤包括：①河流类型分类，依据流域海拔特征，辽河流域可初步划分为三种河流类型，从上游至下游依次为山地溪流类型、丘陵河流类型和平原河流类型。②构建概念模型，初步分析河流健康状况，并选择合适的压力指标与健康评价指标。③依据压力指标和健康评价指标定量法统计分析，筛选适合不同河流类型的评价核心参数。④依据国家标准、文献调研、模型模拟等手段，确定不同参数的参照值和临界值。⑤依据核心参数的参照值和临界值对所有参数进行标准化，综合不同类型参数得分，赋予权重后计算各样点的健康得分。⑥划分健康评定等级，对各样点河流健康等级进行评估。

（2）评价结果

评价结果表明，辽河流域未达到健康水平的样点共计 146 个，所占比例高达 86%，健康的样点仅为 30 个，几乎全都分布于太子河和东辽河源头区。太子河、浑河、东辽河和辽河干流的健康状况均属于"一般"，其中，太子河的健康得分显著高于其他几个河流，而西辽河的总体健康状况最差（表 3-20）。

表 3-20　辽河流域河流健康综合评估得分与健康等级以及各项参数得分

辽河流域	水体理化	营养盐	藻类	大型底栖动物	鱼类	综合得分	健康等级
太子河	0.61 ± 0.02^{ab}	0.47 ± 0.03^{b}	0.75 ± 0.02	0.41 ± 0.03^{a}	0.39 ± 0.02^{c}	0.50 ± 0.02^{c}	一般
浑河	0.67 ± 0.03^{b}	0.32 ± 0.03^{a}	0.75 ± 0.03	0.19 ± 0.02^{b}	0.40 ± 0.02^{c}	0.44 ± 0.01^{bc}	一般
东辽河及干流	0.55 ± 0.04^{a}	0.54 ± 0.05^{b}	—	0.38 ± 0.05^{a}	0.28 ± 0.03^{b}	0.42 ± 0.03^{ab}	一般
西辽河	0.90 ± 0.04^{c}	0.51 ± 0.39^{b}	—	0.19 ± 0.05^{b}	0.19 ± 0.04^{a}	0.36 ± 0.03^{a}	差

注：不同字母代表在 0.05 水平上差异显著

对各分项参数的评价表明，藻类是所有水生生物中健康状况最好的，健康等级接近"极好"，可能是由于浑太河流域森林覆盖率较高，河岸带郁闭度较好，有利于藻类群落均匀分布所致。辽河流域大型底栖动物群落结构存在显著退化趋势，西辽河和浑河大型底栖动物群落结构显著退化，健康等级属于"极差"。这些大型底栖动物群落结构退化严重的区域主要分布在西辽河季节性断流区和浑河下游工业发达的城镇区域。对整个辽河流域的鱼类健康状况评价发现，所有地区鱼类类群健康水平都属于"较差"，鱼类类群存在显著退化趋势。东辽河、辽河干流和西辽河鱼类指标健康得分水平近乎"极差"水平，鱼类退化现象最为严重。辽河流域鱼类健康状况较差的区域主要分布在浑太河流域下游平原区域，以及东辽河、辽河干流中下游河段，这些区域工业和城镇污染较重。西辽河流域鱼类健康状况较差则是由于河流的季节性断流，以及养殖业屠宰业污水的排放。

3. 辽河流域水生态系统退化的环境因素分析

（1）水环境质量对水生生物的影响

1）影响辽河流域水质的主要水环境因子

以太子河为例，对水温、溶解氧等 15 项常规水质指标进行主成分分析（图 3-34）。第 1 主成分轴负载值较高的环境变量有电导率、溶解氧、COD、BOD、氨氮、总磷，第 2 轴负载值较高的变量有总氮、硝态氮和悬浮物。总体而言，太子河水环境质量变化的主要因子为溶解性盐类型（电导率）、营养盐污染类型（总氮、总磷、氨氮、硝态氮）和耗氧污染类型（溶解氧、COD、BOD）。

2）主要水环境因子与水生生物的关系

A. 对藻类群落结构的影响

以太子河流域为例，运用典范对应分析（CCA）方法辨识影响藻类群落组成及分布的主要水环境因子。CCA 结果显示氨氮、溶解氧、电导率 3 个环境因子被保留（图 3-35），氨氮与电导率在第 1 轴的负载值最大，溶解氧在第 2 轴的负载值最大，表明这 3 个指标是驱动藻类群落形成空间分布格局的主要影响因子。

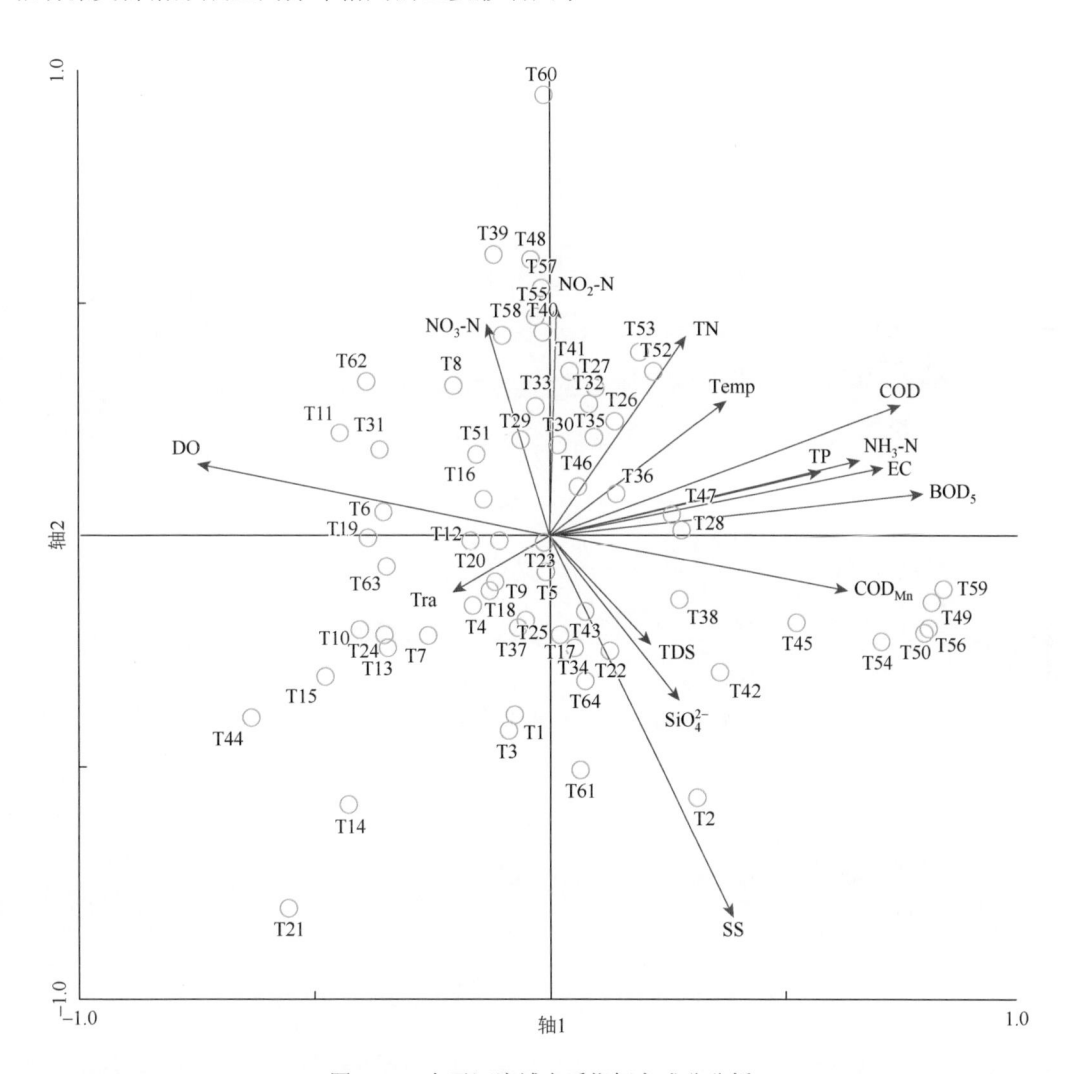

图 3-34　太子河流域水质指标主成分分析

上游太子河北支和太子河干流观音阁水库坝下支本溪市河段的藻类种类最多（43种），中下游北沙河、南沙河、杨柳河、海城五道河和太子河干流葠窝水库至三岔河口区段种类较少（27种）。太子河中下游城镇化比例较高，人口相对密集，强烈的人类活动显著提升了该区域水体的富营养化水平（氨氮）、离子强度（电导率）和耗氧污染物含量（溶解氧），进而造成藻类丰度下降。

a. 氨氮体现的是水体富营养化特征，这与人类活动造成氮源污染排放相关，藻类对营养盐浓度具有高度敏感性。根据国家《地表水环境质量标准》（GB 3838—2002），太子河流域约有 1/3 点位处于富营养化状况，个别点位尤其严重，高于 GB 3838—2002 劣 Ⅴ 类水质标准 6 倍多（周莹，2013）。

b. 电导率反映的是溶解盐类特征，更多地与土地利用类型有着极高的相关性，尤其在城镇发展过程中导致的土地类型改变更为明显。藻类分布与水体中离子含量密不可分，Na^+、K^+、Cl^- 等离子会影响变异直链藻等藻类的生长。太子河中下游城镇用地比例增加，明显改变了水体离子组成。

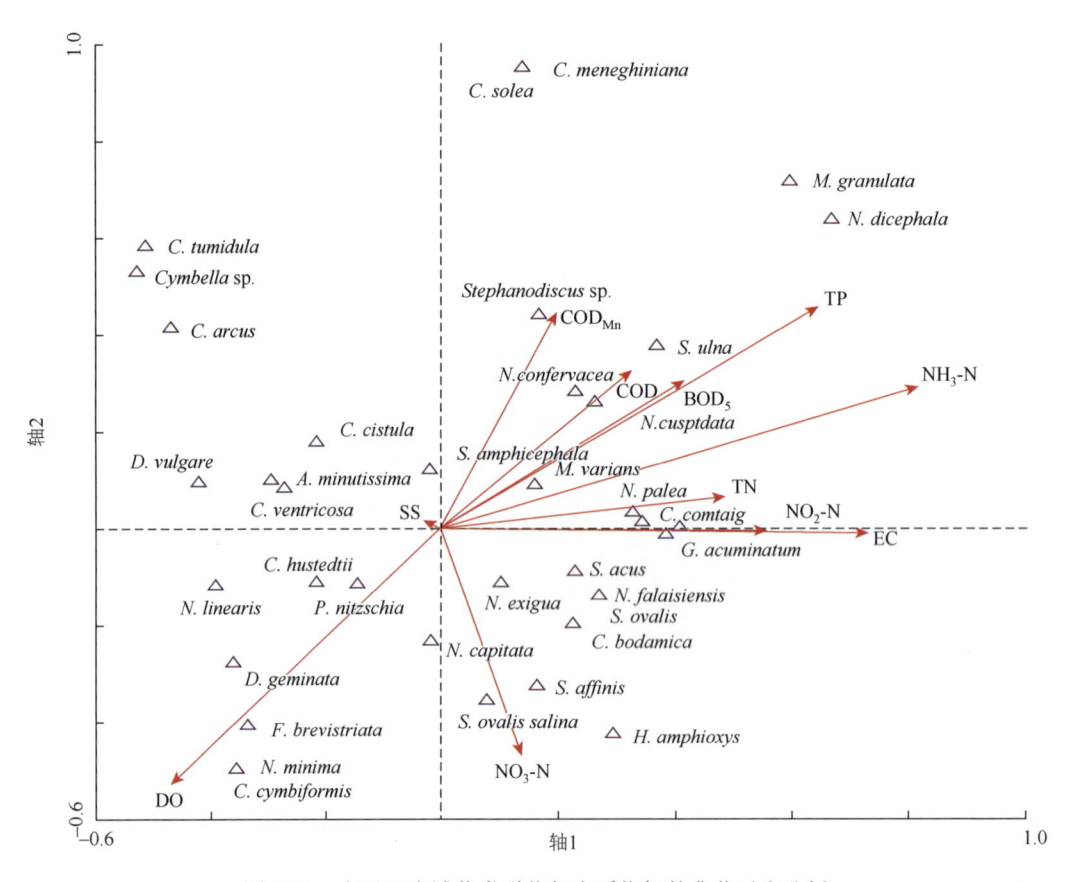

图 3-35　太子河流域藻类群落与水质指标的典范对应分析

c. 溶解氧反映的是水体氧气的饱和状态，这也与人类排放的耗氧污染物（生活污水、工业废水中的有机物）有关。太子河流经本溪、辽阳、鞍山等城市，这些地区分布有造纸、有色金属矿采选业、旅游、石油和天然气开发、化学纤维制造、纺织、食品加工业等工业污染企业的行业，使太子河流域耗氧有机污染严重。

B. 对大型底栖动物群落的影响

以浑河流域为例，CCA 分析表明，氨氮和 COD 是影响大型底栖动物空间分布最重要的污染因子。浑河上游英额河、苏子河与红河的样点受到的污染最轻，主要分布于 CCA

排序轴的负方向（图3-36），与主要污染物的分布趋势相反；大伙房水库下游浑河支流中，除少数样点的污染状况较轻外（图分布于第二象限内的绿色点），其他样点的大型底栖动物群落受到氨氮的影响最重，其次为 COD 的污染，蒲河的两个样点位于排序轴第一象限正方向远端，表明蒲河的污染最重。

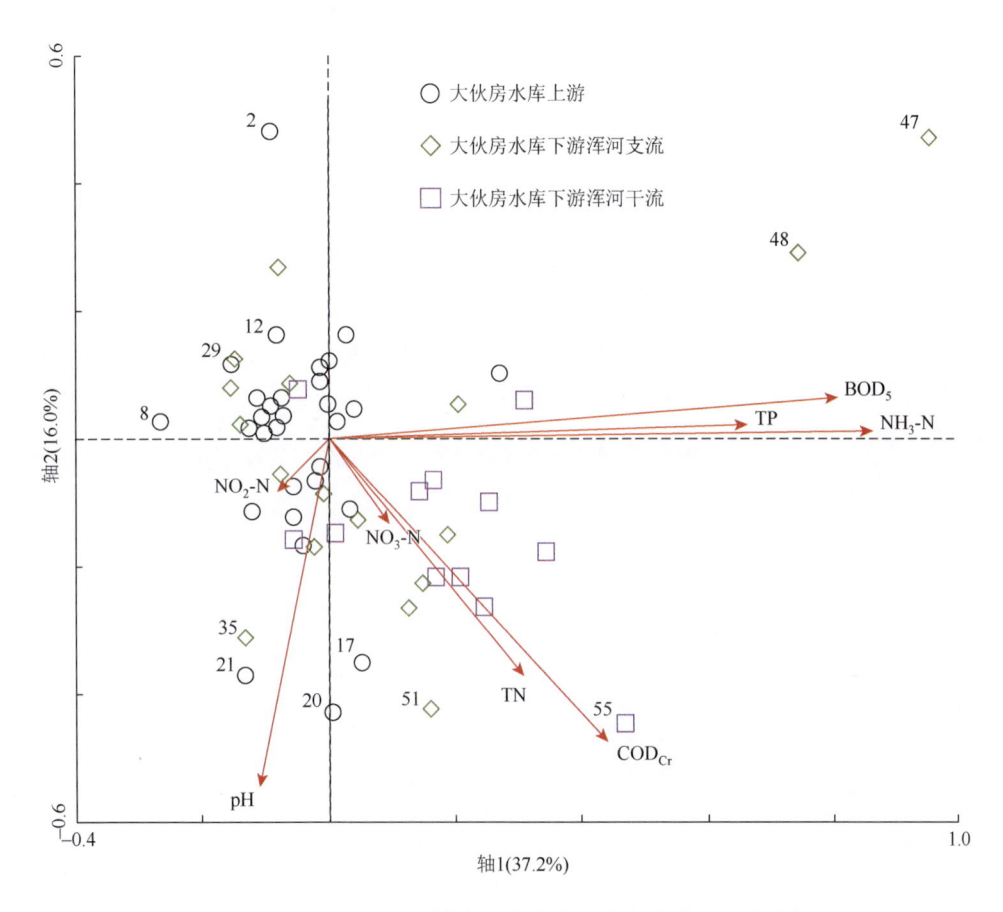

图 3-36 浑河流域大型底栖动物与水质指标的典范对应分析

对大型底栖动物群落指标分析显示，浑河大伙房水库上游的大型底栖动物生物多样性水平较高，水库下游氨氮污染加重，生物多样性水平明显下降。氨氮与大型底栖动物物种数和水生昆虫（EPT）等敏感类群具有显著相关关系（图3-37）。从氨氮的来源分析，主要源自城市生活源（占入河量63%）和工业源（占入河量17%），大伙房水库下游随城市增加而污染加重，大型底栖动物群落退化严重。

（2）水利工程建设对水生生物的影响

辽河流域水利工程建设主要是水库、闸坝的修建。辽河干流上修建有石佛寺水库、盘山闸等大型水利设施，近年来又陆续建立了哈大公路桥等11座橡胶坝。太子河流域也林林总总地分布有9个水库以及20余座闸坝（图3-38），还有众多难以统计的低头坝。这些水利工程无疑都对辽河水生态系统构成了深远影响。

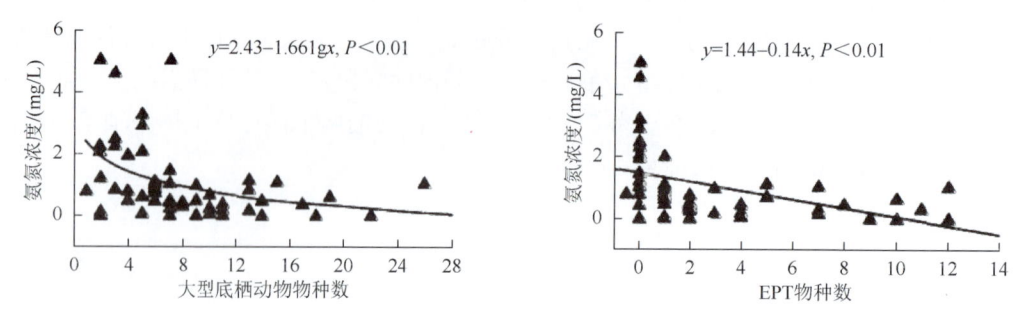

图 3-37 氨氮对大型底栖动物物种数和 EPT 物种数的回归分析

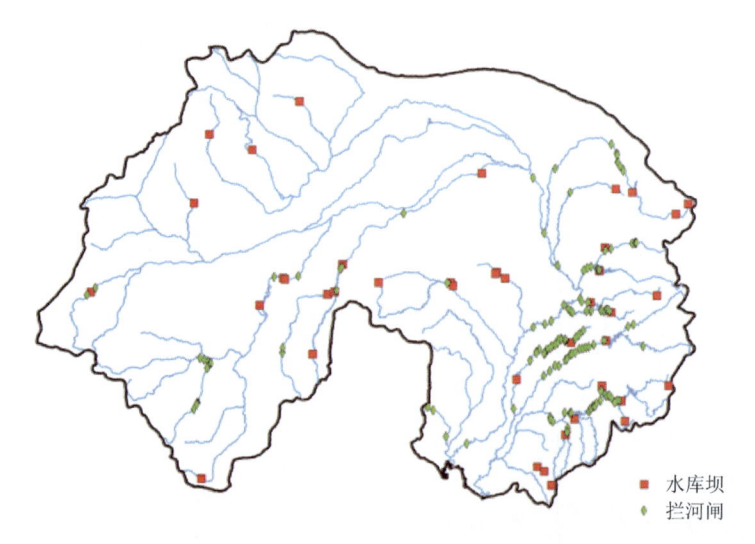

图 3-38 辽河流域主要水库与闸坝建设情况示意图

1)水利工程造成的生殖隔离

水利工程阻碍了河流纵向连通性,造成鱼类物种的生殖隔离,改变了鱼类物种组成。以辽河干流水利工程对鱼类的影响为例,由于石佛寺水库和盘山闸的建设,鱼类群落组成发生明显阻隔,石佛寺水库上游、下游和盘山闸下游的鱼类组成明显不同,石佛寺上游指示种为泥鳅(*Misgurnus anguillicaudatus*)、清徐胡鮈(*Huigobio chinssuensis*)、兴凯鱊(*Acheilognathus chankaensis*);石佛寺下游指示种为马口鱼(*Opsariichthys bidens*)、白鲢(*Hypophthalmichthys molitrix*)、棒花鱼;盘山闸下游指示种为鮻(*Liza haematocheila*)、纹缟鰕虎鱼(*trigonocephalus*)。3 个河段鱼类指示种发生了明显变化,两座水利工程建造成鱼类组成明显分化,同时也阻碍了野生鱼类基因的正常交流。

通过与历史资料比较发现,辽河干流目前鱼类以产黏性卵的鱼类居多,产浮性卵的鱼类相比较大幅度下降(图 3-39)。依据对水流速度喜好划分,喜栖静水或缓流水域鱼类占 76%,以鲫、鳖、兴凯鱊等为主,喜栖急流水域的鱼类占 24%,主要有鲢、鮻等。喜静水鱼类主要分布在盘山闸上游,而喜急流水域的鱼类则出现在盘山闸下游。不难看出,水利工程的建设对水文条件的影响较大,限制了水体流速,故产漂流性卵鱼类和喜急流鱼类有所下降。

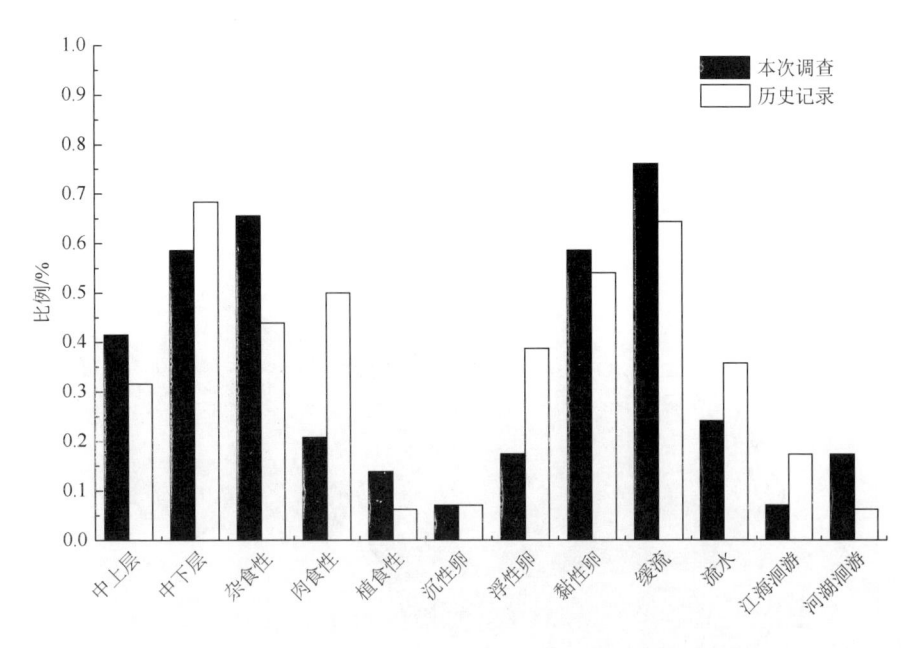

图 3-39　辽河干流鱼类生态类型与历史记录对比

2）水利工程造成的洄游阻隔

水利工程建设隔断了鱼类洄游路线，辽河流域一些原有产漂流性卵的鱼类［鳊（*Parabramis pekinensis*）、鲂（*Megalobrama skolkovii*）、怀头鲶（*Silurus soldatovi*）等］和洄游鱼类［刀鲚（*Coilia macrognathos Bleeker*）、鳗鲡（*Anguilla japonica*）等］已较难发现其踪迹。辽河目前很难捕获到溯河洄游鱼类（如刀鲚）和降河洄游鱼类（如鳗鲡）。经过对资料收集汇总，目前确定鳗鲡基本很难发现，而刀鲚仅在辽河口盘山闸下游发现少量。刀鲚属溯河洄游种，至淡水环境中进行产卵，而受盘山闸的阻隔，刀鲚仅在每年 5~6 月，在其下游曙光大桥与饶阳河完成生殖洄游，且数量极低，难以捕获。

(3) 土地利用对水生生物的影响

1）农田减少，建设用地增加，加重了对水生态系统健康的压力

以太子河流域为例，通过遥感影像对 1980 年、1992 年、2001 年和 2009 年的土地利用类型进行解译（图 3-40）。太子河流域主要的土地利用类型是林地，其次是旱地、建设用地和水田，林地主要分布在山地丘陵地区，人类活动强烈的旱地、水田和建设用地主要分布于平原和河谷地带。

太子河流域变化最明显的土地类型是旱地、水田和建设用地（图 3-41）。旱地面积呈下降趋势，尤其是 1980~1992 年变化剧烈，由 4612.29km^2 下降到 3253.82km^2，下降了29.45%；2001 年和 2009 年仍然保持减少的趋势。水田面积先增后减，2009 年比 1980 年减少了 23.05%，表明农业活动减少。建设用地增加明显，由 1980 年的 225.71km^2 增加至2009 年的 1603.86km^2，增加了 6.1 倍，尤其是在改革开放初期，1980~1992 年 12 年建设用地增加了 3.6 倍，城市建设发展迅猛，扩张明显（图 3-41）。

(a) 1980年9月

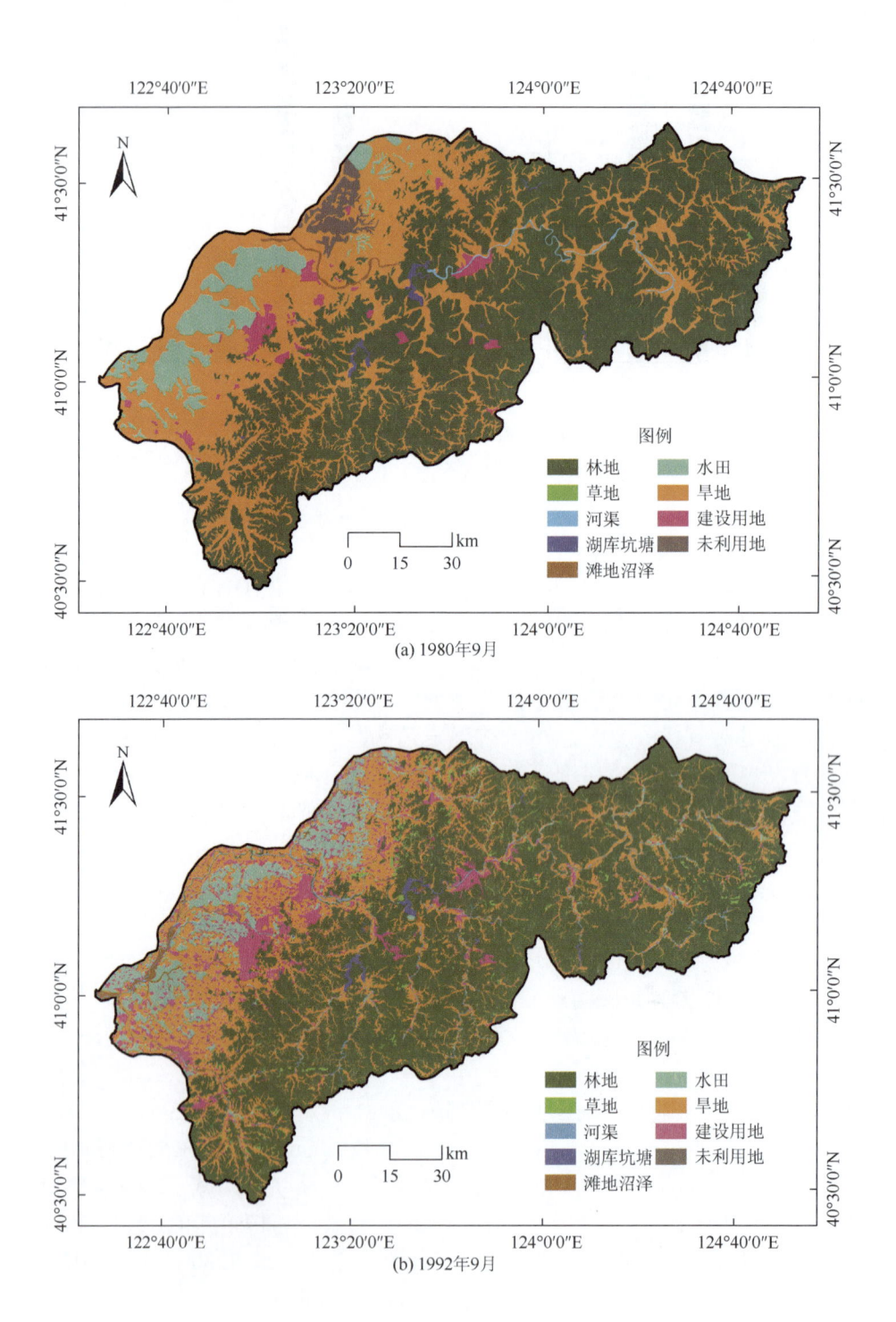

(b) 1992年9月

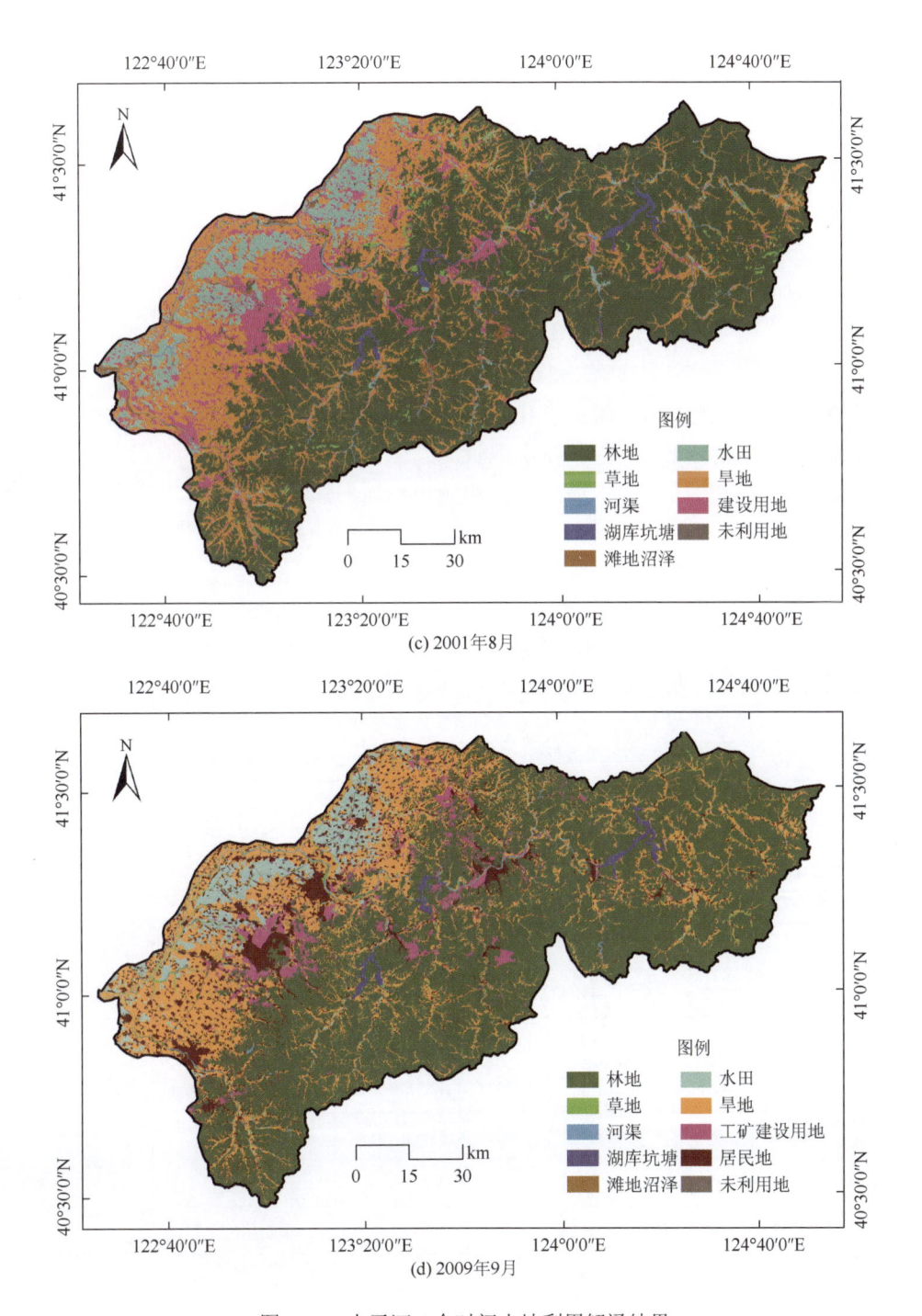

图 3-40　太子河 4 个时间土地利用解译结果

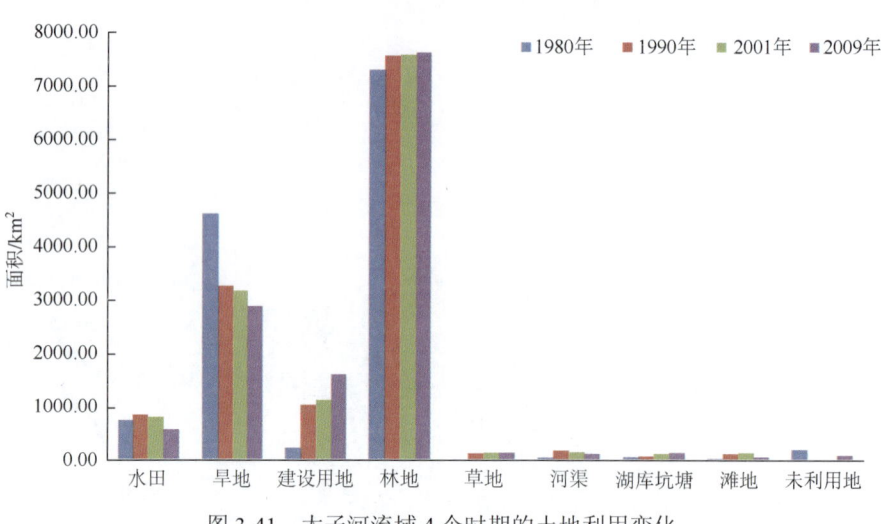

图 3-41 太子河流域 4 个时期的土地利用变化

从农田和建设用地一减一增的变化特征可以判断，人口的剧烈增长、城镇化的快速发展扩大了建设用地的使用需求，在土地资源紧张的情况下，不得不占用农田，尤其是旱地作为建设用地，从而增加了点源污染和城市径流污染，加重了对水生态系统健康的压力。

2) 土地类型转换面积小、密度大、范围广，集中在河岸带

以太子河流域为例，通过两个时期的土地利用图叠加，构建土地利用转移矩阵（表 3-21），用于分析各地类之间的相互转化过程，反映流域土地利用变化的空间分布，识别两个时期变化的驱动因素。

表 3-21 太子河流域土地利用转移矩阵（2001～2009 年）

2001 年		2009 年									合计
		水田	旱地	建设用地	林地	草地	河渠	湖库坑塘	滩地沼泽	未利用地	
水田	B_{ij}/km^2	—	242.41	61.66	15.85	15.18	7.42	9.71	1.64	1.6	355.47
	$P_{ij}/\%$	—	30.20	7.68	1.97	1.89	0.92	1.21	0.20	0.20	44.27
旱地	B_{ij}/km^2	72.22	—	431.43	689.97	51.65	33.1	16.83	23.65	23.89	1342.74
	$P_{ij}/\%$	2.29	—	13.68	21.88	1.64	1.05	0.53	0.75	0.76	42.58
建设用地	B_{ij}/km^2	30.08	204.46	—	59.66	22.51	9.79	8.66	5.97	7.59	348.72
	$P_{ij}/\%$	2.69	18.26	—	5.33	2.01	0.87	0.77	0.53	0.68	31.14
林地	B_{ij}/km^2	2.9	481.18	270.43	—	20.87	17.55	12.31	15.51	41.05	861.80
	$P_{ij}/\%$	0.04	6.36	3.58	—	0.28	0.23	0.16	0.21	0.54	11.40
草地	B_{ij}/km^2	0.86	24.23	13.79	89.79	—	0.79	0.31	0.33	1.06	131.16
	$P_{ij}/\%$	0.65	18.42	10.48	68.27	—	0.60	0.24	0.25	0.81	99.72

续表

2001 年		2009 年									合计
		水田	旱地	建设用地	林地	草地	河渠	湖库坑塘	滩地沼泽	未利用地	
河渠	B_{ij}/km²	3.78	45.21	13.23	21.18	17.86	—	4.18	10.31	7.21	122.96
	P_{ij}/%	2.38	28.44	8.32	13.32	11.24	—	2.63	6.49	4.54	77.36
湖库坑塘	B_{ij}/km²	0.66	2.45	9.66	9.45	1.27	7.84	—	2.23	0.23	33.79
	P_{ij}/%	0.54	2.00	7.90	7.73	1.04	6.41	—	1.82	0.19	27.63
滩地沼泽	B_{ij}/km²	5.55	62.54	30.82	18.22	7	8.42	3.66	—	4.32	140.53
	P_{ij}/%	3.84	43.29	21.33	12.61	4.85	5.83	2.53	—	2.99	97.27
未利用地	B_{ij}/km²	0.17	1.79	0.81	2.21	0.48	0.03	0.11	—		5.77
	P_{ij}/%	2.64	27.84	12.60	34.37	2.64	7.47	0.47	1.71	—	89.74

2001～2009 年，土地利用类型转化的特点是范围广、密度大、面积小。这一时期所有的地类都有相互转化的现象，这与土地开发的精细化管理有关。在 9 个地类中，仍然是旱地转出面积最大，为 1342.7km²，其次是林地、水田、建设用地，分别为 861.8km²、355.5km²、348.7km²。转化比率较高的是草地、滩地沼泽、未利用地、河渠，分别为 99.7%、97.3%、89.7% 和 77.4%，而这些地类转出的类型均以旱地和建设用地为主，表明了工农业发展和城镇居民生活对自然景观地类的进一步开发。

可见，流域土地利用类型转化主要集中在河谷地区、河岸带，甚至是河道内，对水生生物的生存环境产生直接影响。同时，小面积密度大的土地类型转变破坏了陆地生态系统的生境完整性，对水生生物产生负面影响。

3）河岸带土地利用通过影响河流生境，进而影响水生生物群落

以太子河为例，通过遥感影像解译获得河岸带尺度土地利用数据，河岸带尺度是指研究点位左右各 1km 向上至源头的范围。从土地利用类型与鱼类完整性关系来看，河岸带农业用地和建设用地比例的增加会显著降低鱼类完整性得分，而河岸带高比例的林地会维持高的鱼类完整性得分。农业用地和建设用地均为人类干扰用地类型，作为河岸带重要的干扰源影响生物群落。农业用地和建设用地会造成河岸带生境质量下降，而林地正相反（图 3-42）。从几种土地利用类型与生境质量的关系趋势中可以看出，土地利用对水生生物的影响是通过影响河岸带生境质量实现的。

河道物理形态、有机质输入主要受河岸带植被覆盖的影响，河岸带农业用地和建设用地会降低自然植被的覆盖率，增加外源性物质向河道的输入。这一生态过程对河流最明显的影响是水体质量的降低和底质的均一化。通过分析太子河流域河岸带农业用地和建设用地比例与水质评分和底质得分的关系，发现这两类土地利用会显著降低水体质量和底质得分，迫使对水质和底质有特定需求的水生生物数量减少或消失（图 3-43）。

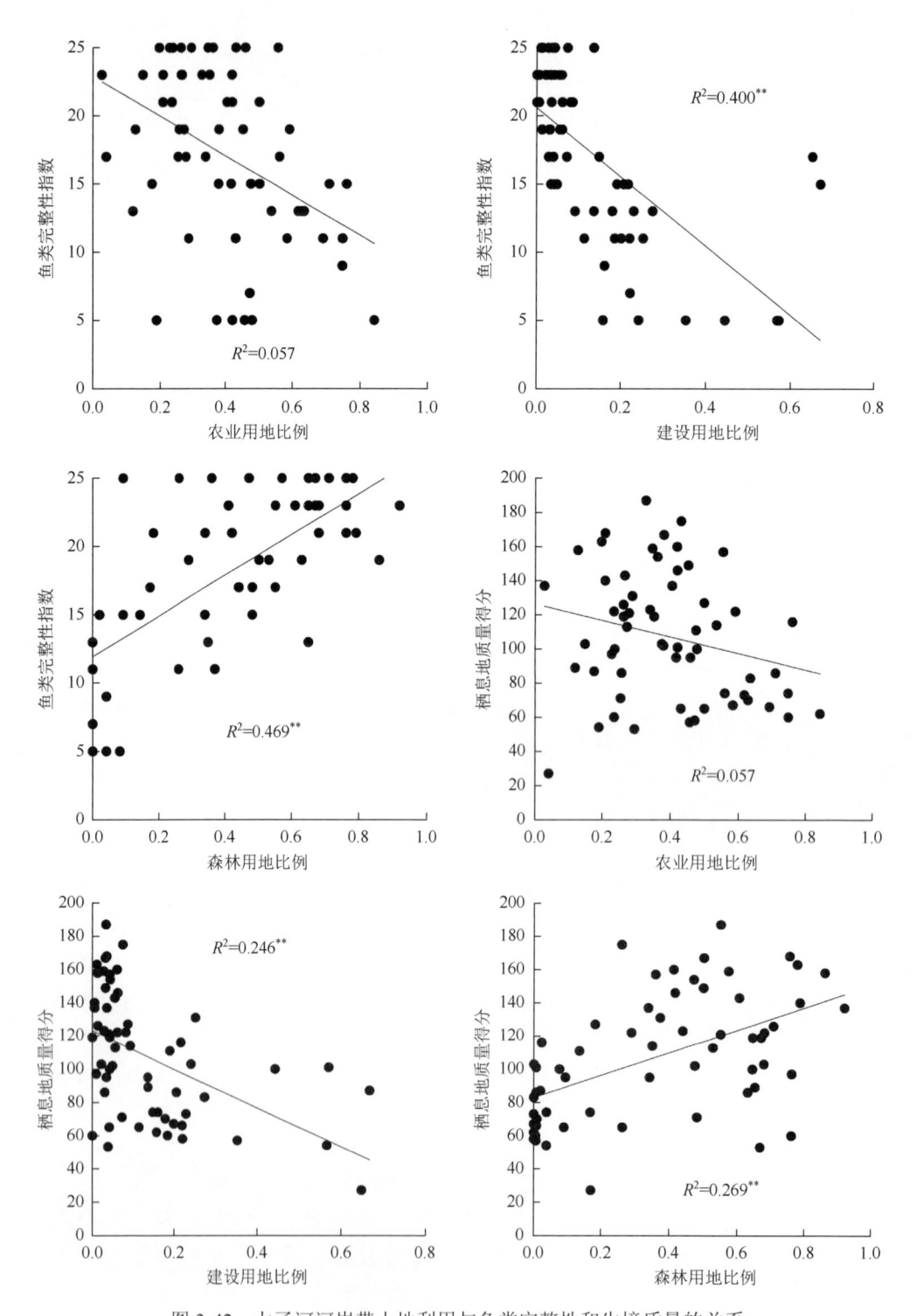

图 3-42 太子河河岸带土地利用与鱼类完整性和生境质量的关系

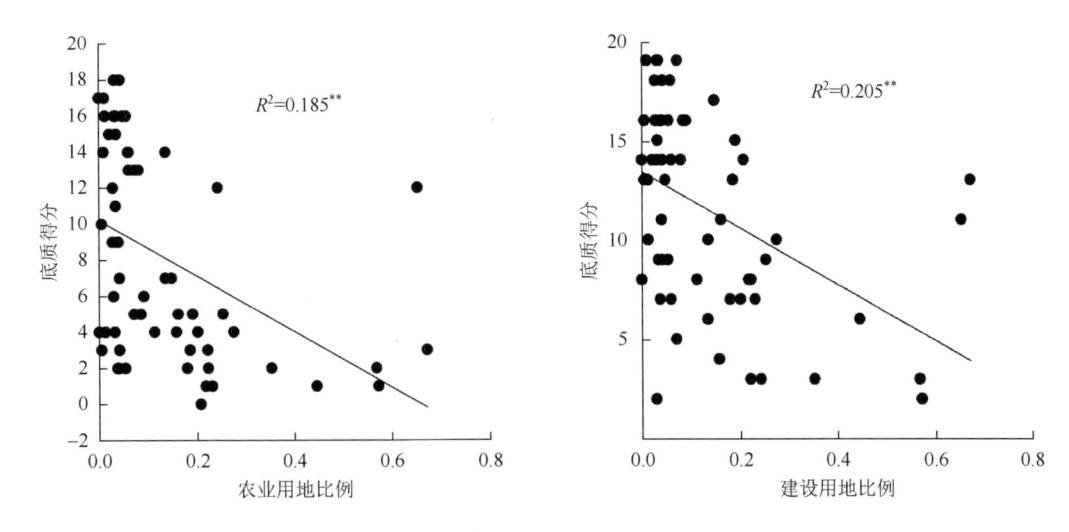

图 3-43 太子河河岸带土地利用与生境质量的关系

**表示显著性

4. 辽河流域水生生物多样性保护存在的问题

（1）河流生态系统的重点保护区域尚不明确

辽宁省对河流的管理理念和其他地区基本相同，主要以基于水体功能的水质达标管理为核心。2010年辽宁省成立辽河干流自然保护区，主要针对保护区范围为516km长的河道以及两侧500m范围内的河岸带进行自然恢复，这会对辽河干流水生态系统恢复起到一定作用。但辽河流域还存在着很多高生境质量区域（上游源头）和重要生态功能区域（产卵场、洄游通道）尚未识别出来，管理上也一直没有针对性地进行重点保护。管理上的一视同仁必定会带来对某些区域的过保护，而严重的是，对于高生物多样区欠保护，因此，下一步应针对辽河重要生境区重新划定保护区。

（2）重要物种及生境的保护目标不突出

1991年辽宁省公布了重点保护野生动物名录，名录中涉及9种水生生物（中华鳖 Trionyx sinensis、中华绒螯蟹 Eriocheir sinensis、鳗鲡 Anguilla japonica、东北雅罗鱼 Leuciscus waleckii、刀鲚 Coilia macrognathos Bleeker、凤鲚 Coilia mystus、乔氏新银鱼 Neosalanx jordani、东北七鳃鳗 Lampetra moriiBerg、香鱼 Plecoglossus altivelis），但实际上针对这些物种并未实行实质性保护措施。某些重要鱼类（敏感种：花杜父鱼、鸭绿江沙塘鳢；本地种：辽宁棒花鱼、辽河突吻鮈）和部分贝类（三角帆蚌 Hyriopsis cumingii、圆顶珠蚌 Unio douglasiae）、甲壳动物（秀丽白虾 Exopalaemon modestus）、水生昆虫（苏瓦襀 Suwallia sp.、黑蝇 Isoperla sp.、弯握蜉 Drunella sp.、日本花翅蜉 Baetiella japonica、高翔蜉 Epeorus sp.）在辽河流域存在着种群退化问题，由于上述物种对水质和生境的需求在一定程度上涵盖了大部分物种的需求，因此，保护此类敏感物种又是维持高生物多样性的关键环节。此外，辽河流域生境质量退化严重，河岸带植被覆盖在中下游区域很低，取而代之的是河道垃圾废物的堆弃；河道挖沙随处可见，对溪流破坏性极大。因此，在制定辽河流域水生态保护目标时，也应考虑重要水生生物物种和重要生境的保护与恢复。

(3) 缺乏水生态保护与修复规划方案

辽河流域规划历来作为辽宁省政府发展的重要内容之一，各厅局制订了很多关于辽河流域的规划方案，都重点从水资源利用、水污染防治角度进行详细规划，其中，水生态保护方面的内容也都是从水资源保障和水污染控制的角度进行设计。就目前辽河流域水生态保护发展的需求，急需制订能反映重要保护区划分、保护对象管理、重要生境修复等内容的水生态保护与修复规划方案。

5. 辽河流域水生态系统健康的保护和恢复战略

(1) 流域水生态功能分区战略

1) 辽河流域水生态功能分区

水生态功能区划是指为了保护流域水生态系统完整性，根据环境要素、水生态系统特征及其生态服务功能在不同地域的差异性和相似性，将流域及其水体划分为不同空间单元的过程，为流域水生态系统管理、保护与修复提供依据。"十一五"期间，水专项分区课题提出了流域水生态功能一级区（图3-44）和水生态功能二级区（图3-45）划分技术方法及其划分步骤，筛选出辽河流域水生态功能一级区和水生态功能二级区划分指标，即采用高程、年均降水量划分水生态功能一级区，采用 DEM 和 NDVI 两个指标开展水生态功能二级区划分，并且建立了流域水生态功能三级区（图3-46）和水生态功能四级区（图3-47）划分的技术步骤，开展了太子河流域水生态功能三级区和四级区划分研究。

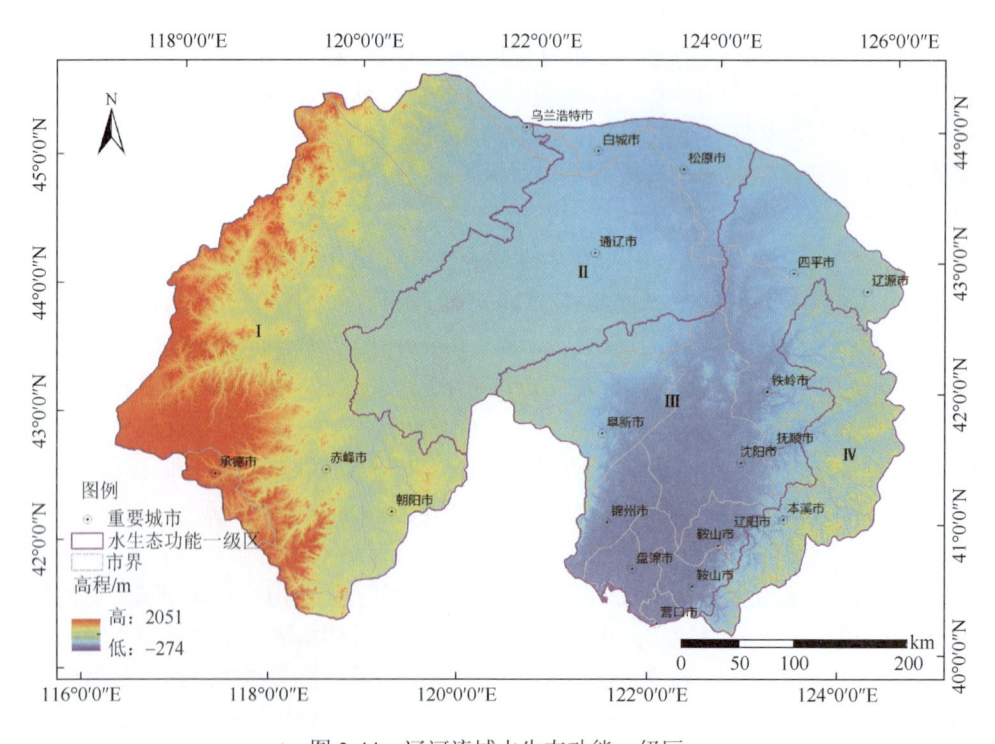

图 3-44　辽河流域水生态功能一级区

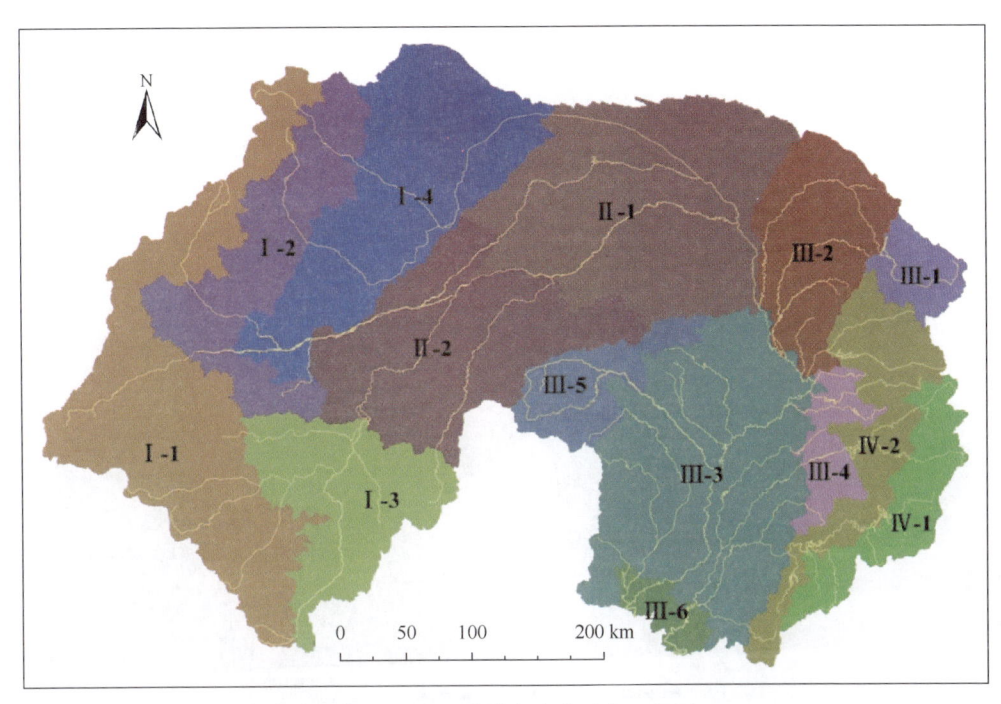

图 3-45　辽河流域水生态功能二级区

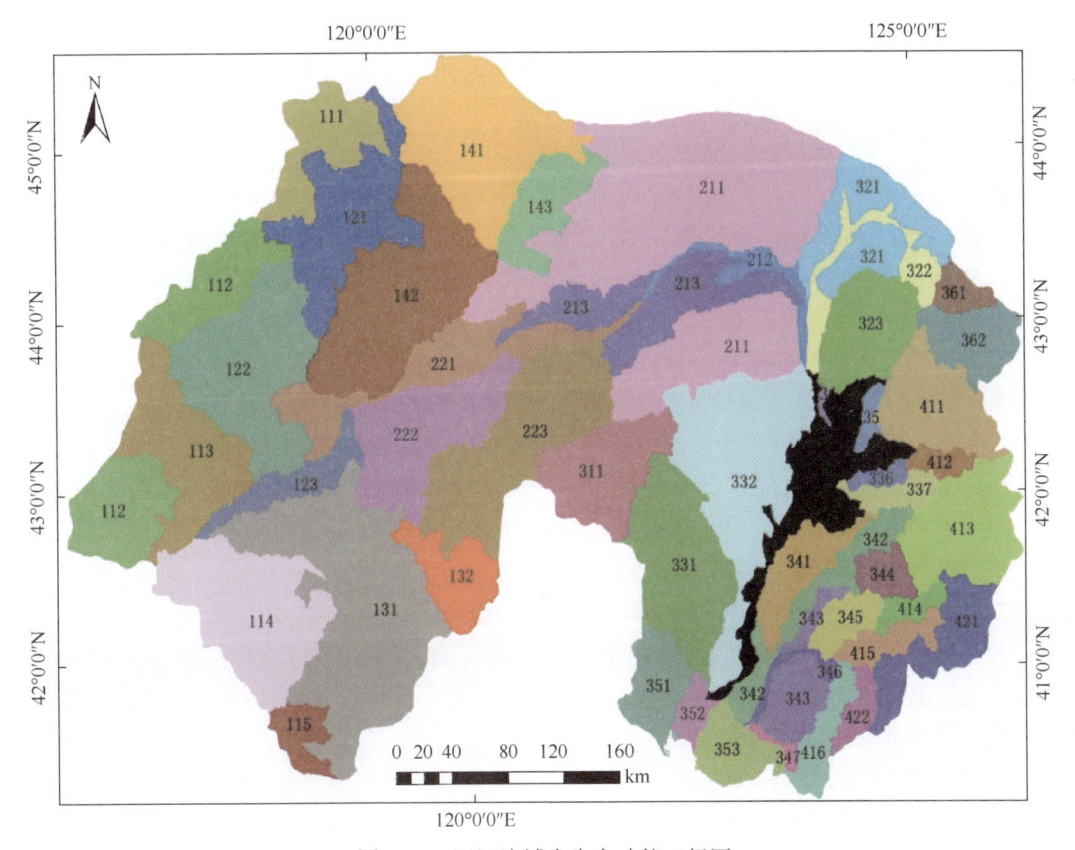

图 3-46　辽河流域水生态功能三级区

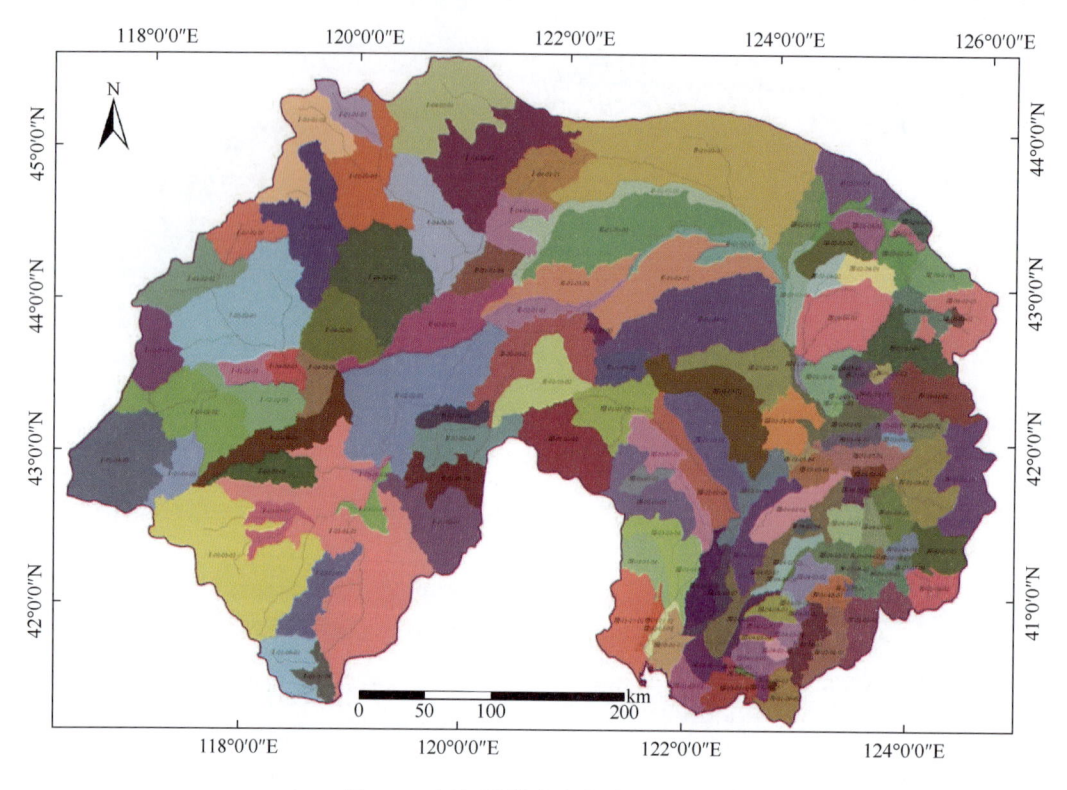

图 3-47　辽河流域水生态功能四级区

2）辽河流域的水生态功能分区管理战略

水生态功能区一方面要能够反映水生态系统及其生境的空间分布特征，确定要保护的关键物种、濒危物种和重要生境，另一方面要能够反映水生态系统功能空间分布特征，明确流域水生态功能要求，确定生态安全目标，从而便于管理目标的制订和管理方案的实施。

水生态功能区具体在水环境管理中可发挥的作用诸如以下几点。

A. 科学评估流域水生态系统健康状况，诊断流域水生态环境压力

水生态功能区可以揭示区域水生态系统背景特征，反映水生态系统特点及其空间分布规律。通过水生态系统健康状况科学评价，可以梳理各生态区域面临的生态压力和生态环境问题，掌握社会经济发展对流域水生态系统的动态影响，对水生生物多样性保护等重大生态安全问题进行识别。

B. 明确流域水生态功能要求，确定水生态保护目标

水生态功能是维护流域生态安全的重要因素，是保证社会经济可持续发展的基础。生态功能也是确定生态目标的重要依据，生态目标既能充分保证生态系统的自身演化规律，也要考虑到社会、经济和文化发展的需求。

C. 确定流域水生态承载能力，提出针对性的水环境分区管理措施

通过计算水生态功能区的承载能力，有利于确定各功能区的社会经济发展模式，提出限制性产业、鼓励性产业和禁止性产业发展要求，并可依据区划编制生态保护和恢复规划，

做到因地制宜和分类管理，取得生态环境效益和社会经济效益的双赢。

D. 确定辽河流域水生态红线，提出辽河流域水生态红线保护战略

在辽河流域水生态功能四级区的基础上，初步提取水生态红线，作为生态功能基线严格管控起来。分别命名为：本土特有物种栖息地保护区、鱼类三场一通道、饮用水源地功能区、自然优良生境区、生物多样性丰富河段、珍稀濒危物种保护区、涉水自然保护区、水资源供给功能区、水产品供给功能区、景观娱乐功能区、季节性河流、地下水补给功能区、其他支持服务功能。其中，本土特有物种栖息地保护区、鱼类三场一通道、饮用水源地功能区、自然优良生境区、生物多样性丰富河段、珍稀濒危物种保护区、涉水自然保护区7个功能区被划定为生态红线区，总共2160个河段，总长度为20 344km，占辽河流域河流总长度的57.4%。

a. 本土特有物种栖息地保护区：总共297个河段，总长度为3431.63km，占辽河流域河流总长度的9.7%；主要分布在西拉木伦河中下游的苇塘河、碧柳沟河、巴尔汰河和大海清河；辽河平原的王河、秀水河、八道河和西沙河下游河段；太子河源头、太子河中游的北沙河、马蜂河、蓝河和汤河源头河段；大辽河和双台子河的入海口河段。

b. 鱼类三场一通道：总共29个河段，总长度为574.88km，占辽河流域河流总长度的1.6%；主要分布在辽河干流。

c. 饮用水源地功能区：总共98个河段，总长度为920.23km，占辽河流域河流总长度的2.6%；主要分布在辽河平原的东沙河和羊肠河、清河水库下游和榛子岭水库下游；浑河大伙房水库附近的河流、太子河观音阁水库附近的河流、北沙河下游和海城河上游。

d. 自然优良生境区：总共829个河段，总长度为7592.84km，占辽河流域河流总长度的21.4%；主要分布在西拉木伦河源头、老哈河源头、养畜牧河源头、辽河平原入干支流二道河、三道河、地河及万泉河；东辽河源头和东辽河中游的小辽河、五干渠；太子河源头、北沙河、海城河源头。

e. 生物多样性丰富河段：总共523个河段，总长度为5602.72km，占辽河流域河流总长度的15.8%；主要分布在老哈河干流、西拉木伦河的响水河和少郎河；东辽河干流、东辽河的卡伦河；寇河中上游；辽河平原的入干支流柴河、沙河，以及柳河、二龙湾河；浑河干流及部分入干支流、太子河流域的清河、小来河，以及覆窝水库附近的河流；浑河和太子河汇合处的河段。

f. 珍稀濒危物种保护区：总共382个河段，总长度为2178.22km，占辽河流域河流总长度的6.1%；主要分布在清河源头、柴河源头、浑河源头的红河和苏子河、太子河的支流汤河源头和细河源头。

g. 涉水自然保护区：总共两个河段，总长度为43.54km，占辽河流域河流总长度的0.12%；主要分布在太子河下游的两个支流河段。

（2）水生态保护目标制定战略

1）水生态保护目标制定技术分析

流域水生态功能区为水生生物多样性保护提供了保护单元。配合辽河流域水生态功能区，建立不同分区的保护对象和保护目标，实现由目前流域水质达标管理转向未来流域水

生态系统健康管理。

A. 通过保护某一物种使得其他物种得到伞护效果，提升对水生生物多样性的保护成效

伞护种是保护生物学中的一个概念，特指那些生存环境需求能够涵盖许多其他物种生存环境需求的物种。一个理想的伞护种应当与一定数量的其他物种共同存在，既不能普遍存在又不能极其稀少，并对不同的人为干扰类型做出适当的和不同的响应特征。

以太子河流域为例，利用伞护值计算与伞护效果评估方法筛选大型底栖动物伞护物种。通过比较所有物种共存性、耐污性和稀有性特征，通过伞护值计算发现15种大型底栖动物在本地区具备一定的伞护能力（表3-22），主要包括毛翅目3（属）种、蜉蝣目5（属）种、双翅目3（属）种、端足目1（属）种、基眼目1（属）种、颤蚓目1（属）种、无吻蛭目1（属）种。

表3-22 太子河大型底栖动物备选伞护种（伞护值＞平均伞护+标准差）筛选结果

目（纲）	科	属（种）	伞护值
毛翅目	纹石蛾科	*Cheumatopsyche* sp.	1.77
		Hydropsyche orientalis	1.82
		Hydropsyche nevae	1.87
蜉蝣目	四节蜉科	*Beatis* sp.2	1.79
	扁蜉科	*Epeorus latifolium*	1.77
	小蜉科	*Serratella rufa*	1.81
		Serratella setigera	1.81
		Ephemerella atagosana	1.80
双翅目	蠓科	*Bezzia* sp.	1.76
	大蚊科	*Antocha* sp.	1.77
	长足虻科	*Dolichopus* sp.	1.79
端足目	钩虾科	*Gammarus* sp.	1.78
基眼目	椎实螺科	*Radix swinhoei*	1.77
颤蚓目	颤蚓科	*Branchiura sowerbyi*	1.80
无吻蛭目	石蛭科	*Nephelopsis* sp.	1.84

对筛选出来的15个物种分别进行二次筛选。具体方法为将所有的监测点位分成两组，存在备选伞护种的点位为一组，不存在的点位为一组，通过分析两组群落结构上的差异进行伞护效果评估。仅有8个物种适合作为伞护种在太子河流域实施保护，其中，蜉蝣目，包括高翔蜉（*Epeorus latifolium*）、红色锯型蜉（*Serratella rufa*）、白背锯型蜉（*Serratella setigera*）、小蜉（*Ephemerella atagosana*）；毛翅目，包括短脉纹石蛾（*Cheumatopsyche* sp.）、东方侧枝纹石蛾 *Hydropsyche orientalis*、旋刺枝纹石蛾 *Hydropsyche nevae*；双翅目为朝大

蚊（*Antocha* sp.）。从物种丰度、多样性指数、完整性指数、BMWP 和生物指数几方面来看，伞护种存在点位与不存在点位群落结构指数差异显著（p 均小于 0.05）。因此，这些物种得到保护可以有效维持群落结构完整。

B. 筛选对水环境响应敏感的物种，通过生态阈值分析确定水质保护目标

以浑太河为例，利用指示种阈值分析技术分析每一鱼类物种对不同水化学指标的响应效果与响应阈值，筛选出对干扰响应敏感的物种。不同鱼类物种对水化学参数的耐受特征都有差异（图 3-48）。其中，以电导率（EC）为例说明，有北方条鳅、北方花鳅、沙塘鳢等 8 种

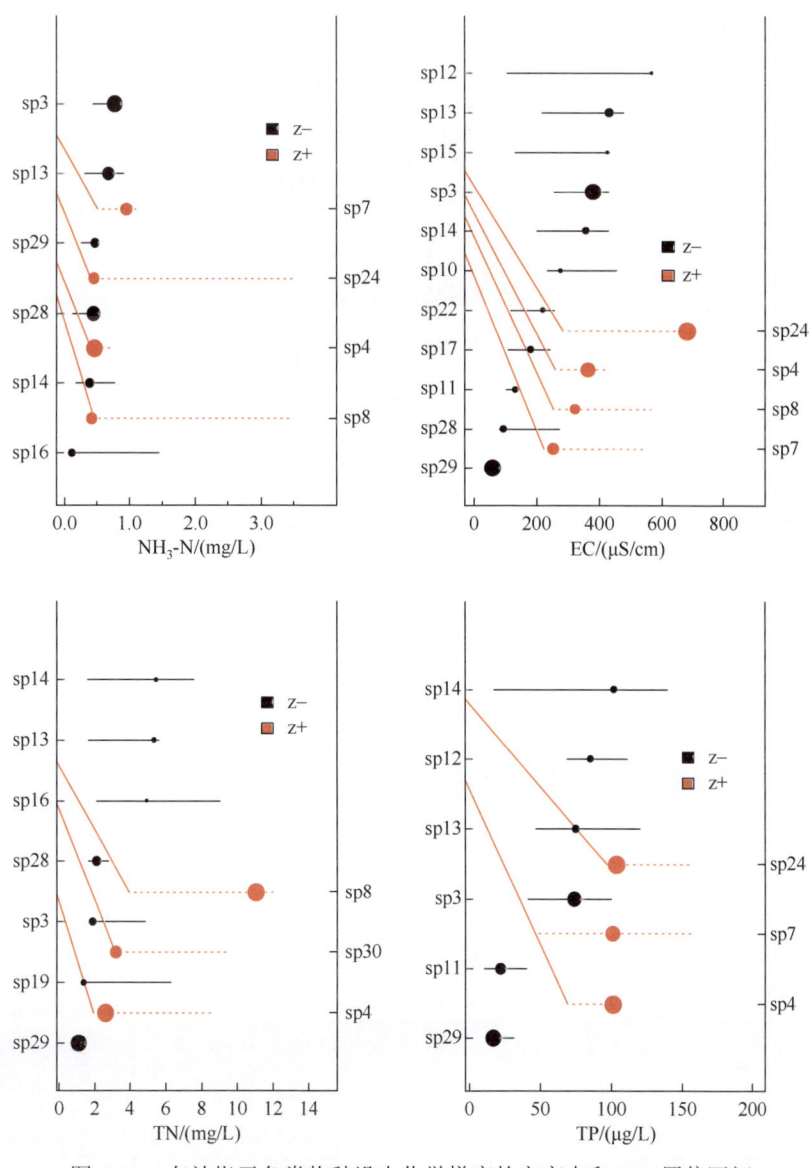

图 3-48 有效指示鱼类物种沿水化学梯度的突变点和 90% 置信区间

sp××表示第××号物种

鱼类对电导率存在负向响应（随着电导率的增加，鱼类丰度和出现频率下降），鲫、兴凯鳎等4种鱼类对电导率存在正向响应（随着电导率的增加，鱼类丰度和出现频率上升）。从对人类干扰敏感性角度分析，北方条鳅、北方花鳅、沙塘鳢等8种对电导率负向响应的鱼类是合适的保护对象。对于其他水化学参数而言，有不同的响应物种，可通过分析水化学与区域干扰梯度的关系，进而确定哪些物种适合作为保护对象。

还以电导率为例，指示种累积阈值频率图显示，对电导率负向响应敏感的鱼类群落生态阈值为359.35μS/cm，对电导率正向响应敏感的鱼类群落生态阈值为257.35μS/cm（图3-49）。本地区电导率与河流生境条件有很好的回归关系，电导率可以反映或代表本地区人为干扰压力，因此，鱼类群落对电导率的响应阈值就可作为上述保护对象的水质保护目标。

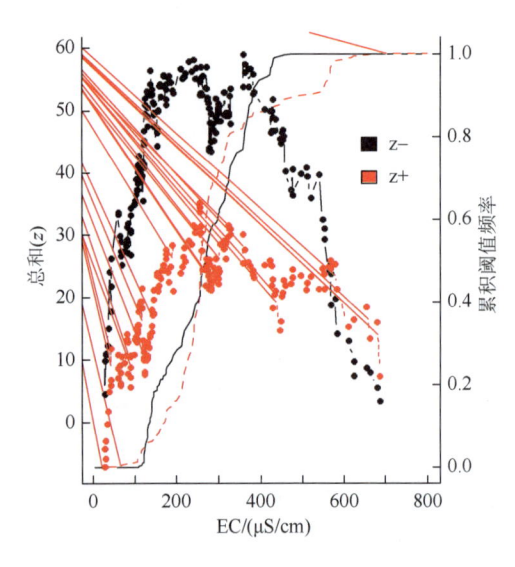

图3-49 基于指示种得分的鱼类群落累积阈值频率图

C. 预测群落潜在状况，制定群落恢复目标

以太子河为例，利用逐步判别回归分析方法对太子河鱼类群落结构潜在特征进行预测研究。选择流域、河段等不同尺度的环境数据（选择不受人为干扰的），针对鱼类物种丰度（R）、香农多样性指数（H'）、鱼类完整性指数（IBI）3个群落参数，分别建立参照体系预测模型（表3-23）。

表3-23 太子河流域鱼类群落潜在特征预测模型

群落参数	进入模型的变量	模型	R^2	p
R	海拔（A）、年均降水（B）、年均温（C）	$R=157.605-8.050\times A-41.248\times B-12.159\times C$	0.423	<0.01
H'	河流等级（D）	$H'=0.507+1.019\times D$	0.164	<0.01
IBI	沙子含量（E）、流速（F）	$IBI=65.127+29.835\times E-6.023\times F$	0.372	<0.01

基于鱼类群落结构预测模型，对其他河段鱼类群落潜在特征进行预测。以太子河南支

为例（表3-24），太子河南支大部分点位预测的鱼类物种丰度都要高于或接近实际调查情况，仅TN15号点位预测物种数量明显低于实际调查情况。但从鱼类完整性预测的结果分析，TN15号点位预测的IBI得分要高于实际情况，这可能与该点位出现耐污物种有关，即如果生境质量改善后，这些物种不应出现。这也侧面印证了实际调查情况下物种丰度多的现象。因此，开展水生生物群落保护工作时，可利用潜在群落预测结果作为依据，综合考虑不同群落指标的含义，合理制定水生生物群落保护目标。

表3-24 太子河南支鱼类群落指标预测结果与实际结果对比

点位	预测 R	实际 R	预测 H'	实际 H'	预测 IBI	实际 IBI
TN01	4.4626	2	0.81	0.460	64.61	63.94
TN02	4.7570	4	0.81	0.901	64.79	64.30
TN03	4.9700	3	0.81	0.252	65.19	62.08
TN04	5.4038	2	0.99	0.020	64.43	60.73
TN05	5.5194	2	0.99	0.280	64.58	61.03
TN07	5.7189	2	1.12	0.108	64.60	60.80
TN08	5.8793	4	1.12	0.271	64.84	63.17
TN09	6.0388	5	1.12	0.916	65.10	64.82
TN10	6.4004	7	1.12	1.084	64.08	66.28
TN11	4.7141	6	1.12	1.202	64.81	64.62
TN12	5.1978	6	1.22	1.056	64.63	64.13
TN13	5.3358	3	1.22	1.013	64.69	64.73
TN14	5.2892	5	1.22	1.248	64.04	63.81
TN15	5.5536	9	1.30	1.560	64.15	54.02

2）辽河流域水生态保护目标制定战略

A. 科学确定保护对象，提升水生态保护成效

明确水生态保护不仅是单物种保护，应从整体全局角度进行综合考虑，加强水生态系统整体性保护理念。科学制定水生态保护对象，除了从物种群落角度去考虑外，应强调重要物种的保护，特别要考虑保护物种所反映的生态系统特征或在生态系统过程中扮演的角色。既要考虑保护资源的有限性，制定能满足更多物种保护需求的保护对象，也要考虑物种对环境的敏感性，尽量满足最易受到破坏生物物种的生存需求。

B. 从水生生物保护需求出发，合理开展环境修复与生态恢复

研究已证实不同水生生物对环境的需求不同，保护水生生物就必须要改善环境条件。因此，基于确定的水生态保护对象，分析影响不同保护对象重要环境因子，确定满足保护对象生存的环境因子适宜范围，作为环境管理目标，指导污染减排管理工作，并有针对性地开展环境修复与生态修复工程。

C. 充分考虑地区社会经济压力，合理制定恢复目标

水生态恢复程度作为管理目标，有利于指导流域（区域）管理工作实施。制定水生态

恢复目标，应考虑辽宁省各地区社会经济发展状况，结合区域的水生态功能定位，分析主要干扰压力的恢复潜力，制定合理、可实现的水生态保护目标。

（3）河岸带土地利用优化战略

1）河岸带土地利用对水生态系统的影响分析

自 2010 年辽河干流自然保护区建立以来，对辽河干流河岸带土地利用进行规划，所有村落全部迁出，农田恢复为自然用地，禁止一切人为干扰活动。通过 4 年多的自然封育，河岸带植被已初具规模，部分河段沙化现象已改善。河岸带生境质量的提高对水生态系统也产生了积极作用。以鱼类物种丰度为例，通过每年连续性野外调查发现，鱼类物种丰度逐年增加（图 3-50），这与"十一五"期间发现的仅 9 种鱼类相比，有了明显的提升。

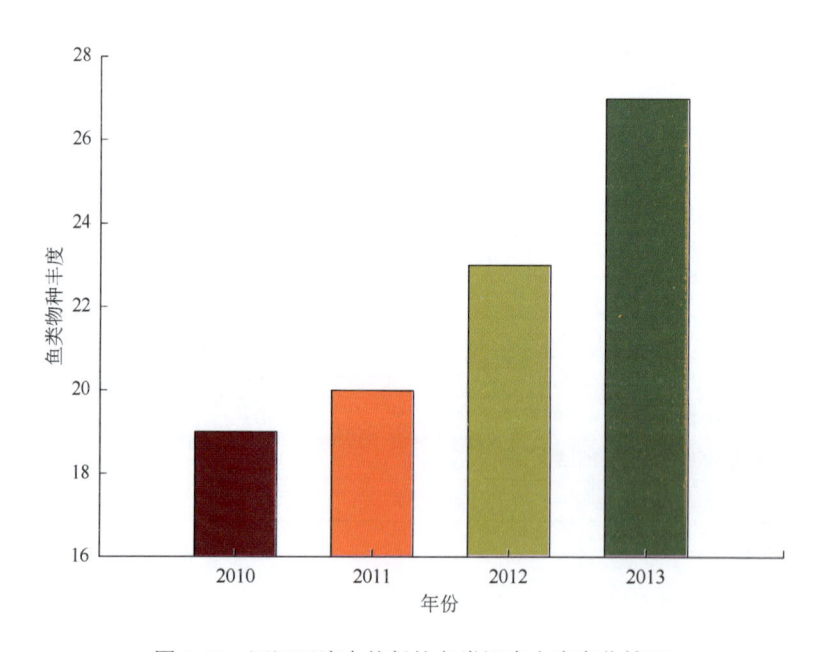

图 3-50　辽河干流自然保护鱼类调查丰度变化情况

流域尺度、区域尺度和河岸带尺度下的不同土地利用方式都会对河流生态系统产生影响。对于流域管理者来说，更为关注的是土地利用的管理方法，因此，河岸带土地利用管理的可操作性会更易被管理者采纳。

A. 河岸带景观格局与大型底栖动物群落结构的关系

以太子河流域为例，选取斑块密度（PD）、最大斑块指数（LPI）、形状指数（LSI）、分维度指数（FRAC）、聚集度指数（AI）、分离度指数（SPLIT）、通度指数（COHESION）、斑块丰富度密度（PRD）、香农多样性指数（SHDI）9 个景观格局指数，通过相关分析，比较不同宽度的河流廊道内景观格局指数与底栖动物群落结构指数的相关系数，进一步分析这些相关系数与廊道宽度的关系曲线，确定出对河流底栖动物群落结构影响显著的有效空间作用尺度。

结果显示,景观 FRAC 是在 100m 的河流廊道对大部分底栖动物群落结构指数产生显著的影响;景观 SHDI 则在较宽的河流廊道(400~500m)对底栖动物群落结构产生显著的影响。

SHDI 的变化趋势并不是单调递增或单调递减,其最高值出现在 200m 河流廊道尺度下。SHDI 反映了各斑块类型在景观中均衡化分布趋势,其值越高,分布越均衡。在 50m 廊道内,由于斑块类型少,影响了景观多样性;增加到 200m,人为活动增强,导致斑块类型和数量都增加,占优势的大面积斑块较少,使得斑块的均衡化分布特征明显,SHDI 值变大;随着廊道宽度的进一步增大,大面积斑块数量增加,破坏了原来的斑块均衡分布格局,使得 SHDI 下降。这一规律与生态学中的中度干扰假说相类似。

FRAC 表现出随着廊道宽度的增加而递减(图 3-51)。FRAC 的递减较为平缓,尤其是在 50~100m、400~500m 的范围内变化不明显。FRAC 体现了人类活动对景观斑块的干扰程度,分维数越大,表明景观斑块的几何形状越复杂,其自然特征越明显。FRAC 随河流廊道宽度的增加而略微降低,主要是由于平原河流在较宽的河岸带地区人为活动较强烈,导致景观斑块的自然特征不明显,因而 FRAC 值有所下降。

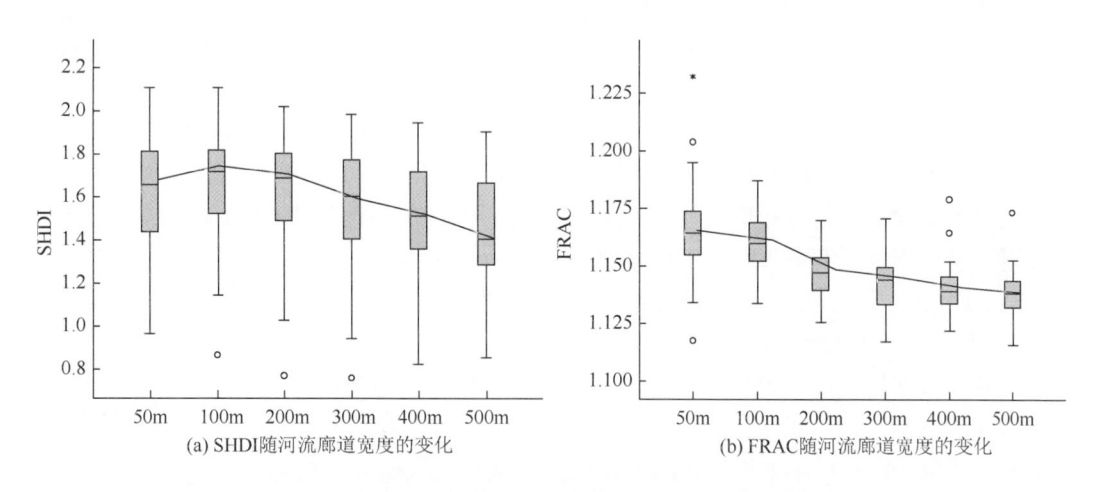

图 3-51 景观格局指数在不同宽度河流廊道下的变化趋势

B. 土地利用类型与大型底栖动物群落结构的关系

以太子河为例,选取 25m、50m、100m、200m 和 500m 五个河岸带宽度范围(图 3-52),分析土地利用类型与大型底栖动物群落结构的关系。相关性分析发现,河岸带 25~200m 范围内农业用地比例增加,会显著提高电导率、溶解性固体和总氮含量。从多样性角度分析,香农多样性指数、丰富度指数、均匀度指数、ASPT 分别与河岸带 50~100m、25~100m、100m、20~100m 宽度范围内建设用地存在负相关关系,表明河岸带 100m 范围内建设用地对大型底栖动物多样性存在明显抑制效果。此外,河岸带 500m 范围内农业用地和建设用地会造成大型底栖动物物种丰度、捕食型物种比例下降。

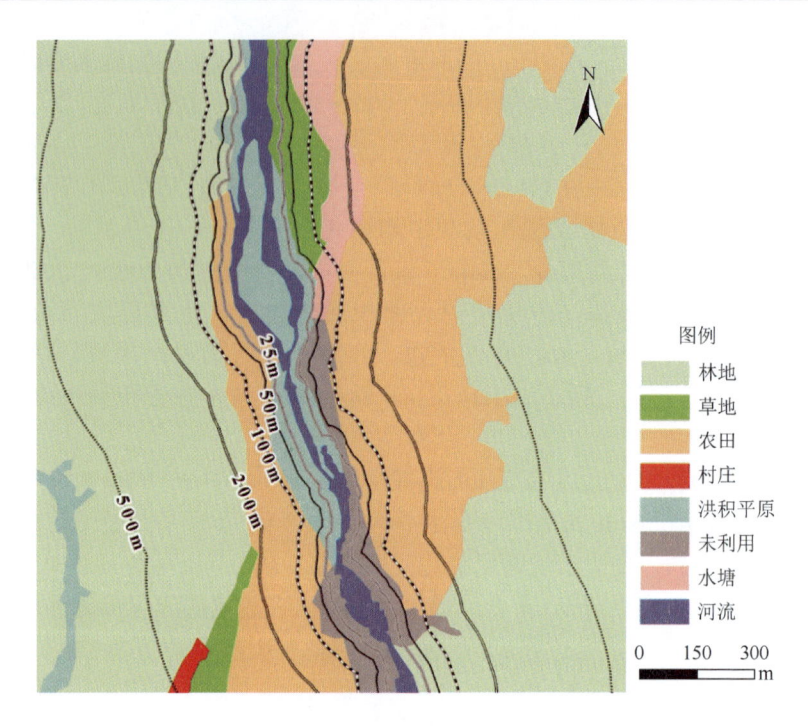

图 3-52　不同河岸带宽度划分模式图

CCA（对应分析，是一种分析方法）结果表明林地、农业用地、建设用地分别在河岸带 25m、100m、200m 宽度对太子河大型底栖动物分布发挥着独立的影响效果（图 3-53）。前 2 轴对大型底栖动物分布的累积解释率达 35%，表明对河岸带 200m 范围内农业用地和建设用地的管理可以有效保护大型底栖动物群落结构完整。

2）辽河流域河岸带土地利用优化战略

A. 巩固辽河干流保护区，扩大支流保护区

辽河干流保护区的建设使辽河干流水质明显好转，提前摘掉劣Ⅴ类的"帽子"，对水生态系统的恢复起到了积极作用，在全国树立了良好的示范作用。应进一步巩固辽河干流保护区的地位，提升辽河干流保护区的作用，将保护区的范围扩展至重要支流。依法确定保护区权属，做好土地调整工作。清理河道内和保护区内的农田和建筑物，限制流域内农田和建设用地的使用，禁止占用林地、坡地的土地使用方式。

B. 增加河岸带林地、草地、湿地面积，建立水生态系统的生命缓冲带

研究已证明，土地对河流生态系统的影响主要集中在河岸带地区。因此，要坚决取缔河道内的农田和建筑物，在 500m 河岸带区域逐步减小农田和建设用地的面积比例，恢复林地、草地等自然用地类型，保障河流生态系统与陆地生态系统的横向连通性，真正形成水生生物的生命走廊。

C. 优化土地利用格局，集约化农田和建设用地

整合分散的农田和建设用地，避免土地景观破碎化、分散化、小型化，拆除废旧建筑物，放弃产量低的农田，退耕还林、还草、还湿。在空间布局上，按照"区域集中、产业集聚、开发集约"的原则，搞好工业集中区建设，改变工业分散布局的模式。农田要远离

河道 100m 以上，建设用地远离河道 200m 以上，形成农田、居民地的集约化布局。

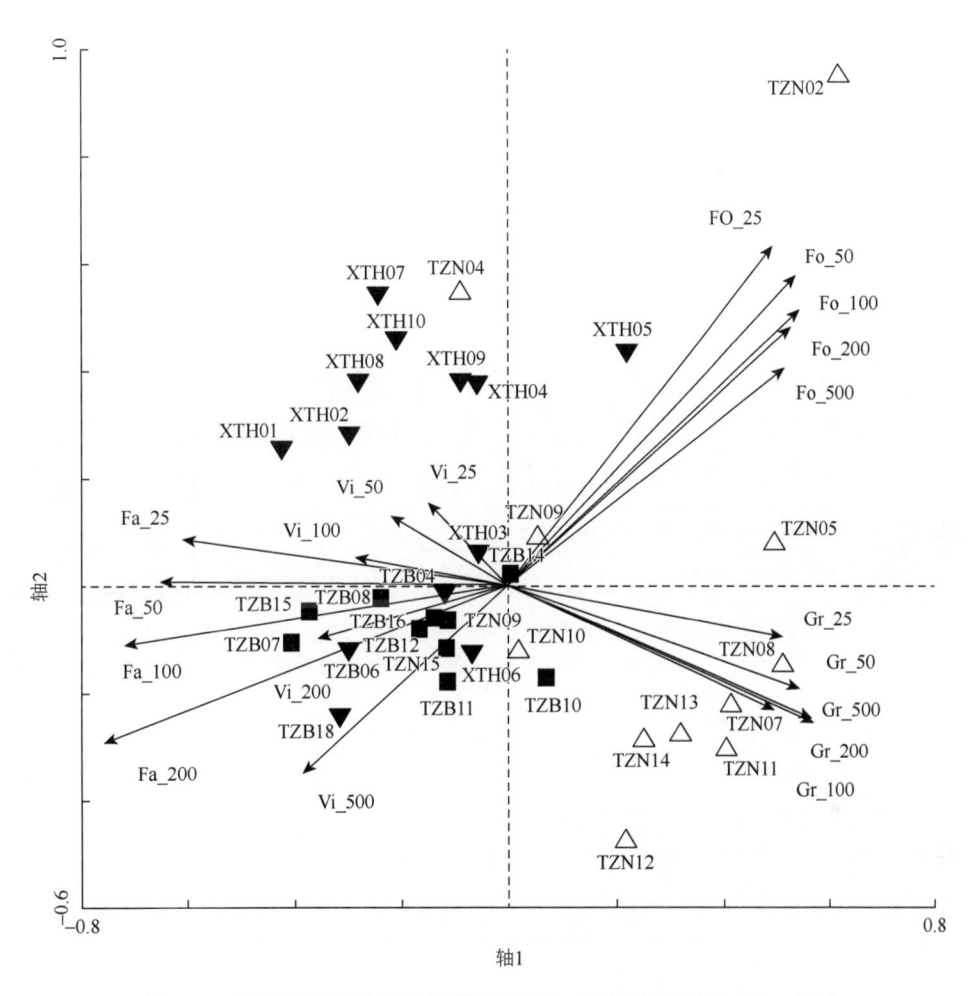

图 3-53　不同河岸带宽度土地类型比例与大型底栖动物的 CCA 分析

（二）流域生态流量保障战略

1. 辽河流域水资源特征

（1）自然循环概况

1）降雨

辽河流域降雨分布特征是东南多，西北少。东南部的太子河上游山地多年平均年降水量达 900mm 左右，向西北逐渐减少至 300~400mm。本溪、抚顺一带年降水量为 800mm 左右，沈阳、铁岭一带为 700mm 左右，中部法库、新民和盘山一带减少至 600mm 左右，多风沙的西辽河上游年降水量为 350~400mm。西辽河流域多年平均年降水量为 375.3mm，折合年降水量为 495 亿 m^3。东辽河降水量由上游至下游递减，多年平均雨量从上游的 700mm 降至下游的 450mm。辽河流域降水量年内分配不均匀，年际变化大，其中，流域西部地区的年际变化大于东部。流域丰、枯水年际实测最大与最小年降水量比达 2～4 倍。

辽河中下游地区多年平均降水量为 654.8mm。柳河口以上多年平均降水量为 608.6mm，柳河口以下多年平均降水量为 562.3mm，浑河多年平均降水量为 733.2mm，太子河及大辽河干流多年平均降水量为 747.5mm。年均降水量及不同频率年降水量见表 3-25 和表 3-26。

表 3-25　辽河流域中下游地区分区降水量表

辽河流域	计算面积/km²	年均值	
		降水量/万 m³	降水量/mm
柳河口以上	24 635	14 99 296	608.6
柳河口以下	13 292	747 412	562.3
浑河	11 481	841 790	733.2
太子河及大辽河干流	15 846	1 184 499	747.5
小计	65 254	4 272 997	654.8

表 3-26　中下游地区不同频率年降水量表　　　　　（单位：mm）

辽河流域	不同频率年降水量			
	20%	50%	75%	95%
柳河口以上	698.1	601.9	531.9	440.0
柳河口以下	667.2	552.5	471.0	367.5
浑河	846.8	724.4	635.3	519.5
太子河及大辽河干流	863.4	738.5	647.7	529.6

2）入渗与蒸发

辽河上游东西辽河山丘区多分布黄白土和风沙土，水土流失严重，植被差，覆盖度在 30%以下，是中国东北地区风沙干旱严重的地区。辽河上游地区年降水量少，平均水面蒸发约为 850mm，陆面入渗条件较好，地表产流少。辽河流域平均降水入渗补给量为 56.4mm，而天然陆地蒸发量为 402.0mm，降雨大部分消耗于蒸发，在局部地区浅层地下水中潜水蒸发量为 15.8mm。辽河流域降雨入渗补给量高于我国北方地区的平均值，但低于全国平均水平；而陆地蒸发量和潜水蒸发量均高于北方地区和全国平均值，详见表 3-27。

表 3-27　辽河流域多年平均水文要素　　　　　（单位：mm）

不同区域	降水入渗补给量	天然陆地蒸发量	潜水蒸发量
全国	81.5	355.6	7.7
北方地区	34.9	252.2	10.0
辽河	56.4	402.0	15.8

3）径流

西辽河多年平均流量为 85m³/s，年径流量为 26.7 亿 m³。汛期 6~9 月的径流量占年径流量的 70%，径流深在上游地区分布上呈现上游大下游小，从老哈河上游的 100mm，向下游递减至 5mm 以下。东辽河地区地表径流分布与年降水量相似，上游低山丘陵到下游平原区，径流深由 150mm 递减到 25mm 以下。

辽河流域年径流地区分布极不均，西辽河面积占全流域的 64%，水量仅占 21.6%，中下游地区面积占 31%，而产水量占 73%。辽河流域主要产流区在中下游辽宁省境内。辽河流域夏季多暴雨，强度大、频率高、汇流快，常使水位陡涨猛落，造成下游地区洪涝。此外，辽河的含沙量较高，仅次于黄河、海河，年输沙量达 2098 万 t。

辽河流域上游，特别是西辽河流域，近十几年来由于水资源过度开发利用导致地下水超采，水位普遍下降，植被枯死，土壤沙化，河道断流，上游地区生态退化严重。

（2）"自然—社会"二元水循环模式

所谓"自然—社会"二元水循环是指在自然驱动力与人类活动驱动力的双重驱动下，水分在流域中的循环转化模式。"自然—社会"二元水循环模式考虑人类活动对流域自然水循环系统环境的影响作用，包括气候变化、下垫面变化、水利工程建设等。

辽河流域中下游地区水资源短缺，供需矛盾突出。流域人均水资源量为 656 亿 m³，不足全国平均水平的 1/3，目前开发利用率已达 77%，其中，浑太河高达 89%，水资源开发利用已接近或超过水资源承载能力。辽河中下游地区水资源短缺，开发利用程度高，但是辽河中下游地区各大中型水库实现了联合调度，随着大伙房输水工程建成通水和辽西北引水工程的实施，将有 20 亿 m³ 外流域的水（占原流域水资源总量的 15%）被调入辽河流域，辽河流域水资源供需状况将发生较大的变化，这些将为辽河中下游流域生态文明建设奠定良好的基础。

辽河流域中下游地区水利基础设施较完善，已建大型水库总库容和流域地表水径流量几乎相等，调蓄能力很强。辽河流域中下游地区水文循环模式是典型的"自然—社会"二元水循环模式。在辽河流域二元水循环模式中，人类社会的作用力表现为修建水利工程使水体壅高，或者使用电能将水体提升。水循环已经不局限于河流、湖泊等天然路径，在天然路径之外开拓了长距离调水工程、人工渠系、城市管道等新的水循环路径，人工降雨缩短了水汽的输送路径，地下水的开发缩短了地下水的循环路径，也改变了地表水和地下水的转化路径。在人类活动参与下，在自然主循环外形成了由"取水—输水—用水—排水—回归"5 个环节构成的侧支循环圈。水分在循环过程中支撑着自然生态环境系统和社会经济系统。水循环支撑着人类的日常生活、生产活动和人工环境系统的用水。

构成辽河流域社会水循环（人工侧支循环）的结构要素有蓄水工程、引水工程、提水工程、外流域调水工程、水井工程、水闸工程和其他供水工程；描述辽河流域社会水循环的变量主要有供水、用水和耗水量。

1）水利工程现状

A. 流域蓄水工程

辽河流域有大型水库 10 座，中型水库 35 座，小型水库 304 座；总库容为 100.27

亿 m³，其中，大型水库总库容为 83.64 亿 m³，中型水库总库容为 10.91 亿 m³，小型水库总库容为 5.20 亿 m³。流域大中型供水水库统计情况见表 3-28。

表 3-28　辽河流域地表水大、中型供水工程统计表

三级区	工程规模	蓄水工程 数量/座	蓄水工程 总库容/亿 m³	蓄水工程 兴利库容/亿 m³	引水工程 数量/处	引水工程 引水规模/（m³/s）	提水工程 数量/处	提水工程 提水规模/（m³/s）	调水工程 数量/处	调水工程 调水规模/（m³/s）
柳河口以上	大型	5	22.46	11.98						
柳河口以上	中型	14	4.84	2						
柳河口以下浑河	中型	7	1.83	0.88			5	61.5		
浑河	大型	1	21.87	12.96	1	86			1	70
浑河	中型	7	1.99	0.91			1	14		
太子河及大辽河干流	大型	3	36.66	23.43	3	110	1	56		
太子河及大辽河干流	中型	9	3.14	2.21			10	151.9		

B. 引水工程

辽河流域共有引水工程 497 处，其中，大型 4 处，中型 0 处，小型 493 处；设计供水能力为 23.12 亿 m³，其中，大型 15.98 亿 m³，小型 7.14 亿 m³；现状供水能力为 5.57 亿 m³，其中，大型 2.08 亿 m³，小型 3.49 亿 m³。

C. 提水工程

辽河流域共有提水工程 639 处，其中，大型 1 处，中型 16 处，小型 622 处；设计供水能力为 26.66 亿 m³，其中，大型 2.22 亿 m³，中型 8.84 亿 m³，小型 15.60 亿 m³；现状供水能力为 21.40 亿 m³，其中，大型 1.59 亿 m³，中型 7.80 亿 m³，小型 12.02 亿 m³。

D. 外流域引水工程

辽河流域已经建成大伙房外流域引水工程。大伙房水库输水工程位于辽宁省东部本溪市桓仁县和抚顺市新宾县境内，从浑江桓仁水库坝下凤鸣电站库区引水，经过 85.32km 输水隧洞自流引水至新宾县境内的苏子河，经苏子河流入大伙房水库，经大伙房水库调节，再向辽宁中部地区的抚顺、沈阳、辽阳、鞍山、营口、盘锦 6 座城市供水，是一项大型外流域调水工程，输水规模见表 3-29。大伙房水库引水工程设计引水流量为 70m³/s，多年平均调水量为 17.88 亿 m³。

表 3-29　大伙房输水工程受水城市及输水规模

城市		抚顺	沈阳	辽阳	鞍山	营口	盘锦	总计
2020 年	年水量/亿 m³	0.95	6.40	1.36	1.71	0.93	0.62	11.97
2020 年	日平均水量/（万 m³/d）	26.03	175.34	37.26	46.85	25.48	16.99	327.95
2030 年	年水量/亿 m³	1.66	8.27	2.25	2.40	1.72	2.04	18.34
2030 年	日平均水量/（万 m³/d）	45.48	226.58	61.64	65.75	47.12	55.89	502.47

E. 水井工程

辽河流域共有水井工程 26.69 万眼。其中，浅层井 26.57 万眼，包括生产井 10.04 万眼（配套机电井 9.90 万眼），手压井及民用井 16.53 万眼；深层井 0.12 万眼（配套机电井 0.11 万眼）。现状年供水能力为 54.12 亿 m^3，其中，浅层井供水能力为 52.24 亿 m^3，深层井供水能力为 1.88 亿 m^3。

F. 其他供水工程

辽河流域共有污水处理再利用工程 25 座，污水处理能力为 178 万 t/d，年利用量为 0.29 亿 m^3；海水直接利用 2 处，年利用量为 14.11 亿 m^3；海水淡化 1 处，年利用量为 36 万 t。

G. 流域水闸工程

辽河流域有大型水闸 43 座，中型水闸 187 座，小型水闸 3595 座，详见表 3-30。

表 3-30 辽河流域水闸情况统计表

三级区	合计	大（1）型	大（2）型	中型	小（1）型	小（2）型
浑河	889	3	28	86	66	706
柳河口以上	185		3	38	34	110
柳河口以下	1250	1	3	6	37	1203
太子河及大辽河干流	1501		5	57	39	1400

辽河流域一系列蓄水工程、引水工程、提水工程、外流域调水工程极大程度上改变了流域水的自然循环特征，水的循环由"降雨—入渗—蒸发蒸腾—径流"模式转变为"取水—输水—用水—排水"模式，压缩了水的自然循环的空间尺度和时间过程，其中，流域内大型水库起到了极为重要的作用。流域内大型水库总库容达 98.48 亿 m^3，占流域水资源 128.84 m^3 的 76.4%，详见表 3-31，特别是辽河流域在 10 座大型水库中已实现观音阁、葠窝、汤河、大伙房、福德店、清河和柴河 7 座大型水库的联调。七大水库的联调在流域防洪中和供水中发挥了重要的作用，但同时也对流域水生态系统产生了深远的影响。

表 3-31 辽河流域大型水库对水资源的调控程度

流域分区	流域面积/km^2	流域人口/万	水资源总量/亿 m^3	大型水库库容/亿 m^3	所占比例/%
辽河	37 927	818	59.83	32.71	54.7
浑河	11 481	741	28.79	25.44	88.4
太子河	15 846	681	40.22	40.33	100.3
辽河流域	65 254	2 240	128.84	98.48	76.4

2）现状供水量、用水量及耗水量

A. 供水量

辽河流域平均年供水量为 94.94 亿 m^3。其中，地表水供水量为 46.31 亿 m^3，地下水供水量为 47.78 亿 m³，其他为 0.85 亿 m³，其他主要是污水处理再利用，但占流域供水量比例较小，不足 1%。在地表水供水量中，蓄水工程为 18.90 亿 m³，引水工程为 6.31 亿 m³，提水工程为 21.03 亿 m³。蓄引提工程供水量中含调水工程 0.96 亿 m³。在地下水供水量中，浅层井供水量为 46.96 亿 m³，占 98.3%；深层井供水量为 0.72 亿 m³，占 1.5%。辽河流域不同供水工程供水量比例见图 3-54。

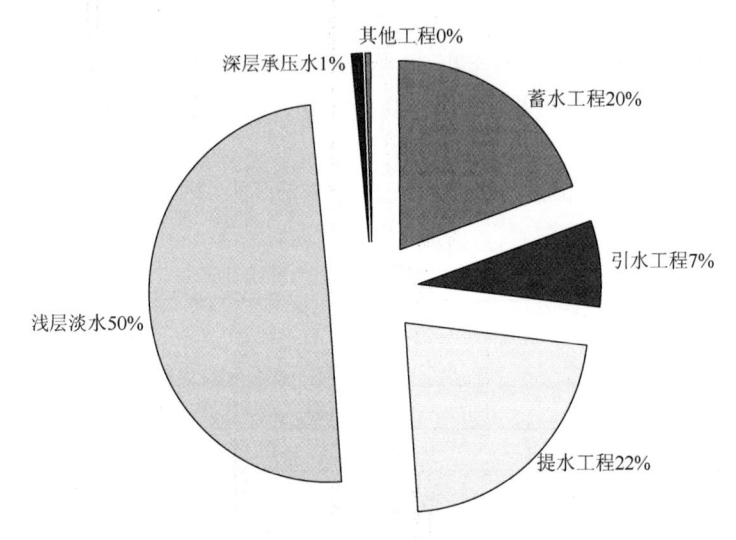

图 3-54　辽河流域不同供水工程供水量比例

太子河及大辽河干流供水量最多，供水量为 30.96 亿 m³，占流域总供水量的 32.6%；其次是浑河流域，供水量为 28.09 亿 m³，占流域总供水量的 29.6%；柳河口以上、柳河口以下占流域供水量的 37.8%。太子河及大辽河干流供水地表水多于地下水；浑河、柳河口以上、柳河口以下供水地下水多于地表水。详见表 3-32。

表 3-32　辽宁省流域分区供水量表　　　　　　　　　　（单位：亿 m³）

水资源三级区	市地级行政区	地表水供水量	地下水供水量	污水处理再利用	总供水量
柳河口以上	抚顺市	0.4955	0.0501		0.5456
	阜新市	0.3294	0.9306		1.2600
	沈阳市	1.9099	5.0075		6.9174
	铁岭市	5.6082	5.7613		11.3695
	小计	8.3429	11.7495		20.0925
柳河口以下	鞍山市	0.3136	1.7986		2.1122
	阜新市	0.2347	0.6134		0.8480
	锦州市	0.0425	3.5428		3.5853
	盘锦市	5.7302	1.0883	0.0252	6.8437
	沈阳市	0.1931	2.2140		2.4072
	小计	6.5141	9.2571	0.0252	15.7964

续表

水资源三级区	市地级行政区	地表水供水量	地下水供水量	污水处理再利用	总供水量
浑河	鞍山市	0.4514	1.3795		1.8310
	抚顺市	5.6193	0.7337		6.3530
	辽阳市	1.0821	1.2316		2.3137
	沈阳市	4.1203	13.0923	0.3590	17.5717
	铁岭市	0.0154	0.0044		0.0198
	小计	11.2885	16.4415	0.3590	28.0892
太子河及大辽河干流	鞍山市	1.9770	5.2335	0.3679	7.5784
	本溪市	3.3009	0.4992		3.8001
	丹东市	0.0048	0.0091		0.0138
	抚顺市	0.2449	0.0458		0.2907
	辽阳市	4.7520	3.3872	0.0412	8.1805
	盘锦市	5.2745	0.1383	0.0568	5.4696
	沈阳市	0.2047	0.7194		0.9241
	营口市	4.4039	0.3016		4.7055
	小计	20.1627	10.3341	0.4659	30.9628
辽河流域		46.3083	47.7822	0.8501	94.9408

B. 用水量

流域近年来年平均用水量为 94.94 亿 m^3。其中，农业用水为 62.25 亿 m^3，占 65.6%；工业用水为 17.24 亿 m^3，占 18.2%；农业和工业用水量占总用水量接近 84%。城镇生活用水为 10.76 亿 m^3，占 11.3%；农村生活用水为 3.18 亿 m^3，占 3.4%；其他用水为 1.51 亿 m^3，占 1.6%。从用水的总体结构看，主要是生产用水，工、农业生产用水量达到总用水量的 84%，而农业是最大的用水产业。值得注意的是，在总用水量中，环境用水量（城市绿化、环境卫生、人工水体补水、农村池塘补水）非常少，甚至可以忽略不计。流域年平均用水量见表 3-33。

表 3-33 辽河流域年平均用水量统计表 （单位：亿 m^3）

水资源三级区	市地级行政区	城镇生活	农村生活	工业	农田灌溉	林牧渔	总用水量	其中地下水
柳河口以上	抚顺市	0.0347	0.0400	0.0541	0.4144	0.0025	0.5456	0.0501
	阜新市	0.0441	0.1227	0.0350	1.0458	0.0124	1.2600	0.9306
	沈阳市	0.2015	0.3196	0.1514	6.0961	0.1489	6.9174	5.0076
	铁岭市	0.4617	0.4368	1.4119	8.9801	0.0790	11.3695	5.7614
	小计	0.7420	0.9191	1.6524	16.5364	0.2428	20.0925	11.7497

续表

水资源三级区	市地级行政区	城镇生活	农村生活	工业	农田灌溉	林牧渔	总用水量	其中地下水
柳河口以下	鞍山市	0.0366	0.0636	0.0437	1.9582	0.0101	2.1122	1.7986
	阜新市	0.0041	0.1752	0.0040	0.6501	0.0146	0.8480	0.6134
	锦州市	0.1246	0.2397	0.1485	2.9007	0.1719	3.5853	3.5428
	盘锦市	0.3876	0.0612	0.6178	5.6348	0.1423	6.8437	1.0883
	沈阳市	0.0371	0.1368	0.0278	2.0196	0.1857	2.4071	2.2140
	小计	0.5900	0.6765	0.8418	13.1634	0.5246	15.7963	9.2571
浑河	鞍山市		0.0336	0.0083	1.7870	0.0021	1.8310	1.3795
	抚顺市	1.0338	0.1460	3.0166	2.1095	0.0471	6.3530	0.7337
	辽阳市	0.0018	0.1013	0.0484	2.0172	0.1451	2.3137	1.2316
	沈阳市	5.7484	0.3565	3.4393	7.8301	0.1973	17.5717	13.0923
	铁岭市	0.0002	0.0015		0.0180	0.0001	0.0198	0.0044
	小计	6.7842	0.6053	6.5043	11.9748	0.3896	26.2582	15.0620
太子河及大辽河干流	鞍山市	1.0643	0.2938	3.2008	2.9363	0.0832	7.5784	5.2335
	本溪市	0.6885	0.0905	2.5160	0.4666	0.0385	3.8001	0.4992
	丹东市	0.0004	0.0048	0.0086	0.0000	0.0000	0.0138	0.0091
	抚顺市	0.0064	0.0427	0.0067	0.2291	0.0059	0.2907	0.0458
	辽阳市	0.7186	0.3725	1.9706	4.9955	0.1233	8.1805	3.3872
	盘锦市	0.0412	0.0629	0.0836	5.2276	0.0544	5.4696	0.1383
	沈阳市	0.0252	0.0212	0.1054	0.7670	0.0054	0.9241	0.7194
	营口市	0.0959	0.0583	0.3460	4.1651	0.0403	4.7055	0.3016
	小计	2.6405	0.9467	8.2377	18.7872	0.3510	30.9627	10.3341
辽河流域		10.7567	3.1812	17.2445	62.2488	1.5101	94.9407	47.7824

C. 耗水量

流域年平均耗水量为58.66亿 m^3，综合耗水率为62%。其中，农业44.01亿 m^3，耗水率为71%；工业6.56亿 m^3，耗水率为38%；城镇生活4.09亿 m^3，耗水率为38%；农村生活2.88亿 m^3，耗水率为91%。详见表3-34。

表3-34 流域年平均耗水量统计表

水资源三级区	市地级行政区	城镇生活/亿 m^3	城镇生活耗水率/%	农村生活/亿 m^3	农村生活耗水率/%	工业/亿 m^3	工业耗水率/%	农业/亿 m^3	农灌耗水率/%	林牧渔/亿 m^3	林牧渔耗水率/%	合计/亿 m^3	综合耗水率/%
柳河口以上	抚顺市	0.008	23	0.034	86	0.011	20	0.301	73	0.001	48	0.355	65
	阜新市	0.018	42	0.113	92	0.014	41	0.774	74	0.010	83	0.930	74
	沈阳市	0.108	54	0.295	92	0.078	52	4.669	77	0.124	84	5.275	76

续表

水资源三级区	市地级行政区	城镇生活/亿 m³	城镇生活耗水率/%	农村生活/亿 m³	农村生活耗水率/%	工业/亿 m³	工业耗水率/%	农业/亿 m³	农灌耗水率/%	林牧渔/亿 m³	林牧渔耗水率/%	合计/亿 m³	综合耗水率/%
柳河口以上	铁岭市	0.144	31	0.414	95	0.649	46	6.145	68	0.055	70	7.407	65
	小计	0.278	38	0.856	93	0.752	46	11.889	72	0.19	79	13.967	70
柳河口以下	鞍山市	0.012	33	0.048	75	0.017	39	1.444	74	0.010	101	1.531	73
	阜新市	0.002	41	0.157	90	0.002	42	0.534	82	0.012	82	0.706	83
	锦州市	0.057	46	0.232	97	0.065	44	2.223	77	0.162	94	2.738	76
	盘锦市	0.093	24	0.052	85	0.345	56	4.261	76	0.081	57	4.832	71
	沈阳市	0.024	64	0.131	96	0.011	38	1.211	60	0.123	66	1.499	62
	小计	0.188	35	0.620	92	0.44	52	9.673	73	0.388	74	11.306	72
浑河	鞍山市			0.026	76	0.003	35	1.300	73	0.002	74	1.330	73
	抚顺市	0.261	25	0.131	90	1.632	54	1.561	74	0.020	43	3.606	57
	辽阳市	0.000	19	0.097	96	0.014	30	1.241	62	0.103	71	1.456	63
	沈阳市	2.360	41	0.304	85	1.109	32	5.354	68	0.151	77	9.278	53
	铁岭市			0.001	89			0.014	78			0.015	77
	小计	2.621	39	0.558	87	2.758	42	9.47	69	0.276	70	15.685	56
太子河及大辽河干流	鞍山市	0.527	49	0.229	78	0.966	30	2.146	73	0.060	73	3.927	52
	本溪市	0.161	23	0.087	96	0.686	27	0.389	83	0.033	86	1.355	36
	丹东市			0.005	97	0.004	45					0.009	62
	抚顺市	0.003	40	0.037	86	0.002	31	0.173	75	0.002	38	0.216	74
	辽阳市	0.253	35	0.355	95	0.699	35	3.070	61	0.093	75	4.470	55
	盘锦市	0.013	31	0.060	96	0.053	64	3.930	75	0.032	58	4.088	75
	沈阳市	0.010	40	0.020	94	0.042	40	0.548	71	0.005	95	0.625	68
	营口市	0.032	34	0.055	95	0.162	47	2.720	65	0.039	97	3.009	64
	小计	0.999	38	0.848	89	2.614	32	12.976	69	0.264	75	17.699	57
辽河流域		4.086	38	2.883	91	6.564	38	44.008	71	1.118	74	58.657	62

（3）辽河流域水资源

辽河流域水资源总量为128.84亿 m³，水资源可利用量为73.27亿 m³，人均水资源量为533m³，亩[①]均水资源量为338m³，属于重度缺水地区。其中，辽河干流水资源总量为59.82亿 m³，人均水资源量为731m³；浑河水资源总量为28.78亿 m³，人均水资源量为392m³；太子河水资源总量为37.63亿 m³，人均水资源量为673m³。分区结果见表3-35。

---

① 1亩≈666.7m²

表 3-35 辽河流域多年平均水资源总量 （单位：亿 m³）

水资源二级区	水资源三级区	行政区	计算面积/km²	地表水资源量	降雨入渗补给量	山丘区河川基流量	平原区降雨入渗形成的河道排泄量	水资源总量
辽河干流	柳河口以上	沈阳	7 118	4.68	7.67	0.79	0.8	10.75
		抚顺	1 080	2.58	0.56	0.54		2.6
		阜新	4 030	1.52	3.22	0.37	0.06	4.31
		铁岭	12 406	19.07	10.24	3.78	0.78	24.75
		小计	24 634	27.85	21.69	5.48	1.64	42.41
	柳河口以下	沈阳	1 516	1.06	2.21	0	0.15	3.12
		鞍山	1 141	0.83	1.44	0	0.17	2.1
		锦州	4 754	3.04	4.86	0.26	0.07	7.56
		阜新	3 402	1.45	1.11	0.45		2.11
		盘锦	2 478	1.77	0.78	0	0.02	2.52
		小计	13 291	8.15	10.4	0.71	0.41	17.41
浑太河	浑河	沈阳	3 590	4.13	4.61	0.36	0.26	8.11
		鞍山	299	0.34	0.39	0		0.73
		抚顺	7 245	19.08	4.87	4.71		19.23
		辽阳	225	0.27	0.31	0	0.09	0.49
		铁岭	122	0.22	0.07	0.07		0.22
		小计	11 481	24.04	10.25	5.14	0.35	28.78
	太子河及大辽河干流	沈阳	732	1.16	0.67	0.26		1.57
		鞍山	3 142	4.64	2.97	0.91		6.7
		抚顺	1 396	4.5	0.91	0.9		4.51
		本溪	4 327	14.46	3.13	3.1		14.48
		丹东	57	0.2	0.05	0.05		0.2
		营口市	837	0.74	0.51	0.03		1.21
		辽阳市	4 518	8.59	4.69	2.08	0.47	10.73
		盘锦	837	0.62	0.19	0		0.8
		小计	15 846	34.91	13.12	7.33	0.47	40.20
	合计		65 252	94.95	55.46	18.66	2.87	128.80

辽河流域水资源时空分布与降水量的特征基本上一致，比较而言，东南部太子河流域水资源相对丰富。流域水资源在时间上分布不均匀，主要集中在丰水期的 6~9 月。辽河流域大量水利工程的分布现状与流域水资源时空分布不均匀的特征相适应。

2. 辽河流域生态流量保障现状

（1）辽河流域生态流量控制指标

辽河流域平均地表水资源量为 97.77 亿 m³，地表水供水量为 46.31 亿 m³，地表水开发利用率为 47%。其中，柳河口以上开发利用率为 32%，柳河口以下开发利用率为 96%，柳河口以上、柳河口以下平均开发利用率为 46%。太子河及大辽河干流开发利用率为 56%；浑河地表水开发利用率为 39%。详见表 3-36。

表 3-36 流域地表水资源开发利用程度分析

三级区	供水量/亿 m³ (1)	水资源量/亿 m³ (2)	开发率/% (3)=(1)/(2)
柳河口以上	8.34	25.71	32.4
柳河口以下	6.51	6.77	96.2
浑河	11.29	29.11	38.8
太子河及大辽河干流	20.16	36.17	55.7
流域	46.31	97.77	47.4

2011 年 12 月，辽宁省政府颁布了《国务院关于实行最严格水资源管理制度的意见》，对实行最严格水资源管理制度做出了全面部署和具体安排，确立了"十二五"末期水资源"三条红线"管理目标 15 项。

一是水资源开发利用控制指标 5 项：到 2015 年全省用水总量控制在 158 亿 m³ 以内（其中，地表水 87.89 亿 m³、地下水 61.66 亿 m³、非常规水源 3.75 亿 m³），削减城镇地下水开采量 12.44 亿 m³（表 3-37）。

表 3-37 落实最严格水资源管理制度辽宁省"三条红线"目标

目标年度	用水总量控制目标/亿 m³	万元工业增加值用水量比 2010 年下降目标/%	农业灌溉用水有效利用系数目标	重要江河水功能区水质达标率控制目标/%
2012 年	147.53	13	0.566	66.9
2013 年	149.45	25	0.575	50
2014 年	154.37	26	0.581	50
2015 年	158.00	27	0.587	50

二是用水效率控制指标 7 项：到 2015 年全省万元工业增加值、万元 GDP 用水量比 2010 年分别下降 20% 和 27%，农田灌溉水有效利用系数提高到 0.587，规模以上工业用水重复利用率提高到 91% 以上，城镇公共供水管网漏损率下降到 17% 以下，城镇污水处理回用率达到 30% 以上，城镇节水器具普及率提高到 96% 以上。

三是水功能区限制纳污指标 3 项：主要水功能区水质达标率提高到 90% 以上，饮用水水功能区水质达标率提高到95%以上，主要饮用水水源保护区水质达标率达100%。各项指标已经分解到市、县。

（2）辽河流域河道内流量过程

辽河流域中水利工程调控能力强，河道径流特征受水库调节影响明显。图3-55～图3-57为2006年辽河、浑河、太子河三条干流3个站点日均流量过程。但是，从水生态系统角度，始终存在着辽河流域生态流量保障率偏低的问题，而且，辽浑太流域由于各自的资源禀赋、用水、调控特征不同，其生态流量保障的程度也各有差异，进一步提高环境流量保障的难度也各不相同。辽河流域长期存在河道断流问题。表3-38给出了2007年全年河流断流时间。

(a) 太子河小市站2006年日均流量过程

(b) 太子河葳窝站2006年日均流量过程

(c) 太子河唐马寨站2006年日均流量过程

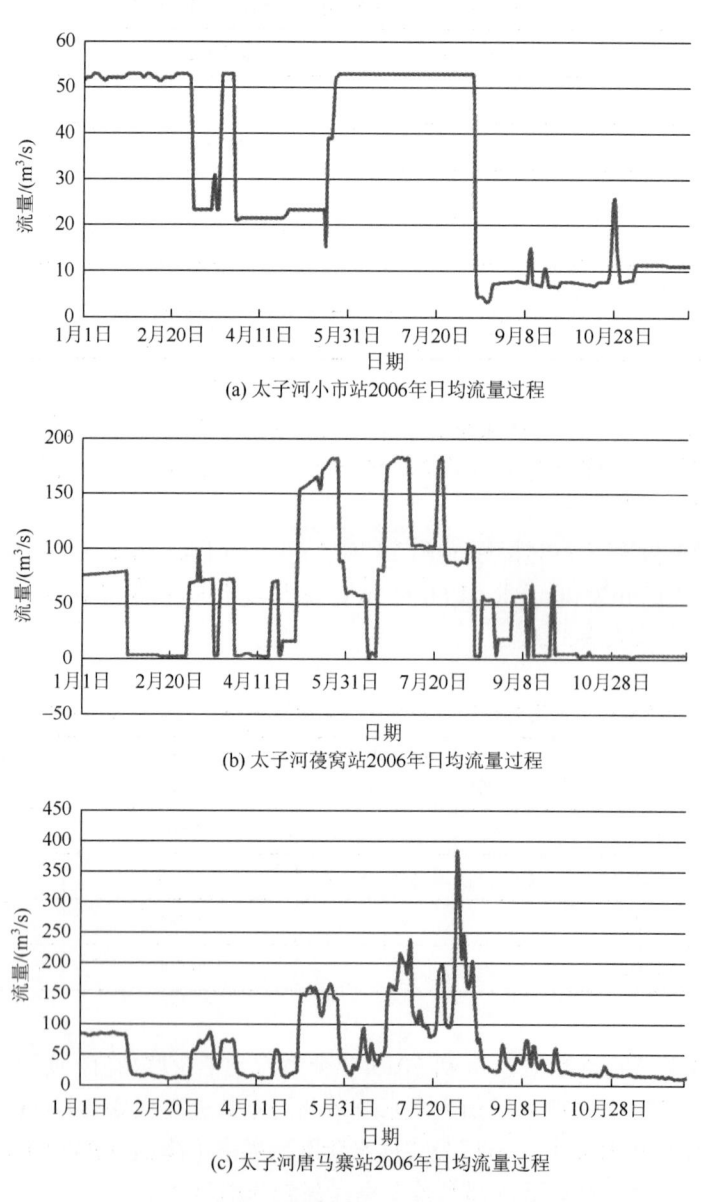

图3-55　太子河主要断面典型年河道内流量过程

(a) 浑河北口前站2006年日均流量过程

(b) 浑河抚顺站2006年日均流量过程

(c) 浑河邢家窝棚站2006年日均流量过程

图 3-56　浑河主要断面典型年河道内流量过程

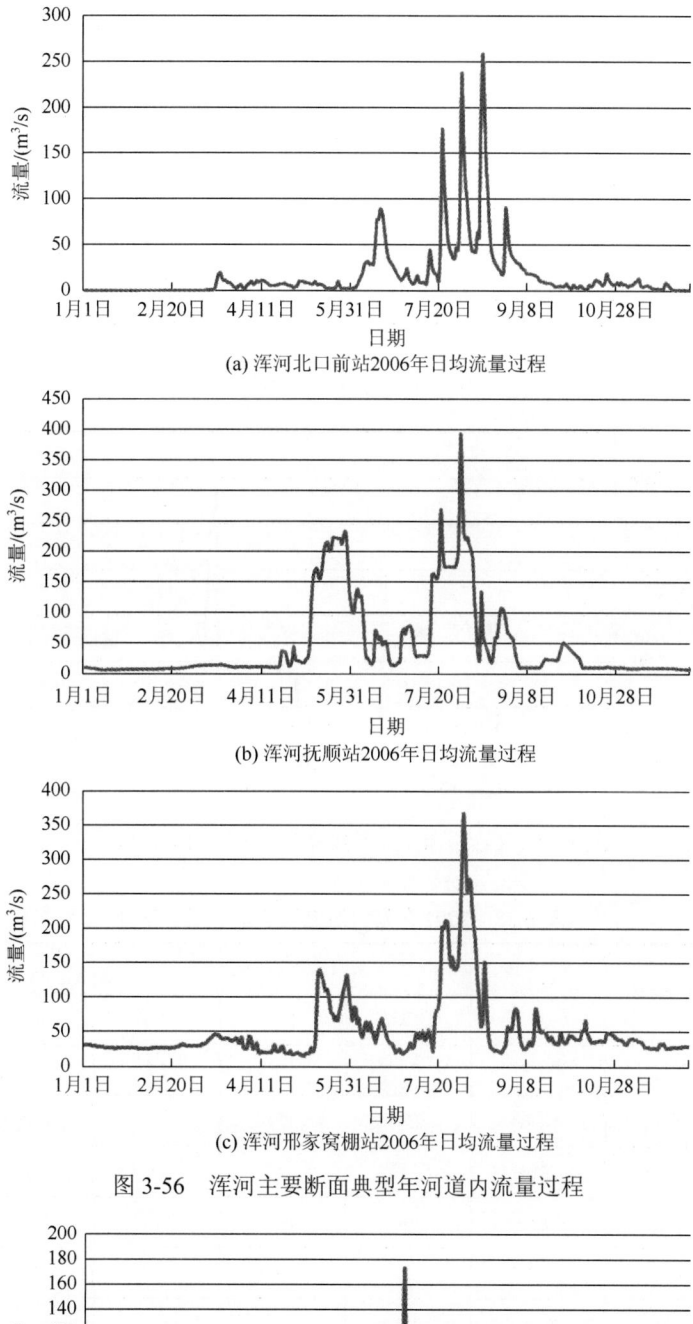

(a) 辽干铁岭站2006年日均流量过程

(b) 辽干毓宝台站2006年日均流量过程

(c) 辽干辽中站2006年日均流量过程

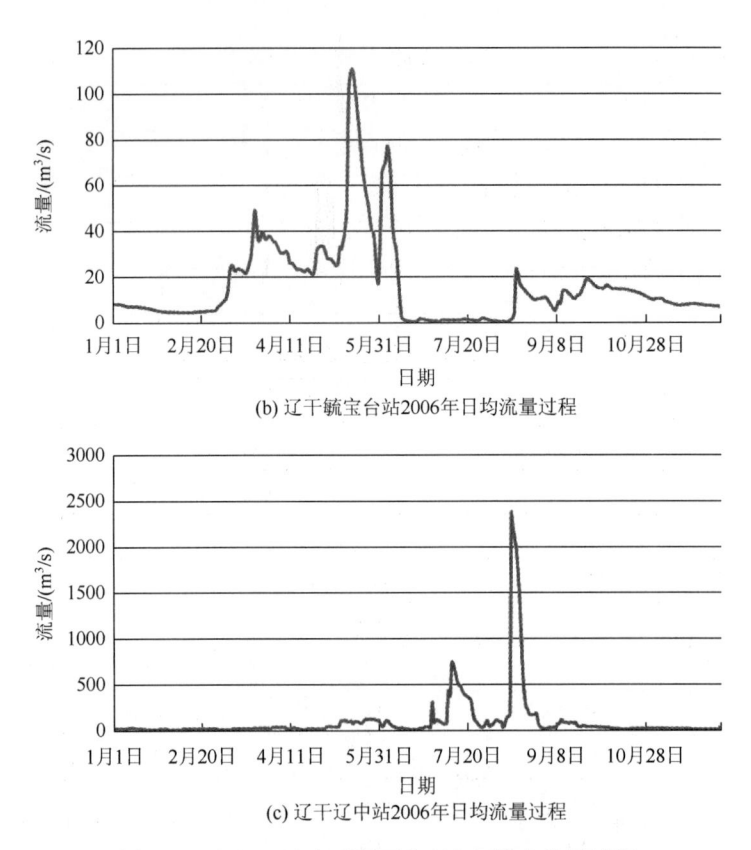

图 3-57　辽河干流主要断面典型年河道内流量过程

表 3-38　2007 年辽河流域河流断流统计表

水系	河名	站名	累计断流时间/d 非汛期	累计断流时间/d 汛期	累计断流时间/d 全年	持续最长断流时间/d 汛期	持续最长断流时间/d 全年
辽河	辽河	平安堡	25	无断流	25	无断流	25
浑河	浑河	沈阳	28	无断流	28	无断流	28
太子河	太子河	辽阳	无断流	16	16	7	7
柳河	柳河	新民	200	66	266	28	102
柳河	柳河	石门子	156	49	205	28	168
柳河	柳河	彰武	88	39	127	27	30

（3）生态流量保障现状

在辽河流域落实最严格水资源管理制度过程中发现，当前辽河流域还没有实现在制度上的生态流量保障机制，辽河、浑河、太子河三条河流还没有得到官方认可的生态流量阈值。为此，以下针对有代表性的辽河流域生态流量研究成果，分析其保障程度，为辽河流域生态流量管理提供依据。

表 3-39～表 3-41 列举了"辽河流域水资源综合规划"、"十五国家攻关项目——中国分区域生态用水标准研究"、"十一五"水污染治理专项、传统蒙大拿法，以及中国环境科学研究院在辽河（辽）、浑河（浑）、太子河（太）出口控制断面的生态流量阈值（王西琴等，2007）。其中，水资源综合规划以及"十一五"水污染治理专项和蒙大拿法采用了水文学法，"十五国家攻关项目"及中国环境科学研究院采用了水力学法对辽、浑、太三条河流生态流量阈值进行了研究。

表 3-39 辽河干流辽中断面的生态流量阈值 （单位：m^3/s）

月份	十五国家攻关项目	水资源综合规划	水专项	蒙大拿法
1	8.89	4.05	7.35	8.92
2	8.89	4.05	6.48	8.92
3	8.89	4.05	8.46	8.92
4	42.40	20.96	21.36	8.92
5	42.40	20.96	17.46	8.92
6	42.40	39.43	15.10	8.92
7	161.52	39.43	36.66	8.92
8	161.52	39.43	68.92	8.92
9	8.89	39.43	26.40	8.92
10	8.89	20.96	24.21	8.92
11	8.89	20.96	8.30	8.92
12	8.89	20.96	4.02	8.92

表 3-40 浑河邢家窝棚断面的生态流量阈值 （单位：m^3/s）

月份	十五国家攻关项目	水资源综合规划	中国环境科学研究院	水专项	蒙大拿法
1	7.84	2.81	5.70	7.96	5.82
2	7.84	2.81	5.70	7.96	5.82
3	7.84	2.81	5.70	7.96	5.82
4	25.00	13.70	12.78	11.85	5.82
5	25.00	13.70	12.78	8.78	5.82
6	25.00	25.78	12.78	14.51	5.82
7	104.68	25.78	12.78	45.41	5.82
8	104.68	25.78	12.78	61.03	5.82
9	7.84	25.78	9.23	20.14	5.82
10	7.84	13.70	9.23	10.50	5.82
11	7.84	13.70	9.23	6.39	5.82
12	7.84	13.70	9.23	7.96	5.82

表 3-41　太子河唐马寨断面的生态流量阈值　　　　　　　　（单位：m³/s）

月份	十五国家攻关项目	水资源综合规划	中国环境科学研究院	水专项	蒙大拿法
1	11.80	6.34	6.47	9.36	7.58
2	11.80	6.34	6.47	8.76	7.58
3	11.80	6.34	6.47	11.75	7.58
4	28.80	16.60	16.77	18.41	7.58
5	28.80	16.60	16.77	36.08	7.58
6	28.80	31.22	16.77	35.59	7.58
7	105.06	31.22	16.77	44.03	7.58
8	105.06	31.22	16.77	49.56	7.58
9	11.80	31.22	16.77	34.66	7.58
10	11.80	16.60	16.77	21.75	7.58
11	11.80	16.60	16.77	16.61	7.58
12	11.80	16.60	6.47	14.94	7.58

上述4种研究成果，采用水力学法的"十五国家攻关项目"及中国环境科学研究院的生态流量阈值比较接近，主要差别在于"十五国家攻关项目"考虑了7、8月主汛期洪水流量过程。"辽河流域水资源综合规划"及"十一五"水污染治理专项均采用水文学法计算生态流量阈值，相对来说，其结果也更为接近，"十一五"水污染治理专项增加考虑了恢复近自然水文节律，逐月计算了辽、浑、太三条河流的生态流量阈值。对于生态流量阈值计算来说，水力学法和水文学法各有优缺点。水力学法的优点在于其充分考虑了水生生物，尤其是其代表物种——鱼类不同生活史阶段对流速、水深及水面宽的需求，但其受制于鱼类生态学特征的研究基础薄弱，适宜流速的判别标准只是基于国内外相关研究的一般认知，没有针对辽、浑、太三条河流鱼类的实际特性。水文学法的优点在于更加适合辽、浑、太高度人工调控、高水质污染河流的实际水文特征，其缺点是缺乏对水生生物及其栖息地的考虑。对比上述四种成果，水文学法得出的生态流量阈值普遍高于水力学法的计算成果，基于面向水质改善、面向水生态系统恢复的生态流量计算原则，本研究对上述四种成果取外包线，最终确定现阶段辽、浑、太三条河流生态流量管理的标准，见表3-42。

表 3-42　辽、浑、太生态流量管理标准　　　　　　　　（单位：m³/s）

月份	辽中	邢家窝棚	唐马寨
1	8.92	7.96	11.8
2	8.92	7.96	11.8
3	8.92	7.96	11.8
4	42.4	25	28.8
5	42.4	25	36.08
6	42.4	25.78	35.59
7	161.52	104.68	105.06
8	161.52	104.68	105.06

续表

月份	辽中	邢家窝棚	唐马寨
9	39.43	25.78	34.66
10	24.21	13.7	21.75
11	20.96	13.7	16.77
12	20.96	13.7	16.6

基于上述标准，根据 1955~2006 年实测月均径流数据，辽、浑、太出口控制断面的生态流量保障率见表 3-43。从表中可知，年平均生态流量保障率辽河干流>浑河>太子河。对辽河干流来说，生态流量保障率整体较高，最低月为 2 月，生态流量保障率为 55%。浑河 4 月、7 月和 8 月生态流量保障率均低于 50%，4 月最低，生态流量保障率仅为 28.30%。太子河 2 月、4 月和 7 月生态流量保障率均低于 50%，7 月最低，生态流量保障率仅为 41.30%。

表 3-43 辽、浑、太代表断面的生态流量保障率 （单位：%）

月份	辽中	邢家窝棚	唐马寨
1	70.0	92.45	54.35
2	55.0	88.68	43.48
3	100.00	96.23	84.78
4	78.26	28.30	43.48
5	93.48	54.72	91.30
6	89.13	71.70	73.91
7	71.74	33.96	41.30
8	86.96	49.06	65.22
9	86.96	92.45	54.35
10	91.30	100.00	60.87
11	91.30	100.00	71.74
12	97.83	96.23	65.22
平均	84.33	75.32	62.50

从表中所列的数据看，辽、浑、太三条河流年均生态流量保障率均较高，分别达到了 84.33%、75.32%和 62.50%，生态流量保障率均超过了 50%。在流量和流量过程上，辽、浑、太三条河流的生态流量基本能够得到满足。但是，由于辽、浑、太三条河流的水资源开发利用率很高，辽河干流为 77%，浑太河为 89%，点、面源排放的污水构成了河道内生态流量的主体。从水质角度，辽、浑、太三条河流的生态流量难以得到满足。

3. 辽河流域生态流量保障存在的问题

（1）二元循环对水生态系统的根本影响

构成辽河流域二元水循环的结构要素有大型水库 10 座，中型水库 35 座，小型水库 304 座，总库容 100.27 亿 m³；有引水工程 497 处，提水工程 639 处，已经建成年引水 18 亿 m³ 的大伙房外流域引水工程；辽河流域共有水井工程 26.68 万眼，有大型水闸 43 座，中型水闸 187 座，小型水闸 3595 座。这一系列工程极大地改变了水的自然循环模式，使水按照人类社会的意志进行社会循环，在 128 亿 m³ 的总资源量中有 95 亿 m³ 水参与社会水循环。由此造成水的自然循环与社会循环的失衡，集中表现在河道生态流量与自然条件下相比，水量大幅度减少，水文过程发生了根本的变化。

长期以来，由于对水资源的开发利用，辽河流域已出现江河断流、地下水超采、地面下沉、水土流失、江河湖库淤积、河湖调蓄能力和行洪能力降低及污染体等一系列生态环境问题。

（2）最严格的水资源管理制度有待加强

辽宁省最严格的水资源管理制度的落实在水资源保护、水环境改善等方面取得了一定成效，但仍存在以下不足。

首先，用水方式不合理。长期以来粗放式的经济发展模式形成了工业工艺的粗放用水方式。特别是工业企业内部的水重复利用率较低，工业废水不经处理直接排放，一方面减少了中水回用环节对新鲜供水形成较大压力；另一方面不经处理直接排放入河，对河流水体进行了污染，河道内需要降解污染物的水流增大，由此对水资源供给形势构成了双重压力。改变工业企业用水方式和用水工艺，提高污水回用率和处理率是未来经济发展的必然选择，如鞍钢等企业。

其次，水资源利用效率较低。辽河流域绝大部分工业上一直沿用传统工艺，单方水产值较低。城市供水管网渗漏率较大，绝大部分城市的管网渗漏损失率在 20%以上，个别城市超过 30%。农业灌溉体系不完善，灌溉水利用系数较低。

最后，管理系统先进，但管理效率较低，节水观念淡薄。浑太河流域建成了我国第一套水资源实时监控管理系统，对主要水源等进行了很高的管理。但仅仅是服务于供水的统一调度系统，着眼于如何更好地扩大供水。而对需求的管理则相对较弱，对节水宣传、节水器具的普及方面较差，因此，未来浑太河流域水资源管理主要集中于需水管理，减少不合理需求，尽量避免用水浪费。

（3）现状水资源利用（配置）不合理

辽河流域水资源开发利用中存在的一个问题是，辽河流域地下水开采率较高，大中城市所在地地下水超采严重。例如，沈阳市、辽阳市已形成大面积的地下水漏斗。地下水超采对生态环境已造成严重威胁，而在沿海地区的营口等河流入海口处地表来水减少，补给地下水减少，面临着海水倒灌污染沿海地区地下水的局面。以满足需水为导向的流域水资源配置存在的不足主要表现在以下几点。

1）水资源优化配置研究中，注重水资源的经济社会效益，忽视社会经济发展与水资源配置、水生态之间相互促进、相互制约的内在联系；

2）水资源优化配置方案难以与水资源、水生态相协调；

3) 对水资源优化配置成果缺乏系统的监测、监督体系；
4) 对水资源的水生态效果考虑得不够。

(4) 枯期生态流量不足

由生态流量保障现状的分析可以看出，辽河流域冬季（枯期）1月至来年的4月生态流量明显不足，分别选取辽干、浑河和太子河枯水期内生态保障率最小值（表3-44）。代表辽、浑、太的辽中、邢家窝棚和唐马寨断面，枯水期生态流量保障率最小值分别为55.0%、28.30%和43.48%，明显小于年平均保障率的84.33%、75.32%、62.50%。

表3-44 辽河流域典型断面的枯水期生态流量最低保障率

辽干（辽中）	浑河（邢家窝棚）	太子河（唐马寨）
55.0%	28.30%	43.48%

目前生态流量计算方法在北方季节性河流中应用时，会造成枯水期生态流量过高，可能是辽河流域枯水期生态流量保障率明显不足的原因之一。更主要的原因是辽河流域中控制性水库为了保障4~9月的灌溉用水，在枯水期减少甚至停止水量下泄。

(5) 水库大坝的阻隔

辽河流域45座大中型水库在流域防洪、灌溉、供水和发电等方面发挥了极为重要的作用，目前运行良好。但遍布流域范围内的300多座小型水库年久失修，部分水库建库以来从未进行除险加固，老化严重；许多小型水库承包给个人进行养殖等活动，管理粗放，致使水库水工建筑物严重破坏、防洪标准不够、干库等问题普遍存在。特别是铁岭、抚顺、营口等地多数水库病库运行，安全隐患严重。辽河流域小型水库有的水库已淤积填平，有的建筑物严重毁损，各方面的原因已使得大量小型水库失去了应有的功能。

辽河流域小型水库复核调查表明，现状水库存在9个方面的问题：①无溢洪道、溢洪道损坏严重、无法泄流不能满足防洪标准；②无输水洞、输水洞损坏严重；③坝体受到来水冲刷严重、坝体沉降严重和坝体结构改变；④水库淤积严重、库容明显偏小或无兴利库容；⑤水库中修建道路或无上坝公路；⑥水库功能发生改变——水库改造成度假村；⑦水库干枯且库区内多年有树或种植农作物；⑧水库坝体渗漏严重且坝后无排水设施；⑨坝顶高程无法满足防洪标准要求。

除了小型水库工程本身的问题外，水库大坝的阻隔已使得部分小型水库所在河流长期断流，生态系统退化。有的小型水库还出现了严重的环境问题，库区水质恶化。现状水质类别为劣Ⅴ类，主要超标项目为COD、高锰酸盐指数、氨氮。近年来，辽河流域遭遇持续干旱，降水量偏少，流域内各支流生态环境进一步恶化。

4. 辽河流域生态流量保障战略研究

(1) 水资源利用对水生态系统影响的预测分析

1) 辽河流域经济社会发展及需水预测

A. 国民经济需水量预测

国民经济需水量预测采用定额法。现状年辽河流域城镇居民生活需水定额为98.75L/

(人·d)，预计 2020 年城镇居民生活需水定额为 129.84L/（人·d），2030 年城镇居民生活需水定额为 139.98L/（人·d）。具体预测结果见表 3-45。对于农村居民生活需水量，由于需水相对稳定，需水定额变化不大，不同水平年农村居民生活需水定额见表 3-46。不同水平年居民生活需水量根据居民生活需水定额预测结果和人口预测结果计算，具体预测结果见表 3-47。

表 3-45　辽河流域城镇居民生活需水定额预测结果　　[单位：L/（人·d）]

分区	现状年	2020 年	2030 年
石佛寺以上区间	109.35	131.80	142.63
柳河	89.17	111.69	119.95
石佛寺以下区间	92.63	120.38	132.45
绕阳河	66.09	111.56	120.73
柳河口以下区间	112.45	133.40	143.19
大伙房水库以上	76.07	110.56	119.32
大伙房水库以下	168.92	160.91	169.68
太子河	102.01	149.59	159.94
大辽河	72.04	138.66	151.95
平均	98.75	129.84	139.98

表 3-46　辽河流域农村居民生活需水定额预测结果　　[单位：L/（人·d）]

分区	2006 年	2020 年	2030 年
石佛寺以上区间	63.29	77.00	83.00
柳河	58.82	67.00	73.00
石佛寺以下区间	73.88	77.00	83.00
绕阳河	61.38	77.00	83.00
柳河口以下区间	101.26	77.00	83.00
大伙房水库以上	114.61	77.00	83.00
大伙房水库以下	102.82	77.00	83.00
太子河	148.54	80.00	85.00
大辽河	74.91	77.00	83.00
合计	799.51	686	739

第三章 辽河流域水环境质量现状与水生态系统健康保护战略 ·119·

表3-47 辽河流域居民生活需水量预测结果 （单位：万 m³）

分区	现状年	2020 年	2030 年
石佛寺以上区间	13 904	19 104	22 076
柳河	912	1 411	1 565
石佛寺以下区间	3 040	3 676	4 179
绕阳河	4 878	7 125	7 784
柳河口以下区间	4 867	5 572	6 027
大伙房水库以上	1 462	1 561	1 751
大伙房水库以下	43 328	46 572	49 152
太子河	23 594	30 373	32 875
大辽河	3 393	6 000	6 626
合计	99 378	121 394	132 035

B. 工业及三产需水量预测

工业需水量预测时，根据不同的用水性质对高用水行业、一般工业和火电分别进行预测，具体预测结果见表 3-48。

表3-48 辽河流域工业需水量预测结果 （单位：万 m³）

分区	现状年		2020 年		2030 年	
	高用水行业	一般工业	高用水行业	一般工业	高用水行业	一般工业
石佛寺以上区间	6 126	10 559	6 579	14 473	7 250	16 476
柳河	5	518	5	1 082	5	1 150
石佛寺以下区间	660	1 090	635	1 817	614	2 109
绕阳河	1 498	3 058	1 860	4 079	1 943	4 496
柳河口以下区间	5 803	13 967	6 071	15 416	6 148	16 722
大伙房水库以上	577	2 284	676	3 102	701	3 329
大伙房水库以下	22 886	47 090	30 299	63 653	31 303	69 958
太子河	57 550	26 774	75 983	43 492	79 241	48 811
大辽河	2 546	4 659	3 106	7 191	3 222	7 654
合计	97 651	109 999	125 214	154 305	130 427	170 705

C. 建筑业需水量预测

规划水平年,随着辽河流域振兴东北老工业基地的建设和城市产业结构的升级改造,城市化进程的加快,未来辽河流域建筑业和第三产业需水量将大幅度上升。根据辽河流域建筑业和第三产业经济发展预测结果,可获得辽河流域建筑业和第三产业需水量预测结果。具体结果见表3-49。

表3-49 辽河流域建筑业及第三产需水量预测结果 （单位：万 m³）

分区	2020年 建筑业	2020年 第三产业	2030年 建筑业	2030年 第三产业
石佛寺以上区间	1 062	3 092	1 236	3 430
柳河	63	167	76	195
石佛寺以下区间	164	403	197	475
绕阳河	58	950	69	1 239
柳河口以下区间	1 435	1 151	1 687	1 394
大伙房水库以上	37	352	44	425
大伙房水库以下	3 819	28 393	4 486	32 210
太子河	1 546	16 780	1 816	19 575
大辽河	962	1 617	1 131	1 687
合计	9 146	52 905	10 742	60 630

D. 农业需水量预测

辽河流域是我国重要的粮食基地,确保农业灌溉用水对于我国粮食安全供给有重要的意义。根据不同的种植作物,农业用地可分为水田、水浇地和菜田。根据辽河流域不同降雨频率的灌溉定额,给出农业需水量预测结果。具体预测结果见表3-50。

表3-50 辽河流域农田灌溉需水量预测结果 （单位：万 m³）

水平年	分区	净灌溉需水量 $P=50\%$	净灌溉需水量 $P=75\%$	净灌溉需水量 $P=90\%$	毛灌溉需水量 $P=50\%$	毛灌溉需水量 $P=75\%$	毛灌溉需水量 $P=90\%$
2020年	石佛寺以上区间	77 040	86 392	93 340	103 397	115 813	125 058
	柳河	8 512	10 435	11 578	11 526	14 150	15 703
	石佛寺以下区间	21 747	24 986	27 033	26 941	30 984	33 566
	绕阳河	43 401	52 614	61 268	56 596	68 625	79 923
	柳河口以下区间	54 947	60 897	67 774	74 719	82 690	91 980
	大伙房水库以上	11 244	12 869	14 062	15 702	17 973	19 639
	大伙房水库以下	96 521	108 020	116 639	130 822	146 377	158 045
	太子河	69 869	81 580	87 878	86 231	100 677	108 444
	大辽河	70 990	78 974	82 916	90 507	100 670	105 677

续表

水平年	分区	净灌溉需水量			毛灌溉需水量		
		$P=50\%$	$P=75\%$	$P=90\%$	$P=50\%$	$P=75\%$	$P=90\%$
2030 年	石佛寺以上区间	77 939	87 628	94 859	102 555	115 232	124 696
	柳河	8 388	10 287	11 424	11 452	14 065	15 622
	石佛寺以下区间	21 921	25 206	27 307	26 271	30 263	32 833
	绕阳河	45 087	54 966	64 127	56 370	68 653	80 065
	柳河口以下区间	55 114	61 300	68 337	73 521	81 646	90 972
	大伙房水库以上	10 826	12 424	13 589	14 646	16 808	18 384
	大伙房水库以下	93 053	104 408	112 804	120 461	135 143	146 004
	太子河	71 462	83 884	90 565	82 772	97 221	104 997
	大辽河	70 870	79 008	83 041	89 467	99 704	104 754

E. 林牧渔业需水量预测

辽河流域林果地及草场需水量预测主要是预测人工种植的林果和草场灌溉需水量。具体预测结果见表 3-51。

表 3-51 辽河流域农林牧需水量预测结果

水平年	分区	净需水量/万 m³			毛需水量/万 m³		
		林果地	草场	鱼塘	林果地	草场	鱼塘
2020 年	石佛寺以上区间	853	46	498	1 158	65	676
	柳河	546	49	39	770	69	54
	石佛寺以下区间	424	1 945	174	552	2 519	224
	绕阳河	1 560	44	7 833	2 014	60	10 697
	柳河口以下区间	160	0	10 220	218	0	13 939
	大伙房水库以上	0	0	0	0	0	0
	大伙房水库以下	737	0	462	1 106	0	692
	太子河	1 010	0	1 200	1 426	0	1 799
	大辽河	0	0	1 758	0	0	2 617
2030 年	石佛寺以上区间	915	54	746	1 220	76	983
	柳河	542	54	39	752	75	52
	石佛寺以下区间	424	2 403	187	544	3 073	237
	绕阳河	1 547	44	7 769	1 964	59	10 426
	柳河口以下区间	159	0	10 137	213	0	13 590
	大伙房水库以上	0	0	0	0	0	0
	大伙房水库以下	731	0	459	1 076	0	674
	太子河	1 001	0	1 191	1 388	0	1 750
	大辽河	0	0	1 744	0	0	2 545

F. 牲畜养殖业需水量预测结果

由于辽河流域牲畜养殖业需水量数额不大，故未按强化节水和适度节水两种情景预测，而是统一按照大牲畜需水定额取 65L/（d·头）、小牲畜需水定额取 25L/（d·头）考虑。最后，根据不同水平年大牲畜、小牲畜头数预测结果确定牲畜养殖业需水量。具体预测结果见表 3-52。

表 3-52　辽河流域牲畜养殖业需水量预测结果　　（单位：万 m³）

分区	2020 年			2030 年		
	大牲畜	小牲畜	合计	大牲畜	小牲畜	合计
石佛寺以上区间	2827	2492	5319	2993	2703	5696
柳河	546	593	1139	642	700	1342
石佛寺以下区间	675	1088	1763	749	1184	1933
绕阳河	1039	2518	3557	1080	2659	3739
柳河口以下区间	199	529	728	206	558	764
大伙房水库以上	289	170	459	304	184	488
大伙房水库以下	417	1438	1855	433	1530	1963
太子河	818	1751	2569	853	1869	2722
大辽河	72	304	376	74	317	391

G. 河道外绿化、水体补水及环境卫生用水量预测

城镇生态需水量主要包括城市绿化需水量、城市人工水体补水量和环境卫生需水量。根据辽河流域各城市建成区面积和未来规划年城市建设规划等成果，预测生态发展指标，最后根据相应的补水定额预测生态环境需水量。

辽河流域农村生态需水量主要包括湖泊补水量、沼泽湿地补水量和林草补水量。根据辽河流域当前实际调查统计的基本数据和测定的定额，进行农村生态需水量预测。

根据城镇生态环境需水量和农村生态环境需水量预测结果，确定辽河流域河道外生态环境需水量预测结果，见表 3-53。

表 3-53　辽河流域生态需水量预测结果　　（单位：万 m³）

分区	2020 年		2030 年	
	城镇	农村	城镇	农村
石佛寺以上区间	1 869	11 429	2 337	11 896
柳河	162	162	191	191
石佛寺以下区间	324	324	425	425
绕阳河	558	558	665	665
柳河口以下区间	673	673	756	756
大伙房水库以上	116	116	151	151

续表

分区	2020年		2030年	
	城镇	农村	城镇	农村
大伙房水库以下	3 791	3 791	4 218	4 218
太子河	3 128	3 128	3 557	3 557
大辽河	583	583	662	662

2）辽河流域水资源配置

A. 水资源配置原则

根据辽河流域的特点，水资源配置应遵循以下原则：①人水和谐、区域协调发展；②总量控制与定额管理相结合；③重点保护目标用水优先满足；④保障生活用水，合理安排工业和农业用水；⑤优先利用当地水资源，合理利用地下水；⑥保障重点、合理调配；⑦多水源联合调配。

B. 水资源配置机制

a. 水平衡机制

水资源配置首先要遵循水平衡机制。水资源配置中水平衡需从三个层次加以分析和考虑（简称"三层次"水平衡机制）。

"第一层次"从流域总来水量（包括降水量和从流域外流入本流域的水量）、蒸腾蒸发量（即净耗水量）、排水量（即排出流域之外的水量）之间的平衡关系进行分析，分析在水资源二元演化模式下，不影响和破坏流域生态系统、不导致生态环境恶化情景下流域允许耗水总量，包括国民经济耗水量与生态环境耗水量（出河入海水量单独考虑，未包括在内），评价尺度通常为二级以上流域。由于在总来水量中通常仅10%～54%形成径流性水资源，差额部分的非径流性水量为天然生态系统所消耗，约占流域总来水量的一半以上。

"第二层次"从流域或区域径流性产水量、耗水量和排水量之间的平衡关系进行分析，分析在"自然—社会"二元水循环条件下径流性水资源对国民经济耗水和人工生态耗水的贡献，界定允许径流性水资源耗水量（简称径流性耗水量），国民经济用水和生态用水大致比例，评价尺度通常为三级、四级以上流域。

"第三层次"从流域、区域、计算单元的供水量与需水量，用水量、耗水量和排水量之间的平衡关系进行分析，采用运筹学方法与专家经验规则方法相互校验的配置技术，分析在人工侧支循环（社会水循环）条件下地表水、地下水、外调水等各种水源对国民经济各行业、各用水部门之间、不同时段的供需水平衡。

b. 生态机制

必须将水资源开发利用、社会经济发展、生态环境保护放在流域/区域水资源演变和生态环境变化的统一背景下进行考虑，以流域/区域为基础，以经济建设和生态安全为出发点，根据水分条件与生态系统结构的变化机理，在竞争性用水的条件下，通过利益比较和权衡，对国民经济用水和生态环境用水进行统一配置，使生态系统保持相对稳定和功能的协调。

C. 水资源配置系统网络图

由于不同层次的水资源配置，计算单元划分、河流系统简化的差异很大，简化的河流系统与辽河流域水功能区划不一定相匹配。为了满足不同层次水资源优化配置和水质模拟的要求，需要适当调整现有的水功能区划。水功能区调整或概化的原则：遵循水功能区划水质目标，水功能区一级区原则上不合并，水功能区二级区合并采取"就高"原则，水功能区调整与水资源配置分区相适，系统网络图控制节点与水功能区断面相结合。

根据网络图绘制基本原理和规则，给出辽河流域面向水功能区纳污总量控制的水资源配置系统网络图，以满足本次研究的需要。具体网络图见图3-58。

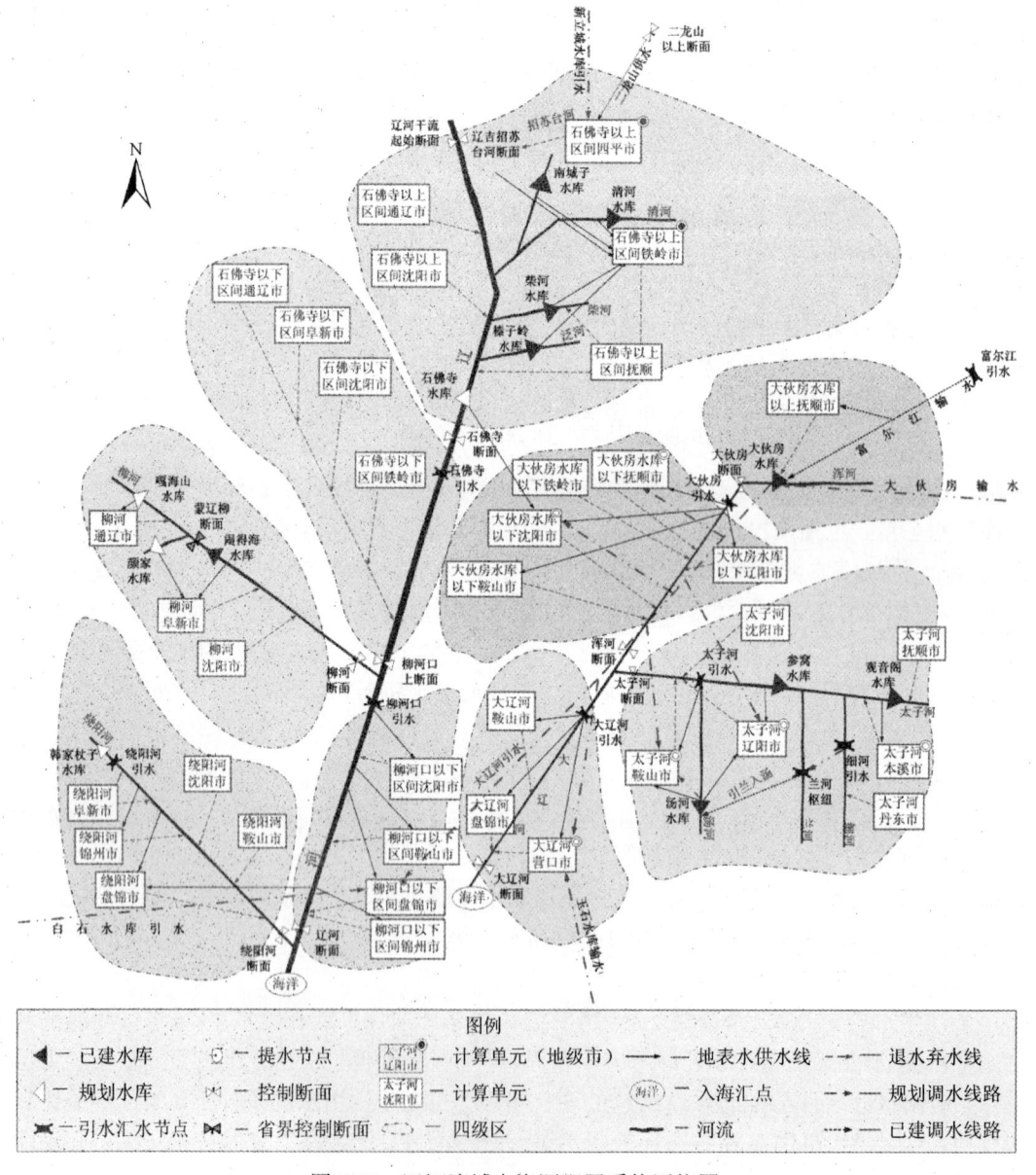

图3-58 辽河流域水资源配置系统网络图

D. 规划年水资源供需分析

未来不同规划水平年配置方案分析是在基准年配置方案的基础上,通过设定不同的水资源开发利用及污染物治理组合方案,利用所构建的面向水质改善的水质水量联合配置模型及开发的计算平台,在考虑关键控制断面河道内水生态、水环境与水景观、农业灌溉引水等流量约束条件下,通过45年长系列逐月水质水量耦合调节计算,得到分质供水情形下的水资源配置结果。

a. 水量平衡分析

基准年辽河流域缺水较为严重,资源型缺水和水质型缺水并存。各规划水平年通过实施大伙房输水工程和截污减排等措施,将有效地增大供水量,极大地缓解水资源紧张的态势。不同水平年水量平衡结果见表3-54。从表中可以看出,规划水平年虽然存在一定的水质型缺水,但是与基准年相比较而言,水质型缺水量有了明显下降,说明规划水平年采取的截污减排措施适当,能够在很大程度上减少水质型缺水,提高水功能区水质达标率。

表 3-54 水资源供需平衡分析结果　　　　　（单位：百万 m³）

水平年	四级区	需水合计	供水合计	按水源分类供水				按用户分类供水						缺水量	缺水深度
				地表水	地下水	外调水	其他	城镇生活	农村生活	工业	农业	城镇生态	农村生态		
2020年	石佛寺以上区间	1 893	1 886	1 013	822	0	51	134	57	409	1 267	19	0	7	0.39
	石佛寺以下区间	443	443	82	361	0	0	20	16	33	370	3	0	0	0.00
	柳河	191	191	132	58	0	1	8	6	15	161	2	0	0	0.00
	柳河口以下区间	1 355	1 342	620	355	351	16	45	11	266	1 014	7	0	13	0.97
	绕阳河	1 008	993	429	564	0	0	31	40	74	843	5	0	14	1.43
	大伙房水库以上	252	220	170	48	0	2	9	6	46	157	1	0	32	12.78
	大伙房水库以下	3 552	3 544	1 550	1 326	628	39	451	15	1 491	1 549	38	0	8	0.24
	太子河	2 934	2 844	1 656	820	319	48	284	20	1 467	1 042	31	0	90	3.08
	大辽河	1 291	1 290	1 005	115	168	2	51	9	144	1 080	6	0	1	0.06
	合计	12 919	12 753	6 657	4 469	1 466	158	1 033	180	3 945	7 483	112	0	165	18.95
2030年	石佛寺以上区间	1 983	1 976	1 249	670	0	57	164	57	436	1 295	23	0	8	0.40
	石佛寺以下区间	462	459	82	378	0	0	27	15	36	377	4	0	2	0.51
	柳河	198	198	140	58	0	1	9	7	15	165	2	0	0	0.00
	柳河口以下区间	1 384	1 362	641	318	389	14	50	11	281	1 014	7	0	22	1.59
	绕阳河	1 040	1 020	450	569	0	1	36	41	82	854	6	0	20	1.94

续表

水平年	四级区	需水合计	供水合计	按水源分类供水				按用户分类供水					缺水量	缺水深度
				地表水	地下水	外调水	其他	城镇生活	农村生活	工业	农业	城镇生态	农村生态		
2030年	大伙房水库以上	255	233	187	44	0	2	12	6	49	165	1	0	22	8.60
	大伙房水库以下	3 649	3 649	1 502	1 330	787	30	476	15	1 601	1 514	42	0	1	0.02
	太子河	3 059	2 927	1 715	726	430	56	313	16	1 526	1 037	36	0	132	4.33
	大辽河	1 320	1 320	1 018	106	189	7	57	9	152	1 096	7	0	0	0.00
	合计	13 350	13 144	6 984	4 199	1 795	168	1 144	177	4 178	7 517	128	0	207	17.39

b. 耗水平衡分析结果

国民经济耗水率和耗水结构的变化反映了当地经济的发展程度。随着经济发展、用水水平提高，耗水率逐步提高。不同水平年不同国民经济用水部门耗水分析结果见表3-55。从表中可以看出，工业和农业耗水水平从基准年到2030年呈现增高的趋势，农业耗水率和综合耗水率之间的差距越来越大，说明城市用水比例在国民经济耗水总量中所占比例逐渐提高，反映了当地经济结构逐步呈现工业化趋势。

表3-55　辽河流域耗水分析结果

水平年	水资源分区	生活耗水量/百万 m³	生活耗水率/%	工业耗水量/百万 m³	工业耗水率/%	农业耗水量/百万 m³	农业耗水率/%	综合耗水量/百万 m³	综合耗水率/%
2020年	石佛寺以上区间	83.21	0.44	270.21	0.66	1034.24	0.82	1387.67	0.74
	石佛寺以下区间	18.97	0.52	20.06	0.62	256.63	0.69	295.65	0.67
	柳河	7.5	0.53	8.39	0.58	119.59	0.75	135.48	0.72
	柳河口以下区间	19.78	0.36	193.1	0.73	766.96	0.76	979.83	0.73
	绕阳河	42.11	0.59	42.34	0.57	715.27	0.85	799.72	0.81
	大伙房水库以上	7.64	0.49	28.7	0.62	111.92	0.71	148.27	0.68
	大伙房水库以下	119.76	0.26	1077.32	0.72	1101.32	0.71	2298.4	0.66
	太子河	91.14	0.3	1061.18	0.72	743.41	0.71	1895.73	0.67
	大辽河	21.52	0.36	89.7	0.62	797.39	0.74	908.61	0.71
2030年	石佛寺以上区间	80.9	0.37	326.44	0.75	1101.37	0.85	1508.7	0.77
	石佛寺以下区间	17.67	0.42	26.01	0.72	275.25	0.73	318.93	0.7
	柳河	7.48	0.48	10.47	0.68	128.53	0.78	146.48	0.75
	柳河口以下区间	18.41	0.31	232.31	0.83	775.86	0.77	1026.58	0.76

续表

水平年	水资源分区	生活耗水量/百万 m³	生活耗水率/%	工业耗水量/百万 m³	工业耗水率/%	农业耗水量/百万 m³	农业耗水率/%	综合耗水量/百万 m³	综合耗水率/%
2030 年	绕阳河	41.74	0.54	55.32	0.67	730.64	0.86	827.7	0.82
	大伙房水库以上	7.01	0.4	35.42	0.72	125.32	0.76	167.74	0.72
	大伙房水库以下	103.71	0.21	1312.87	0.82	1148.9	0.76	2565.47	0.71
	太子河	81.93	0.25	1257.25	0.82	785.25	0.76	2124.43	0.74
	大辽河	19.29	0.29	109.72	0.72	838.21	0.77	967.22	0.74

不同地区的社会经济发展状况、产业结构状况从根本上决定了耗水水平的高低。例如，浑太河流域内有沈阳、鞍山、本溪、抚顺等辽宁省中部城市群，人口众多，工业发达，工业耗水系数大于综合耗水系数。

万元 GDP 耗水量是衡量国民经济发展过程中用水水平的一个重要指标，从总体上反映了一定经济发展程度下的耗水状况。各方案不同水平年万元 GDP 耗水状况见表 3-56。

表 3-56 辽河流域耗水分析结果

项目	水平年	二级区	方案
万元 GDP 耗水量/(m³/万元)	2020 年	辽河干流	81
		浑太河	41
		平均	68
	2030 年	辽河干流	43
		浑太河	24
		平均	50
人均耗水量/(m³/人)	2020 年	辽河干流	369
		浑太河	336
		平均	373
	2030 年	辽河干流	385
		浑太河	373
		平均	401

3）水资源配置对河道内生态流量的影响分析

根据水资源配置结果，在 $P=90\%$ 来水保证率条件下，河道内生态流量配置结果见表 3-57。

表 3-57 枯水年河道内生态流量配置结果　　　　（单位：m/s）

断面	水平年	1月	2月	3月	4月	5月	6月	7月	8月	9月	10月	11月	12月
辽河干流辽中断面	现状年	21.4	26.2	62.3	46.0	14.4	66.4	249.1	264.3	68.7	31.7	27.7	20.6
	2020年	14.9	23.6	43.0	14.2	3.7	4.2	102.0	152.9	35.9	10.3	15.1	13.7
	2030年	18.0	25.0	42.9	14.1	3.2	4.2	108.8	161.6	37.4	11.1	14.6	12.0
浑河邢家窝棚断面	现状年	22.3	24.8	31.6	40.6	39.4	66.2	126.1	137.1	41.4	27.9	28.1	24.3
	2020年	22.4	26.1	34.7	60.8	55.3	53.1	162.0	206.4	57.9	32.8	29.7	26.1
	2030年	21.0	24.2	30.8	61.4	47.3	56.8	163.7	204.3	58.4	32.6	27.2	22.5
太子河唐马寨断面	现状年	17.8	20.3	24.9	32.5	56.6	59.3	169.2	219.2	47.9	30.5	30.9	15.5
	2020年	17.5	23.3	23.1	30.2	44.7	64.8	198.0	246.6	54.0	30.0	25.1	18.9
	2030年	15.1	19.9	21.0	27.7	43.0	71.2	179.5	243.7	51.1	28.0	21.4	15.8

以表 3-57 为标准，$P=90\%$ 来水条件下河道内实测流量，以及现状年、2020 年和 2030 年 3 个预测水平年河道内生态流量满足情况见表 3-58。从表中可以看出，在 $P=90\%$ 来水条件下，现状用水格局导致辽河、浑河、太子河三条河流生态流量满足率均较低，辽河干流 1 年中有 10 个月生态流量不能得到满足，生态流量满足率仅为 17%；而浑河、太子河生态流量满足率也仅为 50%。

表 3-58 枯水年河道内生态流量满足率

断面	水平年	1月	2月	3月	4月	5月	6月	7月	8月	9月	10月	11月	12月	不满足月份数	满足率/%
辽中断面	$P=90\%$	—	—	+	—	+	—	—	—	—	—	—	—	10	17
	现状年	+	+	+	+	—	+	+	+	+	+	+	—	2	83
	2020年	+	+	+	—	—	—	—	—	—	—	—	—	9	25
	2030年	+	+	+	—	—	—	—	—	—	—	—	—	8	33
邢家窝棚断面	$P=90\%$	+	+	+	—	—	—	—	—	—	+	—	—	6	50
	现状年	+	+	+	+	+	+	+	+	+	+	+	+	0	100
	2020年	+	+	+	+	+	+	+	+	+	+	+	+	0	100
	2030年	+	+	+	+	+	+	+	+	+	+	+	+	0	100
唐马寨断面	$P=90\%$	+	+	+	—	—	—	—	—	+	—	—	—	6	50
	现状年	+	+	+	+	+	+	+	+	+	+	+	—	1	92
	2020年	+	+	+	+	+	+	+	+	+	+	+	+	0	100
	2030年	+	+	+	+	+	+	+	+	+	+	—	—	2	83

注："+"为满足；"—"为不满足

通过水资源配置，采取了合理抑制需求、有效增加供给、积极保护生态环境等手段和措施，对多种可利用的水源在流域/区域间和各用水部门间进行调配，辽河、浑河、太子河 3 条河流生态流量满足率得到了很大程度的提高。辽河干流现状年、2020 年及 2030 年 3 个水平年生态流量满足率从 P=90%条件下的 17%分别提高到 83%、25%和 33%；浑河现状、2020 年和 2030 年 3 个水平年生态流量满足率从 P=90%条件下的 50%全部提高到 100%；太子河现状年、2020 年和 2030 年 3 个水平年生态流量满足率从 P=90%条件下的 50%分别提高到 92%、100%和 83%。

从这个结果可以看出，水资源配置能够有效地提高生态流量的满足率。但同时也可以看出，现行的水资源配置方案中没有将生态流量作为约束条件参与到水量平衡计算中，仍存在生产、生活用水挤占生态用水的现象。在辽河干流，即使进行了水资源配置，但由于国民经济发展导致生产、生活用水增加，使 2020 年和 2030 年两个水平年生态流量满足率仍不到 50%。

在国家提出发展生态文明的国家战略后，水资源配置方法正在发生变化，河道内的生态流量开始作为优先保障的用水户进入到水量平衡的计算中，生产、生活用水在扣除生态流量后再进行水量配置。水资源配置对提高生态流量满足率的贡献将进一步加大。

（2）辽河流域水资源配置战略

1）政策与管理建议

A. 加强流域需水管理

辽河流域中下游所属区域全部在辽宁省境内，辽宁省属于全国发达省份，城市化水平高，水资源开发利用充分。辽河流域水资源管理属于水行政主管部门，管理系统先进，但管理效率较低，节水观念淡薄。浑太河流域建成了我国第一套水资源实时监控管理系统，对主要水源等进行了高水平的管理。而对需求的管理则相对较弱，在节水宣传、节水器具的普及方面较差。未来的水资源管理主要应集中于需水管理，减少不合理需求，避免用水浪费。

B. 建设新的管理机制

水资源开发利用和管理属于水行政主管部门（水利部），目前的管理主要集中在水源的管理上。辽河流域水资源的开发利用难度很大，成本很高，但目前生产和生活用水价格没有与水资源开发利用成本很好地结合。水价的不合理带来了大量用水需求，而这些用水需求是否合理还没有好的标准进行评估。辽河流域供水（水源）管理和需水管理脱节，没有专门的管理机构和统一的管理机制，对节水水平、节水效果、用水总量、需水总量等都没有合理评估。由此，导致全社会用水需求不断增加，既增加了水资源开发的压力，也不利于节水型社会的建设。因此，必须建设供水管理和需水管理的统一机制。

C. 制定流域节水型社会建设制度

辽河流域水资源短缺且利用率较低，社会水循环过程中的供、用、耗、排等环节已造成径流性水资源衰减和水体环境污染，严重制约着流域社会经济的持续发展，解决水资源问题的根本出路在于节水，建设流域节水型社会是节水的根本途径。辽河流域应开展节水型社会建设的研究，制定符合流域特征的节水型社会建设制度，有效地平衡自然水循环与社会水循环的结构组成，减量化开发利用水资源。

在建设辽河流域节水型社会中,应通过水资源的高效利用和循环利用来支撑经济社会发展,实际上就是以社会水循环调控为核心,按照以供定需的原则引导生产力布局和产业结构的合理调整,加快辽河流域经济发展模式的转变,建立节约型的生产模式、消费模式和建设模式,按照辽河流域的水资源条件来科学规划社会经济的发展布局,在水资源充裕地区和紧缺地区打造不同的经济结构,量水而行,以水定发展。

2）技术战略

A. 对已建水库工程进行生态改造

辽河流域已建有 45 座大中型水库,由于建设年代较早,工程建设时基本未考虑坝下河流生态保护,坝下河段脱水断流现象十分普遍。辽河流域已进入生态文明建设阶段,解决老水利水电工程的生态问题,修复河流生态系统已成为水生态文明建设的重要内容。

解决老水利工程原有的坝下河道断流问题,太子河干流葠窝水库的经验值得借鉴。葠窝水库建于 20 世纪 70 年代,是太子河干流上一座以防洪、灌溉、工业供水为主,兼顾发电的综合利用水利枢纽工程。水库总库容为 7.91 亿 m^3,正常蓄水位为 96.6m,相应库容为 5.43 亿 m^3,电站总装机容量原为 37.2MW,2005 年完成技术改造后,电站总装机容量为 44.64MW,技术改造前后工程参数生态流量变化见表 3-59。

表 3-59 葠窝水库技术改造前后生态流量比较

参数	原装机/MW	改造后装机/MW	生态流量泄放
装机容量	37.2	44.64	建成时间早,没有最小生态流量要求,坝下河道有脱水断流。2005 年完成改造后,枯水期和平水期通过 4#和 5#机组发电泄放生态流量,最小流量为 3m³/s
机组台数	3	5	
机组容量	1#机组装机 17	1#机组装机 20	
	2#机组装机 17	2#机组装机 20	
	3#机组装机 3.2	3#机组装机 4	
		4#机组装机 3.2	
		5#机组装机 3.2	

辽河流域已建 45 座大中型水库,对于此种坝下河道断流,没有生态流量泄放的水库,应开展调查和研究,制订水库工程生态改造方案,借鉴葠窝水库的经验,通过增设小机组泄放生态流量。在设备选型方面,要保证水轮机在水库整个水头运行范围内,都能保持恒定的下泄生态流量;应注意选取对水头和出力变化大、适应性较强的水轮机型。为保障生态流量下泄,建议采用双台小机组或单台小机组与其他备用生态流量下泄保障措施相结合的方式。对于老工程的改造,特别是没有发电任务的老水利工程,辽宁省应明确提出生态流量下泄的要求,并保障小机组建设投资,制定新增小机组发电上网的优惠政策。

B. 冰期输水

为解决枯期生态流量不足的问题,应开展冰期输水。通过大型水库的联合调度,尽可能汛后储蓄更多的水量在库中,在冰期(枯期)通过水库电站机组泄放生态流量,补充冰期河道流量,增大河流稀释自净能力。冰期输水的关键问题是河流封冻以后,河流冰盖造成水头损失影响河道过流能力,而河道的结冰过程是随气候条件和水流条件变化的。影响冰清演化的因素不仅有热力作用、动力作用,还与河道特征有密切关系,而辽河流域河道边界条件又极其复杂。

2012年中国水利水电科学研究院与辽宁省水利水电科学研究院对辽河干流冰期输水方案进行了研究。采取实际调查、现场踏勘、资料收集与模型化计算相结合的方法,对辽干水文气象特征和河道冰清、河道输水特性、输水能力等方面进行分析,明确提出:

a. 2012年冰期输水从11月20日开始,连续放水30d,由清河水库通过输水洞向下游放水,向下游提供0.4亿~0.5亿 m^3 的水量,下泄平均流量约为 $16m^3/s$;12月20日以后至来年4月上旬由柴河水库通过电厂机组向下游均匀泄放环境水量,向下游提供0.7亿~0.8亿 m^3 的水量,下泄平均流量约为 $8m^3/s$。

b. 对于辽河干流,在冬季自然情况下,上游来流逐步减少,当气温降至冰层形成时,河道来流量尚较大,当冰层形成后,随后期来流量减小。可以预测即使不采用橡胶坝等水利设施壅高水位,同样可以形成适宜的输水断面。但辽河干流为天然输水河道,受北方冬季寒冷气候的影响,容易出现诸如岸冰、冰花、流冰、冰盖、冰塞、冰坝等的各类冰情。且辽河干流南北跨度大,沿线各类水工建筑物较少,其冰情会更加复杂且难以控制,可能产生冰害。

c. 从理论上分析,通过清河水库和柴河水库配合放水,冬季辽河干流河道内环境水量输送完全可行。但清河水库坝下至辽河干流入汇口47km,柴河水库坝下至辽河干流入汇口15km,需要完善相应的工程措施保障水库下泄水量顺利输送至辽河干流河道。

d. 为全面反映辽河干流冰期输水方案,需要对辽河干流冰期河流水文(流量、流速、水位、水深和水温)、气象(气温、风速和光照)、水质(COD浓度、氨氮浓度)等要素进行监测;采用专人沿程巡视的方式看护重点水工建筑物;河势和冰情的观测包括冰屑、冰盖的形成、发展和消融过程。

辽河干流于2012年12月开始至2013年3月由柴河水库平均 $12m^3/s$ 的流量,持续下泄了约1.24亿 m^3 的冰期生态水量,有效地解决了辽河干流冰期水质不达标的问题,配合辽河"摘帽"发挥了重要作用,同时也积累了冰期输水的宝贵经验。

C. 拆除小型拦河坝

辽河流域小型水库复核调查已表明,流域部分小型水库工程存在水工建筑物结构不完整或毁损严重情况,已失去了水库的基本功能,同时存在重大安全隐患。此外,这些已基本报废的水库工程对河流生态系统的阻隔作用非常明显,长期以来形成坝上和坝下诸多生态环境问题。为此,要对辽河流域,特别是支流上的小型水库的坝体进行拆除,恢复河流自然的连通性,增加河流生态流量。

D. 合理配置水资源

合理调控辽河流域"自然—社会"二元水循环的通量,维护健康水循环。以供定需,以水定发展，保持自然水循环与社会水循环的有机统一，以水资源供需和水生态系统平衡为基本条件，确定流域经济社会发展的目标和规模，全面制订水资源开发、利用、配置、节约和保护规划，从经济、社会、生态环境的和谐发展出发来构建水资源的合理配置体系。使社会水循环对自然水循环的干扰度处于水自然循环可承载的范围之内，在节约资源、保护环境的前提下实现社会经济的迅速发展。

（三）流域水环境容量总量控制战略

1. 辽河流域水污染总量控制存在的问题

（1）流域生活、工业、非点源污染控制存在诸多不足

辽河流域城镇污水处理厂的配套管网工程建设严重滞后，污水设施运行水平较低，部分建设年代较早的污水处理厂设计执行二级排放标准，没有脱氮除磷和消毒设施，导致氨氮去除率低，粪大肠菌群超标，实际治污能力达不到预期目标。

目前辽河流域污染工业行业仍普遍存在产污强度较高、去除率却不高的现象，减排空间一定程度上受到处理成本和技术的制约。水专项围绕辽河流域冶金、石化等五大行业在水污染控制、清洁生产等领域突破了一系列关键技术，未来工业减排潜力有望进一步提升。目前，在浑河和太子河已检测出具有重污染行业特征的有毒有害污染物，石化、冶金、制药和印染行业废水处理成为制约辽河流域水污染治理工作的重要瓶颈。

在过去很长一段时间，辽河流域重点加强对点源污染的治理，取得了一定成效，然而流域非点源污染问题开始逐渐显现，虽然辽河流域已开展一些农村环境综合整治等非点源控制行动，但目前流域内大部分农村居民生活污水和生活垃圾、畜禽养殖废水处理设施还不完备，一定程度影响和制约着流域水质持续改善。

（2）尚未完全形成基于容量总量控制的水环境管理体系

目前的辽河流域虽然全方位、多角度制定并实施流域环境管理政策，但流域水污染物总量控制管理仍存在诸多问题，主要表现在以下几个方面。

1）尚未建立基于水生态功能分区的水环境容量总量控制体系

面向水生态系统完整性保护的水环境容量总量控制，更加强调以水生态安全和人体健康保护为最终目标，将流域污染负荷削减和流域水质与水生态安全有机结合。目前辽河流域现行的功能区划和水环境质量标准难以满足面向保护水生态系统健康的水污染总量控制战略实施的需求。水质管理的目标以满足水资源的使用功能为主要目标，更多地关注水污染物的削减，水质目标与水体保护功能关系并不明确。

2）尚未实现目标总量控制向容量总量控制的彻底转变

相对于容量总量控制，目标总量控制更为简便易行，能够充分利用现有的污染物排放和环境状况等数据实施科学管理，缺点是没有建立起环境质量与污染物排放总量之间的直接关联，不能直接显现污染物减排与环境质量改善之间的因果关系。辽宁省在"十五"和"十一五"期间，都开展了辽河流域水环境容量研究，但并没

有真正应用到管理之中，没有真正建立起"总量减排—环境容量—水质改善"的关联机制。

3) 尚未实现以行政区为单元的总量控制管理向流域统筹管理转变

辽河流域目前仍是以行政区为单元的水质目标管理模式为主，人为地割裂了污染物从源到汇的传输过程，增加了上下游行政区的环境管理难度，未能真正从流域层面对河流进行统筹管理。

4) 尚未建立基于容量总量的排污许可管理

2003 年辽宁省颁布了《辽宁省排放污染物许可证管理办法（试行）》，排污许可制度开始在辽宁省全面实施，所有污染企业必须进行排污申报登记，领取排污许可证，并严格按照核定的排放总量和许可证规定的排放条件排放污染物。然而由于排污许可制度缺乏操作层面的技术规范，排污许可证总量核算不规范，多以行政审核为主，缺少技术审核环节等，无法有效支撑总量减排，实施效果不佳。

5) 尚未建立完善的水污染物总量控制管理制度措施体系

近年来，辽河流域通过一系列机制体制创新，初步形成了针对辽河流域水污染总量控制制度体系，但是没有制定详尽的污染物排放总量控制制度具体可执行的办法。可以说，实践中的污染物排放总量控制制度并不成熟，还只是停留在宣言、愿望层面，其并没有真正地形成制度，缺乏一系列保障其有效运行的具体制度措施办法。

2. 辽河流域水环境容量总量控制战略研究

在辽河流域选取 4 个控制单元即辽河控制区、浑河控制区、太子河控制区和大辽河控制区，开展水环境容量总量控制战略研究。

（1）水污染控制区污染特征

1) 辽河控制区

水质总体特征：辽河控制区内支流河水质污染重于干流。

主要污染时期：枯水期。

主要污染因子：达标率较低的污染因子为氨氮、挥发酚、石油类、COD 和高锰酸盐指数。

主要污染断面：干流福德店和三合屯断面，以及上游招苏台河、长沟河、左小河、养息牧河，下游饶阳河、一统河、螃蟹沟、清水河等支流。

主要污染源结构：COD 以集约化畜禽养殖和生活源占优，氨氮以生活源占优。

主要污染成因：上游跨界来水水质较差、农村面源污染较重，畜禽养殖污染治理难度大。城镇污水处理率低，工业废水集中处理率低。食品、石化、造纸行业超标排污严重。

2) 浑河控制区

总体特征：浑河控制区上游区域水质普遍较好，除粪大肠菌群污染因子以外，其他污染因子年平均值都能满足 II 类水质以上。下游支流水质污染明显重于干流。

主要污染时期：上游阿及堡断面枯水期水质最好，平水期次之，丰水期水质最差。下游干流断面的污染体现出明显的分水期特征，枯水期各断面氨氮均超标，丰水期各断面氨氮均达标；抚顺段干流断面各水期粪大肠菌群均超标，枯水期最轻，丰水期最重。

主要污染因子：达标率较低的污染因子为氨氮、BOD$_5$、COD 和粪大肠菌群。

主要污染断面：抚顺段干流、将军河、白塔堡河等支流。

主要污染源结构：COD 和氨氮以生活源占优。

主要污染成因：农村源污染排放突出，城镇污水集中处理能力不足，已建污水处理厂未能正常投入使用。

3）太子河控制区

总体特征：太子河控制区支流水质污染明显重于干流，支流河氨氮、BOD$_5$、高锰酸盐指数、COD 浓度均远高于干流断面。

主要污染时期：枯水期。

主要污染因子：单元内达标率较低的污染因子为氨氮、挥发酚、石油类和粪大肠菌群。其中，细河挥发酚、石油类严重超标，其他断面主要污染因子为氨氮和粪大肠菌群。

主要污染断面：单元内主要污染断面为本溪的兴安断面和鞍山段的全部干流断面，以及本溪段的细河和鞍山段的 5 条支流。

主要污染源结构：COD 以生活源占优，氨氮以生活源为主。

主要污染成因：太子河干流辽阳以上的污染主要出现在城（镇）河段。葠窝水库长期接纳本溪市的工业及生活污水。葠窝—汤河—辽阳区间，因有汤河水库和葠窝水库水体的自净作用，河道水质相对较好。太子河下游由于沿途接纳本溪、辽阳、鞍山大量的工业及生活污水，水质污染较重，是辽宁省水污染问题较为严重的河流。

4）大辽河控制区

总体特征：大辽河上游水质较下游污染严重。

主要污染时期：枯水期。

主要污染因子：单元内主要污染因子是氨氮。

主要污染断面：三岔河断面。

主要污染源结构：COD 以工业源为主、氨氮以生活源为主。

主要污染成因：上游的太子河和浑河来水水质较差。制件造纸行业所占污染负荷较大。污水处理厂运行负荷率低，工业废水集中处理率不高。

（2）水环境容量总量方案

1）辽河控制区

A. 控制因子

根据国家总量控制指标，结合辽河水质污染现状，主要选取 COD、氨氮作为控制指标。

B. 水环境目标

辽河水系各流域水环境目标的确定以辽宁省水环境功能区划和《地表水环境质量标准》（GB 3838—2002）为基础。

C. 设计水文条件分析

采用 30Q10（10 年最枯月流量）设计流量和最小生态流量（多年平均流量 10%）设计流量（图 3-59）。

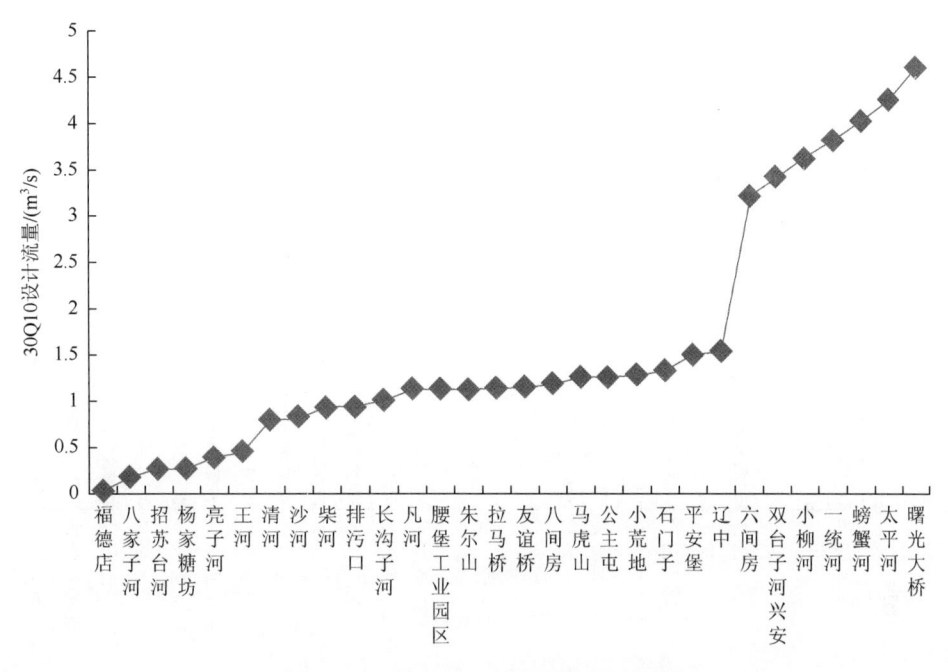

图 3-59 辽河水系 30Q10 断面设计流量

D. 水环境容量计算

依据河流一维稳态水质模型及线性规划计算方法，计算辽河水系环境容量。结果为 COD 水环境容量 23 029t/a，氨氮 1897t/a。各支流结果如图 3-60 和图 3-61 所示。

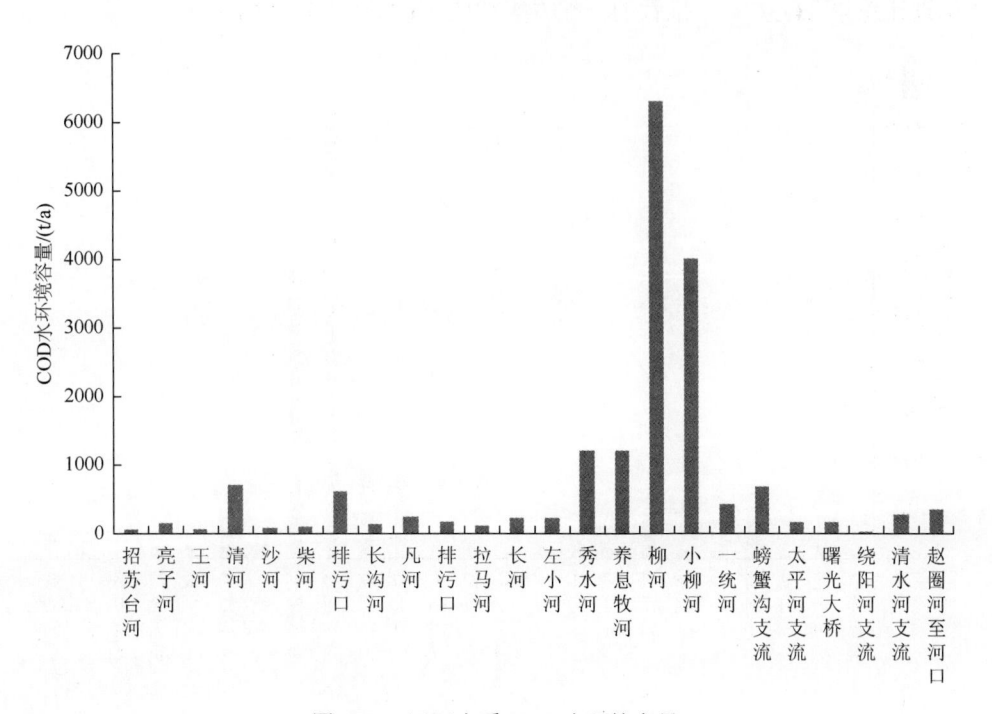

图 3-60 辽河水系 COD 水环境容量

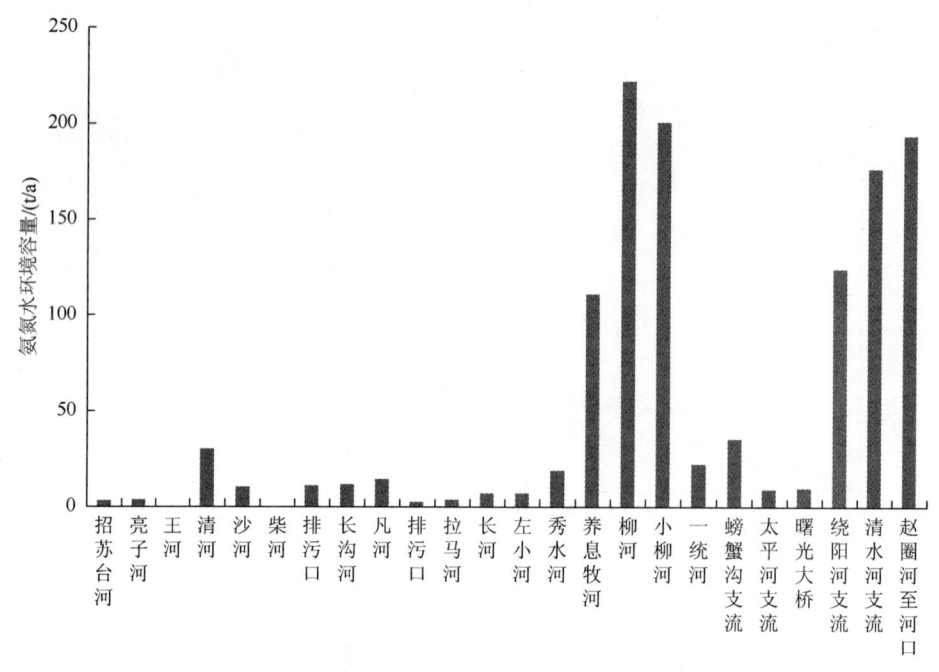

图 3-61　辽河水系氨氮水环境容量

E. 辽河水系主要污染物容量总量分配

采用合理性分配指数，以科学性、公平性、经济性为原则，综合考虑环境容量利用率、水资源贡献比例、人口（生存排污权）、农田（生存生产排污权）、城市发展（达标排污权）等指标设计总量分配方案。推荐的分配方案如图 3-62 和图 3-63 所示。

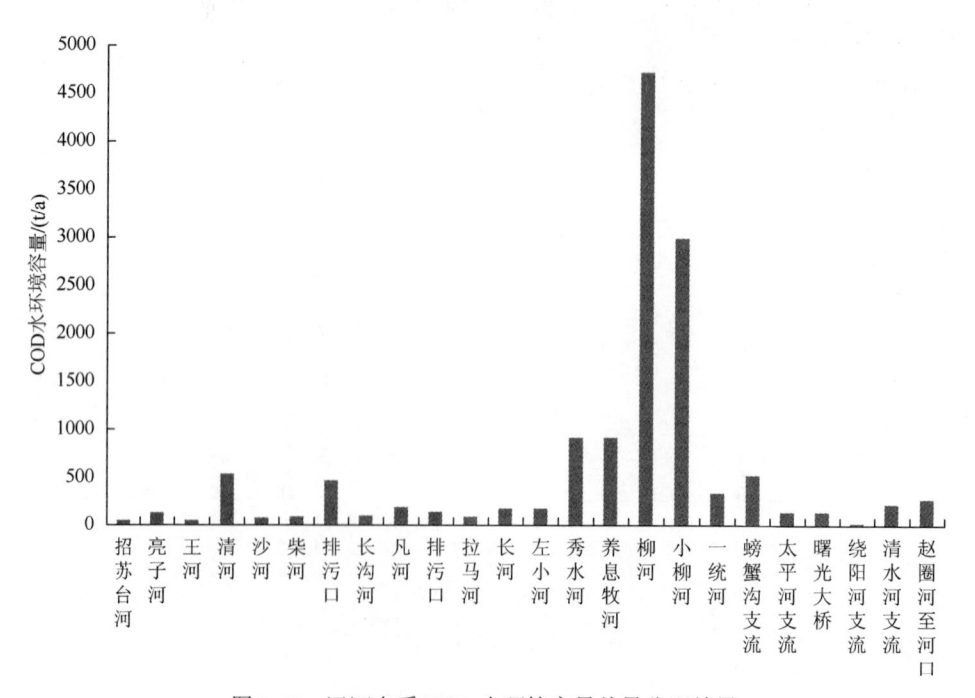

图 3-62　辽河水系 COD 水环境容量总量分配结果

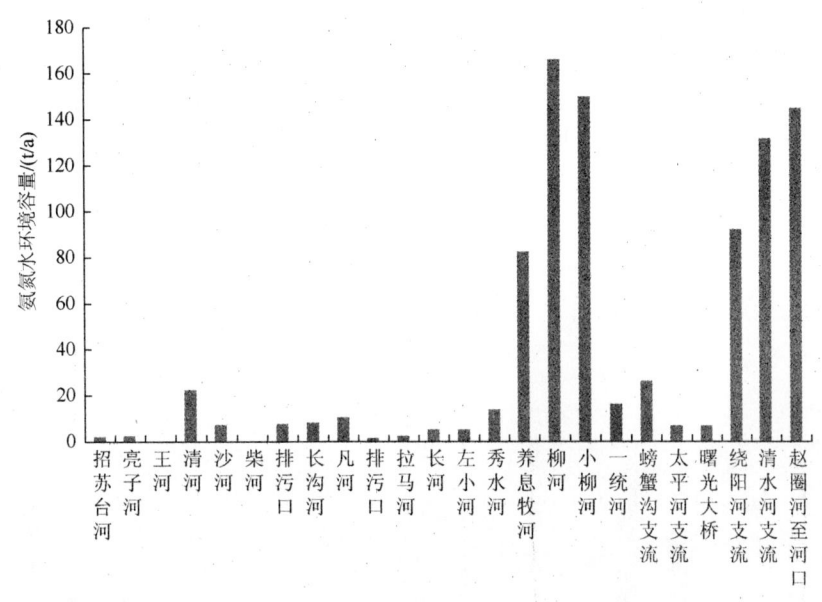

图 3-63　辽河水系氨氮水环境容量总量分配结果

2）浑河控制区

A. 控制因子

根据国家总量控制指标，以浑河水质污染现状为基础，选取 COD、氨氮作为控制指标。

B. 水环境保护目标

浑河水系各流域水环境目标的确定以辽宁省水环境功能区划和《地表水环境质量标准》（GB 3838—2002）为基础。

C. 设计水文条件分析

采用 30Q10（10 年最枯月流量）设计流量和最小生态流量（多年平均流量 10%）设计流量（图 3-64）。

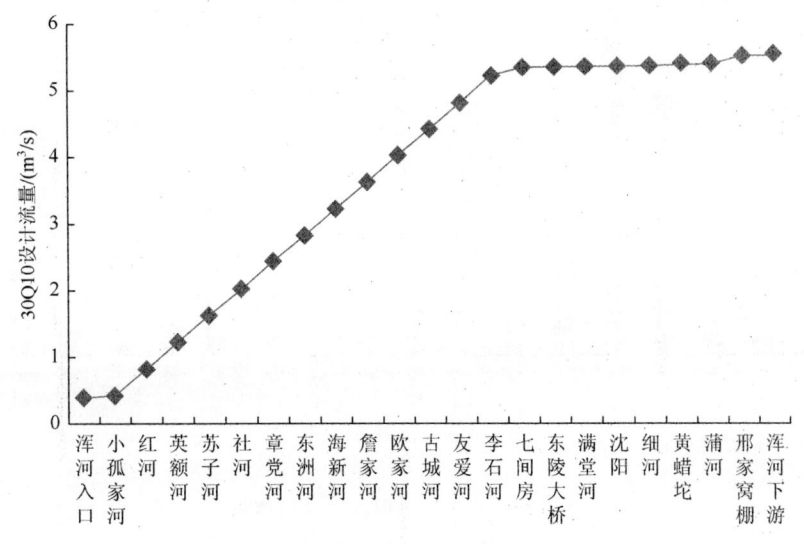

图 3-64　浑河水系 30Q10 断面设计流量

D. 水环境容量计算

依据河流一维稳态水质模型及线性规划计算方法，计算浑河水系水环境容量结果COD 为 22 664t/a，氨氮为 4004t/a。各支流结果如图 3-65 和图 3-66 所示。

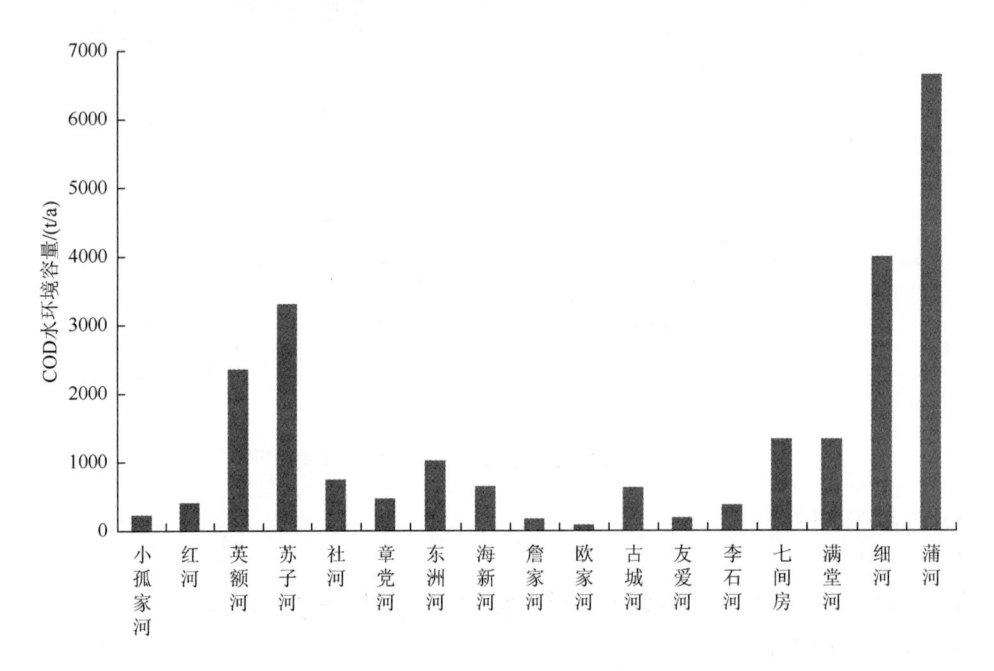

图 3-65　浑河水系 COD 水环境容量

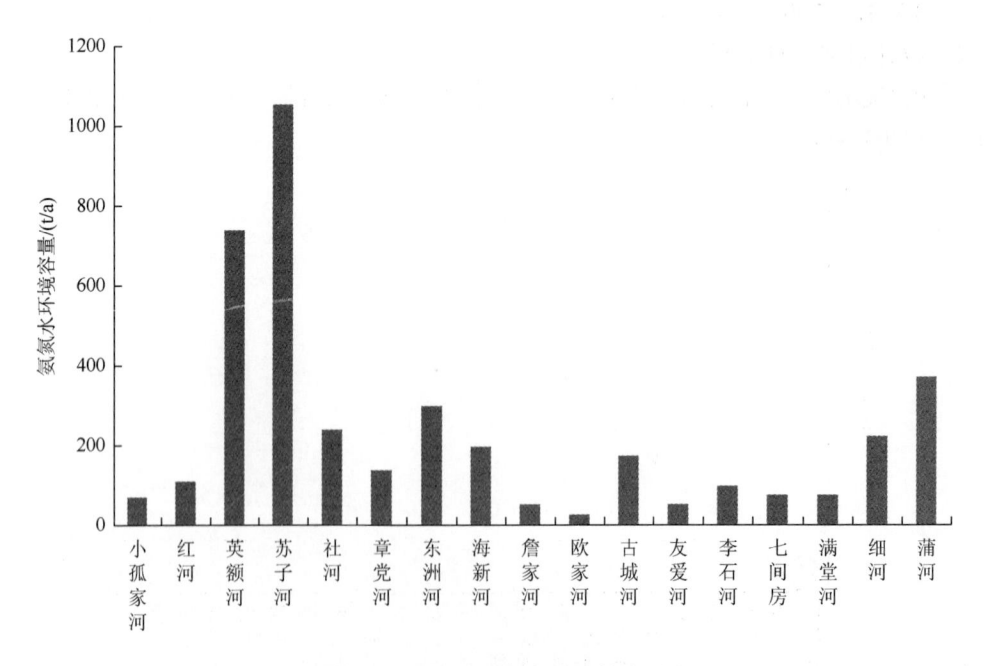

图 3-66　浑河水系氨氮水环境容量

E. 总量分配

采用合理性分配指数,以科学性、公平性、经济性为原则,综合考虑环境容量利用率、水资源贡献比例、人口(生存排污权)、农田(生存生产排污权)、城市发展(达标排污权)等指标设计总量分配方案。推荐的分配方案如图 3-67 和图 3-68 所示。

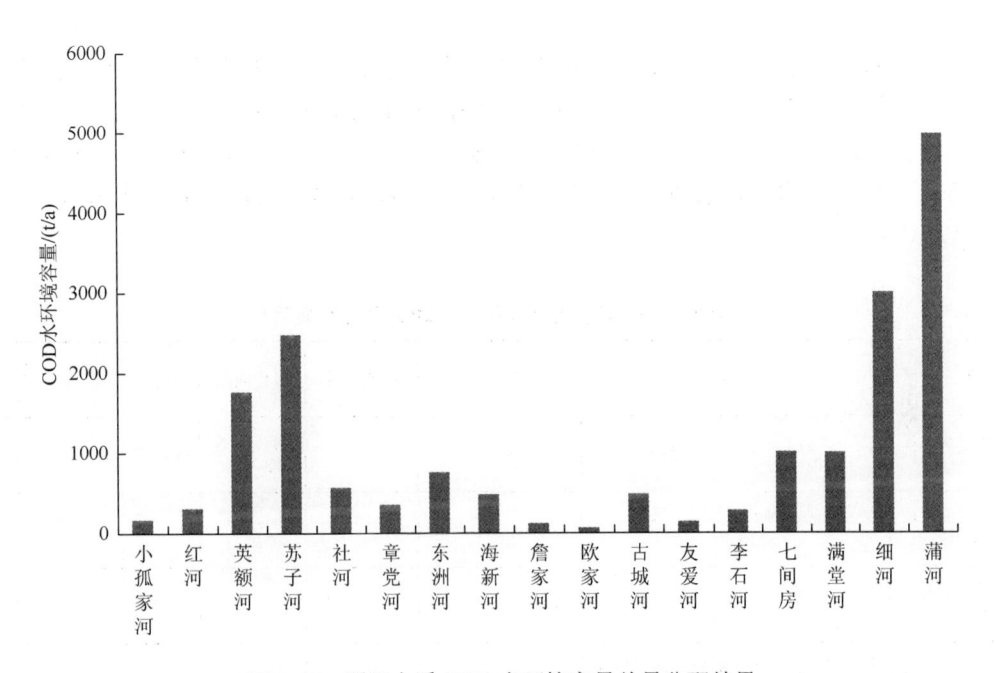

图 3-67　浑河水系 COD 水环境容量总量分配结果

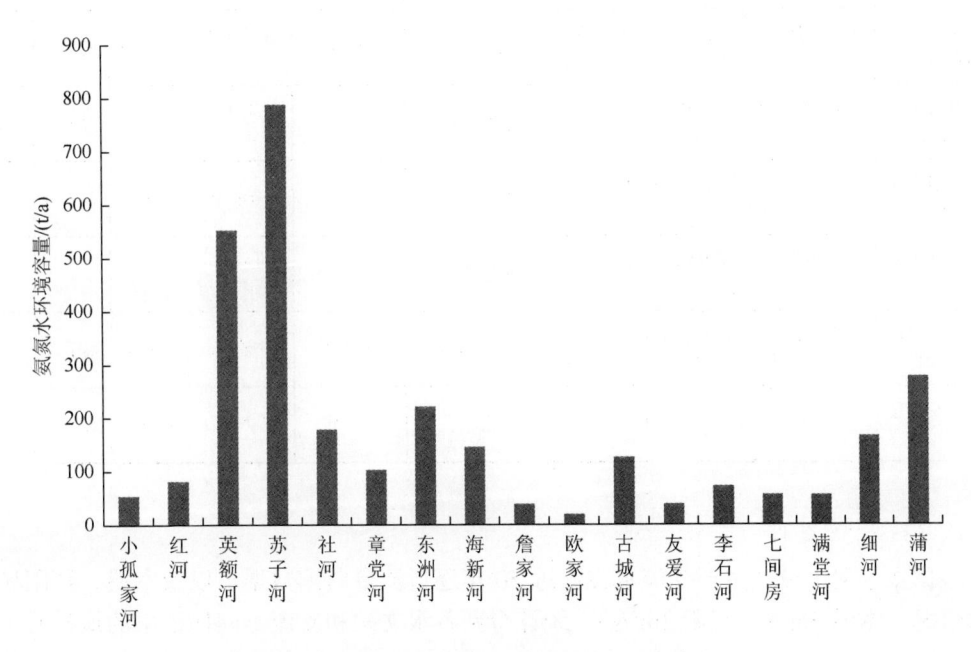

图 3-68　浑河水系氨氮水环境容量总量分配结果

3）太子河控制区

A. 控制因子

太子河流域水质不达标的主要超标项目是 COD 和氨氮，因此，选择这两个项目作为流域总量控制指标。

B. 水质目标

太子河干流研究河段按照水功能区划，不同水质控制断面的水质目标不同。太子河干流共划分为两个一级区，即太子河新宾源头水保护区和太子河本溪、辽阳、鞍山开发利用区，而太子河本溪、辽阳、鞍山开发利用区又划分为 9 个二级区。太子河干流水功能区划情况见表 3-60。受水文、水质基础资料限制，本书的研究区域为观音阁水库出口至唐马寨水文站之间的区段。

表 3-60 太子河及大辽河干流水功能区及水质目标

水资源三级区	水功能区	起始断面	控制断面	终止断面	河段	水系	水质目标
太子河及大辽河干流	太子河新宾源头水保护区	源头	源头	观音阁水库入口	抚顺市	太子河	II
太子河及大辽河干流	太子河观音阁水库饮用水源区、工业用水区	观音阁水库入口	观音阁水库	观音阁水库出口	本溪市	太子河	II
太子河及大辽河干流	太子河老官砬子饮用水源区、农业用水区	观音阁水库出口	老官砬子	老官砬子	本溪市	太子河	II
太子河及大辽河干流	太子河老官砬子工业用水区、饮用水源区	老官砬子	合金沟	合金沟	本溪市	太子河	III
太子河及大辽河干流	太子河合金沟工业用水区、排污控制区	合金沟	白石砬子	葠窝水库入口	本溪市	太子河	IV
太子河及大辽河干流	太子河葠窝水库工业用水区、农业用水区	葠窝水库入口	葠窝水库	葠窝水库出口	辽阳市	太子河	III
太子河及大辽河干流	太子河葠窝水库出口工业用水区、农业用水区	葠窝水库出口	辽阳	迎水寺	辽阳市	太子河	III
太子河及大辽河干流	太子河迎水寺饮用水源区、工业用水区	迎水寺	乌达哈堡	北沙河口	辽阳市	太子河	II
太子河及大辽河干流	太子河北沙河口农业用水区、太子河柳壕河口农业用水区	北沙河口	唐马寨	二台子	辽阳市	太子河	V
太子河及大辽河干流	太子河二台子农业用水区	二台子	小姐庙	三岔河口	鞍山市	太子河	V

C. 设计水文条件

根据太子河干流及主要支流水文站近 50 年逐日流量监测数据，以及本溪、辽阳城市取水情况（本溪 6m³/s，辽阳 3m³/s），统计得到各水文站和支流不同保证率的最枯月平均流量（表 3-61 和表 3-62）。其中，保证率 90%、75%、50%和 20%分别对应枯水年、偏枯年、平水年和偏丰年。

表 3-61 太子河干流不同水文频率流量

水文频率/%	干流水文站流量/（m³/s）					
	小市	本溪	葠窝水库	辽阳	小林子	唐马寨
90	2.88	4.38	1.38	1.29	4.75	9.54
75	5.83	9.44	7.53	5.63	8.71	14.3
50	14.7	20.2	24.7	20.7	22.8	28.1
20	36.2	51.7	92.8	89.4	92.7	102

表 3-62 太子河主要支流不同水文频率流量

水文频率/%	支流水文站流量/（m³/s）									
	小汤河	五道河	小夹河	卧龙河	细河	兰河	汤河	北沙河	柳壕河	南沙河
90	0.59	0.38	0.25	0.29	2.04	0.96	2.91	3.46	2.75	2.04
75	1.41	0.91	0.60	0.69	1.56	0.73	2.90	3.08	3.21	2.38
50	2.15	1.38	0.91	1.06	3.06	1.44	5.00	2.10	3.04	2.26
20	6.05	3.90	2.57	2.98	22.82	10.78	13.10	3.30	5.33	3.97

D. 计算方法

水环境容量计算的目标是确定保证频率下满足约束的允许排放量最大,约束条件为各个水质控制断面水质必须达标,形成多目标优化方程。选用人工智能方法——粒子群算法(particle swarm optimization,PSO)对水环境容量多目标优化方程求解。

E. 水环境容量总量分配

将太子河主要一级支流概化为排污口,干流排污口简化为太子河干流本溪排污口和辽阳排污口两处,共计 12 个排污口。河段水环境容量就是该河段内排污口允许排放污染物总和。依据前述方法计算得到各个河段间的水环境容量,见表 3-63。

表 3-63 流域容量总量最大方法的总量分配结果表

水功能区河段	COD/（t/a）				氨氮/（t/a）			
	90%	75%	50%	20%	90%	75%	50%	20%
观音阁出口—老官砬子	9 348.9	15 755.8	44 898	162 258	732.2	1 198.5	4 349.6	15 561
老官砬子—合金沟	9 145	17 345	38 159	87 039	835.6	1 844	4 033	9 231
合金沟—葠窝入口	10 331	11 533	12 372	14 286	527.7	432.3	441	410.8
葠窝入口—葠窝出口	21 634	33 996	67 341	180 550	1 502.7	2 400	4 799	12 891
葠窝出口—迎水寺	5 326	5 326	5 326	5 326	127.3	111.1	82.1	82.86
迎水寺—北沙河	4 007	13 477	28 958	61 006	209.3	734.8	1 482	3 270
北沙河—二台子	2 037	3 421	7 657	22 402	113.9	141.2	474.3	1 249
总计	61 828.9	100 853.8	204 711	532 867	4 048.7	6 861.9	156 601	42 695.7

4）大辽河控制区

A. 控制因子

大辽河控制单元受耗氧类污染物影响严重，主要污染物为氨氮，因此，主要以 COD 和氨氮为污染物控制水质因子。

B. 水质目标

大辽河干流自太子河与浑河汇合后开始，结点为V类功能区，自此功能区向下游算起的 3 个功能区皆为Ⅳ类功能区。排污口设置最严约束，排放即达标，以水环境功能区首断面达标为依据，水环境容量规划的约束断面必须满足以下要求：三岔河监测断面不能超过V类水质标准；魏家塘监测断面与以下 14 个排污口均不得超过Ⅳ类水质标准。

C. 设计水文条件

大辽河控制单元属于感潮河段，设计水文条件选用三岔河流量 $21.16m^3/s$（30B3），下游河口区根据四道沟 1999~2009 年（缺少 2006 年）潮位资料选择潮差最小的一个月数据作为下游边界条件。

D. 水质模拟分析

依据清洁边界的原则，入境浓度为水质目标V类标准。采用动态二维水环境模型（WESC2D）提供水动力条件，WASP 模型分别模拟大辽河控制单元 30B3 设计水文条件下 14 个直排赣江排放口（营口造纸厂已关闭）氨氮和 COD（包括点源与非点源）单位负荷对河流污染浓度的贡献率。

E. 水环境容量测算

最大允许纳污量只考虑了自然环境本身属性的水质目标条件，采用了最简单的线性规划模型。大辽河控制单元最大允许纳污量见表 3-64。

表 3-64 大辽河控制单元最大允许纳污量

序号	排污口名称	最大允许纳污量/（t/d）	
		COD	氨氮
1	P_6	8.23	0
2	P_5	0	0
3	P_4	0	0
4	老虎头河	0	0
5	P_3	0	0
6	P_2	0	0
7	赢创三征	0	0
8	劳动河	0	0
9	人造丝潮沟	0	0
10	港监潮沟	0	0
11	纱厂潮沟	0	0

续表

序号	排污口名称	最大允许纳污量/(t/d)	
		COD	氨氮
12	西潮沟	0	0
13	P_1	462.73	0
14	西部污水处理厂	7915.73	214.97
	合计	8386.69	214.97

以上规划结果 COD、氨氮分别出现了多个排污口允许排放量为零的情况，污染物都集中在最后一个排污口排放，此结果很难应用，无法被各方面接受。因此，必须根据不同的分配原则建立不同排放点的排放量比例关系，强调公平和效率。增加不同的有倾向性的约束条件，就将产生该类约束条件下的最优解。所有这些都是利用以下先验信息（如现状排放点位置、现状排放量、预测排放量、处理工艺的效率等）建立分配原则，进而提出该分配原则下的可分配总量的最优解。

大辽河控制单元安全余量确定方法是对所有排放源的分配降低 10%。

F. 总量分配

大辽河入河直排口的负荷分配选取总量分配评价指标中容量利用率、人口、农田、城市发展与治理费用这 5 个指标作为合理性指数计算指标，将总量分配评价指标反映到多目标优化问题的目标函数中，分别用专家法和熵值法确定各单项原则的相对权重值，将多种原则纳入线性优化当中，决策变量是 14 个排污口的排放量，上限约束条件为点源现状入河量。相同权重系数下不同方案的设计基于环境容量方案，即确定现有排污口及规划排污口得满足所有水质目标要求的最大纳污量，为超标判据和现状削减控制方案，即负荷零增长或负增长方案。

COD 各入河排污口的分配量均大于现状负荷量。大辽河的重度污染很大原因是营口造纸厂的排污，营口造纸厂的 COD 入河量占点源总入河量的 86.76%。营口造纸厂停厂后，污染负荷减小，在上游入境Ⅴ类水的前提下，各排污口均有了剩余环境容量。因此，在各企业均达标排放的情况下，各排污企业的排放量维持现状，不进行削减。

氨氮是大辽河的主要污染物，超标严重。对于氨氮的分配采取控制单元—排污口—企业逐级分配体系。入河直排口负荷分配方法同 COD 分配。

从排污口到企业的分配遵循以下原则：当排污口分配量有剩余时，在各排污企业达标排放的情况下维持现状；当排污口分配量不足时，采用线性优化法，以排污口的工业总产值最大为目标，得到各排污口的企业污染物分配方案。方案四所得的分配量为点源的总分配量，而点源包括工业点源与城镇生活源，因此，要将方案四各排污口的分配量乘以工业源所占点源的比例，同时扣除安全余量后进行各排污口内工业企业的污染物分配，安全余量定为各排污口点源分配量的 10%。企业的污染物按以下方法进行分配。

企业污染物总量分配方法：

目标函数：

$$\max f_i(x), \quad f_i(x) = \sum_{j=1}^{n} C_{ij} Q_{ij} \tag{3-1}$$

约束方程：

$$\sum_{j}^{n} C_{ij} L_j(x) \leqslant Q_i \tag{3-2}$$

式中，$f_i(x)$ 为第 i 个排污口的工业总产值；C_{ij} 为第 i 个排污口中第 j 个企业排放单位污染物所产生的 GDP；Q_{ij} 为第 i 个排放污口中第 j 个企业的氨氮排放分配量；Q_i 为第 i 个排污口企业的氨氮总分配量；$L_j(x)$ 为第 j 个企业的入河系数。

除港监潮沟外，各排污口扣除安全余量后的工业企业分配量均大于企业的现状排放，因此，只需在港监潮沟进行企业的污染物削减，其他排污口的企业在达标排放的情况下维持现状。港监潮沟内各企业的分配量与削减率见表 3-65。

表 3-65 港监潮沟内各企业氨氮的分配量

企业名称	氨氮排放量/(t/a)	氨氮分配量/(t/a)	负荷削减率/%
辽宁大族冠华印刷科技股份有限公司	1.74	1.24	28.73
营口奔牛纺织服饰有限公司	1.22	0.85	30.00

由大辽河控制单元污染物总量分配结果可以看出，大辽河控制单元水环境总量控制的压力主要取决于上游入境水质要求。现状是氨氮在枯季 1~4 月上游入境比 V 类水高几倍甚至十余倍，最高三岔河的氨氮 29.32mg/L（2003 年 1 月），致使下游控制单元可利用容量非常少。因此，仅仅是削减大辽河控制单元污染物作用很小，且不利于营口市的经济发展，应加强上游控制单元污染控制。

5）排污现状与允许排放量比较

对比分析显示，辽河全流域 COD 和氨氮 2012 年排污量超过允许排放量（环境容量）的 24%和 50%。辽河、浑河 COD 和氨氮，大辽河氨氮水环境超载严重。各控制区对比情况见表 3-66。

表 3-66 辽河流域现状排污和允许排放量分析表

控制区	COD 允许排放量/(万 t/a)	COD 现状排污量/(万 t/a)	COD 削减率/%	氨氮 允许排放量/(万 t/a)	氨氮 现状排污量/(万 t/a)	氨氮 削减率/%
辽河	2.30	6.67	190	0.19	0.45	137
浑河	2.27	4.09	81	0.40	0.66	64
太子河	6.18	2.96	−52	0.40	0.29	−27
大辽河	0.84	0.62	−27	0.02	0.12	457
合计	11.59	14.34	24	1.01	1.52	50

（3）总量控制方案制订

基于辽河流域水污染特征识别结果，基于"分类、分区、分级、分期"的流域水污染控制理念，确定辽河流域控制因子、控制对象、重点控制区域和控制目标。

1）控制因子

a. 氨氮是全流域控制重点、COD 是支流控制重点。

b. TN、TP 是水库及饮用水源地、河口区控制重点。

c. 挥发酚、粪大肠菌群是局部地区控制重点。

2）控制对象

a. 工业和生活仍是全流域控制的重点。

b. 集约化养殖是辽河控制区上游控制重点。

c. 面源是辽河控制区控制重点。

3）重点控制区域

a. 辽河、浑河、太子河、大辽河干流仍是控制重点。

b. 招苏台河、长沟河、左小河、养息牧河等辽河支流；将军河、白塔堡河、李石河等浑河支流；本溪细河、鞍山南沙河、杨柳河、海城河等太子河支流；大辽河、劳动河等。

4）控制目标

A. 水质控制目标

控制因子选取流域内有机污染 COD 和氨氮指标，结合国家"十二五"要求，并以断面的水功能区划为远期目标和反降类原则，根据"分类、分期"控制技术制定各控制区主要断面分阶段的水质目标值。辽河流域分阶段水质目标见表 3-67。

表 3-67 辽河流域分阶段水质目标

控制区	断面		2015 年	2020 年	2030 年
辽河	上游段	朱尔山	IV（氨氮≤1.9mg/L）	IV	III
		红庙子	IV	IV	III
	河口段	曙光桥	V	IV	III
浑河	上游段	阿及堡	I	I	I
	沈抚段	七间房	IV（氨氮≤2mg/L）	IV	III
		于家房	V（氨氮≤4mg/L）	V	V
太子河		兴安	IV（氨氮≤2mg/L）	IV	IV
		下口子	IV	III	III
		小姐庙	V（氨氮≤3mg/L）	V	V
大辽河		黑英台	V	V	IV

B. 总量控制目标

按照国家"十二五"要求，到 2015 年，辽河流域工业和生活的 COD 排放量控制较

2010 年削减 11.49%，氨氮排放量较 2010 年削减 13.35%。同时考虑到部分区域短期内无法实现容量总量控制目标，同一流域内不同区域无法按照比例削减同时达到容量总量现状，并以控制区环境容量为远期总量目标，确定了各控制区污染物不同期限总量控制目标。辽河流域分阶段总量目标见表 3-68。

表 3-68　辽河流域分阶段总量目标

控制区	2015 年 COD/（万 t/a）	2015 年 氨氮/（万 t/a）	2020 年 COD/（万 t/a）	2020 年 氨氮/（万 t/a）	2030 年 COD/（万 t/a）	2030 年 氨氮/（万 t/a）
辽河	5.81	0.93	3.45	0.43	2.3	0.19
浑河	4.55	1.43	3.3	0.95	2.27	0.4
太子河	8.1	1.13	6.18	0.75	6.18	0.4
大辽河	3.14	0.36	1.12	0.13	0.84	0.02
合计	21.6	3.85	14.05	2.26	11.59	1.01

（4）辽河流域水环境容量总量控制对策建议

本次工作通过对辽河流域水环境污染特征及其成因、水污染总量控制管理状况及问题、水环境承载能力等分析，结合新形势下的辽河流域水污染总量控制工作需求，提出如下对策建议。

1）全面推进辽河流域基于容量总量控制的水环境管理模式

水污染物容量总量控制是支撑基于水质标准的水环境管理实施，实现水质目标的重要手段。辽河流域水污染治理，需要在基于多年来总量控制管理积累的经验和成果基础上，科学理解"总量控制""质量改善"和"污染减排"的关系，全面推进辽河流域水质目标管理。通过水环境问题综合诊断、水质目标确定、污染负荷分配等总量控制基本流程，以污染物总量减排为抓手，以规划项目为依托、政策措施为保障，综合运用工程技术和流域管理的思想和方法，保障水环境安全，促进水生态功能区水质达标，实现辽河流域水环境管理从目标总量控制到容量总量控制、行政区管理向流域管理的转变，实现真正意义上的以水质达标为目标的排放总量控制。上述总量控制管理思路在当前辽河流域水污染治理中有所体现，但尚未得到切实有效的应用和推广，建议在辽河流域全面推进基于水质目标的治理与管理方案，从而切实保证辽河流域实现水质持续改善和水生态逐步恢复。

2）合理调度水资源，提高或不降低流域或区域水环境容量

辽河流域 COD 和氨氮水环境容量相对于目前的排放量很小，由于经济仍在高速增长阶段，短时期内辽河流域实现容量总量控制目标相对较难。但如果实施容量总量控制，可在原有控制策略和措施的基础上，通过各级水环境管理部门平等协商、统筹规划，合理调度水资源，在实际削减量无法达到规划削减量时，通过配水来增加水环境容量。尤其对于浑河太子河枯水期严重的生态缺水甚至断流现象，应保证枯水期河道最小生态流量及提高

或不降低区域环境容量。

3) 强化流域生活、工业和面源污染的全过程控制

A. 生活点源治理

目前，辽河流域城镇生活源污染物贡献率较高。辽河流域城镇污水设施运行水平较低，部分建设年代较早的污水处理厂设计执行二级排放标准，没有脱氮除磷和消毒设施，导致氨氮去除率低，粪大肠菌群超标。进一步完善城镇污水处理和配套管网基础设施建设，全面提高城市污水处理能力。加强提升改造污水处理厂现有污水处理模式和处理工艺，有条件可新增人工湿地，进一步削减污水处理厂排水中污染物浓度，全面提高污水处理效率。同时继续加强污水处理及再生水利用工程建设，全面推进污水处理厂提标改造升级工程，增加污水处理厂脱氮除磷能力，提高污水处理厂运行负荷率和再生水利用率。

B. 工业点源污染治理

辽河流域工业污染主要集中在重化工行业，特别是城市段工业集中区域存在有毒有害工业污染物。辽河流域工业点源治理仍需加大产业结构调整力度。严格执行国家产业政策，依法关闭水耗高、污染重、经济效益差的技术工艺和设备，强制淘汰规模以下造纸、酿造等污染严重企业。依法提高建设项目环境准入门槛。把排污总量作为建设项目环境审批的一个重要前置条件，严格环评和"三同时"制度，优先发展节水、减污的高新技术产业，从源头上减少新项目带来的污染增量；扩建项目必须以新带老，做到增产不增污或增产减污。全面落实"上大、压小、提标、进园"方针，淘汰落后产能，促进流域产业升级。加大政策引导力度，参照造纸行业整治经验，加快规划建设产业园区，对园区内工业废水集中处理，达标后再排入城镇污水处理厂，形成"企业—园区—污水处理厂"的三级处理模式。

C. 非点源污染治理

辽河流域非点源污染负荷较重，控制非点源污染对于水质持续改善具有重要意义。畜禽养殖和农村生活是流域非点源污染的主要来源，建议规范化畜禽养殖、加强规模化畜禽养殖废水和废物处理，提高畜禽养殖废弃物资源化利用率与达标排放率。农村分散式生活污水以及农业面源污染治理采取"阻控"式治理方式，充分利用村屯附近现有的排水沟渠、池塘、沟壑等空间，研究因地制宜的小区域氧化塘、氧化沟、湿地等行之有效的小型化污水处理设施，建设农业面源植物缓冲带污染阻控工程，从而达到阻止污染物直接进入地表水体，控制污染物迁移途径的目的。开展农田非点源污染全过程控制，有效防治农田面源污染。

4) 加强对流域氨氮、总氮和特征污染物的控制和管理

在过去的辽河流域水环境治理过程中，重点加强对 COD 的污染控制，促使流域 2009 年年底开始实现辽河全流域干流断面 COD 全面达标，2012 年度辽河干流按 21 项指标考核达到Ⅳ类水质标准，一级支流全面消灭劣Ⅴ类，然而流域河流氨氮达标率仍不高。流域水库未出现富营养化，但总氮超标严重。浑河和太子河已检测出具有重污染行业特征的有毒有害污染物。因此，建议加大对氨氮、总氮的控制，改善河流水环境质量，防治水库富营养化。制定重点行业有毒有机物排放限制，对流域石化、冶金等重点污染源开展排水综

合毒性控制，降低流域水环境风险。

5）规范和强化辽河流域排污许可证管理

加快研究和制定辽河流域许可制度实施的技术规范体系、监测方案设计导则以及企业排放合算的技术规范。整合排污许可制度和其他点源排放控制政策，实施一证式排污管理，将排污申报、总量控制、排污收费等环境管理制度都体现在排污许可证中。综合考虑保护目标与各企业污染物排放种类、数量、排污方式、技术经济条件等，将总量控制目标以排污许可证的形式落实到每个企业，通过发放排污许可证有计划地削减排污量，改善水质。

采用多种手段，对排污许可限值的实施情况进行监控管理。以现有的水环境例行监测、重点源在线监测和监督性监测为基础，建立最佳监控方案，提高现有监测与监管能力，满足许可证核查要求。强化排污许可处罚力度，改变"违法成本低、守法成本高"的现象，通过威慑作用迫使企业更加守法。

6）完善辽河流域水污染物排放总量控制制度

为有效解决水环境污染问题、实现污染控制目标、有效改善水环境质量，全面恢复水生态，必须在以水环境容量为基础、以改善环境质量为目标的污染物排放总量控制制度中构建若干具体的制度措施，并明确其法律地位，以保证在实施过程中有完善的程序性法律依据。

辽河流域水污染物排放总量控制制度建设可从水污染物排放总量的确定、分配、落实执行，污染物排放总量制度的监督实施及相应的超量排放法律责任等各阶段出发，制定纳污总量测算制度、排放量统计制度、排污许可制度、排污配额交易制度、排放监管制度、超量排放责任制度等。同时对排污总量控制的目标、总量统计、调查和监测、总量分布、适用程序等做出更加明确的规定，通过立法的形式确保流域容量总量控制管理的法律地位，保证辽河流域污染物排放总量控制制度的行之有效化。

（四）流域水环境基准标准战略

1. 国内外水环境基准发展

（1）国外水环境基准发展概况

水环境基准的研究始于19世纪末，1898年俄国卫生学家A.中·尼基京斯基在研究《石油制品对河流水质和鱼类的影响》时最早提出环境质量基准概念。随后各个国家和国际组织关于水质基准也都分别提出了一些具有等同性或相似性的概念，如澳大利亚和新西兰的触发浓度、加拿大的指导值、荷兰的环境风险限值、欧盟用于化学品管理的预测无效应浓度以及OECD的最大可接受浓度等。虽然具体的表述和分级体系不尽相同，但目前水质基准和标准在各国水环境管理中都在发挥着重要作用。水质基准经过了100多年的发展，从早期只有简单的单一物种的毒性试验记录到目前具有拥有完善的理论支持的水质基准体系，从只有水生物基准到包含水生物基准、沉积物基准、营养物基准、人体健康基准等在内的复杂的基准类别体系，从简单的描述型基准到精确的数值型基准，从单值基准到双值基准，从简单的应用评估因子的估算到依据大量毒性数据进行统计外推，伴随毒理学实验技术的进步以及水环境管理水平的提高，水质基准的理论和研究方法也在不断向前发展和完善，了解国外先进的水质基准推导理论和方法，对于构建辽河流域水质基准体系意义重大，并能够为区域水质标准的制定和修订提供有力技术保障。

当今国际水环境质量基准与标准研究及实践应用相对先进与成熟的主要国家与地区是美国和欧盟。美国目前已经拥有世界上体系最完善、科学性最强的水质基准和标准，也建立了完善的基准推导方法学体系，如美国现行水质基准可以分为两大类，一类以保护水生生物及水生态系统为目标，另一类以保护人体健康为目标。前者包括水生生物基准、水生态学基准（生物学完整性基准）、营养物基准及沉积物基准等，人体健康基准还包括娱乐用水基准、病原体基准和感官基准，标准应用实践中以水生生物基准和人体健康基准为主。对美国水质基准标准发展历史、现状和战略进行了解和研究将对推进我国水质基准和标准的发展起到积极的作用。

美国最早的水质基准是 1952 年由加利福尼亚发布的州基准。第一个水质基准文件于 1968 年发布，此后经 8 次修订。1974 年，USEPA 与美国国家科学院和美国国家工程学院合作发布了水质基准《蓝皮书》。1976 年，应《联邦水污染控制法案修正案》的要求，USEPA（1976）发布了《红皮书》，该文件推荐了 53 个水质项目的基准值，包含金属、非金属无机物、农药和其他有机物等，涉及的水体功能有饮用水供应、农业灌溉用水、休闲娱乐用水和水生生物繁殖用水等。1986 年发布的《金皮书》是对之前水质基准资料的汇编（USEPA，1976）。此外，USEPA（1999，2002，2004，2006，2009）分别主要针对人体健康和水生生物的保护发布了国家水质基准的系列修补版本文件。美国现行的国家水质基准修订于 2012 年，主要包括水生生物基准和人体健康基准两个表格。水生生物基准又分为淡水急性、淡水慢性、海水急性、海水慢性 4 类基准，共包括 58 项污染物基准限值；人体健康基准分为消费水和水生生物、只消费水生生物两类基准，包括 121 项基准限值，另外，还包括 27 项人体感官基准，共 206 项水质基准限值（USEPA，2002）。

2003 年，美国为加强特征污染物的水质基准制定，明确州基准及管理排放标准，动员州和部落参与水质基准标准制定，公布了《水质标准和基准的战略》，列出了今后几年在水质标准和基准方面的 10 个优先发展计划，其中，娱乐用途细菌基准、病原体基准、底泥基准，以及营养物基准和生物基准是最优先的 4 个计划。提出的 10 项优先发展战略具体包括：

1）发布 1986 年娱乐用水的细菌基准的实施指南，提供指示生物、采样频率和基准风险的信息，主要用于州和部落制定有关人体健康的娱乐性水体的水质标准。

2）发布并实施饮用水和娱乐用水的病原体基准发展战略。

3）发布并实施悬浮沉积物和底层沉积物基准。

4）向州和部落提供发展和应用营养物基准和生物学基准的技术支持。

5）为满足新需求不断完善并应用系统筛选程序，为化学物质制定新的水质基准或修正现有的水质基准。

6）针对现有的水生生物基准，完成与联邦服务机构的磋商。

7）协助州和部落宣传、培训和研讨，经过可行性分析，考虑不同层水生生物给予指定用途方面的技术支持。

8）在影响排污许可和 TMDLs 的技术上提供实施支持，并开始提供与现存水质基准持续暴露时间和频率的技术支持和拓展服务。

9）确定水质标准不能保护的饮用水源，与州、部落一起尽快修订不完善的标准。

10）开发基于网络的数据中心，提供关键水质标准的信息交流，特别是防止水质恶化方面的信息。

下一步优先战略措施：

1）更新水生生物方法学以完善环境水质基准。

2）提供技术支持、拓展和培训，以协助州和部落实施评价、TMDLs 和排污许可中的汞基准。

3）提供技术支持、拓展和培训，以协助州和部落优化人类健康基准，反映当地污染物的生物累积和鱼的消耗模式。

4）为现有基准提供更新的分析方法。

5）通过提供培训、拓展和包括从网络远程学习水质基准，广泛提高水质基准的参与度。

可以看出，美国水质基准有一个系统的框架，以保护水生生物的水质基准和保护人体健康的水质基准为主，辅以感观基准，并在近些年逐渐建立和发展营养物基准、底泥基准、细菌基准等。

欧盟国家的水质基准发展也经历了由简单到成熟的过程。在早期，只是对单独的某些污染物做了规定，近年来随着欧盟水环境政策的发展，以 1996 年颁布的《综合污染预防与控制指令》（IPPC 指令，96/61/EC）和 2000 年颁布的《水框架指令》（WFD，2000/60/EC）为代表的环境政策指导文件，对各成员国水环境质量标准的制定起到了发展和促进作用。《水框架指令》建立了欧洲水资源管理的框架，并对已有的水质指令做了补充，是针对水环境质量的基准与标准体系。欧盟在《水框架指令》中提出不应注重单一污染物的控制，而是要关注所有水环境风险胁迫因子的综合影响，以水体的"良好生态状态"为保护目标，并规定所有签约国都需在 2015 年达到这一目标。另外，由于水环境管理现状的客观需求，现阶段《水框架指令》依然要对环境优先控制污染物设置单独的水质目标。

日本最新水质标准于 2004 年执行，包括 50 项基准项目和 27 项年水质管理项目，其中，新追加项目 13 项，删减项目 1 项（表 3-69）。与先前的标准有所不同，水质管理目标不仅要求保证各检测项目达标，而且要求各自来水公司根据自身存在的问题积极改善其现有的处理工艺，积极采用实用的深度净水技术。此外，新标准提高有机污染物的比例至 70%左右，体现了日本对饮用水体中有机污染物的重视。根据地质状况、排水污染、自来水消毒及因蓝藻类异常繁殖而引起水质变质等因素增设了一些相关的指标，并以 TOC 指标来公共代替高锰酸钾指标。而删除的项目则多为长期位于检出限以下的物质，或者用其他物质将其代替。

表 3-69 日本水质基准标准研究历史

时间	基准文件	内容
1953 年	《自来水水质标准》	仅限于对健康直接产生危害的或者危害突发性高的项目
1993 年	《环境基本法》	分为保护人体健康和保护生活环境的环境标准，公共水域或地下水的规定都是统一的，健康相关的项目设定有 29 项，管网水必须具备的性状指标有 17 项，水质舒适感项目有 13 项，与健康相关的监测项目有 35 项
1997 年	《地下水质量标准》	包括 BOD 标准、COD 标准和 DO 标准，氮磷水平
1998 年	修订	增加了铀和亚硝酸盐氮两个监测项目
1999 年	修订	增加了苯达松、卡巴呋喃等 4 种除草剂和二噁英监测项目
2003 年	修订	增加保护水生生物的质量标准项目
2004 年	修订	包括 50 项基准项目和 27 项年水质管理项目

目前，日本新水质标准的监测指标已增加到 87 项。其中，健康项目从 1971 年最初设定的 8 个监测项目，经过不断修订，到 2009 年 11 月形成 27 个项目；生活环境项目从 1971 年首次设定的 7 项，到 2003 增加到 10 个标准项目。寻找替代指标来反映多数有机物在处理过程中的去除情况，从而能有效控制出水水质。

在政策方面，日本采取在不同阶段重点控制主要污染物的策略，动员和发挥地方政府在排放标准制定、实施方面的作用等。具体策略主要包括：制定相关的法律法规，如《环境基本法》《水污染防治法》等，为水质标准的制定和实施提供法律支持；统一全国水污染排放标准，并追加外排水标准；在饮用水水质标准方面，及时修订，包括增加删减指标、修订标准限值和调整分析方法等。

（2）国内水质基准研究概况

相对于国外，我国水质基准的研究是比较分散的，大多也仅是对国外资料的基准研究状况的介绍。最早的是 1981 年出版的《水质评价标准》（美国 1976 年《红皮书》中文版，许宗人译）和 1991 年出版的《水质评价标准》（美国 1986《金皮书》中文版，水利电力部水质实验研究中心译），这两本书为我们了解国外水质基准的研究情况起到了积极的作用。夏青等于 2004 年出版的《水质基准与水质标准》，介绍了我国《地表水环境质量标准》（GB 3838—2002）的制定和修订情况，以及美国水质基准的研究现状，详细分析了 USEPA（2002）的《国家推荐水质基准》，同时收录了 1999 年美国《氨的水质基准修订》文件。

我国水环境污染态势严峻，水质标准在水环境管理中发挥着极其重要的作用。我国水质标准体系始建于 20 世纪 80 年代，经过多年的发展和修订，已逐渐形成了相对完整的标准体系，主要由《地表水环境质量标准》（GB 3838—2002）、《海水水质标准》（GB 3097—1997）、《渔业水质标准》（GB 11607—1989）、《农田灌溉水质标准》（GB 5084—2005）和《地下水质量标准》（GB/T 14848—1993）等组成。其中，作为综合性标准的《地表水环境质量标准》，从 1983 年开始颁布实施以来，迄今已经修订了 3 次，按照 5 类不同水域功能分区分别执行相应类别的标准值。

2008 年以前，我国没有开展过系统的水质基准研究，国内部分学者依据我国水生生物区系分布特征，针对部分典型污染物进行了水质基准阈值的研究尝试，并有零星的文献发表（张彤和金洪钧，1997a，1997b，1997c；Yin et al.，2003）。国内水质基准的研究力度有限，无法对我国水质标准制定修订提供有力支持。鉴于我国严峻的水环境污染态势及水质基准/标准在水环境管理中的重要作用，2008 年，我国政府陆续在国家重大科技专项、"973"计划以及环保公益性行业科研专项中设置了基准相关的科研项目，启动了我国系统的水质基准研究，突破并建立了我国主要水质基准及标准相关技术方法，包括流域水环境特征污染物筛选技术、流域水生生物基准技术、流域水生态学基准技术、流域水环境沉积物基准技术和流域水质风险评估技术等；利用建立的针对不同生态受体保护的水质基准技术方法，研究提出了我国典型流域水环境中镉、铬、氨氮、硝基苯、毒死蜱等三大类 12 种特征污染物及部分湖泊的 4 类营养物基准阈值，并通过与国内外同类水质基准或标准值的对比分析，结合我国流域水环境的具体状况，对我国相关污染物水质标准的修订提出了建议；通过有机整合以上各项流域水环境质量基准技术的研究成果，初步构建了我国流域水环境质量基准方法框架体系，为进一步完善建立具有我国特色的水质基准/标准体系奠定了良好的基础。

由于区域水环境特征的差异性，USEPA 在颁布国家水质基准的同时，规定各州也可以对国家基准进行修订，并且 USEPA 推荐了三种修订方法用于制定地方水质基准，分别是重新计算法、水效应比值法和本地物种法，美国通过对水质基准体系的分级，为制定具有区域差异性的水质标准提供了科学依据，实现了各州水体的差异化管理，值得我国借鉴。重新计算法是利用实验室的配制水和本地物种进行毒性试验，然后按照"技术指南"分析毒性数据获得保护本地种的基准，关注的是物种差异。水效应比值法（WER 法）是利用"技术指南"中规定的试验物种（北美地区的物种）在本地的原水和配制水中进行平行毒性暴露试验，然后利用污染物在原水中的毒性终点值除以污染物在配制水中的同一毒性终点值，得到水效应比值；区域特异性基准等于州特异性基准与水效应比值的乘积，关注的是区域水质差异。本地物种法是利用本地水与本地物种进行毒性试验，然后分析数据获得基准值，同时关注物种差异和水质差异。因为州区域内的水质状况差异很大，因此，美国各州制定州基准时一般采用重新计算法修订国家基准。USEPA 规定，如果州内物种的毒性数据无法满足 3 门 8 科生物的要求，至少也需要 4 科水生生物的毒性数据，少于 4 科则不能推导州基准。在进一步制定州内更小区域（如某一河段）的特异性基准/标准时，因为小区域内水质相对均一，水样具有代表性，一般采用水效应比值法。由此可知，美国水质基准体系至少可以分为国家和地方的特异性水质基准，通过分级，为制定具有区域差异性的水质标准提供了科学依据。

我国应借鉴美国的水质基准经验，制定流域水质基准，一方面，流域水质基准的制定是国家水质基准的补充，实际上也就是国家水质基准制定技术在不同流域的具体应用；另一方面，流域水质基准的制定也是对国家基准参考值进行的验证和校准，在国家基准制定方法基础上，推导相对应流域的水生生物毒理学基准值。

2. 辽河流域水质基准标准研究现状及发展需求

目前辽河流域水环境管理执行的是国家《地表水环境质量标准》(GB 3838—2002)，地表水环境质量标准基本项目适用于全国江河、湖泊、运河、渠道、水库等具有使用功能的地表水水域，但该标准没有具体考虑辽河流域水生态系统的区域性特征。

不同区域的水生态系统，因地质地理、气候、水环境特征、污染程度等条件不同，其水质指标（如 pH、硬度和天然有机质含量等）具有显著的区域差异性，不同污染物在不同的水环境特征下会有不同的环境效应和生态毒理效应；同时不同区域的生物种群、生活方式的不同，其毒理效应也表现不同；此外，不同区域由于产业结构不同，产生的污染物的来源、类型、排放量和环境风险并不完全相同，对生态系统和居民健康有重要危害的优先控制污染物特征也不完全相同。所以，执行统一的环境质量标准显然难以符合辽河流域实际区域性水生态环境的特征，也难以满足辽河流域水环境保护的需求。因此，需要根据辽河流域水环境生态系统的特征差异和水体功能差异性，开展水生态功能区划分，在基础上，构建一套完整的水环境基准和标准方法体系，为辽河流域水生态安全保护及水污染控制战略的实施提供决策支持。

水质基准的制定需要根据各区域水环境生物区系特点，选择适当的代表性物种用于水质基准的推导，以使得基于区域水环境代表性水生生物而得出的基准推导值可以为大多数生物提供适当保护。

总体来说，辽河流域的水环境质量基准研究基础薄弱，缺少科学、系统的水环境质量标准研究，因此，还没有充分的依据较好地支撑辽河流域现行的水环境质量标准。辽河流域无论从水质上，还是从水生态系统的结构特征上与我国其他河流都有着明显的差异，仅依靠国外的基准或标准来制定我国的水质标准，很难为不同水域的生物提供全面的保护，因此，从维护辽河流域水生态系统的长远利益来看，开展流域水质基准的研究，制定辽河流域的区域水质基准是势在必行的。

3. 辽河流域特征污染物和优控污染物

(1) 特征污染物和优控污染物

辽河流域水环境优控污染物可以分为十大类：金属与无机化合物，多氯联苯，卤代脂肪烃，醚类，单环芳香族化合物，苯酚类和甲酚类，酞酸酯类，多环芳烃类，农药，亚硝胺和其他。我国的优控污染物"黑名单"榜上有 68 种。由于大量的工业有机废水、生活污水的排放和农药的过量使用，辽河流域污染严重。氨氮是造成辽河流域污染的重要因素之一。2008 年《中国环境状况公报》显示，辽河流域总体为中度污染，主要污染指标为石油烃、高锰酸盐指数和氨氮。氨氮在水体中含量较高时会导致水质恶化，生态系统失衡，引发富营养化，对鱼类等水生动物有致死的毒害作用，对人体也有不同程度的危害。因此，有针对性地制定辽河流域的氨氮水质基准与标准对于有效保护该流域的生态安全具有重要意义。

此外，调查研究显示，辽河流域存在大量有毒有害、难降解的污染物质，其中，以有毒有机污染物为主要污染物。2009~2011年夏季、冬季（丰水期、枯水期）对辽河流域开展了5次大规模的综合调查，重点对辽河、浑河和太子河进行了调查，共设置12个采样区域，36个采样断面，72个采样点，采集沉积物样品共计168个，水样共计224个，浮游生物样158个，底栖生物18个。根据建立的适合于流域尺度的特征污染物技术方法筛选出辽河的特征污染物。在水体和沉积物中检出新型的有毒有害、难降解特征污染物，辽河流域共筛选出特征污染物7类60种（表3-70），其中，多环芳烃、取代苯类、酚类和有机氯农药为主要特征污染物。

表3-70 辽河流域特征有机污染物（7类60种）

序号	类别	数量	化学物质
1	重金属	7	铬，镍，镉，铜，铁，铅，锌
2	取代苯类	12	甲苯，乙苯，异丙基苯，硝基苯，2,4-二硝基甲苯，2,6-二硝基甲苯，氯苯，间二氯苯，对二氯苯，1,2,4-三氯苯，六氯苯
3	酞酸酯类	4	邻苯二甲酸二甲酯，邻苯二甲酸二正丁酯，邻苯二甲酸二乙酯，邻苯二甲酸二（2-乙基己基）酯
4	酚类	10	2-硝基酚，4-硝基酚，2,4-二氯酚，五氯酚，苯酚，2-甲基苯酚，4-甲基苯酚，4-氯-3-甲基酚，2-甲基-4,6-二硝基酚，2,4-二甲基酚
5	有机氯农药	8	α-六六六，β-六六六，γ-六六六，δ-六六六，p, p'-DDD，p, p'-DDE，p, p'-DDT，o, p'-DDT
6	多环芳烃	14	芴，萘，菲，蒽，荧蒽，芘，苯并[a]蒽，䓛，苯并[b]荧蒽，苯并[k]荧蒽，苯并[a]芘，茚并[1,2,3-cd]芘，二苯并[a,h]蒽，苯并[ghi]苝
7	其他	5	N-亚硝基二丙胺，二苯呋喃，异氟尔酮，咔唑，双（2-氯乙基）醚

（2）有机污染物的生态风险

基于特征污染物检出的暴露浓度，应用熵值法重点对2009~2011年辽河流域检出的24种有机污染物进行水生态风险评价，根据熵值（RO）=暴露浓度/基准值，RO>1为高风险，0.1≤RO<1为中风险，0.01≤RO<0.1为低风险，筛选出8种有机污染物在所监测的辽河全流域存在较高危险，分别为萘、菲、蒽、荧蒽、苯并[a]蒽、苯并[a]芘、二苯呋喃、二正丁基酞酸酯（酞酸酯类），分属于3个类型，其中，6种属于多环芳烃，3种熵值大于1，对水环境存在较高风险，1种属于酞酸酯，1种属于其他（表3-71）。

表3-71 辽河有机污染物的生态风险

污染物	年份	地点	暴露浓度/(μg/L)	熵值	风险	污染物	年份	地点	暴露浓度/(μg/L)	熵值	风险
苯并[a]蒽（多环芳烃）	2011	上游	1.35	13.5	高风险	菲（多环芳烃）	2009	上游	0.67~1.37	2.233~4.567	高风险
		下游	1.35	13.5	高风险			中游	1.05~1.12	3.5~3.733	高风险
苯并[a]芘（多环芳烃）	2011	下游	1.65	589.286	高风险			下游	0.91~1.688	3.033~5.627	高风险

续表

污染物	年份	地点	暴露浓度/(μg/L)	熵值	风险	污染物	年份	地点	暴露浓度/(μg/L)	熵值	风险
菲（多环芳烃）	2010	上游	0.9~1.24	3~4.133	高风险	蒽（多环芳烃）	2011	上游	0.94~1.06	0.235~0.265	中风险
		中游	1.31	4.367	高风险			中游	0.96	0.24	中风险
		下游	0.85~1.12	2.833~3.73	高风险			下游	0.95~1.1	0.2375~0.275	中风险
	2011	上游	0.63~0.83	2.1~2.767	高风险	荧蒽（多环芳烃）	2009	上游	0.72	0.18	中风险
		中游	0.82	2.733	高风险			中游	0.95~1	0.2375~0.18	中风险
		下游	0.63~0.91	2.1~3.033	高风险		2010	中游	0.99	0.2475	中风险
萘（多环芳烃）	2009	中游	0.64	0.64	中风险			下游	0.95~1.04	0.2375~0.26	中风险
	2010	上游	0.53~0.6	0.53~0.6	中风险		2011	上游	0.8~0.84	0.2~0.21	中风险
		中游	0.63	0.63	中风险			中游	0.82	0.205	中风险
		下游	0.56~0.63	0.56~0.63	中风险	二正丁基酞酸酯（酞酸酯类）	2009	上游	2.6~29.88	0.124~1.423	中风险、高风险
	2011	上游	0.3~0.45	0.3~0.45	中风险			中游	5.94~6.55	0.283~0.312	中风险
		中游	0.35	0.35	中风险			下游	9.15~11.46	0.436~0.546	中风险
		下游	0.3~0.41	0.3~0.41	中风险		2010	上游	1.83~4.76	0.087~0.227	低风险
蒽（多环芳烃）	2010	上游	0.96	0.24	中风险			中游	1.98	0.094	低风险
		中游	1.02	0.255	中风险			下游	1.1~2.88	0.052~0.137	低风险
		下游	0.97~1.01	0.2425~0.2525	中风险	二苯呋喃（其他）	2010	上游	0.71~0.73	0.192~0.197	中风险
								下游	0.71~0.72	0.192~0.195	中风险

4. 辽河流域水质基准标准战略研究

（1）氨氮水质基准案例研究

调查结果表明，氨氮是辽河流域特征污染物。因此，根据辽河流域水质基准研究的需求，开展了氨氮的基准研究工作。按照 USEPA 水生生物基准技术指南中的数据筛选原则，搜集得到我国辽河流域淡水生物的氨氮毒性数据。由于氨氮毒性受到水体 pH 和温度的影响，因此，合格的氨氮毒性数据必须包括进行毒性测试时的 pH 和温度等试验条件。按照美国氨氮基准技术文件，将搜集得到的氨氮急性毒性数据统一调整至 pH 8.0, 25℃ 条件下。依据调整后的数据计算不同生物种平均急性毒性值（SMAV）和属平均急性毒性值

(GMAV)。对氨氮急性最敏感的4属生物包括河蚬、中华鲟、静水椎实螺和中华绒螯蟹。慢性的毒性数据较少,数据筛选原则与急性毒性数据相同。对氨氮最敏感的4属生物中有3属无脊椎动物和1属鱼类,因此,CMC公式采用无脊椎动物的温度外推关系,但最大值不能超过最敏感鱼类(中华鲟)乘以0.468的值(4.88mg/L)。根据氨氮基准方法学,我国氨氮CMC基准公式为

$$CMC = 0.468 \times \left(\frac{0.0489}{1+10^{7.204-pH}} + \frac{6.95}{1+10^{pH-7.204}} \right) \times MIN(10.40, 6.018 \times 10^{0.036 \times (25-T)}) \quad (3\text{-}3)$$

式中,7.204为氨氮急性毒性的pHT,0.036为无脊椎动物的急性温度斜率,0.0489和6.95为合成参数,与R有关,以上参数来自1999年和2009年美国氨氮基准文件,均直接引用;0.468为公式系数,10.40为最敏感鱼类的GMAV,6.018为最小的GMAV,这3个参数为依据我国物种毒性数据修正而得。上式可进一步简化为

$$CMC = \left(\frac{0.023}{1+10^{7.204-pH}} + \frac{3.25}{1+10^{pH-7.204}} \right) \times MIN(10.40, 6.018 \times 10^{0.036 \times (25-T)}) \quad (3\text{-}4)$$

氨氮的辽河流域生物慢性毒性数据不足,无法按照上述技术路线推导CCC,采用下述公式获取:CCC=CMC/AF,其中,AF为相同水质条件下美国CMC与CCC的比值,公式为AF=CMC美,pH,T/CCC美,pH,T。

因此,设pH=8,温度为25℃时,辽河流域氨氮水生生物基准CMC=2.8mg/L,依据美国CMC与CCC的关系,在此水质条件下取比值为11.13,CCC=0.25mg/L。采用重新计算法对流域层面上的氨氮基准进行计算,采用水效应比值法对区域和河段的氨氮水质基准进行计算。

研究发现,温度和pH对氨氮的生物毒性有较大的影响(图3-69)。

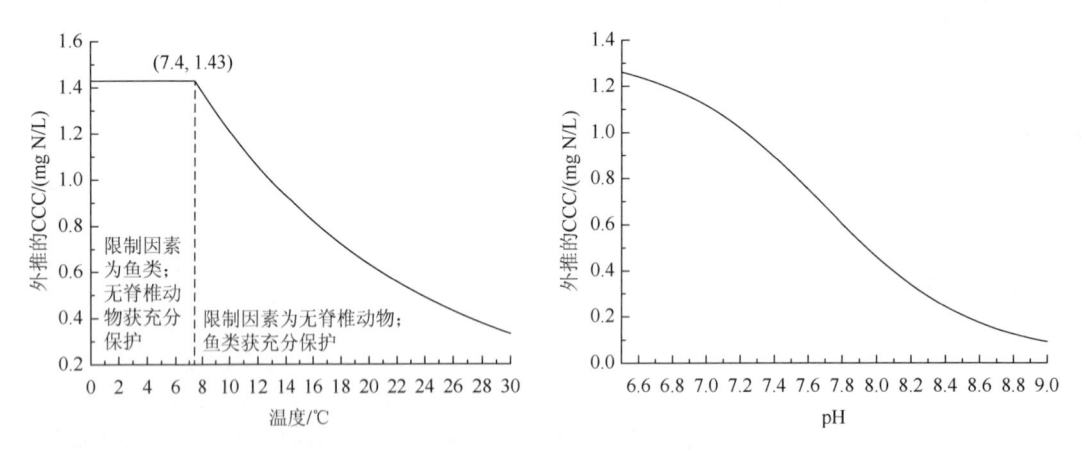

图3-69 慢性氨氮基准随温度和pH的变化

辽河流域水体pH变化较小,但水温季节性差异较大。调查显示,辽河冬季平均最高水温(4℃)与夏季平均最高水温(24℃)差异可达5倍。水温的季节性差异对

辽河氨氮物种敏感度的分布有较大的影响（图 3-70）。因此，建议分季节实施氨氮水环境标准。

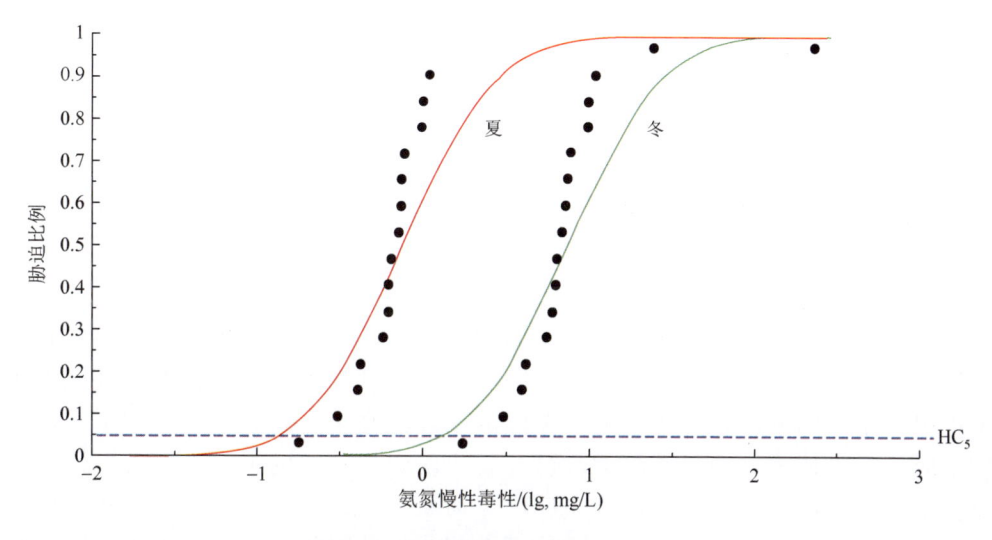

图 3-70　氨氮慢性毒性的季节性差异

（2）辽河流域水质基准标准战略

针对我国不同区域的生物差异性明显的特点，单单制定国家尺度的水质基准，对特定水体区域的生物，尤其是一些敏感水生生物提供保护可能是不足的，这就要求在构建辽河流域水质基准体系的时候，还需要考虑到不同地域的物种差异性，也就是生态分区差异性，在制定国家基准的同时还要制定流域尺度的水质基准。

优先内容包含两层含义，一是不同类型水质基准的优先顺序，二是我国不同污染物水质基准的优先顺序。目前，仍然有 165 项没有确定基准值。辽河流域也应根据水环境管理的实际需求，确定水质基准的优先类型和优先污染物。

基于辽河流域对水质基准研究的需求，建议辽河流域优先控制污染物水质基准标准的发展战略如下。

1）优先发展优控污染物的水质基准

辽河流域中污染物种类众多，而水质基准的制定工作又十分艰巨，只能将有限的时间和精力放在对改善水质比较重要的水质项目上，结合辽河流域的实际情况确定急需研究的污染物种类，使所得水质基准更有助于保护水生环境和人类健康。

通过辽河流域不同水生态功能分区中典型污染物浓度分布和历史演变规律分析，水生态演变趋势调查和评估，以及易引起水质波动的典型污染物排放浓度和总量调控范围研究，制订典型污染物水质基准的修订和校正技术方案，并且获得相应的水质标准推荐值；逐步开展不同水生态功能分区水质标准推荐值的验证与示范，调整并最终确定阶梯式水质标准推荐值。基于上述调查研究，除氨氮外，辽河流域筛选出综合排名前 20 种优控污染物，分别为砷、二苯并[a, h]蒽、苯并[b]荧蒽、邻苯二甲酸二丁酯、苯并[a]芘、铅、2,4-二硝基苯酚、苯并[a]蒽、汞、双（2-氯乙基）醚、镉、双（2-乙基己基）酞酸酯、4-硝基苯酚、镍、2, 4, 6-三氯苯酚、钡、铍、N-亚硝基二正丙基胺、萘、荧蒽，可优先开展氨氮和这些污染物的基准研究工作。

2）优先发展辽河流域优控污染物的水生生物基准和人体健康基准

目前辽河流域水体的核心功能并不是以保障人体健康和水生态系统安全为特征，流域大部分河段往往被划定为工业或农业用水功能，水体污染严重，对水生生物和人体健康产生巨大安全隐患，因此，急需在辽河流域开展水生生物和人体健康基准的研究工作，并在此基础上修订完善现有的环境质量标准体系。

美国、加拿大、澳大利亚和新西兰及欧盟等都已对水生生物水质基准进行了系统的研究，结合各自的水生生物区系特征，提出了水质基准推导所需要的物种选择和数据要求。在辽河流域基准制定中需要特别关注的是，特定区域的水生生物区系分布中是否存在对特定污染物特别敏感的地方物种，或在水生生态系统中具有特殊重要性的地方物种，这些物种应作为基准制定的受试物种。考虑到不同区域水生态系统承担着重要的旅游和养殖功能，在区域水环境水生生物安全基准制定时，受试生物中应包括当地重要的养殖种类，以及与旅游娱乐相关的水生生物类型，可以选择对特定化学品或污染物敏感、分布广泛、易获得、生物学背景清楚、实验操作可行，具有明确的生物测试终点和完备的毒性测试方法的代表性物种进行生物测试，用于水质基准值的推导。

3）实施冬、夏两季的氨氮水环境基准标准

分季节开展氨氮的水质基准研究，以冬、夏两季分别实施氨氮水环境基准标准。辽河流域筛选出的其他优控污染物基准的研究，可在流域、区域和河段三种尺度上，采用重新计算法和 WER 法推导，各层次水质基准应从科学上收严。

4）适时发展营养物基准和电导率基准

营养物是水生生物生长、维持水生态系统正常功能的主要物质基础，但过多的营养负荷会导致水生杂草和藻类的疯长，引起溶解氧损耗，可能导致鱼类、无脊椎动物等水生生物的死亡，使生态环境受到严重影响。因此，营养物基准可作为水生态学基准中的一部分，对于保护水生态系统有一定的作用。此外，由于辽河入海口受潮汐影响，海水中氯离子等阴、阳离子随涨潮大量涌入，使河水中离子浓度迅速升高，电导率急剧上升，导致辽河入海口与上游水体电导率变化很大。因此，在制定辽河流域水质基准时需要在优先发展水生生物基准和人体健康基准的同时适时发展营养物基准和电导率基准。

5）采用基准与标准并行的方式

我国可以采用基准与标准并行的方式。水质基准的研究和建立工作是长期、持续进行的，标准的修订工作则根据水质基准及有关科学成果的进展间期进行。国家和地方环境保护部门应根据水质基准的最新成果制定/修订水质标准，从而推动水质基准研究工作的开展。对于辽河流域，地方政府也应尽快修订适应不同需求的流域水环境基准值，为选定的区域发布基准标准文件。现时，需要根据辽河流域具体的环境现状，结合经济发展水平、产业结构和政府意愿等因素，制定适合当地的水质标准，以保证标准的顺利实施。

六、小结

（一）辽河流域污染负荷重，生态环境压力大

辽河流域辽宁控制区是东北老工业基地全面振兴的龙头，城市群集中，重工业行业集中。农村生活污染排放分散，没有得到集中有效控制。畜禽养殖污染负荷高，畜禽粪便利用率低。农业面源污染重视程度不够，流域非点源污染逐年递增。辽河干流水系和浑太水系"十二五"将面临更大的水污染压力。

辽河流域经济社会发展长期依赖挤农业用水、压工业用水、占生态用水、保生活用水勉强维持。辽河流域水资源利用率已超过 70%，远远超过了国际公认的 40%的警戒线，成为严重的资源性缺水区域。人们的生产、生活用水挤占了大量的生态用水，加之植被覆盖率差，河道自然蒸发率高，造成河流生态流量严重不足，水土流失、洪涝和土壤沙化等生态环境问题比较突出。植被退化严重，生态功能下降。原始森林绝迹，天然次生林和人工林覆盖明显不足，生态系统对气候的调节功能减弱。

"十二五"将是辽宁省社会经济实现跨越式发展和全面振兴的重要时期，高速的经济发展势必带来更大的生态环境压力。流域内经济社会的快速发展造成对资源环境的过度开发，超出其承载能力，导致河道湿地严重萎缩和破碎化程度加剧，河流生态系统调控功能严重退化，生物多样性锐减，河流生态流量及水环境质量问题严重。"十二五"期间，辽河生态治理面临着巨大的困难和压力。

（二）落实流域水生态功能分区，提出水生态保护目标，优化河岸带土地利用格局

在"分类、分区、分期、分级"的流域水环境管理思路下，开展流域水生态功能分区；科学评估流域水生态系统健康状况，诊断流域水生态环境压力；明确流域水生态功能要求，科学确定保护对象，确定水生态保护目标；从水生生物保护需求出发，合理开展环境修复与生态恢复；巩固辽河干流保护区，扩大支流保护区；在 500m 河岸带区域逐步减小农田和建设用地的面积比例，增加河岸带林地草地湿地面积，建立水生态系统的生命缓冲带；按照"区域集中、产业集聚、开发集约"的原则，优化土地利用格局，集约化农田和建设用地。

（三）优先发展氨氮等 20 种优控污染物的水生生物基准和人体健康基准

优先发展氨氮等 20 种辽河流域优控污染物的水质基准；选取辽河流域典型水生生物，优先发展辽河流域优控污染物的水生生物基准和人体健康基准，在此基础上修订、完善现有的环境质量标准体系；实施冬夏两季的氨氮水环境基准标准；适时发展营养物基准和电导率基准；采用基准与标准并行的方式，以保证标准的顺利实施。

（四）建立统一的水资源管理机制，合理配置水资源，生态改造水工建筑物，增加流域生态流量

在管理上，加强流域需水管理，节约用水；建设新的水资源管理机制，统一管理节水、用水、供水体系；制定流域节水型社会建设制度，以社会水循环调控为核心，按照以供定需的原则引导生产力布局和产业结构的合理调整，加快辽河流域经济发展模式的转变，建立节约型的生产模式、消费模式和建设模式。在技术上，对已建水库工程进行生态改造，通过增设小机组泄放生态流量，解决老水利水电工程的生态问题；开展冰期输水，解决枯期生态流量不足的问题；拆除小型拦河坝，恢复河流自然的连通性，增加河流生态流量。

（五）全面推进辽河流域基于容量总量控制的水环境管理模式

全面推进辽河流域基于容量总量控制的水环境管理模式，以污染物总量减排为抓手、以规划项目为依托、以政策措施为保障，综合运用工程技术和流域管理手段，保障水环境安全，促进水生态功能区水质达标，实现辽河流域水环境管理从目标总量控制、容量总量控制、行政区管理向流域管理的转变，实现真正意义上的以水质达标为目标的排放总量控制；强化流域生活、工业和面源污染的全过程控制，进一步完善城镇污水处理和配套管网基础设施建设，提升改造污水处理厂现有污水处理模式和处理工艺；加强对流域氨氮、总氮和特征污染物的控制和管理，制定重点行业有毒有机物排放限制，对流域石化、冶金等重点污染源开展排水综合毒性控制，降低流域水环境风险；规范和强化辽河流域排污许可证管理，强化排污许可处罚力度，有计划地削减排污量，改善水质；完善辽河流域水污染物排放总量控制制度，通过立法的形式确保流域容量总量控制管理的法律地位，保证辽河流域污染物排放总量控制制度的行之有效化。

参 考 文 献

布莱恩·巴克斯特. 2007. 生态主义导论. 曾建平译. 重庆：重庆出版社.
党连文. 2011. 辽河流域水资源综合规划概要. 中国水利, 23：102.
国家质量监督检验检疫总局. GB/T 14848—1993. 地下水质量标准. 北京：中国标准出版社.
环境保护部、国家质量监督检验检疫总局. GB 3838—2002. 地表水环境质量标准. 北京：中国标准出版社.
环境保护部. GB 11607—1989. 渔业水质标准. 北京：中国标准出版社.
环境保护部. GB 3097—1997. 海水水质标准. 北京：中国标准出版社.
环境保护部. GB 5084—1992. 农田灌溉水质标准. 北京：中国标准出版社.
黄志斌, 刘志峰. 2004. 当代生态哲学及绿色设计方法论. 合肥：安徽人民出版社.
姬振海. 2007. 生态文明论. 北京：人民出版社.
解玉浩. 2007. 东北地区淡水鱼类. 沈阳：辽宁科技出版社.
刘蝉馨, 秦克静, 等. 1987. 辽宁动物志 鱼类. 沈阳：辽宁科技出版社.
刘玉龙. 2007. 生态补偿与流域生态共建共享. 北京：中国水利水电出版社.
孟伟, 刘征涛. 2008. 流域水质目标管理技术研究. 环境科学研究, 21（1）：45-50.
阮晓红, 宋世霞, 张瑛. 2002. 非点源污染模型化方法的研究进展及其应用. 人民黄河, 24（11）：26-29.

王备新, 杨莲芳, 胡本进, 等. 2005. 应用大型底栖动物完整性指数 B-IBI 评价溪流健康. 生态学报, 25（6）: 1481-1490.
王波, 张天柱. 2003. 辽河流域非点源污染负荷估算. 重庆环境科学, 25（12）: 132-135.
王西琴, 张远, 刘昌明. 2007. 辽河流域生态需水估算. 地理研究, 26（1）: 22-28.
王治江. 2002. 加强生态环境的保护工作——辽宁省生态环境的现状与对策[J]. 党政干部学刊.
夏青, 陈艳卿, 刘宪兵. 2004. 水质基准与水质标准. 北京: 中国标准出版社.
薛晓源, 李惠斌. 2007. 生态文明研究前沿报告. 上海: 华东师范大学出版社.
张姝, 周莹, 李铁庆. 2006. 辽河流域面源污染负荷定量试验研究. 辽宁城乡环境科技, 26（4）: 29-32.
张彤, 金洪钧. 1997a. 丙烯腈水生态基准研究. 环境科学学报, 17（1）: 75-81.
张彤, 金洪钧. 1997b. 硫氰酸钠的水生态基准研究. 应用生态学报, 8（1）: 99-103.
张彤, 金洪钧. 1997c. 乙腈的水生态基准. 水生生物学报, 21（3）: 226-233.
张远, 赵瑞, 渠晓东, 等. 2013. 辽河流域河流健康综合评价方法研究. 中国工程科学, 15（3）: 11-18.
赵晓红. 2005. 从人类中心论到生态中心论. 中共中央党校学报, 4.
周莹. 2013. 硅藻及硅藻指数在太子河流域的适用性评价. 大连: 大连海洋大学硕士学位论文.
Barbour M T, Gerritsen J, Snyder B D, et al.1999. Rapid bioassessment protocols for use in streams and wadeable rivers: periphyton, benthic macroinvertebrates and fish (second edition). EPA 841-B-99-002. Washington DC: U.S.Environmental Protection Agency. Office of Water.
Gao X, Zhang Y, Ding S, et al. 2014.Response of fish communities to environmental changes in an agriculturally dominated watershed (Liao River Basin) in northeastern China. Ecological Engineering, 76: 130-141.
Johns P J. 1996. Evaluation and Management of the impact of land use change on the nitrogen and phosphorous load delivered to surface water [J]. Journal of Hydrology, 183: 323-349.
Johns P J. 1996. Evaluation and management of the impact of land use on the nitrogen and phosphorus load delivered to surface waters: the export coefficient modeling approach. Journal of Hydrology, 183: 97.
Li Y, Liu K, Li L, et al. 2012.Relationship of land use/cover on water quality in the Liao River basin, China. Procedia Environmental Sciences, 13: 1484-1493.
USEPA. 1976. Quality criteria for water. Washington DC: National Technical Information Service.
USEPA. 1999. National recommended water quality criteria-correction. Washington DC: Office of Water, Office of Science and Technology.
USEPA. 2002. National recommended water quality criteria-correction. Washington DC: Office of Water, Office of Science and Technology.
USEPA. 2004. National recommended water quality criteria-correction. Washington DC: Office of Water, Office of Science and Technology.
USEPA. 2006. National recommended water quality criteria-correction. Washington DC: Office of Water, Office of Science and Technology.
USEPA. 2009. National recommended water quality criteria-correction. Washington DC: Office of Water, Office of Science and Technology.
Wang L, Ying G G, Zhao J L, et al. 2011.Assessing estrogenic activity in surface water and sediment of the Liao River system in northeast China using combined chemical and biological tools. Environmental Pollution, 159: 148-156.
Yin D Q, Jin H J, Yu L W, et al. 2003. DerIVing fresh water quality criteria or 2, 4-diehlorophenol for protection of aquatic life in China. Environment Pollution, 122（2）: 217-222.

第四章　辽河流域大气环境保护战略

一、污染气象特征与大气环境状况

（一）污染气象特征

1. 气候特点

辽河流域地处欧亚大陆东岸、中纬度地区，属于温带大陆性季风气候区（文毅等，2009）。境内雨热同季，日照丰富，积温较高，冬长夏短，春秋季短，四季分明。雨量不均，东湿西干。全年平均气温为7～11℃，最高气温为30℃，极端最高气温可达40℃，最低气温为-30℃，自西南向东北，自平原向山区递减。年降水量为600～1100mm，东部高西部低，中部适中。

近50年来，年均气温阶段性变化趋势明显（图4-1），20世纪60年代到80年代中期为偏冷时段，从1988年开始增暖，进入高温时段，有3年偏高1℃以上，8年偏高0.5℃以上。从地域分布来看，辽西、辽南和辽北地区增暖趋势和幅度最显著。从时间分布来看，冬季增暖幅度最大，1987年以来的17年中有8年偏高1℃以上，春季次之，而春季增暖的持续性最好，1989年以来基本连续偏暖，近五六年略有下降。

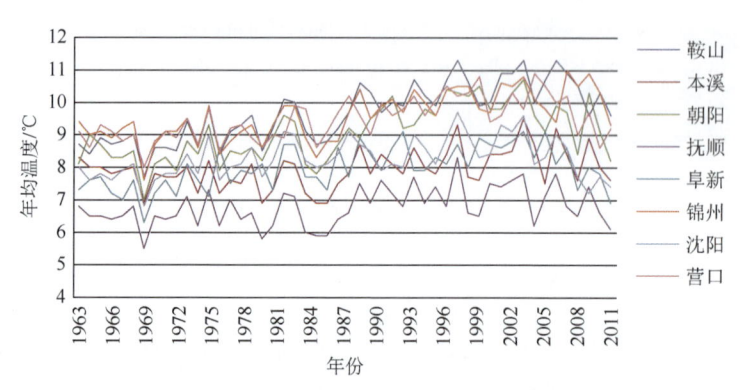

图4-1　辽河流域重点城市近50年年均温度变化

各市年均风速在1963～2012年呈现逐渐下降的变化趋势（图4-2），从4m/s逐渐下降到2.5m/s左右，抚顺、本溪等市低于2.5m/s。由于受季风气候的影响，辽宁大部分地区的降水变化率和变化非常明显（图4-3），降水空间分布不均匀，产生了一系列突出的水资源问题。

2. 环流形势

图4-4为辽河流域2012年1月、4月、7月和10月月均地面环流形势、温度与地面风场图。

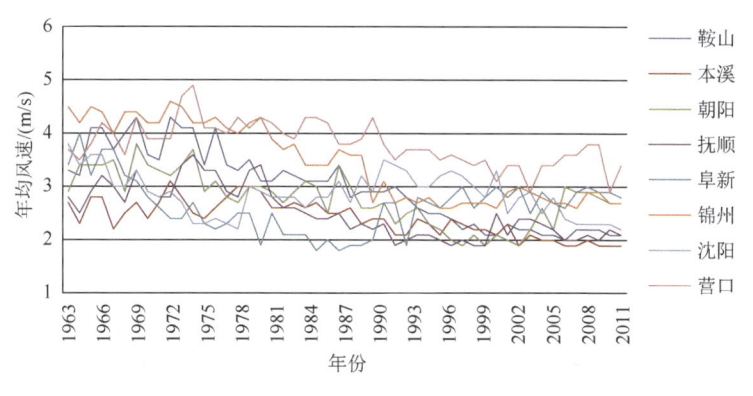

图 4-2 辽河流域重点城市近 50 年年均风速变化

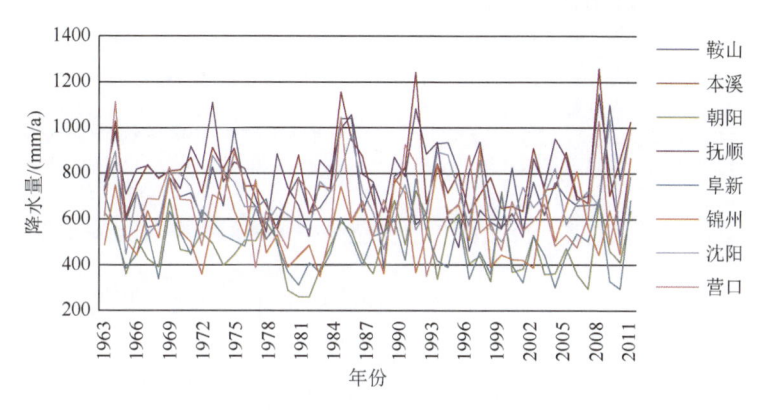

图 4-3 辽河流域重点城市近 50 年年降水量变化

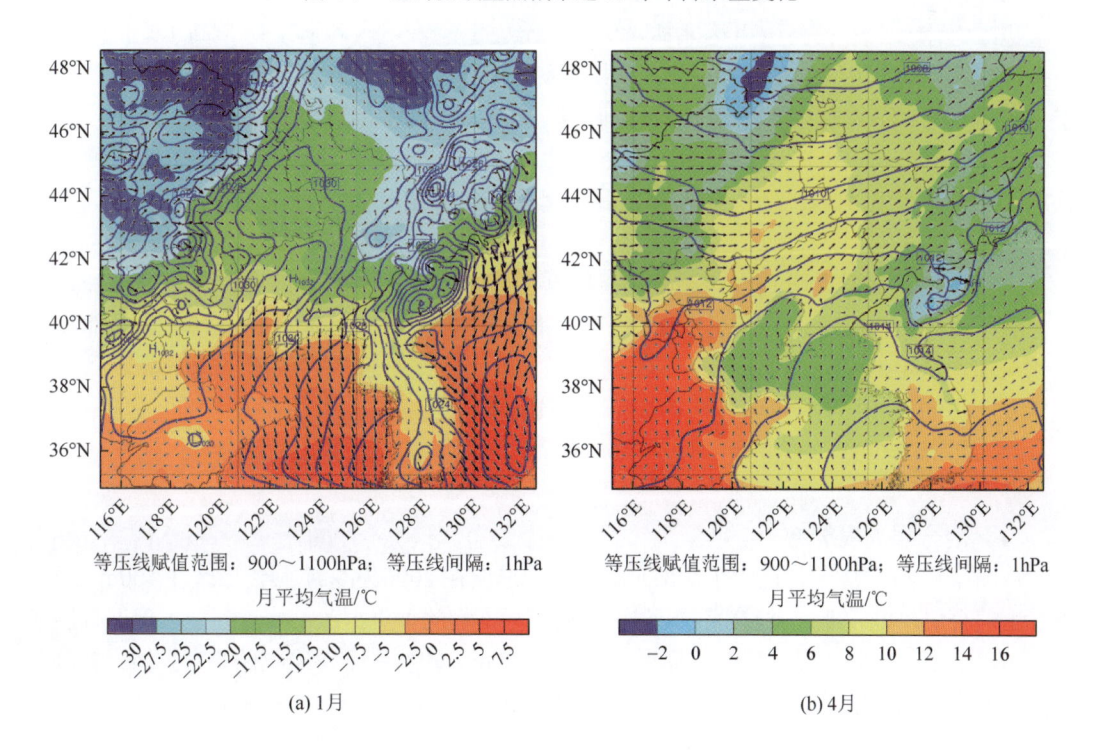

(a) 1月

(b) 4月

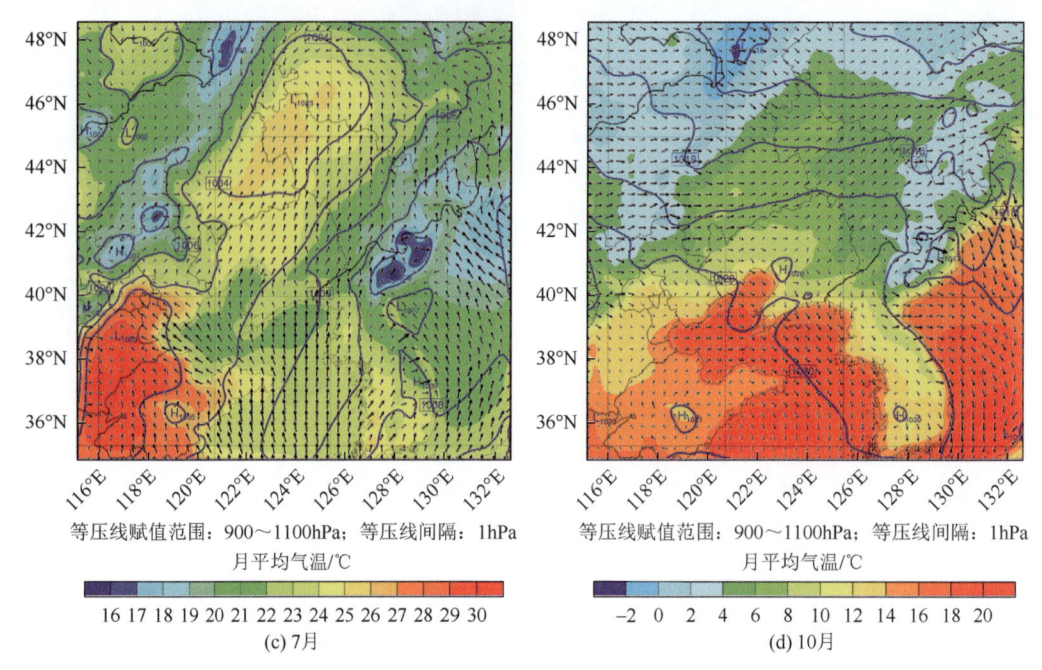

等压线赋值范围：900~1100hPa；等压线间隔：1hPa
月平均气温/℃

16 17 18 19 20 21 22 23 24 25 26 27 28 29 30
(c) 7月

等压线赋值范围：900~1100hPa；等压线间隔：1hPa
月平均气温/℃

−2 0 2 4 6 8 10 12 14 16 18 20
(d) 10月

图 4-4 辽河流域 2012 年典型月均地面环流形势、温度及地面风速场

1 月冷高压的气流（冬季风）十分稳定，我国北部盛行西北—北气流。全省空气干冷、降雪稀少，1 月平均气温除辽南沿海为−4~−9℃外，其他各地均为−10~−17℃。另外，在东亚大槽东边的阿留申群岛有一个强大的低压，大低压在整个冬季基本维持稳定不变，它与蒙古冷高压共同影响着我国北部的天气形势。

进入春季后，蒙古高压迅速北撤，辽宁省常处于蒙古境内和海上两个高压之间，加之西来的气流不断发展和加深，致使南、北大风交替出现，全省各地气温回升较快，春季辽宁省受地形影响，4 月中部平原和沿海地区风速较大，风沙天气较多。

夏季，由于副热带高压势力增强并逐渐北移，潮湿的东南季风则沿着高压的西侧向北移动，辽宁省受其影响，夏季降水频繁，且雨量集中。夏季 3 个月以 7 月气温最高，8 月次之，6 月再次。

入秋以后，由于太阳高度角渐低，日射减弱，副热带高压随之南撤，西北季风开始增强，所以雨量急剧减少，气温迅速下降，9 月各地平均气温一般都为 15~19℃，大部地区平均风速在 5m/s 以下。由于寒潮不断侵袭，北风次数逐渐增多，气温迅速下降，省内各地从 9 月下旬至 10 月上旬由北向南先后见初霜。

3. 扩散能力

（1）混合层高度分布

从图 4-5 中可见，1 月辽宁东北部平均混合层厚度在 200m 左右，其他地区在 400m 左右，整体上混合层厚度较低，垂直湍流较弱，不利于污染物的垂直扩散；4 月辽宁大部混合层厚度较高，厚度从南向北逐渐增大，厚度为 300~800m，较有利于污染物的垂直扩散；7 月厚度从东南向西北递增，东南地区厚度为 300~500m，西北地区为 700~900m；10 月区内基本为 400~500m。总体上辽宁省在夏秋春季混合层较高，相对来说较有利于污染物的垂直扩散。

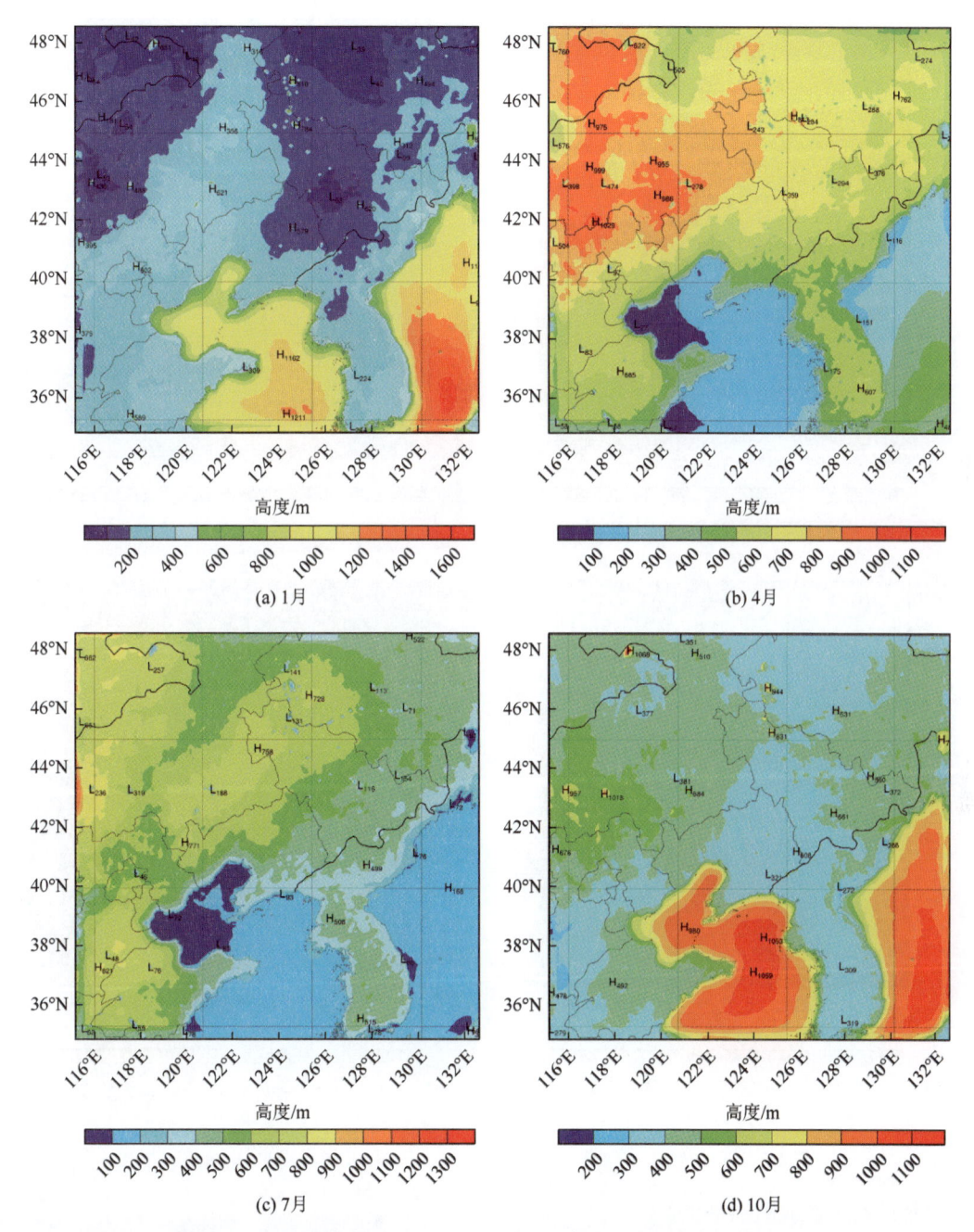

(a) 1月

(b) 4月

(c) 7月

(d) 10月

图 4-5　辽河流域 2012 年 1 月、4 月、7 月、10 月月均混合层高度

（2）垂直扰动能力

图 4-6 是混合层内平均垂直风速和混合层厚度的乘积，反映混合层内垂直扰动情况。由图可见，辽河东部地区的垂直扰动更强，整体上 1 月和 10 月最弱，4 月较强，春夏季节垂直扰动最强。从混合层厚度和混合层内垂直扰动情况来看，辽宁省在夏秋季垂直扩散

能力较强，较有利于污染物的垂直扩散，夏季最强，春秋季次之，冬季最弱。

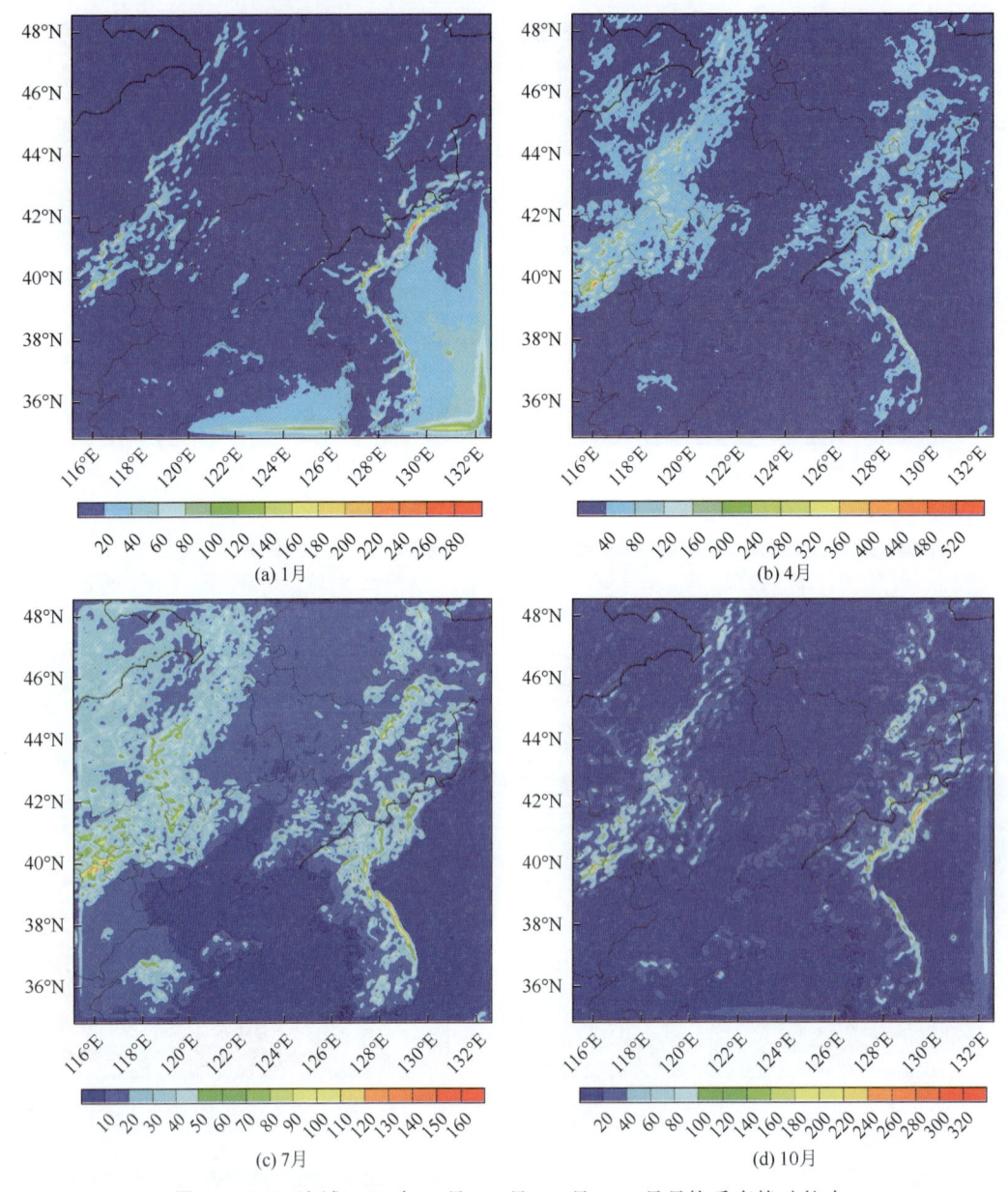

图 4-6 辽河流域 2012 年 1 月、4 月、7 月、10 月月均垂直扰动能力

（3）水平扩散能力分析

图 4-7 主要反映污染物输送及扩散条件好坏（通风量为边界层内平均风速与边界层高度之积）。1 月辽河流域基本为 2000m²/s 以内；4 月最强，基本为 5000~8000m²/s；7 月辽河流域北侧通风量较大，为 4500m²/s，大连和丹东地区的通风量最小，为 1500~3000m²/s；10 月辽宁省通风量都较小，为 1500~3000m²/s。总体上，春季水平通风量最强，最有利于污染物在水平方向上的稀释和迁徙，夏季次之，冬秋季较弱。

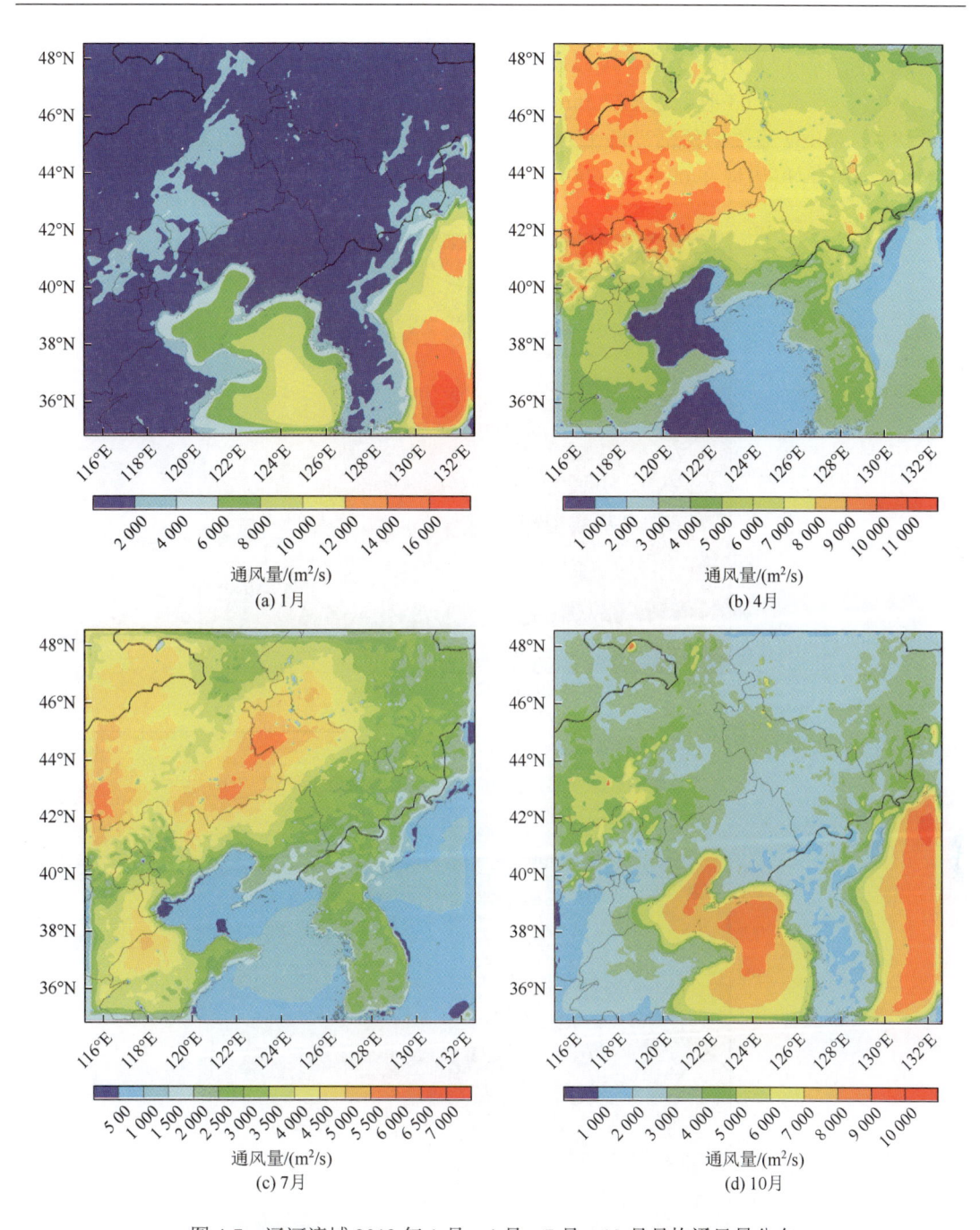

图 4-7　辽河流域 2012 年 1 月、4 月、7 月、10 月月均通风量分布

4. 重点城市污染物扩散与输送分析

(1) 垂直扩散能力分析

沈阳市 1 月受高压前部弱梯度影响,从 17 时至次日 09 时出现逆温天气,厚度最大达 600m,市区内主导风向为偏东风,且风速较小。由于气象条件较差,不利于污染物的扩

散。4月逆温从17时开始形成,凌晨00时逆温厚度最大,达到800m,次日09时逐渐消散,从21时至次日03时距地面200m以内有弱的下沉扰动。7月没有出现逆温,且均为上升扰动,是由于夏季对流活动旺盛且混合层厚度较高。10月逆温从19时开始至次日08时结束,最大厚度出现在02时的600m,逆温层强度较大(图4-8)。

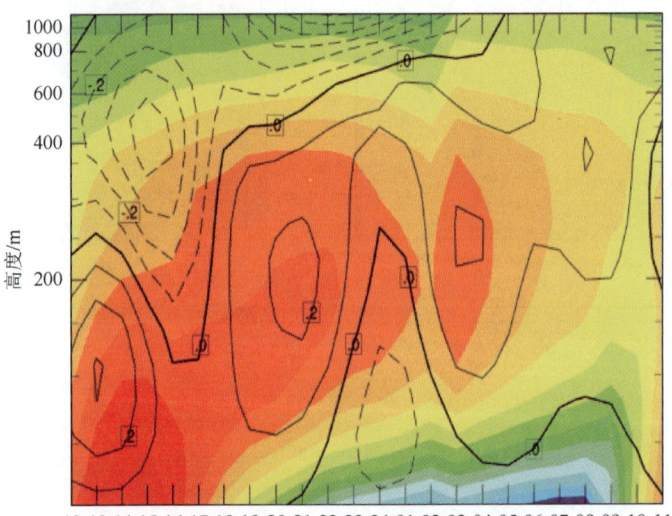

(a) 1月

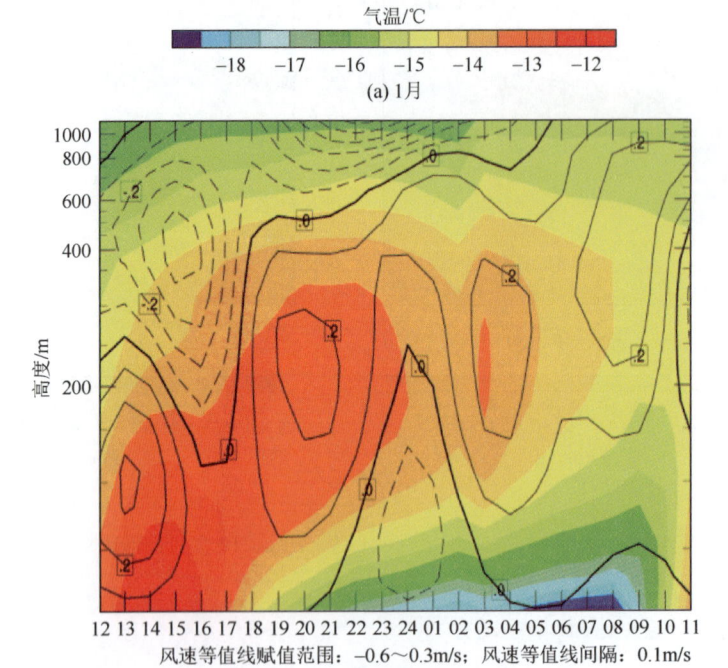

(b) 4月

风速等值线赋值范围：0.5～7.5m/s；风速等值线间隔：0.5m/s
时间(GMT+8)

气温/℃

17 18 19 20 21 22 23 24 25 26 27 28 29 30
(c) 7月

风速等值线赋值范围：0.0～1.6m/s；风速等值线间隔：0.2m/s
时间(GMT+8)

气温/℃

5 6 7 8 9 10 11 12 13 14
(d) 10月

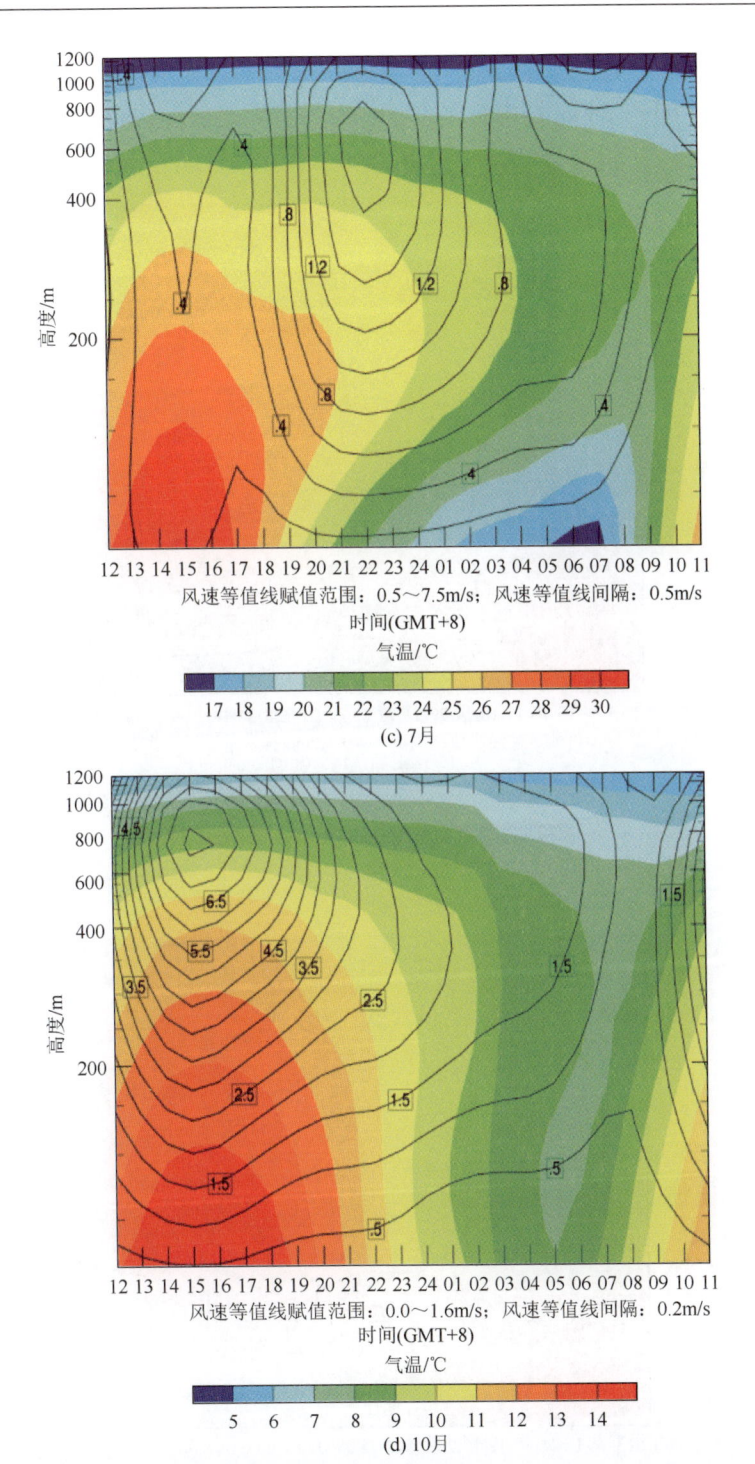

图 4-8 沈阳市 2012 年 1 月、4 月、7 月、10 月月均温度剖面图及垂直风速分布

抚顺市地处辽宁东部山区，地势较高，平均海拔为 400～500m，山脉呈东北—西南走向，呈东南高、西北低之势，土地结构是"八山一水一分田"。市区位于抚顺西部浑河河谷冲积平原上，三面环山。抚顺市属大陆性季风气候。1 月抚顺城区的逆温从 18 时开始，最大厚度达

600m，次日 08 时消散，逆温厚度较强，这与抚顺三面环山的地形有关；4 月和 7 月逆温没有出现，18 时至次日 09 时 200m 以内有弱的下沉扰动；7 月逆温结构和 4 月基本一致，没有出现逆温，11～17 时有强的下沉扰动；10 月的逆温结构和垂直扰动与 1 月一致（图4-9）。

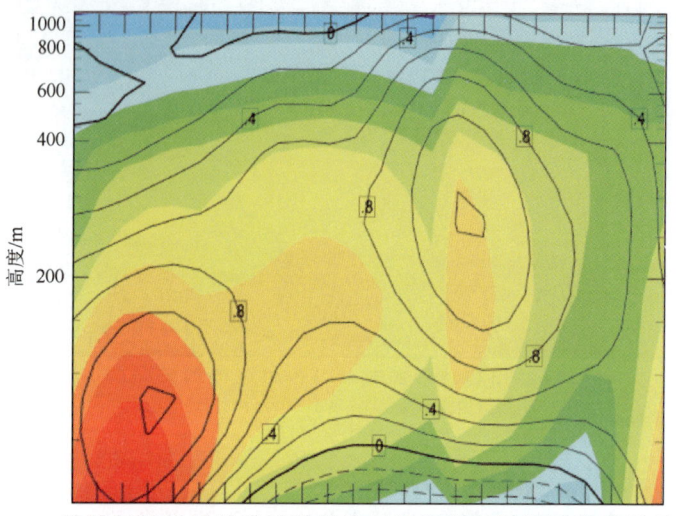

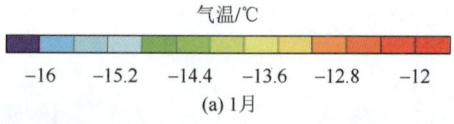

(a) 1月

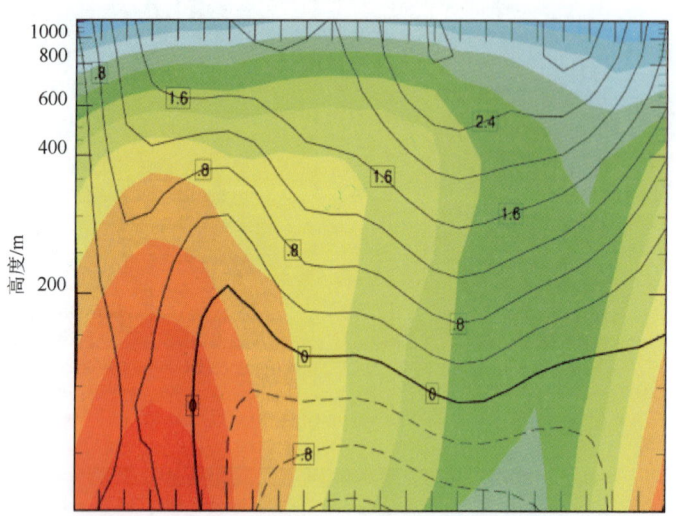

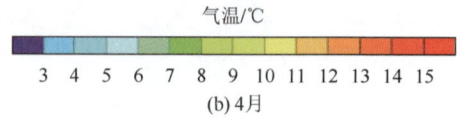

(b) 4月

第四章 辽河流域大气环境保护战略

风速等值线赋值范围:-1.5～1.75m/s;风速等值线间隔:0.25m/s
时间(GMT+8)
气温/℃

(c) 7月

风速等值线赋值范围:-1.0～1.8m/s;风速等值线间隔:0.2m/s
时间(GMT+8)
气温/℃

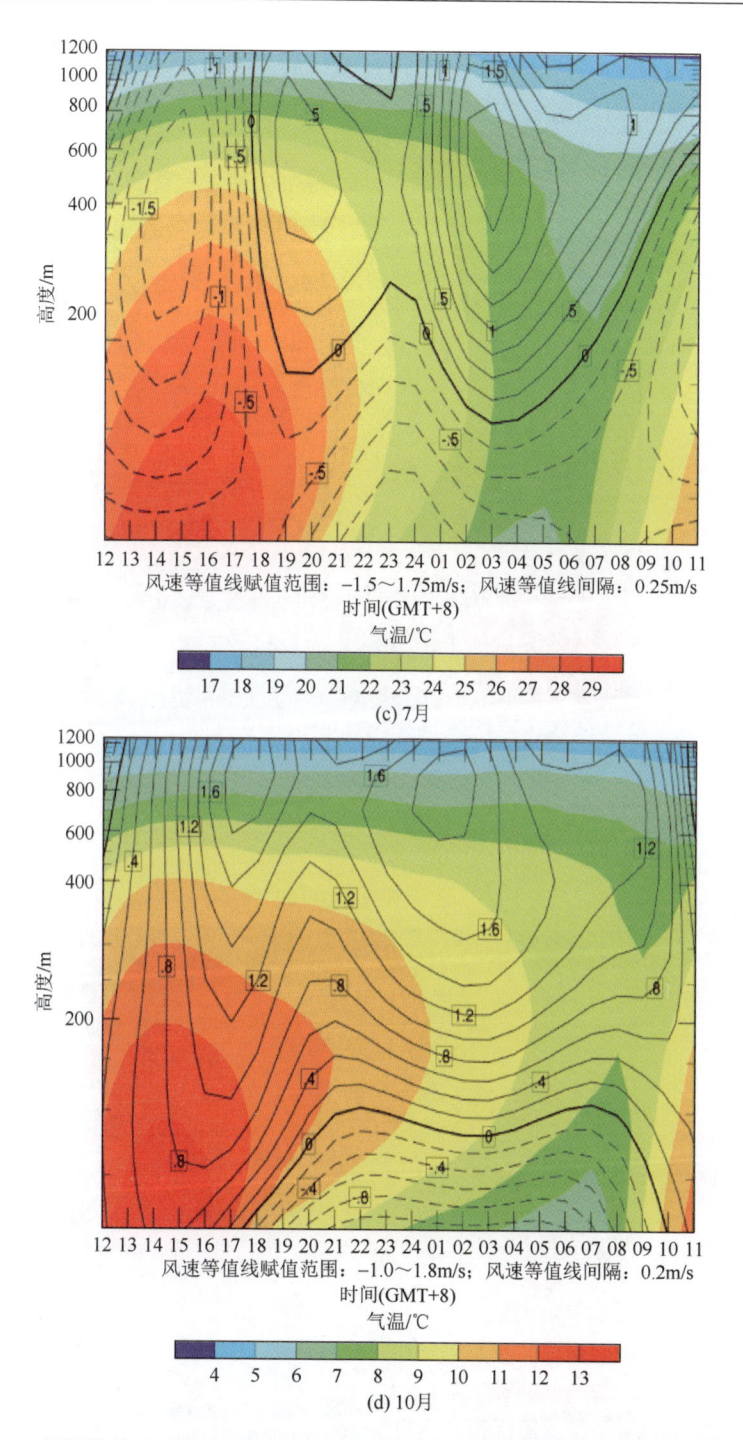

(d) 10月

图4-9 抚顺市2012年1月、4月、7月、10月月均温度剖面图及垂直风速分布

锦州市位于中纬度地带，属于温带季风性气候，常年温差较大，全年平均气温为8～9℃，年降水量平均为540～640mm，无霜期达180d。气候主要特征是：四季分明，各有特色，季风气候显著，大陆性较强。1月逆温出现在18时，最大厚度达600m，次日09

时消散，逆温厚度较强；4月19时开始出现逆温，最先在离地面100m高度发展，最大厚度可达800m，次日08时消散；7月只在03～06时出现逆温，逆温厚度较弱；10月与1月类似，18时出现逆温，次日09时消散，最大厚度可达500m（图4-10）。

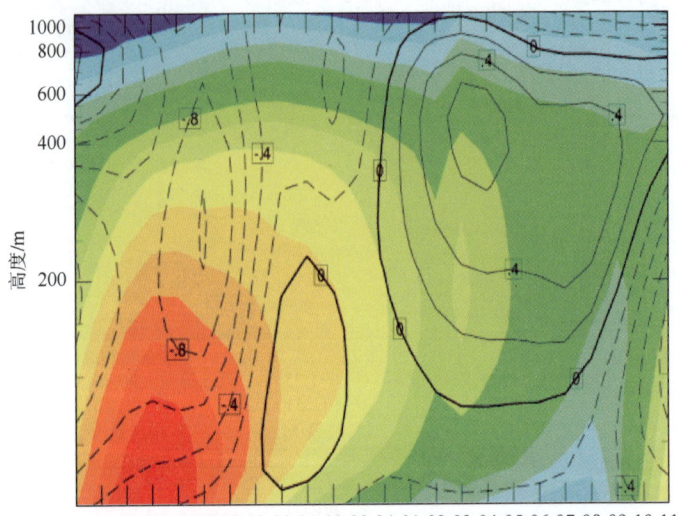

(a) 1月

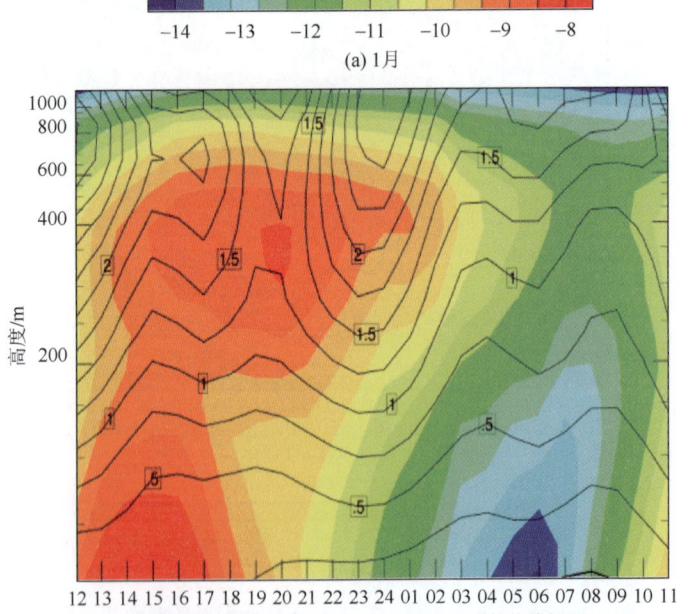

(b) 4月

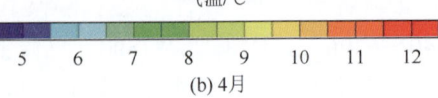

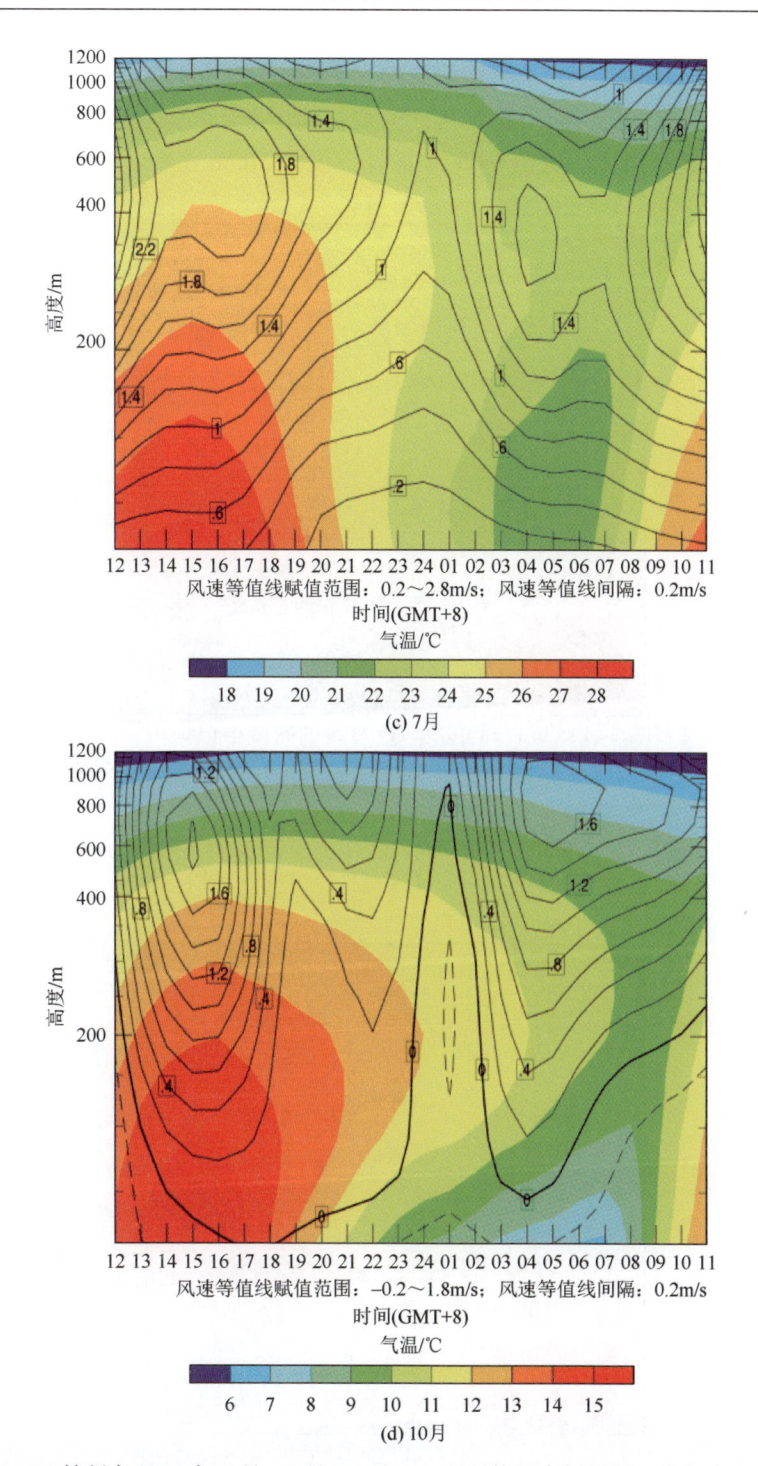

第四章 辽河流域大气环境保护战略

(c) 7月

(d) 10月

图 4-10 锦州市 2012 年 1 月、4 月、7 月、10 月月均温度剖面图及垂直风速分布

鞍山市地处中纬度，属暖温带大陆性季风气候区。鞍山市年平均气温为 9.6℃，年平均降水量为 708mm，年平均日照时数为 2543h，年平均相对湿度为 58%。气候主要特征是：四季分明，降水充沛，温度适宜，光照丰富，剧烈的灾害性天气相对较少，是非常适

合人类居住和发展农耕的地方。1月逆温出现在19时，次日09时消散，最大厚度为400m，逆温强度较弱；4月仅在24时至次日06时有弱逆温出现，厚度可达600m；7月没有逆温；10月逆温较弱，18时出现，次日08时消散，厚度为500m左右（图4-11）。

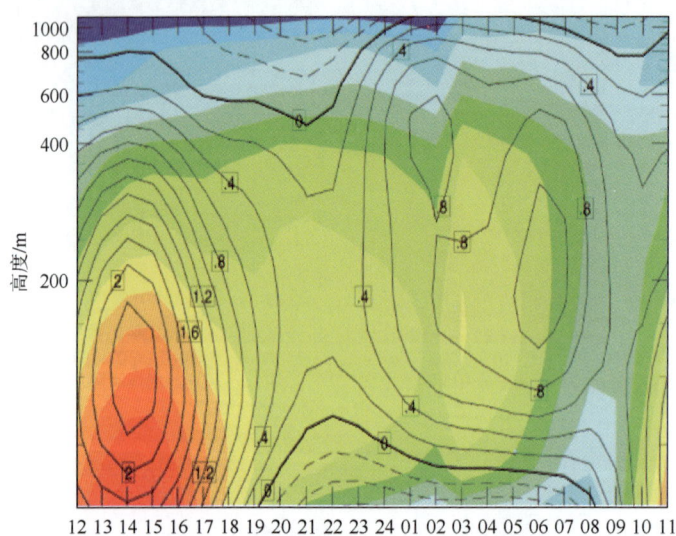

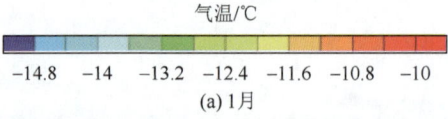

(a) 1月

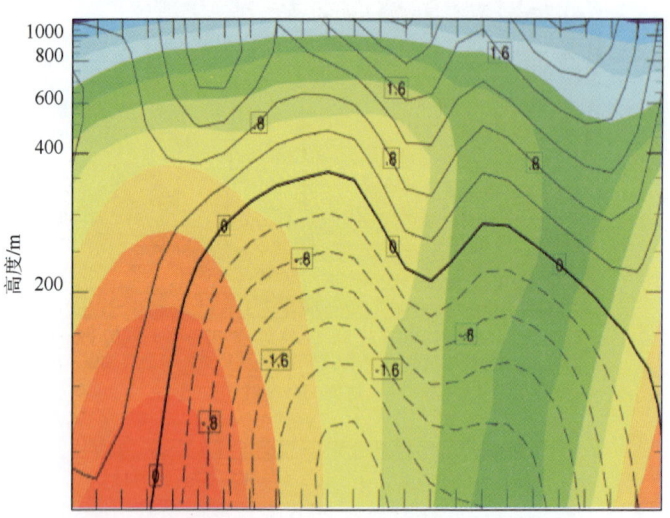

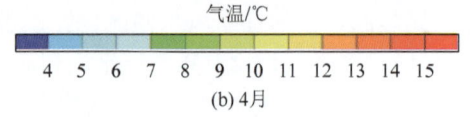

(b) 4月

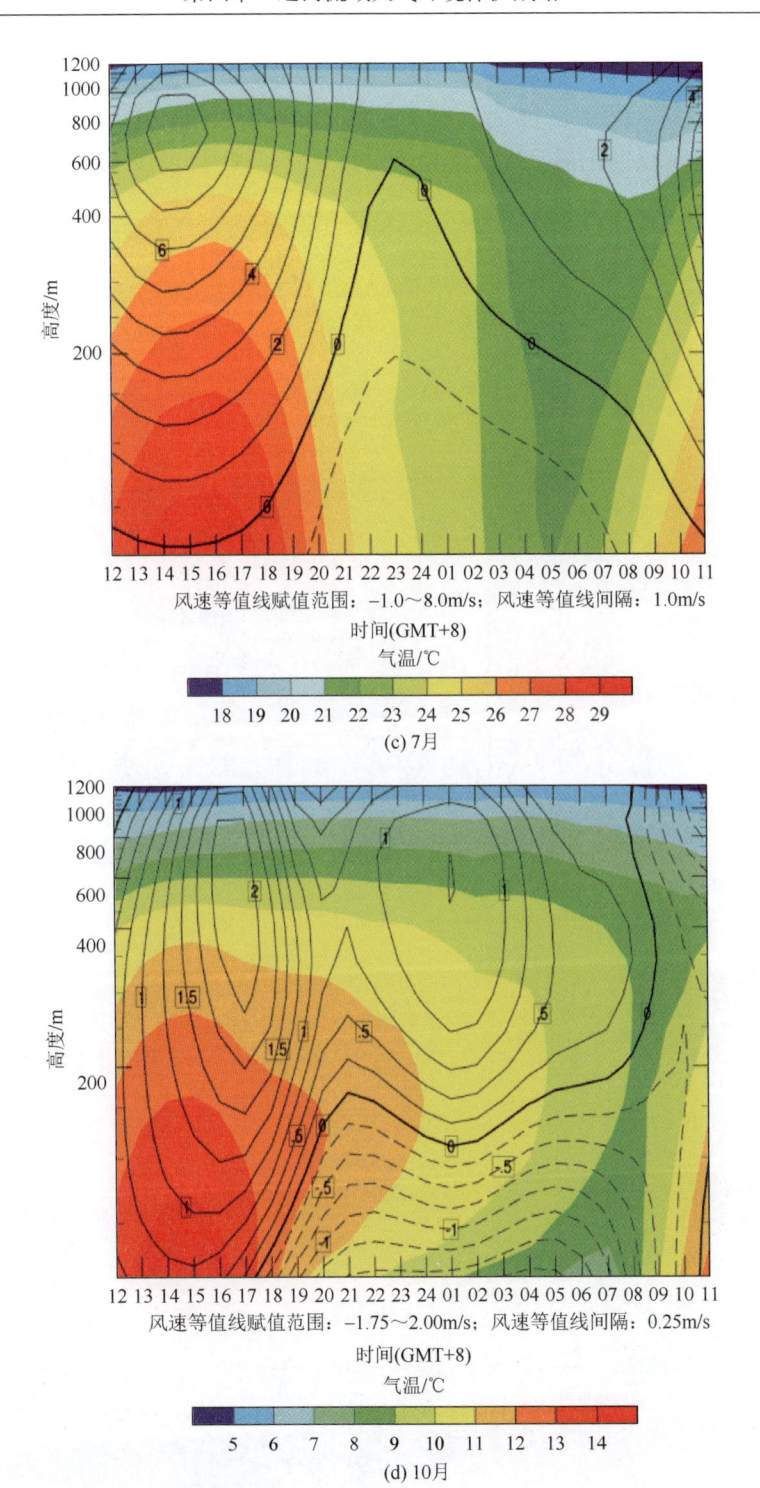

图 4-11 鞍山市 2012 年 1 月、4 月、7 月、10 月月均温度剖面图及垂直风速分布

（2）水平输送能力分析

运用 HYSPLIT 4.9 模式计算辽河流域 3 个重点城市朝阳（41.33°N，120.27°E）、沈阳

（41.44°N，123.31°E）、营口（40.39°N，122.10°E）2013 年 1 月、4 月、7 月、10 月及全年每日 4 次（UST 00 时、06 时、12 时、18 时）的 72h 后向气流轨迹（张维和邵德民，1994）（图 4-12～图 4-15），以便包括二次污染物的生命周期，轨迹起始点位于地面以上 500m。

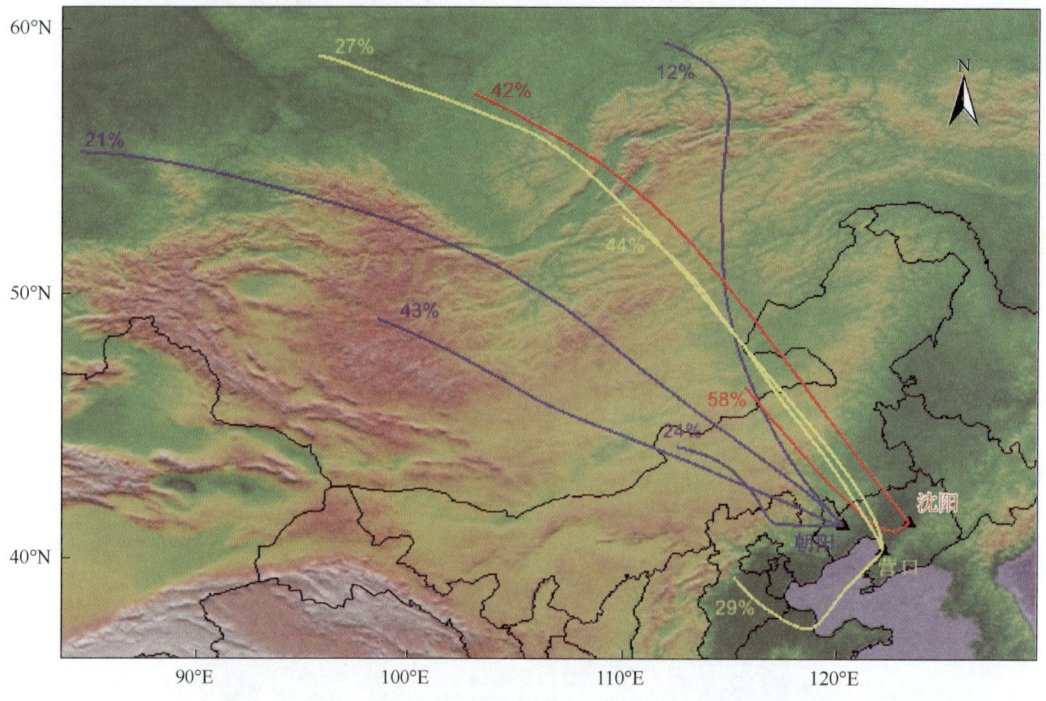

图 4-12　2013 年 1 月辽河流域三市 72h 后向聚类轨迹分析图

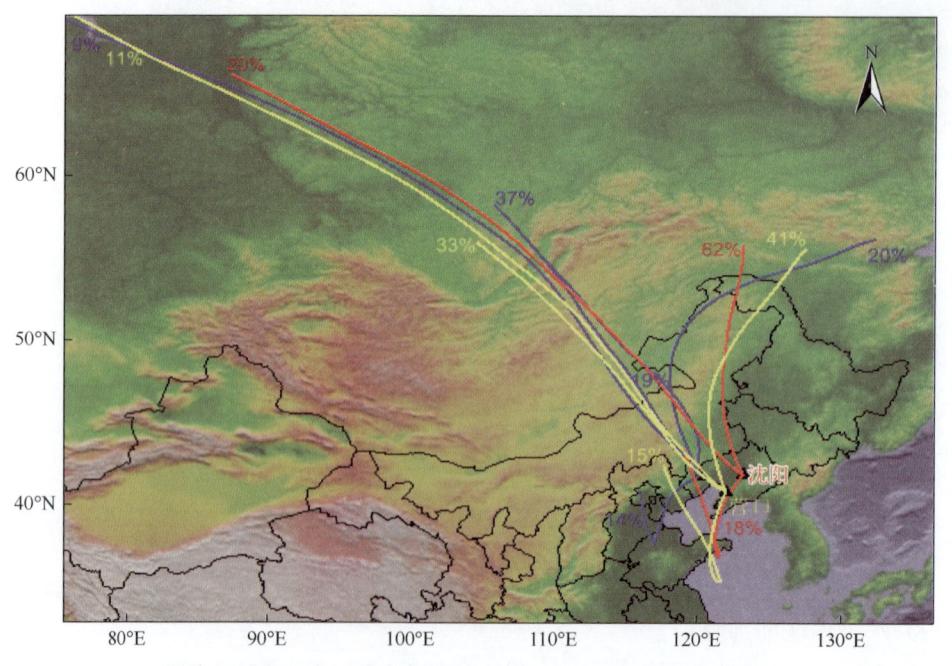

图 4-13　2013 年 4 月辽河流域三市 72h 后向聚类轨迹分析图

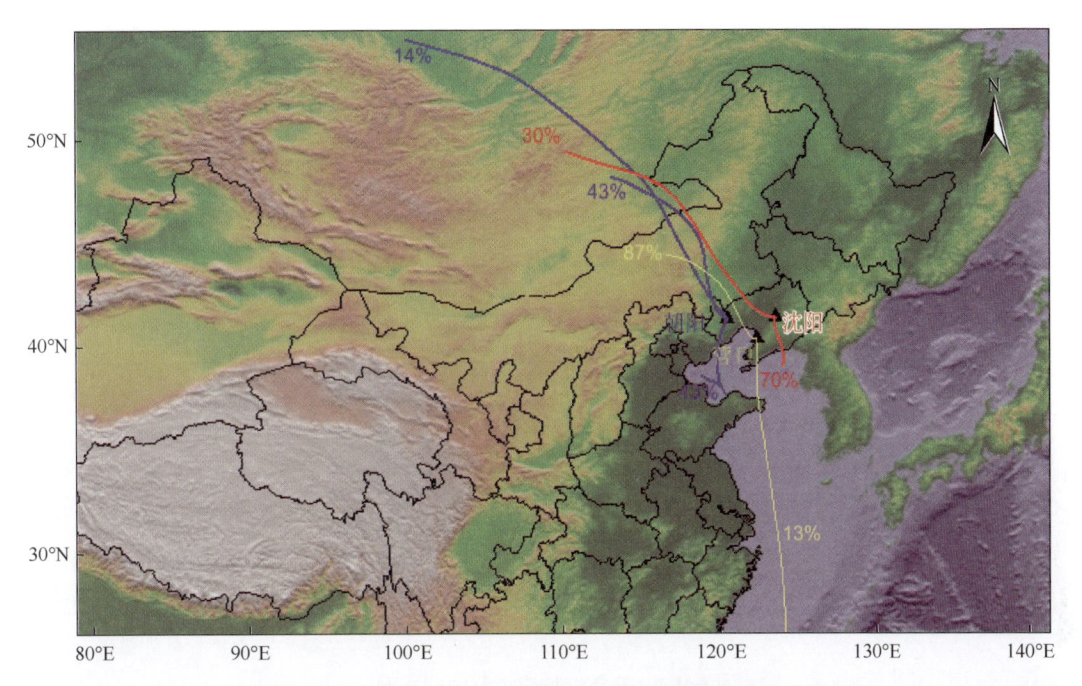

图 4-14　2013 年 7 月辽河流域三市 72h 后向聚类轨迹分析图

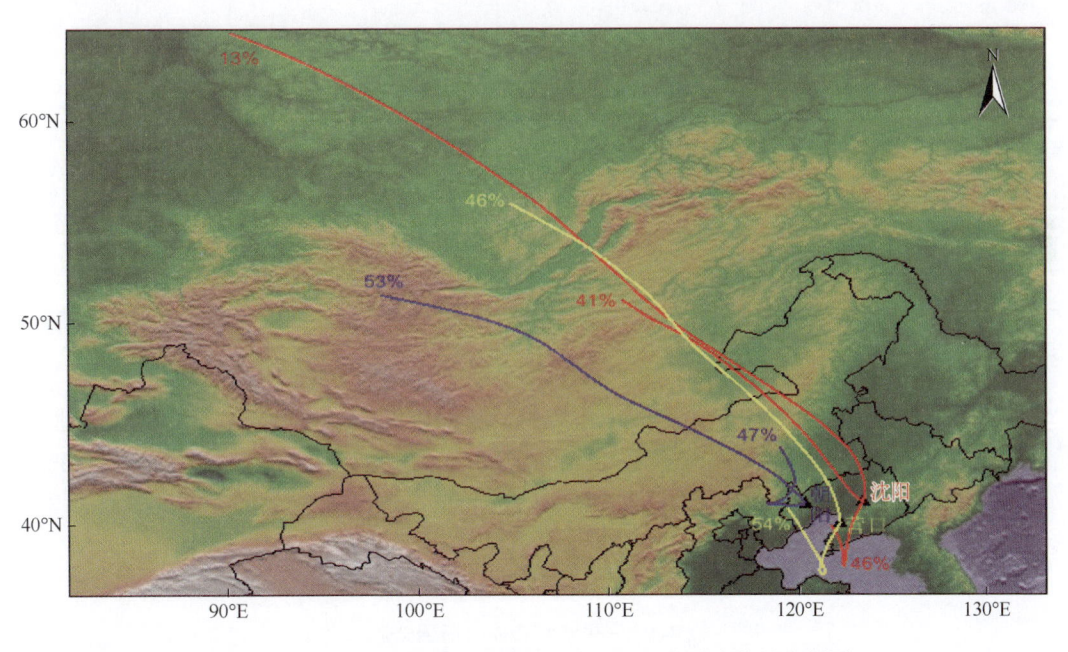

图 4-15　2013 年 10 月辽河流域三市 72h 后向聚类轨迹分析图

2013 年 1 月到达这些重点城市的气流轨迹基本一致，来自西北和西南气流。远距离的气团来自俄罗斯南部、贝加尔湖等地区，占比为 12%~42%；中距离的气团来路主要在两个地区，朝阳和沈阳主要来自蒙古东部和内蒙古的锡林郭勒盟地区，占比分别为 24% 和 58%，营口等沿海地区受河北、山东半岛等地区的西南路径影响较大（表 4-1）。

表 4-1 三重点城市 1 月气团来源

城市	路径一	路径二	路径三	路径四
沈阳	自锡林郭勒盟北部经阜新、锦州的轨迹。58%	自贝加尔湖北侧经我国内蒙古中东部的西北轨迹。42%		
朝阳	自蒙古中部经我国内蒙古的西北路径。43%	自锡林郭勒盟西北部经河北北部的路径。24%	自蒙古西北部经蒙古中部、我国内蒙古的路径。21%	自贝加尔湖东北经蒙古、我国内蒙古的正北路径。12%
营口	自贝加尔湖南侧经我国内蒙古中东部的西北轨迹。44%	自河北中部经山东半岛的西南路径。29%	自俄罗斯南部经蒙古、我国内蒙古的路径。27%	

2013 年 4 月到达这些重点城市的气流轨迹基本来自三类：来自西北的远距离气团、东北或北方的中距离气团和来自京津冀等地的近距离气团。远距离的气团来自俄罗斯南部、贝加尔湖等地区，占比为 9%～37%；中距离的气团主要来自俄罗斯东北部地区，占比为 20%～62%；近距离的气团多来自京津冀等地，占比为 14%～18%（表 4-2）。

表 4-2 三重点城市 4 月气团来源

城市	路径一	路径二	路径三	路径四
沈阳	自俄罗斯远东经我国内蒙古东部的正北路径。62%	自俄罗斯苏尔古特经贝加尔湖地区、蒙古、我国内蒙古的西北路径。20%	渤海湾路径。18%	
朝阳	自贝加尔湖北侧经蒙古、我国内蒙古的西北路径。37%	自俄罗斯哈巴罗夫斯克地区经我国内蒙古西部的气旋路径。20%	自锡林郭勒盟的西北路径。19%	自京津地区经河北东北部的西南路径。14%
营口	自俄罗斯东南部经我国内蒙古西部的东北路径。41%	自贝加尔湖西部经蒙古、我国内蒙古的西北路径。33%	自河北北部经山东半岛的西南路径。15%	自俄罗斯哈巴罗夫斯克地区经内蒙古西部、我国内蒙古的西北路径。11%

2013 年 7 月到达朝阳和沈阳的气流轨迹基本一致：来自中远距离的西北气团和来自京津冀、渤海等地的近距离气团。中远距离的气团来自贝加尔湖地区和蒙古中部等地区，占比为 14%～43%，近距离的气团多来自京津冀、渤海等地，占比分别为 43% 和 70%。营口的远距离气团来自东海经黄海的正南方，占 13%，来自锡林郭勒盟的西北气团占 87%（表 4-3）。

表 4-3 三重点城市 7 月气团来源

城市	路径一	路径二	路径三
沈阳	自黄海的南方路径。70%	自蒙古中东部经我国内蒙古的西北路径。30%	
朝阳	自渤海的南方路径。43%	自蒙古东南地区经我国内蒙古的北方路径。43%	自贝加尔湖西北经蒙古、我国内蒙古的西北路径。14%
营口	自锡林郭勒盟的西北路径。87%	自东海经黄海的正南方路径。13%	

2013年10月到达这些重点城市的气流轨迹主要有两大类：来自西北的中远距离气团和来自京津冀蒙等地的近距离气旋式气团。中远距离的气团来自俄罗斯南部、贝加尔湖等地区，占比为13%~53%；近距离的气团来路主要来自京津冀蒙、渤海和本地等地区，呈逆时针路径，占比为46%~54%（表4-4）。

表4-4　三重点城市10月气团来源

城市	路径一	路径二	路径三
沈阳	自大连地区经黄海、大连的气旋路径。46%	自贝加尔湖南侧地区经蒙古和我国内蒙古西部的西北路径。41%	自俄罗斯苏尔古特经贝加尔地区、蒙古、我国内蒙古的西北路径。13%
朝阳	自蒙古西北经蒙古中部、我国内蒙古中西部的西北路径。53%	自锡林郭勒盟中部经河北北部的气旋路径。47%	
营口	自朝阳地区经渤海的正南方路径。54%	自贝加尔湖西北侧经蒙古、我国内蒙古的西北路径。46%	

5. 静风、小风分析

静风、小风（风速<0.5m/s为静风，0.5m/s≤风速<1.5m/s为小风）的频繁出现，是空气环境质量较差的一个重要因素。在出现静风和小风情况时，大气的水平运动缓慢，不利于大气污染物的横向扩散，易形成区域累积污染。

图4-16为重点城市每年静风、小风天数，可见阜新在1990年以前静风、小风天数明显多于其他城市，其他城市在1970年前和1990~2000年的静风、小风天数较多。

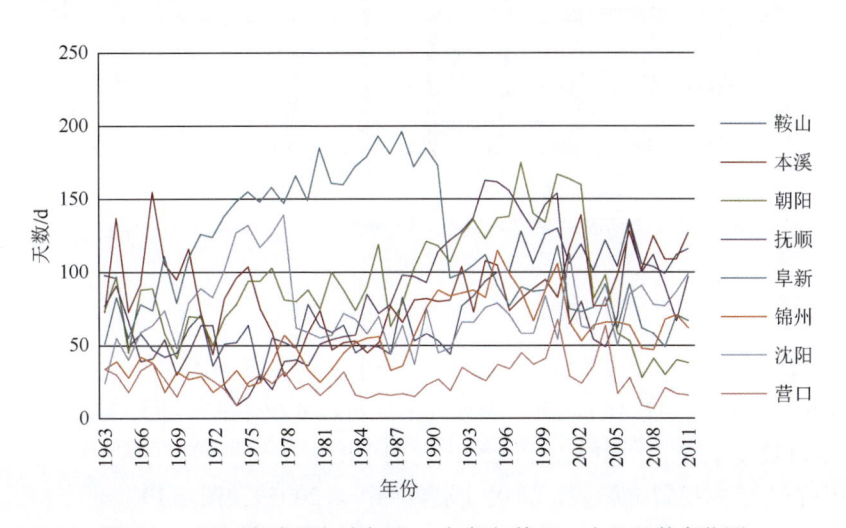

图4-16　辽河流域重点城市近50年每年静风、小风天数变化图

从50年平均情况来看，这8个重点城市中阜新的静风、小风平均天数最多，超过100d，营口的平均天数最少，其他城市的平均天数大于或接近80d，占一年的1/4左右，总体上

这 8 个城市的静风、小风平均天数都较小，较有利于污染物的扩散（图 4-17）。

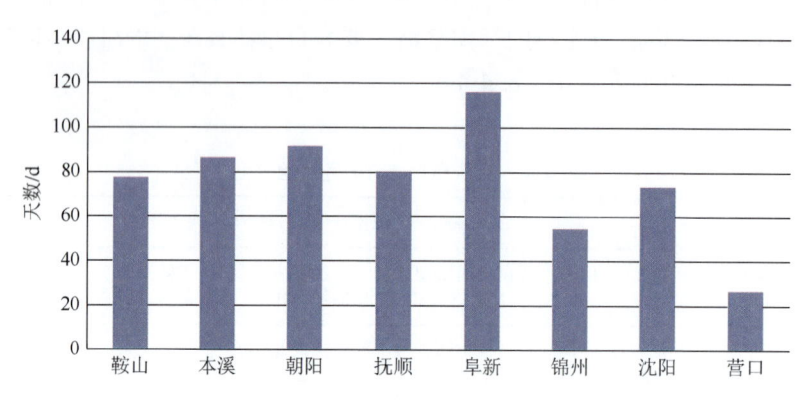

图 4-17　辽河流域重点城市近 50 年静风、小风年均天数变化图

图 4-18 为静风、小风最大连续天数概率统计，统计时段为近 50 年共 18 263d，各城市近 50 年连续 10d 之前的次数基本一致，静风、小风的连续性程度较好，不利于本地污染物的扩散。

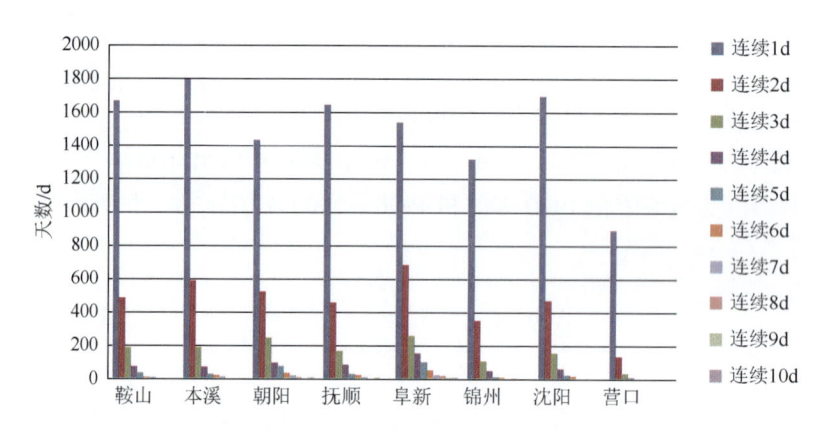

图 4-18　辽河流域重点城市近 50 年静风、小风连续天数变化图

6. 沙尘

沙尘天气频发是辽宁省春季的特点之一，沙尘天气多数出现在 3～5 月，其中，以 4 月最多。1991～2000 年这 10 年间沙尘天气出现日数变化不大，平均为 13d，而从 2000 年开始沙尘日数逐年增多，同时沙尘天气出现的范围也呈逐年增大的趋势。辽宁省春季沙尘天气的中心主要在朝阳、彰武、新民（夏梅艳等，2005）（图 4-19）。

辽宁沙尘天气的沙源有两个：一个是辽宁上游，即内蒙古中、东部的荒漠地区，沙尘在偏西北、北大风的作用下，主要影响辽宁的西、北部，有时波及辽宁中部、南部和东南部地区；另一个沙源来自辽宁本地，偏南大风把当地的沙尘卷起，形成沙尘天气，主要影响辽宁平原地区（图 4-20）。

第四章　辽河流域大气环境保护战略

图 4-19　辽宁省春季沙尘天气地理分布示意图

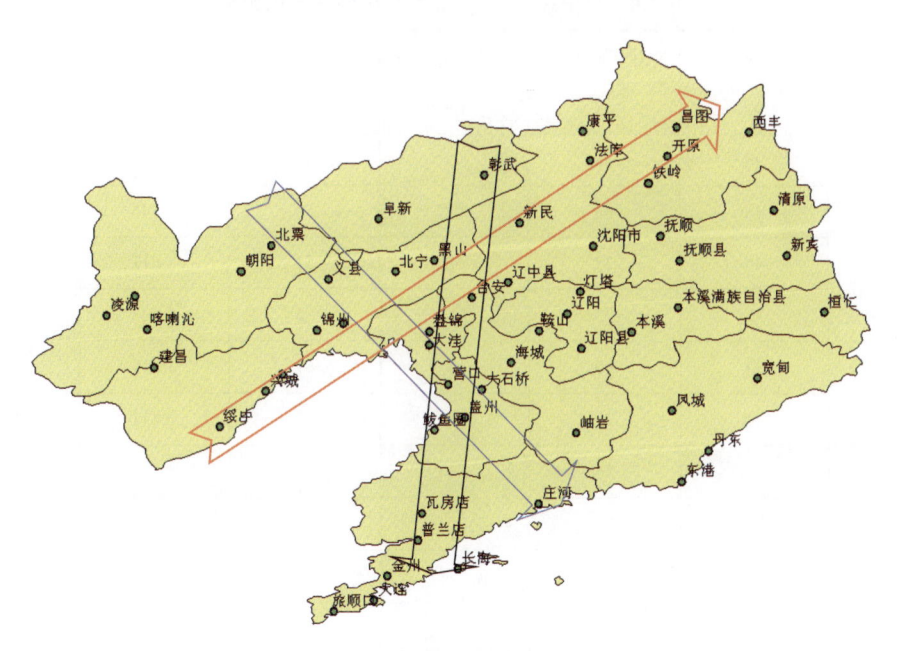

图 4-20　辽宁省春季沙尘天气影响路径示意图

（二）大气环境状况

1. 空气质量状况与演变趋势

（1）空气质量现状

根据辽宁省环境保护厅 2014 年公布的《2013 年辽宁省环境状况公报》2013 年全

省城市环境空气中可吸入颗粒物、SO_2 年均浓度、NO_2 年均浓度分别为 0.086mg/m³、0.042mg/m³ 和 0.032mg/m³，按照《环境空气质量标准》（GB 3095—2012），可吸入颗粒物年均浓度超过二级标准，SO_2 年均浓度达二级标准，NO_2 年均浓度达一级标准。与 2012 年相比，全省可吸入颗粒物、SO_2 和 NO_2 年均浓度分别上升 16.2%、7.7% 和 6.7%。其中，沈阳市和葫芦岛市可吸入颗粒物年均浓度超标，其余 12 个城市符合国家二级标准；沈阳市 SO_2 年均浓度超标，其余 13 个城市符合国家二级标准；14 个城市 NO_2 浓度均符合国家二级标准。

2013 年，沈阳市和大连市实施了新空气质量标准，按《环境空气质量标准》（GB 3095—2012）评价，监测的六项指标中，沈阳市细颗粒物、可吸入颗粒物、SO_2 和 NO_2 四项污染物年均浓度及 24h 平均百分位数浓度均超标，大连市细颗粒物和可吸入颗粒物两项污染物年均浓度及 24h 平均百分位数浓度均超标。另据环境保护部发布的 2014 年 3 月及第一季度重点区域和 74 个城市空气质量状况，按照城市环境空气质量综合指数评价，沈阳市位列 3 月空气质量相对较差的前 10 位城市的第 10 位。

表 4-5 为辽河流域各市 2013 年污染物的年均浓度，表中灰色单元格代表超标。

表 4-5　辽河流域各市 2013 年污染物年均浓度

地区	SO_2/(μg/m³)	NO_2/(μg/m³)	PM_{10}/(μg/m³)	O_3/(μg/m³)	CO/(mg/m³)	$PM_{2.5}$/(μg/m³)
沈阳	91	43	128	49	1.439	72
鞍山	48	38	98	44	1.364	53
抚顺	38	45	98	58	0.946	65
本溪	46	32	68	53	1.617	55
锦州	38	23	79	55	1.303	44
营口	34	30	74	69	1.419	38
阜新	44	29	85	65	0.434	50
辽阳	47	35	79	—	1.548	53
盘锦	26	28	75	58	1.954	35
铁岭	30	22	74	80	0.583	63
朝阳	37	33	79	40	1.026	—

从表 4-5 中可见，仅沈阳市 SO_2 超标（超标 51%），沈阳和抚顺 NO_2 超标（分别超标 7.5% 和 12.5%），除本溪外其余各市 PM_{10} 均超标（最大超标者为沈阳，超标 82.8%；最小超标者为营口和铁岭，超标 5.7%），除朝阳没记录和盘锦刚好达标外，其他各市 $PM_{2.5}$ 均超标（最大超标者为沈阳，超标 105.7%），各市 O_3 和 CO 均未超标。2013 年沈阳市是辽河流域 11 市中空气质量最差的市，不仅超标的污染物多，而且其 SO_2、PM_{10}、$PM_{2.5}$ 的浓度也最高。

（2）空气质量演变趋势

A. 时间变化特征

a. 年均浓度

如图 4-21 所示，2003~2012 年辽宁省 PM_{10} 年均浓度逐年下降，2012 年 PM_{10} 年均浓度下降至 $0.074mg/m^3$，但仍不能达到《环境空气质量标准》（GB 3095—2012）空气质量二级标准。近十多年来，NO_2 的浓度保持平稳，低于 $0.04mg/m^3$，能够达到二级标准，SO_2 的年均浓度呈现先上升、后下降的变化趋势，峰值出现在 2003 年，能够达到二级标准。SO_2、NO_2 和 PM_{10} 的年均浓度在 2013 年都出现反弹升高。$PM_{2.5}$ 呈升高趋势且每年均超标，O_3 波动变化且有两年出现异常高值，CO 呈先上升然后下降的趋势。

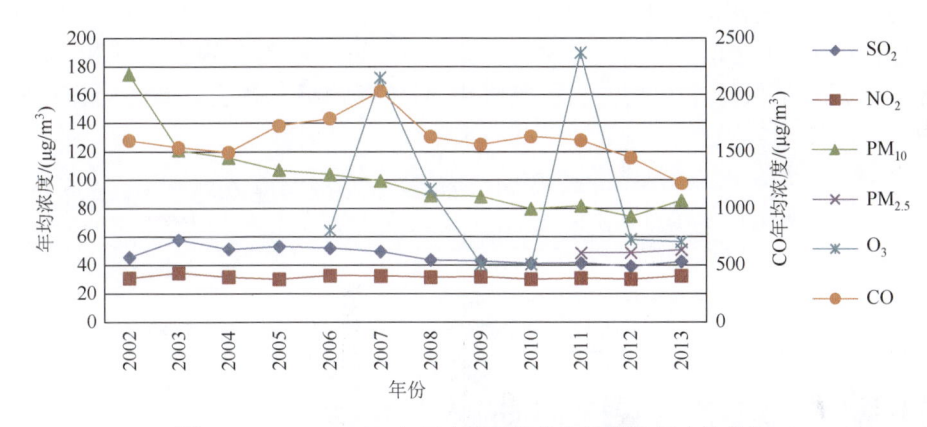

图 4-21　2002~2013 年辽宁省污染物年均浓度历史趋势图

b. 达标天数

如图 4-22 所示，辽宁省从 2005 年开始，空气质量达标天数逐年增多，趋势明显。2011

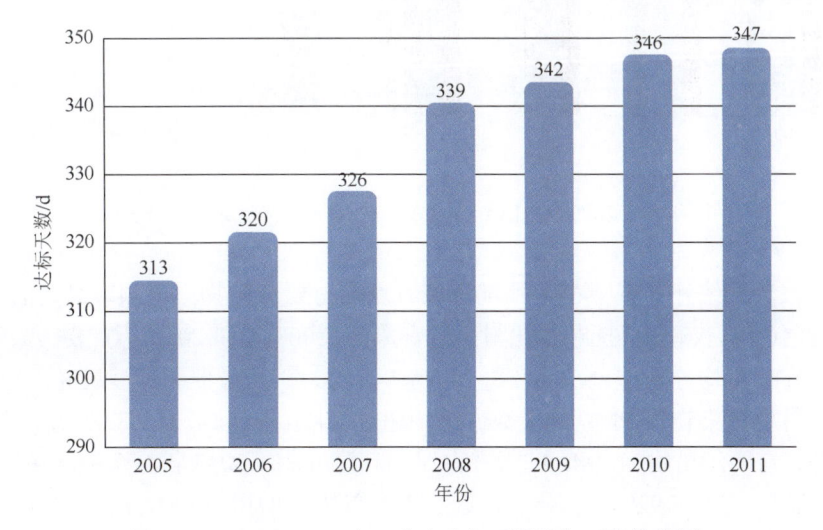

图 4-22　2005~2011 年辽宁省空气质量达标天数趋势图

年达标天数为 347d,占全年的 94.8%。但 2012 年及以前的达标天数为常规三项污染物 API 评价的结果,没有考虑新增的三项指标,若用《环境空气质量标准》(GB 3095—2012) 和 AQI 评价,达标天数会有较大幅度的下降。

根据中国环境监测总站公布的日报数据,收集了 5 个城市近 5 年的数据(各城市各年份有数据的天数在同一年大多相同,不同年份间有数据的天数不同)。2009 年和 2010 年只有沈阳、抚顺和鞍山有数据,这两年均是抚顺优良天数最多(分别是 324d 和 313d),其次为沈阳。2011 年锦州优良天数最多(325d),其次为抚顺(320d)。2012 年本溪优良天数最多(344d),其次为鞍山(343d)和抚顺(336d),2013 年本溪优良天数最多(343d),其次为锦州(337d)和鞍山(327d)。根据已有数据,抚顺和鞍山 2013 年优良天数比 2012 年都有下滑,本溪基本保持不变。从优良天数的占比来看(图 4-23),仅鞍山变化比较明显,2009~2012 年呈明显上升趋势,但与锦州、抚顺一样,2013 年比 2012 年有所下降,本溪和锦州近 3 年都分别在 96%和 94%以上,沈阳和抚顺则多年保持在 90%左右。当采用 AQI 评价后,优良天数还会出现较大的下滑。

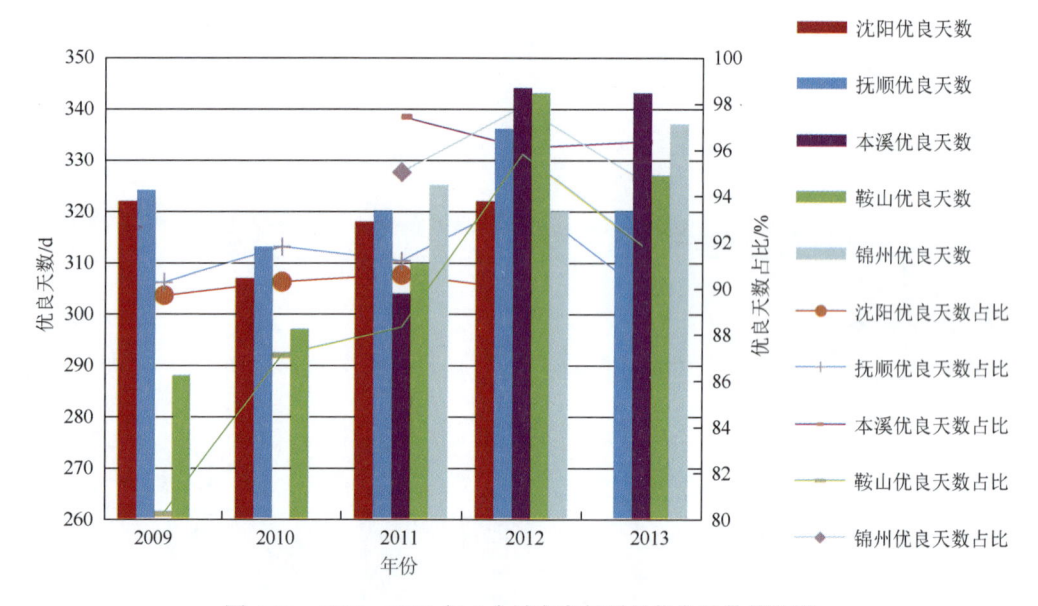

图 4-23 2009~2013 年 5 个城市空气质量优良天数统计图

根据日报数据统计(表 4-6),辽河流域五城市首要污染物出现频率最高的是 PM_{10}。2009 年和 2010 年,仅鞍山、抚顺和沈阳三市有数据,2009 年和 2010 年首要污染物为 PM_{10} 的天数占比在三市均分别超过 76.6%和 74.5%,且均为鞍山最低和抚顺最高;2011 年,除了本溪外,首要污染物为 PM_{10} 的天数占比均超过 70%,抚顺最高(83.76%);2012 年,除了本溪外,首要污染物为 PM_{10} 的天数占比均超过 60%;2013 年这个数据更高,均超过 70%,抚顺最高,为 87.92%。总体看,近 5 年来首要污染物为 PM_{10} 的天数占比均是本溪最低,抚顺最高。2009~2012 年辽中 5 城市的首要污染物为 SO_2 的天数呈上升趋势,但

2012 年后，鞍山、本溪、抚顺又下降。

表 4-6 2009～2013 年 5 个城市首要污染物统计

年份	首要污染物	鞍山	本溪	抚顺	锦州	沈阳
2009	二氧化硫/($\mu g/m^3$)	68	—	1	—	36
	氮氧化物/($\mu g/m^3$)	0	—	0	—	0
	可吸入颗粒物/($\mu g/m^3$)	275	—	332	—	307
	可吸入颗粒物占比/%	76.6	—	92.48	—	85.5
2010	二氧化硫/($\mu g/m^3$)	67	—	7	—	45
	氮氧化物/($\mu g/m^3$)	0	—	0	—	0
	可吸入颗粒物/($\mu g/m^3$)	254	—	283	—	264
	可吸入颗粒物占比/%	74.5	—	82.99	—	77.65
2011	二氧化硫/($\mu g/m^3$)	81	55	15	3	42
	氮氧化物/($\mu g/m^3$)	0	0	0	0	0
	可吸入颗粒物/($\mu g/m^3$)	249	190	294	264	275
	可吸入颗粒物占比/%	70.9	60.9	83.76	77.19	78.35
2012	二氧化硫/($\mu g/m^3$)	88	103	18	7	57
	氮氧化物/($\mu g/m^3$)	0	0	0	0	0
	可吸入颗粒物/($\mu g/m^3$)	218	161	277	212	245
	可吸入颗粒物占比/%	60.9	45.25	77.37	64.83	68.44
2013	二氧化硫/($\mu g/m^3$)	50	81	1	6	—
	氮氧化物/($\mu g/m^3$)	0	0	0	0	—
	可吸入颗粒物/($\mu g/m^3$)	274	161	313	258	—
	可吸入颗粒物占比/%	77	45.22	87.92	72.47	—

c. 采暖期与非采暖期

根据辽河流域 11 城市采暖期与非采暖期污染物平均浓度的历年变化分析，2002～2013 年，11 城市各年份采暖期 SO_2 平均浓度都高于非采暖期，且常见高出数倍（如辽阳和朝阳在 2002 年分别高出 61 倍和 14 倍，抚顺在 2004 年高出 10.7 倍），各年份采暖期 NO_2、PM_{10}、CO（图 4-24）的平均浓度高于非采暖期（个别城市个别年份除外）；2011～2013 年 11 城市各年份采暖期 $PM_{2.5}$ 平均浓度高于非采暖期（阜新、盘锦个别年份除外）。这表明采暖期采暖产生的污染物排放对空气中污染物的浓度有较大的贡献，尤其是 SO_2 和 NO_2。2007～2013 年，10 城市采暖期 O_3 平均浓度低于非采暖期（个别城市个别年份除外）（图 4-25），这与 O_3 浓度夏季高冬季低的规律相符，而与采暖关系不大，铁岭在 2010 年非采暖期出现 186$\mu g/m^3$ 的高值。

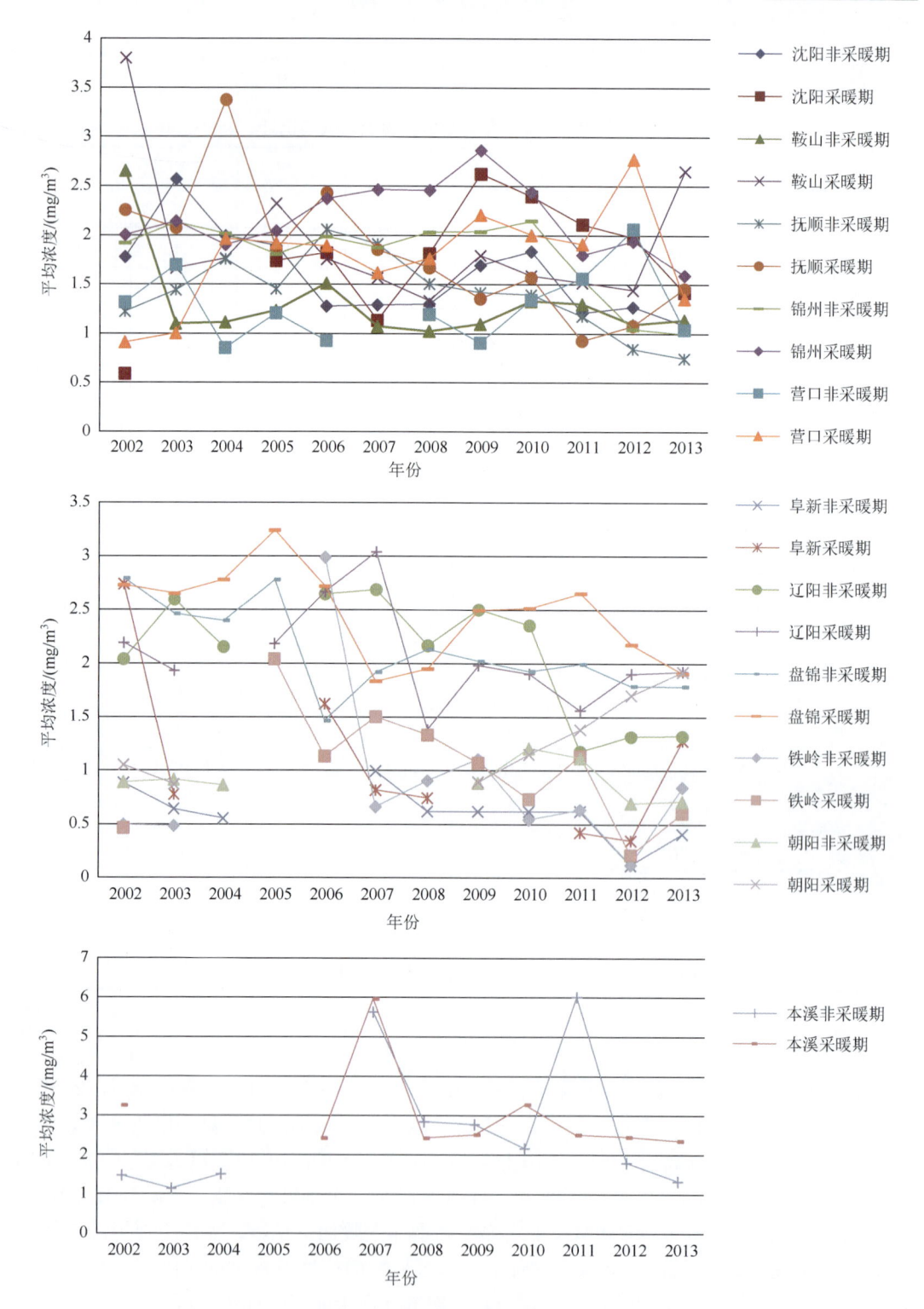

图 4-24 采暖期与非采暖期 CO 平均浓度年变化图

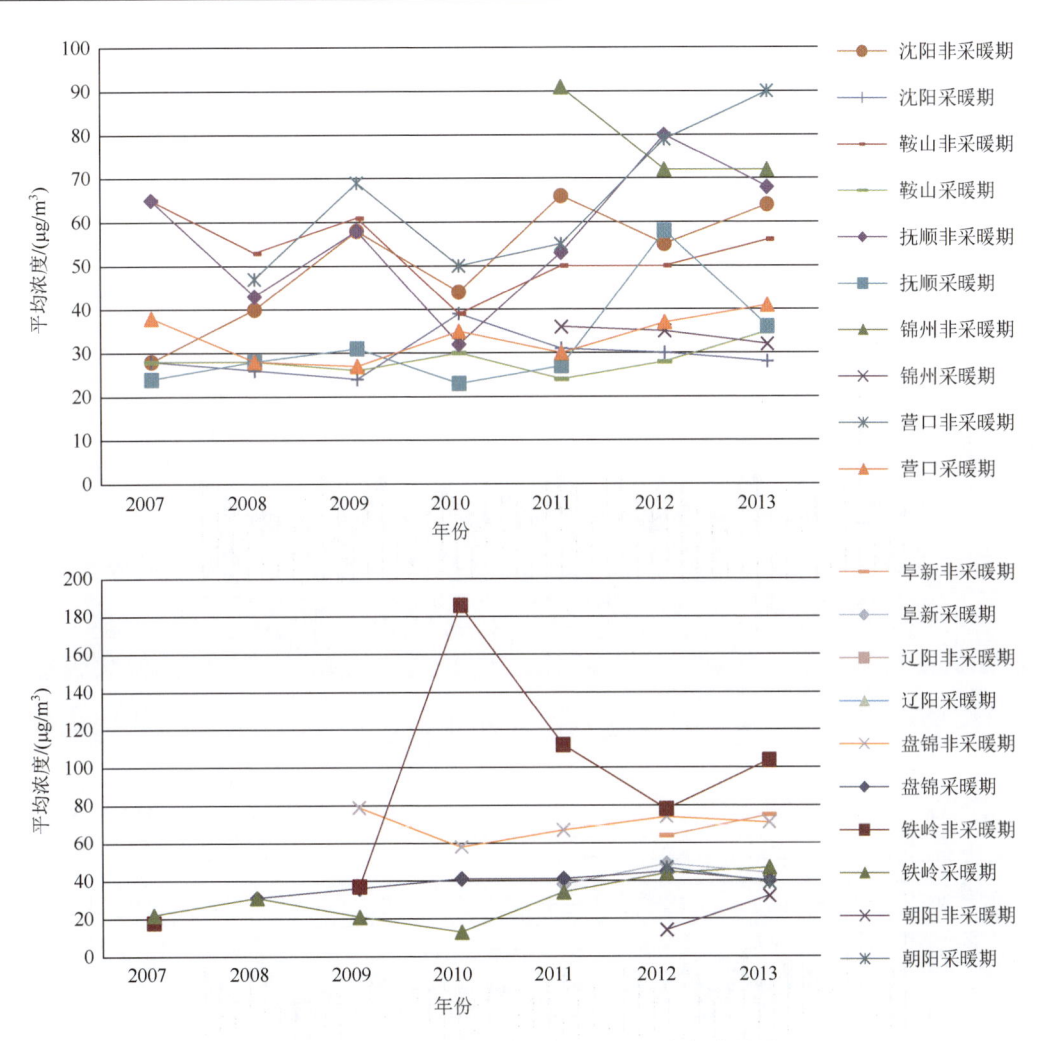

第四章 辽河流域大气环境保护战略

图 4-25 采暖期与非采暖期 O_3 平均浓度年变化图

d. 四季变化

辽河流域 11 城市 2002~2013 年 SO_2 季均浓度季节性变化明显（图 4-26），尤其是辽

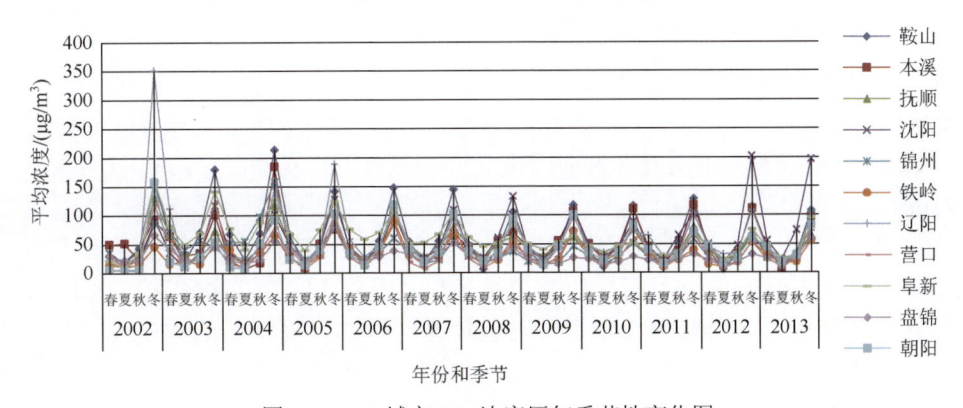

图 4-26 11 城市 SO_2 浓度历年季节性变化图

阳、鞍山的季节差异幅度最大，盘锦的季节性差异幅度最小。鞍山、辽阳、抚顺、阜新、朝阳的季节性差异幅度呈下降趋势，沈阳近年季节性差异幅度呈上升趋势。

11 城市 NO_2 季节性变化明显，冬天高夏天低，但有些城市个别年份则是高值不是在冬季，波形明显与 SO_2 的规则不同（图 4-27）。

11 城市各季节 PM_{10} 平均浓度季节性变化明显，表现为冬高夏低，但个别年份和个别城市高值出现在春秋季（图 4-28）。

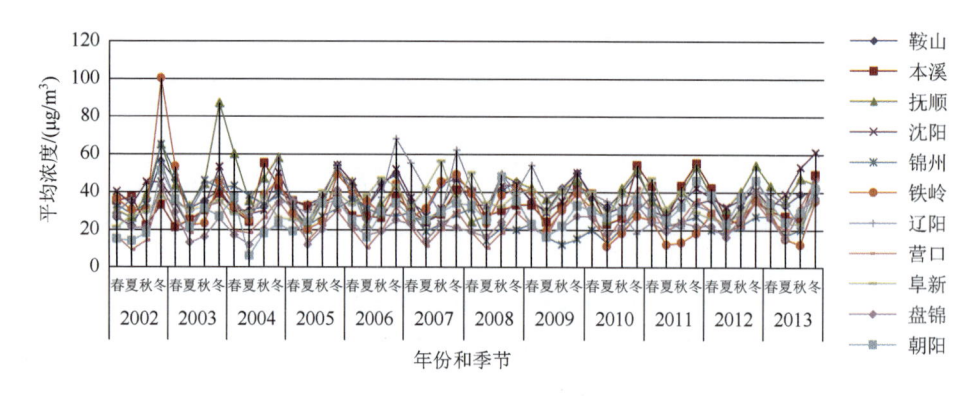

图 4-27　11 城市 NO_2 浓度历年季节性变化图

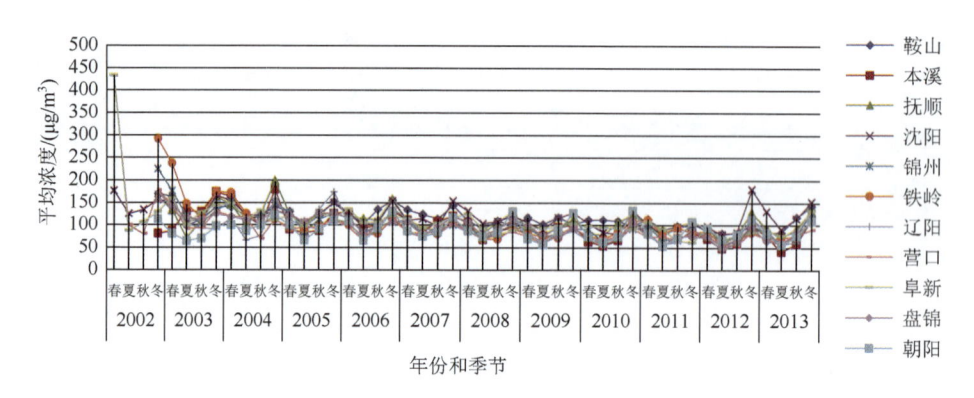

图 4-28　11 城市 PM_{10} 浓度历年季节性变化图

从 11 城市四季 O_3 季均浓度来看（图 4-29），鞍山与锦州表现为夏季高、冬季低，季节性变化明显，抚顺、沈阳、营口、铁岭、阜新、盘锦、朝阳等城市个别年份呈夏春季高、冬秋季低的季节性变化，本溪表现为不规律变化，且在 2007 年秋冬季与 2011 年夏季出现异常高值。

从 11 城市四季 CO 季平均浓度来看（图 4-30），鞍山表现为冬季高、夏季低，季节性变化明显，本溪表现为不规律的季节性变化，且在 2007 年秋冬季与 2011 年春季出现明显异常高值。其余城市则多数年份表现为冬季高、夏季低的季节性变化，少数年份则未出现此种规律性季节变化，有的年份高值是出现在春夏秋等季，有的年份低值还出现在冬季。

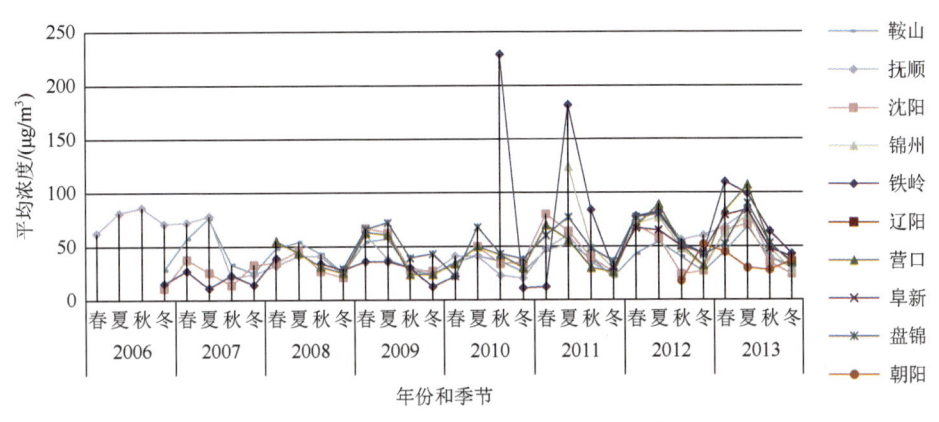

图 4-29 11 城市 O_3 浓度历年季节性变化图

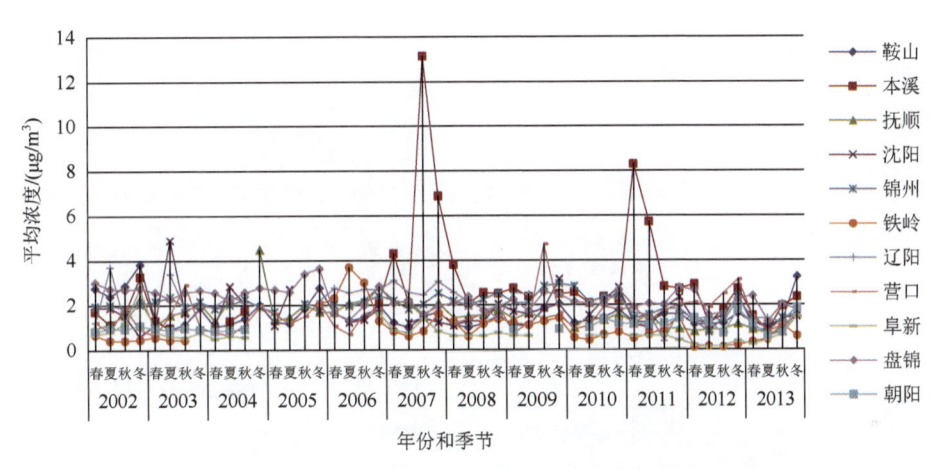

图 4-30 11 城市 CO 浓度历年季节性变化图

11 城市四季 $PM_{2.5}$ 季均浓度,多数年份都表现为冬高夏低的规律性季节变化(图 4-31);从年变化来看,沈阳各季值呈上升趋势,本溪各季值呈下降趋势,其余市年间变化小;2011~2013 年,本溪每年至少有一个季节平均浓度值大于 $75\mu g/m^3$,沈阳、抚顺、铁岭等市也出现平均浓度值大于 $75\mu g/m^3$ 的季节,这比 $PM_{2.5}$ 24h 平均浓度的新标准二级的值还高。

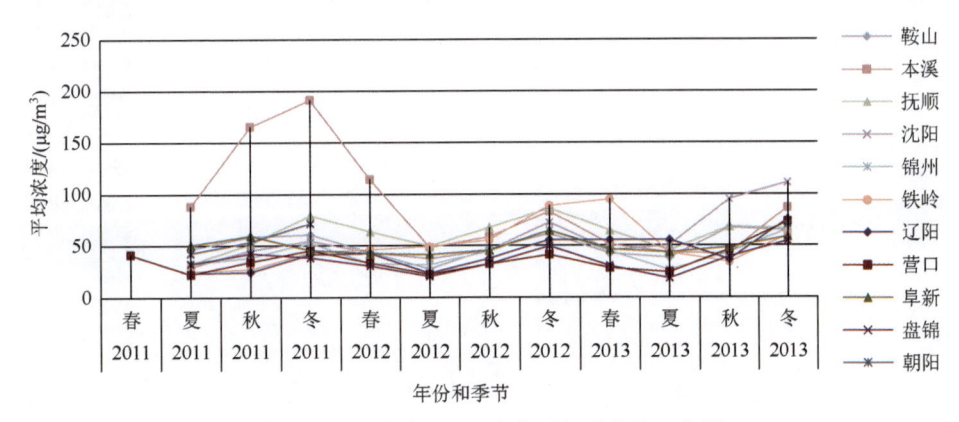

图 4-31 11 城市 $PM_{2.5}$ 浓度历年季节性变化图

总体来说，SO_2、NO_2、PM_{10}、$PM_{2.5}$ 等污染物在辽河流域 11 城市表现为冬季高、夏季低的季节性变化特点，特别是 SO_2 季节性变化最明显，这显然与冬季采暖的贡献密不可分。O_3 基本呈现为夏季高、冬季低的特点，而 CO 的季节性变化没前述几种污染物强。

B. 空间差异特征

2002~2009 年，辽河流域 SO_2 年均浓度仅鞍山、本溪、锦州、阜新、辽阳 5 市分别出现 5 年、3 年、4 年、6 年、3 年超标，2009 年后仅沈阳 2013 年出现超标，其余均很接近标准值；抚顺、营口、盘锦、铁岭、朝阳等市没出现超标的年份，盘锦、营口、铁岭常年保持较低值；除沈阳市外，多数市历年 SO_2 年均浓度主要呈下降趋势（图 4-32）。

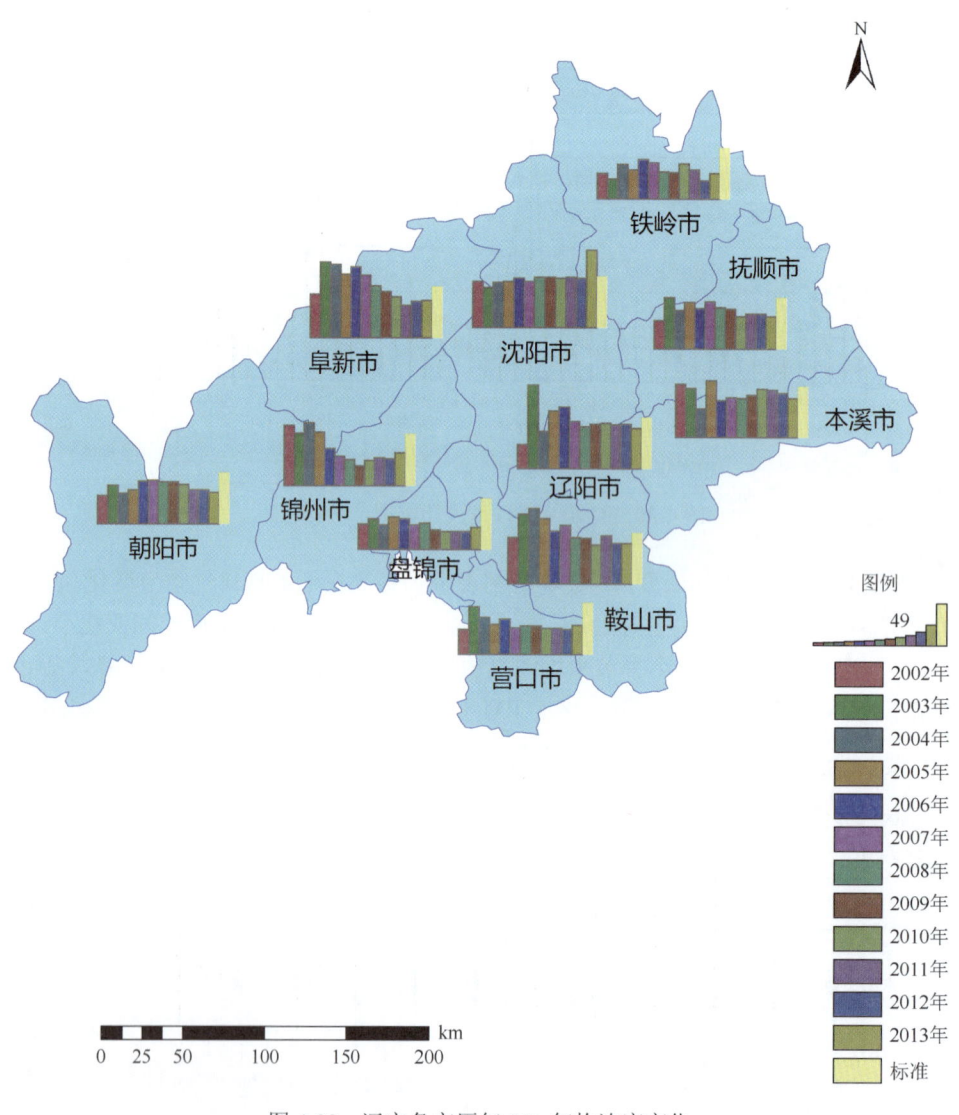

图 4-32　辽宁各市历年 SO_2 年均浓度变化

2002~2013 年，营口、盘锦、朝阳历年 NO$_2$ 年均浓度一般在 30μg/m^3 之下，未出现超标年份，其余市都出现超标；沈阳、抚顺、朝阳等市主要表现为上升的趋势，其他市多数表现为先降后升（图 4-33）。

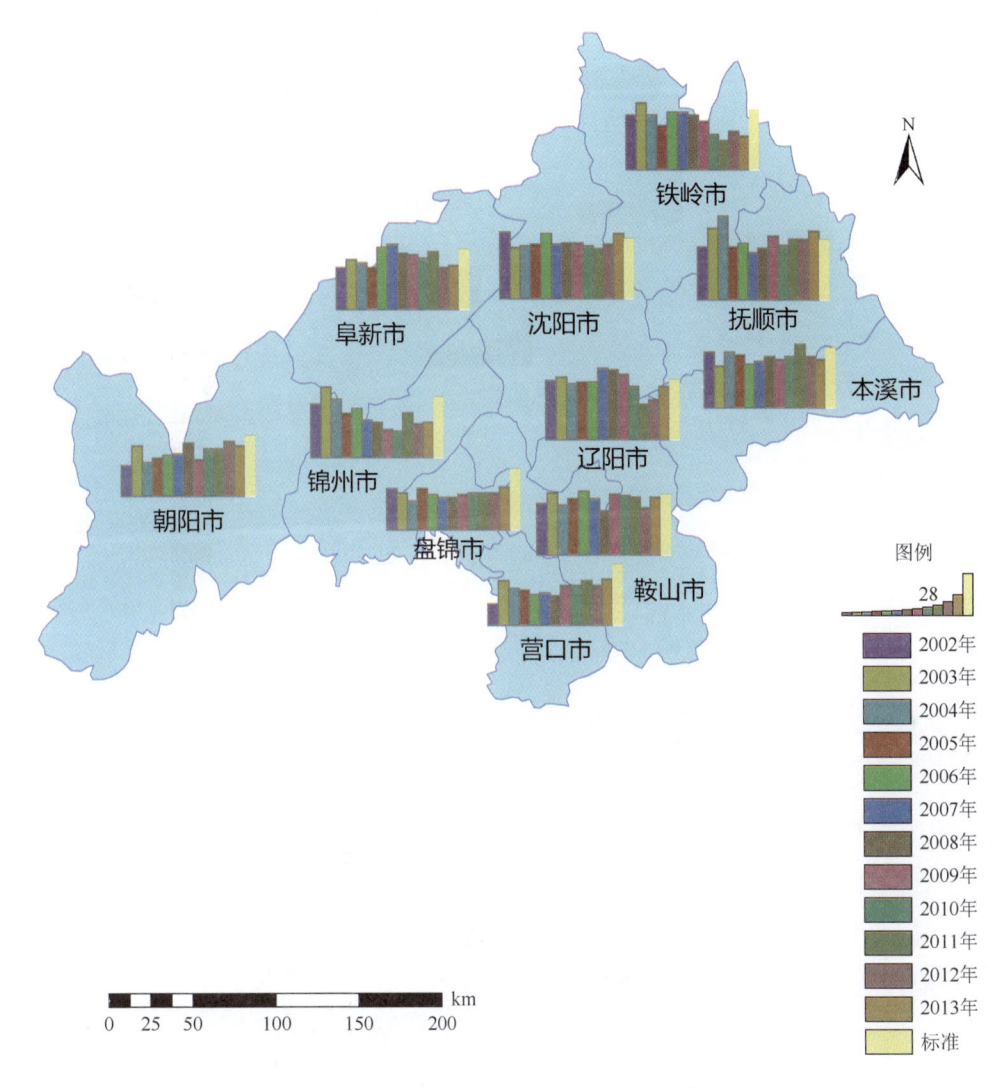

图 4-33 辽宁各市历年 NO$_2$ 年均浓度变化

2002~2013 年，本溪历年 PM$_{10}$ 年均浓度近 4 年有 3 年达标，锦州、营口、辽阳、盘锦近年各有一年达标，其余市在各个年份都不达新标准（如果按旧标准，所有地区近 3 年都能达二级标准）。各市都呈下降趋势，且多数市在 2013 年出现反弹（图 4-34）。

2011~2013 年，辽河流域各市历年 PM$_{2.5}$ 年均浓度，仅有营口、辽阳、盘锦、铁岭在 2011 年或 2012 年达标（二级标准为 35μg/m^3）；沈阳、铁岭、辽阳、抚顺明显上升，营口、锦州略上升；本溪明显下降，鞍山、阜新、盘锦略下降（图 4-35）。

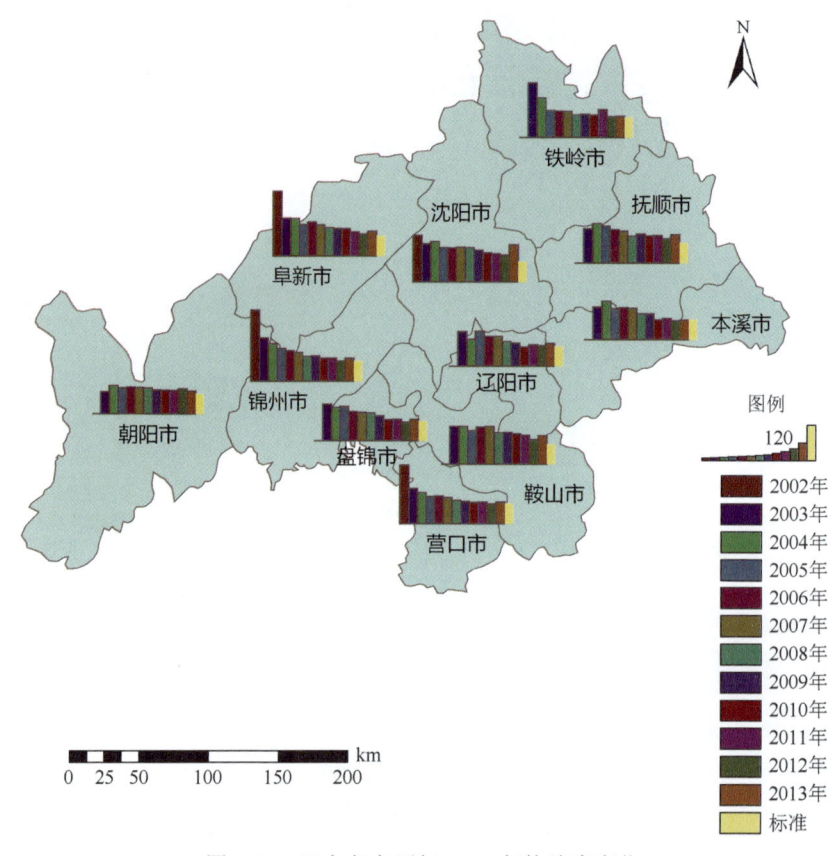

图 4-34　辽宁各市历年 PM$_{10}$ 年均浓度变化

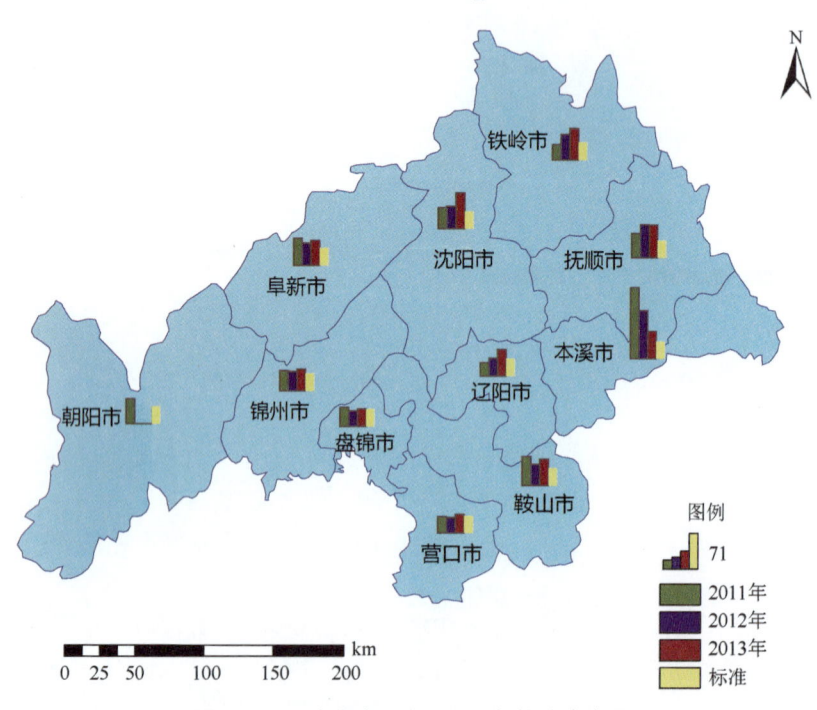

图 4-35　辽宁各市历年 PM$_{2.5}$ 年均浓度变化

2002~2013年辽河流域各市历年CO年均浓度仅本溪市有两年出现超标，沈阳、盘锦、辽阳、锦州等市的值相对较高，除营口波动上升外，其他各市主要呈下降趋势（图4-36）。

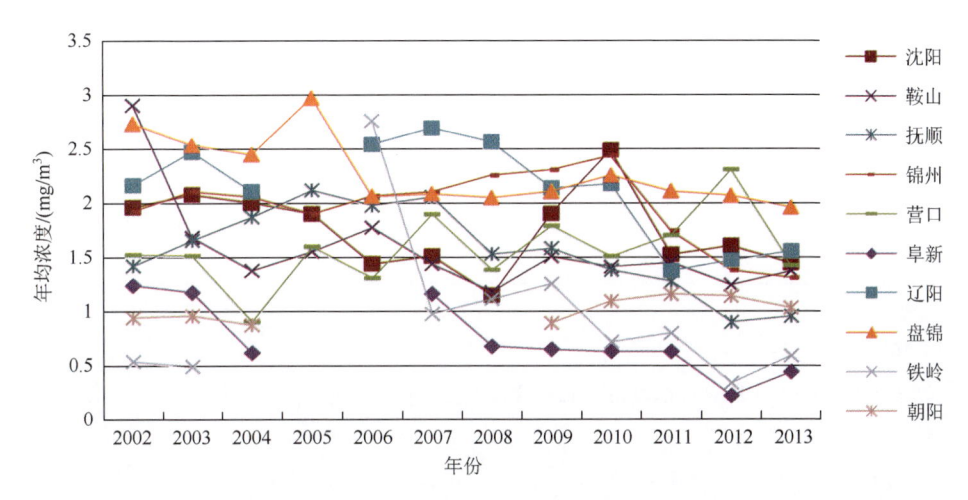

图4-36 辽河流域各市历年CO年均浓度变化

2007~2013年辽河流域各市历年O_3年均浓度仅铁岭市出现异常超标高值，其他各市的值均较低。除锦州市外，其他市O_3年均浓度表现出升高趋势（图4-37）。

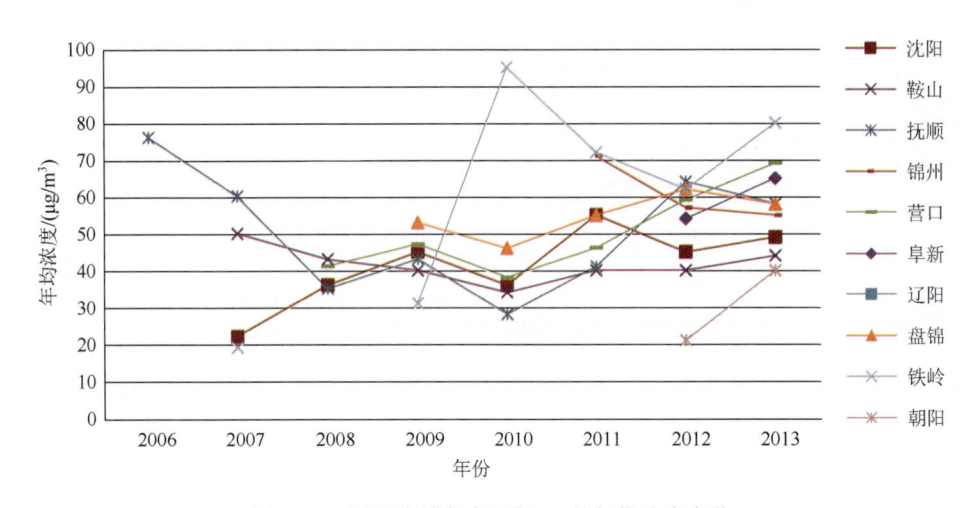

图4-37 辽河流域各市历年O_3的年均浓度变化

（3）沈阳空气质量在全国排名

2012年沈阳SO_2年均浓度为0.058mg/m³，接近二级标准，在全国排名第3；NO_2年均浓度为0.036mg/m³，在全国排名第21；PM_{10}年均浓度为0.092mg/m³，在全国排名第16。在2013年的12个月中，沈阳排名为11~20名的有4个月，排名为21~30名的有6个月，排名为31~40名和41~50名的各有1个月。总体上看，沈阳大气污染排名靠前（表 4-7）。

表 4-7 2013 年沈阳在 74 个城市中的排名及综合指数

月份	排名	综合指数	月份	排名	综合指数
1	11	16.0	7	22	3.30
2	19	4.58	8	20	3.43
3	27	4.15	9	33	3.31
4	47	3.40	10	23	4.49
5	12	4.38	11	22	4.54
6	26	3.40	12	22	6.09

（4）酸雨

根据两控区酸雨（Larssen et al.，2011）和 SO_2 污染防治"十五"计划，辽宁省没有被划入酸雨控制区，但有部分城市被划入 SO_2 控制区，包括沈阳市市区及新民市、大连市市区、鞍山市市区及海城市、抚顺市市区、本溪市市区、锦州市市区及凌海市、葫芦岛市市区及兴城市、阜新市市区、辽阳市市区。表 4-8 为近几年辽宁省或辽河流域酸雨出现情况。

表 4-8 辽宁省及辽河流域酸雨分布

年份	酸雨出现区域	其他酸雨出现区域
2007	抚顺、铁岭、沈阳、锦州	丹东、大连、葫芦岛
2008	抚顺、沈阳	丹东、大连、葫芦岛
2010	铁岭、沈阳	大连、丹东
2011	无	丹东、大连、葫芦岛
2012	无	丹东、大连、葫芦岛
2013	铁岭	丹东、大连、葫芦岛

2007~2013 年，辽宁省的大连、丹东、葫芦岛一直有酸雨出现，辽河流域 2007~2010 年有酸雨出现，2011 年和 2012 年没有酸雨出现，但 2013 年铁岭出现酸雨。总体趋势是酸雨出现城市在逐年减少。

2. 污染物排放现状与演变趋势

（1）SO_2

2012 年，全国 SO_2 排放总量为 2117.6 万 t。其中，工业 SO_2 排放量为 1911.7 万 t，占 SO_2 排放总量的 90.3%。2012 年，辽宁省 SO_2 排放量为 979 025t，占全国的 4.62%；辽河流域 SO_2 工业排放量为 752 254t，占全国工业的比例为 3.9%，占全省的 76.8%。近几年辽河流域 SO_2 工业排放量占辽宁省 SO_2 排放量的比例在 76.5%~80.2%变化（表 4-9）。

表 4-9 2007~2012 年辽河流域 SO₂ 工业排放占比

年份	2007	2008	2009	2010	2011	2012
全省 SO₂ 排放量/t	1 067 186	1 000 779	918 837	784 821	1 048 914	979 025
辽河流域 SO₂ 工业排放量总计/t	833 170	777 507	736 943	624 989	802 892	752 254
辽河流域占比/%	78.1	77.7	80.2	79.6	76.5	76.8

根据辽河流域 11 市 2007~2012 年工业 SO₂ 的排放情况分析，总体上，本溪、铁岭、抚顺呈下降趋势；锦州、营口先上升后下降；沈阳、鞍山、阜新、朝阳先下降，近年回升；仅盘锦、辽阳呈现上升态势。2010 年全省排放量最小，沈阳、鞍山、辽阳、朝阳、阜新等市在 2010 年出现最低点；近年排放量大的有鞍山、阜新、沈阳等市，近年排放量小的有铁岭、锦州、营口等市（图 4-38）。

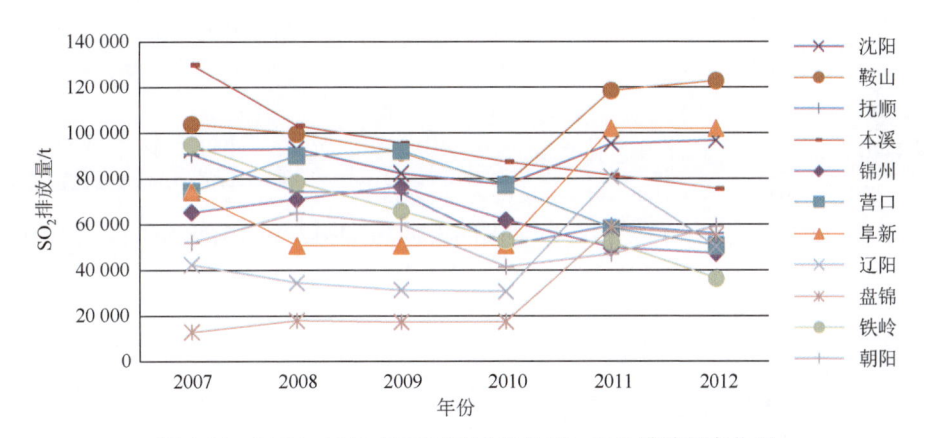

图 4-38 2007~2012 年辽河流域各市 SO₂ 工业排放量变化图

（2）烟粉尘

2012 年，全国烟粉尘排放总量为 1234.3 万 t。其中，工业烟粉尘排放量为 1029.3 万 t，占烟粉尘排放总量的 83.4%。2012 年，辽宁省工业烟粉尘排放量为 626 344t，占全国的 5.07%；辽河流域工业烟粉尘排放量为 523 065.2t，占全国的 5.08%，占辽宁省的 83.51%。近几年，辽河流域烟粉尘工业排放量占辽宁省的比例为 82.6%~89.4%（表 4-10）。

表 4-10 2007~2012 年辽河流域工业烟粉尘排放情况

项目	2007 年	2008 年	2009 年	2010 年	2011 年	2012 年
全省工业烟粉尘排放量/t	899 838	736 953	628 371	568 877	591 152.3	626 344
辽河流域工业烟粉尘排放量总计/t	791 253	658 706	559 405	496 142	488 398	523 065
辽河流域占比/%	87.9	89.4	89.0	87.2	82.6	83.5

根据辽河流域 11 市从 2007~2012 年工业烟粉尘的排放情况分析（图 4-39），总体上，营口、铁岭、阜新、锦州、朝阳、沈阳、本溪等市主要呈逐年下降的趋势，鞍山、辽

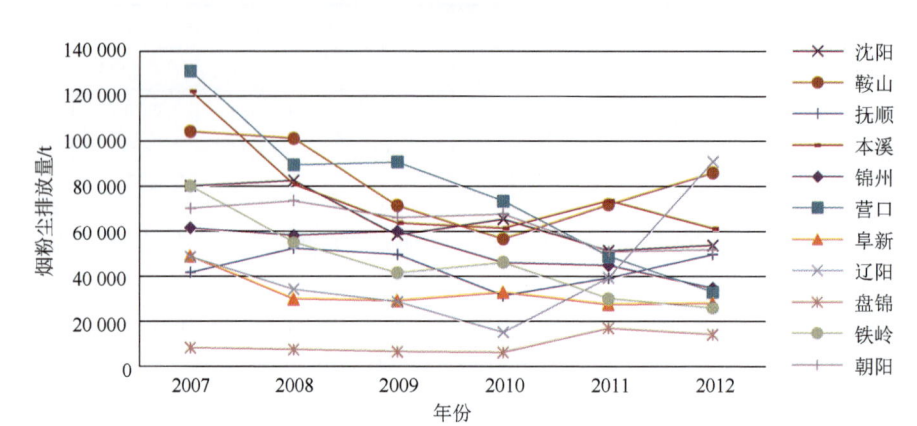

阳、抚顺则呈先下降近年回升的趋势，仅盘锦呈上升趋势。

图 4-39　2007～2012 年辽河流域各市工业烟粉尘排放量变化图

（3）NO$_x$

图 4-40 为近几年辽宁省 NO$_x$ 排放量。从图中可见，2008～2011 年辽宁省 NO$_x$ 排放量呈现升高趋势。2011 年全国的 NO$_x$ 排放量为 2404.3 万 t，辽宁省占比为 4.42%（2011 年辽宁工业 NO$_x$ 排放量为 76.7838 万 t，占全国的 3.2%）；2012 年全国的 NO$_x$ 排放量为 2337.8 万 t，辽宁省占比为 4.43%。

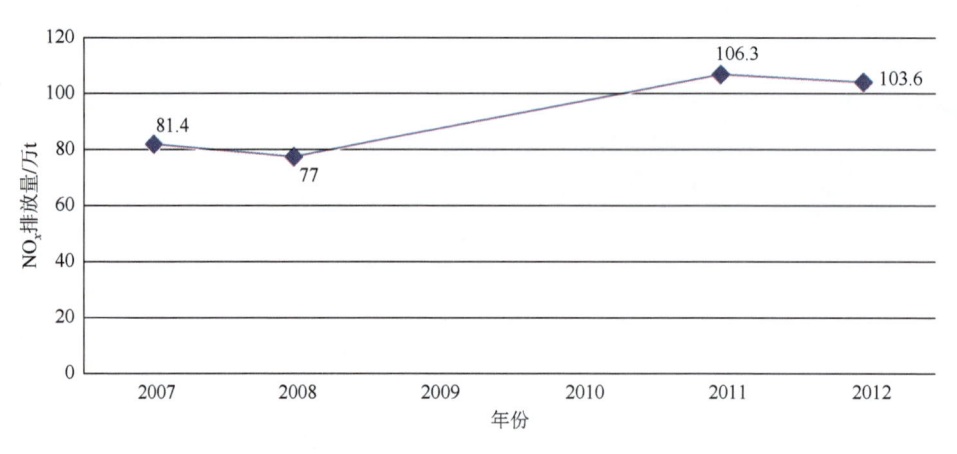

图 4-40　2007～2012 年辽宁省 NO$_x$ 排放量

（4）分地区大气污染物排放量

表 4-11 为 2010 年辽宁省各地区污染物排放量及占比。从表中可以看出，各污染物的排放量存在明显的地区差异：SO$_2$ 排放量占前 5 位的分别是本溪、鞍山、沈阳、葫芦岛和营口，其累计 SO$_2$ 排放量占全省排放量的 61.46%；NO$_x$ 排放的前 5 位是鞍山、沈阳、本溪、辽阳和大连，此 5 市的 NO$_x$ 排放占全省 NO$_x$ 排放量的 63.27%；烟尘排放的前 5 位是鞍山、葫芦岛、丹东、本溪、抚顺，占全省烟尘排放量的 60.51%；工业粉尘排放量排前 5 位的是本溪、营口、鞍山、朝阳、丹东，占全省的 73.74%。

表 4-11　2010 年辽宁省各地区污染物排放量和占全省的比例排序表

地区	SO₂排放量/万 t	SO₂占全省比例/%	地区	NOₓ排放量/万 t	NOₓ占全省比例/%	地区	烟尘排放量/万 t	烟尘占全省比例/%	地区	工业粉尘排放量/万 t	工业粉尘占全省比例/%
本溪	9.202	20.1	鞍山	5.955	19.22	鞍山	4.414	16.37	本溪	3.386	22.1
鞍山	6.922	15.12	沈阳	4.875	15.73	葫芦岛	3.522	13.06	营口	2.363	15.43
沈阳	4.923	10.75	本溪	4.821	15.56	丹东	3.429	12.71	鞍山	2.291	14.96
葫芦岛	3.577	7.81	辽阳	1.996	6.44	本溪	2.483	9.21	朝阳	1.881	12.28
营口	3.517	7.68	大连	1.957	6.32	抚顺	2.471	9.16	丹东	1.374	8.97
大连	2.805	6.13	抚顺	1.778	5.74	朝阳	2.468	9.15	抚顺	1.239	8.09
朝阳	2.496	5.45	营口	1.629	5.26	辽阳	1.917	7.11	铁岭	0.837	5.47
抚顺	2.396	5.23	锦州	1.625	5.24	铁岭	1.152	4.27	葫芦岛	0.463	3.02
丹东	1.978	4.32	阜新	1.419	4.58	大连	1.117	4.14	沈阳	0.428	2.8
锦州	1.873	4.09	铁岭	1.217	3.93	沈阳	1.089	4.04	锦州	0.403	2.63
辽阳	1.781	3.89	葫芦岛	1.072	3.46	阜新	1.02	3.78	大连	0.353	2.31
阜新	1.565	3.42	盘锦	0.982	3.17	营口	0.817	3.03	阜新	0.173	1.13
铁岭	1.483	3.24	朝阳	0.878	2.83	盘锦	0.719	2.67	辽阳	0.09	0.59
盘锦	1.27	2.77	丹东	0.777	2.51	锦州	0.348	1.29	盘锦	0.034	0.22
辽河流域合计	37.43	81.7		27.17	87.7		18.9	70.1		13.13	85.7

2010 年本溪和鞍山这 4 项污染物排放量均进入全省前 5 名,且各有两次排第一的是两市,是排放大户。沈阳、营口、葫芦岛和丹东各有两项污染物的排放量进入全省前 5 名,辽阳、朝阳、大连、抚顺各有一次出现在 4 种污染物中的一种污染物的前 5 位排放地区之列(图 4-41)。

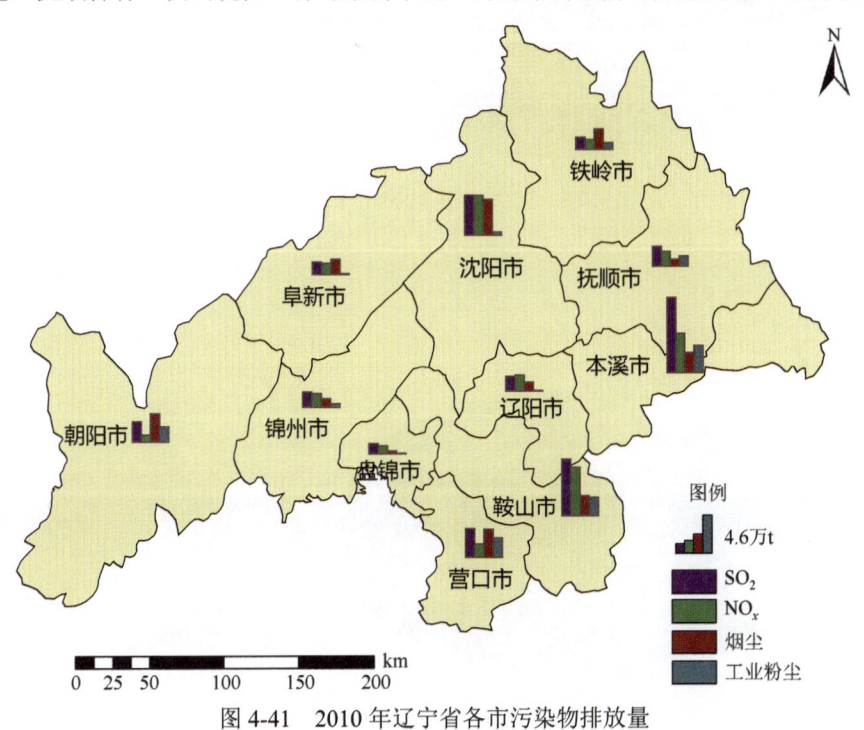

图 4-41　2010 年辽宁省各市污染物排放量

(5) 分行业大气污染物排放

辽宁省 SO_2、NO_x、烟尘和工业粉尘排放的行业贡献比较集中，排放量大的前 13 个行业的排放量占排放总量的比例之和就超过 90%（图 4-42～图 4-45）。

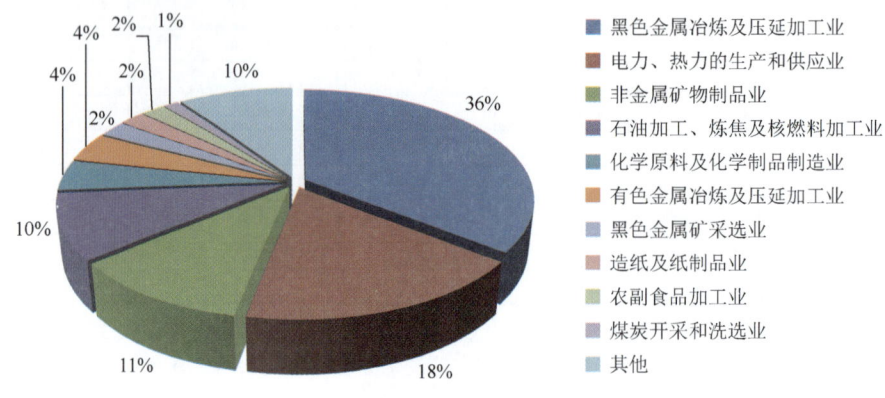

图 4-42　辽宁行业 SO_2 排放比例

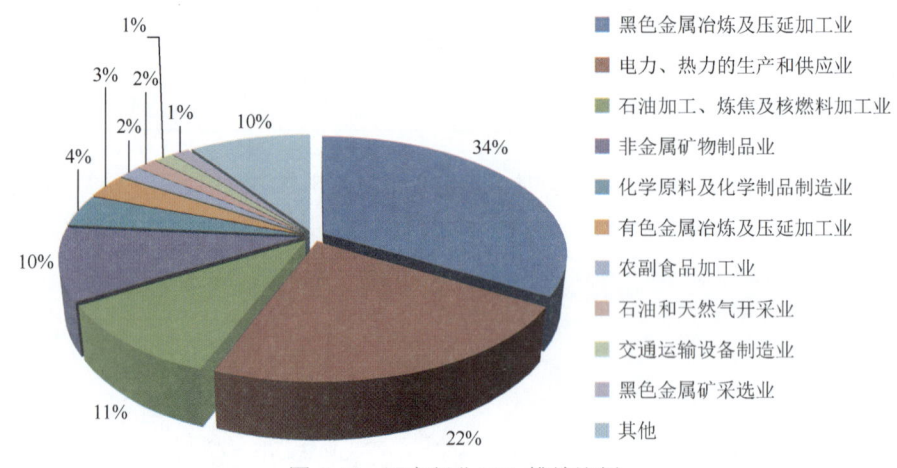

图 4-43　辽宁行业 NO_x 排放比例

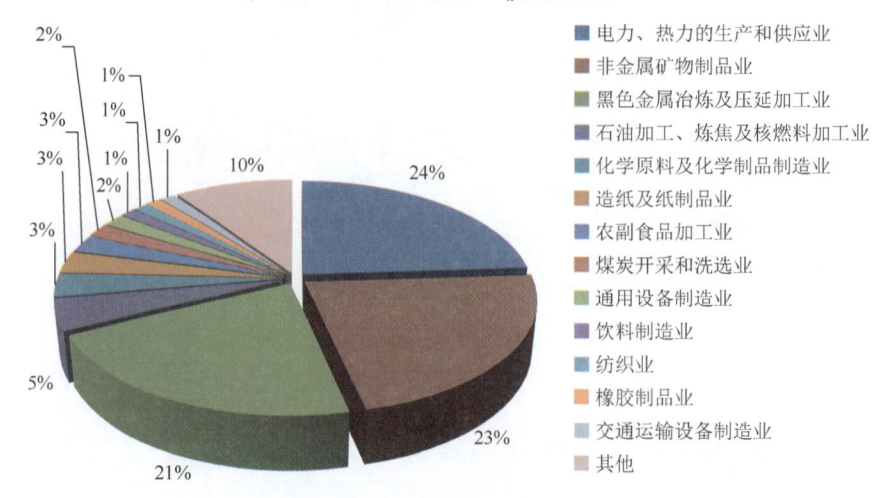

图 4-44　辽宁行业烟尘排放比例

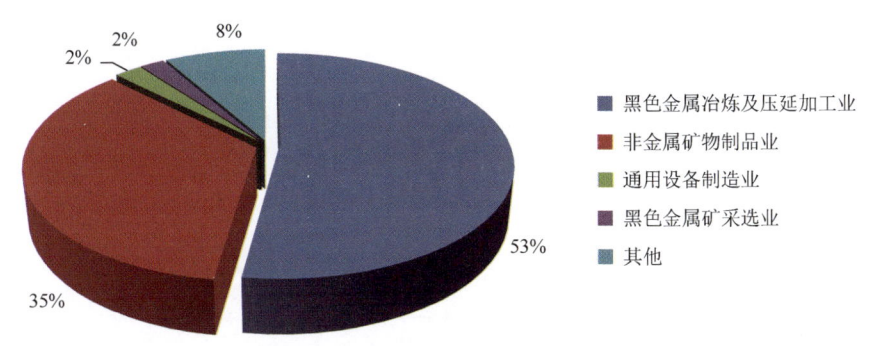

图 4-45 辽宁行业工业粉尘排放比例

SO₂ 排放主要集中在黑色金属冶炼及压延加工业，电力、热力的生产和供应业，非金属矿物制品业，石油加工、炼焦及核燃料加工业，化学原料及化学制品制造业，有色金属冶炼及压延加工业，黑色金属矿采选业，造纸及纸制品业，农副食品加工业，煤炭开采和洗选业 10 个行业，占全省排放总量的 90.37%，特别是前 3 个行业黑色金属冶炼及压延加工业，电力、热力的生产和供应业，非金属矿物制品业就占全省排放总量的 65%。

NO$_x$ 排放主要集中在黑色金属冶炼及压延加工业，电力、热力的生产和供应业，石油加工、炼焦及核燃料加工业，非金属矿物制品业，化学原料及化学制品制造业，有色金属冶炼及压延加工业，农副食品加工业，石油和天然气开采业，交通运输设备制造业，黑色金属矿采选业 10 个行业，占全省排放总量的 90.45%，尤其是前 3 个行业，黑色金属冶炼及压延加工业，电力、热力的生产和供应业，石油加工、炼焦及核燃料加工业占比就达 67%。

烟尘排放主要集中在电力、热力的生产和供应业，非金属矿物制品业，黑色金属冶炼及压延加工业，石油加工、炼焦及核燃料加工业，化学原料及化学制品制造业，造纸及纸制品业，农副食品加工业，煤炭开采和洗选业，通用设备制造业，饮料制造业，纺织业，橡胶制品业，交通运输设备制造业 13 个行业，占全省烟尘排放总量的 90.32%，而电力、热力的生产和供应业、非金属矿物制品业、黑色金属冶炼及压延加工业前 3 个行业排放占比即达 68%。

工业粉尘排放主要集中在黑色金属冶炼及压延加工业，非金属矿物制品业，通用设备制造业，黑色金属矿采选业 4 个行业，占全省工业粉尘排放总量的 91.79%，而黑色金属冶炼及压延加工业和非金属矿物制品业两个行业的占比就高达 88%。

黑色金属冶炼及压延加工业是除烟尘外的其他三种污染物的首要排放行业；电力、热力的生产和供应业，非金属矿物制品业，石油加工、炼焦及核燃料加工业，化学原料及化学制品制造业，有色金属冶炼及压延加工业等也是至少在两种或以上的污染物排放中排放量所占比例较大的行业。

（6）辽宁省污染物排放在全国的排名

图 4-46～图 4-48 为 2012 年全国各省份 SO₂、NO$_x$ 和烟粉尘的排放量。

从图中可见，2012 年辽宁省 SO₂、NO$_x$ 和烟粉尘排放量在全国分别排名第 6、第 8 和第 4，而 2012 年辽宁省的 GDP 在全国排名第 7，SO₂ 和烟粉尘排放量排名超过 GDP 排名。

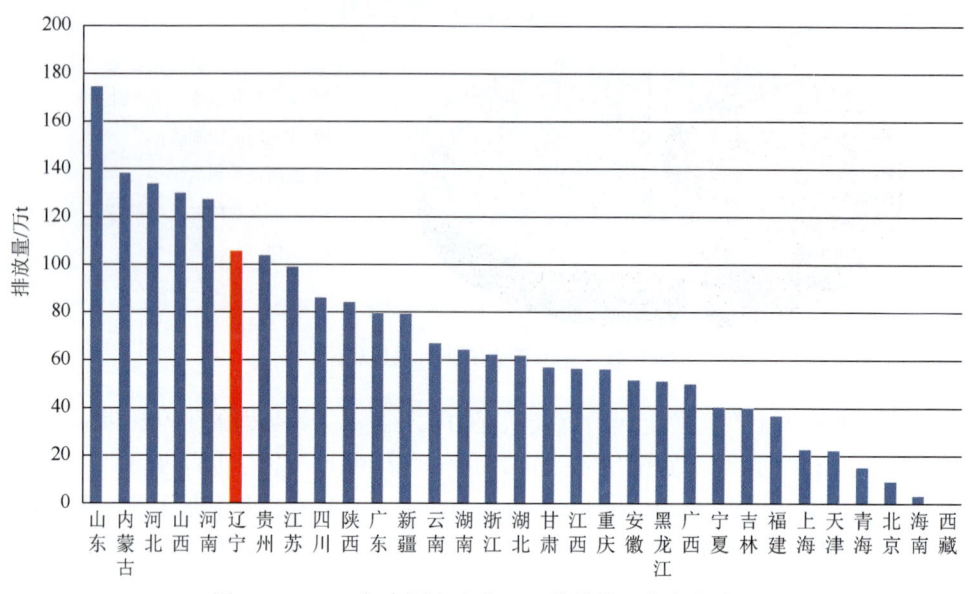

图 4-46　2012 年全国各省份 SO_2 排放量（未含台湾）

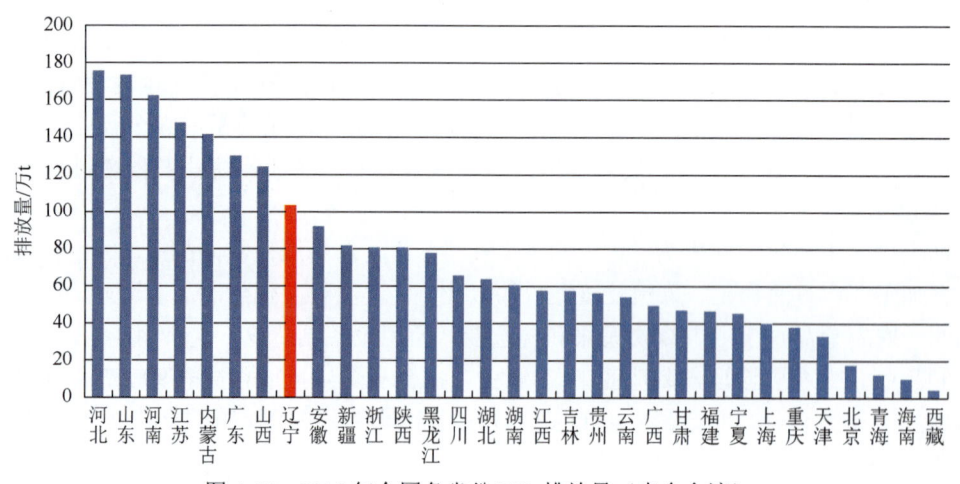

图 4-47　2012 年全国各省份 NO_x 排放量（未含台湾）

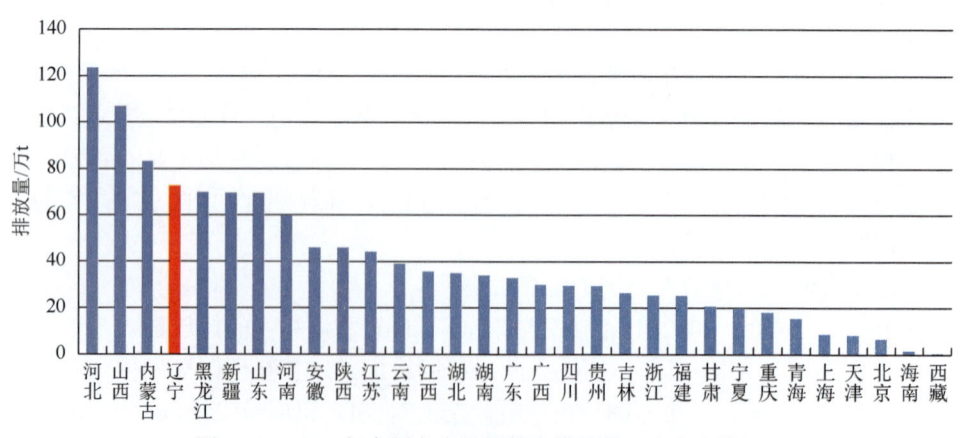

图 4-48　2012 年全国各省份烟粉尘排放量（未含台湾）

二、大气环境与经济能源耦合性分析

（一）能源生产与消费情况

1. 生产与消费总量分析

辽宁省能源生产和消费均呈增长趋势（图4-49），但消费增速远超生产增速，能源自给率逐年降低，到2012年自给能力已低于30%。自2005年以来，辽宁全省能源消费量一直排全国第6位（辽宁省统计局，2008~2013；国家统计局，2013）。

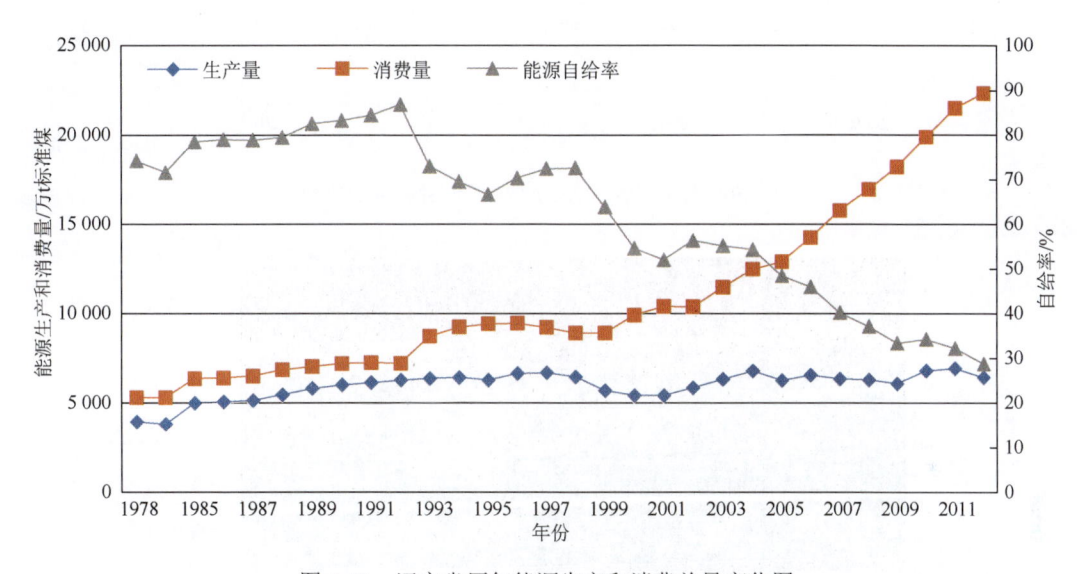

图4-49 辽宁省历年能源生产和消费总量变化图

辽河流域的鞍山、本溪、沈阳、营口、抚顺5市的能源消费量都在千万吨标准煤以上。本溪、营口和沈阳3市2012年能源消费总量比2011年有所下降（图4-50）。

根据《全国资源型城市可持续发展规划（2013—2020年）》（国发〔2013〕45号），辽宁省有鞍山、本溪、抚顺、阜新、盘锦、葫芦岛6市为地级资源型城市，辽河流域占5个（葫芦岛市除外），其中，本溪是成熟型城市，抚顺、阜新为衰退型城市，鞍山、盘锦、葫芦岛是再生型城市（国务院，2013c）。

2. 生产与消费构成分析

辽宁省能源生产和消费都是以煤炭为主（图4-51和图4-52），煤炭生产比例最低年份也在59%以上，煤炭消费比例最低年份也在61%以上；近十多年来煤炭生产比例上升、原油生产比例由最高时的37%左右下降到22%左右，煤炭消费比例则有所下降，原油消费比例则上升到了30%左右。辽宁省煤炭消费量2005~2010年6年全国排第7位，2011年被广东超越，排第8位。

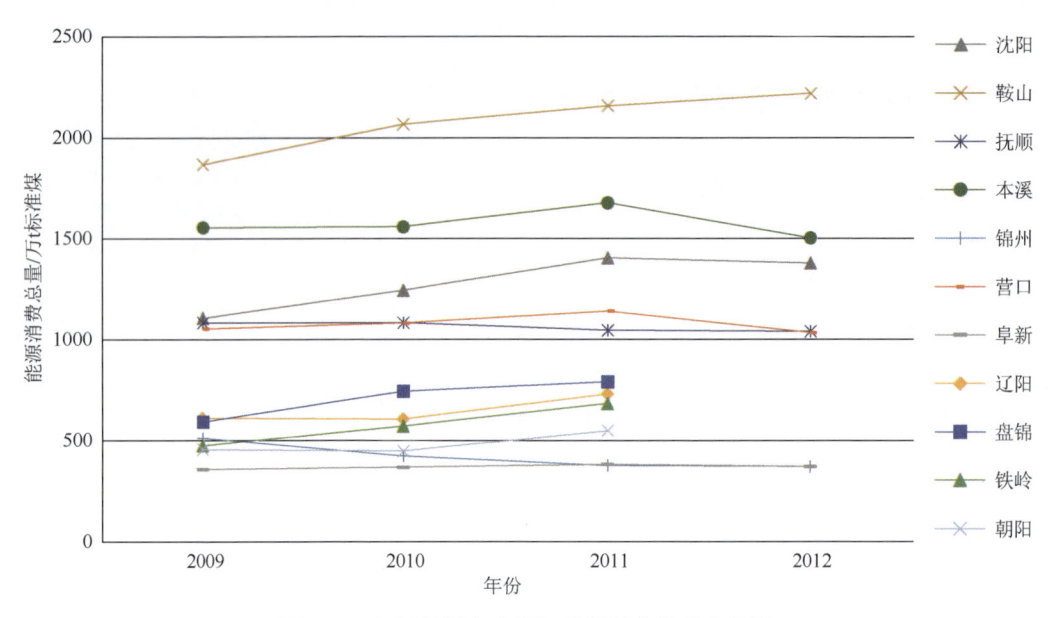

图 4-50　辽河流域各市历年能源消费总量变化图

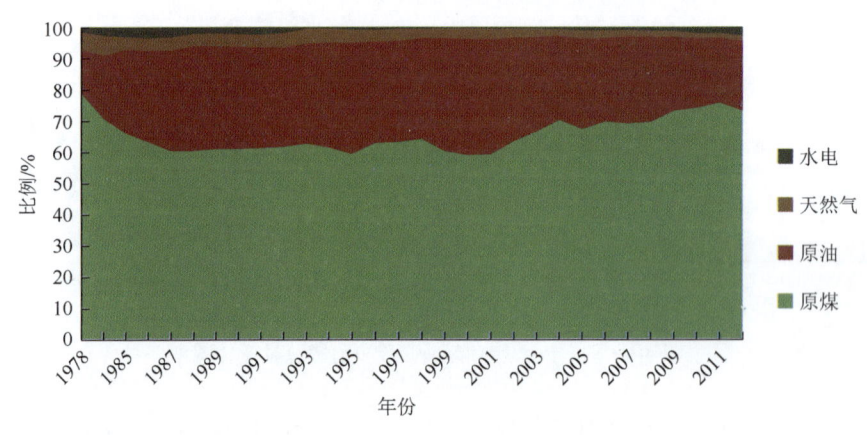

图 4-51　辽宁省历年能源生产构成

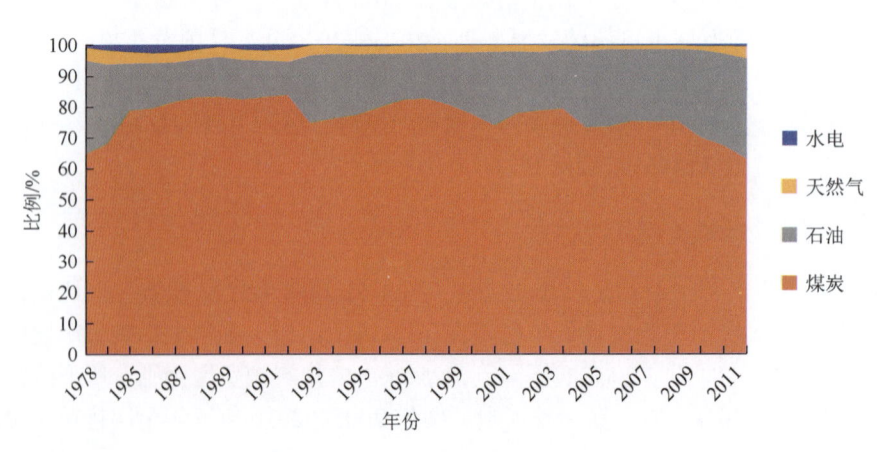

图 4-52　辽宁省历年能源消费构成

（二）能耗水平

1. 单位 GDP 能耗

图 4-53 为全国与辽宁省历年单位 GDP 能耗变化情况。

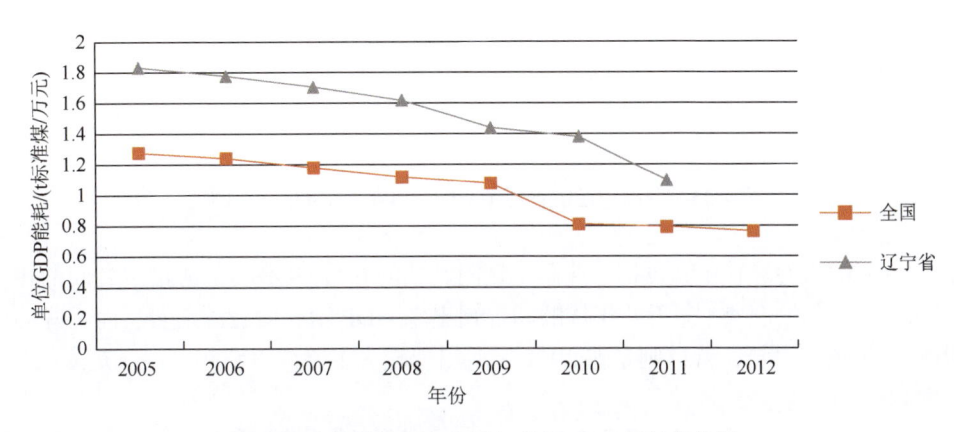

图 4-53　全国与辽宁省历年单位 GDP 能耗变化图

辽宁省历年的单位 GDP 能耗高于全国平均水平，一般高出约 40%。与全国变化趋势一样，辽宁省的单位 GDP 能耗也逐年下降。

2. GDP 与能源消费相关性分析

辽宁省和全国一样，历年 GDP 和能源消费量之间有很强的相关性，即随 GDP 增长，能源消费量也同时增长（图 4-54）。全国历年 GDP 和能源消费量之间的相关系数为 0.964，辽宁省历年 GDP 和能源消费量之间的相关系数为 0.987。

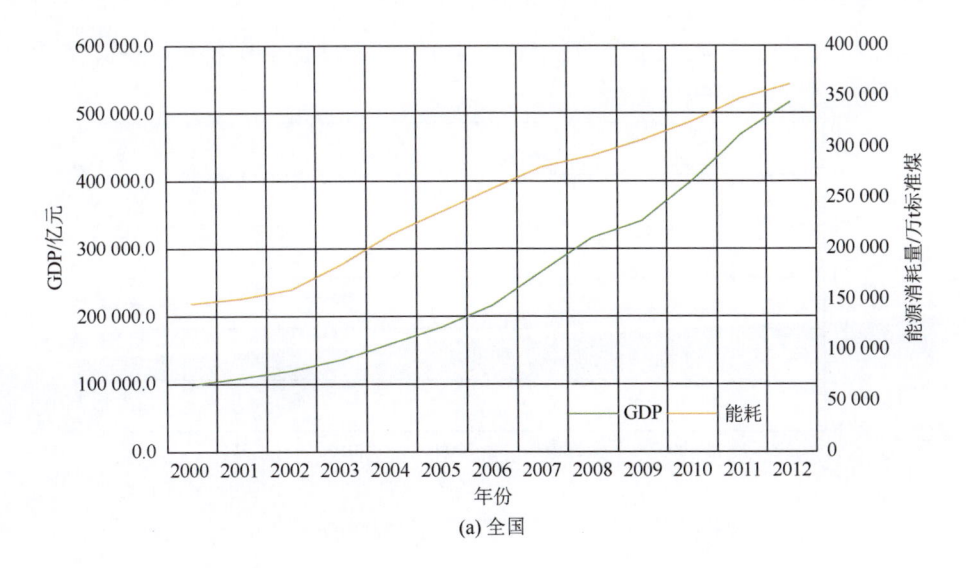

(a) 全国

(b) 辽宁

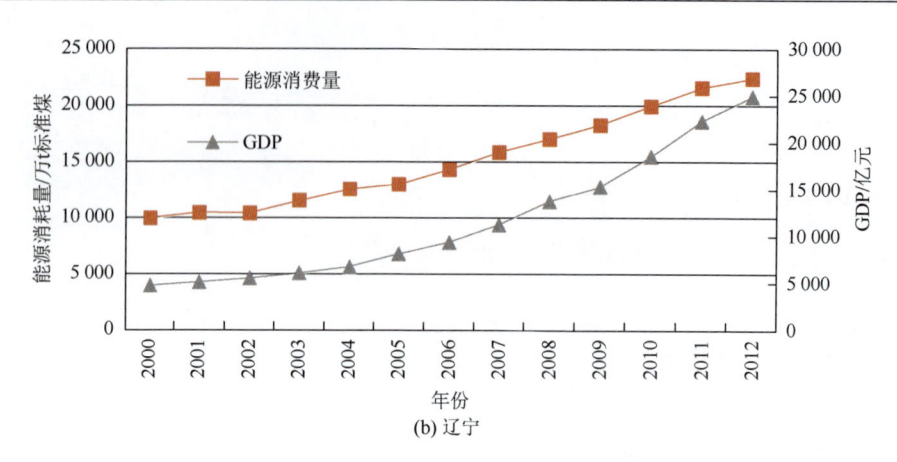

图 4-54 全国与辽宁省历年 GDP 和能源消费量变化图

辽河流域的铁岭、鞍山、盘锦、沈阳、辽阳、朝阳 6 市 GDP 与能源消费之间的相关性与全国和辽宁省的情况类似。近几年抚顺和锦州出现 GDP 增长而能源消费反而下降的情况（表 4-12）。本溪、阜新、营口则是在 2011 年后出现较大下降，以致相关性不是太明显。

表 4-12 辽河流域各市 GDP 和能源消费相关系数

地区	相关系数	地区	相关系数	地区	相关系数	地区	相关系数
铁岭	0.999 407	沈阳	0.932 95	阜新	0.721 978	抚顺	−0.932 31
鞍山	0.990 789	辽阳	0.871 327	本溪	0.106 294	锦州	−0.954 34
盘锦	0.974 598	朝阳	0.847 726	营口	0.060 574		

（三）能源环境效率

1. 单位能耗排放

图 4-55 和图 4-56 分别为全国与辽宁省历年单位能耗 SO_2 和烟粉尘排放情况。从图中

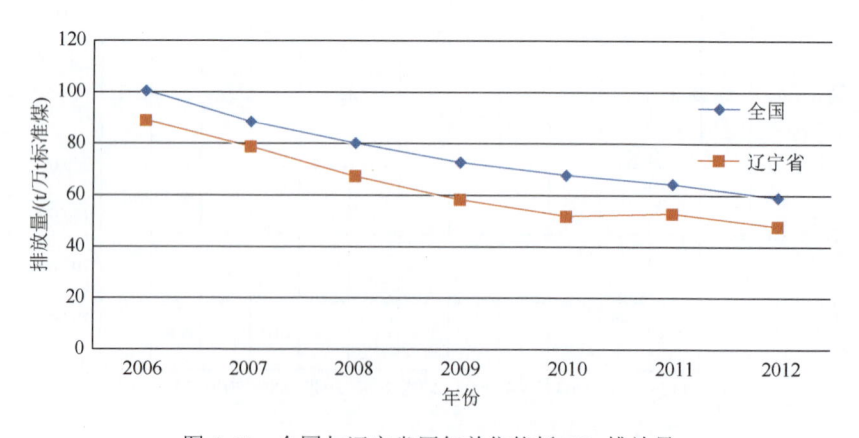

图 4-55 全国与辽宁省历年单位能耗 SO_2 排放量

可见，辽宁省单位能耗 SO₂ 排放量低于全国平均水平，且与全国一样呈逐年下降趋势。辽宁省单位能耗烟粉尘排放量在 2010 年前高于全国平均水平，2010 年起略低于全国平均水平，且与全国一样呈逐年下降趋势，下降速度高于全国平均水平。

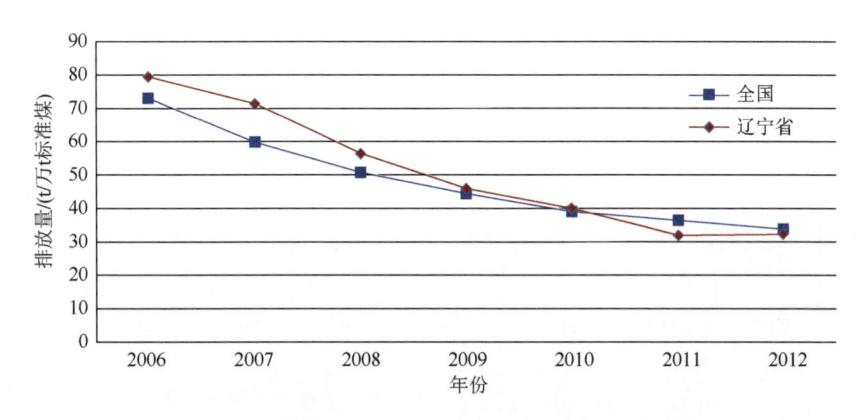

图 4-56　全国与辽宁省历年单位能耗烟粉尘排放量

根据近两年的统计资料（图 4-57），单位能耗 NO$_x$ 排放量辽宁省与全国一样呈现下降趋势，且辽宁省单位能耗 NO$_x$ 排放量低于全国平均水平。

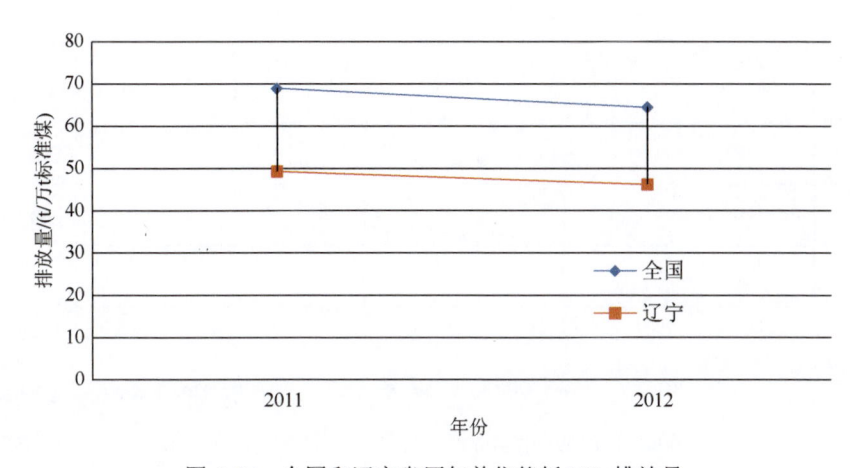

图 4-57　全国和辽宁省历年单位能耗 NO$_x$ 排放量

2. 能源消费与污染物排放相关性分析

图 4-58 和图 4-59 分别为全国和辽宁省历年能源消费总量与大气污染物排放量变化情况。从图中可见，自 2006 年以来，全国能源消费总量还在逐年增加，但大气污染物排放量通过"十一五"总量控制出现明显下降，一方面来自于节能减排，另一方面来自于工程减排。辽宁省能源消费与大气污染物排放量的变化趋势与全国类似，但辽宁省 2011 年 SO₂ 和烟粉尘排放量的反弹并没有在 2012 年得到消除，尤其是烟粉尘排放量增加明显。

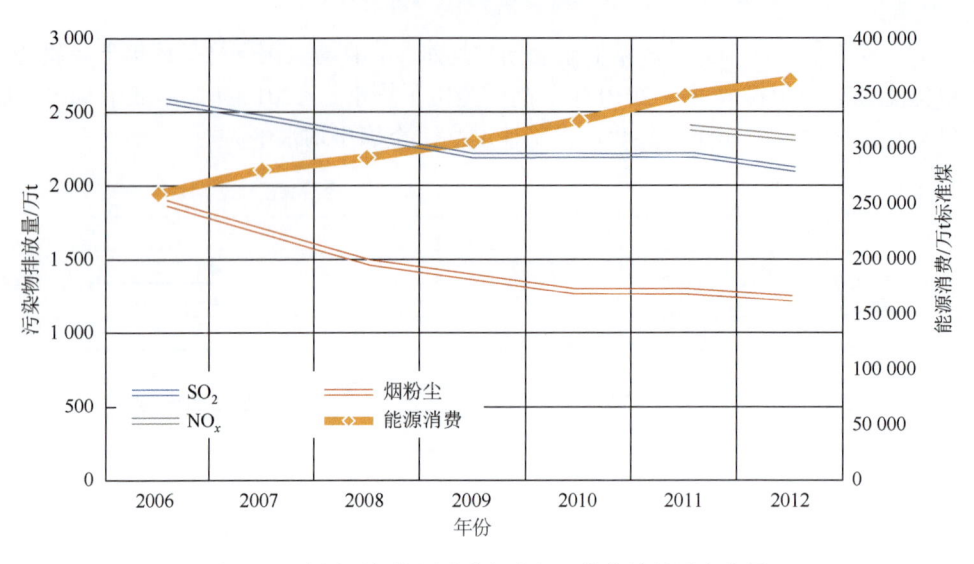

图 4-58 全国历年能源消费与大气污染物排放量变化图

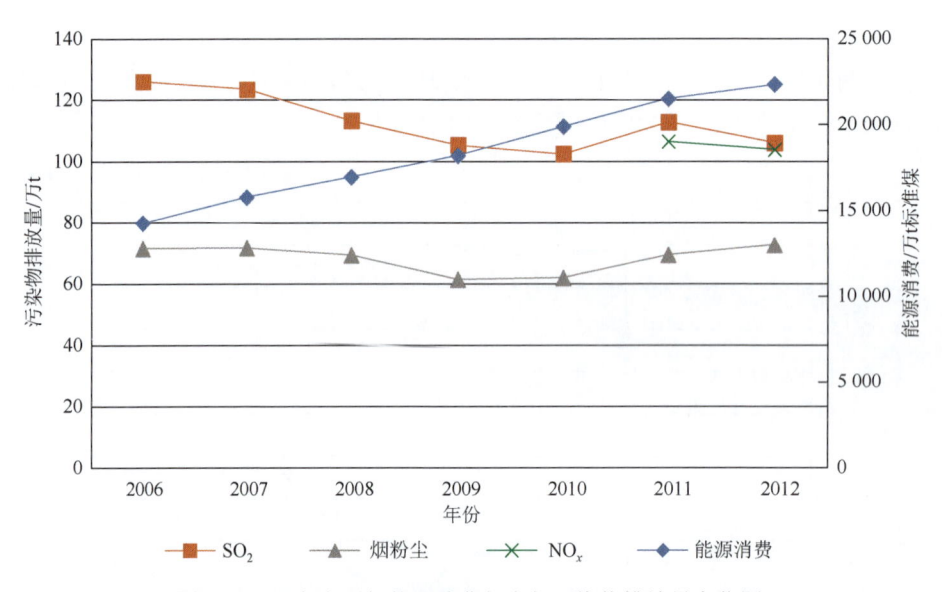

图 4-59 辽宁省历年能源消费与大气污染物排放量变化图

表 4-13 为能源消费总量与大气污染物排放量之间的相关性分析结果。从表 4-13 中可知,能源消费总量与大气污染物排放呈负相关,但辽宁省要低于全国平均水平。

表 4-13 能源消费总量与大气污染物排放量相关系数

污染物	辽宁省	全国
SO_2	−0.758	−0.908
NO_x	−1	−1
烟粉尘	−0.130	−0.921

（四）经济环境分析

1. 单位 GDP 排放

图 4-60 和图 4-61 分别为全国与辽宁省历年单位 GDP SO_2 和烟粉尘排放量变化情况。从图中可见，辽宁省单位 GDP SO_2 排放量高于全国平均水平，但与全国一样呈下降趋势，近年已很接近全国平均水平；辽宁省单位 GDP 烟粉尘排放量高于全国平均水平，但与全国一样呈下降趋势，近年也逐渐接近全国平均水平。

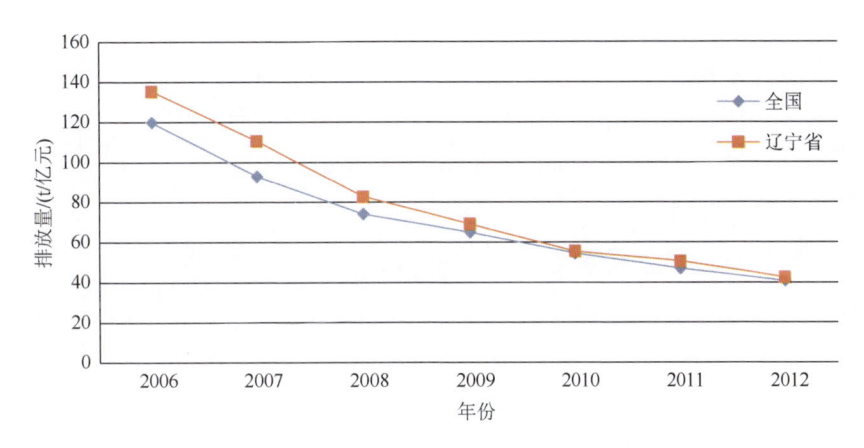

图 4-60　全国与辽宁省单位 GDP SO_2 排放量变化图

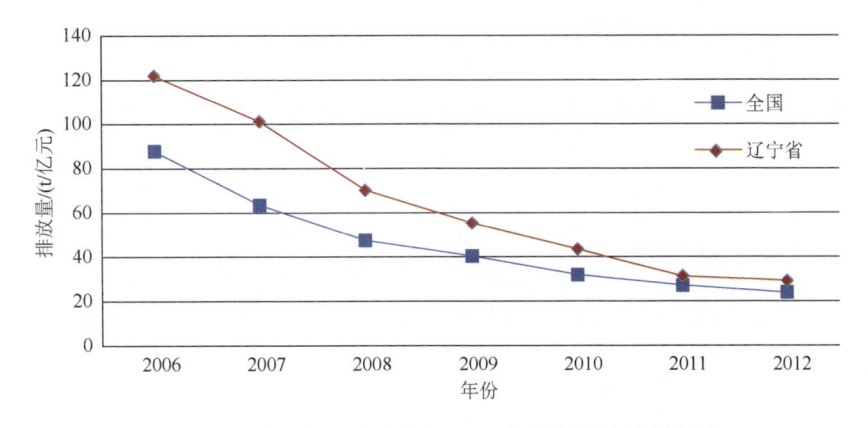

图 4-61　全国与辽宁省单位 GDP 烟粉尘排放量变化图

近两年辽宁省单位 GDP NO_x 排放量都低于全国平均水平，且与全国一样呈下降趋势。

2. GDP 与污染物排放相关性分析

图 4-62 和图 4-63 分别为全国与辽宁省历年 GDP 和大气污染物排放量变化情况。从图中可见，随着 GDP 的逐年增长，全国 SO_2、NO_x 和烟粉尘排放量呈现逐年下降。辽宁

省总体变化趋势与全国类似,唯有烟粉尘从 2010 年后有明显回升。

图 4-62　全国历年 GDP 和大气污染物排放量变化图

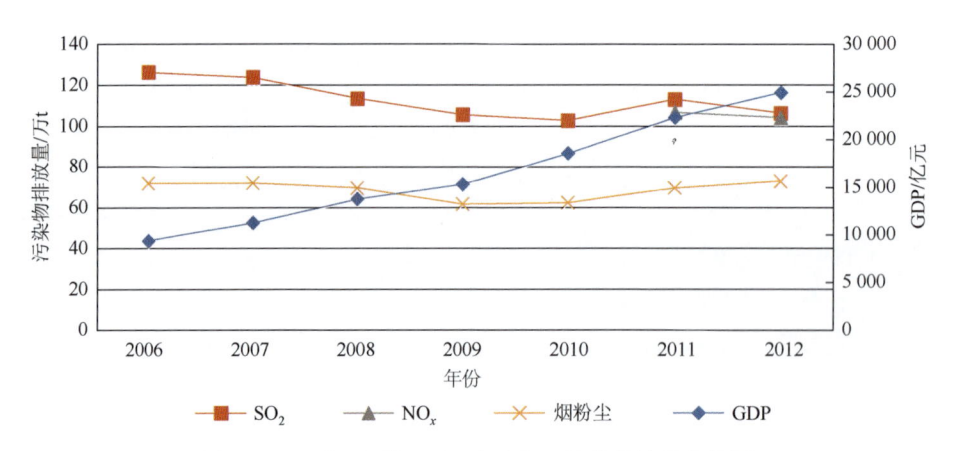

图 4-63　辽宁省历年 GDP 和大气污染物排放量变化图

表 4-14 为全国与辽宁省 GDP 和大气污染物排放量之间的相关性分析结果。从表中可知,GDP 与大气污染物排放量之间呈现负相关,且辽宁省低于全国平均水平。

表 4-14　GDP 与大气污染物排放量相关系数

污染物	辽宁	全国
SO_2	−0.705	−0.896
NO_x	−1	−1
烟尘	−0.029	−0.908

注:本节能源和污染物数据主要取自辽宁省统计年鉴和中国统计年鉴

三、主要大气环境问题

近十年来，随着辽河流域工业发展的脚步，辽宁中部城市群作为东北工业基地的核心区域，经济发展加快，成为国家重点发展区域。经济的快速发展给大气环境带来巨大压力。随着我国《环境空气质量标准》（GB 3095—2012）的逐渐实施，各个城市面临很大的达标压力。目前大气环境主要面临如下几个问题。

（一）煤烟型污染尚未解决，复合型污染已经显现

从现状来看，辽河流域各市 2013 年污染物的年均浓度超标情况如下：沈阳 SO_2（91μg/m³）超标 51%、沈阳 NO_2（43μg/m³）和抚顺 NO_2（45μg/m³）分别超标 7.5%和 12.5%；PM_{10}（本溪除外）各市均超标，尤其是沈阳（128μg/m³）超标达 83%；$PM_{2.5}$（朝阳缺数据）各市均超标，沈阳（72μg/m³）超标最多，超标达 105.7%。

从空间来看，2002～2013 年辽河流域的沈阳 2013 年 SO_2 年均浓度仍超标，NO_2 年均浓度抚顺（最近 3 年）、沈阳（2013 年）、本溪（2011 年）仍超标，PM_{10} 年均浓度本溪近 4 年有 3 年达标，锦州、营口、辽阳、盘锦近年各有一年达标，其他市在各个年份都不达新标准，各市都呈下降趋势，但多数市在 2013 年出现反弹；$PM_{2.5}$ 年均浓度在 2011～2013 年，仅有营口、辽阳、盘锦、铁岭在 2011 年或 2012 年达标，2013 年各市均不达标，并且沈阳、铁岭、辽阳、抚顺呈明显上升趋势；CO 年均浓度在 2002～2013 年，本溪市有两年年均浓度超过 24h 平均浓度标准；除锦州市外，其他市 O_3 年均浓度均表现出升高的趋势。从 2007～2013 年的 O_3 日均浓度来看，辽河流域除沈阳（辽阳无数据）没出现超过 200μg/m³ 的数值外，其他各市均超出了这个数值，尤其以本溪、铁岭等市出现的天数最多。

辽河流域 11 城市采暖期 SO_2、NO_2、PM_{10}、$PM_{2.5}$ 平均浓度一般都高于非采暖期，SO_2 可高出数倍，显示出采暖期污染物的浓度有较大的贡献，尤其是 SO_2 和 NO_2。在采暖期，沈阳等一些城市的 SO_2、PM_{10}、$PM_{2.5}$ 的采暖期平均浓度明显高于或接近相应污染物的 24h 平均浓度的二级标准，这说明在采暖期里有许多天这些污染物超标。

综上所述，以 SO_2、NO_x、PM_{10} 为特征的传统煤烟型污染问题没有得到根本解决，同时 O_3 和细颗粒物等二次污染问题又接踵而至，雾霾灰霾频现，大气环境污染表现为煤烟-扬尘型污染与复合型污染并存。

（二）污染季节变化明显，达标面临严峻挑战

在辽河流域 11 城市，SO_2、NO_2、PM_{10}、$PM_{2.5}$ 等污染物的季节平均浓度明显表现为冬季高、夏季低的季节性变化，特别是 SO_2 季节性变化最明显，这显然与冬季采暖的贡献密不可分。辽河流域 11 城市采暖期 SO_2 平均浓度都远高于非采暖期，11 城市各年份采暖期 NO_2、PM_{10}、CO、$PM_{2.5}$ 平均浓度一般也都高于非采暖期。

表 4-15 为辽河流域 11 市采暖期和非采暖期污染物多年平均浓度统计结果。

表 4-15 辽河流域 11 市采暖期和非采暖期污染物多年平均浓度

地区	采暖期非采暖期	SO₂ 平均值/(μg/m³)	采暖期/非采暖期	NO₂ 平均值/(μg/m³)	采暖期/非采暖期	PM₁₀ 平均值/(μg/m³)	采暖期/非采暖期	PM₂.₅ 平均值/(μg/m³)	采暖期/非采暖期
沈阳	非采暖期	26.9	3.93	32.3	1.39	107	1.24	44.3	1.65
	采暖期	105.7		44.9		132.8		73	
鞍山	非采暖期	23.2	5.13	31.6	1.41	107.5	1.16	42	1.47
	采暖期	118.9		44.4		125.1		61.7	
抚顺	非采暖期	28.1	2.59	33.7	1.46	92.8	1.36	50	1.45
	采暖期	72.8		49.3		126.3		72.3	
本溪	非采暖期	25.8	3.37	28.9	1.38	83.9	1.27	82.3	1.3
	采暖期	86.9		39.8		106.7		107.3	
锦州	非采暖期	26.6	2.43	25.3	1.28	87.6	1.32	34	1.65
	采暖期	64.7		32.5		115.7		56	
营口	非采暖期	14.7	4.68	18.8	1.78	89.2	1.12	28.3	1.74
	采暖期	68.8		33.4		99.6		49.3	
阜新	非采暖期	43.4	2.08	32.8	1.1	109.6	0.97	48.3	1.08
	采暖期	90.3		36.1		106.8		52	
辽阳	非采暖期	27.2	3.86	32.5	1.36	77.9	1.43	35.7	1.42
	采暖期	104.9		44.3		111.6		50.7	
盘锦	非采暖期	19.7	2.17	19.4	1.55	85.4	1.26	28.7	1.54
	采暖期	42.8		30.1		107.8		44.3	
铁岭	非采暖期	18.8	2.86	25.8	1.6	89.2	1.3	41.3	1.49
	采暖期	53.8		41.3		116.3		61.7	
朝阳	非采暖期	19.2	4.11	24.5	1.48	70.8	1.54	43	1.56
	采暖期	78.9		36.3		109.4		67	

注：采暖期、非采暖期和各季节污染物浓度的数据都取自中国环境监测总站所发布的空气质量监测日报数据

由表 4-15 可见，各市各污染物采暖期比非采暖期要高，尤其是 SO₂（以差距较小的阜新为例，采暖期是非采暖期的 2.08 倍，而差距较大的鞍山达 5 倍以上），无疑采暖期平均浓度对年均浓度的贡献比非采暖期的平均浓度大。

如果把污染物采暖期多年平均浓度与污染物年均浓度标准相比较：SO₂ 未超过年均浓度标准的仅有盘锦和铁岭两市，大于标准值的比例占 82%；NO₂ 未超过年均浓度标准的有本溪、锦州、营口、阜新、盘锦和朝阳 6 市，大于标准值的比例占 45%；11 市的 PM₁₀

和 $PM_{2.5}$ 均高于年均浓度标准。

在采暖期，沈阳等一些城市的 SO_2、PM_{10}、$PM_{2.5}$ 的采暖期平均浓度明显高于或接近相应污染物的 24h 平均浓度的二级标准，这说明在采暖期的几个月里肯定有些天数是超标的，有些污染物的采暖期平均浓度虽低于相应污染物的 24h 平均浓度的二级标准，但也不能排除某些天是超标的。采暖期的平均浓度大于非采暖期的平均浓度，如果采暖期的平均浓度大，将容易造成在非采暖期能达标，而在采暖期不达标或全年平均能达标，实际上在采暖期不达标的状态，同时影响到空气质量优良天数。例如，沈阳市 2013 年非采暖期的 SO_2 浓度只有 $32\mu g/m^3$，小于 SO_2 年均浓度的二级标准，没有超标，但其在采暖期的 SO_2 浓度为 $165\mu g/m^3$（是非采暖期的 5.1 倍），大于 SO_2 的 24h 平均浓度 $150\mu g/m^3$ 的二级标准，更大于 $60\mu g/m^3$ 的 SO_2 年均浓度二级标准，因此，即使不是整个采暖期每天都超标，也是采暖期里有很多天超标，实际结果是 2013 年沈阳 SO_2（$91\mu g/m^3$）超标。沈阳和抚顺 2013 年非采暖期的 NO_2 平均浓度均为 $40\mu g/m^3$（小于 24h NO_2 平均浓度标准，等于年浓度标准），接近标准而没有超标，但在采暖期沈阳和抚顺 NO_2 平均浓度分别为 $59\mu g/m^3$ 和 $44\mu g/m^3$，高于年均浓度标准，虽然采暖期的值与非采暖期的值相差不大，结果仍造成沈阳和抚顺 2013 年 NO_2 年均浓度超标。

2002～2013 年辽河流域各市中，多数市的 SO_2、NO_2、PM_{10} 在采暖期的平均浓度均表现为波动下降趋势，但有些市和有些污染物近年回升（如沈阳、锦州和盘锦等市 SO_2、NO_2、PM_{10} 近年都回升明显），而 2011～2013 年，除本溪、朝阳外，其他市在采暖期的 $PM_{2.5}$ 平均浓度主要呈上升趋势，在非采暖期 $PM_{2.5}$ 平均浓度仅本溪、盘锦、阜新等市表现出下降趋势。沈阳、抚顺、本溪、铁岭近年都出现采暖期 $PM_{2.5}$ 浓度超过 $PM_{2.5}$ 24h 平均浓度二级标准的年份。因此，一些城市和一些污染物在采暖期的上升趋势使得达标形势不容乐观。

上述季节性变化显示出冬季采暖期采暖产生的污染物排放对污染物的浓度有较大的贡献，因此，即使在非采暖期或非冬季能达标，但在冬季和采暖期浓度高，取暖期时间又长达 5 个月，并且采暖期 SO_2、NO_2、PM_{10} 和 $PM_{2.5}$ 多年平均浓度值高于年均浓度标准值的城市占比分别达 80%、45%、100% 和 100%，不仅影响到这些季节的达标，进而影响到年均浓度的达标，而且一些市近年污染物浓度在采暖期呈回升趋势，使得达标面临严峻挑战。

（三）能源消费量大，能效水平较低

辽宁省能源生产和消费均呈增长趋势，但消费增速远超生产增速，能源自给率逐年降低，到 2012 年自给能力已低于 30%，近年每年要输入 9000 万 t 左右的煤炭。自 2005 年以来，辽宁全省能源消费量一直排全国第 6 位，辽宁省 2012 年能源消费总量为 22 313.93 万 t 标准煤，占全国能源消费总量（361 732 万 t）的 6.17%。辽河流域的鞍山、本溪、沈阳、营口、抚顺 5 市的年能源消费量都在千万吨标准煤以上。辽宁省能源消费不仅量大而且以煤为主，虽近十多年来煤炭消费比例有所下降，而原油消费比例上升到了 30% 左右，但煤炭消费比例最低年份也在 61% 以上（2012 年辽宁煤炭消费占能源消费的比例为

61.3%，低于全国平均 66.6%）。辽宁省煤炭消费量 2005~2010 年 6 年全国排第 7 位，2011 年辽宁煤炭消费量为 18 054 万 t（占全国煤炭消费量的 4.2%），被广东超越，排第 8 位，虽然辽宁煤炭消费量占全国煤炭消费量的比例在逐年降低，但其煤炭消费量仍是逐年增加的（图 4-64）。

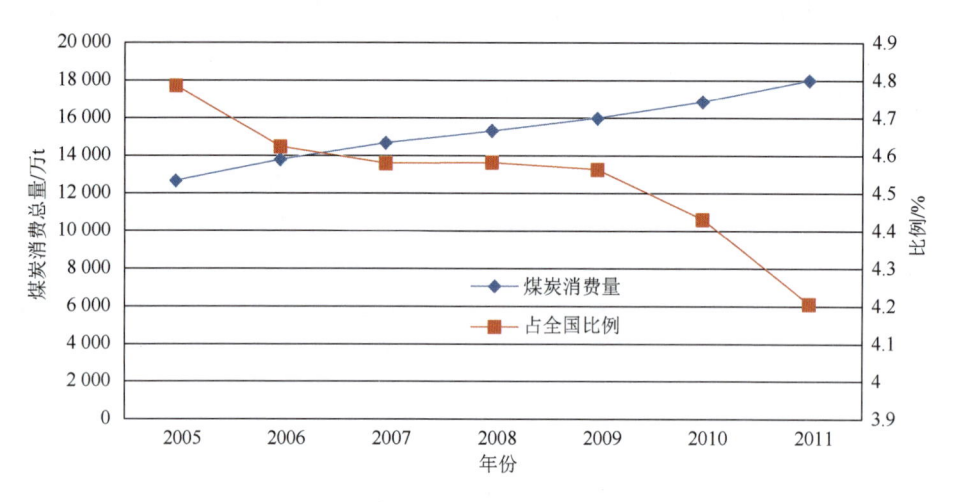

图 4-64　辽宁历年煤炭消费量及占全国比例

单位 GDP 能耗虽逐年下降但仍高于全国平均水平 [2011 年全国万元 GDP 能耗为 0.793t 标准煤，辽宁省则为 1.096t 标准煤，只比 9 个省区低（西北、西南地区中的 8 省区和河北），在全国排第 21 位（西藏无数据，除外）]，辽宁省 2012 年的 GDP 为 24 846.4 亿元，占全国 GDP（518 942.1 亿元）的 4.79%，而能源消费占到了全国的 6.17%。能源利用效率和能源结构有待提高和改善。

（四）工业结构偏重，工艺水平落后

改革开放以来，辽宁三次产业结构发生重大变化，全省三次产业结构变化趋势与全国的三次产业变化的趋势相同，辽宁一产比例从 1980 年的 16.4%下降为 2012 年的 8.7%，二产比例由 68.4%下降为 53.2%，三产比例由 15.2%上升为 38.1%。辽宁省一产和三产比例过低，而二产比例过高。辽宁省第三产业内部结构不尽合理（如仅沈阳、大连两市的服务业比例占全省服务业比例近 2/3），发展相对滞后，使得第三产业产值增长的同时，比例却未能同步增长。辽宁三次产业中服务业比例偏低，服务业中的内部结构也需进一步调整优化，也需缩小省内地区之间的不平衡，现代服务业的发展水平有待提升。

辽宁全省规模以上工业总产值中重工业比例虽逐年下降（与全国趋势相反，全国 1999~2011 年这 13 年，重工业由 58.1%上升到了 71.9%），2011 年重工业比例为 80.48%，高于全国平均水平。重工业占比高，对能源和环境保护造成了重大压力。

辽宁老工业基地的设备大都是国家在"一五""二五"时期建设成的。长期以来，技改资金缺口大，企业改造缓慢，设备普遍老化，生产效率低下。由于技术研制和开发资金投入不足，产业发展技术创新能力较弱、科技进步贡献率较低，高技术产业、现代服务业等知识技术密集型产业发展缓慢，多数企业自主创新能力弱，相当一部分企业仍处在"仿制式""模拟式"生产模式中，许多制约产业升级的基础性和关键共性技术没有取得实质性突破，社会急需的高级经营管理人员、高科技创新人才和高级技术工人严重不足。由于传统工业结构重工业比例较大，要想在现有的工业结构偏重的情况下节能减排和提升工业化水平，除了创新还要提升工艺技术水平和管理水平。辽宁是石化大省（2012年生产原油1000万t、乙烯103.1万t，分别占全国的4.8%和6.9%），但却不是强省，产业结构不合理是一个重要原因。改革开放，特别是"十二五"以来，炼化一体化程度明显提升，石化产业精细化、高端化走势很强，行业整体竞争力明显提升。但当前制约行业发展的深层次矛盾进一步凸显，以往的高速、超高速增长很难再现，也必须加快内部结构调整。资源环境的约束强化，由于多年开采和粗放使用，煤炭、黑色金属、石油等资源储量减少。资源枯竭和开采成本上升，使建立在这些资源基础上的原材料工业和重化工业日益陷入困境。抚顺、阜新等煤炭基地城市尤为突出，工业结构也需转型升级。

2000年以前，辽宁的重工业很大程度上依赖石化和冶金工业，这些产业虽然附加值较高，但都属于高能耗、高污染的行业。2005年与2013年工业增加值中，石化产业比例从25.2%下降到16.7%；冶金工业从20.8%下降到17.8%；而装备制造业的比例从24.6%增加到30.1%。2005年与2013年石化、冶金和装备制造工业增加值合计总占比分别达70.6%和64.6%，这些数据可以说明一个问题，石化、冶金工业比例下降而装备制造业比例上升，辽宁工业已经从以初级原材料加工为主升级至精深加工为主。2008年，农产品加工业增加值首次突破1000亿元，农产品加工业生产和效益实现跨越式增长。2010年，全省农产品加工业增加值为1903.66亿元，超过冶金和石化产业，排在四大产业的第2位。这些都表明辽宁省工业结构正在发生趋势性变化。中央实施老工业基地振兴战略以来，辽宁产业结构不断优化，经济增长质量和效益得到提高，工业结构的调整优化也取得了很好的成效。

（五）城市分布密集，相互影响明显

辽宁中部城市群中沈阳、鞍山、抚顺、本溪、辽阳和铁岭等城市是以省会城市沈阳为核心的经济社会活动联系紧密的"区域经济共同体"。该地区重工业基础雄厚，矿产丰富，城市密集，具有天然的地缘联系，很早就形成了较为完整的经济地理单元。近年来，经济一体化的形态和特征日益凸显，是东北亚地区少有的城市密集区，沈阳市城区与抚顺、本溪、铁岭等城市已几乎相连或很近，鞍山市城区与辽阳市城区已相连，且鞍山、辽阳城区离沈阳市城区和本溪市城区很近，这几个城市中心离沈阳城区中心最远的距离也在60km左右。由于距离近，交通发达，这几个城市之间的人与物的流动很容易、更频繁，交通运输也更繁忙与拥挤，这对各城市的发展与城市环境无疑会产生相互影响。沈阳市城区附近的其他城市卫星地图见图4-65。

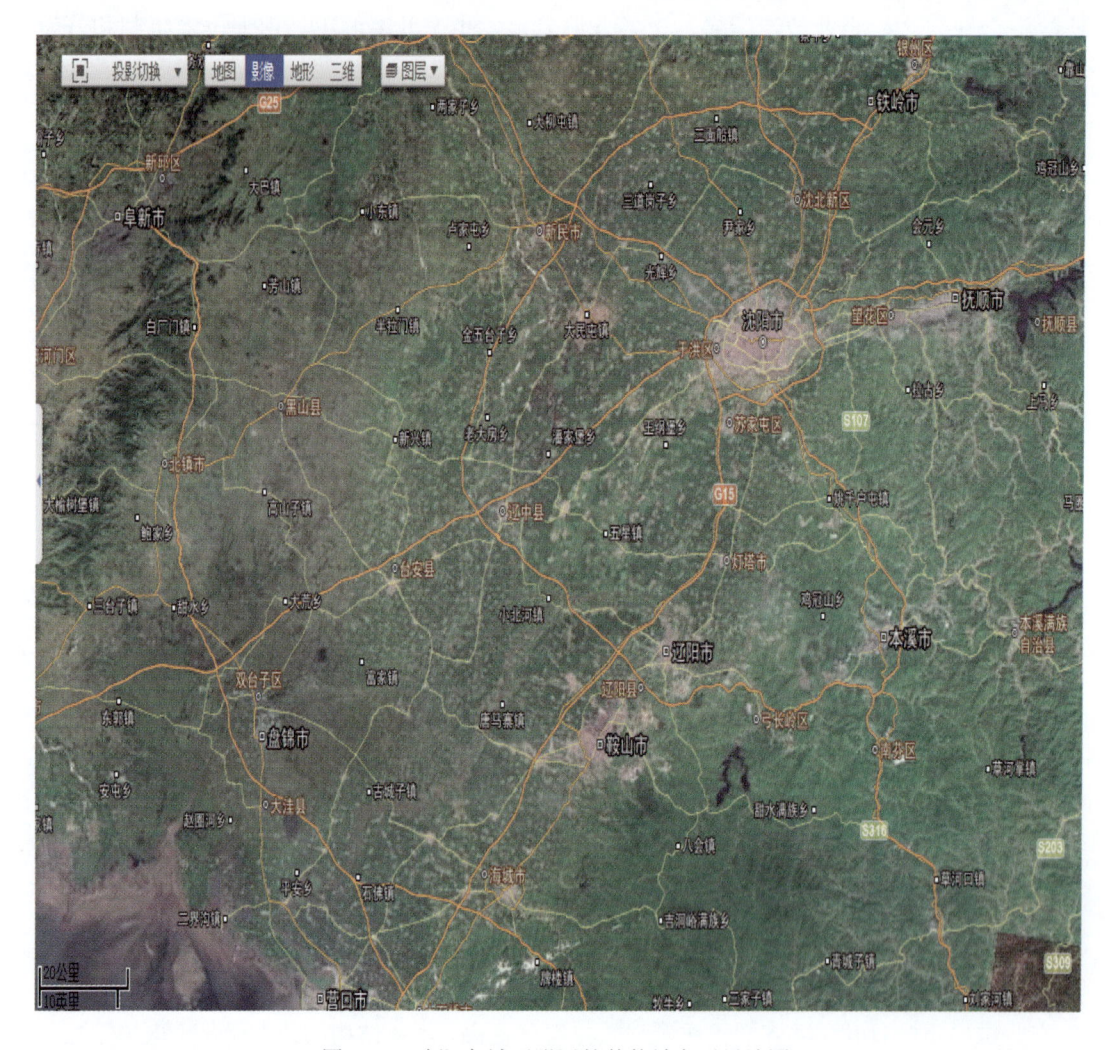

图 4-65　沈阳市城区附近的其他城市卫星地图

沈抚同城化已实施多年,也取得了实实在在的进展和成果。辽宁省委十一届五次全会暨经济工作会议又进一步明确了沈抚同城的功能定位和发展路径。沈阳经济区 8 城市最终要形成一体化发展,选取的突破口就是沈抚同城化,为区域一体化发展提供新示范,路径就是"打破行政区划、构筑共同体",以同城化带动周边,整合资源共同发展。实现一体化发展的关键是打破区划限制,实现人流、物流、资金流、信息流等要素在区域内的自由流动,降低人流物流、资金流动成本;分步实施户籍、养老保险、医疗保险、教育等方面的统一,建立统一的公共服务体系。

辽河流域东西两侧分别又是东北南向延伸的大兴安岭和长白山脉,气流南北向流动比东西向流动更容易,而且沈阳、铁岭、抚顺、辽阳、鞍山、营口沿东北西南一线排列,不管是北来的还是南来的气团,都会有一部分流经其他城市。因此,由于城市密集,不可避免地造成各城市之间污染物相互输送与相互影响。

四、大气环境保护战略任务

(一) 大气环境保护战略目标

以执行环境空气质量新标准为动力,以保护人群健康为前提,大力削减现有大气污染物排放量,严格控制新增量,促进排放绩效持续提高,使城市环境空气质量稳步改善(国务院,2013b)。

根据《大气污染防治行动计划》(国务院,2013a)的要求,经过 5 年的努力(2012 年开始),全国空气质量总体改善,重污染天气较大幅度减少。力争再用 5 年或更长的时间,逐步消除重污染天气,全国空气质量明显改善。具体的目标是到 2017 年,全国地级以上城市 PM_{10} 浓度比 2012 年下降 10%以上。《大气污染防治行动计划》基本以颗粒物为约束指标。辽宁省可吸入颗粒物浓度比 2012 年下降 10%以上(辽宁省人民政府,2014)。

辽宁中部城市群是《重点区域大气污染防治"十二五"规划》(环境保护部,2012)确立的三区十群之一。根据《重点区域大气污染防治"十二五"规划》的要求,到 2015 年重点区域环境空气质量有所改善,PM_{10}、SO_2、NO_2、$PM_{2.5}$ 年均浓度比 2010 年分别下降 10%、10%、7%、5%。具体到辽中中部城市群,PM_{10}、SO_2、NO_2、$PM_{2.5}$ 年均浓度分别下降 12%、11%、9%、5%。

2012 年沈阳优良天数为 322d,抚顺为 336d,本溪为 344d,鞍山为 343d,锦州为 347d,占比都高于 85%;最低为沈阳,88%,最高为锦州,95%。2013 年加入 $PM_{2.5}$ 指标,按照空气质量新标准(GB 3095—2012)评价,沈阳、铁岭、抚顺优良天数分别为 204d、245d、260d;鞍山、本溪、营口、辽阳优良天数为 300d 左右;锦州为 317d、阜新为 328d、盘锦为 340d。对于辽河流域的 11 个城市,沈阳、铁岭、抚顺的规划目标是 2020 年大于 300d;2020 年鞍山、本溪、营口、辽阳优良天数为 330d;锦州、阜新、盘锦、朝阳优良天数的规划目标是 2020 年多于 345d。

具体指标参见表 4-16~表 4-20。

表 4-16　SO_2 和 NO_2 规划目标　　　　(单位:mg/m^3)

地市	2012 年		2015 年		2020 年	
	SO_2	NO_2	SO_2	NO_2	SO_2	NO_2
沈阳	58.0	36.0	51.6	31.9	45.9	28.3
鞍山	48.0	31.0	40.9	35.5	34.9	40.7
抚顺	41.0	40.0	33.8	32.8	27.9	26.9
本溪	52.0	34.0	50.7	30.9	49.4	28.1
营口	29.0	26.0	26.7	23.7	24.6	21.6
辽阳	52.0	26.0	47.2	31.9	42.8	39.1
铁岭	21.0	25.0	36.5	20.9	63.4	17.5

续表

地市	2012 年 SO₂	2012 年 NO₂	2015 年 SO₂	2015 年 NO₂	2020 年 SO₂	2020 年 NO₂
锦州	31.0	22.0	25.8	15.5	21.5	10.9
阜新	43.0	28.0	42.7	30.9	42.4	34.1
盘锦	21.0	24.0	18.7	21.8	16.7	19.8
朝阳	40.0	36.0	40.9	28.2	41.8	22.1

表 4-17　PM_{10} 规划目标　　　　　　　　　　（单位：$\mu m/m^3$）

地市	2012 年	2015 年	2017 年	2020 年
沈阳	92.0	88.9	82.8	78.7
鞍山	85.0	92.4	76.5	72.7
抚顺	84.0	82.7	75.6	71.8
本溪	66.0	60.7	59.4	56.4
营口	67.0	64.2	60.3	57.3
辽阳	72.0	58.1	64.8	61.6
铁岭	73.0	68.6	65.7	62.4
锦州	70.0	69.5	63.0	59.9
阜新	75.0	82.7	67.5	64.1
盘锦	65.0	65.1	58.5	55.6
朝阳	86.0	73.0	77.4	73.5

注：2020 年比 2017 年下降 5%

表 4-18　$PM_{2.5}$ 规划目标　　　　　　　　　　（单位：$\mu g/m^3$）

地市	2012 年	2015 年	2017 年	2020 年
沈阳	45.0	42.3	40.5	38.5
鞍山	43.0	40.4	38.7	36.8
抚顺	66.0	62.0	59.4	56.4
本溪	96.0	90.2	86.4	82.1
营口	32.0	30.1	28.8	27.4
辽阳	36.0	33.8	32.4	30.8
铁岭	51.0	47.9	45.9	43.6
锦州	39.0	36.7	35.1	33.3
阜新	45.0	42.3	40.5	38.5
盘锦	31.0	29.1	27.9	26.5
朝阳	—	—	—	—

注：2017 年比 2012 年下降 10%；2020 年比 2017 年下降 5%

表 4-19　各地市优良天数指标　　　　　　　　　　（单位：d）

地市	2012 年	2013 年	2020 年
沈阳	322	204	>300
鞍山	343	299	>330
抚顺	336	260	>300
本溪	344	309	>330
营口	363	311	>330
辽阳	—	301	>330
铁岭	—	245	>300
锦州	347	317	>345
阜新	355	328	>345
盘锦	359	340	>345
朝阳	356	/	>345

注：2013 年加入 PM$_{2.5}$ 指标采用新标准评价，/表示没有 PM$_{2.5}$ 数据，— 表示无数据

表 4-20　辽宁省绩效指标

指标	2010 年	2015 年	2020 年
单位 GDP 能耗/（t 标准煤/万元）	1.38	1.16	0.97
单位 GDP SO$_2$ 排放量/（t/亿元）	55.38	36.59	24.16
单位 GDP NO$_x$ 排放量/（t/亿元）	57.58	38.02	25.12

（二）大气环境保护战略任务

1. 控制燃煤总量，优化能源消费结构

大气污染综合整治需要从源头入手，优化能源结构，控制燃煤总量（辽宁省人民政府，2014），提高能源利用效率，发展循环经济，从根本上减轻空气污染。2006 年辽宁省能源消费总量为 14 228.0 万 t 标准煤，煤炭消耗量为 10 158.8 万 t 标准煤。2012 年辽宁省能源消费总量为 22 319.3 万 t 标准煤，煤炭为 13 675.6 万 t 标准煤。按照这个比例发展，2018 年，辽宁省能源消耗总量为 34 995.1 万 t 标准煤，煤炭消费量继续增长到 18 417.4 万 t 标准煤。

控制本地煤炭能源消费总量，减少煤炭消费比例，逐步提高外部电能、天然气、煤制天然气等清洁能源的占比，优化能源结构。国家《能源发展"十二五"规划》确定到 2015 年非化石能源的占比为 11.4%，辽宁省应结合自身达到相应目标。推进风能利用，加强煤层气、页岩气等新型能源的调查勘探和开发利用，改善能源结构。

推广使用洁净煤和型煤。推进煤炭清洁利用（辽宁省人民政府，2014），提高煤炭洗

选比例，禁止燃烧劣质煤炭。积极推进热电联产和集中供热，加强集中供热管网建设，逐步淘汰小型燃煤锅炉，减少煤炭散烧，加强冬季燃煤污染控制。

2. 深化节能减排，提高能源利用效率

落实科学发展观，改变经济增长方式，由"三高一低"粗放型向"两低一高"集约型转变，有节制地发展高耗能产业，大力降低单位 GDP 能源的消耗，限制或淘汰高污染、高排放产业，全方位控制大气污染源，减少大气污染物排放，努力减缓大气污染物排放总量增长的速度，力争"增产减污"。

《节能减排"十二五"规划》（国务院，2012）提出的节能总目标：到 2015 年，全国万元 GDP 能耗下降到（按 2010 年价格计算）0.68t 标准煤，比 2010 年的 0.81t 标准煤下降 16%。辽宁 2011 年万元 GDP 能耗为 1.096t 标准煤（按 2010 年价格计算），远高于全国的平均水平。《辽宁省国民经济和社会发展第十二个五年规划纲要》提出 2015 年单位 GDP 能耗降低 17%。

所以，辽宁节能减排潜力与压力均巨大，必须深化节能减排，进一步提高高耗能产业的生产工艺水平，增加科技含量，降低单位产品的能耗。政府还应对以钢铁、电力和水泥行业为重点的行业实行达标治理。继续积极推进热电联产，加快集中热源建设，继续实施拆小并大，用优势热源淘汰落后小热源。对于"两高一资"行业，落实节能评估审查制度，提高能源利用效率。

3. 调整产业结构，加快产业转型升级

辽宁省三产比例变化不大，近年一产和三产稍有降低，二产稍有增加，近年一产占 10%以下，二产占 50%以上，三产占 40%以下。辽宁三产的比例与东部发达地区，甚至部分中部地区还存在一定的差距，如江苏、浙江、广东和北京的三产比例分别为 41.4%、43.5%、45%和 75.1%。而且辽宁工业又以重化工为主，形成了以冶金、石化、电力、机械及矿山开采业为主的工业体系，是我国重要的原材料生产基地。辽宁省 2012 年生铁产量为 5311.92 万 t，粗钢产量为 5177.50 万 t，钢材产量为 5923.50 万 t，全国排名第 4 位；焦炭产量为 2021.20 万 t，全国排名第 8 位。水泥产量为 5503.78 万 t，全国排名第 14 位。平板玻璃产量为 2523.44 万重量箱，全国排名第 9 位。

由于传统产业所占比例大，高资源依赖、高污染企业占比例较高导致结构性污染。因此，辽宁可进一步着力发展高科技、低污染、低消耗产业，把工业结构优化升级作为发展现代产业体系和调整产业结构的重点（辽宁省人民政府，2011），调整三产比例，提高一产质量，优化二产结构，提升三产水平，促进产业结构调整，大力发展优势产业，以改善结构性污染问题。

依据国家产业政策，调高"两高一资"行业的环境准入（辽宁省人民政府，2012）门槛，严格控制高耗能、高污染项目建设。严格按照国家发布的《产业结构调整指导目录（2013年版）》，进一步提高环保、能耗等标准，加快淘汰落后产能（辽宁省人民政府，2011），倒逼产业转型升级。提高能耗、环保标准，促进"两高一资"过剩产能退出现役。加大执法力度，坚决停止在建违规的落后、过剩产能。

4. 优化产业布局，合理规划工业园区

辽宁省现拥有沈阳、大连、鞍山、营口、辽阳 5 个国家级高新区，锦州、葫芦岛、阜新、铁岭、本溪、抚顺 6 个省级高新区，以及丹东、朝阳、盘锦 3 个省级筹建高新区。辽河流域范围内的有沈阳、鞍山、营口、辽阳 4 个国家级高新区，有锦州、阜新、铁岭、本溪、抚顺 5 个省级高新区，另外，朝阳、盘锦高新区正在筹建。

从辽河流域城市群的污染分布看，城市城区是空气污染的主要地区，这和城市历史上发展重工业有关，城区中逐步形成了工业集中、人口集中，工业居住区域不分离的现象，不利于空气污染的治理。

辽宁省环境保护部门需要结合区域大气环境承载力（辽宁省人民政府，2012）、自然禀赋以及国家主体功能区划要求，推动辽河流域发展相关规划的环境影响评价。相关部门需要进一步科学制订，并严格执行城市总体规划，研究开展城市群尺度、城市尺度环境总体规划。加强各种开发区、园区和经济基地的基础设施的建设，严格执行规划与批复确定的目标与功能。在产业布局调整过程中，要优化大气污染源的布局，提升工业园区环境管理水平，防止落后产能向环境质量优良的地区转移。总之，要做到城市功能分区合理，改善城市群及城市城区空气质量。

5. 控制机动车量，淘汰治理落后车辆

《2013 年中国机动车污染防治年报》（环境保护部，2014）显示，我国已连续 4 年成为世界机动车产销第一大国，机动车污染已成为我国空气污染的主要来源，是造成灰霾、光化学烟雾污染的重要原因，机动车污染防治的紧迫性日益凸显。

2013 年全国 NO_x 排放量为 2227.3 万 t，其中机动车 NO_x 排放量为 640.5 万 t，占比为 28.8%，仅次于工业源，排在第 2 位。研究表明，NO_x 是 O_3 的重要前体物之一，也是形成区域细粒子污染和灰霾的重要原因。为降低空气中 $PM_{2.5}$、NO_x 含量，除减少工业污染源的排放外，也要控制机动车尾气排放。

2006 年年末辽宁省机动车保有量为 310.41 万辆，2012 年辽宁省机动车保有量为 661.95 万辆，增长迅速，年增长 12%～13%。因此，需要密切注意机动车保有量，控制机动车的增长速度。2012 年辽宁省"黄标车"保有量约为 70 万辆，全国排名第 6 位。

加快淘汰和改进落后车，逐步淘汰黄标车，增加大排气量车购置税。加强机动车环保管理，从运营车辆入手，通过杜绝高耗油车辆进入道路运输市场、加强营运客车类型等级管理、强化车辆综合性能检测和技术等级评定、推进低耗油专用车辆应用、加快公共交通油改气工作、强化道路运输车辆维护保养等措施。推广使用新能源汽车，减少污染排放。

6. 优化空间布局，降低城市热岛效应

辽河流域分布着 11 座城市，以沈阳为中心的辽中城市群全部在辽河流域。在大沈阳经济区、辽中城市群等城市一体化、同城化发展的过程中，必须加强区域性规划，以国土空间主体功能区划为基础，在城市之间和城市内部，不仅要考虑土地的集约利用，而且要

考虑城市之间和城市内部不同功能区之间的生态隔离区和隔离带,以有效防止城市之间和功能区之间缺乏隔离和缓冲过渡区带,保障大气环境功能区的目标得到有效保护。同时,由于城市土地的过度集约利用和过高的容积率,导致建筑物交叉分布,且越建越高,加上街道、道路弯曲,地面粗糙度增大,城市的通风变得更加不畅,城市热岛效应和穿窿效应明显,对大气污染物的扩散十分不利。为此,在城市规划时,应设置大气通风廊道:首先要利用城市拥有的自然环境,如河流及其两岸作为城市的大气通风廊道;其次利用铁路、高速公路和主道路,在规划时要在铁路和道路两侧留出足够的空间作为大气通风廊道;最后,可以结合生态隔离带、绿化带等专门建设大气通风廊道。城市之间和城市内部隔离区带的建设和城市大气通风廊道的建设,是一项富有魄力、远见和挑战性的基础性工程,必将发挥积极(人类目前难以改变气象条件,但能够因势利导)和长远的作用(Shao et al., 2008)。

7. 加强区域协调,建立联防联控机制

《重点区域大气污染防治"十二五"规划》中确定的"三区十群"包括辽宁中部城市群,该城市群包括沈阳、鞍山、抚顺、本溪、辽阳、铁岭、营口 7 个城市。辽宁省的"大沈阳经济区"都在辽河流域内,该经济区包括沈阳、鞍山、抚顺、本溪、营口、辽阳、铁岭,形成了一个由 7 个城市组成的工业城市群。辽宁中部城市群大气污染问题需要统一协调管理。

政府部门需要建立辽河流域大气环境管理联防联控机制,开展辽河流域大气污染联防联控工作,建立区域协作机制,明确工作任务,确定区域内重点城市,组织实施区域内协调一致的污染防治措施,共同协调解决区域面临的大气环境问题。

近年来,随着中国的快速城镇化进程,区域化大气污染现象集中快速出现。针对近年 SO_2、NO_x 排放有增加的趋势,需加大排放的控制和监管力度,以遏制住排放增加的趋势。迫切需要加强区域环境监测能力建设,共享监测数据。急需建设具有整合交流共享功能的统一数据共享平台,共享环境质量监测数据和气象数据,提升重污染天气预警能力,为科学研究和区域协调决策提供信息技术支持。

针对近期以雾霾为代表的重污染天气频发的现象,解析重污染天气的来源与成因,以细颗粒物、O_3 为主要预警指标,建立城市群大气污染预报预警体系。逐步完善预报预警系统,提高预报预警准确度,编制应急预案,构建区域协调的响应机制,最大限度地降低大气污染造成的区域人群健康风险。

8. 发挥市场机制作用,创新环境经济管理措施

本着"谁污染,谁治理"的原则,充分发挥市场机制作用,积极推行激励约束并存的大气污染防治新机制。加大排污费征收力度,适当提高排污费收费标准,扩大排污收费范围。落实脱硝电价政策,推进火电厂烟气脱硝补贴政策。加大政府对大气污染防治技术示范工程资金支持力度,落实秸秆综合利用的优惠政策。推行政府绿色采购,逐步提高节能环保产品比例。

五、小结

(一) 污染气象特征

1. 环流形势

1月冷高压的范围覆盖了整个东亚地区,相当稳定,我国北部盛行西北—北气流,全省空气干冷、降雪稀少,1月平均气温除辽南沿海为-4~-9℃外,其他各地均为-10~-17℃;4月辽宁省常处于蒙古境内和海上两个高压之间,加之西来的气流不断发展和加深,致使南、北大风交替出现,全省各地气温回升较快,春季辽宁省受地形影响,4月中部平原和沿海地区风速较大,风沙天气较多;7月由于副热带高压势力增强并逐渐北移,潮湿的东南季风则沿着高压的西侧向北移动,辽宁省在其影响之内;10月副热带高压随之南撤,西北季风开始增强,气温迅速下降,由于寒潮不断侵袭,北风次数逐渐增多,气温迅速下降,省内各地从9月下旬至10月上旬由北向南先后见初霜。

2. 区内垂直扩散能力

从混合层厚度及混合层内的垂直扰动情况来看,辽宁省在夏秋春季垂直扩散能力较高,较有利于污染物的垂直扩散,夏季最强,春秋季次之,冬季最弱。

3. 区内水平扩散能力

春季由于南北气团交替入侵,水平通风量最强,最有利于污染物在水平方向上的稀释和迁徙,夏季次之,冬秋季较弱。

4. 重点城市垂直扩散能力

沈阳1月、4月、10月出现逆温,7月未出现逆温。

大连城区在1月和10月没有出现逆温;4月和7月全天都有逆温出现,最大厚度近1000m。

抚顺城区1月出现逆温,逆温厚度较强;4月和7月没有出现逆温,10月的逆温结构和垂直扰动与1月一致。

锦州1月、4月、10月有逆温出现。

鞍山1月、10月有弱逆温出现。

5. 重点城市输送能力

朝阳、沈阳和营口3市冬春季以西北来的气团为主,来源于蒙古、我国内蒙古、俄罗斯和黑龙江(春季东北来的气团),只有营口冬季29%来自于河北、山东和渤海,朝阳春季有14%来自于北京、河北、山东,营口春季有15%来自于河北、山东;3市夏季气团以NW、S、SSE、SE为主,来源于蒙古、我国内蒙古、俄罗斯、黄海、东海;秋季以NW、

S、SSW、NE 为主，来源于渤海、黄海、蒙古、我国内蒙古、俄罗斯。

（二）大气环境状况

1. 颗粒物及细颗粒物是首要污染物

2013 年辽河流域 PM_{10}（本溪除外）、$PM_{2.5}$（辽阳没数据）各市均超标（PM_{10} 最大超标者沈阳超标 82.8%，最小超标者营口和铁岭超标 5.7%，$PM_{2.5}$ 最大超标者沈阳超标 105.7%），SO_2 仅沈阳市超标（超标 51%），NO_2 沈阳和抚顺超标（分别超标 7.5%和 12.5%），O_3 和 CO 各市均未超标。沈阳市是辽河流域 11 市中空气质量最差的市。

2. 年均浓度总体下降，近几年有所反弹

2002～2013 年，辽宁 PM_{10} 年均浓度逐年下降至 2012 年的 $0.074mg/m^3$，但仍不能达到空气质量标准（GB 3095—2012）二级；NO_2 的浓度小幅波动变化，且能够达到空气质量标准二级；SO_2 的年均浓度能够达到空气质量标准二级，呈现先上升、后下降的变化趋势；SO_2、NO_2 和 PM_{10} 的年均浓度在 2013 年都出现反弹升高；CO 浓度的年均值呈先上升后下降的趋势。2007～2013 年 O_3 小时浓度的年均值发生波动性变化。2011～2013 年 $PM_{2.5}$ 呈升高趋势且每年均超标。

3. 采暖期污染严重，冬季高、夏季低规律明显

2002～2013 年，辽河流域 11 个城市各年采暖期 SO_2 平均浓度（中国环境监测总站，空气质量监测日报数据）均高于非采暖期，SO_2 最高可高出数倍（如辽阳和朝阳在 2002 年分别高出 61 倍和 14 倍，抚顺在 2004 年高出 10.7 倍），而 NO_2、PM_{10}、$PM_{2.5}$（仅有 2011～2013 年数据）、CO 平均浓度除个别城市的个别年份外都高于非采暖期，显示出采暖期产生的污染物排放对空气中污染物的浓度有较大的贡献，尤其是 SO_2 和 NO_2。SO_2、NO_2、PM_{10}、$PM_{2.5}$ 等污染物在辽河流域 11 个城市表现为冬季高、夏季低的季节性变化特点，特别是 SO_2 规律性季节性变化最明显，这显然也与冬季采暖的贡献密不可分。而在 2007～2013 年，部分城市 O_3 个别年份表现出夏季高、冬季低的季节变化，CO 的季节规律性变化没前述几种污染物强。

4. 中心城市沈阳污染最重，颗粒物普遍超标

2002～2013 年，辽河流域各市 SO_2 年均浓度（中国环境监测总站，空气质量监测日报数据）：2009 年前辽河流域仅鞍山、本溪、锦州、阜新、辽阳超标，2009 年后仅沈阳呈上升趋势且在 2013 年超标，抚顺、营口、盘锦、铁岭、朝阳等市没超标。NO_2 年均浓度：营口、盘锦、朝阳未出现超标年份，锦州和铁岭仅在 2003 年超标，沈阳、抚顺、朝阳等市主要表现为上升的趋势，其他市多数表现为先下降近年上升，2010 年以后仅抚顺、沈阳、本溪超标。PM_{10} 年均浓度：本溪近 4 年有 3 年达标，锦州、营口、辽阳、盘锦近年各有一年达标，其他市在各个年份都不达新标准（如果按旧标准，所有地区近 3 年都能达

二级标准），各市都呈下降趋势且多数市在2013年出现反弹。$PM_{2.5}$年均浓度：仅有营口、辽阳、盘锦、铁岭在2011年或2012年达标；沈阳、铁岭、辽阳、抚顺明显上升，营口、锦州略上升；本溪明显下降，鞍山、阜新、盘锦略下降。CO年均浓度：仅本溪市有两年超标，本溪、盘锦、辽阳、锦州等市的值相对较高，除营口外，其他各市主要呈下降趋势。O_3年均浓度：仅本溪市出现异常超标高值，其他各市的值均较低，除锦州市外，其他市O_3年均浓度表现出升高的趋势。

2012年沈阳SO_2年均浓度在全国排名第3；NO_2年均浓度在全国排名第21；可吸入颗粒物年均浓度在全国排名第16。2013年74个城市空气质量综合指数排名中沈阳排名较靠前。

5. 辽河流域是全省大气污染物排放主体

2012年，辽宁省SO_2排放量约为98万t，占全国的4.62%；辽河流域SO_2工业排放量约为75万t，占全国工业排放量的比例为3.9%，占全省的76.8%。近几年辽河流域SO_2工业排放量占辽宁省的比例在76.5%~80.2%变化。从2008年开始，辽宁省NO_x排放量呈现升高趋势。2011年和2012年辽宁省NO_x排放量占全国NO_x排放量的比例分别为4.42%和4.43%。2012年，辽宁省工业烟粉尘排放量为62.6万t，占全国的5.07%；辽河流域工业烟粉尘总计排放量为52.3万t，占全国工业烟粉尘排放量的5.08%。近几年，辽河流域烟粉尘排放量占辽宁省的比例为82.6%~89.4%。

2012年辽宁省SO_2、NO_x和烟粉尘排放量在全国分别排名第6、第8和第4，而2012年辽宁省的GDP在全国排名第7，SO_2和烟粉尘排放量排名超过GDP排名。

6. 本溪、鞍山、沈阳、营口等市为排放大户

2010年大气污染物区域排放情况：SO_2排放量排前5位的分别是本溪、鞍山、沈阳、葫芦岛和营口，NO_x排放量排前5位的是鞍山、沈阳、本溪、辽阳和大连，烟尘排放量排前5位的是鞍山、葫芦岛、丹东、本溪、抚顺，工业粉尘排放量排前5位的是本溪、营口、鞍山、朝阳、丹东，前5位的这些市SO_2、NO_x、烟尘、工业粉尘的排放量都至少占全省的60%以上。本溪和鞍山是这4项污染物排放量均进入前5名且各有两次排第一的两市，是排放大户。沈阳、营口、葫芦岛和丹东各有两项污染物的排放量进入全省前5名，辽阳、朝阳、大连、抚顺各有一次4种污染物中的一种污染物出现在前5位排放地区之列。

7. 大气污染物行业贡献集中

2010年大气污染物行业排放情况：辽宁省SO_2、NO_x、烟尘和工业粉尘排放的行业贡献比较集中，排放量大的前13个行业的排放量占总排放量的比例之和超过90%。黑色金属冶炼及压延加工业是除烟尘外的其他3种污染物的首要排放行业；电力、热力的生产和供应业，非金属矿物制品业，石油加工、炼焦及核燃料加工业，化学原料及化学制品制造业，有色金属冶炼及压延加工业等也是至少在两种或以上的污染物排放中排放量所占比例较大的行业。

(三) 大气环境与经济能源耦合性分析

1. 能源总量逐年增加，自给率逐年下降

辽宁省能源生产和消费均呈增长趋势，但消费增速远超生产增速，能源自给率逐年降低，到 2012 年能源自给能力已低于 30%。自 2005 年以来，辽宁全省能源消费量一直排全国第 6 位。辽宁省能源生产和消费都是以煤炭为主，煤炭消费比例最低年份也在 61% 以上，近十多年来煤炭消费比例则有所下降，原油消费比例则上升到了 30%左右。辽宁省煤炭消费量 2005～2010 年 6 年全国排第 7 位，2011 年排第 8 位。

2. 单位 GDP 能耗逐年下降，但仍高于全国水平

自 2005 年以来，与全国变化趋势一样，辽宁省的单位 GDP 能耗也逐年下降，但辽宁省历年的单位 GDP 能耗高于全国平均水平，一般高出 40%左右。辽宁省和全国一样，历年 GDP 和能源消费量之间有很强的相关性，即随 GDP 增长，能源消费量也同时增长。辽河流域的铁岭、鞍山、盘锦、沈阳、辽阳、朝阳 6 市 GDP 与能源消费之间的相关性与全国和辽宁省情况类似。近几年抚顺和锦州出现 GDP 增长而能源消费反而下降的情况，本溪、阜新、营口则是在 2011 年后出现较大下降，以致相关性不是太明显。

3. 单位能耗污染物排放量逐年下降，SO_2 和烟粉尘高于全国

2006～2012 年，辽宁省单位能耗 SO_2 排放量低于全国平均水平，且与全国一样呈逐年下降趋势。2006～2012 年，辽宁省单位能耗烟粉尘排放量在 2010 年前高于全国平均水平，2010 年起略低于全国平均水平，且与全国一样呈逐年下降趋势，下降速度高于全国平均。近两年单位能耗 NO_x 排放量辽宁省与全国一样呈现下降趋势，且辽宁省单位能耗 NO_x 排放量低于全国平均水平。辽宁省能源消费与大气污染物排放量的变化趋势与全国类似，但 2011 年辽宁省 SO_2 和烟粉尘排放量的反弹并没有在 2012 年得到消除，尤其烟粉尘增加明显。辽宁省和全国一样，能源消费总量与大气污染物排放呈负相关，但辽宁省要低于全国平均水平。

4. 单位 GDP 污染物排放量逐年下降，SO_2 和烟粉尘高于全国

2006～2012 年，辽宁省单位 GDP SO_2 排放量高于全国平均水平，但与全国一样呈下降趋势，近年已很接近全国平均水平；2006～2012 年，辽宁省单位 GDP 烟粉尘排放量高于全国平均水平，但与全国一样呈下降趋势，近年也逐渐接近全国平均水平；近两年辽宁省单位 GDP NO_x 排放量都低于全国平均水平，且与全国一样呈下降趋势。随着 GDP 的逐年增长，全国 SO_2、NO_x 和烟粉尘排放量呈现逐年下降，辽宁省总体变化趋势与全国类似，唯有烟粉尘从 2010 年后有明显回升。辽宁省和全国一样，GDP 与大气污染物排放量之间呈现负相关，但辽宁省低于全国平均水平。

（四）主要大气环境问题

辽河流域主要大气环境问题有5个方面：①煤烟型污染尚未解决，复合型污染已经显现；②污染季节变化明显，达标面临严峻挑战；③能源消费量大，能效水平较低；④工业结构偏重，工艺水平落后；⑤城市分布密集，相互影响明显。

（五）大气环境保护战略任务

1. 大气环境保护战略目标

以执行环境空气质量新标准为动力，以保护人群健康为前提，大力削减现有大气污染物排放量，严格控制新增量，促进排放绩效持续提高，使城市环境空气质量稳步改善。

2. 大气环境保护战略任务

辽河流域大气环境保护战略任务有8个方面：①控制燃煤总量，优化能源消费结构；②深化节能减排，提高能源利用效率；③调整产业结构，加快产业转型升级；④优化产业布局，合理规划工业园区；⑤控制机动车量，淘汰治理落后车辆；⑥优化空间布局，减轻城市热岛效应；⑦加强区域协调，建立联防联控机制；⑧发挥市场机制作用，创新环境经济管理措施。

参 考 文 献

国家统计局. 2003. 中国统计年鉴. 中华人民共和国国家统计局网站（www.stats.gov.cn）.
国务院. 2012. 节能减排"十二五"规划. 国发〔2012〕40号.
国务院. 2013a. 大气污染防治行动计划. 国发〔2013〕37号.
国务院. 2013b. 国家生态文明建设试点示范区指标（试行）. 环发〔2013〕58号.
国务院. 2013c. 全国资源型城市可持续发展规划（2013—2020年）. 国发〔2013〕45号.
环境保护部. 2012. 重点区域大气污染防治"十二五"规划. 环发〔2012〕130号.
环境保护部. 2014. 2013年中国机动车污染防治年报.
辽宁省环保厅. 2014. 2013年辽宁省环境状况公报.
辽宁省人民政府. 2009. 辽宁省应对气候变化实施方案. 辽政发〔2009〕23号.
辽宁省人民政府. 2011. 辽宁省"十二五"规划.
辽宁省人民政府. 2012. 辽宁省环境保护"十二五"规划. 辽政发〔2012〕48号.
辽宁省人民政府. 2014. 辽宁省大气污染防治行动计划实施方案. 辽政发〔2014〕8号.
辽宁省统计局. 2008. 辽宁省统计年鉴2008. 北京：中国统计出版社.
辽宁省统计局. 2009. 辽宁省统计年鉴2009. 北京：中国统计出版社.
辽宁省统计局. 2010. 辽宁省统计年鉴2010. 北京：中国统计出版社.
辽宁省统计局. 2011. 辽宁省统计年鉴2011. 北京：中国统计出版社.
辽宁省统计局. 2012. 辽宁省统计年鉴2012. 北京：中国统计出版社.
辽宁省统计局. 2013. 辽宁省统计年鉴2013. 北京：中国统计出版社.
文毅，韩文程，毕彤. 2009. 辽宁中部城市群大气污染物总量控制管理技术研究. 北京：中国环境科学出版社.

夏梅艳，隋东，于慧波，等. 2005. 辽宁春季沙尘天气特征及前期影响因子研究. 辽宁气象，21（1）：11-12，17.
张维，邵德民. 1994. 中国沿海城市的气块后向轨迹分析. 气象，12：46-49.
中国环境监测总站，空气质量监测日报数据.
Larssen T，Lydersen E，Tang D，et al. 2011. Acid Rain in China. Environmental Sience & Technology，40（2）：418-425.
Shao M，Tang X Y，Zhang Y H，et al. 2008. City clusters in China: air and surface water pollution. Frontiers in Ecology & the Environment，4（7）：353-361.

第五章　辽河流域土壤环境保护战略

随着我国人口和经济的增长，对资源的需求量不断增大，土壤作为人类生存和社会经济发展的重要资源和基本环境要素，越来越受到人们的关注。由于长期以来土地资源不合理的开发利用、废水废气大量排放，加之缺乏有效的管理和治理，土壤污染问题日趋严重，对生态环境、食品安全和社会经济的可持续发展构成严重威胁。在过去的几十年里，我国环境研究的重点主要在大气和水污染方面，对土壤资源的保护关注不够。目前土壤环境保护已成为我国现阶段环境保护中的一项重要工作。在十八届三中全会上，中共中央总书记习近平就《中共中央关于全面深化改革若干重大问题的决定》向全会作说明时曾指出，"山水林田湖是一个生命共同体""人的命脉在田，田的命脉在水，水的命脉在山，山的命脉在土，土的命脉在树"，深刻地揭示了土壤与其他环境介质之间的密切关系和土壤环境保护的重要地位（严耕，2013）。

辽宁是我国工农业大省，人口众多，对资源能源的需求量大，随着社会经济持续发展，辽宁省的土壤资源保护将面临更大的压力（国务院办公厅，2013）。辽宁省在东北乃至全国，都占有举足轻重的战略地位。辽宁省是东北老工业基地的重要组成部分，东北老工业基地以传统产业为主，其中原油产量占全国的46%，石油加工占全国的26%，钢铁产量占全国的14%，有色金属占全国的11%；矿产资源丰富，铁矿、菱镁矿居全国首位。辽宁省还是我国粮食主产区，商品粮占全国的1/3（辽宁省人民政府，2009）。作为我国主要的粮食主产区，其农业土壤的环境保护直接关系着农产品的质量安全，同时，辽宁省作为老工业基地，近年来正迎来城区工业企业搬迁和污染场地再开发利用的高峰期，加上"经济一体化"新格局的确立势必将涉及土地利用变化，对辽宁省土壤环境保护提出了新的问题，因此，此时开展土壤环境保护的战略研究非常必要，是建设辽河流域生态文明的重要组成部分（环境保护部，2011，2012；辽宁省人民政府，2012c）。

一、流域土壤环境现状分析

（一）土壤环境总体状况

辽宁省是我国老工业基地，原有工业企业密集、工业类型众多，由于历史上粗放型的落后生产方式，生产原料和工业"三废"跑冒滴漏现象普遍，土壤污染比较严重，环境风险较为突出。

从分布上来看，该省土壤污染主要集中于沈阳、葫芦岛、锦州和大连等地。从产生原因来看，该省污染场地主要有工业企业遗留或遗弃场地、采矿区及周边地区、污灌区、重金属污染企业和固体废弃物处理、处置场、重金属危险废物堆放区等。从污染物类型上，该省污染场地以铬、铅、汞等重金属污染场地最为突出，挥发性有机物、石油烃、多环芳烃等有机物污染场地次之，还有部分有机氯农药等持久性有机污染物污染场地。

辽宁省重金属污染主要原因是有色金属的冶炼与加工业的历史久远，新中国成立以来，为支援全国生产建设，持续多年的大力开采与冶炼加工产生和排放了大量的重金属污染物，对环境产生了较重的污染。由于经济体制与管理等诸多原因，改革开放后片面追求经济发展，对企业技术改造与创新不足，生产工艺落后，重金属污染物产生量较大，行业和地区排放集中，重金属污染依然严重（辽宁省人民政府，2012a；2012b）。

根据2007年全国土壤普查结果，全省土壤重金属污染环境质量总体良好，但个别区域重金属污染较严重，污灌区耕地存在不同程度的重金属污染。在沈阳、丹东、营口、阜新、锦州、本溪、大连、葫芦岛、鞍山等地区均有土壤重金属超标地块分布。全省土壤重金属污染元素主要为镉、铬、砷、锌、铅、汞、铜、镍、钴、锰。

（二）辽宁省重金属污染物产生与排放现状

1. 废水中重金属污染物产生及排放现状

根据污染源普查结果，2007年全省废水中汞、铬、铅、镉、砷5种重金属的产生量约为461 228kg，其中产生汞271kg、镉108 211kg、总铬9339kg、六价铬47 246kg、铅99 039kg、砷197 122kg。葫芦岛市废水重金属污染物产生量占全省的比例高达47.8%，是辽宁省废水重金属污染物产生量最大的地区。辽宁省废水重金属污染物排放量为6437kg。其中，朝阳市占24.33%、丹东市占23.00%、葫芦岛市占12.56%，是全省排放量最大的3个地区，占全省的59.89%。金属制品业、皮革及制品业、有色金属冶炼及压延加工业、化学原料及化学制品制造业、有色金属矿采选业五大行业废水各种重金属污染物产生量为437 770kg，占全省产生量的94.92%，是全省重金属污染物产生的主要来源。五大行业废水各种重金属排放量为3698kg，占全省排放量的57.46%。五大行业对砷、总铬、铅、镉、汞5种重金属的排放量占全省排放量分别为：砷99.54%，总铬49.99%，铅72.85%，镉85.15%，汞99.87%。五大行业是全省重金属污染物排放的主要来源。

2. 废气中重金属污染物的产生及排放现状

2007年全省产生废气重金属污染物6 126 724kg，主要来自于铅锌冶炼、铜冶炼、电池制造等行业，而铅锌冶炼行业重金属污染物产生量为6 092 653kg，占全省的99.4%；2007年全省废气重金属污染物排放量为110 286kg，铅锌冶炼行业排放量为78 417kg，占全省的71.1%。葫芦岛市废气重金属污染物产生量为1 798 856kg，锦州市为1 587 679kg、丹东市为 1 543 669kg、鞍山市为 1 193 924kg，4 个城市产生量占全省的 99.96%，是废气重金属污染物产生最大的地区。

3. 含重金属固体废物产生、综合利用和堆存现状

2007 年全省产生含重金属危险废物 45 636t，综合利用 45 561t，储存 1581t。其中，锦州、大连、抚顺、本溪、鞍山、葫芦岛、沈阳、丹东等地区占全省总产生量的 99.7%。全省含重金属危险废物历史储存量为 414 555t/a。全省含重金属固体危险废物主要来源于铁合金冶炼、铅锌冶炼、铜矿采选、电池制造、铅锌矿采选、无机盐制造等行业。其中，铁合金冶炼产生 27 825t，占全行业的 60.97%；铅锌冶炼产生 5979t，占 13.1%；铜矿采选产生 4375t，占 9.58%；电池制造产生 2553t，占 5.59%；铅锌矿采选产生 1753t，占 3.84%；无机盐制造产生 1308t，占 2.87%。这 6 个行业危险废物产生量为 43 794t，占全行业总量的 95.96%。这些危险废物中除铅锌冶炼的 880t 和电池制造的 3t 进行安全处置外，其余全部进行了综合利用，并且对以前积累的 3300t 危险废物进行了综合利用。

重金属污染对食品安全和人体健康构成严重威胁。重金属污染物通过大气、水体、土壤的迁移转化和食物链的生物累积放大作用污染环境，危害食品安全和人体健康。全省重金属历史遗留问题较多、欠账严重，多年累积问题突出，直接影响环境安全和可持续发展。

（三）辽宁中南部城市群污染现状和污染规律

本研究以辽中南重化工城市群典型区域重污染行业企业及周边地区的土壤为研究对象，开展了无机和有机污染发生规律的研究。调查的城市包括沈阳市、鞍山市、抚顺市、本溪市、营口市和盘锦市。调查无机污染物包括重金属镉、汞、铅和铬，有机污染物主要包括石油烃、有机氯、多氯联苯和多环芳烃。共调查辽中南城市群 128 个采样区，每个区设 6~10 个采样点，共计 982 个采样点。其中，重点研究了沈北新区、张士灌区与本溪市市区的污染物特征和发生规律。辽中南城市群采样点的分布图详见图 5-1 [该成果来自国家重点基础研究发展计划项目"东北老工业基地生态系统污染成因研究"（2004CB418501）研究报告]。

1. 中南部城市群污染现状

辽中南化工城市群重污染行业企业及周边地区土壤总体污染现状详见表 5-1 和表 5-2。从表中所有城市总的监测结果平均值来看，重化工城市群典型区域重污染行业企业及周边地区的土壤存在有机-无机复合污染，其中，无机污染物中镉、汞和铅 3 种污染物均超标，超标倍数分别为 1.3 倍、0.3 倍和 0.3 倍；有机污染物中多环芳烃类污染物超标严重，超标倍数达到 22 倍（参照荷兰土壤多环芳烃的修复目标值 1mg/kg）。从表中还可以看出，不同污染物其浓度的变异系数差别较大，变幅为 0.76~24.31 百分点，变异系数最小的为砷。无机污染物其含量的变异系数按如下顺序逐渐增大：镉

＜铅＜铬＜汞；而有机污染物其含量的变异系数按如下顺序逐渐增大：石油烃总量＜多环芳烃＜有机氯＜多氯联苯。

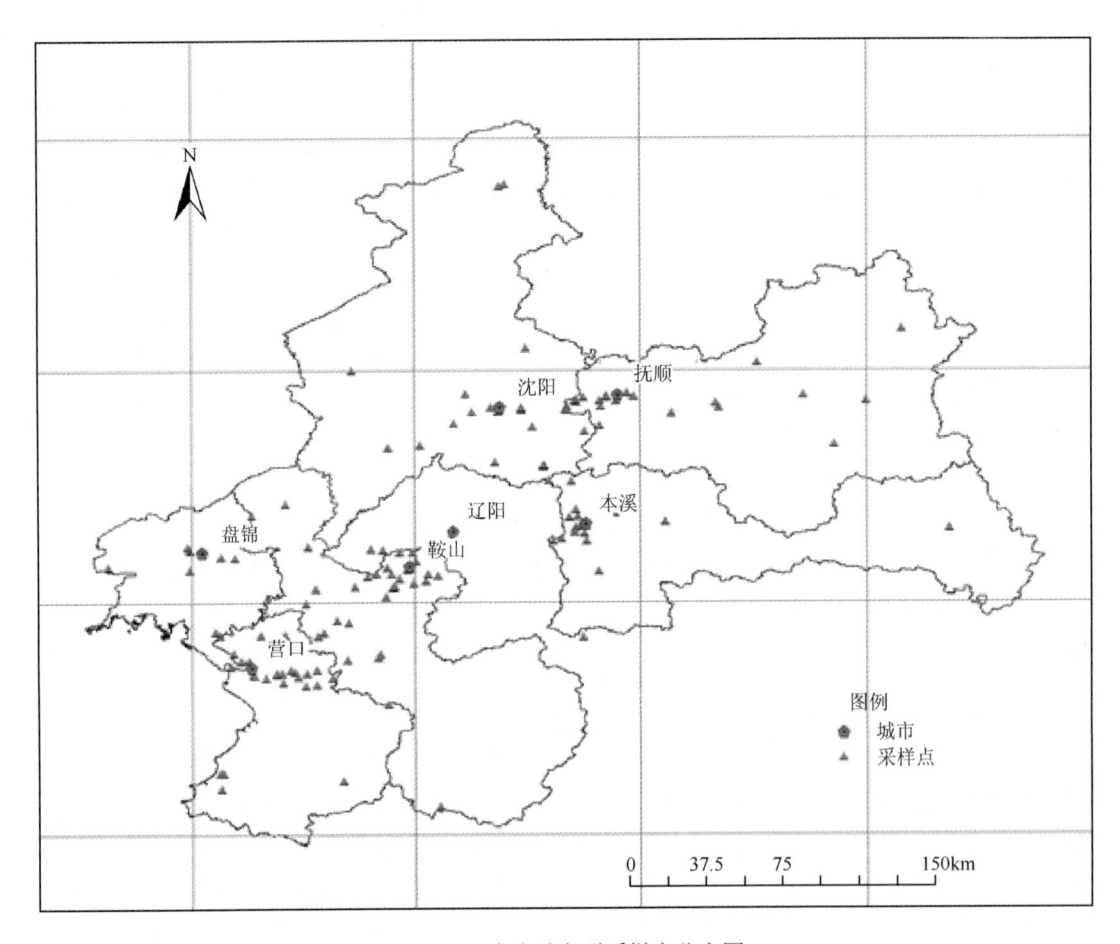

图 5-1　辽中南城市群采样点分布图

2. 中南部城市群各城市污染现状及其污染发生规律

无机污染物：表 5-1 列出了研究区域范围内各城市重污染行业企业及周边地区的土壤无机污染物平均值及变异系数。土壤中无机污染物汞统计数据变异系数最大（表 5-2），说明重化工城市群重污染行业企业及周边地区土壤中汞含量在地区间的分布存在较大差异。分析各城市重污染行业企业及周边地区土壤中汞含量统计结果可见，沈阳市重污染行业企业及周边地区土壤中存在严重的汞污染，超标倍数达 3.0 倍。从变异系数统计结果及测定结果的统计数据来看：鞍山市汞的变异系数最大（2.98%），说明鞍山市的汞污染地区间存在一定不均匀性；汞的变异系数相对较小的是沈阳市（1.42%），说明沈阳市的汞污染相对比较平均。除以上两个城市的污染较重外，从顺序统计量来看，抚顺也存在一定的污染，95%统计值均超过标准值，最大值为 0.65mg/kg，说明抚顺市个别地区存在汞污染。

表 5-1 各市重污染行业企业及周边地区的土壤无机污染物浓度平均值及变异系数

城市	镉 平均值/(mg/kg)	镉 变异系数/%	汞 平均值/(mg/kg)	汞 变异系数/%	铅 平均值/(mg/kg)	铅 变异系数/%	铬 平均值/(mg/kg)	铬 变异系数/%
沈阳	1.23	1.23	1.20	1.42	246.98	2.04	73.73	0.57
鞍山	0.20	0.72	0.35	2.98	40.50	1.15	37.06	0.61
抚顺	0.06	0.69	0.11	1.18	8.44	0.61	47.06	0.34
本溪	2.47	1.34	0.09	0.61	37.45	1.04	87.86	3.21
营口	0.40	0.43	0.07	0.64	18.92	0.28	56.19	0.21
盘锦	0.70	0.61	0.04	0.40	23.85	0.33	52.05	0.44

表 5-2 重污染行业企业及周边地区土壤总体污染现状

污染物	镉	汞	铅	铬	石油烃	有机氯	多氯联苯	多环芳烃
浓度平均值/(mg/kg)	0.68	0.38	62.6	84.73	99.36	0.45	1.72	23.29
标准差	1.52	1.64	196.69	352.46	404.36	8.98	37.96	317.39
变异系数/%	2.22	4.28	3.14	4.16	4.07	19.83	22.12	13.63

土壤中无机污染物铬统计数据变异系数略低于汞（表 5-2），说明重化工城市群重污染行业企业及周边地区土壤中铬含量在地区间分布也存在较大差异。分析各城市重污染行业企业及周边地区土壤中铬含量平均值统计结果可见（表 5-1），各城市均不存在污染，但从各城市的变异系数统计结果及测定结果的统计数据来看：本溪市变异系数较大，达 3.21%，说明该城市此种类型的个别地区存在严重的铬污染；从本溪市铬的顺序统计值来看，最大值达 2781.05mg/kg，超标倍数达 12.9 倍；除本溪的铬污染较重外，沈阳市个别地区存在轻微铬污染，其他城市此种类型均不存在污染。

土壤中无机污染物铅统计数据变异系数为 3.14%（表 5-2），说明重污染行业企业及周边地区土壤中铅含量在地区间的分布也存在一定差异。分析各城市重污染行业企业及周边地区土壤中铅含量平均值统计结果可见（表 5-1），沈阳市的铅污染最重，超标倍数达 4.9 倍。从各城市的变异系数统计结果及测定结果的统计数据来看（表 5-1），沈阳市、鞍山市和本溪市铅变异系数较大，分别达到 2.04%、1.15%和 1.04%，说明这 3 个城市此种类型的土壤铅浓度存在不均匀性，个别地区可能存在铅污染。除以上城市铅污染较重外，从顺序统计量来看，鞍山市存在轻度污染，污染程度较小，而营口市、抚顺市和盘锦市不存在铅污染。

土壤中无机污染物镉统计数据变异系数为 2.22%（表 5-2），说明重污染行业企业及周边地区土壤中的镉含量在地区间的分布存在一定差异。分析各城市重污染行业企业及周边地区土壤中镉含量平均值统计结果可见（表 5-1），沈阳市、本溪市、营口市和盘锦市 4 个城市此类重点区域存在镉污染，其中，本溪市的镉污染最重，超标倍数达 7.2 倍，其次是沈阳市，超标倍数达 3.1 倍，营口市只存在轻微污染。但从各市的变异系数统计结果及测定结果的统计数据来看，沈阳市和本溪市镉变异系数较大，均大于 1.00%，说明这两个城市此种类型的土壤镉浓度存在不均匀性。除以上城市存在镉污染外，从顺序统计量来看，鞍山存在一定程度的镉污染，但污染程度均不大，抚顺市不存在镉污染。

土壤中无机污染物汞、镉、铅和铬的统计数据变异系数较大，说明重化工城市群重污染行业企业及周边地区土壤中这些元素在地区间的分布存在较大差异。本次数据和已掌握的相关资料分析表明,辽宁省重金属污染有加重的趋势。土壤中重金属元素来源主要有自然来源和人为干扰输入两种途径。在重污染行业企业及周边地区土壤中,重金属污染主要是人为输入导致。在多种工业生产过程中,由于生产模式的限制,一部分工矿企业,如鞍钢、本钢、新城子化工厂等企业将未经严格处理的废水直接排放,使其周围的土壤富集高含量的有毒重金属,同时工矿企业排放的固体废弃物在堆放和处置过程中,由于风吹、日晒、水洗等,重金属极易移动,以辐射状、漏斗状等向周围土壤扩散,使污染范围扩大。同时企业排放的烟尘、废气中也含有大量重金属,最终通过雨淋沉降和自然沉降等进入土壤,长时间的排放也致使土壤受到严重污染。辽中南重化工城市群土壤重金属类污染物的分布详见图5-2。

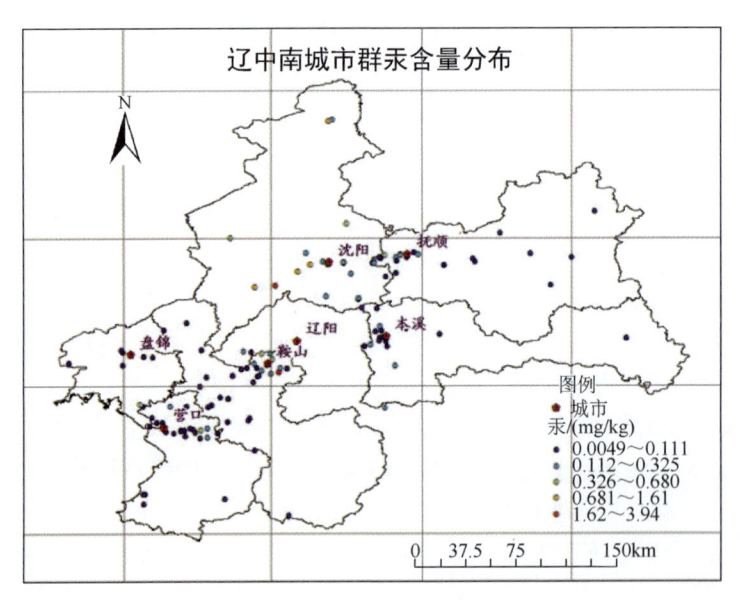

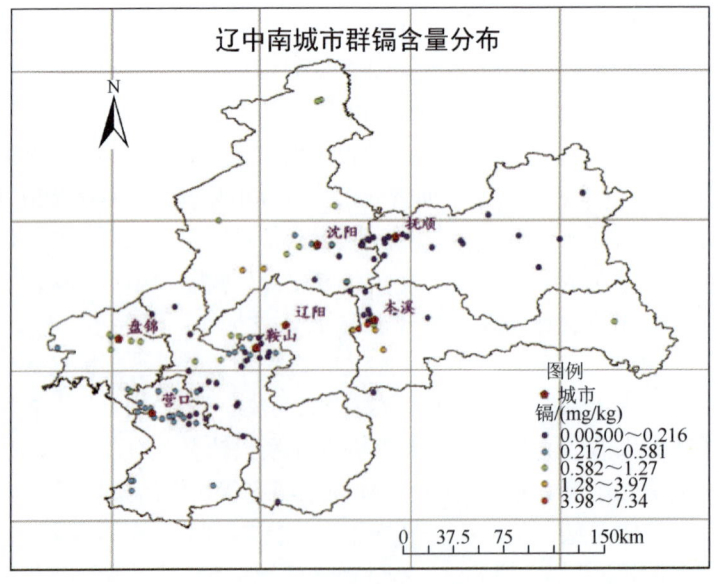

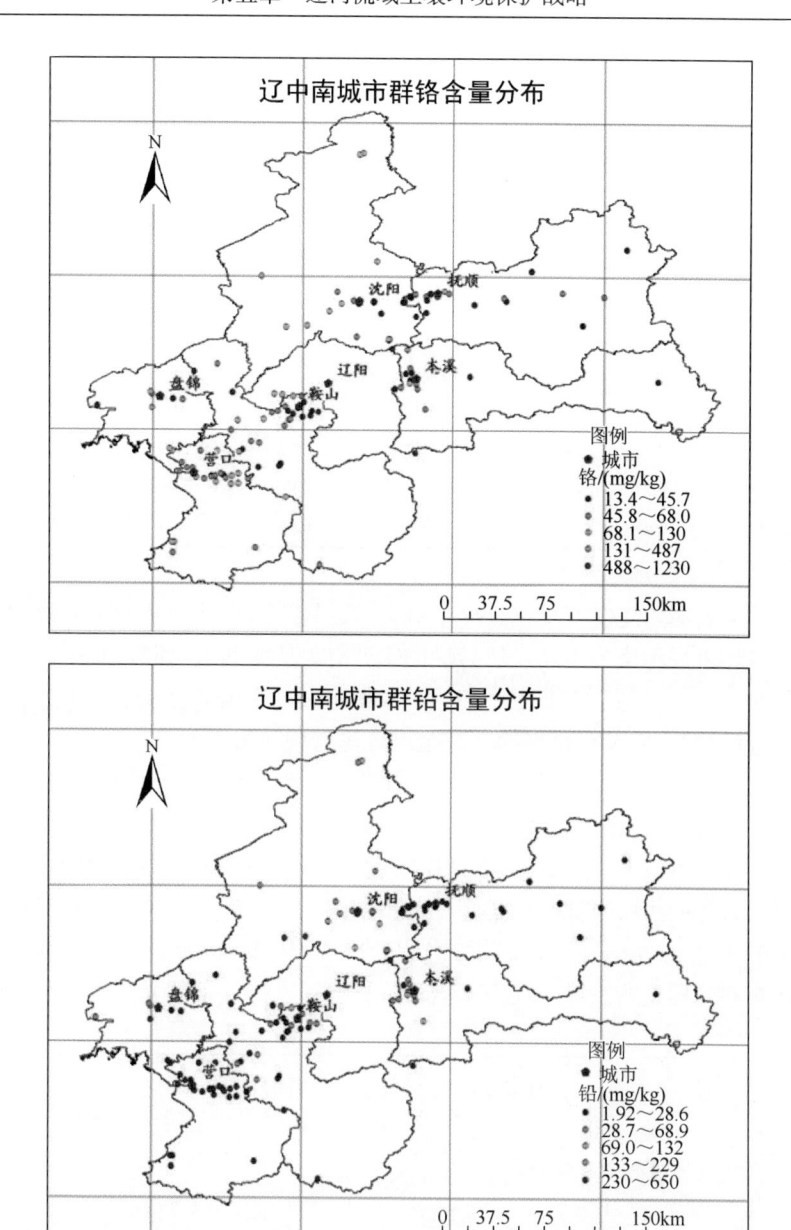

图 5-2　辽中南重化工城市群土壤重金属类污染物的分布状况

有机污染物：从辽中南重工业城市群的重污染行业企业及周边地区土壤中有机污染物平均值统计结果来看（表 5-2），多环芳烃和多氯联苯基本超标，石油烃总量和有机氯的平均值虽然不超标，但从各市污染物的统计平均值说明（表 5-3），多氯联苯在鞍山有检出，沈阳和鞍山石油烃类 5.0%采样点严重超标，最大值达 6832.99mg/kg；鞍山市存在多氯联苯污染，土壤中多环芳烃类有机污染物超标倍数较大，达 22.29 倍，说明重污染行业企业及周边地区土壤中存在严重的多环芳烃污染。分析各城市重污染行业企业及周边地区土壤中多环芳烃平均值及变异系数，从表中可以看出，鞍山市和本溪市多环芳烃污染严重，平均值分别达到了 99.55mg/kg 和 48.48mg/kg，其次是沈阳市、抚顺市和营口市，盘锦市不存在多环芳烃污染。

表 5-3　各市重污染行业企业及周边地区的土壤有机污染物平均值及变异系数

城市	石油烃 平均值/(mg/kg)	石油烃 变异系数/%	有机氯 平均值/(mg/kg)	有机氯 变异系数/%	多氯联苯 平均值/(mg/kg)	多氯联苯 变异系数/%	多环芳烃 平均值/(mg/kg)	多环芳烃 变异系数/%
沈阳	278.85	2.72	3.35	7.48	0.00	0.00	16.19	1.89
鞍山	187.56	4.19	0.06	1.37	0.13	1.22	99.55	8.74
抚顺	73.88	1.85	0.01	1.49	0.00	0.00	8.85	1.74
本溪	116.62	0.55	0.01	1.89	0.00	0.00	48.48	3.52
营口	38.11	0.97	0.01	2.66	0.00	0.00	1.77	1.21
盘锦	29.60	0.45	0.00	1.00	0.00	0.00	0.11	1.39

以上分析结果表明，辽宁省重化工城市群典型区域重污染行业企业及周边地区土壤中有机污染主要以多环芳烃污染为主。多环芳烃的来源有天然源和人为源，其中，人为源为多环芳烃的主要来源，其主要源于工业生产和加工（如焦炭、炭黑和煤焦油的生产、原油及其衍生物的精炼和分馏等），以及有机物的不完全燃烧等过程（宋雪英等，2008）。辽宁地区是我国重要的老工业基地之一，工业发达，特别是重工业密集，能源消耗较大，且气候寒冷，取暖期漫长，加之经济技术发展水平的限制，各类燃料的燃烧效率较低，这些因素导致辽宁地区内多环芳烃的排放量较大（李玉文等，2011）。从本次调查数据与已掌握的相关资料比较来看，辽宁省多环芳烃的污染有加重的趋势。其中，污染最重的是本溪市，其多环芳烃的平均含量为目标值的 32 倍，最大值为目标值的 1526 倍，属于多环芳烃重度污染地区。鞍山、沈阳和抚顺也均有不同程度的污染。辽中南城市群有机污染物分布状况详见图 5-3。

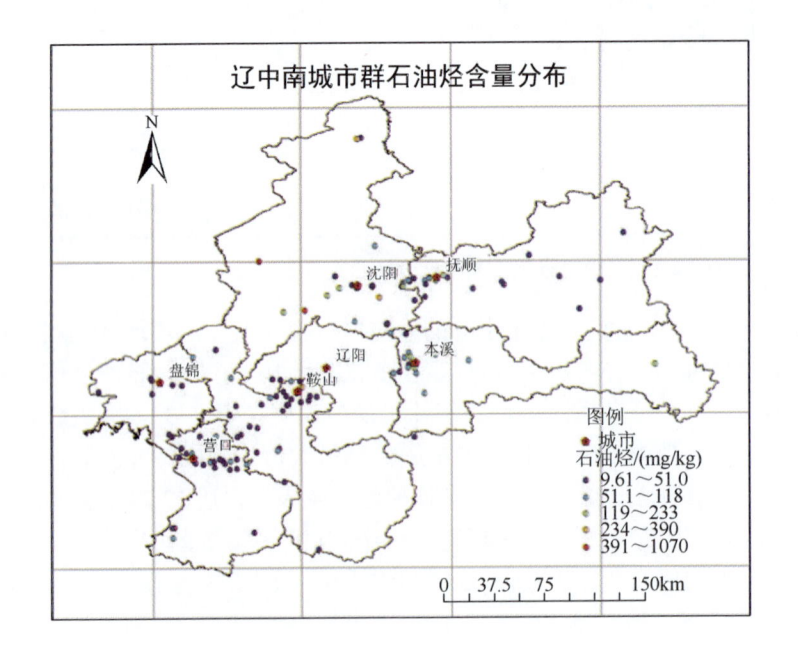

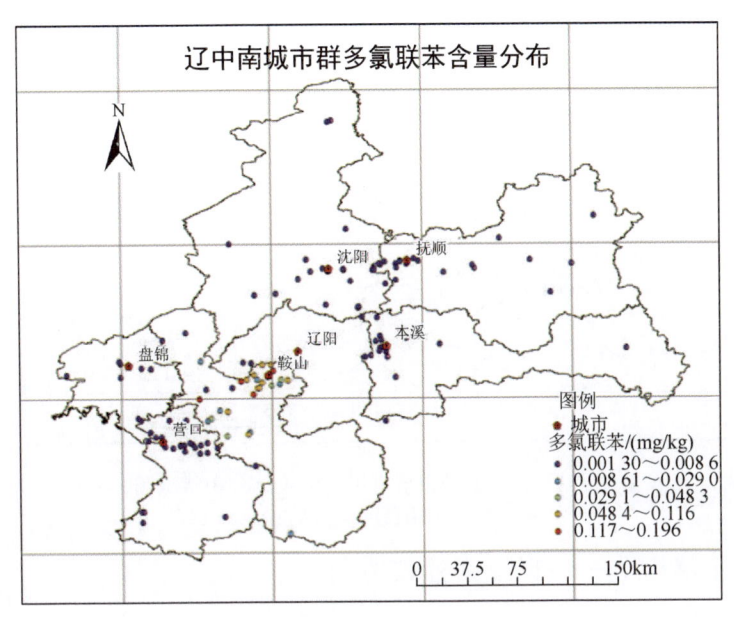

第五章 辽河流域土壤环境保护战略

辽中南城市群多氯联苯含量分布

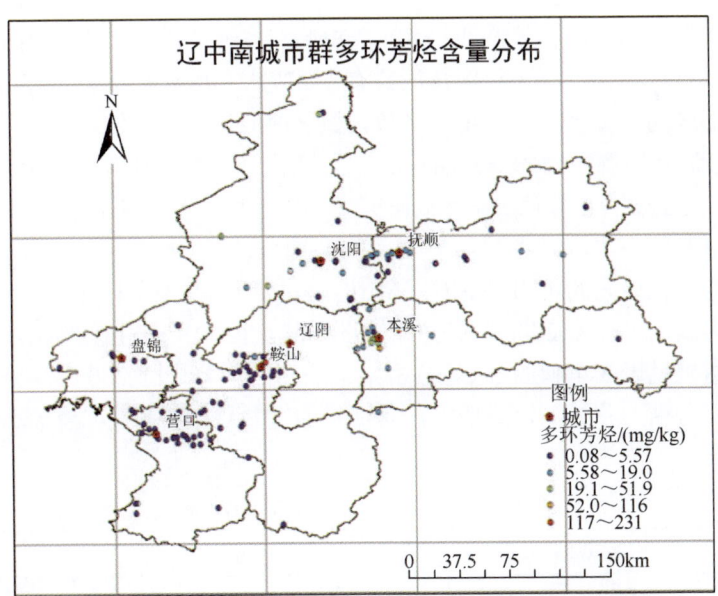

辽中南城市群多环芳烃含量分布

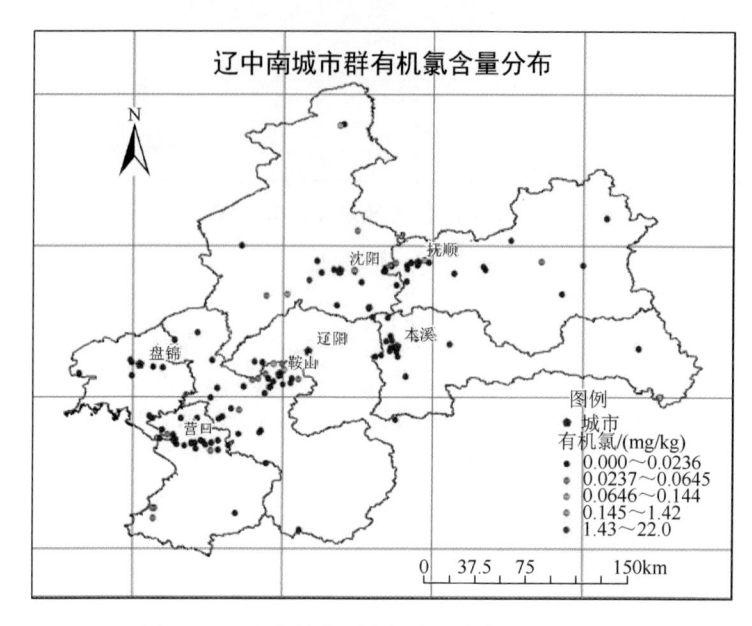

图 5-3 辽中南城市群有机类污染物分布状况图

（四）油田区土壤污染——以辽河油田为例

石油行业是东北地区的传统产业，生产历史悠久，污染较为严重。油田区的污染物石油类排放特征是有组织排放与无组织排放兼有，如废水和废弃物排放为有组织排放，而石油开采过程中造成的污染多属于无组织排放，如落地原油、石油外泄、生产事故等。相对而言，油田区采油污染源的主体——油井的污染更具广泛性。因此，本书以油井及其周边土壤、稻田和苇田土壤为主要研究对象，研究了油田地区主要污染物石油烃类污染物的污染特征及其污染发生规律。

选择地表水丰富地区的苇田、稻田和旱田地区，按距离井架不同距离地点布置采样点。最大布置点同心圆周半径为 200m，每井位均设样点，共 32 个，主要测试水、土壤的矿物油含量，监测结果见表 5-4 和图 5-4。分析结果表明，油井周围 200m 范围内的水体和土壤均受到了严重污染，并随半径的增大，石油烃的含量逐渐降低。

表 5-4 油井污染半径内的监测浓度

距离/m	稻田水体 浓度/(mg/L)	污染程度	苇田水体 浓度/(mg/L)	污染程度	土壤（0~20cm） 浓度/(mg/kg)
50	1.14	超V	1.89	超V	129
100	0.76	超V	1.21	超V	110
150	0.58	超V	0.91	超V	89
200	0.47	V	0.67	超V	31.9
背景	0.07		0.0		

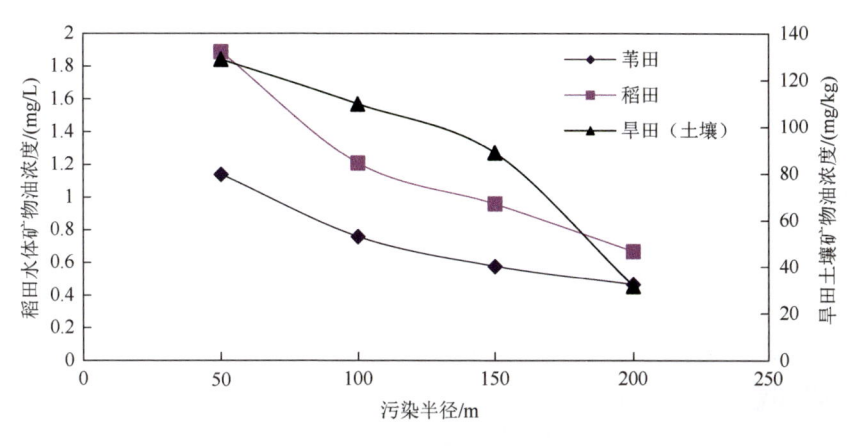

图 5-4 污染物浓度随油井污染半径的变化规律

辽河油田石油勘探开发过程中，由于各种原因一部分石油类污染物进入水环境及周边区域。在水环境中，这类污染物发生了一系列物理、化学和生物变化，其中一部分污染物降解或转化为无害物质，另一部分通过挥发等途径转移到其他环境中，还有一部分会长期留存于水环境中，通过饮水和食物链的传递威胁人体健康，进而产生长期和深远的影响。

（五）典型化工污染区环境污染特征——以沈阳新城子化工厂为例

原沈阳新城子化工厂始建于 1956 年，是全国主要铬盐和乐果农药生产基地，生产历史悠久，污染较为严重，具有东北地区典型的化工行业特征。为此，本书以沈阳大型化工厂为主要研究对象，研究了东北地区化工行业污染区的环境污染特征和污染发生规律。

1. 环境污染特征

研究发现，土壤中总铬的浓度变化很大，铬浓度范围为 34.65～60 625.00mg/kg。其中，总铬浓度小于 150mg/kg 的占 70.81%，浓度为 150～300mg/kg 的占 10.27%，浓度为 300～500mg/kg 的占 5.41%，浓度为 500～1000mg/kg 的占 5.95%，浓度大于 1000mg/kg 的占 7.57%。土壤中铬浓度的垂直分布研究表明，在 100cm 土壤深度内，污染区内土壤中铬浓度随土层深度的增加而急剧降低（图 5-5），重污染区内有效态铬的变化趋势与总铬的变化趋势相同，轻污染区内有效态铬浓度先急剧降低后升高。表层土壤中铬形态分布研究表明（图 5-6），表层土壤中铬的各形态浓度变化较大，可交换态铬的最大浓度可达 10.47mg/kg，碳酸盐结合态铬最大浓度为 96.47mg/kg，铁锰氧化物结合态最大浓度为 712.60mg/kg，有机质及硫化物结合态最大浓度为 7120.62mg/kg，残渣态最大浓度为 45 598.34mg/kg。地表水和地下水中的铬监测结果表明，由于土壤中铬的下渗作用，该地区地表水和地下水均已严重污染，不适合饮用和农业灌溉。

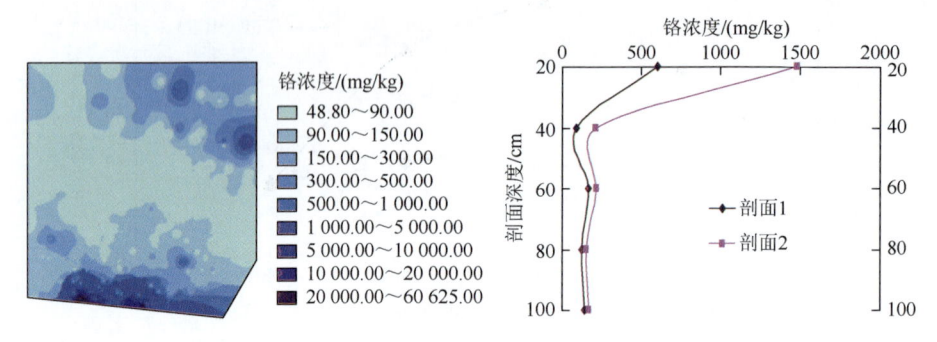

图 5-5 沈阳新城子化工厂监测区土壤表层和垂直剖面中的总铬浓度分布图

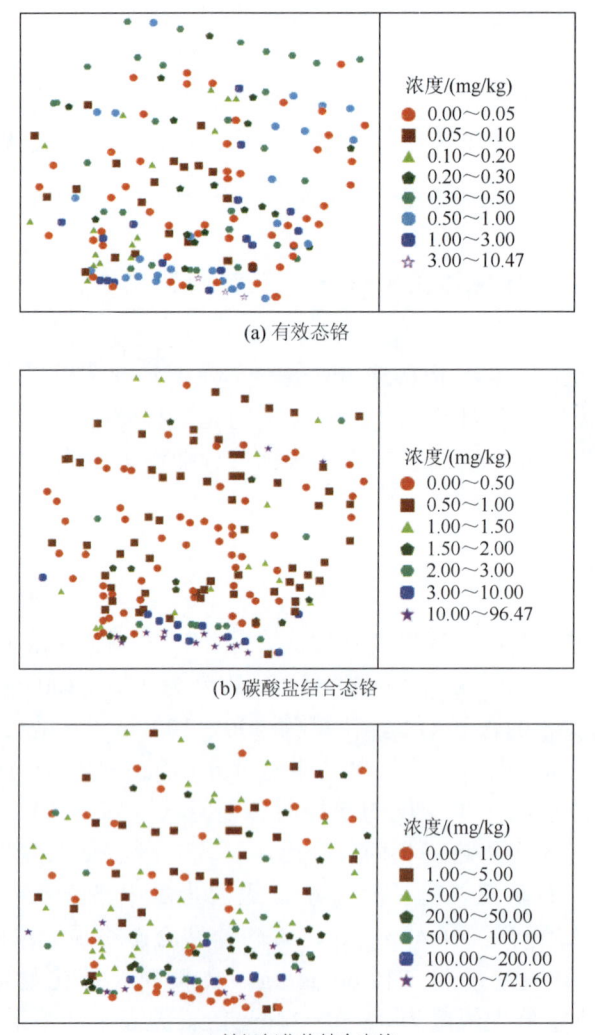

(a) 有效态铬

(b) 碳酸盐结合态铬

(c) 铁锰氧化物结合态铬

(d) 有机质及硫代物结合态铬

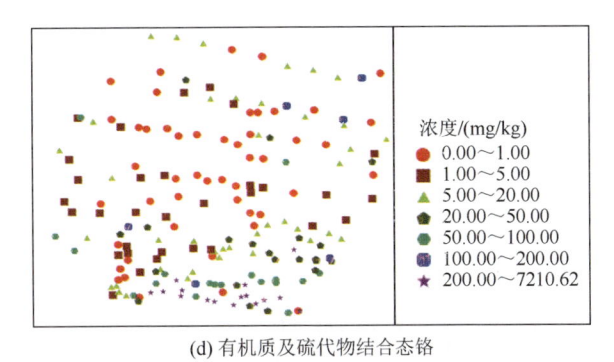

图 5-6　表土中各种有效态铬浓度点位分布图

2. 污染发生规律分析

在大气中，铬的化合物主要表现为尘埃颗粒，它们最终会降落到地面和水中，含铬废水的排放和地表水的径流也是铬污染扩散的主要途径。由于该地区年降水量主要集中于 6～8 月，而且强度大，多以暴雨的形式降落，导致污染区的铬经地表径流向外周土壤和地表水扩散，致使污染面积不断扩大；另外，该地区春季比较干燥、以西南风为主，风力较大，土壤小颗粒物中铬随风迁移，这也是一种污染扩散的重要原因。在风向和风速一定的情况下，主要受离铬渣场远近的影响，距离堆渣场越近，堆渣场里面的细小颗粒物在随风迁移中在此部位沉积得就越多，而渣里面的细小颗粒物铬含量越高，铬在此部位的富集就越多，土壤铬含量也因此增加得越多。距离堆渣场越远，堆渣场里面的细小颗粒物沉积得就越少，土壤铬含量增加得就越少。土壤中和地表水中铬经过长时间下渗，造成地下水的进一步污染。由此可见，铬渣堆放以及地表径流、地表水下渗和风力作用是造成该区域土壤和地下水污染的重要原因。

（六）污灌区土壤污染累积状况

辽宁省土壤污染已经影响到土壤永续利用和食品安全。该省从 20 世纪 60 年代开始采用污灌技术，是我国最早进行污水灌溉的省份，沈阳张士污灌区土壤和稻米中镉严重超标引起全国关注（李名升和佟连军，2008；刘冰和甄宏，2008；周秀艳等，2006）。辽宁省有 8 个主要污灌区，面积约 0.98 万 hm^2，分布在沈阳、抚顺、鞍山、辽阳、营口、锦州 6 个城市（图 5-7）。

2004 年辽宁省环境监测中心站监测结果显示，辽宁省 8 个污灌区土壤受到不同程度污染，轻、中、重污染地块面积分别占监测总面积的 12.4%、3.6%和 0.7%；95%以上监测点监测结果高于背景值，其中，张士灌区镉、汞、铜 3 项主要污染物超标 1～10 倍。其中，张士、浑蒲、宋三 3 个灌区污染较重，其次是沈抚、八一、柳壕、小凌河流域 4 个污灌区，旗口污灌区污染相对较轻。污灌区土壤主要污染物为镉，其次为镍、汞和铜，张士灌区的镉浓度和宋三灌区的汞浓度居 8 灌区之首，个别重污染区域 70～100cm 深处土壤中镉和汞仍然超标。目前，该地区虽已结束污灌，但由于污灌历史久远，土壤中污染物累积量仍然很高。图 5-8 为各污灌区重金属污染状况。

图 5-7　辽宁省八大污灌区分布示意图

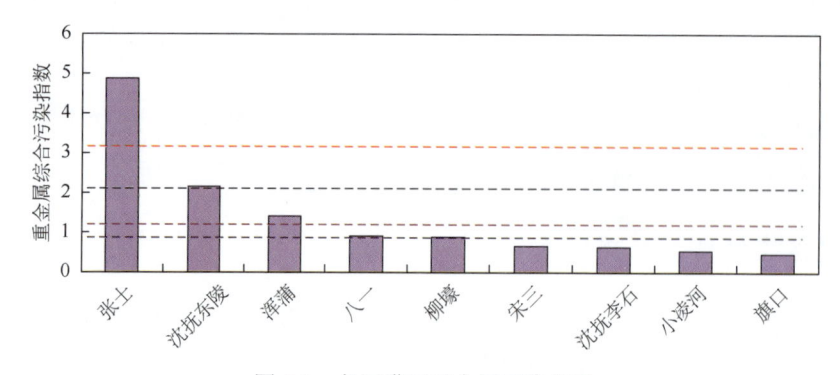

图 5-8　各污灌区重金属污染状况

（七）矿山过度开发造成生态破坏

资源型城市是东北老工业基地的重要组成部分，且大多是以矿产资源为支撑的重工业城市。辽宁省是矿业大省，在矿产资源开发中，由于不合理的开采方式、过度开发和治理滞后等原因，对周围生态环境的破坏在相当长时期内还将继续存在，且有逐年加重的趋势。较为严重的生态环境问题有土地资源破坏、环境污染、地面塌陷、滑坡和泥石流、海水入侵、地下水短缺等。

据对 182 家矿山企业的调查可知，其累计产生废渣 42.1 亿 m³，占地面积为 2202.6km²，破坏土地面积 579.39km²。仅辽宁抚顺西露天矿一家，有百年的开采史，多年来随着大规模开采、剥离、矸石堆放，在市中心南侧形成了一个长 6.6km、宽 2km、最大垂直深度为 480m

的矿坑，还有占地 23.9km² 的矸石山，矸石量达 11.45m³。采坑及排土场占地就达 31.6km²，是市区面积的 27.5%。阜新海州露天矿矿坑长 4km、宽 2km，矿区内煤矸石占地面积达 32.15km²；鞍山市周围有四大铁矿，占地面积为 6820hm²，排岩场、尾矿库堆积如山。

矿山开采造成水土流失，废矿坑和废渣堆放场占用大量土地，造成土壤板结和盐渍化，严重破坏了土壤生态环境，随着对矿产需求量的不断增加，未来的生态环境将面临着新的压力。

除农用土地外，城市用地也不同程度地受到污染，工厂遗弃地、建筑用地、垃圾排放场、固废堆放场等对土壤的污染程度逐步显现，沈阳冶炼厂废弃地土壤中镉等多项重金属含量严重超标，必须经过治理和修复后才能改为他用（辽宁省人民政府，2012d）。随着工业生产的发展和乡村的城市化，土壤污染范围将进一步扩大，污染程度也逐步加重。2006 年起，全国大规模的土壤污染状况调查工作已经展开，为深入开展土壤污染防治奠定了基础。

二、主要土壤环境问题和风险分析

（一）工业场地搬迁进入高峰期，污染土地再开发的健康风险亟待关注

辽宁省是我国东北老工业基地的主要组成部分，长期以来形成了四大支柱产业，包括石油化工、装备制造、冶金、农产品加工业。辽宁省传统重工业高度密集、产业结构复杂多样，"三废"排放历史欠账多，导致土壤污染。工业废水排放量为 19.2 亿 t/a，COD 排放量为 54.6 万 t/a，一类污染物 30%，重金属 52t/a。其中，沈阳市是东北老工业基地的核心城市，从 20 世纪 30 年代就陆续建立了冶金、化工等重污染企业。新中国成立后，铁西区成为我国东北地区的最大集中工业园区，大中型污染企业多达 40 余家。随着国家和地方经济结构的转型和城市布局的调整，工业搬迁地日益增加，工厂原址的土壤污染治理与安全开发利用要求日益迫切。截至 2009 年年底，仅沈阳市铁西区就关停了 86 家重污染企业，搬迁改造了 292 家工业企业（Ren et al.，2014）。

以沈阳冶炼厂为例，该厂始建于 1936 年，占地面积为 36 万 m²，为大型综合有色金属冶炼企业。沈阳冶炼厂由建厂到破产的 65 年间，一直是沈阳市污染排放大户，其中，工业固体废物的产生量，特别是重金属类危险废物的种类和产生量在沈阳市占有较大比例。沈阳冶炼厂于 2002 年开始拆除，场地环境破坏十分严重。沈阳冶炼厂拆除工作由于管理不当，仅回收地面设备和原材料，而忽视废渣的处置和硫酸锌、硫酸铜等液体半成品的回收，以及各种原料成品、半成品、中间产品在管道中的残留的处理，地表 1.0~1.5m 皆是建筑垃圾（砖、瓦、石等）和各种废渣。原沈阳冶炼厂、原沈阳蓄电池厂、原重型集团煤气厂、原煤气公司四大地块的土地污染治理工程已基本完成。但是，类似情况在沈阳这样的老工业城市非常普遍。还有很多受污染地块面临再开发，虽然污染场地大多位于城市黄金地段，但巨大的环境风险直接制约了稀贵土地资源的高价值开发。工业搬迁地的开发再利用过程中的风险管控和污染治理已成为目前面临的重要课题。

（二）农田土壤污染带来的农产品质量安全风险

辽宁省从 20 世纪 60 年代开始采用污灌技术，是我国最早进行污水灌溉的省份，沈阳

张士污灌区土壤和稻米中镉严重超标引起了全国关注。据《2004年辽宁省环境状况公报》显示，辽宁省8个污灌区土壤均受到了不同程度污染，其中，张士、浑蒲和宋三3个灌区污染较重，其次是沈抚、八一、柳壕和小凌河4个污灌区，旗口污灌区污染相对较轻。其中，沈抚灌区的石油污染和张士灌区的镉污染居8个灌区之首。

20世纪90年代以后，随着城市基础建设与改造，污灌区开始了清水灌溉的改造和清污分流工程，于2000年基本实现了区内农田的清水灌溉。但由于沈阳地区水资源短缺，特别是干旱年份尤为严重，一些地区污灌现象仍存在。由于灌渠污水污染物浓度高，长期污灌造成土壤、农作物和地下水的严重污染。目前，该地区虽已结束污灌，但由于污灌历史久远，土壤中污染物累积量仍然很高（李金凤等，2007；刘俊杰等，2009）。

由于灌区大多采用重化工业污水与城市污水的混合水，灌区土壤分别受到石油类、重金属和有机物的污染，其中，各灌区均出现镉超标现象。石油类物质中含有的芳香烃（尤其是双环和多环为代表的多环芳烃毒性更大）等成分是持久性有机污染物之一，容易在生物体内富集，难以生物降解，如通过农作物和动物体进入人体将会对身体产生较大的损害，甚至发生癌症（宋雪英等，2008）。

（三）辽宁省土壤污染成因分析

纵观全省土壤污染源行业及其分布特点，污染排放及污染防治等存在的问题主要体现在以下几方面。

1. 资源分布不均、产业布局不合理

全省有色金属、贵金属及稀散元素矿产地148处，是全国有色金属重要产地之一。但是，全省有色金属矿产资源具有小矿多、大矿少，贫矿多、富矿少，共生矿多、单一矿少，难选冶矿多、易选冶矿少等特点，造成开采中含重金属的"三废"产生和排放总量均较大。

全省涉及的重金属行业相对集中，行业分布特点与区域矿产资源紧密相关。全省铅锌冶炼集中在葫芦岛市和丹东市；金冶炼主要在丹东市；金矿采选集中在丹东市、朝阳市；毛皮鞣制加工集中在辽阳市、阜新市；全省钨钼矿采选、冶炼集中在葫芦岛市；而全省金属表面处理及热处理加工主要分布在大连市、沈阳市、锦州市和丹东市。全省涉重企业众多，规模大小相差悬殊，大部分采选行业集中在葫芦岛市、丹东市、朝阳市等地，造成以上区域重金属环境污染风险突出。

2. 部分涉重企业清洁生产水平偏低，治理水平低

全省排放重金属的五大行业清洁生产总体水平不均匀。化学原料及化学制品制造业和有色金属冶炼及压延加工业的重金属产生量强度最大，但排放量强度较小，生产工艺水平较高，清洁生产水平亦较高；皮革及其制品和有色金属矿采选业的重金属污染物产生量强度不大，但这些行业的生产规模较小，排放量强度大，生产工艺水平较低，清洁生产水平亦较低。五大行业中，金属制品行业的六价铬排放超标；皮革等及其制品业接近排放标准。而其他各个行业重金属排放平均浓度不超标。

在全省涉及重金属的73个三级行业中，目前还有4种重金属的多个行业平均排放浓度超标。超标的行业和超标项目的平均浓度见表5-5。这些行业平均排放浓度超标，是近期重点综合整治的行业。

表5-5 平均排放浓度超标的行业和排放浓度

重金属	超标行业	排放浓度/（mg/L）	超标倍数
镉	铝冶炼业	1.1	10
	涂料、油墨、颜料及类似产品制造	1.1	10
总铬	皮箱、包（袋）制造	16.3	9.9
	毛皮鞣制加工	2.6	1
六价铬	金属表面处理及热处理加工	1.19	1.4
	金属工具制造	1.1	1.2
	紧固件、弹簧制造	0.56	0.12
	涂料、油墨、颜料及类似产品制造	2.8	4.6
	建筑、家具用金属配件制造	8.9	16.8
	锯材加工	30.5	60
	搪瓷制品制造	25.2	49.4
	珠宝首饰及有关物品的制造	56.5	112
	电子计算机外部设备制造	60	119
铅	铝冶炼	10.1	9.1
砷	铝冶炼	4.4	7.8
	无机酸	0.8	0.6
	锯材加工	16.1	31

3. 历史遗留问题明显

辽宁省重金属污染中历史遗留问题表现突出，主要包括污灌区土壤重金属污染、历史堆存含重金属固体废物、老企业搬迁后遗留下来的重金属污染等方面。

全省大部分污灌区土壤均已受到不同程度污染，个别地区土壤污染严重，威胁农产品安全，其中，污染最重的污灌区为沈阳于洪区和铁西区。全省污灌区土壤重金属超标项目主要为镉、镍、汞和铜。个别地块镉的超标倍数最高达140倍，致使粮食中镉的浓度超过国家标准。尽管目前各灌区污水灌溉已经停止，但遗留下来的重金属污染问题依然存在，土壤中累积的重金属污染对当地农业生产和人民身体健康构成了极大威胁。

全省含重金属的危险废物有些已封存多年，对堆存所在地区土壤、地表水和地下水产生了严重污染。在全省各涉重采矿点均分散有重金属废弃尾矿，对周围土壤、水体环境均产生不同程度的影响。部分老工业区存在重污染企业搬迁后遗留下的历史重金属污染问题，且污染较严重，对这些地区土壤、地表水和地下水均产生严重危害，存在极大的环境风险，危害人民身体健康和生态安全。

4. 环境监管能力不足，监督管理不到位

全省镉、铅、砷等重金属污染物以有色金属采选与冶炼企业排放为主，主要集中在葫芦岛市、本溪市和丹东市等地区。这些企业大都分布在偏远地区，监管难度较大，源头预防控制未落实，部分含重金属的危险废物没有得到安全处置，存在重金属无组织排放现象，个别企业设备运行不稳定，不能达标排放。对生活污水、工业废水混排的污水处理厂污泥的重金属污染问题重视程度不够，监管措施不完善。此外，在一些偏远地区，存在部分违法违规采矿企业，这部分企业规模低，开采方式简单原始，尾矿乱堆乱排、洗选矿设施简陋，洗选矿废水超标排放。

目前全省环境质量监测均以常规性污染物指标监测为主，对重金属污染监测能力不足。例如，全省（除大连市外）大气污染常规监测中均未对重金属做监测分析，因此，缺乏全省大气重金属污染相关资料。全省对重金属污染监测、预警等相应项目投入资金较少，尚未建立和健全重金属污染监测、监管和预警应急管理体系。全省大多数涉重金属企业因技术和资金等方面的限制，对重金属污染的危害性和严重性重视不够，因此，对企业自身重金属污染物产生和排放情况掌握不清。缺少全省铅锌冶炼、铜冶炼、金冶炼、电池和金属表面处理等行业对大气重金属污染物产生和排放监测数据。

5. 法规制度建设滞后，标准未严格落实

目前全省还没有重金属污染治理和土壤污染治理的专门法规。现行的国家《环境空气质量标准》《地表水环境质量标准》《土壤环境质量标准》中对重金属的控制没有得到严格贯彻执行，在日常监督管理和考核中缺少相关要求。而且现行的标准主要针对污染源达标排放提出，不涉及重金属的累积效应，针对人体健康的有关重金属环境标准还很不健全。重点污染物：铅、汞、铬、镉、砷，兼顾镍、铜、钼。重点地区：丹东、葫芦岛、锦州、沈阳、辽阳、大连。重点区域：丹东凤城市、葫芦岛连山区、锦州太和区。重金属污染重点行业：全省重金属综合防治的重点行业是铅锌矿采选与冶炼、金属表面处理及热处理加工、铜冶炼、无机酸制造、金冶炼、电池制造、皮革鞣制加工、搪瓷制品制造业等。重点企业：重金属污染综合防治重点企业是具有潜在环境危害风险的重金属排放企业。

三、土壤环境保护战略任务

（一）总体目标（2015~2025 年）

优先解决历史遗留的突出的土壤环境问题，污染土壤修复率达 80%；逐步过渡到完善制度、提高能力，以保护和持续改善为主。

污染土壤修复率是指流域范围内受污染土壤开展修复和被二次开发（改变用途）的面积占受污染土壤总面积的比例。计算方法：

$$污染土壤修复率 = \frac{污染土壤的修复面积 + 受污染土壤被二次开发的面积}{污染土壤总面积} \times 100\%$$

(二)阶段性目标

第一阶段(2015~2020年):

完成农田土壤重金属污染高风险区(包括老污灌区)的治理,有序推进城市企业搬迁遗留工业污染场地再开发利用前的土壤污染治理与修复,着重解决固体废物集中处理处置场地、采油区、采矿区等重污染、高风险区域,污染土壤修复率达80%,充分保障农产品质量安全和人居环境安全。

第二阶段(2020~2025年):

建立耕地和集中式饮用水水源地土壤环境保护制度,在例行监测的基础上,结合系统调查,全面摸清本省土壤环境状况,为城市发展规划提供基础依据;力争到2025年,建成省级土壤环境保护体系,全面提升土壤环境综合监管能力,使全省土壤环境质量得到明显改善,实现净土、青山。

(三)近期重点任务

1. 逐步解决历史遗留工业污染场地问题

围绕重点区域、重点企业和重要历史遗留污染问题,结合第二次全国土地调查、全国土壤现状调查等,根据国家重金属规划要求,开展全省重金属污染场地环境调查与评估,尽快完成基础调查工作,建立全省重金属污染场地数据库和信息管理系统,并实施动态管理。开展污染场地风险评估,根据污染等级和危害程度,确定"优先修复名单",制订中长期修复计划。

开展重金属污染饮用水源地、工矿企业重金属污染场地、重点河段底泥污染、污灌溉区和农田重金属污染、历史堆存含重金属废物治理等方面的试点示范工程。着重解决饮用水源地、重点工矿区、重点河段、重点土壤污染区域等对人民生产生活有重大影响的重金属污染问题。在搞好试点示范基础上,加大技术攻关,逐步解决历史遗留问题。建立历史遗留问题清单,重点解决历史遗留的、企业责任主体灭失的、严重威胁人民群众身体健康的区域性重金属问题,解决环保基础设施落后或建设不完善等引起的历史遗留重金属排放问题。明确历史遗留问题处置责任,着力形成解决历史遗留问题的机制。

加强污染场地环境管理,重金属污染场地土地利用方式或土地使用权变更时应进行重金属污染调查,并建立相关档案。对污染企业搬迁后的厂址及其他可能受到污染的土地进行开发利用时需要进行环境风险评估。对于污染较重、短期内难以实施有效治理的场地应加强监管,封闭污染区域,阻断污染物迁移扩散途径,防止污染事故发生。

2. 强化种植结构调整,综合防控土壤重金属污染

建立农产品产地土壤分级管理利用制度,对未污染土地,要采取措施进行保护;对污

染程度较低，仍可作为耕地的，各地政府和环保部门仍指导、监督农民种植非食用作物，并采取物理、化学、生物措施进行修复；对重度污染土壤，仍调整种植结构，开展农产品禁止生产区划分，避免造成农产品污染。

加强农用土壤质量监测与评价，重点是历史污灌区和城郊农用土壤。依法合理调整土地用途，对污染严重、不宜作为农业用地的土地，地方政府应做好停耕停种工作，国土资源部门应根据土地变更的有关规定及《土地利用现状分类》，依据污染土地认定结果，按法定程序进行地类变更。

3. 确定土壤环境保护优先区域，抓好耕地和集中式饮用水水源地

在明确本省优先区域的范围和面积，以及土壤环境质量评估和污染源排查的基础上，划分土壤环境质量等级，建立相关数据库。主要是全省14个城市的42个集中式饮用水源地，其中，地表水水源地13个，地下水水源地29个。禁止在优先区域内新建有色金属、皮革制品、石油煤炭、化工医药、铅蓄电池制造等项目。

4. 积极推进工矿废弃地复垦，恢复工矿废弃地生态功能

明确工矿废弃地复垦利用范围，实行目标责任，落实项目考核制度，规范考核内容和标准。遵循先复垦后使用的原则，复垦项目执行土地复垦管理相关规定，坚持山、水、田、林、路、村综合整治，确保按要求复垦到位，对复垦区优先考虑复垦为耕地。积极盘活闲置工矿废弃地，合理调整建设用地布局，拓展建设用地空间，缓解用地供需矛盾，促进土地节约集约利用。

5. 持续抓好制度和能力建设

建立土壤环境质量定期监测制度和信息发布制度，设置耕地和集中式饮用水水源地土壤环境质量监测国控点位，提高土壤环境监测能力。加强土壤环境背景点建设，加快制订省级、地市级土壤环境污染事件应急预案，健全土壤环境应急能力和预警体系。

四、小结

辽宁省是我国老工业基地，原有工业企业密集、工业类型众多，由于历史上粗放型的落后生产方式，生产原料和工业"三废"跑冒滴漏现象普遍，土壤污染比较严重，环境风险较为突出。同时，辽宁省近年来正迎来城区工业企业搬迁和污染场地再开发利用的高峰期，加上"经济一体化"新格局的确立势必将涉及土地利用变化，对辽宁省土壤环境保护提出了新的问题。辽宁省还是我国粮食主产区，商品粮占全国的1/3，其农业土壤的环境保护直接关系着农产品的质量安全。辽宁省作为辽河流域的主要地区，其土壤环境保护工作面临着一系列重大生态和环境问题，主要包括：老工业区"三废"排放积累导致土壤污染、老污灌区土壤污染严重，影响土壤永续利用和食品安全；油田生产导致石油类污染物进入土壤，对人和环境产生深远的影响；矿山过度开发造成生态破坏，未来生态环境将面临着新的压力；工业场地搬迁进入高峰期，污染土地再开发的健康风险亟待关注等。

按照辽河流域生态文明建设的相关规划和要求，根据区域环境的实际情况，在土壤环境保护领域，该地区需要优先解决历史遗留的突出的土壤环境问题，然后逐步过渡到完善制度、提高能力，以保护和持续改善为主，实现绿水青山（王家德和陈建孟，2005；吴舜泽等，2010；辽宁省人民政府，2012b）。具体包括：①完成农田土壤重金属污染高风险区（包括老污灌区）的治理，有序推进城市企业搬迁遗留工业污染场地再开发利用前的土壤污染治理与修复，着重解决固体废物集中处理处置场地、采油区、采矿区等重污染、高风险区域，污染土壤修复率达 80%，充分保障农产品质量安全和人居环境安全。②建立耕地和集中式饮用水水源地土壤环境保护制度，在例行监测的基础上，结合系统调查，全面摸清本省土壤环境状况，为城市发展规划提供基础依据；力争到 2025 年，建成省级土壤环境保护体系，全面提升土壤环境综合监管能力，使全省土壤环境质量得到明显改善，实现净土、青山。具体建设措施包括：①强化种植结构调整，完成农田土壤重金属污染高风险区（包括老污灌区）的治理，保障农产品质量安全和人居环境安全；②确定土壤环境保护优先区域，建立耕地和集中式饮用水水源地土壤环境保护制度；③积极推进工矿废弃地复垦，恢复工矿废弃地生态功能；④有序推进城市企业搬迁遗留工业污染场地再开发利用前的土壤污染治理与修复；⑤持续抓好制度和能力建设，建成省级土壤环境保护体系，全面提升土壤环境综合监管能力。

参 考 文 献

国务院办公厅. 2013. 近期土壤环境保护和综合治理工作安排. 国发〔2013〕7 号.

环境保护部. 2011. 国家环境保护"十二五"科技发展规划. 环发〔2011〕63 号.

环境保护部. 2012. 重点流域水污染防治规划（2011-2015 年）. 环发〔2012〕58 号.

李金凤, 徐志强, 于向华, 等. 2007. 辽宁省耕地土壤肥力现状及其演变趋势. 辽宁农业科学,（2）: 5-7.

李名升, 佟连军. 2008. 辽宁省污灌区土壤重金属污染特征与生态风险评价. 中国生态农业学报, 16: 6.

李玉文, 王粟, 崔晓阳. 2011. 东北老工业基地不同土地利用类型土壤重金属污染特点. 环境科学与管理, 36（3）: 118-122.

辽宁省人民政府. 2009. 辽宁省土地利用总体规划（2006-2020 年）.

辽宁省人民政府. 2012a. 辽宁省环境保护"十二五"规划. 辽正文发〔2012〕48 号.

辽宁省人民政府. 2012b. 辽宁省十二五规划.

辽宁省人民政府. 2012c. 辽宁省重金属污染综合防治"十二五"规划.

辽宁省人民政府. 2012d. 沈阳经济区十二五经济与社会发展规划.

刘冰, 甄宏. 2008. 辽宁省重点灌区的污染特征与环境风险研究. 气象与环境学报, 24（3）: 67-71.

刘俊杰, 梁成华, 孟晓桥. 2009. 提高辽宁省耕地质量的对策. 河北农业科学, 13（4）: 105-106, 110.

宋雪英, 孙丽娜, 杨晓波, 等. 2008. 辽河流域表层土壤多环芳烃污染现状初步研究. 农业环境科学学报, 27（1）: 216-220.

王家德, 陈建孟. 2005. 当代环境管理体系构建. 北京: 中国环境科学出版社.

吴舜泽, 万军, 王倩. 2010. "十二五"环境保护规划: 思路与框架. 北京: 中国环境科学出版社.

严耕. 2013. 生态文明绿皮书: 中国省域生态文明建设评价报告. 北京: 社会科学文献出版社.

周秀艳, 李培军, 孙洪雨. 2006. 辽宁典型工矿区与污灌区土壤重金属污染状况及原因. 土壤, 38（2）: 192-195.

Ren W X, Xue B, Geng Y. 2014. Inventorying heavy metal pollution in redeveloped brownfield and its policy contribution: Case study from Tiexi District, Shenyang, China. Land Use Policy, 38（2）: 138-146.

第六章 辽河流域清洁生产与循环经济发展战略

长期以来，由于人类对自然资源无节制地大规模消耗带来污染物的大量排放，最终造成自然资源迅速枯竭和生态环境日趋恶化，人与自然的和谐发展面临着有史以来最严峻的挑战。从 20 世纪 60 年代开始，人类对自身与自然关系的反思迅速升温，《人类环境宣言》《二十一世纪议程》等一系列国际公约和文件的问世标志着实现人与自然和谐发展已然成为全球共识。2012 年，党的十八大报告将生态文明建设提升到"五位一体"的战略高度，在客观上要求进一步加快产业结构的生态转型和经济增长方式的绿色转变，最终实现人与自然、社会的和谐共生。

辽河流域作为我国东北地区人口密集且工业较为发达的地区，其社会经济的快速发展给流域水生态系统带来了诸多问题，集中体现在水质不断恶化、水生态服务功能几尽丧失、水生生物多样性显著下降等，这给当地人民群众的生产生活构成了巨大威胁。"十二五"期间，辽河流域地方政府提出了在全国率先把辽河流域建设成为生态文明示范区的宏伟目标，但是产业结构重型化的问题严重阻碍着辽河流域的生态文明建设进程。

本章通过分析辽河流域产业结构、布局与水资源、水环境之间的耦合关系和作用机制，提出辽河流域生态产业培育和产业空间布局优化战略对策。同时，在评估清洁生产潜力、剖析循环经济、低碳经济发展现状的基础上，提出推进清洁生产的战略任务和发展循环经济、低碳经济的战略对策，从而对推进辽河流域生态文明示范区建设起到一定的技术支撑作用。

一、经济与资源环境协调性分析

（一）协调性分析方法

1955 年，美国经济学家、统计学家西蒙·库兹涅茨在研究经济发展与人均收入差距的关系时发现：随着经济的增长，人均收入的差异先扩大后缩小，这种关系在以人均收入为横坐标、以收入差异为纵坐标的直角坐标系中表现为一个倒 U 形曲线（Kuznets, 1955），后来该曲线被人们称为库兹涅茨曲线。20 世纪 90 年代初，Grossman 和 Krueger（1991）提出了在经济发展与环境污染之间同样也存在着这样的曲线关系。Panayotou（1993）进一步研究证明了这个倒 U 形曲线适用于表示人均收入与环境污染水平的关系，并将这条曲线命名为环境库兹涅茨曲线，如图 6-1 所示。

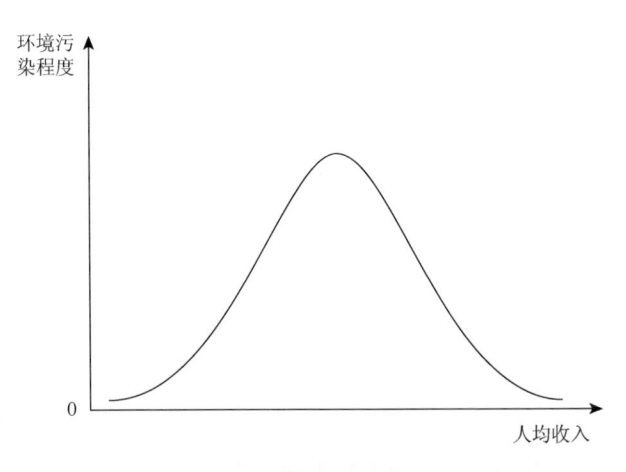

图 6-1　环境库兹涅茨曲线

环境库兹涅茨曲线的提出引起了世界上大批学者的关注,并对它进行了探索研究,研究结果进一步证实了环境库兹涅茨曲线的存在:在经济发展初期,经济发展水平较低,环境污染程度较轻,环境质量处于一种较高的水平;随着经济的发展,人均收入的增加,环境污染由低趋高,环境质量开始逐渐变差,环境恶化程度随经济的增长而加剧;当经济发展达到一定水平后,也就是说,人均收入水平到达某个临界点或"拐点"以后,人们就会开始有意识地保护环境,环境质量会因此而得到改善。自此,随着人均收入的进一步增加,环境污染程度逐渐降低,环境质量逐渐得到改善。

环境库兹涅茨曲线的数学模型如下(赵一新,2009;梁志扬,2011):

$$Y = \beta_0 + \beta_1 x + \beta_2 x^2 + \beta_3 x^3 + \varepsilon \tag{6-1}$$

式中,Y 为资源消耗量和污染物产排量;x 为人均 GDP;β_0、β_1、β_2、β_3 为经济产出影响系统;ε 为随机误差项。

诸多学者的实证研究表明,经济发展指标与环境质量指标间的关系主要呈现出倒 U 形关系、同步关系、U 形关系、N 形关系 4 种关系。

本章选取 3 类指标:一是资源消耗指标,包括水资源消耗量、能源消耗量;二是环境污染指标,包括工业 COD 排放量、工业 SO_2 排放量、工业固废产生量;三是经济指标,即辽宁省的人均 GDP。本章所用数据来源于《中国环境统计年鉴》和《中国统计年鉴》。

(二)经济与水资源

依据辽宁省 2002~2012 年水资源消耗总量数据可以得出,辽宁省水资源消耗总量与人均 GDP 拟合曲线呈倒 U 形(图 6-2),最高点出现在人均 GDP 为 42 500 元,时间是 2009~2010 年。2010 年后,总用水量随人均 GDP 的增加开始略有下降的趋势。由此可见,辽宁省在发展经济的同时,通过采取各类节水措施使得水资源利用效率得到提高,逐渐开始进入经济增长与水资源消耗的"脱钩"阶段。

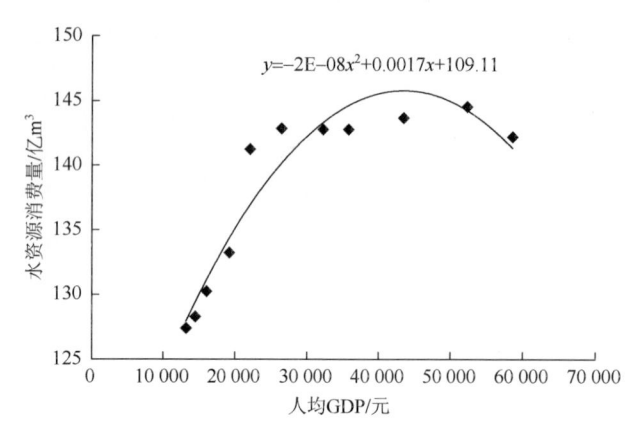

图 6-2　水资源消耗总量与人均 GDP 拟合曲线

（三）经济与能源

依据辽宁省 1992～2012 年能源消耗总量数据可以得出，辽宁省能源消耗总量与人均 GDP 拟合曲线尚未出现拐点（图 6-3），估算出当人均 GDP 为 104 250 元时，将出现拐点。拟合曲线呈现倒 U 形的左半段，表明近期能源消耗总量有可能随人均 GDP 的增加而增加。因此，辽宁省经济增长与能源消耗基本呈现出同步增长关系，今后应优化能源结构，减小经济增长过程中的能源消耗量。

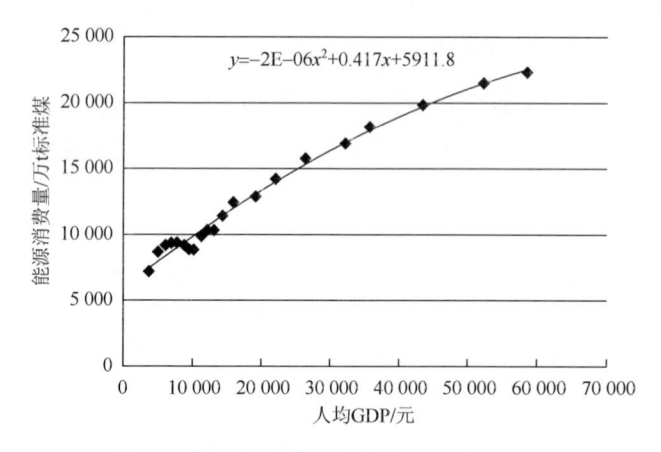

图 6-3　能源消耗总量与人均 GDP 拟合曲线

（四）经济与污染物

1. 经济与工业 COD

依据 1992～2012 年辽宁省工业 COD 排放量数据可以得出，辽宁省工业 COD 排放量与人均 GDP 拟合曲线尚未出现拐点，估算出当人均 GDP 达到 102 118 元时，可能出现最低点，拟合曲线呈现出 U 形曲线的左半段（图 6-4）。据此推测，今后工业 COD 排放量有可能随人均 GDP 增长而呈现出先减后增的趋势。因此，必须采取有力措施，严格控制 COD 排放量。

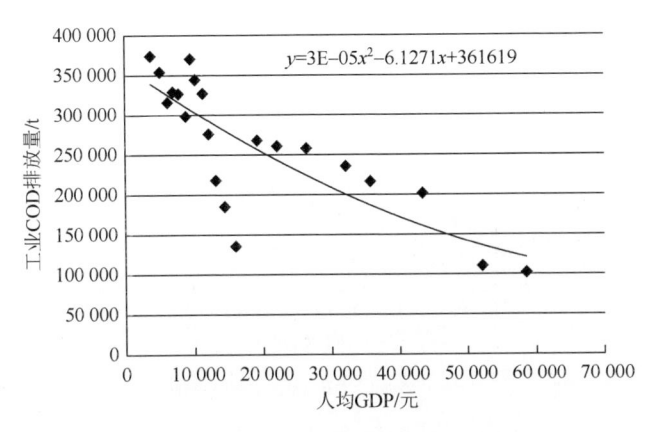

图 6-4　人均 GDP 与工业 COD 排放量拟合曲线

2. 经济与工业 SO_2

依据 1992~2012 年辽宁省工业 SO_2 的排放量数据可以得出，辽宁省工业 SO_2 的排放量与人均 GDP 拟合曲线尚未出现拐点，估算出当人均 GDP 为 80 000 元时，可能出现工业 SO_2 排放量的最高点（图 6-5）。拟合曲线呈现倒 U 形的左半段，表明近期工业 SO_2 排放量有可能随人均 GDP 的增加而增加。因此，按照目前的经济发展和污染排放水平，如不采取强有力的管控措施，工业 SO_2 的排放量仍有可能增加。

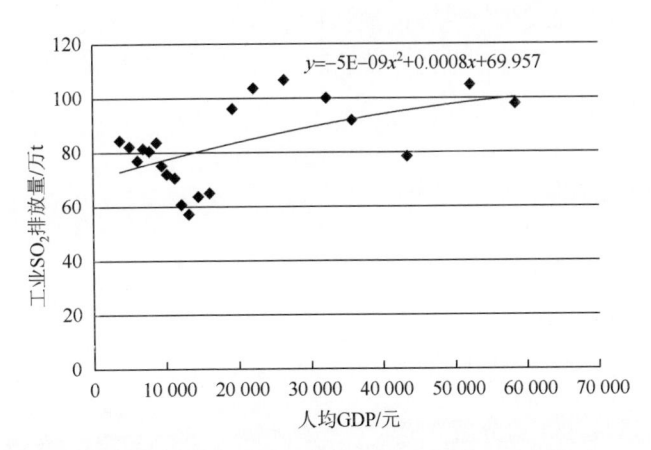

图 6-5　人均 GDP 与工业 SO_2 排放量拟合曲线

3. 经济与工业固体废物

依据 1992~2012 年辽宁省工业固体废物产生量数据可以得出，辽宁省工业固体废物产生量与人均 GDP 拟合曲线的极值点已过，呈现出 U 形曲线的右半段（图 6-6），表明工业固体废物产生量有可能随人均 GDP 的增加而进一步增加。因此，今后采取强有力的管控措施，降低工业固体废物产生量。

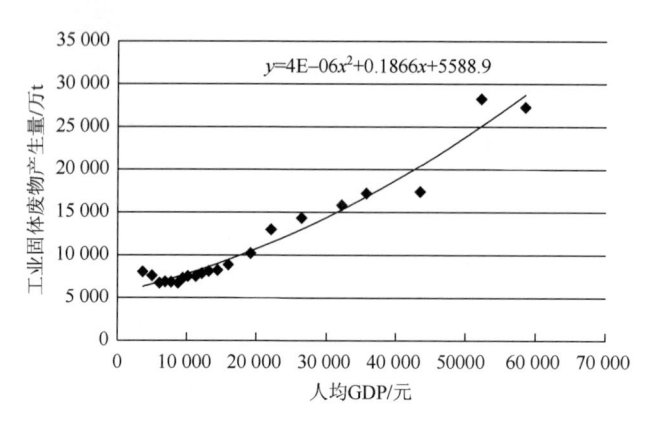

图 6-6　人均 GDP 与工业固废产生量拟合曲线

（五）协调性综合分析

对于不同的污染物，辽宁省资源环境与经济增长的环境库兹涅茨曲线具有不同的表现形式，并未完全呈现出典型的倒 U 形。

具体而言，辽宁省水资源消耗总量与人均 GDP 拟合曲线呈倒 U 形曲线，逐渐开始进入经济增长与水资源消耗的"脱钩"阶段。然而，近期辽宁省能源消耗量、工业 SO_2 及工业固体废物产生量总体上可能呈现随人均 GDP 增加而增加的趋势；工业 COD 排放量随人均 GDP 增长的趋势呈 U 形曲线的左半段，其排放量有可能反弹增长。因而，必须采取严格的源头治理和减排措施，能源消耗量、工业 SO_2 排放量、工业固体废物产生量、工业 COD 排放量才有可能得到有效控制，否则，产业发展与资源环境之间的矛盾将更加尖锐。

二、产业布局优化战略

（一）产业布局现状分析

1. 总体概况

（1）基于经济密度的布局分析

经济密度（区域国民生产总值与区域面积之比）用来表征区域单位面积上经济活动的效率和土地利用的密集程度。2012 年辽河流域（辽宁省）经济密度的平均水平为 1619 万元/km²，所辖的 12 个地市中有 7 个地市的经济密度低于平均水平，属于低经济密度区；有 5 个地市高于平均水平，其中，沈阳市和盘锦市的经济密度分别是平均水平的 1.9 倍和 3.1 倍（图 6-7）。

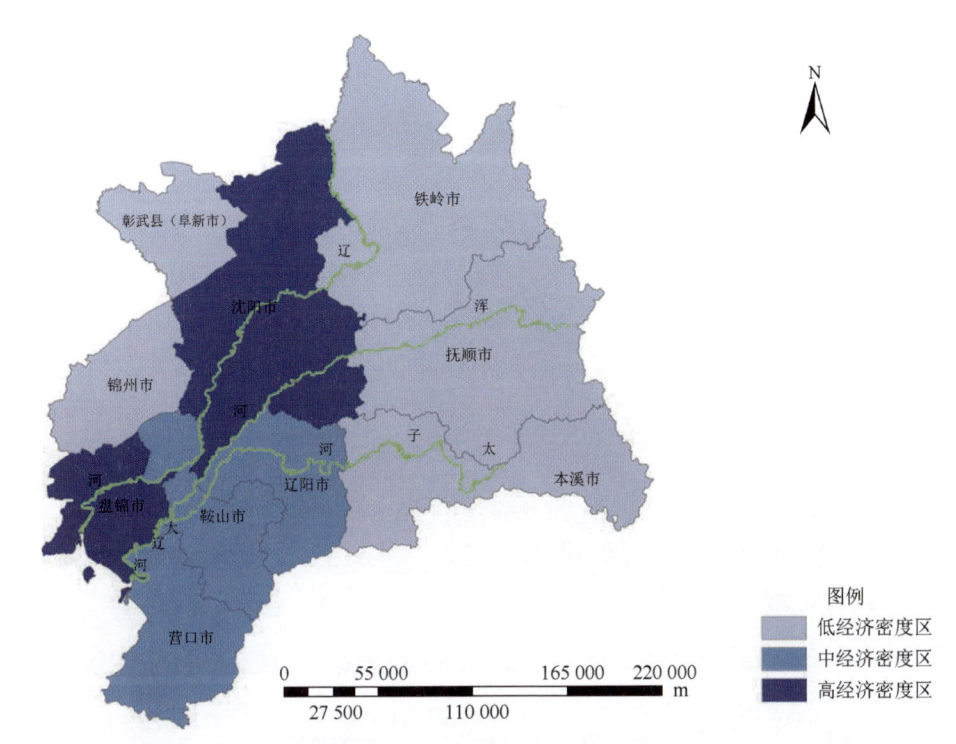

图 6-7　辽河流域（辽宁省）经济密度市域分布格局（经济密度：万元/km²）

注：将经济密度低于平均水平 1619 万元/km² 的地市划分为低经济密度区，将经济密度为 1619 万～3000 万元/km² 的地区划分为中经济密度区，将高于 3000 万元/km² 的地区划分为高经济密度区

（2）三次产业布局现状分析

2012 年辽河流域（辽宁省）12 个地市国内生产总值为 19 425.2 亿元，占全省的 78.2%。其中，沈阳市地区生产总值为 6602.6 亿元，远高于其他各市，位列第一，其次是鞍山市，其地区生产总值为 2429.3 亿元，其他 10 市基本为 500 亿～1300 亿元。

从空间分布来看，辽河流域的第一产业主要分布在辽河水系，集中在铁岭、沈阳、锦州、朝阳等市，四市的第一产业增加值占辽河流域（辽宁省）第一产业增加值的比例为 54.1%；第二产业主要分布在辽河、浑河水系，集中在辽河水系的盘锦、鞍山、沈阳，浑河水系的抚顺，两大水系第二产业增加值占辽河流域（辽宁省）第二产业增加值的比例为 72.9%；第三产业主要分布在辽河水系，集中分布在沈阳市和鞍山市，两市第三产业增加值占辽河流域（辽宁省）第三产业增加值的比例为 53.8%（图 6-8～图 6-10）。

2. 主导产业布局现状

辽河流域（辽宁省）目前已经形成了以冶金、石化、农副产品加工、机械制造业、电力等为核心的产业集群（图 6-11）。其中，以沈阳及其周围的抚顺、本溪、鞍山、辽阳为中心，并在西部的锦州，南部的营口等形成了多个支撑点：分别形成了以鞍钢、本钢为重点的冶金工业集聚区；以抚顺、阜新、铁法为重点的煤炭工业集聚区；以阜新、清河、锦州为重点的电力工业集聚区；以沈阳为重点的机械工业集聚区；以辽阳、锦州等为重点的石油生产和加工工业集聚区。

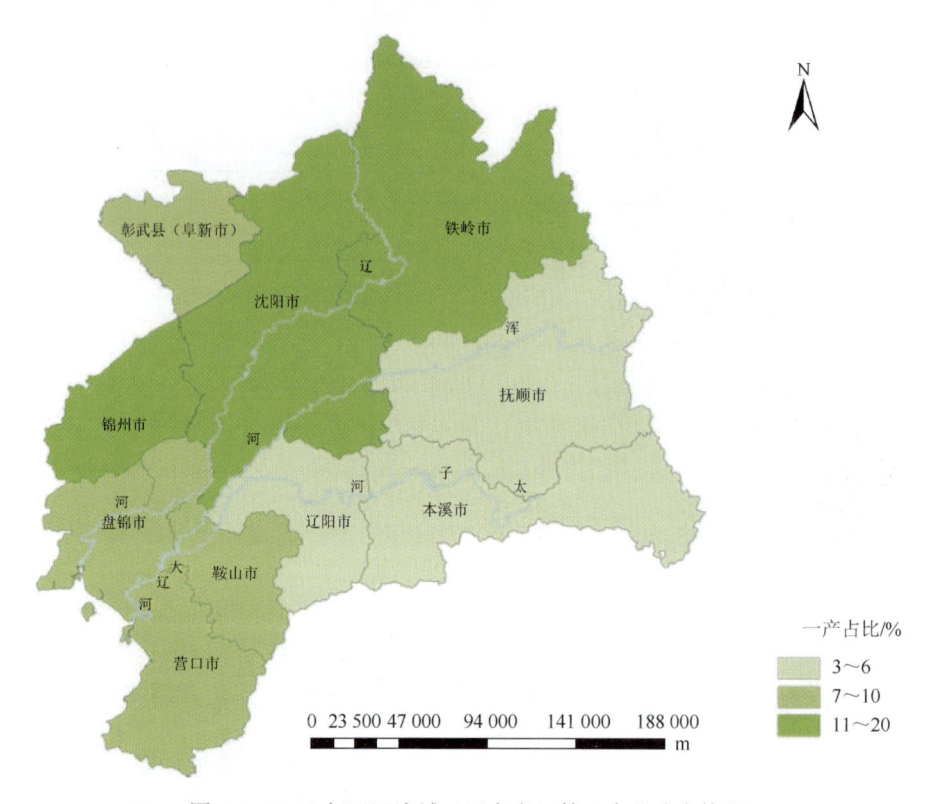

图 6-8　2012 年辽河流域（辽宁省）第一产业分布格局

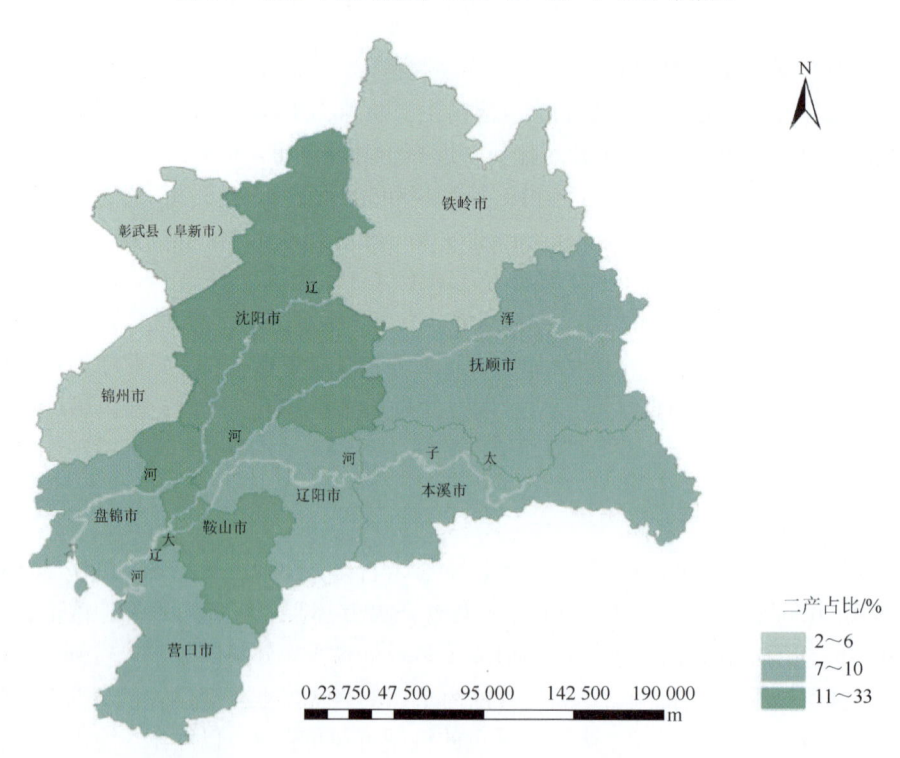

图 6-9　2012 年辽河流域（辽宁省）第二产业分布格局

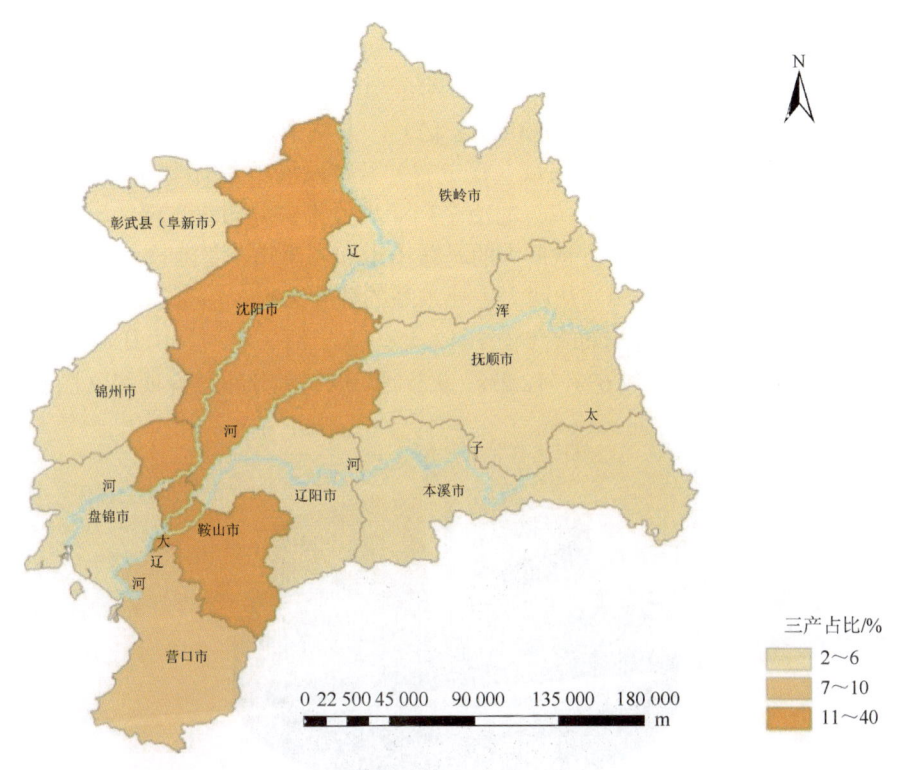

图 6-10 2012 年辽河流域（辽宁省）第三产业分布格局

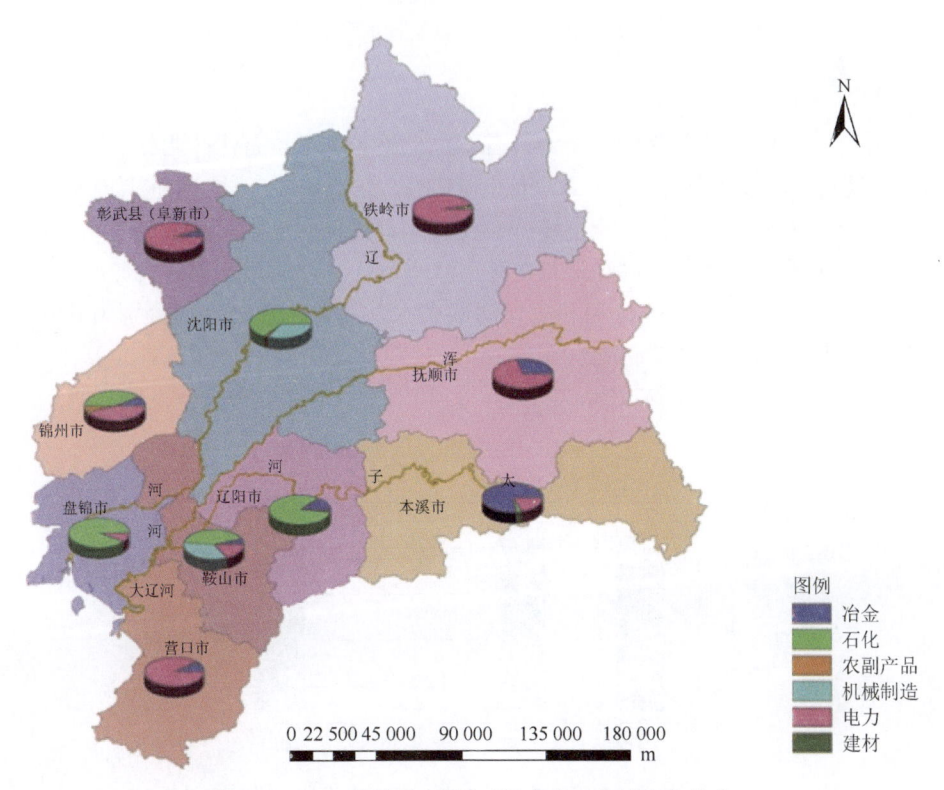

图 6-11 2012 年辽河流域（辽宁省）主导产业分布

(1) 冶金产业

2012 年,辽河流域(辽宁省)12 市共有冶金企业 1192 家,占辽宁省 2012 年环统企业总数的 24.1%,冶金行业总产值为 3847.7 亿元,占整个辽河流域(辽宁省)工业总产值的 28.7%,冶金行业在整个辽河流域(辽宁省)经济发展中占有十分重要的地位。

从整体来看,辽河流域(辽宁省)的冶金产业主要集中分布在本溪、鞍山、营口、抚顺、朝阳等市。其中,工业产值贡献最大的是鞍山市和本溪市,工业产值占冶金产业总产值的比例分别为 31.7%和 31.6%。从四大主要水系的分布来看,冶金产业主要分布在太子河水系和浑河水系,辽河水系分布最少。2012 年,太子河、浑河、大辽河和辽河水系的冶金产业总产值占比分别为 77.6%、12.2%、9.5%和 0.8%,分布差异明显(图 6-12)。

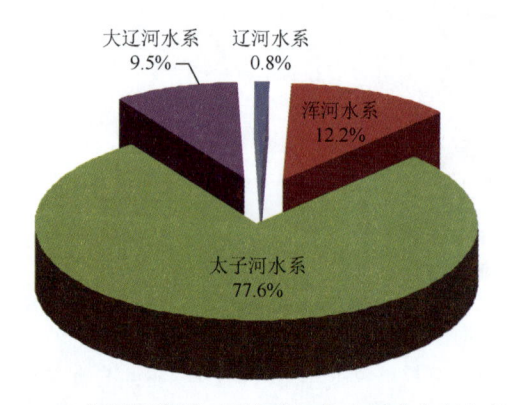

图 6-12　2012 年辽河流域(辽宁省)各水系冶金产业产值占比

(2) 石化产业

2012 年辽河流域(辽宁省)12 个市共有石化企业 447 个,石化产业总产值为 3391.2 亿元,占整个辽河流域(辽宁省)工业总产值的 25.3%,在流域经济发展中也具有重要的地位。

从地域分布上来看,石化产业主要分布在抚顺、盘锦、辽阳、葫芦岛等市。从四大主要水系的分布来看,石化产业主要分布在浑河水系,其次是辽河水系,大辽河水系分布最少。2012 年,太子河、辽河、浑河和大辽河四大水系石化产业总产值分别为 630.4 亿元、748.6 亿元、935.3 亿元、38.7 亿元(图 6-13),分别占辽河流域(辽宁省)石化产业总产值的比例为 18.6%、22.1%、27.6%、1.1%。

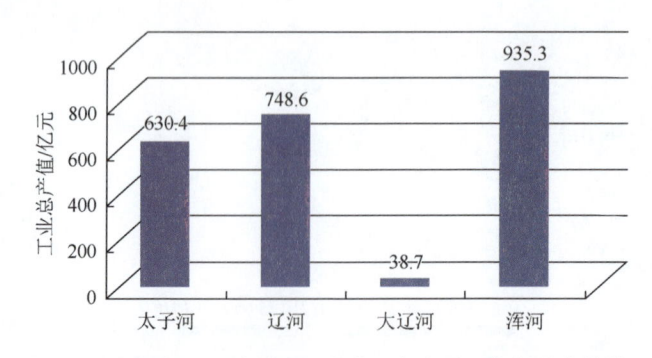

图 6-13　2012 年辽河流域(辽宁省)各水系石化行业产值情况

(3) 农副食品加工业

2012年辽河流域（辽宁省）12个市农副食品加工业企业共319个，农副食品加工业总产值为431.8亿元，占整个辽河流域（辽宁省）工业总产值的3.2%。

从地域分布上来看，农副食品加工业主要分布在铁岭、锦州、朝阳、营口等市。4市农副食品加工业产值占农副食品加工业总产值的52.5%。从四大主要水系的分布来看，农副食品加工业主要分布在辽河水系，其次是大辽河水系，太子河水系分布的农副食品加工业最少。2012年，太子河、辽河、浑河和大辽河水系的农副食品加工企业占四大水系农副食品加工企业总数的比例分别为17.4%、61.7%、11.5%和9.4%。四大水系农副食品加工企业的工业总产值分别为18.1亿元、178.1亿元、39.9亿元和72.4亿元（图6-14），分别占辽河流域（辽宁省）农副食品加工业总产值的比例为4.2%、41.2%、9.2%和16.8%。

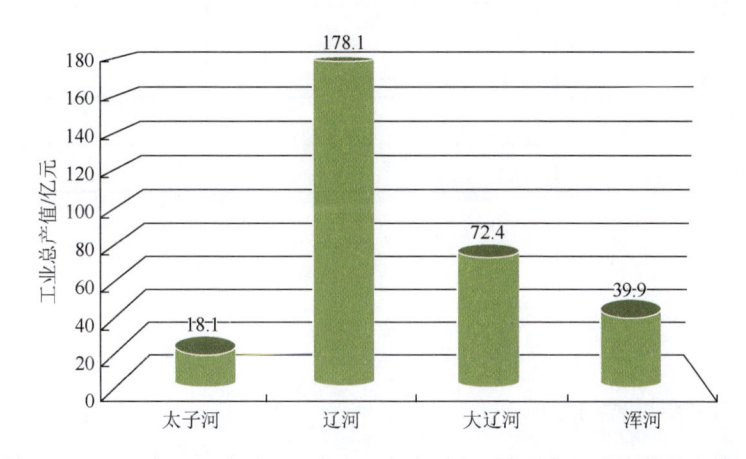

图6-14 2012年辽河流域（辽宁省）各水系农副产品加工业产值分布情况

(4) 机械制造业

2012年辽河流域（辽宁省）共有机械制造企业458家，工业总产值为3367.7亿元，占辽河流域（辽宁省）各行业工业总产值的25.1%。

从地域分布来看，机械制造业主要分布在沈阳、鞍山、辽阳等市，3市的机械制造业工业产值占机械制造业工业总产值的90.5%，产业集聚程度较高。从四大主要水系的分布来看（表6-1），机械制造业主要分布在浑河水系，其次是太子河水系、辽河水系，大辽河水系分布的机械制造业最少。其中，浑河水系的机械制造业工业产值占机械制造业工业总产值的48.5%。

表6-1 2012年机械制造业空间分布概况

水系	企业数/个	工业总产值/亿元
太子河水系	127	1447.3
浑河水系	154	1634.7
大辽河水系	39	35.7
辽河水系	57	48.6

(5) 电力

2012 年，辽河流域（辽宁省）电力企业共 476 家，电力行业工业总产值为 420.8 亿元，占辽河流域（辽宁省）各行业工业总产值的 4.4%。

从地域分布来看，电力行业主要集中分布在鞍山、沈阳、铁岭、葫芦岛，共有电力企业 458 家，2012 年 4 市的电力企业实现工业产值 375.3 亿元，占电力行业工业总产值的 63.3%。从四大主要水系的分布来看（表 6-2），电力行业主要分布在太子河水系和浑河水系，大辽河水系分布最少。

表 6-2 2012 年电力企业空间分布概况

水系	企业数/个	工业总产值/亿元
太子河水系	18	145.9
浑河水系	377	142.4
大辽河水系	4	40.6
辽河水系	77	91.9

（二）资源环境效应分析

1. 产业布局对水资源的影响

2012 年，鞍山、抚顺、辽阳、朝阳 4 个地市的工业用水量占当地水资源的比例均超过 50%，分别为 64.3%、57.6%、54.4%、54.1%。其他 8 市中，葫芦岛的工业用水量占当地水资源量的比例最低，为 18.4%，其余各市均在 20% 以上。可见，部分地市的产业发展给水资源带来了巨大的压力。

从各水系来看，浑河和太子河水系的水资源压力最大。例如，太子河水系的鞍山市工业用水量占辽河流域（辽宁省）的 24%，聚集了冶金、机械制造、电力等水资源消耗密集型行业，其中，冶金行业工业用水量占全市各行业工业用水量的 45%，占全市水资源量的 44.9%；机械制造业工业用水量占全市各行业工业用水量的 37%，占全市水资源量的 37.3%（图 6-15）。

可见，分布在水资源压力大的地区的主导行业水资源需求量较大，从而导致对地表水资源开发利用程度较高。因此，未来这些地区的进一步发展仍将受到水资源承载力的限制。

从辽河流域（辽宁省）各地市主导产业分布与其水资源承载力的协调性来看（表 6-3），沈阳、鞍山、盘锦等部分地区的水资源承载力已接近饱和值，开发利用空间较小，区域内布局的冶金、石化、电力等高耗水产业与其水资源承载力不协调；抚顺、锦州、营口等地区水资源承载力水平相对较好，为 II 级，表明其具有一定的开发利用潜力。

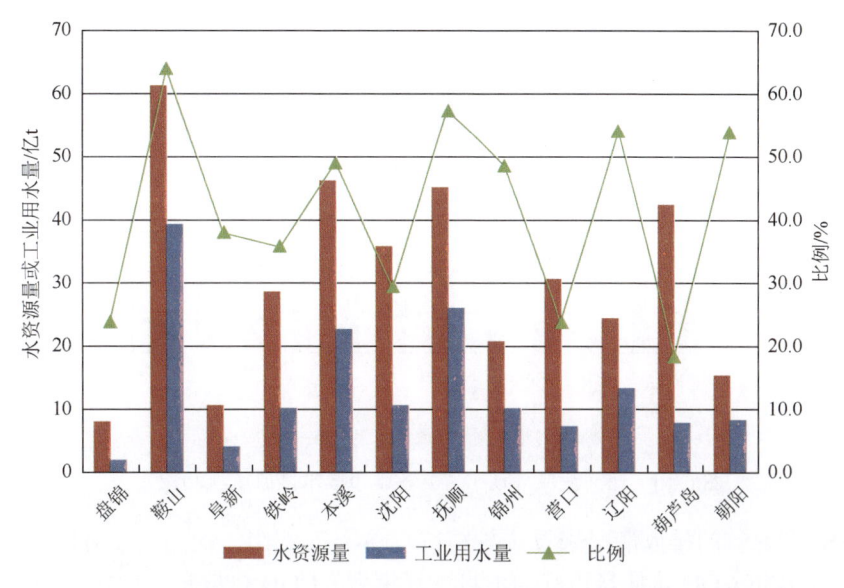

图 6-15　辽河流域（辽宁省）各地市工业用水量与水资源量关系（2012）

表 6-3　辽河流域（辽宁省）主导产业布局与水资源承载力协调性分析

地区	主导产业	水资源承载力等级	水资源消耗等级	协调性分析
铁岭	农副食品加工、农、林业、电力等	II	++	协调
鞍山	冶金、农副食品加工、机械制造等	III	+++	不协调
抚顺	石化、冶金、机械等	II	+++	较协调
沈阳	机械、石化、电力、医药等	III	+++	不协调
阜新	冶金、机械制造	III	++	较协调
辽阳	石化、机械制造、建材	III	++	较协调
盘锦	石化、电力、造纸	III	+++	不协调
营口	石化、机械、建材	II	++	协调
本溪	冶金、医药、机械	III	++	较协调
锦州	石化、农副食品加工	III	++	较协调

注：I 级表示开发潜力较大，II 级表示具有一定的开发利用潜力，但开发利用潜力不大，III 级表示水资源承载力已接近饱和值，开发利用空间较小；+水资源消耗量较少；++水资源消耗量较大；+++水资源消耗量很大。水资源承载力评价结果参考第三章相关内容

2. 产业布局对水环境的影响

2012 年，辽河流域（辽宁省）的沈阳、辽阳、锦州、鞍山 4 市是废水排放量较高的地区，其废水排放量占辽河流域（辽宁省）废水排放总量的 53.2%（图 6-16）。其中，沈阳市石化、医药行业的废水排放量占沈阳废水排放总量的 46.5%，辽阳市冶金、石化行业的废水排放量占辽阳废水排放总量的 77.9%。可见，废水排放密集型行业的集中分布给这些地区水环境质量的改善带来了巨大压力。

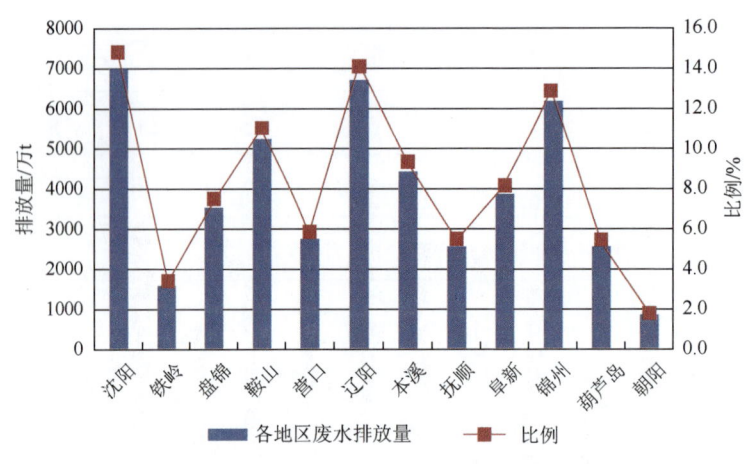

图 6-16 辽河流域（辽宁省）各地市废水排放量（2012）

从 COD 和氨氮的排放情况来看（图 6-17），本溪、沈阳、锦州、鞍山是 COD 排放量较高的地区，4 市 COD 排放量占辽河流域（辽宁省）COD 排放量的比例分别为 14.3%、13.5%、13.3%、7.8%；葫芦岛、沈阳、盘锦、鞍山、本溪等市是氨氮排放量较高的地区，5 市的氨氮排放量占辽河流域（辽宁省）氨氮排放量的 77.8%。以上几市集中分布的冶金、石化、农副产品、机械制造、造纸等行业是流域内 COD 和氨氮排放量的主要来源。其中，辽河水系沈阳的石化、医药两个行业氨氮排放量占沈阳市氨氮排放量的 61.0%，COD 排放量占 32.9%；太子河水系鞍山的机械制造行业的氨氮、COD 排放量分别占氨氮、COD 排放总量的 54.5%、33.5%。这些地区的产业格局使得辽河流域污染负荷重，尤其是太子河水系和辽河水系，河流水生态破坏严重，流域水环境形势不容乐观。

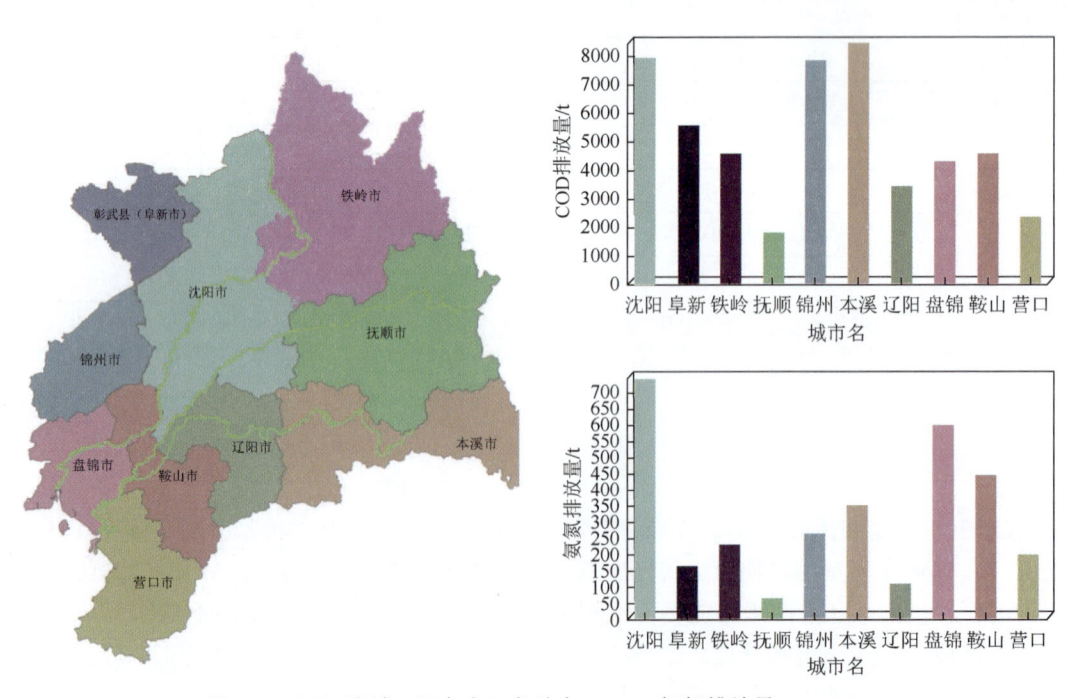

图 6-17 辽河流域（辽宁省）各地市 COD、氨氮排放量（2012）

从 2012 年辽河流域（辽宁省）各城市段的水质来看（表 6-4），66.7%的城市段水质属于劣Ⅴ类。其中，辽河水系的沈阳段下游水质为劣Ⅴ类，主要超标污染因子为 COD、氨氮等，其 COD 排放量占四大水系排放量的 30.9%，氨氮排放量占四大水系排放量的 26.9%；太子河水系本溪和辽阳段水质仍有逐渐变差的趋势，鞍山段沿程水质污染继续加重，其 COD 排放量占四大水系排放量的 21.4%，氨氮排放量占四大水系排放量的 31.0%；大辽河全河段常年为劣Ⅴ类水质，主要超标污染因子为 COD、氨氮和石油类，其 COD 排放量占四大水系排放量的 6.2%，氨氮排放量占四大水系排放量的 8.2%。

四大水系中，分布了如沈阳的石化、建材、造纸，鞍山的冶金、机械制造等废水及废水主要污染物排放密集型行业，这些高污染行业的发展严重影响了流域各水系水环境质量的改善。

表 6-4　2012 年辽河流域（辽宁省）水系城市段水质状况

城市段		水质	COD 排放量占水系/流域排放量比例/%	氨氮排放量占水系/流域排放量比例/%
辽河水系	铁岭段	劣Ⅴ	30.9/13.7	26.9/7.5
	沈阳段	劣Ⅴ		
	盘锦段	劣Ⅴ		
浑河水系	抚顺段	Ⅴ	21.4/13.8	31.0/15.0
	沈阳段	劣Ⅴ		
太子河水系	本溪段	Ⅴ	41.5/26.6	33.9/16.4
	辽阳段	劣Ⅴ		
	鞍山段	Ⅳ		
大辽河水系	营口段	劣Ⅴ	6.2/4.0	8.2/4.0

3. 产业布局对大气环境的影响

从辽河流域（辽宁省）各地区主要大气污染物排放的情况来看（图 6-18），鞍山、阜新、沈阳、葫芦岛是 SO_2 排放量较高的地区，以上各市 SO_2 排放量占辽河流域（辽宁省）排放量的比例分别为 14.4%、12.7%、11.4%、9.8%。其中，鞍山的冶金、电力、建材行业的 SO_2 排放量占鞍山市排放量的 71.7%，沈阳的电力、建材行业 SO_2 排放量占沈阳市排放量的 85.5%。

沈阳、鞍山、葫芦岛、铁岭是 NO_x 排放量较高的地区，4 市的 NO_x 排放量占辽河流域（辽宁省）NO_x 排放量的 42.4%。其中，沈阳的电力、建材行业 NO_x 排放量占沈阳市 NO_x 排放量的 93.6%。由此可见，辽河流域（辽宁省）的大气污染主要集中在鞍山、沈阳等市的冶金、电力和建材等行业，影响着各市大气环境质量的改善，成为今后改造、提升的重点。

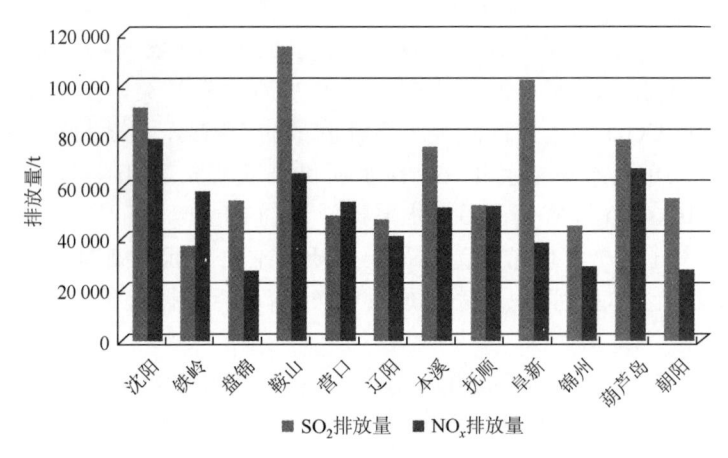

图 6-18　辽河流域（辽宁省）各地市 SO_2、NO_x 排放量（2012）

4. 产业布局与功能区划协调性分析

（1）产业布局与水生态功能区划协调性分析

根据本章相关研究成果，对包括内蒙古、吉林、辽宁在内的整个辽河流域进行水生态功能区划，辽河流域划分为 4 个一级水生态功能区，其中，辽河流域（辽宁省）被划分到其中两个一级水生态功能区中，分别为辽河平原半湿润区和辽东山地湿润区，分析辽河流域（辽宁省）产业布局与所在水生态功能区划的协调性（表 6-5）。

表 6-5　产业布局与水生态功能一级区划协调性分析

水生态功能区	所在水生态功能区划要求	产业布局现状	协调性分析
辽河平原半湿润区（涉及盘锦、鞍山、辽阳、沈阳等市）	该生态区属于暖温带半干旱地区，海拔为 0~200m，主要为平原地区。水文地质主要有松散岩类，渗透系数大。主导服务功能是生产功能，次主导服务功能是生境功能	该区人类活动频繁，土地开发强度大，自然植被较少，主要为农业耕作区	不协调（区域内的主要水生态环境问题是工业与城市生活所造成的水质污染、河道淤积和河口三角洲的湿地退化）
辽东山地湿润区（包括本溪、铁岭、抚顺等）	该生态区属温带半湿润气候，海拔为 200~700m，主要包括中、低起伏山地和滨海丘陵等地貌类型；水文地质主要为变质岩类，渗透系数较大，水分条件较好。主导服务功能为生境功能，次主导服务功能为调节功能	该区域内人类活动较少，多为林地，植被状况良好、覆盖率大，生态系统状况保持较好	基本协调

（2）产业布局与生态功能区划协调性分析

根据《辽宁省生态功能区划研究》《辽宁省生态建设规划纲要（2006~2025）》中划定的辽宁省六大生态区，以及《辽宁省国民经济和社会发展"十二五"规划纲要》中的主体功能区划相关要求，分析辽河流域（辽宁省）各区域所在生态功能区及主体功能区的发展要求与现有产业布局特点是否协调。

根据分析结果可知（表 6-6），目前的六大生态功能区中，辽河平原温带半湿润生态区，辽西低山丘陵温带半湿润、半干旱生态区的产业布局与生态功能定位不协调，产业重型化特征明显，水资源承载力逼近极限，污染排放超过环境承载能力。其他 4 个功能区的产业布局与其功能定位基本协调。

表 6-6　产业布局与功能区划协调性分析

生态功能区	所在生态功能区划要求	产业布局现状	协调性分析
辽东山地丘陵温带湿润、半湿润生态区（抚顺、本溪、铁岭、沈阳、辽阳、鞍山、营口东部山区）	该区域主导生态功能为水源涵养与生物多样性保护。经济发展需坚持生态优先、保护为主的原则，严格限制建设水污染重的工业项目，适度发展低污染或无污染的工业。实施绿色食品战略，建设绿色药材、水果、山野菜、食用菌、经济动物等基地，发展特色山地生态农业。适度发展生态旅游业。	以林业、中药材、矿产开发、旅游业发展为主	基本协调
辽河平原温带半湿润生态区（包括铁岭、沈阳、辽阳、鞍山大部、锦州、营口小部，抚顺、本溪城区和近郊）	该区的主导生态功能是支撑城镇发展、农产品生产和自然湿地保护。应坚持生态环境保护与社会经济发展同步，逐步强化生态功能。促进冶金、石化等重型产业向滨海地区转移，加快先进装备制造业基地、高加工度原材料基地、高技术产业和农产品加工示范区建设。开发推广农业高新技术，发展节水农业、生态农业和现代农业。大力发展第三产业，构建以沈阳为中心的金融、信息、物流、会展等现代服务业基地	是全国冶金、石油、化工、机械制造业，以及粮食、畜禽的重要生产基地	不协调（水资源短缺、污染排放超过环境承载力，农业面源污染严重）
辽西低山丘陵温带半湿润、半干旱生态区（朝阳、锦州、阜新、葫芦岛的全部或部分地区）	该区的主导生态功能是水土保持。禁止乱开滥挖无序采矿行为，严格限制饮用水源地乌金塘水库上游的矿产资源开发，加强废弃矿场植被恢复；锦州、葫芦岛在大力发展石油化工、有色冶炼的同时，要加强污染治理和环境风险防范。大力发展临港工业和外向型经济，培育旅游等服务业市场，保护良好的滨海风光吸引人才，建立高新技术产业，建立辽西走廊带状城市群	是重要的石油化工、有色冶炼基地，盛产梨、苹果和海产品等	不协调（经济欠发达，生态承载力较低，污染严重）
辽西北半干旱沙化生态区（昌图县西部、康平县全部、阜新市和朝阳市北部）	主导生态功能是控制沙漠化。在康平、彰武地区，进一步强化"三北"防护林建设；在阜新县北部、朝阳市北部地区实行封山育林育草；充分利用太阳能、风能资源，积极发展清洁能源，缓解薪炭需求对植被的压力；大力发展沙地、草原旅游业。严格限制高耗水产业。积极推广保护性耕作	经济欠发达，主导产业为农业和牧业	基本协调
辽东半岛低山丘陵暖温带湿润、半湿润生态区[涉及辽河流域（辽宁省）营口市的部分区域]	该区主导生态功能为森林生态系统恢复与水土保持，支撑城镇发展。沿海地区重点建设造船、石化、先进装备制造业和高加工度原材料基地、高技术产业和农业加工示范区。结合海滩、海岸、城市资源和人力、技术资源发展旅游、会展、信息、教育、创意、咨询服务等产业。发挥大连港和营口港的区位优势，大力发展现代物流	工业、旅游业发达，水果、蚕业、海产品资源丰富	基本协调
辽宁近岸海域与岛屿生态区（涉及辽河流域营口、盘锦、锦州、葫芦岛等市）	该区的主导生态功能是滨海湿地和海岸带保护。实行组团式、串珠状开发，防止岸线资源无序遍地开发，优化沿海经济带建设。合理开发滩涂、近海资源，适度发展海水养殖，实施渔业资源增殖计划，建成一批海珍品增殖基地。加强海岸综合规划与治理，恢复和保护海岸生态环境，禁止盲目开发。保护滨海湿地生态环境，加强自然保护区建设与管理，建设并完善海防林体系	以港口物流、盐业、养殖、旅游业发展为主	基本协调

总体来看，经过多年的发展，辽河流域（辽宁省）的产业布局实现了依托资源与区位优势，逐步实现沿海、沿交通干线的布设，形成了沈阳经济区、辽西北经济区、辽宁沿海经济带等经济区发展格局。依托矿山等资源形成的冶金、装备制造、石化、造纸、电力等产业集群在全国占有重要位置。

这种经济格局在结构战略上具有一定合理性和完整性，有利于发挥地区优势和辐射作用，实现资源的集约化、高效利用，带动地区社会经济的全面发展，同时可吸纳大批农村劳动力的转移，推进城镇化进程。但就地区资源与环境协调性而言，辽河流域（辽宁省）目前的产业布局有待进一步调整、优化。

（三）产业布局存在问题

1. 产业布局与功能区划不匹配，有待进一步优化

辽河流域（辽宁省）所在的两个一级水生态功能区中有一个功能区的产业布局不协调，表现在功能区内人类活动频繁、土地开发强度大，造成自然植被较少、水质污染、河道淤积和河口三角洲的湿地退化等。可见，不考虑水生态功能约束（主要是水环境、水资源约束条件）的产业布局将导致功能区的不可持续发展（Snelder and Biggs，2002）。

此外，辽河流域（辽宁省）六大生态功能区中有两个功能区的产业布局不协调，表现在功能区内布局的产业以高污染、高消耗的产业为主，且产业发展超过了功能区的生态承载力，生态系统的资源供给和废物接纳能力下降，生态承载力成为功能区经济发展的内生变量和刚性约束条件（Peterson et al.，1998）。而在其他 4 个功能区，虽然现有产业布局总体上与功能区划的要求相协调，但是仍然存在产业发展与资源、环境的协调性差，经济增长方式粗放等问题。

2. 产业布局过于集中，工业污染源不断向中部城市群集中

辽河流域（辽宁省）的工业主要聚集在环渤海地区和中部区域，西部和北部区域比较少。从轴带形态来看，主要沿沈大高速公路线、京沈铁路线集中分布，其他的增长带不明显。

从城市之间的产业布局来看，各城市间差别较大。产业布局过于集中于少数大城市，以沈阳最强、最集中。2012 年工业增加值占辽河流域（辽宁省）工业增加值的 34.0%，其以占辽河流域（辽宁省）10.1%的土地面积贡献了 34.0%的 GDP。其次为鞍山，2012 年鞍山的工业增加值占辽河流域（辽宁省）的 12.8%，其以占辽河流域（辽宁省）7.7%的土地面积贡献了 12.5%的 GDP。

随着工业产业集中度提高，工业污染源也呈现出不断集中的趋势，主要分布在高速公路沿线、环渤海地区和沈阳市等中部城市群。2012 年，沈阳市污染源的数量最多，占辽河流域（辽宁省）污染源总数的 22.8%，其次为鞍山市和营口市，分别占 15.3%和 13.3%。

3. 产业布局与水资源空间分布不匹配，水资源供给压力大

辽河流域（辽宁省）的地区间发展水平差别较大，部分地区的产业布局与水资源在时间、空间的分布不一致。人口集中、城市化率较高、工业化程度高的地区多为降水量较少、极度或重度缺水的地区。

辽河流域中西部，尤其是沈阳、鞍山、盘锦、辽阳、抚顺等城市，是工农业发达的地区，但这些地区水资源相对较少，且这些地区的工业用水量占当地水资源量的比例均超过

了 50%，主导行业水资源需求量大，导致对地表水资源开发利用程度高，水资源承载力已接近饱和值，开发利用空间较小，水资源供给压力巨大。

4. 污染密集型行业集中度高，流域环境保护形势严峻

工业集中布局是造成水环境和大气环境污染的主要原因（Virkanen，1998）。从辽河流域（辽宁省）的情况来看，辽河流域（辽宁省）是重工业集中分布的区域，也是污染物排放密集区。本溪、沈阳、锦州、鞍山是COD排放量较高的地区；葫芦岛、沈阳、盘锦、鞍山、本溪是氨氮排放量较高的地区。这些地区布局的主导产业，如沈阳分布的石化、医药行业，辽阳的冶金、石化行业，以及其他地市的农副产品、机械制造、造纸等行业成为废水排放和主要废水污染物排放密集的行业。这些地区水污染物排放密集行业的发展加剧了流域水环境保护压力。

此外，鞍山、阜新、沈阳、葫芦岛是 SO_2 排放量较高的地区，沈阳、鞍山、葫芦岛、铁岭是 NO_x 排放量较高的地区，这些地区的电力、建材行业的发展影响着各市及整个流域大气环境质量的改善。

到2015年，辽河流域（辽宁省）的规模以上工业增加值年均增长16%，城镇化率将达80%以上。若仍然延续目前的产业布局，辽河流域局部地区随着污染源密度增大，资源和生态环境压力将更加凸显。

（四）产业布局优化对策

1. 战略目标

以生态功能区划为指引，以流域资源和环境承载力为约束，坚持节约优先、保护优先原则，到2020年，形成以交通干线为依托，以轴带集聚为空间组织形式，逐步向沿海拓展，以沈阳等中心城市带动中小城市，区域间相互协调发展、相互促进、各具特色的产业空间格局。

2. 总体策略

（1）以功能区划为引导，优化产业布局

进一步明晰辽河流域（辽宁省）在不同等级区域的战略定位（表6-7），充分考虑区域生态限制条件，以功能区划（生态功能区划、水生态功能区划）为导向，合理调整和优化产业布局。

表6-7 辽河流域（辽宁省）在不同等级区域的战略定位

时间	世界	东北亚	中国	中国东北
2011~2020年	金属原材料基地	中低端装备制造基地，软件外包基地航运中心	重要原材料基地，先进装备制造流通服务基地，大城市圈之一	中心城市群 高技术产业中心 现代服务业中心 文化中心 宜居中心

续表

时间	世界	东北亚	中国	中国东北
2021～2030年	金属原材料基地，中低端装备制造基地，航运中心之一	软件外包基地航运中心	重要原材料基地，先进装备制造流通服务中心，大城市圈之一	中心城市群 高技术产业中心 现代服务业中心 文化教育中心 宜居中心

（2）以协调发展为原则，平衡经济布局

立足于辽河流域（辽宁省）自然资源和环境条件，并考虑市场、技术、经济因素，发展具有地区特色和比较优势的产业。充分发挥辽河流域（辽宁省）各地区的资源环境优势，不断缩小区域之间的经济发展差距，减少区域之间在经济发展进程中出现的摩擦，促进地区之间经济协调发展。

（3）以产业生态位为主线，优化主导产业布局

统筹考虑现有各类主导产业的分工地位和所处生态位，遵循循环经济和工业生态学原理，根据产业关联度筛选对各类功能区的产品、产业链具有延伸或补链作用的产业。

（4）以可持续发展为目标，统筹全流域产业布局

无论是功能分区布局还是不同产业产品的开发，都应既考虑目前或短期内各功能区产业的发展，更要考虑未来不同产业升级换代以及社会环境优化的需要，将短期利益和长期利益有机结合起来，以实现生态、经济、社会效益最大化。

3. 战略对策

（1）落实功能区划，合理开发空间资源

落实水生态功能区划：辽河平原半湿润区（一级水生态功能区）今后要适度控制土地开发强度，在水生态功能区内500m河岸带区域逐步减小农田和建设用地的面积比例，优化土地利用格局。

落实生态功能区划：辽河平原温带半湿润生态区和辽西低山丘陵温带半湿润、半干旱生态区两个功能区应适度控制冶金、石化等高消耗、高污染行业的发展，实施产业发展的等量替换策略，淘汰部分落后产能，鼓励发展绿色、清洁的接续产业。加快先进装备制造业基地、高加工度原材料基地、高技术产业和农产品加工示范区建设。大力发展第三产业，构建金融、信息、物流、会展等现代服务业基地。

其他功能区要将发展规划与环境保护目标有机结合，进一步规范空间开发秩序，在现有产业基础上进一步培育主导产业集群，大力发展循环经济，运用先进技术，促进水资源的集约化利用，使产业发展与功能区承载能力相协调。

（2）打造循环发展的生态经济区，缓解局部地区资源环境压力

以生态功能区划为指引，促进辽中（沈阳、鞍山、抚顺、本溪、辽阳）、辽南（锦州、营口、盘锦、葫芦岛）、辽西北（阜新、铁岭、朝阳）等几大经济区的形成与发展，构建起重点突出、特色鲜明、协调发展的经济区发展格局，充分发挥辽宁中部城市群经济区的先导联动作用，向其他经济区疏散部分经济职能，有利于降低辽中经济区的资源消耗和污染排放水平，促进区域协调发展。辽河流域（辽宁省）主要经济区布局优化图如图6-19所示。

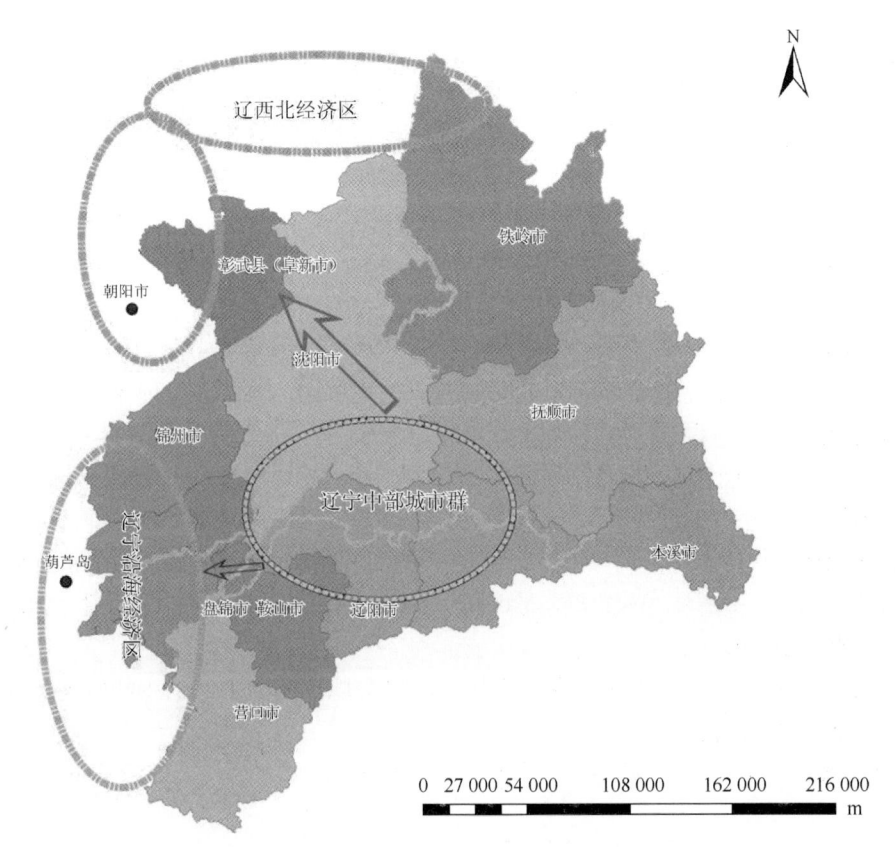

图 6-19　辽河流域（辽宁省）主要经济区布局优化图

辽中（辽宁中部城市群）经济区：发挥中心城市牵动和引导作用，增强各城市优势产业的集聚和辐射功能，促进区域经济发展和一体化进程，构建具有国际先进水平的现代化装备制造业基地和高加工度原材料工业基地。

辽南沿海经济区：以建设大连东北亚国际航运中心为契机，调整城市功能，发挥营口、盘锦等对外开放的窗口作用，大力发展信息、国际金融、商贸、物流、会展和旅游等现代服务业。以盘锦、营口等地重点临海或近海产业集聚区和电力、石化、钢铁等企业实施一批海水淡化示范工程，推进沿海缺水城市海水资源利用。利用临港优势，全面实施承接战略，发展出口导向、进口替代业务。利用区域农业资源发展创汇农业，建设辽宁和东北最大的农产品出口和深加工基地。

辽西北经济区：加强基础设施建设，实施以小流域综合治理为重点的生态脱贫战略。实行科教技术扶贫，以优惠政策吸引境内外资金和技术，加快建设专用汽车制造、新能源电器、换热设备、液压件制造、板材家具、皮革加工六大产业集群，打造新型能源、煤炭和煤化工、高端冶金产品三大新型产业基地，提高区域经济总体实力。

（3）优化主导产业布局，构筑高效的主导产业空间体系

A. 机械制造业产业

充分发挥机械制造业的产业集聚作用，以沈阳机床、沈阳鼓风机、特变电工沈阳变压器等企业为龙头，依托沈西工业走廊，辐射辽宁中部城市群，加快发展以机床、石化通用

设备、冶金矿山重型设备、输变电和发电设备等产品为代表的沈阳装备制造业产业集群。其他各市依据自身优势发展各具特色的装备类产品和配套产品，实现生产要素的合理配置，形成辽河流域（辽宁省）装备制造业布局优化、协调发展的格局。

B. 石化产业

重点发展原油加工、乙烯、合成材料和有机原料，并向集约化、大型化、基地化方向发展。做强抚顺、两锦（锦州、盘锦）三大炼油基地和辽阳化纤、盘锦石化生产基地，以抚顺石化、辽阳石化为核心，推进"中国北方石化城"的建设。

C. 冶金产业

加强冶金产业的支柱地位，进一步优化冶金产业布局，将产业发展重点向滨海转移，使辽河流域上中游河道保有较大的水量和较好的水质。推进冶金产业的循环经济产业链构建，形成以鞍钢、本钢为主体，普、特钢协调发展，原、辅材料基本配套自给的工业体系。

D. 农副食品加工产业

发挥区域比较优势和特色优势，沿着沈大、沈山—沈四、丹大 3 条主要高速公路干线兴建各具特色的绿色高效农业产业集群，形成南、东、西、北各具特色的农产品生产加工基地。

E. 生物医药产业

以沈阳三生制药、东药集团等企业为骨干，培育以沈阳为中心的生物医药产业基地，建立生物医药产业集群。

辽河流域（辽宁省）主导产业布局优化图见图 6-20。

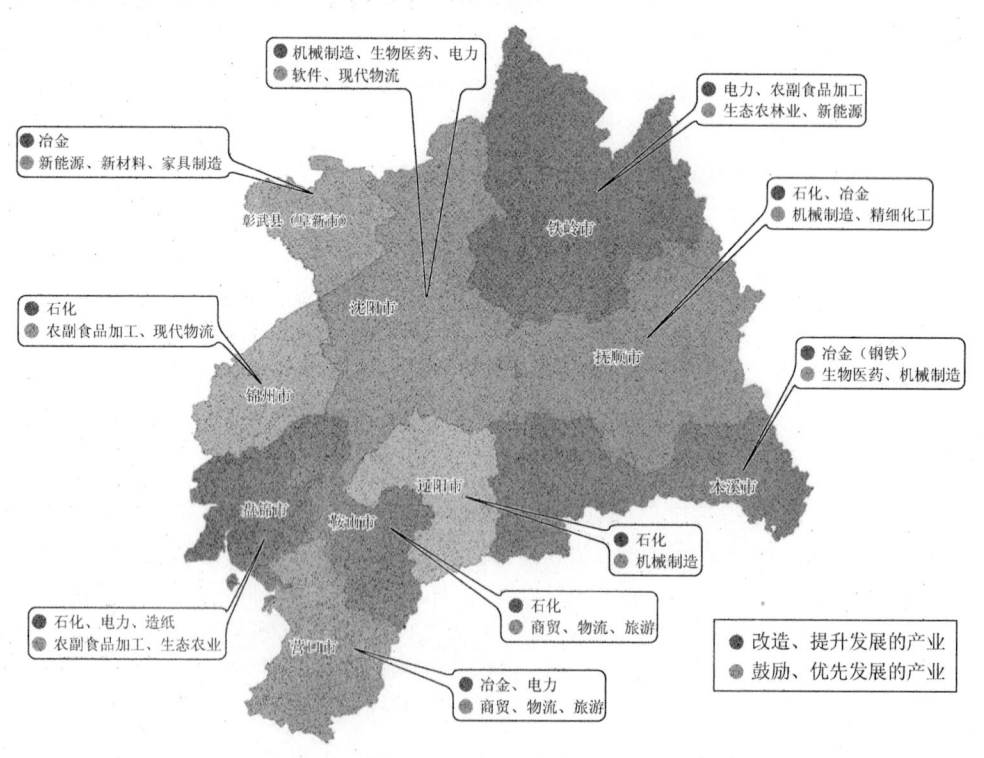

图 6-20 辽河流域（辽宁省）主导产业布局优化图

（4）强化区域产业准入，提升区域产业生态化水平

加强产业环境准入管理，建立产业退出机制，限制发展高投入、高消耗、高污染、低产出的产业项目，促进商贸、物流、旅游等接续产业的发展。例如，引导太子河水系鞍山市石化、造纸等水资源消耗、污染物排放密集型行业的逐步退出。

发展循环经济，延伸主导产业链，促进水资源的循环利用。加强对水污染、大气污染物排放密集型行业的清洁生产审核，采用高新技术改造、提升传统工艺，降低污染物排放。重点采用高新技术和先进适用技术改造浑河和太子河水系鞍山、抚顺和本溪的冶金、石化行业；努力巩固大辽河水系营口市现有资源型产业生产能力，延伸产业链条，发展循环经济，走资源精深加工之路。

三、产业结构调整战略

（一）产业结构现状分析

1. 总体概况

辽河流域（辽宁省）覆盖沈阳、铁岭、抚顺、本溪、鞍山、辽阳、盘锦、营口、朝阳、阜新、锦州和葫芦岛12个主要地市。由图6-21可以看出，2005年辽河流域（辽宁省）国内生产总值为5987.6亿元，2012年达19 425.2亿元，是2005年的3.2倍。

从产业结构角度分析，辽河流域（辽宁省）的三产比例从2005年的9.5∶47.3∶38.4逐步演化为2012年的8.6∶53.9∶37.5。可以看出，第二产业占比明显增大，表明在此期间，辽河流域（辽宁省）的工业发展较为迅速。

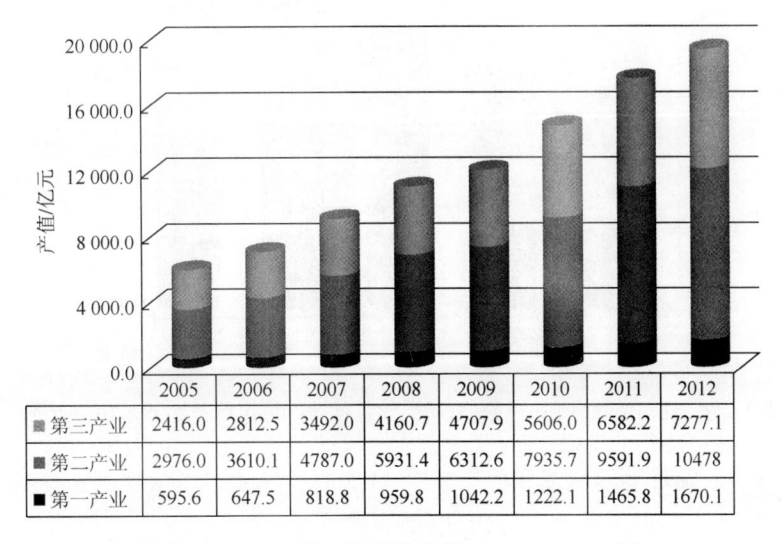

	2005	2006	2007	2008	2009	2010	2011	2012
第三产业	2416.0	2812.5	3492.0	4160.7	4707.9	5606.0	6582.2	7277.1
第二产业	2976.0	3610.1	4787.0	5931.4	6312.5	7935.7	9591.9	10478
第一产业	595.6	647.5	818.8	959.8	1042.2	1222.1	1465.8	1670.1

图6-21 辽河流域三次产业产值（2005～2012年）

2. 第一产业内部结构分析

第一产业包括农业、林业、牧业、渔业，辽河流域（辽宁省）2008～2012年第一产业产值及各行业产值逐年增长。从各行业产值比例来看（表6-8），牧业和农业是具有绝对优势的产业，其中，近年来牧业产值占比均最大，渔业和林业占比较低，林业占比最低。

从内部产业结构来看（图6-22），2008～2012年，牧业产值比例从45.03%增加到46.57%，总体保持平稳；农业产值比例则从42.58%降低到41.37%，期间经历了先下降再上升的过程；渔业产值所占比例从9.06%下降到8.07%，呈逐年下降趋势；林业产值比例从3.32%上升到3.99%，总体呈上升趋势。

表6-8 辽河流域（辽宁省）第一产业各行业产值比例（2008～2012年）

年份	农业 产值/亿元	农业 占比/%	林业 产值/亿元	林业 占比/%	牧业 产值/亿元	牧业 占比/%	渔业 产值/亿元	渔业 占比/%
2008	770.34	42.58	60.12	3.32	814.67	45.03	163.97	9.06
2009	774.96	39.05	82.42	4.15	945.43	47.64	181.78	9.16
2010	951.05	40.96	84.87	3.66	1084.16	46.69	201.94	8.70
2011	1137.16	40.90	105.41	3.79	1312.29	47.19	225.73	8.12
2012	1319.13	41.37	127.25	3.99	1484.74	46.57	257.34	8.07

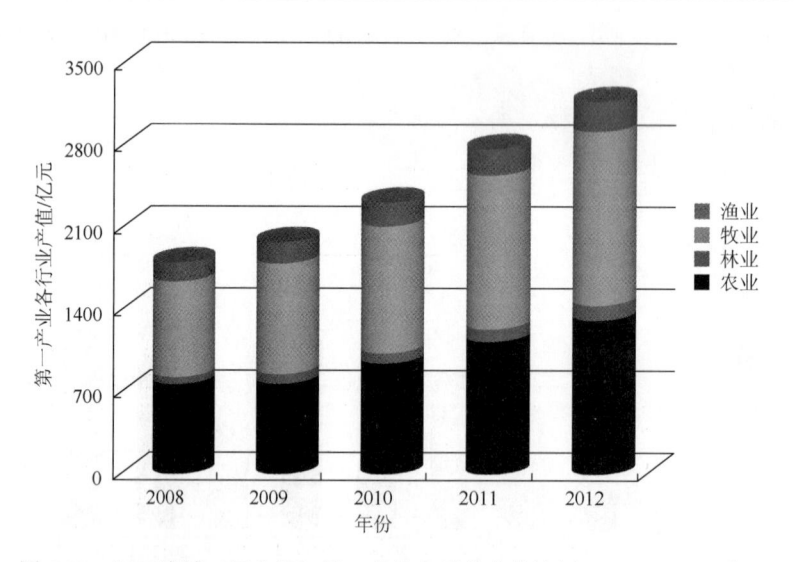

图6-22 辽河流域（辽宁省）第一产业各行业产值比例（2008～2012年）

3. 第二产业内部结构分析

在工业化的发展过程中，第二产业的增长对整个经济增长起着重要的支撑作用。2008～2012年，辽宁省工业各行业产值排名前10的行业基本稳定，分别为通用设备制造业，非金属矿物制品业，农副食品加工业，黑色金属冶炼和压延加工业，汽车制造业，石油加工、炼焦和核燃料加工业，化学原料和化学制品制造业，专用设备制造业，电气机械和器材制造业，黑色金属矿采选业。这10个行业分属机械、冶金、建材、石化和食品五大类。从各行业产值占比来看（表6-9），机械和冶金行业占比大致呈下降趋势，石化行业有上升的趋势，食品和建材行业则呈增长态势。

表6-9 辽宁省第二产业内部各行业产值比例（2008~2012年）

序号	行业	2008年比例/%	2009年比例/%	2010年比例/%	2011年比例/%	2012年比例/%
1	通用设备制造业（机械）	9.08	9.06	10.23	8.39	8.81
2	非金属矿物制品业（建材）	5.87	6.11	6.53	6.95	8.52
3	农副食品加工业（食品）	5.60	6.63	6.20	6.31	8.00
4	黑色金属冶炼和压延加工业（冶金）	13.49	9.71	10.34	9.69	7.91
5	汽车制造业（机械）	8.49	7.44	7.92	5.48	6.77
6	石油加工、炼焦和核燃料加工业（石化）	6.28	12.37	10.05	7.37	6.69
7	化学原料和化学制品制造业（石化）	3.72	4.24	5.04	4.98	5.46
8	专用设备制造业（机械）	4.71	4.96	4.44	4.11	4.63
9	电气机械和器材制造业（机械）	4.17	4.47	4.74	6.92	4.52
10	黑色金属矿采选业（冶金）	3.58	3.01	3.42	4.84	3.83

注：采用辽宁省全省数据对第二产业的产业结构进行分析

4. 第三产业内部结构分析

在第三产业在国民经济中的作用越来越重要的同时，第三产业内部结构也发生着变化。辽宁省2008~2012年第三产业各行业产值占比如表6-10和图6-23所示，其中其他服务业占比例最大，且近年来呈下降趋势；批发和零售业占比次之，占比也呈下降趋势；交通运输、仓储和邮政业排名第3，占比呈下降趋势；房地产、金融、住宿和餐饮3个行业产值比例较低，但近年来均呈增长态势。

表6-10 辽宁省第三产业内部各行业产值比例（2008~2012年）

行业	2008年		2009年		2010年	
	产值/亿元	占比/%	产值/亿元	占比/%	产值/亿元	占比/%
交通运输、仓储和邮政业	734.13	14.10	790.56	13.42	926.81	13.53
批发和零售业	1257.5	24.15	1410.33	23.94	1651.66	24.11
住宿和餐饮业	275.86	5.30	318.8	5.41	369.61	5.4
金融业	455.07	8.74	560.2	9.51	639.27	9.33
房地产业	500.81	9.62	605.27	10.27	733.37	10.71
其他服务业	1984.35	38.1	2206.09	37.45	2528.65	36.92

续表

行业	2011年 产值/亿元	占比/%	2012年 产值/亿元	占比/%	—	—
交通运输、仓储和邮政业	1143.17	14.01	1297.18	13.71		
批发和零售业	1960.33	24.03	2191.19	23.16		
住宿和餐饮业	436.13	5.35	487.49	5.15		
金融业	755.57	9.26	969.37	10.25		
房地产业	876.12	10.74	1050.03	11.1		
其他服务业	2987.66	36.62	3464.86	36.63		

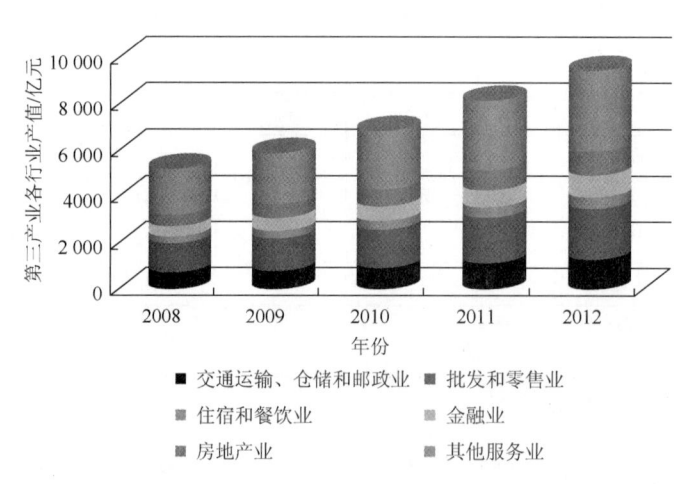

图 6-23 辽宁省第三产业各行业产值比例（2008～2012年）

注：采用辽宁省全省数据对第三产业的产业结构进行分析

（二）资源环境效应分析

1. 排污强度横向对比

根据《2012年各省、自治区、直辖市主要污染物总量减排考核结果》，结合各省统计公报的 GDP 数据，计算得出了各地污染物排放强度。在此，用辽宁全省的数值作为辽河流域（辽宁省）的参考指标来进行比较分析。

（1）COD 排放强度

2012 年，辽宁省 COD 排放强度为 5.80kg/万元，居于全国中游水平，是全国平均 COD 排放强度（4.60kg/万元）的 1.26 倍，是排放强度最低的北京市的 5.09 倍（图 6-24）。

（2）氨氮排放强度

2012 年，辽宁省氨氮排放强度为 0.48kg/万元，属于全国较好水平，与全国平均氨氮排放强度（0.48kg/万元）相同，是排放强度最低的北京市的 3.69 倍（图 6-25）。

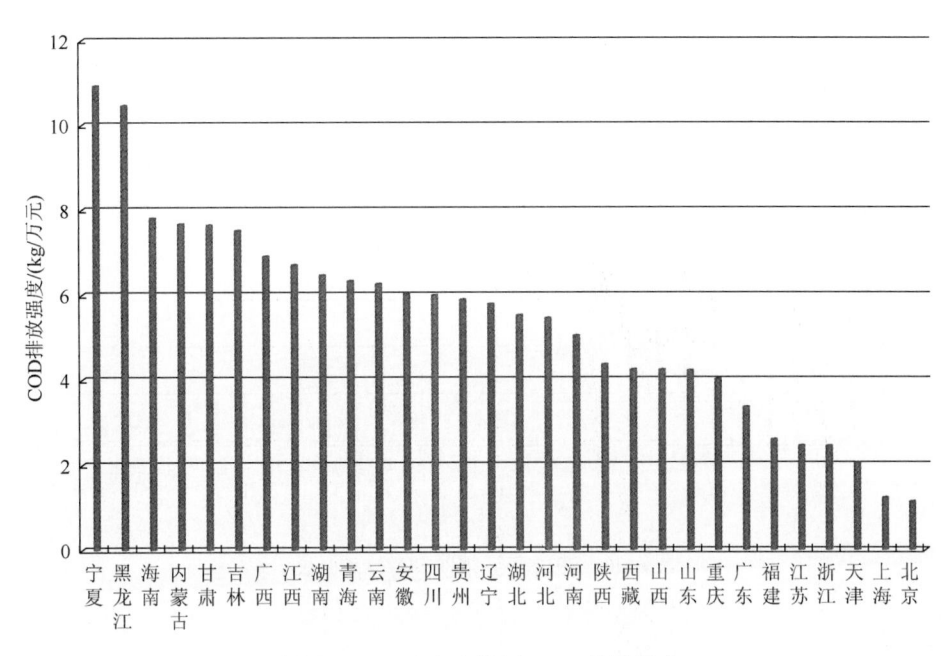

图 6-24　2012 年各地区 COD 排放强度

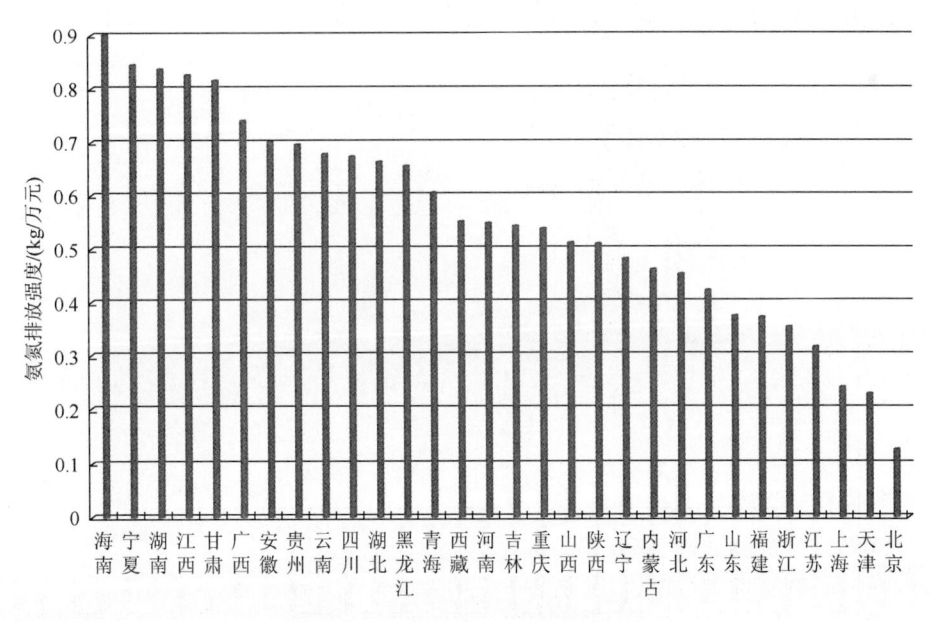

图 6-25　2012 年各地区氨氮排放强度

（3）SO_2 排放强度

2012 年，辽宁省 SO_2 排放强度为 4.70kg/万元，居于全国中游水平，是全国平均 SO_2 排放强度（4.02kg/万元）的 1.17 倍，是排放强度最低的北京市的 8.25 倍（图 6-26）。

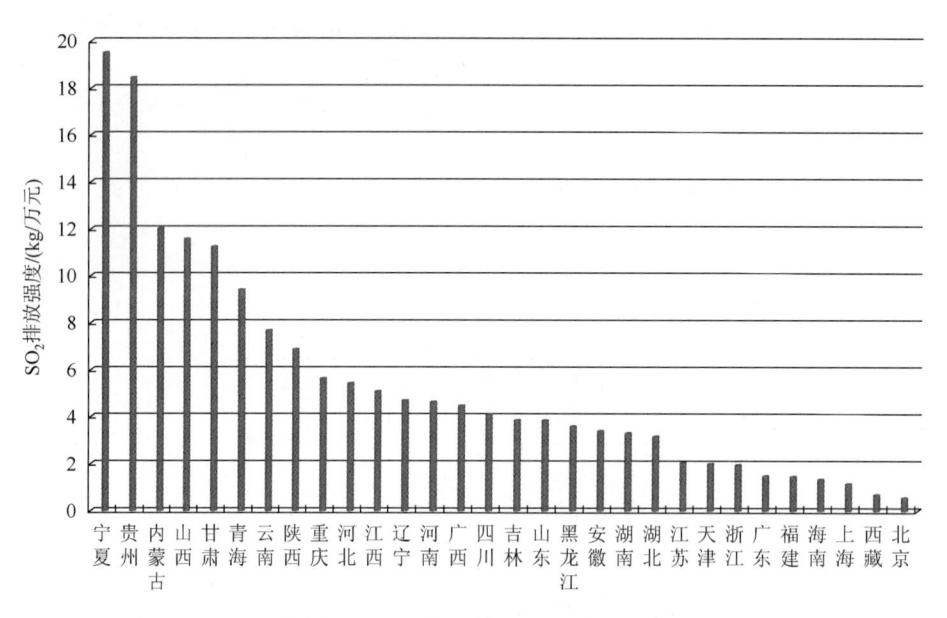

图 6-26 2012 年各地区 SO_2 排放强度

(4) NO_x 排放强度

2012 年，辽宁省 NO_x 排放强度为 4.60kg/万元，居于全国中游水平，是全国平均 NO_x 排放强度（4.44kg/万元）的 1.04 倍，是排放强度最低的北京的 4.26 倍（图 6-27）。

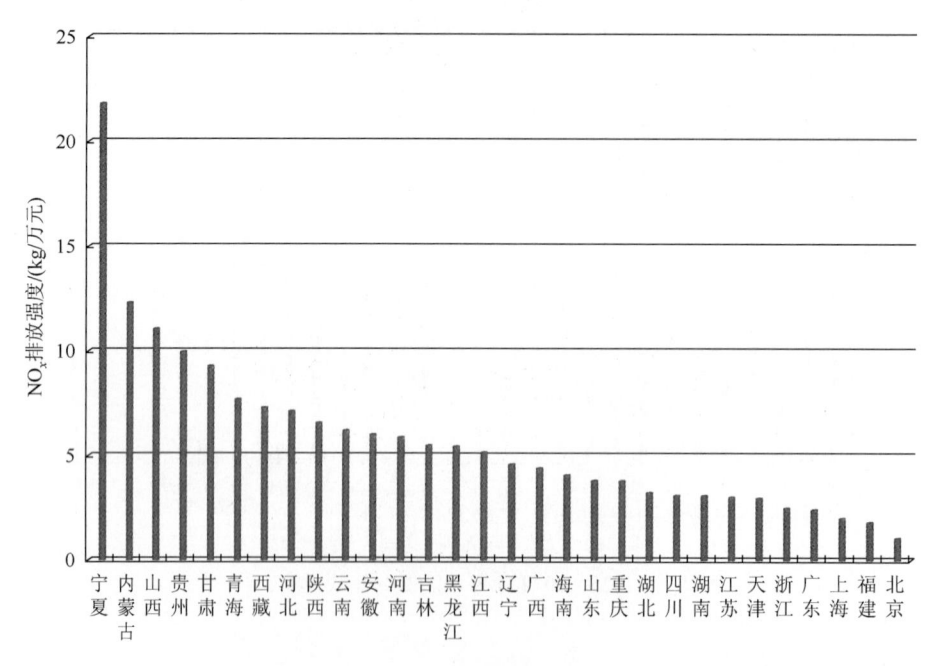

图 6-27 2012 年各地区 NO_x 排放强度

对比分析可得，目前辽河流域（辽宁省）的污染物排放强度基本处于全国中游水平，且略高于全国平均值。但仍然低于全国排放强度较低的地区，差距为 3～9 倍。因此，辽宁省在降低污染物排放强度方面还有很大潜力，急需采取调整产业结构、推进生态工业、实施清洁生产和排污权交易等有力措施，加快降低污染物排放强度。

2. 重污染行业识别

（1）用水及水污染物

结合辽河流域（辽宁省）各工业行业环境统计数据，根据辽河流域（辽宁省）各工业行业废水 COD、氨氮排放量及占全部工业行业产生总量的比例，识别出辽河流域（辽宁省）的重点水污染行业（图 6-28～图 6-30）。

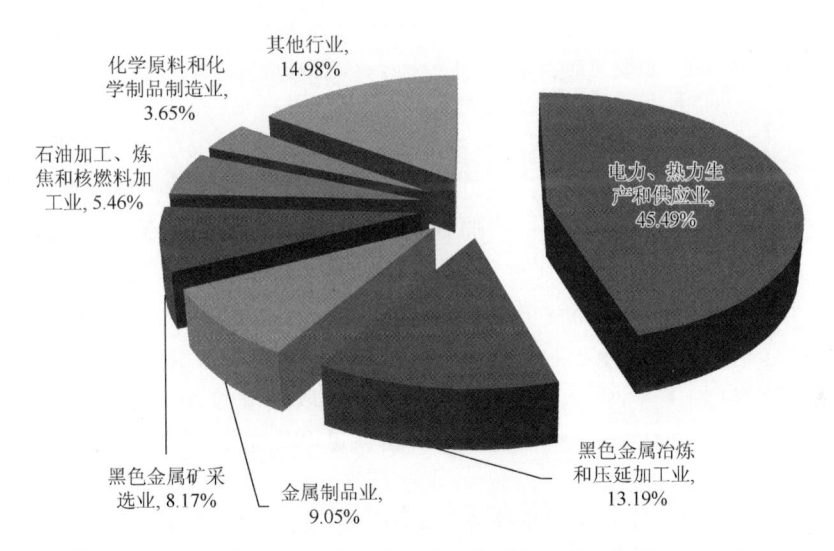

图 6-28　辽河流域（辽宁省）主要工业行业取水量占比图（2012 年）

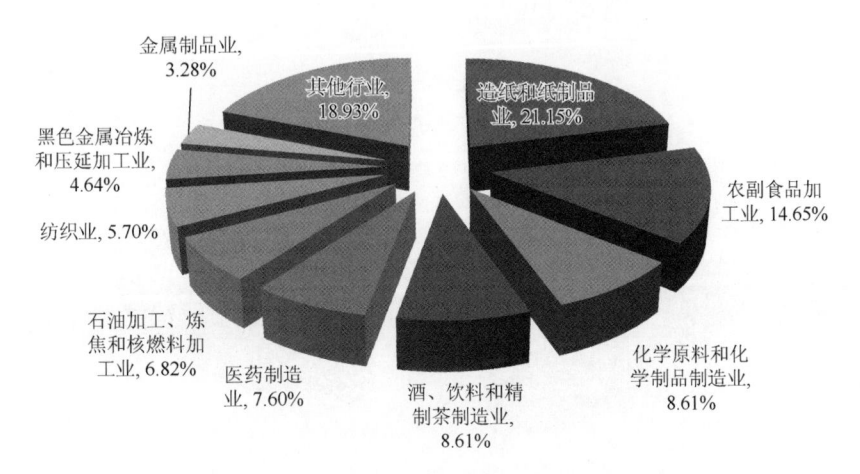

图 6-29　辽河流域（辽宁省）主要工业行业 COD 排放量占比图（2012 年）

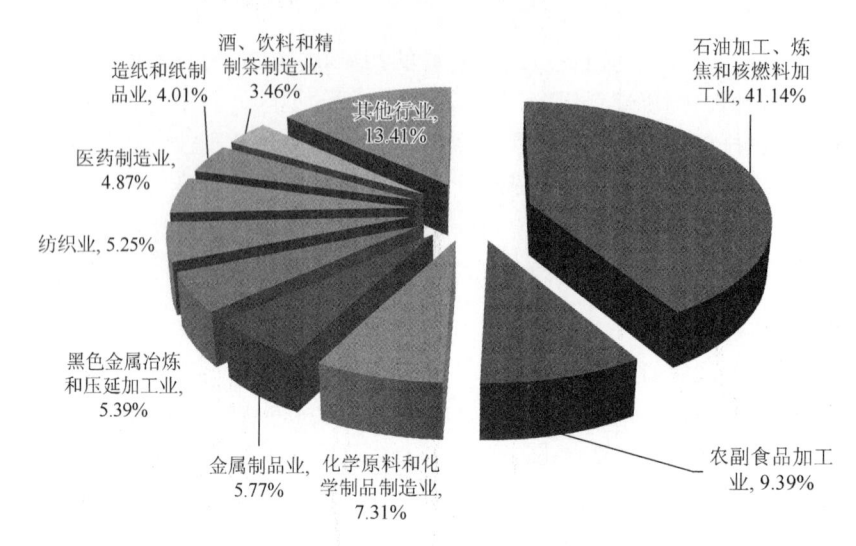

图 6-30 辽河流域（辽宁省）主要工业行业氨氮排放量占比图（2012 年）

2012 年，造纸和纸制品业，农副食品加工业，化学原料和化学制品制造业，酒、饮料和精制茶制造业，医药制造业，石油加工、炼焦和核燃料加工业，纺织业，黑色金属冶炼和压延加工业，金属制品业九大行业的工业产值占流域工业总产值的 65.24%，COD 和氨氮排放量分别占流域总量的 81.07%和 86.59%。

其中，电力、热力生产和供应业（45.49%），以及黑色金属冶炼和压延加工业（13.19%）的新鲜用水量远高于其他行业，两者占工业新鲜用水总量的 58.68%。造纸和纸制品业及农副食品加工业的 COD 排放量最大，分别占 COD 排放总量的 21.15%和 14.65%。石油加工、炼焦和核燃料加工业的氨氮排放量较大，占氨氮产生总量的 41.14%。

（2）大气污染物

结合辽河流域（辽宁省）各工业行业环境统计数据，根据辽河流域（辽宁省）各工业行业 SO_2、NO_x 和烟粉尘排放量及占全部工业行业产生总量的比例，识别出辽河流域的重点大气污染行业（图 6-31～图 6-33）。

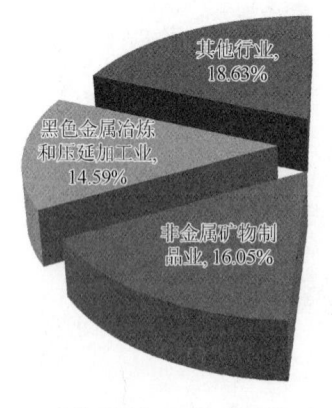

图 6-31 辽河流域（辽宁省）主要工业行业 SO_2 排放量占比图（2012 年）

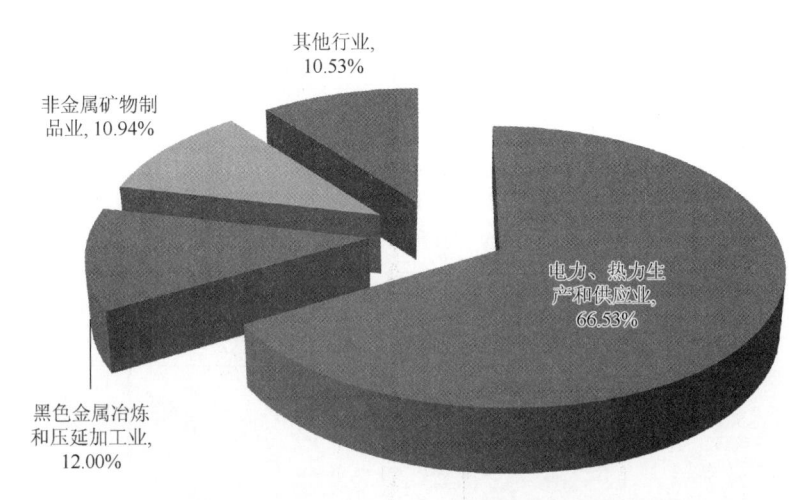

图 6-32　辽河流域（辽宁省）主要工业行业 NO$_x$ 排放量占比图（2012 年）

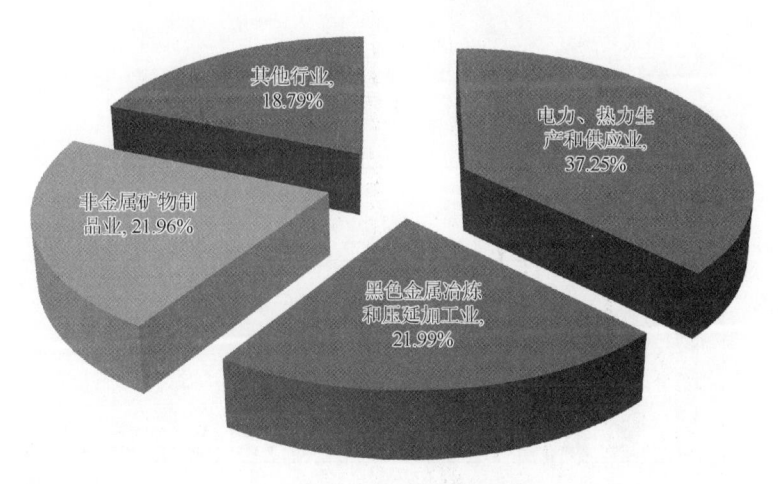

图 6-33　辽河流域（辽宁省）主要工业行业烟粉尘排放量占比图（2012 年）

2012 年，电力、热力生产和供应业，黑色金属冶炼和压延加工业，非金属矿物制品业三大行业的工业产值占流域工业总产值的 32.72%，SO$_2$、NO$_x$ 和烟粉尘排放量分别占流域总量的 81.37%、89.47%和 81.21%。其中，电力、热力生产和供应业的 SO$_2$ 和 NO$_x$ 排放量均超过了全行业的 50%。

3. 行业资源消耗及污染排放强度分析

（1）重点行业用水及主要水污染物强度分析

结合辽河流域（辽宁省）各工业行业环境统计数据，根据辽河流域（辽宁省）各工业行业废水 COD、氨氮排放量及辽河流域（辽宁省）的工业增加值，分析辽河流域（辽宁省）重点水污染行业的用水及水污染物排放强度（图 6-34～图 6-36）。

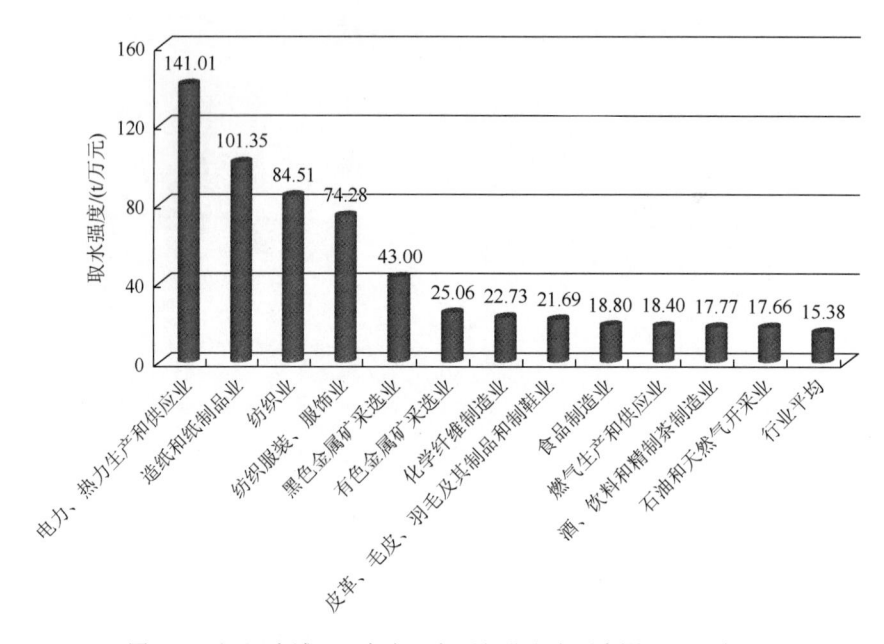

图 6-34　辽河流域（辽宁省）主要行业取水强度图（2012 年）

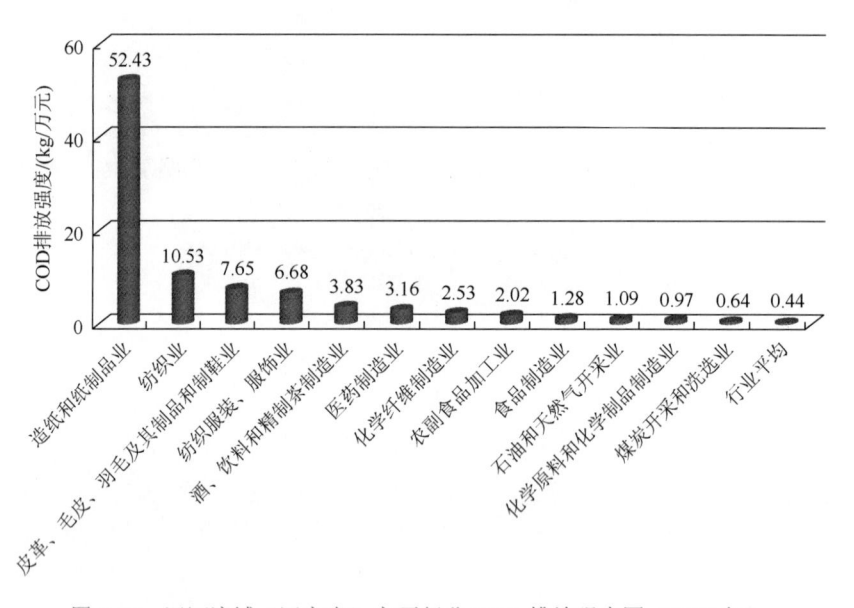

图 6-35　辽河流域（辽宁省）主要行业 COD 排放强度图（2012 年）

2012 年，造纸和纸制品业，纺织业，皮革、毛皮、羽毛及其制品和制鞋业，纺织服装、服饰业，酒、饮料和精制茶制造业，医药制造业，化学纤维制造业，农副食品加工业，食品制造业是主要用水与水污染物排放行业。从排放强度分析，电力、热力生产和供应业，造纸和纸制品业，纺织业，纺织服装、服饰业和黑色金属矿采选业的取水强度远高于其他行业，造纸和纸制品业及纺织业的 COD、氨氮排放强度较大。

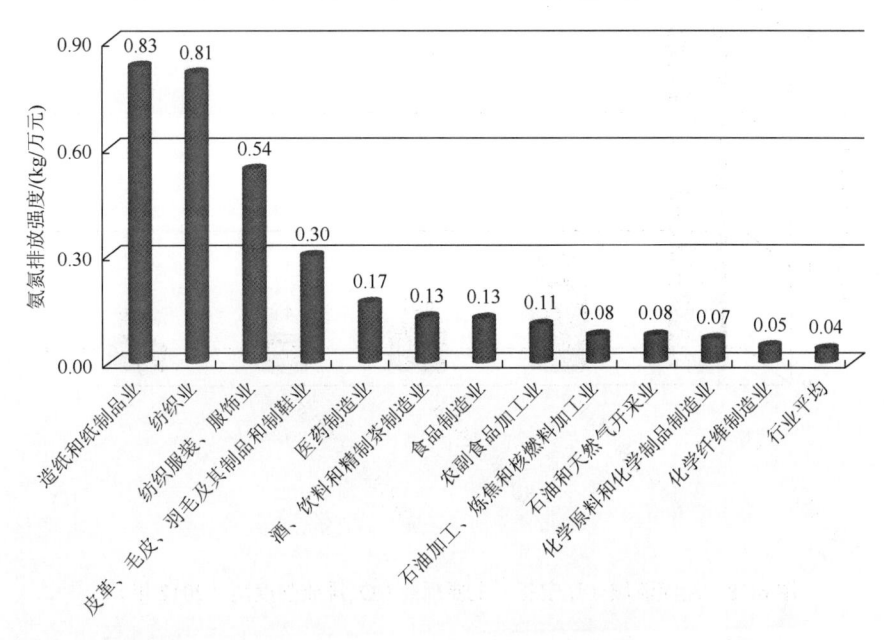

第六章 辽河流域清洁生产与循环经济发展战略

图 6-36 辽河流域(辽宁省)主要行业氨氮排放强度图(2012 年)

(2) 主要行业大气污染物排放强度分析

结合辽河流域(辽宁省)各工业行业环境统计数据,根据辽河流域(辽宁省)各工业行业 SO_2、NO_x 和烟粉尘排放量及辽河流域(辽宁省)的工业增加值,分析辽河流域(辽宁省)的重点大气污染物排放行业的大气污染物排放强度(图 6-37～图 6-39)。

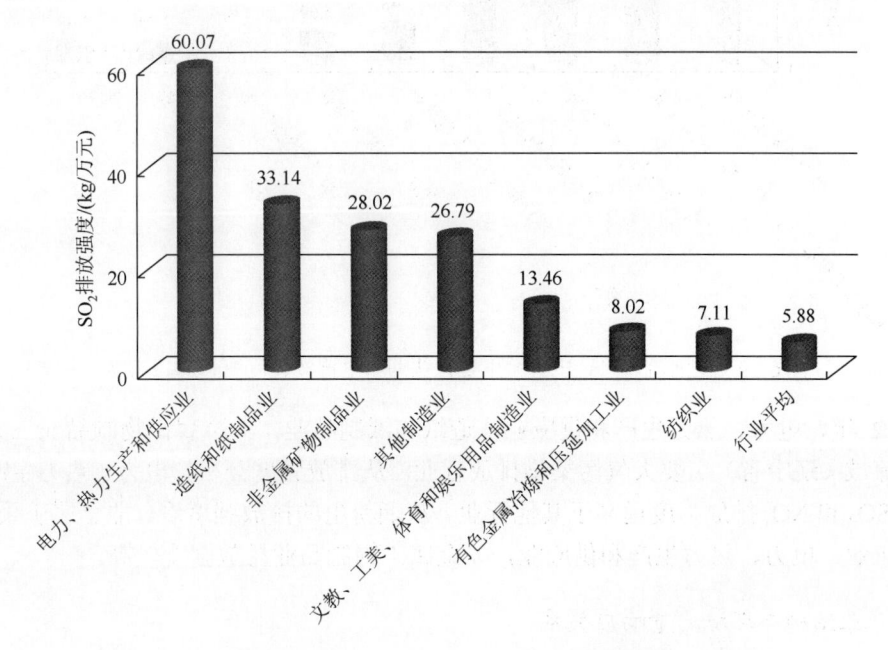

图 6-37 辽河流域(辽宁省)主要行业 SO_2 排放强度图(2012 年)

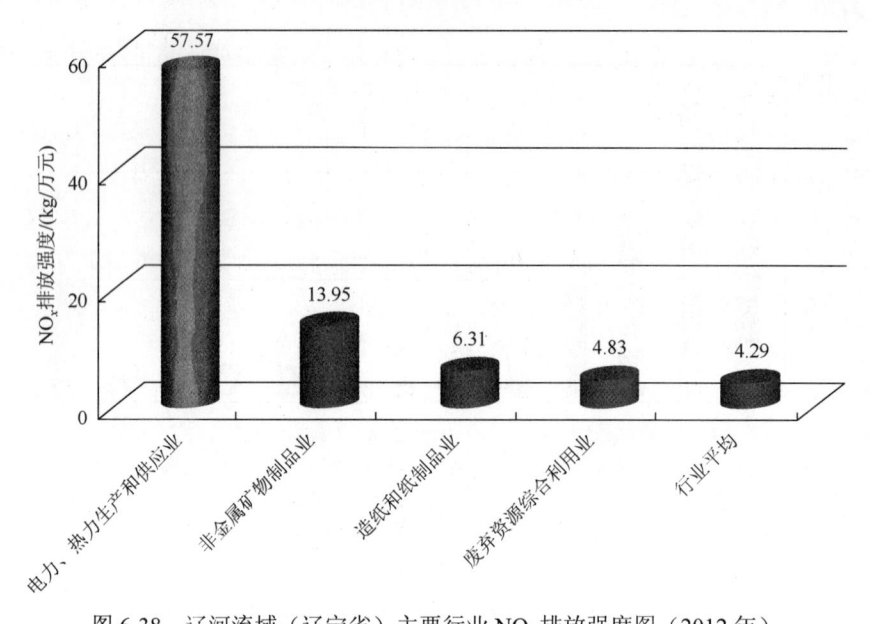

图 6-38　辽河流域（辽宁省）主要行业 NO$_x$ 排放强度图（2012 年）

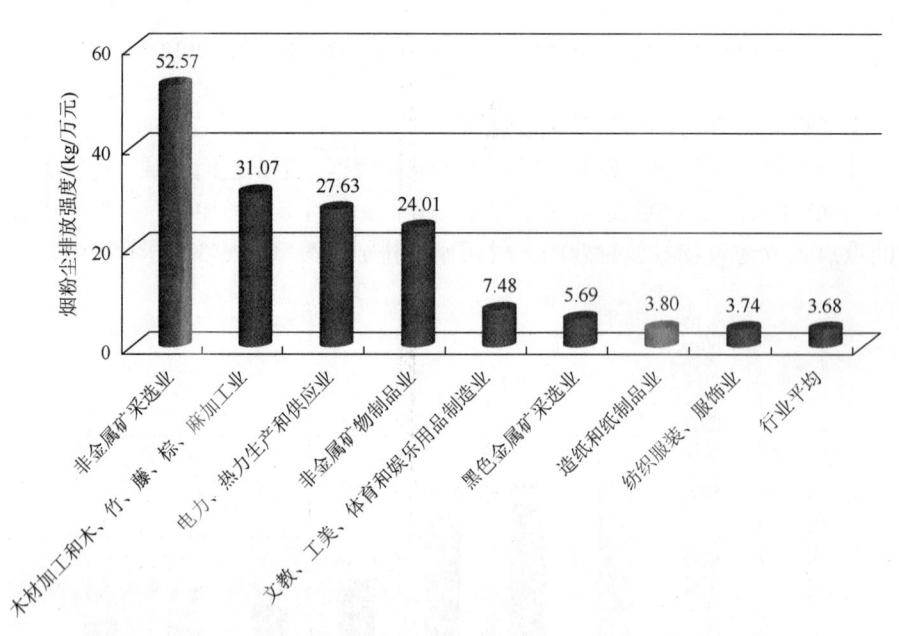

图 6-39　辽河流域（辽宁省）主要行业烟粉尘排放强度图（2012 年）

2012 年，电力、热力生产和供应业，造纸和纸制品业，非金属矿物制品业三大行业是辽河流域（辽宁省）主要大气污染物排放行业。从排放强度分析，电力、热力生产和供应业的 SO$_2$ 和 NO$_x$ 排放强度远高于其他行业。从烟粉尘的排放强度看，非金属矿采选业，木材加工业，电力、热力生产和供应业，非金属矿物制品业排放强度较高。

4. 产业结构与环境质量响应关系

由图 6-40 可以看出，2005~2012 年，辽河流域（辽宁省）的三产比例从 2005 年的

9.5∶47.3∶38.4 逐步演化为 2012 年的 8.6∶53.9∶37.5，第二产业占比明显增大，表明在此期间，辽河流域（辽宁省）的工业发展较为迅速。

由图 6-41 可以看出，在此期间，辽河流域（辽宁省）的河流断面水质中，Ⅰ～Ⅲ类水体和Ⅳ～Ⅴ类水体占比呈上升趋势（从 2005 年均为 30%提高到 2012 年的 43.60%和 41.9%），劣Ⅴ类水体占比呈下降趋势（从 2005 年均为 40%，变化为 2012 年的 14.50%），说明辽河流域（辽宁省）的水体质量正在逐年变好（Dong et al.，2013）。

因而，虽然近年来辽河流域（辽宁省）工业发展迅猛，但通过产业结构调整、发展循环经济、执行总量减排和完善基础设施等一系列措施，使辽河流域（辽宁省）在大力发展工业的同时，污染物排放总量下降，水体质量得以提高。

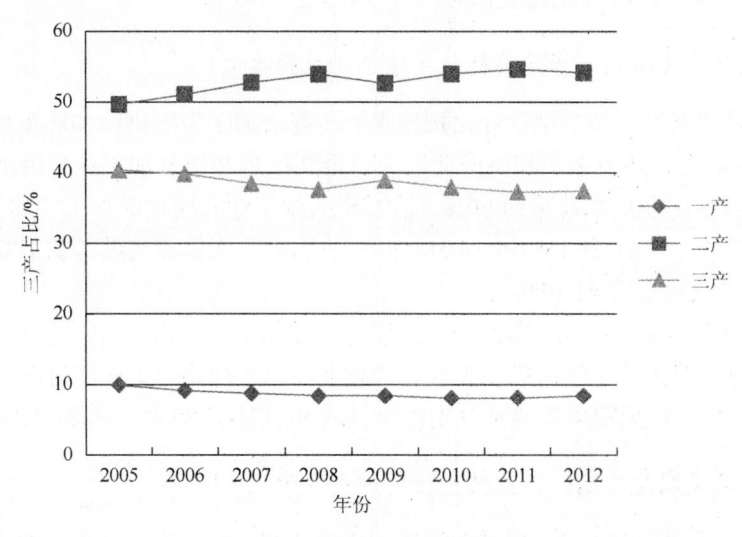

图 6-40　2005～2012 年辽河流域（辽宁省）三次产业占比变化图

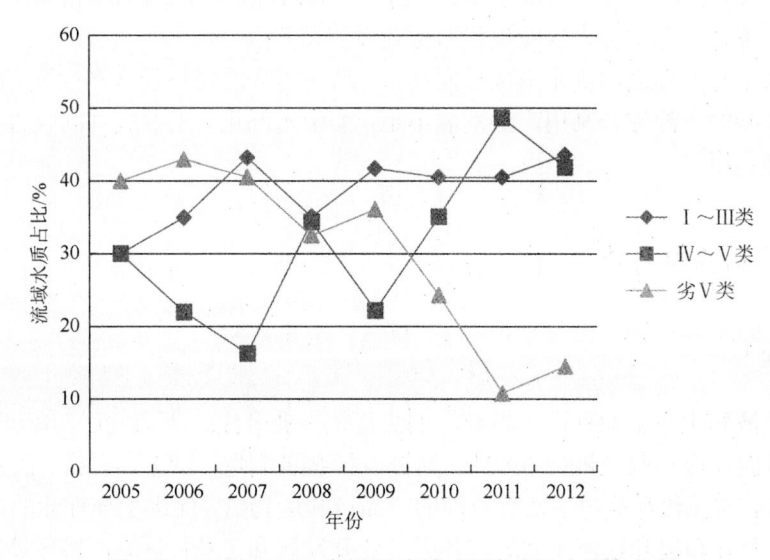

图 6-41　2005～2012 年辽河流域（辽宁省）水质变化图

(三)产业结构存在问题

1. 第二产业比例偏大,三次产业内部结构不尽合理

辽河流域产业结构基本上呈现"大二产""中三产""小一产"格局。2012 年,辽河流域(辽宁省)第一产业中农牧业产值占比达 87.94%;第二产业中主要工业行业集中在装备制造、冶金、石化、煤炭等重工业行业,其产品与国际先进水平存在较大差距,产品竞争力不强;第三产业规模小、层次低,交通运输和仓储服务等传统服务业占比较大,而科技与咨询等生产性服务业发展相对滞后(Wang,2014)。

2. 重污染行业比例高,资源消耗与污染物排放强度大

工业行业中"两高一资"型行业比例过大,显著增加了资源供给和环境保护压力(赵军等,2011)。电力、热力生产和供应业,黑色金属冶炼和压延加工业是用水量最大的行业,其用水量约占工业用水总量的 60%。造纸和纸制品业农副食品加工业的 COD 排放量分别占 COD 排放总量的 21.15%和 14.65%;石油加工、炼焦和核燃料加工业氨氮排放量较大,占氨氮排放总量的 41.14%。

电力、热力生产和供应业,黑色金属冶炼和压延加工业,非金属矿物制品业三大行业为辽河流域(辽宁省)的大气污染物主要排放行业,三大行业的工业产值占工业总产值的 32.72%,SO_2、NO_x 和烟粉尘排放量分别占总量的 81.37%、89.47%和 81.21%。

3. 主导产业关联度不高,产业链有待延伸和优化

农业产业组织化程度不高,农业内源发展动力不足:一是农业龙头企业少,辐射带动能力弱;二是农业循环经济产业链条短、层次低,高附加值产品和名牌精品少;三是农业产业化社会服务体系不完善,农业现代服务业发展滞后。

工业行业主导产业之间尚未形成横向耦合、纵向闭合的循环经济产业链。以工业废物资源再生为核心的资源综合利用产业发展不足,如中水回用、工业废气回收再利用、工业固体废物综合利用等。

(四)产业结构调整对策

1. 战略目标

以循环经济和生态工业理论为指导,加快传统产业升级,大力发展新能源、新材料、信息产业、节能环保产业、新医药产业,充分发挥装备制造、冶金、石化、医药等行业的带动作用,拓展和优化行业内部及行业间的产品链和废物链,促进主导行业的产品升级和生态化发展。整合和提升辽河流域现有各类工业开发区和工业园区,严格环境准入,努力形成集群化、生态化、高效化的绿色产业结构体系。

2. 总体策略

（1）以发展新兴产业带动传统产业升级

充分发挥辽河流域的产业、资源和人才技术优势，大力培育和发展新能源、新材料、信息产业、节能环保产业、新医药产业等新兴产业，带动装备制造、冶金、石化、医药等传统优势产业的升级，构建具有区域特色的现代化产业系统。

（2）以产业技术创新推动产业生态转型

加强技术创新能力建设，大力提高原始创新、集成创新和引进消化吸收再创新能力，围绕重点产品和产业、资源开发和节约、环境保护和重大高新技术进行科技攻关，努力掌握核心技术和关键技术，形成一批拥有自主知识产权的产品，打造若干具有国际竞争力的产业，以科技进步驱动产业发展。

（3）以发展循环经济促进产业结构优化

以循环经济理念为指导，充分挖掘和发挥大型企业对中小企业的带动和辐射作用，加快中小企业向小而专、小而精方向发展，逐步形成以大型企业为核心、以中小企业为配套的多层次、复合型循环经济产业链，不同产业之间及其与自然生态系统之间实现生态耦合和资源共享，推动传统产业系统向生产过程无害化、资源利用高效化、废物排放减量化的生态转型。

3. 战略对策

（1）调整农业产业结构，加快农业现代化进程

1）把握农业科研和技术方向，加快农业的科技化进程，提升农产品质量和农业经济效益。通过充分学习发达国家的先进技术，借鉴科学的管理经验，切实结合自身状况，因地制宜，找到推进农业科技化进程的创新路径。

2）延伸农业产业化链条。农业产业化是实现产业升级的重要途径，突出体现在农业加工链条中。辽河流域应根据比较优势，建设特色农产品生产和加工基地，培育效益好、带动力强的龙头产业。

3）提高现有农民的科学文化水平，是推进农业科技化和现代化的重要因素。政府应该加大对农村的科普宣传力度和教育投入，通过多种渠道使农民了解科学的农业技术知识，并将先进技术应用于生产中。

4）加快农业可再生资源的综合利用。积极推进农村畜禽粪便的综合利用，通过沼气和有机肥料的综合利用，实现污染物的减量化和再利用。

5）推进农村循环经济模式，包括：①农—牧—沼生产模式；②鸡—猪—沼—菜（渔）模式；③秸秆—奶牛—沼气—林果模式；④"一池三改"模式；⑤"上粮下渔"型模式。

（2）调整工业产业结构，走新型工业化道路

充分发挥辽河流域石化、冶金、装备制造和农副产品加工行业的辐射带动作用，加快发展生物制药、新能源、新材料行业，拓展和优化行业内部及行业间的产品链和废物链，促进主导行业的产品升级和生态化发展。

运用高新技术改造和提升流域传统产业，振兴壮大装备制造业，促进工业由大变强，

把提升辽河流域装备制造业作为经济发展方式转变的一个支撑点。紧紧抓住世界制造业加速转移和国家推进重大装备国产化的有利时机，努力提高信息化水平，继续优化装备制造业布局。此外，以辽河流域工业生产的集中区为重点区域，依托废水、废弃物、工业副产品、余能余热等资源，加强不同产业间横向和纵向的联系，促进资源的循环利用，发展循环经济。

加快培育战略性新兴产业，形成规模化、高端化、集群化、集约化、生态化的新型工业发展格局。在生物制药行业，通过搭建生物技术研发和服务平台，营造良好的产业发展环境，引进和培育一批拥有核心知识产权的生物制药企业，构建完善的产业链，加快生物与医药制造业的发展。在新能源行业，依托现有新能源企业并进一步引进新兴企业，大力发展以新能源装备为主的新能源产业，重点发展风力发电装备和零部件，以及动力电池、储能电池等。在新材料行业，利用现有新材料产业基础，整合高性能均质合金国家工程研究中心、沈阳材料科学国家实验室、中国科学院金属研究所、东北大学等材料研发院校机构的技术力量，加快新材料产品的开发和成果转化，逐步建设具有自主知识产权和创新能力的新材料产业基地，重点发展高温合金材料、轻质镁合金材料、钛合金材料、纳米材料、冶金辅助材料、高强永磁材料等新型材料。

(3) 大力发展现代服务业，加快产业结构升级

抓住当前产业结构转型升级和服务业快速发展的重要机遇，推动现代服务业的快速发展，特别是生产性服务业，从而加快产业结构升级。通过扩大用于设计产业的投资、促进第三方物流业的发展等手段推进生产性服务业的发展，为装备制造业提供有力保障，为降低农副产品流通成本提供条件。

优化发展消费性服务业，创新性地发展特色服务业，并利用先进的高新技术装备提高服务标准，加快餐饮、旅游、商业等传统服务业向特色服务业转变。

(4) 强化园区管理和环境准入

推进园区循环化改造。从空间布局优化、产业结构调整、企业清洁生产、公共基础设施建设、环境保护、组织管理创新等方面，推进现有各类园区进行循环化改造。重点建设省级以上工业园区（开发区），进一步建设好国家级和省级工业园区（开发区），推进生态工业园区建设，规划建设重大的区域性产业集聚区。推进市镇工业园区转型升级，进一步明确园区的产业定位，着力构建转型升级的产业平台，引导辽河流域市镇工业园区向专业化、特色化、精品化、生态化方向发展，实现从量的扩张向质的提升转变，推进二三产业融合互动。以市镇工业园区为主要载体，规划建设一批生产性服务业集聚区，引导传统的工业园区发展为生态工业园区。

加快推进园区整合和提升。按照建设工业发展大平台的要求，制订实施工业园区整合提升方案，拓展发展空间，优化资源配置，全面提升开发建设水平。在不改变"四至范围"的前提下，以省级以上经济开发区（工业园区）为主要依托，将地理相邻、产业相近、基础设施可配套的市镇工业园区进行整合，发展一批组合区。突破行政区划的制约，建立跨区域、跨园区的协调管理机构和联合开发模式。省级经济开发区（工业园区）作为整合提升的主体，要在授权组合范围内合理布局空间、重新整合要素、优化配置资源、集聚发展产业，扩大辐射能量。对所组合的市镇工业园区实行统一规划、统一建设、统一招商、统

一管理,实行一体化发展。探索建立跨行政区域的绩效考核与财税分配制度,形成统一规划布局、协同开发建设、经济利益共享的新机制。

加强产业环境准入指引。按照规划所定产业导向和功能定位,把好企业准入关。将产业层次、投入强度、产出效率等作为衡量标准,引导产业链前后的企业入园,严格限制高污染、高能耗和低产出、低效率的企业和项目进入。建立产业退出机制,引导太子河水系鞍山市石化、造纸等水资源消耗、污染物排放密集型行业逐步退出。

建立园区生态管理公告和企业环境行为公告计划,加强园区环境管理信息平台和环境基础设施建设,促进园区物流、能流、信息流的集成和基础设施共享,推进园区的生态化发展。

四、清洁生产发展战略

(一)清洁生产现状分析

1. 总体状况

辽河流域是我国较为发达的工业集聚区和都市密集区,目前已经形成了以石化、冶金、电力、装备制造业为核心的产业集群。2012 年,辽河流域(辽宁省)12 个地市共有工业企业 4952 个,工业总产值 13 413 亿元,新鲜用水总量 206 292 万 t,化学需氧量产生总量 352 117t,氨氮产生总量 42 609t。2008 年和 2012 年辽河流域(辽宁省)的工业产值、新鲜用水量及用水强度、水污染物产生量及产生强度见表 6-11。

表 6-11 2008 年、2012 年辽河流域(辽宁省)工业新鲜用水量和水污染物产生情况

年度	工业总产值/万元	新鲜用水		化学需氧量		氨氮	
		用水量/万 t	用水强度/(t/万元)	产生量/t	产生强度/(kg/万元)	产生量/t	产生强度/(kg/万元)
2008	90 734 906	98 874	10.90	382 585	4.22	19 452	0.21
2012	134 126 804	206 292	15.38	352 117	2.63	42 609	0.32

与 2008 年相比,2012 年辽河流域(辽宁省)工业总产值增加了 4339 亿元,增长了 47.82%,年均增长率为 10.26%。

新鲜用水量增加 107 418 万 t,增长了 108.64%;每万元工业产值取水量增加 4.48t,增长了 41.10%。

氨氮产生总量和强度也呈现出上升趋势,产生量比 2008 年增加 23 157t,增长了 119.05%,产生强度由 2008 年的 0.21kg/万元增加到 2012 年的 0.32kg/万元,增长了 52.38%。

化学需氧量的产生明显下降,2012 年工业化学需氧量产生量比 2008 年减少了 30 468t,下降了 7.96%,产生强度由 2008 年的 4.22kg/万元减少至 2012 年的 2.63kg/万元,下降率

达 37.68%。

总体上，辽河流域辽宁省的某些污染物得到了一定程度削减，但是资源消耗和其他污染物的产生不降反升。因而，未来辽河流域仍需以清洁生产为抓手，尤其需要加大重点行业的清洁生产推进力度，加快降低污染物尤其是氨氮排放量和资源消耗量。

2. 重点行业识别

（1）识别方法

本节从辽河流域污染物产生特征分析入手，基于产污大小和产污强度识别流域清洁生产潜力的重点行业，对其清洁生产现状进行分析。具体方法如图 6-42 所示。

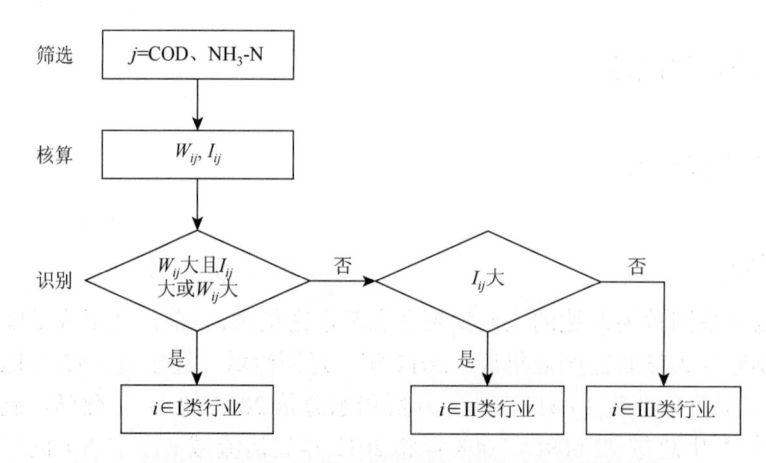

图 6-42 辽河流域清洁生产潜力重点行业诊断流程

A. 筛选关键污染物指标

依据流域相关的污染控制规划和行业的污染状况，选择具体的污染物指标，包括污染物减排约束性指标和行业特征污染物指标。本节选取辽河流域水环境的行业污染物指标为化学需氧量和氨氮。

B. 核算污染物产生量和产污强度

分析行业污染物产生环节、清洁生产水平等，同时根据识别的关键污染物，核算行业 i 污染物 j 的产污量 W_{ij}；分析行业 i 的经济结构、企业分布、企业规模等，核算行业 i 的工业产值 E_i，计算行业 i 产生污染物 j 的产污强度 $I_{ij}=W_{ij}/E_i$。

C. 识别清洁生产潜力重点行业

根据计算出的产污量和产污强度，选择两者数值都偏大的行业或者只有产污量较大的行业作为 I 类行业，这类行业是流域污染产生的主要工业源，也是流域清洁生产潜力的重点污染行业，因此，要重点分析评估其清洁生产现状和潜力，将不符合 I 类标准的但是产污强度较大的行业作为 II 类行业。将不符合 I、II 类标准的行业作为 III 类行业。

本节的主要数据来源为 2012 年辽宁省环境统计数据，包括辽宁省分地区、分工业企业的统计汇总数据。辽河流域辽宁省的数据范围同前，包含沈阳、朝阳、阜新、铁岭、抚顺、本溪、鞍山、辽阳、营口、盘锦、锦州和葫芦岛 12 个地市。参照数据来源为 2009年"国家水体污染控制与治理科技重大专项"（2009ZX07208-002）的研究成果。

（2）识别结果

基于 2012 年辽河流域（辽宁省）各工业行业环境统计数据，按照流域清洁生产潜力重点行业诊断流程，根据辽河流域各工业行业废水 COD、氨氮产生量及其占全部工业行业产生总量的比例，以及 COD、氨氮产污强度，将流域内 40 种工业行业划分为三类行业。

A. I 类重点行业

2012 年辽河流域（辽宁省）各重点行业经济产出和污染产生情况如图 6-43 所示。石油加工、炼焦和核燃料加工业，化学原料和化学制品制造业，黑色金属冶炼和压延加工业，造纸和纸制品业，农副食品加工业，酒、饮料和精制茶制造业以及纺织业七大行业的工业产值占流域工业总产值的 52.11%，新鲜用水量占流域工业新鲜用水总量的 28.10%，而COD 和氨氮产生量则分别占到了流域总量的 77.28%和 94.93%，因而，此七大类行业属于辽河流域（辽宁省）的 I 类重点污染行业。

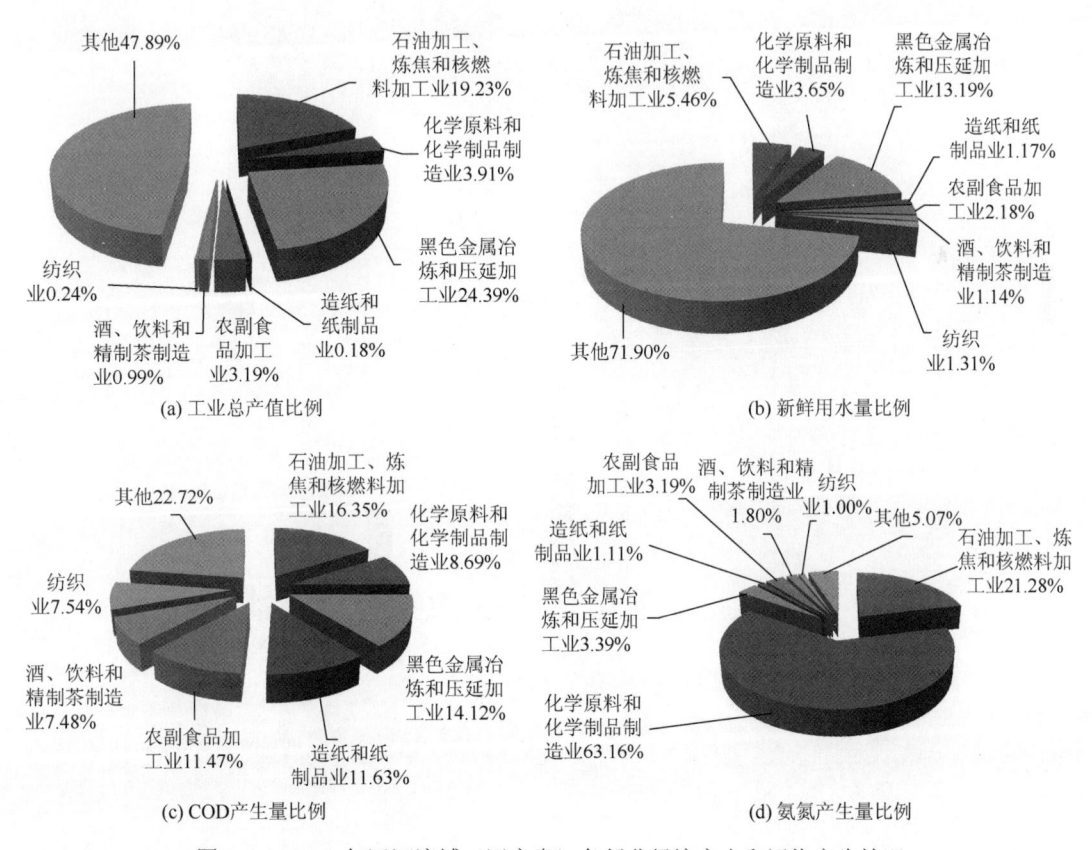

图 6-43　2012 年辽河流域（辽宁省）各行业经济产出和污染产生情况

B. II 类次重点行业

2012 年辽河流域（辽宁省）7 个 I 类重点行业和 3 个 II 类次重点行业的产污强度如

图 6-44 所示。造纸和纸制品业，纺织业，纺织服装、服饰业的新鲜用水强度和 COD 产生强度较大，远高于其他行业；化学原料和化学制品制造业的氨氮产生强度最大，远远高于其他行业，同时，造纸和纸制品业，纺织业，化学纤维制造业，纺织服装、服饰业，以及皮革、毛皮、羽毛及其制品和制鞋业也有较大的氨氮产生强度。因而，辽河流域 II 类清洁生产潜力次重点污染行业有 3 个，分别是纺织服装、服饰业，皮革、皮毛、羽毛及其制品和制鞋业，以及化学纤维制造业。

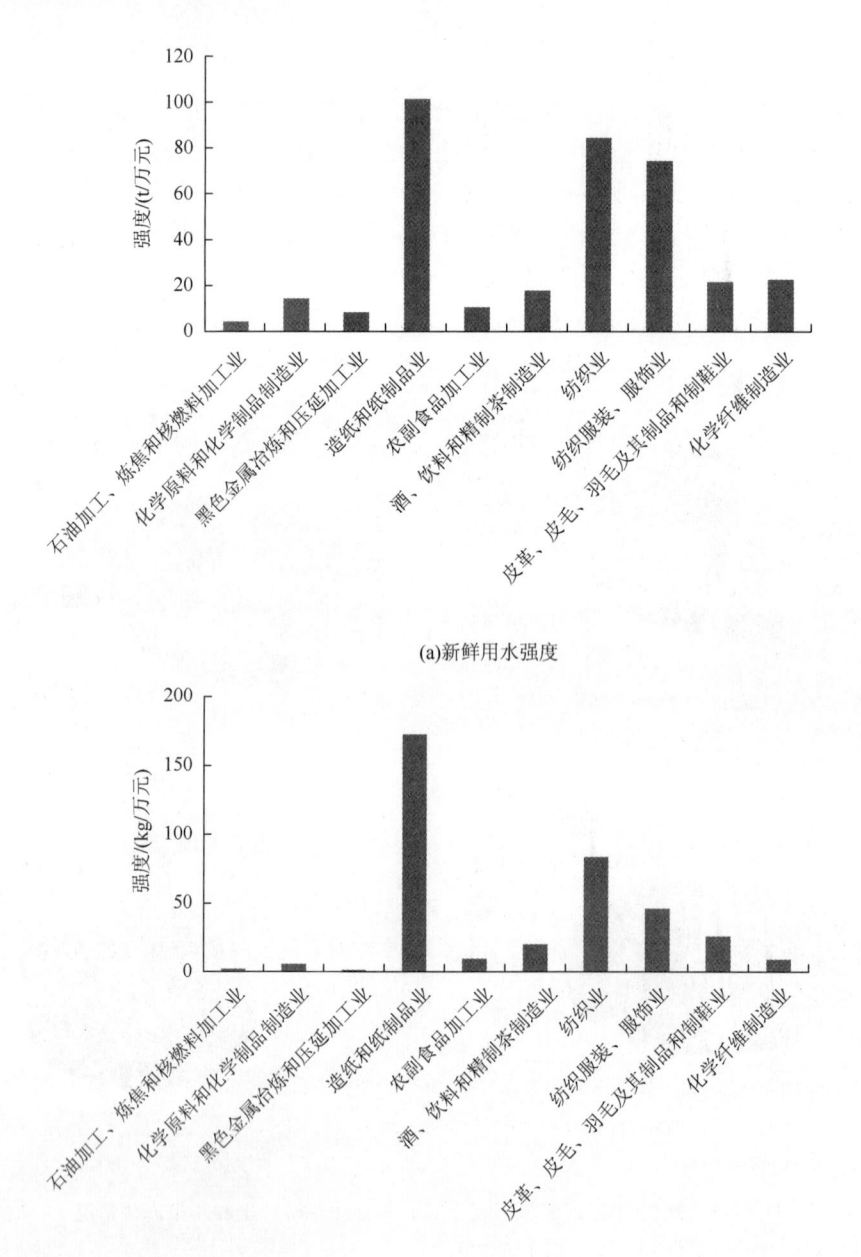

(a) 新鲜用水强度

(b) COD 产生强度

(c) 氨氮产生强度

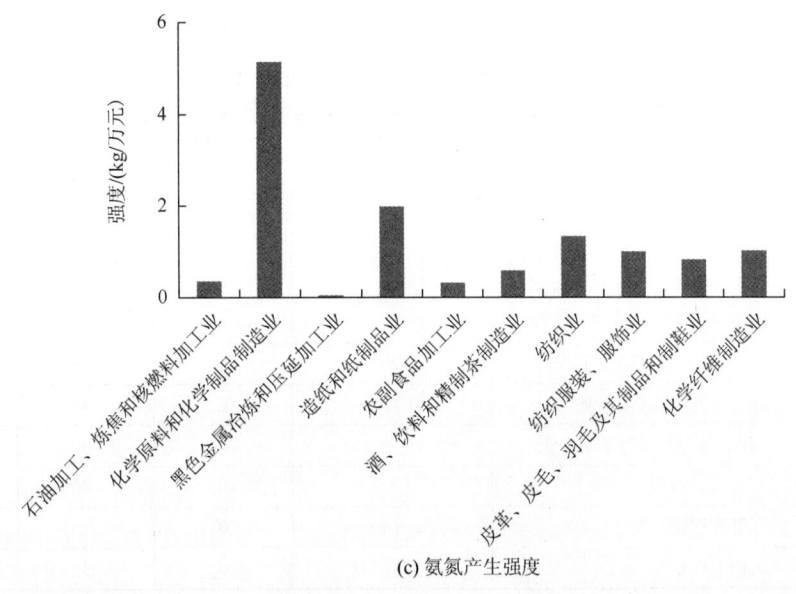

图 6-44 2012 年辽河流域（辽宁省）各重点行业产污强度比较

C. Ⅲ类非重点行业

除识别出的Ⅰ类和Ⅱ类行业，其余 30 个工业行业为Ⅲ类非重点行业。

（二）清洁生产潜力评估

1. 评估方法

（1）评估模型

本节所定义的清洁生产潜力，是指通过采用清洁生产技术，导致产污强度降低，使得污染物产生量下降，此时污染物产生量的削减量即为清洁生产的污染物产生量削减潜力，简称清洁生产潜力（韩明霞等，2010；孙启宏等，2010；Fijal，2007）。从基准年到目标年，工业行业清洁生产的污染物产生削减能力用模型表示为

$$\sum P_i = \sum E_{0i} \cdot (1+X)^n \cdot (I_{0i} - I_{Ti}) \quad (6\text{-}2)$$

式中，P_i 为目标年第 i 个工业行业污染物产生量削减潜力；E_{0i} 为第 i 个工业行业基准年的工业产值；X 为第 i 个工业行业产值的年均增长率；n 为目标年与基准年的年度差；I_{0i} 为第 i 个工业行业基准年的产污强度；I_{Ti} 为第 i 个工业行业目标年的产污强度。

（2）情景方案设计

本节从工业行业污染物产生总量的角度进行情景设置，评估不同情景的清洁生产潜力（谢明辉等，2011；Devesa et al.，2009；Duinker and Greig，2007）。对于产污强度的削减，通过综合比较流域内各工业行业清洁生产现有水平和提升空间，设计不同工业行业产污强度的降低幅度，产污强度高、提升空间大、清洁水平低及近年来不升反降的重点污染行业降低幅度大。而对于流域内各工业行业的产值增长率，则考虑近年的发展趋势和今后的发展要求，参照行业"十二五"发展规划，假定预期的行业产值增长率。

设置基准年为 2012 年，目标年为 2020 年。2020 年辽河流域工业行业清洁生产的具

体情景设计指标见表 6-12。

表 6-12 2020 年辽河流域工业行业清洁生产情景设计

行业		产值年均增长率/%	目标年产污强度增长率/%		
			基准情景	低方案情景	高方案情景
Ⅰ类行业	石油加工、炼焦和核燃料加工业	13	0	−50	−70
	化学原料和化学制品制造业	13	0	−50	−70
	黑色金属冶炼和压延加工业	6	0	−45	−65
	造纸和纸制品业	5	0	−45	−65
	农副食品加工业	12	0	−45	−65
	酒、饮料和精制茶制造业	9	0	−40	−60
	纺织业	8	0	−40	−60
Ⅱ类行业		10	0	−40	−60
Ⅲ类行业		12	0	−30	−50

我国已经发布了一些重污染行业的清洁生产标准，对以上重点行业的清洁生产标准的三级水平进行初步分析发现，产污强度指标三级到二级水平至少有 20%以上的削减空间，三级到一级的降低空间更大（韩明霞等，2010）。因此，保守估算在全国水平的产污强度降低 20%以上是可以实现的，而辽河流域产污强度普遍高于全国平均水平，降低空间更大。结合之前对重点行业清洁生产水平现状的分析，假定辽河流域各工业行业产污强度的三种情景，即基准情景下 2020 年各工业行业的产污强度与 2012 年持平，低方案情景下 2020 年比 2012 年降低 30%~50%，高方案情景下 2020 年比 2012 年降低 50%~70%。

根据重点行业在辽河流域近年的发展趋势和今后的发展要求，参照辽宁省"十二五"规划和重点行业"十二五"发展规划，假定重点行业产值增长率为 5%~13%，全部工业产值年增长率为 10.94%。

2. 潜力评估

根据 2012 年和表 6-12 中设计的经济增长和各工业行业产污强度的三种情景，估算 2020 年辽河流域重点工业行业和其他工业行业的 COD、氨氮产生量。2020 年辽河流域（辽宁省）主要工业行业污染物的产生量和削减潜力见表 6-13 和表 6-14。

表 6-13 2020 年辽河流域（辽宁省）工业行业 COD 产生量和削减潜力

行业类别		基准情景		低方案		高方案	
		产生量/t	减少量/t	产生量/t	减少量/t	产生量/t	减少量/t
Ⅰ类行业	石油加工、炼焦和核燃料加工业	153 012	−95 455	76 506	−18 949	45 904	11 653
	化学原料和化学制品制造业	81 368	−50 761	40 684	−10 077	24 410	6 197
	黑色金属冶炼和压延加工业	79 236	−29 522	43 580	6 134	27 732	21 981
	造纸和纸制品业	60 514	−19 556	33 283	7 676	21 180	19 778

续表

行业类别		基准情景		低方案		高方案	
		产生量/t	减少量/t	产生量/t	减少量/t	产生量/t	减少量/t
Ⅰ类行业	农副食品加工业	100 007	−59 616	55 004	−14 613	35 003	5 389
	酒、饮料和精制茶制造业	52 474	−26 139	31 484	−5 149	20 989	5 345
	纺织业	49 126	−22 585	29 476	−2 934	19 650	6 891
Ⅱ类行业	纺织服装、服饰业	6 179	−3 296	3 707	−825	2 471	411
	皮革、皮毛、羽毛及其制品和制鞋业	708	−378	425	−95	283	47
	化学纤维制造业	2 918	−1 557	1 751	−389	1 167	194
Ⅲ类行业		186 786	−111 346	130 750	−55 310	93 393	−17 953
合计		772 327	−420 210	446 649	−94 532	292 184	59 933

注：产生量即 2020 年的污染物产生量，减少量即 2020 年相对于 2012 年的污染物减少量

表 6-14　2020 年辽河流域（辽宁省）工业行业氨氮产生量和削减潜力

行业类别		基准情景		低方案		高方案	
		产生量/t	减少量/t	产生量/t	减少量/t	产生量/t	减少量/t
Ⅰ类行业	石油加工、炼焦和核燃料加工业	24 109	−15 040	12 054	−2 986	7 233	1 836
	化学原料和化学制品制造业	71 540	−44 630	35 770	−8 860	21 462	5 448
	黑色金属冶炼和压延加工业	2 305	−859	1 268	178	807	640
	造纸和纸制品业	697	−225	383	88	244	228
	农副食品加工业	3 364	−2 005	1 850	−491	1 177	181
	酒、饮料和精制茶制造业	1 525	−760	915	−150	610	155
	纺织业	788	−362	473	−47	315	111
Ⅱ类行业	纺织服装、服饰业	135	−72	81	−18	54	9
	皮革、皮毛、羽毛及其制品和制鞋业	22	−12	13	−3	9	1
	化学纤维制造业	321	−171	193	−43	129	21
Ⅲ类行业		4 798	−2 860	3 359	−1 421	2 399	−461
合计		109 606	−66 997	56 360	−13 751	34 439	8 170

注：产生量即 2020 年的污染物产生量，减少量即 2020 年相对于 2012 年的污染物减少量

到 2020 年，在经济总量保持平稳较快增长的条件下，若不推进清洁生产，辽河流域（辽宁省）工业行业预计 COD 产生量为 772 327t，比 2012 年多 420 120t，增长率为 119.28%；预计氨氮产生量为 109 606t，比 2012 年多 66 997t，增长率为 157.24%。若采用清洁生产低方案，预计 COD 产生量为 446 649t，比 2012 年多 94 532t，增长率为 26.85%；预计氨氮产生量为 56 360t，比 2012 年多 13 751t，增长率为 32.27%。若采用清洁生产高方案，

预计COD产生量为292 184t，比2012年降低59 933t，减少率为17.02%；预计氨氮产生量为34 439t，比2012年降低8170t，减少率为19.17%。

针对行业而言，在造纸和纸制品业、黑色金属冶炼和压延加工业实施清洁生产，削减COD的潜力最大。在化学原料和化学制品制造业，石油加工、炼焦和核燃料加工业，削减氨氮的潜力最大。

（三）清洁生产发展目标与任务

1. 战略目标

到2020年，流域资源能源消耗量得到大幅降低，节水节能工作取得较大进展，单位工业增加值水耗、能耗较2012年明显下降；主要行业90%以上企业达到国家清洁生产行业标准二级水平以上，其中，重点行业的重点企业（包括国控源和省控源）清洁生产达到国际领先或先进水平。在重点行业，建设一批清洁生产管理水平、环境效益显著提高的示范企业，推广一批清洁生产先进技术、工艺和成套设备，建立一批清洁生产示范项目，创建一批"零排放"企业。

2. 总体策略

（1）政府引导，市场推进

发挥政府引导作用，逐步形成较为完善的清洁生产政策支持体系和激励约束机制，建立健全具有可操作性的清洁生产法律法规。同时，通过财政、税收、金融等手段，制定实施激励清洁生产发展的市场政策，充分发挥市场力量，形成长效动力。

（2）企业主导，科技驱动

始终把企业作为实施清洁生产的主体，把科技支撑和自主创新作为开展清洁生产的关键。重视企业生产工艺与技术流程设计的科学合理和绿色清洁，淘汰高能耗、高物耗、高污染的落后工艺和技术，提高企业在节能、节水、减污、废物无害化、资源化处理等方面的技术能力。

（3）全面实施，重点突出

在辽河流域辽宁省开展清洁生产，既要全面实施，也要重点突出，既要大力推进，也要分步进行。现阶段主要集中力量对重点行业实施清洁生产，以重点行业为突破点，带动全流域主要行业清洁生产的发展。

3. 战略任务

（1）健全完善清洁生产法规制度

强化辽河流域重点行业企业清洁生产公告制度。各级环保部门应加强对重点企业实施清洁生产有关信息的统计和汇总工作，督促辽河流域重点行业企业依法及时、完整、真实、准确地公布企业污染物产生和排放信息。出台《辽河流域重点行业企业清洁生产公告制度》，定期发布"重点企业清洁生产公告"，向社会公布各地通过清洁生产评估验收的重点企业名单等基本情况。

规范清洁生产审核验收程序。严格执行《清洁生产促进法》(修正案),加强对辽河流域重点企业的清洁生产审核评估与验收。省级环保部门应加强重点企业强制性清洁生产审核评估与验收的监督管理工作,出台《辽河流域重点行业清洁生产审核评估验收技术规范》,规范评估验收程序。建立清洁生产评估验收专家库,利用清洁生产中心、科研、服务机构和社会团体的力量,为清洁生产的审核、咨询等提供有力技术保障。

继续强化强制性清洁生产审核。对辽河流域重点行业中双超双有、污染物排放未达到辽宁省标准,以及取水量和废水产生量未达到清洁生产三级标准的企业,开展强制性清洁生产审核。每年公布实施强制清洁生产企业名单,对拒不实施清洁生产审核或虽经审核但不如实报告审核结果的,按照《清洁生产促进法》(修正案)予以重罚。同时,制定《辽河流域重点行业强制性清洁生产审核计划》,有序推进该项工作。

完善相关环境管理制度。一是清洁生产与排污许可证相结合。将辽河流域重点行业企业清洁生产审核与企业排污许可证发放相挂钩。企业办理排污许可证必须要具有清洁生产审核报告和清洁生产措施,以及清洁生产报告中方案的无、低费方案及中、高费方案实施率,没有实施清洁生产、清洁生产审核报告中无、低费方案没有全部实施,中、高费方案实施率低于 50%的企业不予办理排污许可证。二是清洁生产与限期治理制度相结合。被下达限期治理任务的企业首先要进行清洁生产审核,把清洁生产当做限期治理方案的优先选择;已经开展清洁生产审核且被下达限期治理任务的企业,应检查企业清洁生产审核验收报告和清洁生产审核报告中的无、低费方案和中、高费方案实施率,未实施清洁生产方案的按照限期治理时间,抓紧落实清洁生产方案。

(2)增强企业清洁生产内在动力

在固定资产及技术改造工程项目中优先安排清洁生产示范项目,明确要求各地区必须将排污费总额的 10%用于清洁生产试点和示范工作。以设立清洁生产专项资金的形式,用于支持流域内企业资源综合利用率高、污染物产生量少的清洁生产技术、工艺的推广应用,并且制定《关于辽河流域排污费扶持清洁生产的使用管理制度》。

依据《辽宁省省级环境保护专项资金管理制度》要求,成立辽河流域环保专项资金,建立《辽河流域环境保护专项资金管理制度》,对流域内申请流域环保专项资金的项目,在立项前要开展清洁生产审核,并形成污染治理方案,否则不予批准立项。对于自愿开展清洁生产审核、清洁生产技术改造项目且节水减排效果显著的企业,应充分利用辽河流域环保专项资金,对企业清洁生产审核中需购买的设备和技术改造费用给予全额补贴。

充分利用节能减排专项资金、中小企业发展基金等,支持企业实施清洁生产项目。依照财政部《中央补助地方清洁生产专项资金使用管理办法》的要求,制定《辽河流域省级工业清洁生产专项资金管理暂行办法》和《辽河流域中小企业污染预防特殊计划》,对流域内清洁生产企业和项目采取补助和奖励的方式予以支持。设立清洁生产专项资金,保障资金使用额度,并逐年增加。将企业清洁生产中高费项目优先纳入区域、流域污染治理规划。给予清洁生产先进企业实施中高费方案投资额 50%以上的补贴费用。

加强与银行等金融机构的沟通和衔接。将企业清洁生产中、高费项目列入绿色信贷支持计划,在同等条件下优先发放贷款。将流域内重点行业清洁生产审核实施情况的企业名单定期抄送金融信贷部门,协调相关部门对不按要求落实清洁生产审核任务的企业采取不予上市、贷款等手段，确保监管工作取得实效。对自愿开展清洁生产审核和清洁生产示范的企业，优先考虑将清洁生产审核中、高费项目列入绿色信贷支持计划，并且贷款利率低于资金市场利率，偿还条件也优于市场条件，贷款周期长，初期可不需要偿还，必要时还可给予补贴。对能减轻环境污染的环保设备也可给予贷款，并提供相同的优惠政策。

建立流域排污权交易制度。辽宁省可协调并制定《辽河流域排污权交易实施条例》，开展重点行业的排污企业排污权交易的试点工作。有关部门应加强对交易双方企业的审查、监督和管理，合理确定辽河流域重点行业清洁生产企业节余的污染物排放指标，为推行排污权交易创造一个科学、规范的交易市场。

鼓励自愿清洁生产审核。对自愿组织开展清洁生产审核并通过清洁生产审核验收的企业，由各市环保局初审后提出奖励意见，经市财政局审核后，由省环保厅审批，酌情给予资金鼓励。政府鼓励清洁生产审核的奖励资金在清洁生产专项资金中列支，并且由市财政局负责资金拨付和监督检查，确保资金专款专用。

（3）大力研发推广清洁生产技术

鼓励进行跨学科研究，促进基础研究与应用研究相结合。促进不同地区、产业、部门和科研机构，特别是从事清洁生产研究的科研人员之间的广泛交流与合作。同时，还应注重科研、教学和生产之间的交流与合作，以便使基础研究、应用研究和技术开发融为一体。优先选择在以下领域开展技术研发，包括：清洁生产信息系统、政策和立法研究；绿色市场和清洁产品研究；重点污染行业，如石油、化工、冶金、造纸、纺织等废物循环利用技术和清洁生产技术。

推行清洁生产技术和节能技术。在辽河流域重点行业企业大力推广清洁生产技术和节能技术，支持清洁生产技术和节能技术示范和推广工作，加大以清洁生产为主要内容的技术改造力度。积极发展和培育污染小、消耗低、效益高的产业，积极引导和鼓励企业开发应用先进的清洁生产技术和产品，促进循环经济和环保产业的发展。优先使用《国家重点节能技术推广目录》和《清洁生产技术推广目录》中推广的技术。制定发布流域节水减排清洁生产最佳可行技术指南。

（4）加强清洁生产咨询机构能力建设

建立清洁生产咨询机构优胜劣汰制度。对辽河流域的清洁生产审核咨询机构实行资质管理，建立审核咨询机构年度考核制度，对咨询机构的清洁生产审核报告开展质量审查。出台《辽河流域清洁生产咨询机构警戒制度》，对年度考核分数较低和清洁生产报告书质量较差的咨询机构给予黄牌警告，对咨询机构存在的问题进行通报，并要求咨询机构针对存在的问题进行整改。对连续两年黄牌警告的咨询机构，要强制退出清洁生产审核工作。

（5）加快推进重点行业清洁生产

以重点行业为突破口，加快推进重点行业清洁生产，推动流域产业的转型升级。以下列出辽河流域辽宁省部分重点行业的清洁生产方案供参考。

A. 石化行业

1）采用新技术路线，延伸产业链。通过技术改造增产丙烯，发展丙烯衍生物，增强竞争力。充分利用地方政府支持政策，采取有效措施支持下游加工企业发展壮大，进一步延伸产业链，强化与区域化工产业园的密切合作，实现共同发展。

2）统筹优化资源配置，加快具有战略意义的重大布局。从国家石油安全战略的高度统筹考虑，依据主要消费市场分布特点、各企业生产和布局特点以及原油品质特点，做好总体布局和分类加工，形成相对集中的炼油化工产业群。对于具备条件、基础较好的现有企业，加强技术改造，加快配套完善，做大规模，加快炼油化工一体化发展，成为区域产业发展的中心。对于其他企业，大力发展其特色加工能力，加工特殊原料或生产特色产品，芳烃（包括重芳烃）、碳四等原料都可借此逐步实现集中加工，与区域中心共同形成优势互补的产业带。

3）持续增强炼化自主创新能力。在引进消化吸收再创新的基础上，加快炼油成套技术与乙烯、聚烯烃等重大关键技术和相关装备的国产化进程。以关键催化剂开发为突破口，加快掌握先进技术，快速提升炼化技术经济指标，实现节能降耗。大力加强产品开发，强化产品标准研究，争取更多的产品标准话语权，提升产品市场竞争力。

B. 钢铁行业

1）淘汰落后工艺技术，推进节能减排技术改造。发展高端板带材和高效钢材，发展产品品种，应以热轧板、冷轧板、不锈钢板、镀层板、冷轧硅钢片、宽厚板、高速铁路用钢，以及满足机械、军工、汽车等行业需要的特殊钢材为主。

同时，加快节能减排技术改造，如实施大型烧结机氨法烟气脱硫、烧结环冷机余热发电技术改造、加快 NO_2 和 CO_2 控制技术开发和应用。

2）加强产业集聚和循环利用，促使钢铁工业实现可持续发展。统筹考虑资源利用、发展品质、质量竞争力等多方面因素，综合运用节能技术、清洁生产技术，不断使钢铁制造流程从"间歇—停顿—流程长"向"紧凑化—连续化—流程缩短"的方向发展，促进加强产业集聚。同时发展循环经济，实现废气、废水、固废的"零排放"。

C. 造纸行业

1）加快实现规模化发展。采取兼并重组的方式，按照"上大、压小、提标、进园"的整治思路，支持大型、现代化的造纸企业向工业园区和造纸产业园区集中。

2）进一步优化原料结构，积极发展生态造纸。扩大木浆造纸的比例，以及废纸的回收利用和合理配用，合理使用非木材纤维的多元化原料结构。新建和扩建造纸规模应尽可能采用木浆造纸，在有条件的山区多建设造纸原料基地，探索林浆纸一体化循环发展。积极发展生态造纸，形成以纸养林、以林促纸的产业格局。

3）大力推行清洁生产技术改造。在制浆造纸企业要注重提高黑液提取率、碱回收率和水循环使用率，在再生造纸企业要注重提高水循环使用率。此外，也要建立企业环境监测体系，制定清洁生产管理制度，促进推广清洁生产。同时，有关部门也要及时发布行业最新环保新技术和新工艺，并增加对造纸工业污染防治科研成果转化为生产力的生产试验和示范工程资金投入。

4）发展循环经济，重视废纸回收和废物综合利用。着力加强废纸的回收和分选工作，提高废纸的回收率和利用率，提高废纸在纸和纸板配料中的用量。重视并加强制浆造纸生产工艺中产生的废物综合利用和工艺废水的回用。

D. 啤酒行业

1）加强工艺管理，尽量降低过程损失。根据双乙酰还原情况，尽可能提前降温，促进酵母凝聚,以减少酵母排放次数,从而减少酒损。加强对啤酒理化指标控制,防治 CO_2 含量过高,降低罐酒时冒沫等不利现象的发生。罐酒过程中要控制好巴氏灭菌温度,防止超温引起瓶爆,造成啤酒损失。

2) 做好各车间工序的残留麦汁、残留酒液、酒头酒尾的回收利用工作。主要措施包括:采用热凝固物回收装置,将旋涡沉淀槽底的热凝固物和酒花槽中夹带的麦汁回收,可降低啤酒生产总损失的 1.5%～2.0%;加强酵母泥中酒液回收,可使总损失下降 0.15% 左右;改善麦汁过滤和洗糟效果,尽可能控制最低残糖浓度,可降低总损失的 0.15% 左右;安装次酒回收罐,回收可能回收的次酒,将次酒在每次麦汁煮沸结束前打入煮沸锅中,进行杀菌处理,可降低总损失的 1.2% 以上。

3) 加强设备管理。加强对进口灌装设备的消化、吸收、改造,注意选用性能先进的灌装国产设备,可使酒损保持在 2.1%～2.5%,较一般情况下,减少酒损 2.0%～3.0%。定期进行维修保养,要定机定人,跟班维护,定期大修和及时解决设备存在的问题,减少跑、冒、滴、漏损失。

E. 纺织行业

1) 提高节能减排管理水平。推进企业能源三级计量管理,建立纺织行业能源监控和服务机构,加强企业能源合同管理和行业能效的对标达标。制定行业碳排放核算指南,组织开展绿色企业评价活动。推进印染、粘胶等重点行业的清洁生产审核。

2) 推广节能降耗减排新技术。加快绿色环保、资源循环利用及节能减排等先进适用技术和装备的研发和推广应用。组织实施节能、降耗、减排的共性关键技术开发和产业化应用示范。推进重点行业企业实施节能减排改造,运用信息技术对生产过程中的能源消耗、废物排放进行实时监控,提高智能化管理水平。

3) 加强资源再生循环和利用。逐步建立健全纺织制品回收再利用循环体系,完善纺织制品回收再利用管理和监控体系。鼓励企业加快高效、低成本纺织制品回收再利用技术的开发和推广。加强对纺织制品再生循环利用的宣传教育。

4) 加快淘汰落后产能和污染减排治理。完善行业准入条件或产业政策,严格新建项目环境评价、节能评估和土地审批,遏制生产能力的盲目扩张。严格执行《产业结构调整指导目录》《部分工业行业淘汰落后生产工艺装备和产品指导目录(2012年)》,在重点地区和重点行业按照等量置换或减量置换原则,建立健全新建项目与淘汰落后、污染减排相衔接的项目管理机制,完善淘汰落后产能和污染减排的监督审核制度,加快推进棉纺织、化纤、印染等行业落后产能退出。加大《印染行业准入条件》和《粘胶纤维行业准入条件》的贯彻实施,加强污染综合治理。

五、循环经济发展战略

(一) 循环经济现状与问题

1. 总体概况

自 2002 年辽宁省被批准为国家发展循环经济的第一个试点省以来,辽宁省先后提出了"3+1"模式、"3331"模式,取得了一定成绩(赵丹丹和邵洪涛,2012)。

经过多年发展,辽宁省已建成 60 多个高标准"四位一体"现代农业示范园区和 45 万亩有机食品基地;已有 500 多家重点污染企业开展了清洁生产审核,70%的重点污染企业实现了清洁生产,共实施 1 万多个项目,总投资超过 10 亿元,每年新增经济效益近 20 亿元,节水 1.67 亿 t,节电 1.85 亿 kW·h,减排 SO_2、烟粉尘等污染物 18 万多吨。同时,以鞍钢、抚顺石化等一批用、排水大户开展中水回用为代表,工业企业取水量减少了 24.5%;以沈阳和大连为重点,建成住宅小区、学校、宾馆等中水回用工程 110 多个,日回用中水 4 万多吨(邱柳,2014)。此外,还颁布了《辽宁省资源综合利用认定管理办法》《辽宁省重点用能单位管理办法》等规章制度。

总的来说,近年来辽宁省采取多项措施,推动了循环经济型企业、生态工业园区、城市资源循环型社会和资源再生产业基地等方面的建设,推动经济发展方式的快速转变。

2. 区域评价

(1) 评价方法

A. 评价模型

循环经济发展具有多层次、动态、人为因素多等特性,客观科学地评价具有一定的难度,必须选择合适的评价模型才有益于比较客观的评价。本节采用因子分析法(张文彤和董伟,2004;高健为,2011)进行循环经济综合评价。

设有 m 个区域,每个区域循环经济发展都有 p 个指标。标准化处理后的指标用 X 表示。因子分析模型如下:

$$\begin{cases} x_1 = a_{11}F_1 + a_{12}F_2 + \cdots + a_{1m}F_m + e_1 \\ x_2 = a_{21}F_1 + a_{22}F_2 + \cdots + a_{2m}F_m + e_2 \\ \vdots \\ x_p = a_{p1}F_1 + a_{p2}F_2 + \cdots + a_{pm}F_m + e_p \end{cases} \quad (6\text{-}3)$$

可以简写为

$$X = AF + e \quad (6\text{-}4)$$

式中,$X=(x_1, x_2, \cdots, x_p)'$,$F=(F_1, F_2, \cdots, F_m)'$,$e=(e_1, e_2, \cdots, e_p)'$,而

$$A = \begin{bmatrix} a_{11} & a_{12} & \cdots & a_{1m} \\ a_{21} & a_{22} & \cdots & a_{2m} \\ \vdots & \vdots & & \vdots \\ a_{p1} & a_{p2} & \cdots & a_{pm} \end{bmatrix}$$

模型中的 $F_1, F_2, \cdots, F_m$ 为公共因子,即提取的区域循环经济评价因子。$e_1, e_2, \cdots, e_p$ 为特殊因子,其包含的信息内容很少,在多数情况下可以忽略。矩阵 $A=(a_{ij})$ 为因子载荷。

B. 因子分析过程

首先将原始数据标准化,以消除变量间在数量级和量纲上的不同,然后求标准化数据

的相关矩阵及其特征值和特征向量，计算方差贡献率与累积方差贡献率。其次，确定因子，具体而言，设 $F_1, F_2, \cdots, F_p$ 为 p 个因子，其中，前 m 个因子包含的数据信息总量（即其累积贡献率）不低于85%时，可取前 m 个因子来反映原评价指标。若所得的 m 个因子无法确定或其实际意义不是很明显时，需将因子进行旋转以获得较为明显的实际含义。最后，用原指标的线性组合来求各因子得分，并以各因子的方差贡献率为权，由各因子的线性组合得到综合评价指标函数，公式如下：

$$C = w_1 F_1 + w_2 F_2 + \cdots + w_m F_m \tag{6-5}$$

式中，w_i 为因子的权重；C 为循环经济综合指数。

C. 循环经济类型划分

将综合指数大于1.5的地市划分为强循环类型区；将综合指数为1~1.5的地市划分为中循环类型区；将综合指数小于1的地市划分为弱循环类型区（表6-15）。

表6-15 循环经济发展水平类型划分

综合指数	大于1.5	1~1.5	小于1
类型区	强循环	中循环	弱循环

（2）评价指标体系

辽河流域主要覆盖辽宁省的12个地市，包括沈阳、朝阳、阜新、铁岭、抚顺、本溪、鞍山、辽阳、营口、盘锦、锦州、葫芦岛。为了更好地分析辽河流域不同区段的循环经济发展状况，依据2012年的数据情况，从资源效率、资源综合利用、废物排放强度3个方面构建辽河流域的循环经济指标体系，共选择8个指标来评价辽河流域（辽宁省）12个地市的循环经济发展水平（表6-16）。

表6-16 循环经济评价指标体系框架

目标层	准则层	指标层
循环经济发展水平	资源效率	单位工业增加值水耗/(t/万元)
		单位GDP能耗/(t标准煤/万元)
	资源综合利用	工业用水重复利用率/%
	废物排放强度	万元工业增加值工业COD排放量/(kg/万元)
		万元工业增加值工业氨氮排放量/(kg/万元)
		万元工业增加值工业二氧化硫排放量/(kg/万元)
		万元工业增加值工业氮氧化物排放量/(kg/万元)
		万元工业增加值工业废水排放量/(t/万元)

（3）评价结果

依据2013年辽宁省统计年鉴以及2012年环境统计数据得出数据表6-17。

表 6-17 辽河流域区域循环经济发展水平评价数据表

地区	单位工业增加值水耗/(t/万元)	单位GDP能耗/(t标准煤/万元)	工业用水重复利用率/%	万元工业增加值工业COD排放量/(kg/万元)	万元工业增加值工业氨氮排放量/(kg/万元)	万元工业增加值工业二氧化硫排放量/(kg/万元)	万元工业增加值工业氮氧化物排放量/(kg/万元)	万元工业增加值工业废水排放量/(t/万元)
沈阳	3.94	8.05	88.67	2.61	0.24	31.76	25.50	2.53
朝阳	20.37	1.35	90.77	10.39	0.20	157.80	70.91	2.58
阜新	18.31	0.66	90.24	25.76	0.75	475.27	171.16	19.46
铁岭	17.94	0.99	91.97	9.93	0.49	79.13	124.00	3.83
抚顺	19.31	0.84	95.33	2.82	0.10	89.05	81.65	4.52
本溪	33.73	1.35	90.96	13.86	0.58	124.54	83.48	7.33
鞍山	32.25	0.91	90.51	3.94	0.38	105.94	55.10	4.76
辽阳	18.99	1.76	91.49	5.70	0.18	83.98	77.91	12.41
营口	105.87	0.75	4.01	3.53	0.30	76.81	80.24	4.45
盘锦	8.60	0.64	64.96	5.50	0.77	71.05	33.27	5.06
锦州	18.87	0.30	89.77	14.22	0.48	86.13	50.76	11.89
葫芦岛	22.23	12.77	92.10	15.82	6.13	283.82	237.79	9.21

采用因子分析法计算主因子，要求总方差贡献率大于 85%。采用加权平均的方法计算反映区域循环经济发展水平的综合指数，结果见表 6-18（综合指数归零后的数值）。

表 6-18 辽河流域（辽宁省）12 个地市的综合指数排序表

地区	综合指数	排序
沈阳	2.05	1
抚顺	1.73	2
盘锦	1.69	3
鞍山	1.63	4
朝阳	1.52	5
铁岭	1.46	6
辽阳	1.44	7
锦州	1.33	8
本溪	1.23	9
营口	0.74	10
葫芦岛	0.20	11
阜新	0.00	12

依据辽河流域综合指数将辽河流域循环经济发展划分为 3 个类型区。

强循环类型区：沈阳、抚顺、盘锦、鞍山、朝阳 5 个地市为强循环类型区，其循环经济综合指数较高，属于辽河流域循环经济发展水平较高的地区。

中循环类型区：铁岭、辽阳、锦州、本溪 4 个地市为中循环类型区，这些地市与其他地市相比，整体的循环经济发展水平为中等水平。

弱循环类型区：营口、葫芦岛、阜新 3 个地市为弱循环类型区，整体的循环经济发展水平较前两个类型区较低，属于辽河流域循环经济发展潜力较大的区域。

3. 存在问题

（1）结构性污染问题严重

工业污染负荷比例大，对生态环境的压力还将增加。烟尘排放总量的 2/3 来自工业，工业粉尘排放 90% 以上来源于冶金、建材行业，SO_2 排放总量的近 80% 来自工业，其中，电力行业占 50% 以上。工业废水中重金属等有毒有害物质严重影响水体安全。

（2）区域发展不平衡

从区域循环经济评价结果来看，沈阳、抚顺、盘锦、鞍山、朝阳 5 个地市为强循环类型区，铁岭、辽阳、锦州、本溪 4 个地市为中循环类型区，营口、葫芦岛、阜新 3 个地市为弱循环类型区，各区域发展存在着严重的不平衡性。

（3）循环经济发展法制机制不健全

《循环经济促进法》虽然已出台，但相关的配套法律法规和促进的政策措施并不完善。同时，在发展的过程中又缺乏具体的环保税收、信贷、资源配置等方面的鼓励政策和优惠政策。

辽河流域循环经济的建设和发展需要整体协调、平衡、健全的发展机制，但相关工作在实践中始终有所欠缺。目前，辽河流域循环经济的专项资金尚未建立，循环经济发展所必需的统计制度、考核制度、目标责任制度、表彰奖励制度、准入制度和淘汰制度等都有待完善，相关循环经济发展的财政政策和税负体系也都应该进行创建和改革。

（4）循环经济发展体系有待完善

当前，辽河流域尚未建成完善的循环经济产业体系，资源综合利用体系、资源再生利用体系和循环经济支撑体系等，而且循环经济产业链条、循环经济信息化管理不够完善，尚未建立技术信息系统、废弃物数据库等基础资料管理信息系统。另外，企业之间、行业之间也没有建立起可靠的信息交流平台和更好的合作机制。

（二）循环经济发展目标与对策

1. 战略目标

到 2020 年，基本建成辽河流域循环经济社会框架，基本建立起较为完善的循环经济产业体系、资源综合利用体系、资源再生利用体系，健全循环经济发展的政策法规体系和有效的激励约束机制，产业结构趋向合理，经济发展方式得到明显转变，经济运行质量和效益显著提高，资源利用效率大幅度提升，废弃物最终处置量明显减少，再生资源回收利用体系健全，形成资源节约和环境保护良性发展的产业结构、发展方式、消费模式，经济社会可持续发展能力显著增强。

2. 总体策略

（1）资源节约，环境保护

始终将资源节约和环境保护作为基本国策贯穿于经济社会发展的始终，将发展循环经济作为辽河流域经济发展的长期战略任务。

（2）全面统筹，协调发展

坚持资源节约、生态环境保护与社会经济发展"并重"和"同步"，统筹城乡资源节约和环境保护，以资源节约、环境保护优化经济发展，实现经济社会发展与区域资源、环境承载能力相协调。

（3）政府引导，市场推进

充分发挥市场对资源配置的基础作用，完善体制和机制建设，建立推动循环经济发展的激励和约束机制。充分发挥政府在强化资源节约、环境保护中的引导作用，综合运用法律、经济、技术、行政等综合手段，构建政府、企业、社会相互合作和共同行动的新格局。

（4）突出重点，分步实施

通过典型示范，选准着力点，优先抓好重点领域、重点地区、重点行业的布局优化、产业升级和重点区域的生产建设，强化针对性和可操作性，以点带面，全面突破。

（5）继承和创新相结合

总结强化资源节约和环境保护的经验，探索进一步推动资源节约和环境保护的创新机制，继承延续与创新发展有机融合，促进社会和谐发展。

3. 战略对策

（1）构建循环型产业体系

循环型农业。大力发展节水农业和生态农业，推进高效灌溉技术，节约农业生产资料，减少农残，切实保护好耕地、森林、草地、水体和动植物等自然资源，发展无公害、绿色和有机食品生产。不断改进农业生产方式，加强农业产业环链整合，以提高农业资源利用效率为核心，充分发掘农业生产及其加工废弃物和副产品的利用价值，延长优势农产品产业链。提高农业废弃物资源综合利用率，大力推进农作物秸秆、畜禽粪便等废弃物资源循环利用，重点打造以秸秆为核心的种植业产业链模式、以畜肥为核心的养殖业产业链模式、以沼气为核心的综合利用产业链模式等多种农业循环经济产业链。

循环型工业。坚定不移地走新型工业化道路，推动传统产业改造升级、战略性新兴产业加快发展、产业集聚发展，构建低碳高效的现代产业体系。严格市场准入条件，制止盲目投资和低水平重复建设，以减量化技术、资源循环利用技术、低碳技术改造提升传统产业，加大淘汰落后产能力度，抑制高耗能、高排放行业过快增长。按照"布局优化、企业集群、产业成链、物质循环、集约发展"的要求，推进新建、搬迁企业和项目园区化、聚集化发展，推动各类产业园区实施循环化改造，提高产业关联度和循环化程度，促进园区绿色低碳循环发展。

循环型服务业。以转变经济增长方式和消费方式为目标，以提高服务资源利用率和降低废弃物排放为主线,运用市场机制和多元化的投资机制,推动服务业提质增速,加快发展现代服务业。发挥辽河流域生态资源优势和绿色经济优势,以资源共享为基础,重点发展生态旅游业、现代物流业和信息服务业等,建立起资源利用少、环境污染轻、重复利用高的循环型服务业发展模式。

(2) 构建资源节约利用体系

A. 节水

强化全社会节水意识,鼓励全社会广泛使用节水器具,提高水资源综合利用效率。降低高耗水行业比例,减少结构性耗水,同时,通过技术改造、清洁生产等措施提高工业用水利用率,发展节水型工业。加快中水回用设施建设,提高中水回用率。

B. 节地

严格实行总量控制,充分发挥土地利用总体规划、年度计划和供地政策的调控作用,综合考虑土地资源潜力、土地利用现状和经济社会可持续发展需求,进一步优化土地资源配置,优化用地结构,合理设置用地项目准入门槛,提高单位土地投资强度和产出效益。

C. 节材

强化对重要矿产资源的节约、集约利用。推进各领域节材,加强重点行业原材料消耗管理的技术改造,鼓励使用新材料、再生材料,积极推广金属、木材、水泥等材料的节约代用材料,大力节约包装材料。

D. 节能

强化节能目标责任考核,大力推进重点领域节能降耗。推广先进适用节能技术,组织实施节能重大示范项目,重点抓好电力、钢铁、有色金属等高能耗设备的淘汰和改造。

(3) 构建再生资源回收利用体系

发展静脉产业,突出抓好废旧物资再生利用、城市垃圾资源化利用,把生活和工业废弃物转换为再生资源,构建"废弃物—再生资源—产品"产业链,提高再生资源回收利用率。

加快建设回收站点、分拣中心、集散市场"三位一体"的再生资源回收体系,以社区为单位,将再生资源回收与社区建设结合起来,建立再生资源回收站点(网点),实行分类回收,减少再生资源流失,提高资源利用效率。健全城市生活垃圾分类回收制度,完善分类回收、密闭运输、集中处理体系,推进城市生活垃圾分类回收。

鼓励科研机构与企业参与再生产品的研制、开发和生产,不断提高重点领域的再生资源加工利用技术水平,并通过政府引导和市场化运作,将再生资源回收利用产业化,形成新的经济增长点。

(4) 构建循环型社会体系

加强城市循环经济基础设施建设,推动绿色交通、绿色建筑、绿色物流、绿色商务、绿色服务等领域发展。结合新农村建设,以建设生态化村镇为重点,在辽河流域选择100个村镇,培育为循环型、生态化的示范村镇。结合社区建设的实际情况,选择50个街道作为循环型社区建设试点,开展绿色社区创建活动。

规范政府绿色采购,发挥政府的导向和示范作用。在全社会倡导资源节约型价值观和消费观,引导居民在生产、流通、消费诸环节逐步养成合理生产、高效利用、提倡节约、杜绝浪费的习惯，倡导绿色消费方式和绿色生活方式，促进社会消费方式的逐步转变。

(5) 构建循环经济支撑体系

建立政府主导、企业主体、社会参与、政产学研相结合的循环经济科技创新体系，为循环经济发展提供强力支撑。加大科技投入，支持循环经济共性和关键技术开发，支持建立循环经济技术创新体系。以企业技术研发中心建设为重点，围绕循环经济产业链的延伸、废弃物的综合利用和节能减排，积极开展循环经济重大关键技术研发攻关。

建立循环经济信息管理综合服务平台，并启动实施一批重大科技成果转化项目，推广应用循环经济新技术、新工艺、新材料、新产品和新设备。积极培育一批从事循环经济技术开发和推广的咨询服务机构，建立和完善循环经济技术咨询服务体系。

六、低碳经济发展战略

(一) 低碳经济现状与问题

1. 现状评价

低碳经济的核心理念是减少人类经济活动所产生的、排放到空气中的 CO_2。根据《联合国气候变化框架公约》，碳汇是从大气中清除 CO_2 的过程、活动或机制；而碳源则是向大气中释放 CO_2 的过程、活动或机制。碳源主要来源包括能源生产、加工转换，能源消费、生物质燃烧、土地利用等。其中，能源消费是最主要的来源（齐珊娜等，2010；Liu and Gallagher，2010），因此，本节选取能源消费作为碳源加以分析。

采用碳排放系数法将能源消费总量转换成 CO_2 排放量，进而得出单位 GDP CO_2 排放量、人均 CO_2 排放量、单位面积 CO_2 排放量等指标。

采用最小-最大标准化法进行标准化处理后，赋予均权得出低碳经济发展指数，以此作为低碳经济发展水平的评价指标。计算公式如下。

标准化处理： $$C_i = (X_{max} - X_i)/(X_{max} - X_{min}) \tag{6-6}$$

低碳经济发展指数： $$L = \sum_{i=1}^{n} C_i / n \tag{6-7}$$

低碳经济发展指数越高，则意味着低碳经济发展水平越高，反之，则低碳经济发展水平越低。根据低碳经济发展指数的大小，将低碳经济发展水平划分为 3 类：

当 $0 < L \leq 0.3$ 时，低碳经济发展水平较低，称为低水平；

当 $0.3 < L \leq 0.7$ 时，低碳经济发展水平一般，称为中水平；

当 $0.7 < L < 1$ 时，低碳经济发展水平较高，称为高水平。

辽河流域（辽宁省）与全国及其他地区的低碳经济发展水平对比见表 6-19。辽河流域（辽宁省）的各地市低碳经济发展水平见表 6-20。

表 6-19 2012 年辽河流域（辽宁省）低碳经济发展水平对比

区域	能源消费总量/万 t	CO_2排放量/万 t	GDP/亿元	人口/万人	面积/km²	单位 GDP CO_2排放量 X_1/(t/万元)	人均 CO_2排放量 X_2/(t/人)	单位面积 CO_2排放量 X_3/(t/km²)	C_1	C_2	C_3	低碳经济发展指数 L
全国	361 732.00	889 861	519 470.1	135 404	9 596 900	1.71	6.57	927.24	0.00	1.00	1.00	0.67
辽河流域（辽宁省）	13 377.34	32 908	19 425.22	3 414	119 864	1.69	9.64	2 745.47	0.03	0.00	0.70	0.24
江苏	28 849.84	70 971	54 058.22	7 920	102 600	1.31	8.96	6 917.21	0.81	0.22	0.34	0.34
浙江	18 076.18	44 467	34 665.33	5 477	101 800	1.28	8.12	4 368.11	0.87	0.50	0.43	0.60
福建	11 185.44	27 516	19 701.78	3 748	124 000	1.40	7.34	2 219.05	0.64	0.75	0.78	0.72
广东	28 377.06	69 808	57 067.92	10 594	179 800	1.22	6.59	3 882.51	0.99	0.99	0.51	0.83

数据来源：全国及各省统计年鉴 2013

表 6-20 2012 年辽河流域（辽宁省）各地市的低碳经济发展水平

区域	能源消费总量/万 t	CO_2排放量/万 t	GDP/亿元	人口/万人	面积/km²	单位 GDP CO_2排放量 X_1/(t/万元)	人均 CO_2排放量 X_2/(t/人)	单位面积 CO_2排放量 X_3/(t/km²)	C_1	C_2	C_3	低碳经济发展指数 L
锦州	370	910	1 243	307.8	10 301	0.73	2.96	883.60	0.94	1.00	1.00	0.98
沈阳	1 379	3 392	6 603	724.8	12 948	0.51	4.68	2 619.97	1.00	0.92	0.79	0.90
阜新	370	910	560	191.6	10 445	1.63	4.75	871.42	0.71	0.92	1.00	0.87
葫芦岛	691	1 699	719	280.0	10 302	2.36	6.07	1 648.84	0.52	0.85	0.91	0.76
铁岭	968	2 380	975	302.2	12 966	2.44	7.88	1 835.91	0.49	0.77	0.88	0.72
抚顺	1 040	2 558	1 236	219.3	11 271	2.07	11.67	2 269.90	0.59	0.59	0.83	0.67
朝阳	1 245	3 063	921	340.6	19 736	3.33	8.99	1 551.83	0.26	0.71	0.92	0.63
营口	1 033	2 541	1 381	235.1	5 402	1.84	10.81	4 704.15	0.65	0.63	0.54	0.61
盘锦	801	1 971	1 245	128.8	4 084	1.58	15.30	4 826.45	0.72	0.42	0.52	0.55
鞍山	2 219	5 459	2 429	350.3	9 252	2.25	15.58	5 900.06	0.55	0.40	0.39	0.45
本溪	1 502	3 695	1 112	153.2	8 413	3.32	24.12	4 391.92	0.26	0.00	0.57	0.28
辽阳	1 760	4 329	1 000	180.3	4 744	4.33	24.01	9 126.03	0	0.01	0	0.00

由表 6-19 可以看出，2012 年，辽河流域（辽宁省）的低碳经济发展指数为 0.24，其低碳经济发展属于低水平，而且，辽河流域（辽宁省）的低碳经济发展指数低于同期全国及东部沿海发达地区的发展指数，因而辽河流域（辽宁省）的低碳经济发展水平低于全国及东部沿海发达地区的发展水平。

根据表 6-20 及低碳经济发展水平划分标准，可将辽河流域（辽宁省）各地市的低碳经济发展水平划分为 3 类，即：

第一类，即高水平城市，包括锦州、沈阳、阜新、葫芦岛、铁岭。

第二类，即中水平城市，包括抚顺、朝阳、营口、盘锦、鞍山。

第三类，即低水平城市，包括本溪、辽阳。

2. 存在问题

(1) 区域间低碳经济发展不平衡

辽河流域（辽宁省）各地市的低碳经济呈现出差异化发展的基本特点。总体来看，辽河流域（辽宁省）中部地区，如沈阳、锦州两市的低碳经济发展水平最高，然后从中间向东西两边扩散，低碳经济发展水平逐渐降低，总体呈现出"中间高、东西低"的低碳经济发展态势。

另外，辽河流域（辽宁省）各地市之间的低碳经济发展水平差距较大。例如，水平最高的锦州市的低碳经济发展指数为 0.98，而水平最低的辽阳市的低碳经济发展指数则为 0.003，两者相距甚远。此外，从单位 GDP CO_2 排放量看，仅沈阳、锦州、盘锦、阜新 4 座城市的排放量低于全国平均水平（1.71t/万元），其余 8 座城市的排放量均高于全国平均水平，其中，低碳经济发展如薯片经济，发展最低的辽阳、本溪两座城市的单位 GDP CO_2 排放量分别达全国平均水平的 2.5 倍、1.9 倍，表明辽河流域（辽宁省）各地市的经济发展方式，尤其是辽阳、本溪等地应加紧转变经济发展方式，降低单位 GDP CO_2 排放量。

(2) 能源消费强度高、结构单一

近年来，辽河流域（辽宁省）的能源消费总量不断增加。据估算，辽河流域（辽宁省）每年的能源消费量占全国消费总量的 6%～7%，是全国能源消费的主要大户之一。2012 年，全国单位 GDP 能源消费量为 0.696t 标准煤/万元。而辽河流域（辽宁省）12 个地市的单位 GDP 能源消费量达 0.89t 标准煤/万元，远高于全国平均水平。其中，仅沈阳、锦州、阜新、盘锦 4 市的能耗强度低于此水平，其余 8 座城市的能耗强度均高于全国水平，因而，辽河流域（辽宁省）的能源消耗强度整体水平偏高。

从消费结构看，煤炭始终是辽河流域（辽宁省）的主要组成部分，其消费总量约占辽河流域（辽宁省）能源消费总量的 70%，另外，天然气、水、电等清洁能源的消费量占比则不超过 6%。据统计，辽宁省水能理论蕴藏量为 203 万 kW，经济可开发量为 173 万 kW；风能可开发潜力在 1000 万 kW 以上；生物质能，全省年形成生物质能约 4000 万 t 标准煤。可以看出，辽河流域（辽宁省）清洁能源的储存量非常大，但是开发力度远远不够。

(3) 低碳消费意识有待增强

2012 年，辽河流域（辽宁省）各地市的人均碳排放量达 9.64t/人，是全国平均水平（6.57t/人）的 1.5 倍，其中，仅有沈阳、鞍山、本溪 3 个地市的人均碳排放量低于全国平均水平，其余 9 个地市均高于全国平均水平。因此，整体而言，辽河流域（辽宁省）的人均碳排放强度相对较高，反映出辽河流域（辽宁省）各地市政府、居民和企业等多个主体的低碳消费意识不够高，有待进一步加强。

(4) 低碳建筑发展不够成熟

目前建筑行业已与工业耗能、交通耗能并列成为我国能源消耗的三大"耗能大户"。近 3 年以来，辽宁省建筑业始终保持着高速发展的态势，建筑业增加值的年均增长率始终保持在 10%以上。但是，在辽宁省城镇既有的建筑中，60%以上的建筑为非节能建筑。因此，降低建筑行业能耗对于发展辽河流域（辽宁省）低碳经济具有极大的推动作用。

(5) 碳汇能力有待提高

2012年，辽河流域（辽宁省）森林覆盖率为35.1%，高于全国森林覆盖率（20.4%）14.7百分点，但低于黑龙江（42.4%）、吉林（38.9%），远低于东南沿海地区，如广东（49.4%）、福建（63.1%）、海南（52.0%）等。因而，辽河流域（辽宁省）的碳汇能力仍有待提高。

(二) 低碳经济发展目标与对策

1. 战略目标

以科学发展观为指导，紧紧围绕实现经济发展方式的根本转变，以优化能源结构、提高能源利用效率为核心，以减少温室气体排放、增强可持续发展能力为目标，形成有利于节约资源、降低碳排放、有效减少温室气体排放的生产方式和消费模式，形成政府大力推进、市场有效驱动、公众自觉参与的体制机制，推动低碳经济快速发展，实现经济、社会和生态环境的协调发展。

2. 总体策略

（1）科学指导、全面提升

坚持以人为本、人与自然和谐发展的方向，遵循自然规律与经济规律，依靠科技进步，大力推广低碳经济，降低资源能源消耗强度，实现全面、协调、可持续发展。

（2）统筹规划、全民参与

把"低碳经济"的理念和思想融入辽河流域各地市国民经济和社会发展的中长期规划中，做到持续创新、不断改进、与时俱进。充分发挥政府的主导作用，促进公共参与，形成政府主导、各部门分工协作、全社会共同参与的发展机制，深入、扎实、有序地推进低碳经济的快速发展。

（3）整体谋划、重点突破

既要着眼长远、整体谋划、统一部署，又要立足当前、突出重点、寻求突破，辽河流域各地市应立足自身低碳经济发展现状，有针对性地取长补短，做到相互借鉴、相互影响、整体推进。

（4）能源节约与可再生资源开发利用并举

逐步减少对煤炭、石油等高碳能源的消费，提高新能源和可再生能源等清洁能源的消费比例，力争把社会经济活动对资源的需求、环境的污染及排放的温室气体降低到最低程度（Zhang, 2010）。

3. 战略对策

（1）加强宏观引导

制订低碳经济发展规划，并强化低碳经济发展规划在国民经济和社会发展中的基础性和引导性作用，并与辽河流域（辽宁省）的"国民经济和社会发展规划""能源发展规划""循环经济发展规划"等相衔接。

各地市均应分析自身在发展低碳经济过程中面临的机遇、存在的问题、优劣势等，有针对性地制订自身的低碳经济发展规划，以转变经济发展方式、降低资源能源消耗强度为核心，明确近期工作重点和时序安排，推动流域低碳经济快速发展。

（2）发展清洁能源

因地制宜推进水力发电，重点推动桓仁大雅河抽水蓄能电站工程。继续挖掘风能资源，进一步发挥辽西北地区的风能资源优势，建设大型或特大型的风电场，实施一批风电项目，打造多个百万千瓦级风力发电基地。

推进生物质能开发利用，在大中型城市郊区重点发展垃圾发电工程；在辽中、辽西北地区，如朝阳、铁岭、阜新等地，推进秸秆直燃发电工程；在辽东地区，重点推进林木生产和加工废弃物发电工程；在主要粮食加工地区，重点推进剩余物气化发电工程；在养殖业发达地区，重点推进沼气发电工程。

（3）推进全民参与

1）政府引导低碳消费。一方面，以管理者的身份介入到低碳消费活动中，积极出台相关政策，提倡和鼓励低碳消费，杜绝和抑制高碳消费。另一方面，作为低碳理念的执行者，切实以身作则，落实低碳消费，为其他企业部门和人民群众做出榜样。

2）企业推动低碳消费。一方面，企业领导层应当树立起可持续发展的新观念，把低碳责任意识真正贯彻落实到生产经营的各个环节中，并且培养员工的低碳意识。另一方面，企业应当加大对低碳技术的研发力度，持续提升工艺、技术与装备水平，淘汰落后工艺、技术与装备，以实现技术进步与效率提升，降低资源能源消耗水平。此外，企业应当积极培养与引进高技术人才，并加大科研费用投入力度，提升技术创新能力，开发一批具有自主知识产权的低碳技术，推动低碳经济的快速发展。

3）居民践行低碳消费。树立低碳理念，尽快在生活起居、日常出行等多方面形成有利于降低能耗的好习惯。

4）推广低碳建筑

对不同建筑材料和建筑设备等在生产过程中的能耗情况做出全面统计和分析，建立数据库，并参考德国 DGNB 建筑全寿命周期碳排放计算方法，制定适合辽河流域实际情况的碳排放计算标准，以便政府加强在设计、招投标、建造、使用、拆除过程中的全方位建筑节能减排监管。

鼓励科研机构和社会团体开发绿色节能新材料、新技术，并提供资金补助。同时，指导相关企业根据施工场地的自然状况，尽量利用自然条件和相应较为简单合理的技术进行建设与改造。此外，还应积极引导各高校在建筑专业中融入能源、环保和生态课程。

5）加强碳汇能力建设

注重疏通各地市的现有水系，并营造滨河森林绿地，使植树造林与各种级别的河流、沟渠、湖泊、水库等连为一体，构成城市绿色廊道，连接各类绿色斑块，形成林水一体、城乡一体、充满活力的城市森林生态系统。

合理配置植物，增加城市绿量。注意森林结构的合理构建，建设以地带性分布的林木为主体、乔灌草结合的复层模式。

七、小结

（一）产业布局、结构不尽合理，产业生态水平相对较低

辽河流域（辽宁省）的工业分布较为集中，主要聚集在环渤海地区和中部区域。2012年，中部的沈阳市以占10.1%的土地面积贡献了34.0%的GDP，经济密度最大，其次为鞍山。同时，工业分布较为集中的地方也是水环境污染较为严重的地方。具体而言，沈阳市的污染源数量最多，占辽河流域（辽宁省）污染源总数的22.8%，其次为鞍山和营口，分别占15.3%和13.3%。从污染排放看，本溪、沈阳、锦州、鞍山是COD排放量较高的地区；葫芦岛、沈阳、盘锦、鞍山、本溪是氨氮排放量较高的地区；鞍山、阜新、沈阳、葫芦岛是SO_2排放量较高的地区；沈阳、鞍山、葫芦岛、铁岭是NO_x排放量较高的地区。

辽河流域（辽宁省）的产业布局与水资源在时空分布上不甚匹配，表现为工业化程度高的地区，即中西部地区的沈阳、鞍山、盘锦、辽阳、抚顺等城市往往是水资源量较少、极度或重度缺水的地区。从产业布局与功能分区看，辽河流域（辽宁省）所在的两个一级水生态功能区中仅有一个功能区的产业布局与其功能定位基本协调，六大生态功能区中仅有四个功能区的产业布局与其功能定位总体上协调。

辽河流域产业结构基本上呈现"大二产""中三产""小一产"的格局。2012年，辽河流域（辽宁省）第一产业中农牧业产值占比达87.94%；第二产业中主要工业行业集中在装备制造、冶金、石化、煤炭等重工业行业，其产品与国际先进水平存在较大差距，产品竞争力不强；第三产业规模小、层次低，交通运输和仓储服务等传统服务业占比较大，而科技与咨询等生产性服务业发展相对滞后。

工业行业中"两高一资"型行业比例过大，显著增加了资源供给和环境保护压力。电力、冶金是用水量最大的行业，其用水量约占工业用水总量的60%。造纸和农副食品加工业的COD排放量分别占COD排放总量的21.15%和14.65%；石化行业氨氮排放量较大，占氨氮排放总量的41.14%。电力、冶金和建材三大行业为辽河流域（辽宁省）的大气污染物主要排放行业，三大行业的工业产值占工业总产值的32.72%，SO_2、NO_x和烟粉尘排放量分别占总量的81.37%、89.47%和81.21%。

农业产业组织化程度不高，农业内源发展动力不足。一是农业龙头企业少，辐射带动能力弱。二是农业循环经济产业链条短、层次低，高附加值产品和名牌精品少。三是农业产业化社会服务体系不完善，农业现代服务业发展滞后。此外，工业行业主导产业之间同样尚未形成横向耦合、纵向闭合的循环经济产业链，以工业废物资源再生为核心的资源综合利用产业发展不足，如中水回用、工业废气回收再利用、工业固体废物综合利用等。

目前，辽河流域（辽宁省）主要工业行业的资源消耗和污染物产生量相对较大，其中，造纸、冶金、化工、石化等行业是清洁生产潜力最大的四个行业。清洁生产驱动力不够、组织协调机制不完善和政策法规体系不健全是导致目前辽河流域（辽宁省）清洁生产发展水平低下的主要原因。

经过几年发展,辽河流域(辽宁省)创建了一批循环经济型企业、生态工业园区,建设了区域性的资源再生产基地,初步建立起了发展循环经济的机制和框架,但在产业链构建、资源利用、废物循环利用和污染排放控制等方面尚待进一步加强。税收、信贷、资源配置等优惠政策缺失,统计制度、考核制度、目标责任制度、表彰奖励制度、准入制度和淘汰制度等配套制度不健全,特别是尚未在流域范围内建立起高效、完善的循环经济发展体系,是制约辽河流域循环经济发展的关键因素。

辽河流域(辽宁省)低碳经济发展水平总体偏低,低碳经济发展指数远低于同期全国及东部沿海发达地区的低碳发展指数,其中,人均 CO_2 排放量是全国平均水平的1.5倍,高于东部沿海发达地区。以化石能源为主的能源消费结构、能源效率低下以及相对较低的碳汇能力是导致辽河流域低碳发展水平较低的主要原因。

(二)产业发展面临的资源环境压力将进一步加大

通过经济与资源环境协调性分析可得,辽宁省的环境库兹涅茨曲线并未完全呈现出典型的倒U形曲线。具体而言,辽宁省水资源消耗总量与人均GDP拟合曲线呈倒U形曲线,逐渐开始进入"脱钩"阶段。然而,近期辽宁省能源消耗量、工业 SO_2 及工业固体废物产生量可能呈现随人均GDP增长而增加的趋势;工业COD排放量随人均GDP增长而呈现U形曲线的左半段,有可能反弹增长。

据此推断,如不及时采取严格的源头治理和减排措施,辽河流域能源消耗量、工业 SO_2 排放量、工业固体废物产生量、工业COD排放量可能呈现增长趋势,产业发展与资源环境之间的矛盾将更加尖锐,仍然需要进一步发展清洁生产、循环经济和低碳经济,提高产业生态化水平,缓解经济发展与资源环境之间的矛盾。

(三)优化产业布局、结构,提升产业生态水平

1. 以生态功能区为引导,优化产业空间布局

明晰辽河流域(辽宁省)不同等级区域的生态功能定位,以功能区划(生态功能区划、水生态功能区划)为导向,合理开发空间资源。加快辽中(沈阳、鞍山、抚顺、本溪、辽阳)、辽南(锦州、营口、盘锦、葫芦岛)、辽西北(阜新、铁岭、朝阳)等经济区的形成与发展,构建重点突出、特色鲜明、协调有序的发展格局。发挥各主导产业的特色优势,构筑高效的主导产业空间体系。

2. 以资源和环境承载力为约束,促进产业转型升级

把握农业科研和技术方向,加强农业科普知识宣传,提高现有农民的科学文化水平。发挥辽河流域比较优势,建设特色农产品生产和加工基地,延伸农业产业化链条。同时,推广农村循环经济模式,提高农业可再生资源综合利用水平。

发挥辽河流域石化、冶金、装备制造和农副产品加工行业的辐射带动作用,发展生物

制药、新能源、新材料行业，拓展优化行业内部及行业间的产品链和废物链，促进主导行业的产品升级和生态化发展。运用高新技术改造提升流域传统产业，优先振兴壮大装备制造业。

推动现代服务业，特别是生产性服务业的快速发展。通过扩大用于设计产业的投资、促进第三方物流业的发展等手段推进生产性服务业的发展，为装备制造业提供有力保障，为降低农副产品流通成本提供条件。优化发展消费性服务业，创新性地发展特色服务业，并利用先进的高新技术装备提高服务标准，加快餐饮、旅游、商业等传统服务业向特色服务业的转变。

3. 全面推进企业清洁生产

健全完善清洁生产法规制度。各级环保部门应加强对重点企业实施清洁生产有关信息的统计和汇总工作，督促辽河流域重点行业企业依法及时、完整、真实、准确地公布企业污染物产生和排放信息。出台《辽河流域重点行业清洁生产审核评估验收技术规范》，规范评估验收程序，并且建立清洁生产评估验收专家库，提高清洁生产审核、咨询等的技术含量。制定《辽河流域重点行业强制性清洁生产审核计划》，有序推进强制性清洁生产审核。将清洁生产与排污许可证、限期治理制度相结合，完善相关管理制度。

增强企业清洁生产内在动力。在固定资产及技术改造工程项目中优先安排清洁生产示范项目。成立辽河流域环保专项资金，对自愿申请清洁生产审核、技术改造等项目给予补贴。充分利用节能减排专项资金、中小企业发展基金等，支持企业实施清洁生产项目。

大力研发推广清洁生产技术。鼓励进行跨学科研究，促进基础研究与应用研究相结合。在辽河流域重点行业企业大力推广清洁生产技术和节能技术，支持清洁生产技术和节能技术示范和推广工作。优先使用《国家重点节能技术推广目录》和《清洁生产技术推广目录》中推广的技术。

加强清洁生产咨询机构能力建设。建立清洁生产咨询机构优胜劣汰制度，对辽河流域的清洁生产审核咨询机构实行资质管理，建立审核咨询机构年度考核制度，对咨询机构的清洁生产审核报告开展质量审查。

4. 构建循环经济模式

按照企业集中布局、产业集群发展、资源集约利用、功能集合构建的总体要求，探索建立集约、绿色、环保、循环的新型发展模式。加快构建五大体系，包括循环型产业体系、资源和能源节约利用体系、再生资源回收利用体系、循环型社会体系和循环经济支撑体系，全面推进辽河流域循环经济发展。

5. 促进低碳经济发展

以规划为引导，加强政府宏观调控力度；大力发展清洁能源，促进能源结构调整和优化；在全社会倡导低碳理念，积极推广低碳建筑、绿色低碳消费；加强生态保护和建设，提高森林覆盖率，增强碳汇能力。

参 考 文 献

高健为. 2011. 基于因子分析的区域经济发展环境评价研究. 哈尔滨：哈尔滨工业大学硕士学位论文.
韩明霞，乔琦，孙启宏. 2010. 辽河流域工业行业污染减排潜力实证研究. 中国人口·资源与环境，20（8）：75-79.
梁志扬. 2011. 中国环境库兹涅茨曲线拐点探讨. 北京：北京林业大学硕士学位论文.
齐珊娜，鞠美庭，王琦. 2010. 从碳源、碳流和碳汇着手发展低碳经济. 环境保护，16：41-42.
邱柳. 2014. 辽宁循环经济发展现状述评. 经济研究导刊，219（1）：91-92.
孙启宏，韩明霞，乔琦，等. 2010. 辽河流域重点行业产污强度及节水减排清洁生产潜力. 环境科学研究，23（7）：869-876.
谢明辉，乔琦，孙启宏. 2011. 清洁生产减排潜力分析方法研究. 环境科学与技术，34（12H）：318-321.
张文彤，董伟. 2004. SPSS 统计分析高级教程. 北京：高等教育出版社.
赵丹丹，邵洪涛. 2011. 国外典型循环经济发展模式借鉴及对辽宁发展循环经济的启示. 发展研究，11：27-29.
赵丹丹，邵洪涛. 2012. 典型循环经济发展模式借鉴及对辽宁的启示. 中国商贸，（25）：247-248.
赵军，王彤，夏广锋，等. 2011. 辽河流域水环境与产业结构优化. 北京：中国环境科学出版社.
赵一新. 2009. 吉林省环境库兹涅茨曲线研究. 吉林：吉林大学硕士学位论文.
Devesa F, Comas J, Turon C, et al. 2009. Scenario analysis for the role of sanitation infrastructures in integrated urban wastewater management. Environmental Modelling & Software, 24: 371-380.
Dong H J, Geng Y, Sarkis J, et al. 2013. Regional water footprint evaluation in China: A case of Liaoning. Science of the Total Environment, 442: 215-224.
Duinker P N, Greig L A. 2007. Scenario analysis in environmental Impact assessment: Improving explorations of the future. Environmental Impact Assessment Review, 27: 206-219.
Fijal T. 2007. An environmental assessment method for cleaner production technologies. Journal of Cleaner Production, 15 (10): 914-919.
Grossman G M, Krueger A B. 1991. Environmental impacts of a north American free trade agreement. Cambridge: National Bureau of Economic Research Working Paper, 3914: 1-36.
Kuznets S. 1955. Economic growth and income equality. American Economic Review, 45 (1): 1-28.
Liu H W, Gallagher K S. 2010. Catalyzing strategic transformation to a low-carbon economy: A CSS roadmap for China. Energy Policy, 38: 59-74.
Panayotou T. 1993. Empirical test and policy analysis of environmental degradation at different stages of economic development. Working Paper WP238, Technology and Employment Programme, International Labor Office, Geneva.
Peterson G, Allen C R, Holling C S. 1998. Ecological resilience, biodiversity, and scale. Ecosystems, 1 (1): 6-18.
Snelder T H, Biggs B J F. 2002. Multiscale river environment classification for water resources management. Journal of the American Water Resources Association, 38 (5): 1226-1239.
Virkanen J. 1998. Effect of urbanization on metal deposition in the Bay of Töölönlahti. Southern Finland. Marine Pollution Bulletin, 36 (9): 729-738.
Wang Z X, Wang Y Y. 2014. Evaluation of the provincial competitiveness of the Chinese high-tech industry using an improved TOPSIS method. Expert Systems with Applications, 41: 2824-2831.
Zhang Z X. 2010. China in the transition to a low-carbon economy. Energy Policy, 3: 6638-6853.

第七章　辽河流域城市发展格局优化与城市群建设战略

一、现状分析与预测

(一) 辽河流域格局质量分析

1. 各生态系统类型与构成变化

辽河流域辽宁省段区域总面积共 6.62 万 km^2。研究区内包括森林、灌丛、草地、湿地、耕地、城镇、荒漠七大类一级生态系统。各类型的面积和比例如表 7-1 所示，其分布情况如图 7-1 所示。辽河流域辽宁段以耕地为主，所占比例约达 53%；森林次之，约占 29%，主要分布在研究区的东部；草地、灌丛、荒漠等所占比例很小。

2010 年和 2000 年相比，辽河流域耕地面积略有下降，减少面积比例为 1.7%；城镇面积略有增加，增加面积比例为 1.7%。

表 7-1　一级生态系统构成特征

一级生态系统	2000 年 面积/km^2	比例/%	2005 年 面积/km^2	比例/%	2010 年 面积/km^2	比例/%
森林	19 465.3	29.40	19 455.9	29.40	19 449.3	29.40
灌丛	2 465.3	3.70	2 465.2	3.70	2 465.8	3.70
草地	579.1	0.90	585.1	0.90	623	0.90
湿地	2 328.6	3.5	2 340.4	3.5	2 313.2	3.5
耕地	36 074.2	54.5	35 726.7	54.0	34 913.6	52.8
城镇	5 137.0	7.8	5 474.9	8.3	6 271.5	9.5
荒漠	113.4	0.2	115.0	0.2	131.9	0.2

2. 生态系统类型转换特征分析与评价

(1) 生态系统类型转换特征

通过表 7-2 可以得出：2000~2005 年，有一定量的耕地转化为城镇和湿地，转化面积分别为 321.1km^2 和 35.9km^2，这一时期主要是耕地向城镇转化。2005~2010 年，耕地和湿地转化为城镇面积较大，分别为 717.3km^2 和 83.4km^2；另外有湿地转化为城镇，转化面积为 66.4km^2。

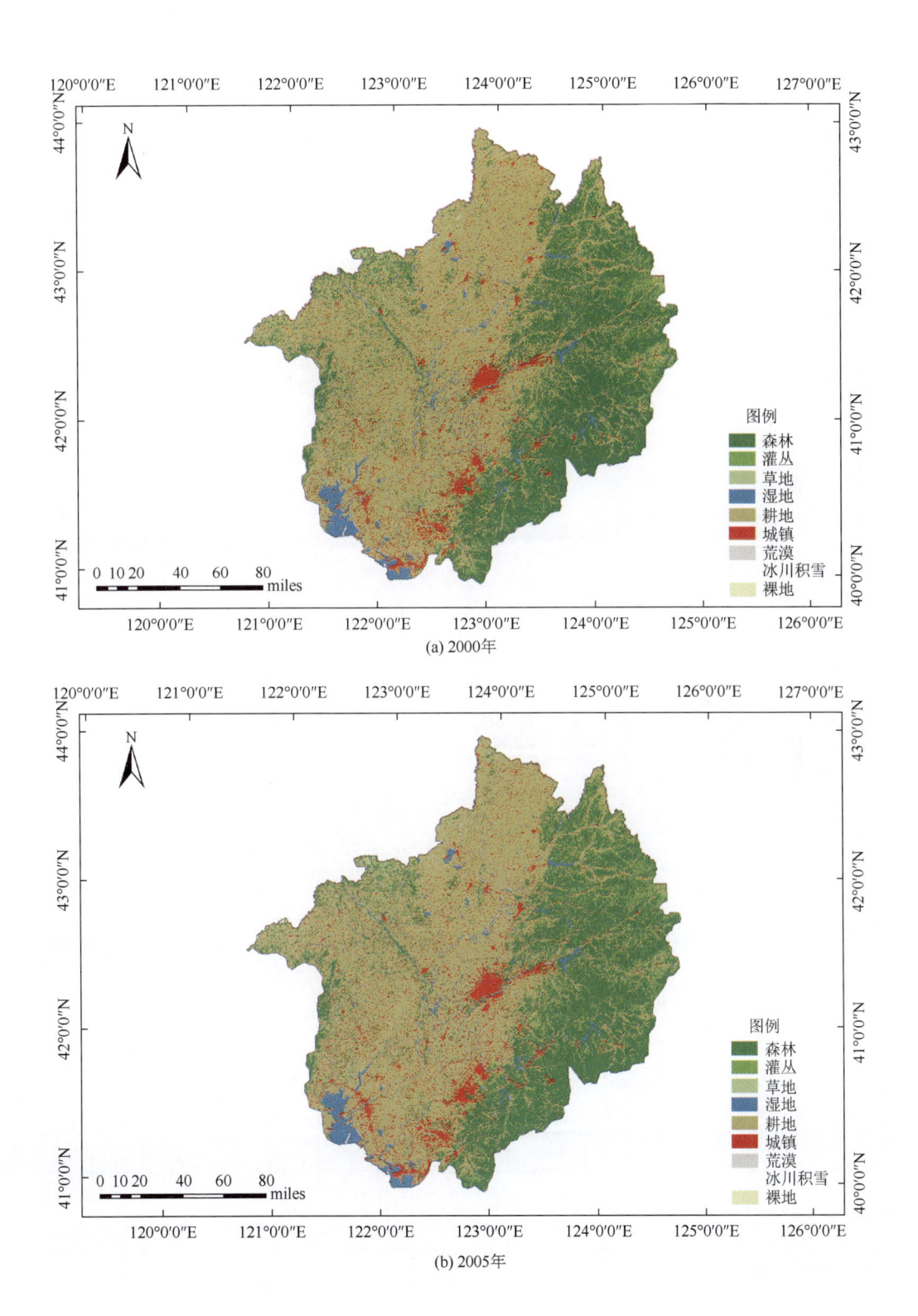

第七章　辽河流域城市发展格局优化与城市群建设战略 ·313·

(a) 2000年

(b) 2005年

(c) 2010年

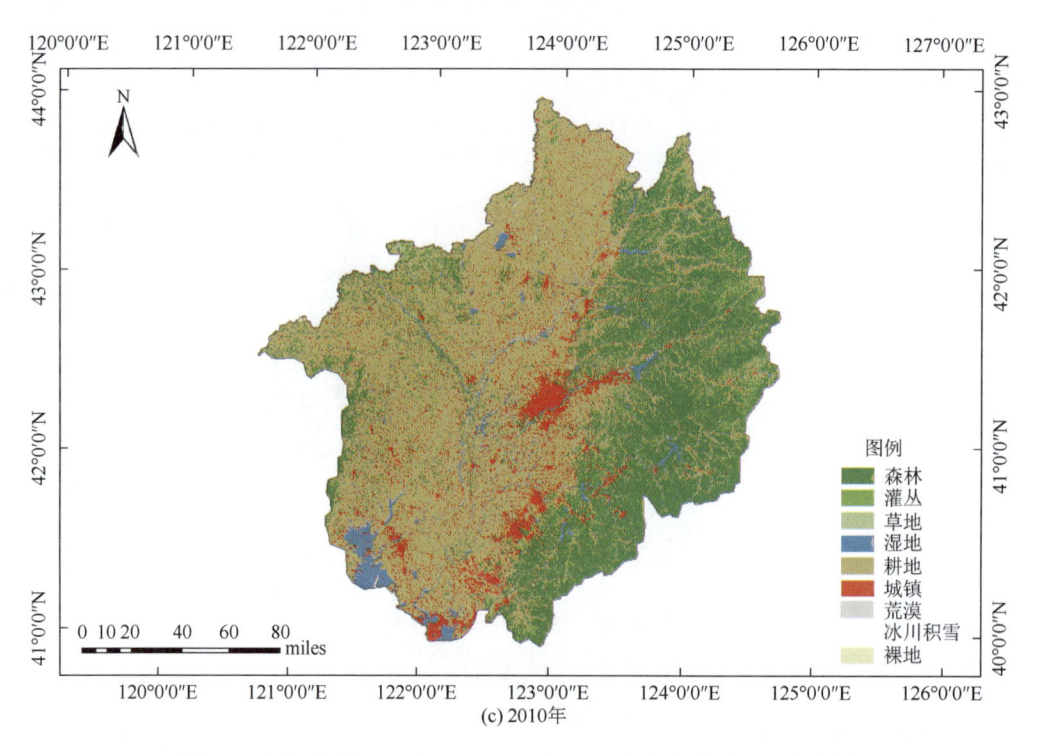

图 7-1　辽河流域 2000 年、2005 年和 2010 年生态类型一级分类图

综合这两个阶段，2000～2010 年辽河流域生态系统类型的转变耕地生态系统最大。耕地主要转化为城镇和湿地，净转化面积分别为 1038.9km^2 和 100.4km^2；另外有 91.1km^2 的湿地转化为城镇。这一时期，辽河流域生态系统类型转化特点主要是耕地向城镇转化。

表 7-2　一级生态系统分布与构成转移矩阵　　　　　　（单位：km^2）

年份	类型	森林	灌丛	草地	湿地	耕地	城镇	荒漠
2000～2010	森林	19 423.7	1.3	—	2.9	28.0	9.0	0.4
	灌丛	0.1	2 461.8	—	0.2	1.9	1.1	0.1
	草地	0.1	1.4	577.5	—	—	0.1	—
	湿地	1.5	0.1	2.3	2 199.1	31.1	91.1	3.3
	耕地	23.5	1.2	39.2	100.4	34 851.1	1 038.9	19.8
	城镇	0.2	0.1	1.0	6.8	0.7	5 127.5	0.6
	荒漠	0.1	—	3.0	1.5	0.9	2.4	105.6
年份	类型	森林	灌丛	草地	湿地	耕地	城镇	荒漠
2000～2005	森林	19 441.0	1.1	—	0.4	15.7	6.8	0.4
	灌丛	0.1	2 463.3	—	—	1.2	0.6	0.1
	草地	—	—	579.0	—	—	—	—

续表

年份	类型	森林	灌丛	草地	湿地	耕地	城镇	荒漠
2000~2005	湿地	1.0	—	—	2 303.5	14.9	8.9	0.3
	耕地	13.8	0.8	6.0	35.9	35 694.5	321.1	2.0
	城镇	—	—	—	0.1		5 136.8	—
	荒漠	—	—	0.3	0.4	0.7		112.1

年份	类型	森林	灌丛	草地	湿地	耕地	城镇	荒漠
2005~2010	森林	19 438.5	0.1	—	2.6	12.8	1.9	0.1
	灌丛	—	2 463.7		0.2	1.0	0.3	
	草地	0.1	1.3	583.6	—	—	—	
	湿地	0.6	0.1	2.4	2 234.2	17.0	83.4	2.7
	耕地	9.8	0.5	33.1	66.4	34 881.3	717.3	18.4
	城镇	0.2	0.1	1.0	6.8	0.9	5 465.3	0.6
	荒漠	0.1	—	3.0	1.2	0.6	2.0	108.1

（2）生态系统类型相互转换特征

通过计算各级综合生态系统动态度、动态类型相互转化强度来表征生态系统的相互转换特征，结果见表 7-3。由表 7-3 可得：按照一级土地类型分类，辽河流域的综合生态系统动态度在 2000~2005 年较小，在 2005~2010 年有所增加，表明生态系统类型在 2005~2010 年转换更多。通过计算辽河流域的类型相互转化强度可以发现，2000~2005 年和 2005~2010 年以及 10 年期间，该区域的转换强度（LCCI）值均为负值，表明辽河流域辽宁段的土地覆被类型持续转差。

综合土地利用动态度（LC）主要用来反映某一研究时段内，研究区的各种地类动态变化的总体情况，该值越大，说明研究区土地利用动态变化越剧烈，反之，越弱。计算公式如下：

$$LC = \left[\frac{\sum_{j=1}^{n-1} \Delta LU_{ij}}{\sum_{j=1}^{n-1} LU_i} \right] \times \frac{1}{T} \times 100\% \tag{7-1}$$

式中，LU_i 为监测起始时间第 i 类土地利用类型面积；ΔLU_{ij} 为监测时段第 i 类土地利用类型转为非 i 类土地利用类型面积的绝对值；T 为监测时段长度，当 T 设定为年时，LC 的值就是该研究区土地利用的年变化率。

表 7-3 各级综合生态系统动态度 （单位：%）

指标	名称	2000~2005 年	2005~2010 年	2000~2010 年
动态度 LC	森林	0.006 4	0.024 0	0.029 8
	灌丛	0.024 6	0.020 3	0.040 2
	草地	0.173 7	0.187 7	0.100 9

续表

指标	名称	2000～2005 年	2005～2010 年	2000～2010 年
动态度 LC	湿地	0.296 1	0.244 4	0.481 3
	耕地	4.522 0	2.314 8	6.934 4
	建设用地	0	0.020 5	0.020 5
一级生态系统综合动态度		0.147 2	0.154 1	0.172 3
二级生态系统综合动态度		0.256 2	0.218 8	0.304 3
转化强度（LCCI）		−1.7	−1.4	−1.1

辽河流域土地利用各类型变化较慢，除耕地外，土地利用动态度均在 0.5%以下。2000～2005 年耕地变化比另外 5 种类型明显，动态度约为 4.52%，其次为湿地，动态度约为 0.30%。2005～2010 年，动态度最大的仍为耕地，但其变化明显降低，动态度约为 2.31%，其次为湿地，动态度约为 0.24%；森林和建设用地的变化比 2000～2005 年有所增加，其中，建设用地变化较大，动态度约为 0.02%。总体上，2000～2010 年 10 年间，耕地的变化最为明显，动态度约为 6.93%，其次是湿地，动态度约为 0.48%。

从生态系统综合动态度来看，一级生态系统综合动态度 2000～2010 年为 0.172，其中 2000～2005 年综合动态度为 0.1472，2005～2010 年比之前有所增加。二级生态系统综合动态度 2000～2010 年为 0.3043，其中 2000～2005 年综合动态度为 0.2562，2005～2010 年比之前有所减少，综合动态度为 0.2188；综合动态度 2005～2010 年比 2000～2005 年有所减少，表明后 5 年生态系统变化减小，生态系统整体有所变差。同时二级生态系统综合动态度要大于同期一级综合动态度，说明二级生态系统之间的转化要比一级生态系统明显。从土地利用类型相互转化强度看，2000～2010 年转化强度约为−1.1，其中，2000～2005 年转化强度为−1.7，2005～2010 年比之前有所减少，表明这 10 年间，后 5 年较之前 5 年土地利用变化趋势转好，整体的土地利用有转好趋势。

（3）土地利用度分析

土地利用度主要用以反映研究区人类开发利用土地的强度。其基本思想是把研究区的各种土地利用类型按照利用程度分为 1～4 级（表 7-4）。通过每级土地利用类型在研究区所占的百分比乘以其分级指数进行加权求和，最后得到研究区的土地利用度。计算公式如下：

$$LUD = \sum_{i=1}^{n} L_i \times A_i \tag{7-2}$$

式中，LUD 为研究区的土地利用度；L_i 为区域内第 i 类土地利用类型的土地利用强度分级指数；A_i 为第 i 类土地利用类型在区域内的百分比。

表 7-4　辽河流域土地利用强度分级表

级别	未利用土地级	林、草、水用地级	农业用地级	城镇聚落用地级
土地利用类型	未利用地或难利用地	林、灌、草、水域	水田、旱地	城镇、农村居民点、交通、工矿用地
指数	1	2	3	4

根据土地利用度计算结果（表7-5），辽河流域10年来土地利用度从2000年的2.697增加到2010年的2.713，有逐步增大的趋势，其中，2000～2005年土地利用度增幅为0.185%，2005～2010年增幅为0.407%，增幅也呈逐渐增大的趋势，这说明该地区人类开发利用土地的强度日益增大。养息牧河源头丘陵台地农田覆盖中等河流区土地利用度最高，而且逐年增长幅度大，其次为西辽河干流中游荒漠平原草地覆盖河流区，柴河下游干流冲积平原森林农业覆盖河流区和汎河中下游干流平原森林农业覆盖区土地利用度最低（表7-6）。

表 7-5　辽河流域土地利用度

年份	土地利用度
2000	2.697
2005	2.702
2010	2.713

表 7-6　辽河流域水生态功能区土地利用度

水生态功能区	2000 年	2005 年	2010 年
腾格勒郭勒河低海拔丘陵草地覆盖季节断流区	2.73	2.73	2.73
乌力吉木伦河干流中游低海拔丘陵草地覆盖季节断流河流	2.88	2.97	2.98
乌力吉木伦河支流中下游低海拔丘陵草地覆盖季节断流河	2.84	2.84	2.84
乌尔吉木伦河支流上游中海拔小起伏山地草地覆盖季节性	2.84	2.84	2.84
西辽河干流中游荒漠平原草地覆盖河流区	2.95	2.95	3.00
老哈河下游荒漠平原草地覆盖中等河流区	2.90	2.90	2.90
西辽河冲积平原农牧交错覆盖小型支流季节断流区	2.78	2.79	2.82
西辽河湖积冲积平原草地农业覆盖支流季节断流区	2.66	2.67	2.70
东辽河下游台地平原农田覆盖中等支流	2.21	2.21	2.21
教来河中下游荒漠农牧交错覆盖中等季节断流河流区	2.93	2.93	2.94
招苏台河台地冲积平原农田覆盖中等河流区	2.22	2.22	2.23
清河中上游低海拔小起伏山地林地覆盖中等河流区	2.23	2.23	2.24
清河下游干流冲积平原农业覆盖河流区	2.23	2.23	2.24
辽河干流冲积平原农业覆盖河流区	2.22	2.23	2.24
柴河下游干流冲积平原森林农业覆盖河流区	2.15	2.15	2.15
汎河中下游干流平原森林农业覆盖区	2.15	2.15	2.15
辽河干流入干中等支流冲积平原农业覆盖区	2.57	2.57	2.76
蒲河冲积平原农业覆盖中等支流区	2.33	2.34	2.34
饶阳河中下游冲积平原农业覆盖区	2.80	2.81	2.81
养息牧河源头丘陵台地农田覆盖中等河流区	3.00	3.01	3.02
东辽河干流中下游台地平原农田覆盖河流区	2.21	2.21	2.21

A. 建设用地扩张

城市化是指由于社会生产力的发展而引起的城镇数量增加及其规模扩大,人口向城镇集中的过程。在某种程度上,一个地区城市化水平的高低往往象征着这一地区经济发展水平的高低。城市化促使辽河流域建设用地迅速增加。外来人口的增加和农业人口向沿海城市的流动都需要更多的住房,从而刺激了城镇建成区和城市建设用地的扩张,另外,随着城市化和工业化的深化,城镇、城市之间的经济联系不断增强,使道路交通建设用地也得到迅速发展。

B. 耕地减少

不论是城市建成区还是交通工矿用地的增加,抑或农村居民点的扩建,均主要是以挤占临近的耕地实现的。在辽河流域这种现象较为普遍。此外,由于区域工业化和城市化水平的不断提高,还通过转移农村富余劳动力到非农部门,减轻耕地压力,间接促使耕地减少。

C. 林地、草地减少

建设用地的扩张除了占用耕地以外,还会破坏一部分林地和草地,这种情况主要发生在辽河流域的北部丘陵低山地区。而近年来,在城市地区,随着城市建设水平的提高,人们对城市周边地区的生态环境状况越来越关注,一系列生态改良措施相继得以实施,其中,包括严格的森林保护和植树造林等,林地面积有少量增加。

3. 生态系统格局特征分析与评价

景观面积数量统计和转移矩阵能够有效地反映景观面积的变化,景观水平上的景观指数能够反映景观整体格局变化。景观指数计算结果表明(表 7-7),在辽河流域,景观斑块总数在逐年增加,从 2000 年的 3962 块增加到 2010 年的 4106 块。香农多样性指数与香农均匀度指数均呈缓慢上升趋势,表明辽河流域的不同景观类型面积有趋于平均的趋势,但速度缓慢。这 3 个指数的增长都说明了辽河流域景观在逐年破碎化,且破碎化程度越来越严重。边界密度可以进一步反映景观的破碎化程度,景观水平上的边界密度在逐年增大,这除了能够表明景观的边界长度在增加和景观在逐渐破碎化外,还可说明景观边界形状的复杂程度也在增加。

景观蔓延度指标的变化可以说明景观连通性的好坏。景观蔓延度指数在逐年下降,说明了辽宁沿海经济带景观的连通性在逐年下降,其下降的趋势趋于增大。该区原有耕地的景观优势地位在逐渐下降,不同景观类型面积有趋同发展趋势,这与香农多样性指数与香农均匀度指数反映的趋势一致。聚集度指数反映优势景观在整体中的优势程度,其呈上升趋势。辽河流域聚集度指数均大于 94,表明景观由少数景观类型所控制,且比例很大。虽然聚集度指数呈上升趋势,但辽河流域景观仍由少数景观类型所控制。

表 7-7 景观指数计算结果

景观指数	2000 年	2005 年	2010 年
斑块总数(NP)	3962	4011	4106
香农多样性指数(SHDI)	1.1802	1.1908	1.2128

续表

景观指数	2000 年	2005 年	2010 年
香农均匀度指数（SHEI）	0.6065	0.6120	0.6232
边界密度（ED）	5.44	5.50	5.63
聚集度（AI）	97.22	98.3551	98.3148
蔓延度（CONTAG）	67.1360	66.8370	66.2111

4. 生态系统质量分析

（1）森林生态系统质量

A. 辽河流域森林生态系统转化分析

将生态系统二级分类中，阔叶林、针叶林和针阔混交林归类为有林地，阔叶灌丛和针叶灌丛归类为灌丛林，采用转类矩阵的方法计算 2000~2005 年、2005~2010 年和 2000~2010 年有林地、疏林地、灌丛林和稀疏灌丛之间的面积转化，以期分析其森林质量的变化。通过计算发现：10 年期间这些类别之间林地面积是减少的，其中极少部分转化成了灌丛林，大部分转化成了其他非林地类。其他类型之间基本没有变化（表 7-8）。这表明 10 年间森林生态系统基本未被干扰为其他类别。

表 7-8　2000~2010 年森林生态系统面积转换变化

年份	类型	有林地	疏林地	灌丛林	稀疏灌丛
2000~2005	有林地	19 440.95	—	0.11	—
	疏林地	—	—	—	—
	灌丛林	1.10	—	2 463.25	—
	稀疏灌丛	—	—	—	—
2005~2010	有林地	19 438.47	—	0.03	—
	疏林地	—	—	—	—
	灌丛林	0.15	—	2 463.71	—
	稀疏灌丛	—	—	—	—
2000~2010	有林地	19 423.72	—	0.15	—
	疏林地	—	—	—	—
	灌丛林	1.27	—	2 461.83	—
	稀疏灌丛	—	—	—	—

B. 辽河流域森林生态系统覆盖度

2000~2010 年，辽河流域森林生态系统生长季（5~8 月）的平均覆盖度均在 80%左右，处在高级别（表 7-9）。2000~2010 年大辽河流域森林生长季的年均覆盖度表现为波动，但总体稍有上升的特点。

表 7-9　2000～2010 年森林生态系统 5～8 月平均覆盖度　　　（单位：%）

年份	2001	2005	2010
平均盖度	79.44	82.59	81.56

根据表 7-10 和图 7-2 可以得出，辽河流域森林植被覆盖度在生长季大部分处于高级别（80%～100%），其次是较高级别（60%～80%）；处于中等级别（40%～60%）的较少，处于较低级别和低级别的极少。2000～2005 年，高级别覆盖度的森林面积表现为波动但总体呈上升趋势，2005～2010 年高级别覆盖度有一定下降，但 10 年间森林覆盖度有变好的趋势。

表 7-10　森林生态系统 5～8 月平均植被覆盖度各等级面积及比例

年份	统计参数	低（0～20%）	较低（20%～40%）	中（40%～60%）	较高（60%～80%）	高（80%～100%）
2000	面积/km²	9.937 5	187.937 5	2 490.5	4 834.25	11 968.63
	比例/%	0.05	0.96	12.78	24.80	61.41
2005	面积/km²	9.25	25.63	901.06	4 871.75	13 673.06
	比例/%	0.05	0.13	4.63	25.01	70.19
2010	面积/km²	11.062 5	51.875	1 487.938	5 027.438	12 895.88
	比例/%	0.06	0.27	7.64	25.82	66.22

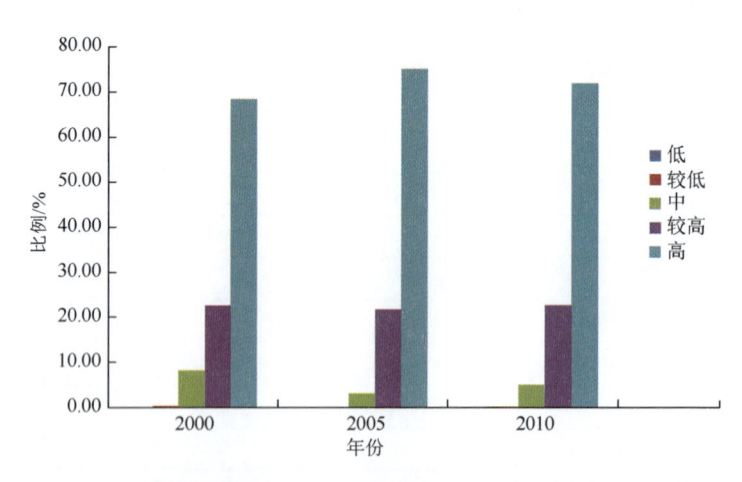

图 7-2　森林生态系统 5～8 月平均森林覆盖度各等级面积比例

根据图 7-3 得出，辽河流域森林主要分布在区域东部，且东部森林都处于高覆盖度和较高覆盖度。2000～2005 年，辽河流域西部由低覆盖度、较低覆盖度向中覆盖度和较高覆盖度转化比较明显；2005～2010 年，流域西部森林有一部分由较高覆盖度向中覆盖度

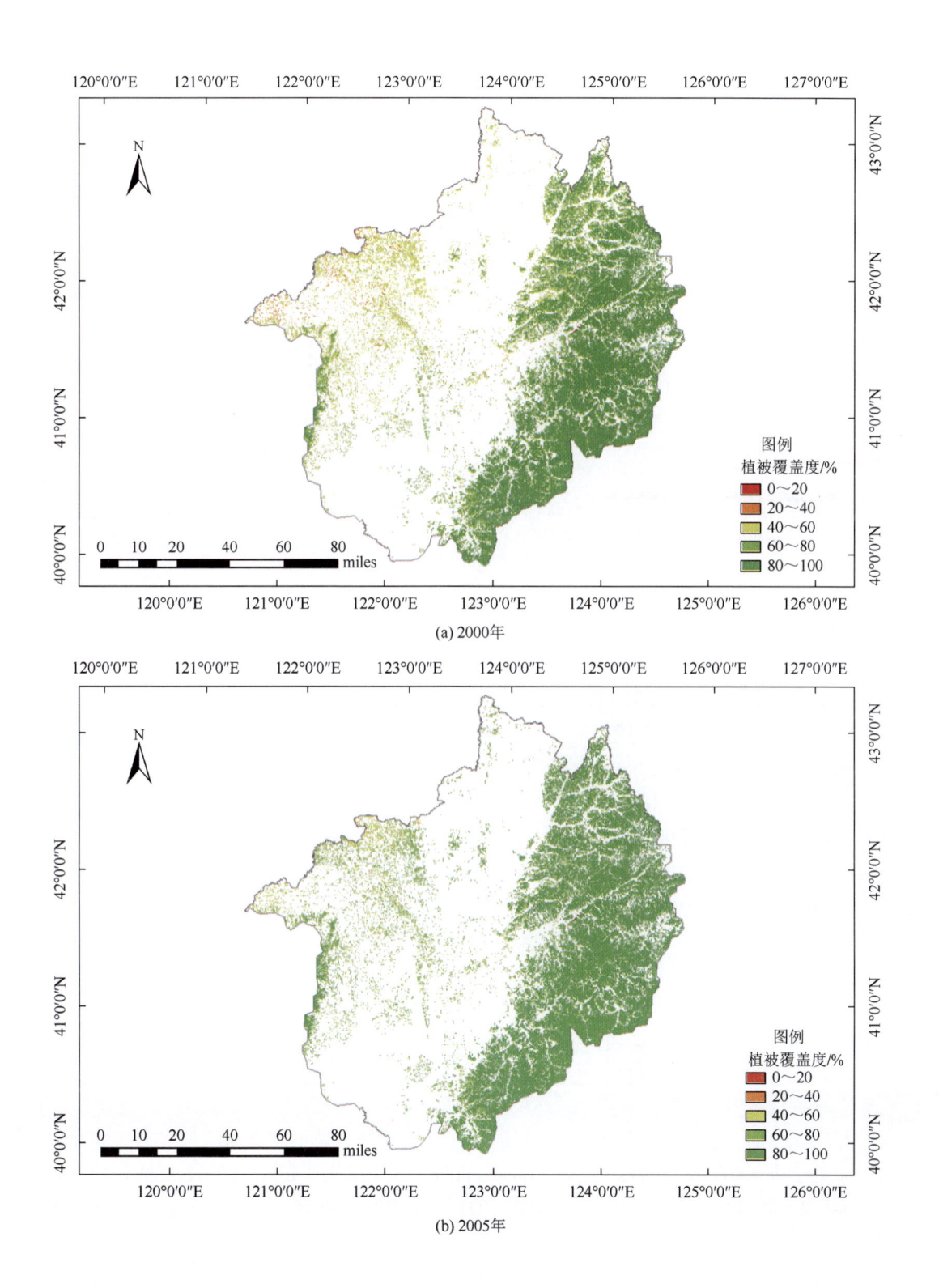

第七章 辽河流域城市发展格局优化与城市群建设战略

(a) 2000年

(b) 2005年

(c) 2010年

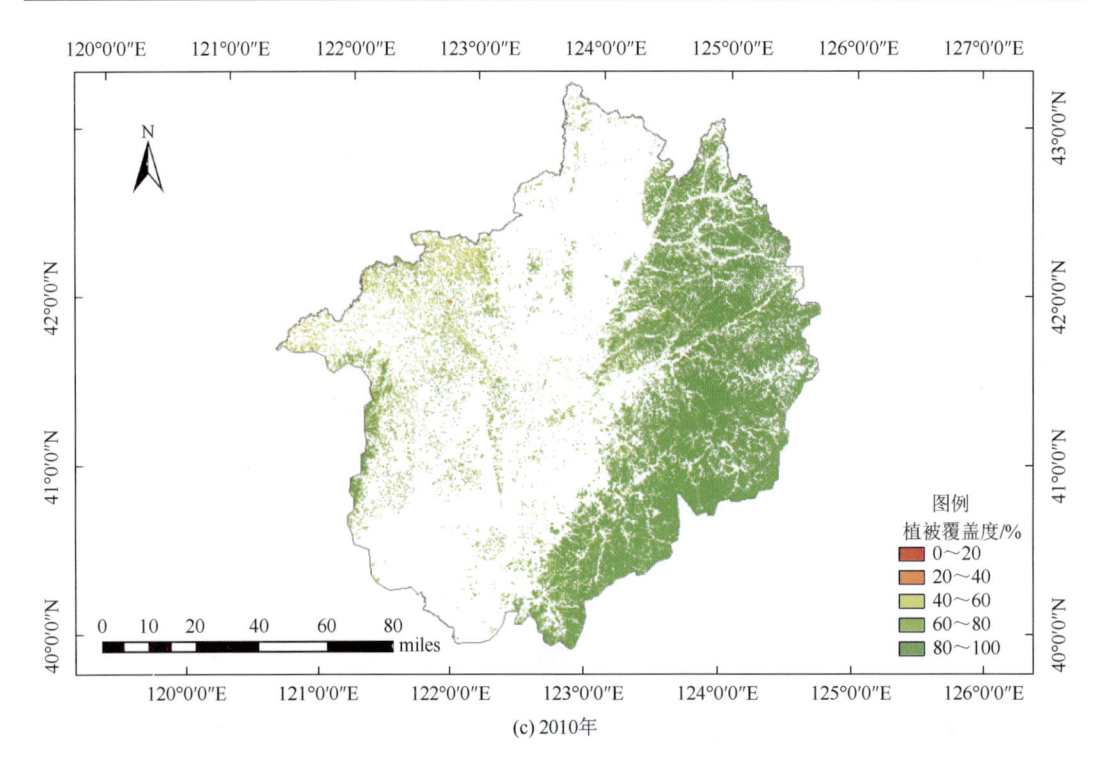

图 7-3 森林生态系统 5~8 月平均植被覆盖度各等级时空分布

1mile=1.609 344km

转化。总体而言,2000~2010 年,辽河流域森林覆盖度有所增加。

(2) 草地生态系统覆盖度

A. 辽河流域草地生态系统覆盖度

2000~2010 年,辽河流域草地生态系统生长季(5~8 月)的平均覆盖度均在 65%~70%,处在较高级别。2000~2005 年,辽河流域草地生态系统覆盖度有一定增加,2005~2010 年略有减少。2000~2010 年辽河流域草地生长季的年均覆盖度表现为波动,但总体上升的特点(表 7-11)。

表 7-11 2000~2010 年草地生态系统 5~8 月平均覆盖度(%)

年份	2001	2005	2010
平均盖度	66.58	69.91	69.28

根据表 7-12、图 7-4、图 7-5 可以得出,在辽河流域,草地生态系统植被覆盖度在生长季多处于高(80%~100%)、较高(60%~80%)和中级别(40%~60%)之间,处于较低级别(20%~40%)的较少,处于低级别的极少。2000~2010 年,高、较高、中级别覆盖度的草地面积表现为波动但最终呈增加趋势;较低和低级别覆盖度的草地面积呈现减少趋势。总体而言,10 年间草地覆盖度有变好的趋势。

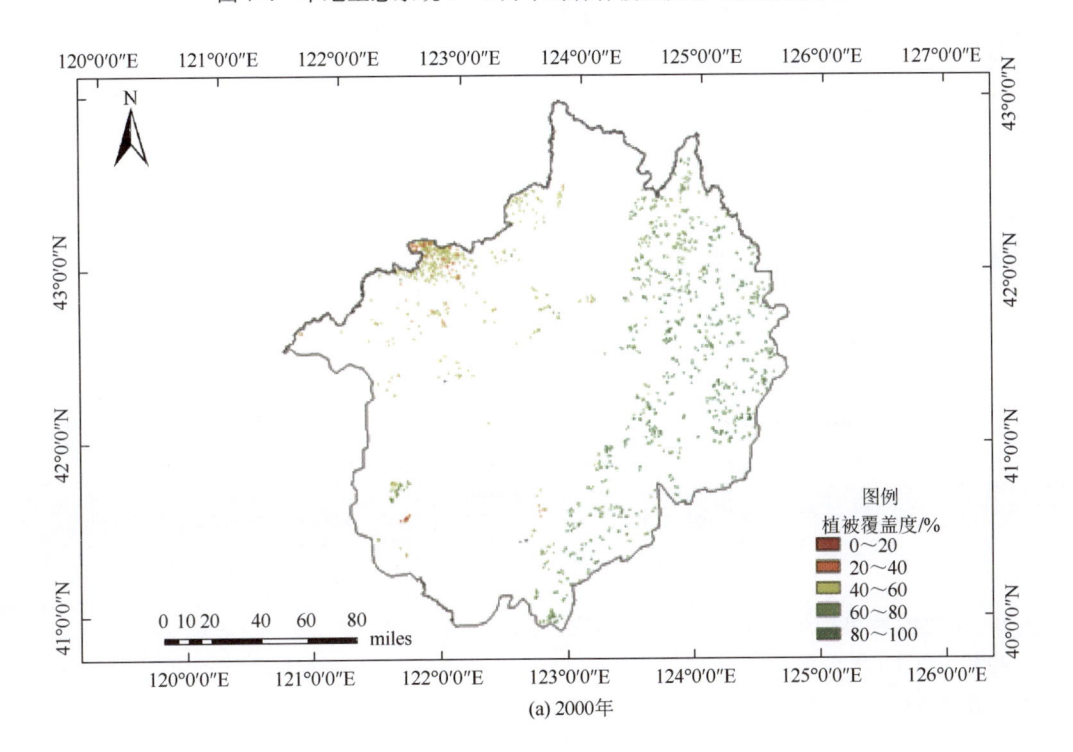

表 7-12 草地生态系统 5～8 月平均植被覆盖度各等级面积及比例

年份	统计参数	低 （0～20%）	较低 （20%～40%）	中 （40%～60%）	较高 （60%～80%）	高 （80%～100%）
2000	面积/km²	1.5625	50.375	177.875	164.25	190.8125
	比例/%	0.27	8.61	30.41	28.08	32.62
2005	面积/km²	0.19	19.75	164.31	199.13	207.50
	比例/%	0.03	3.34	27.81	33.70	35.12
2010	面积/km²	0.19	17.63	194.13	196.75	219.81
	比例/%	0.03	2.80	30.89	31.30	34.97

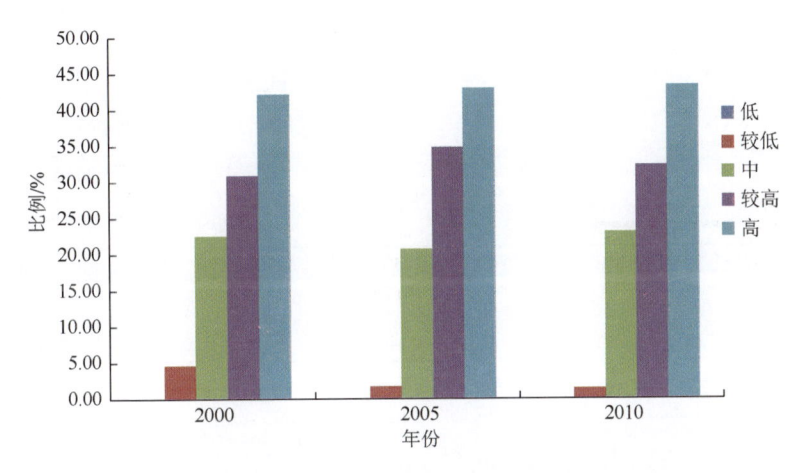

图 7-4 草地生态系统 5～8 月平均森林覆盖度各等级面积比例

(a) 2000年

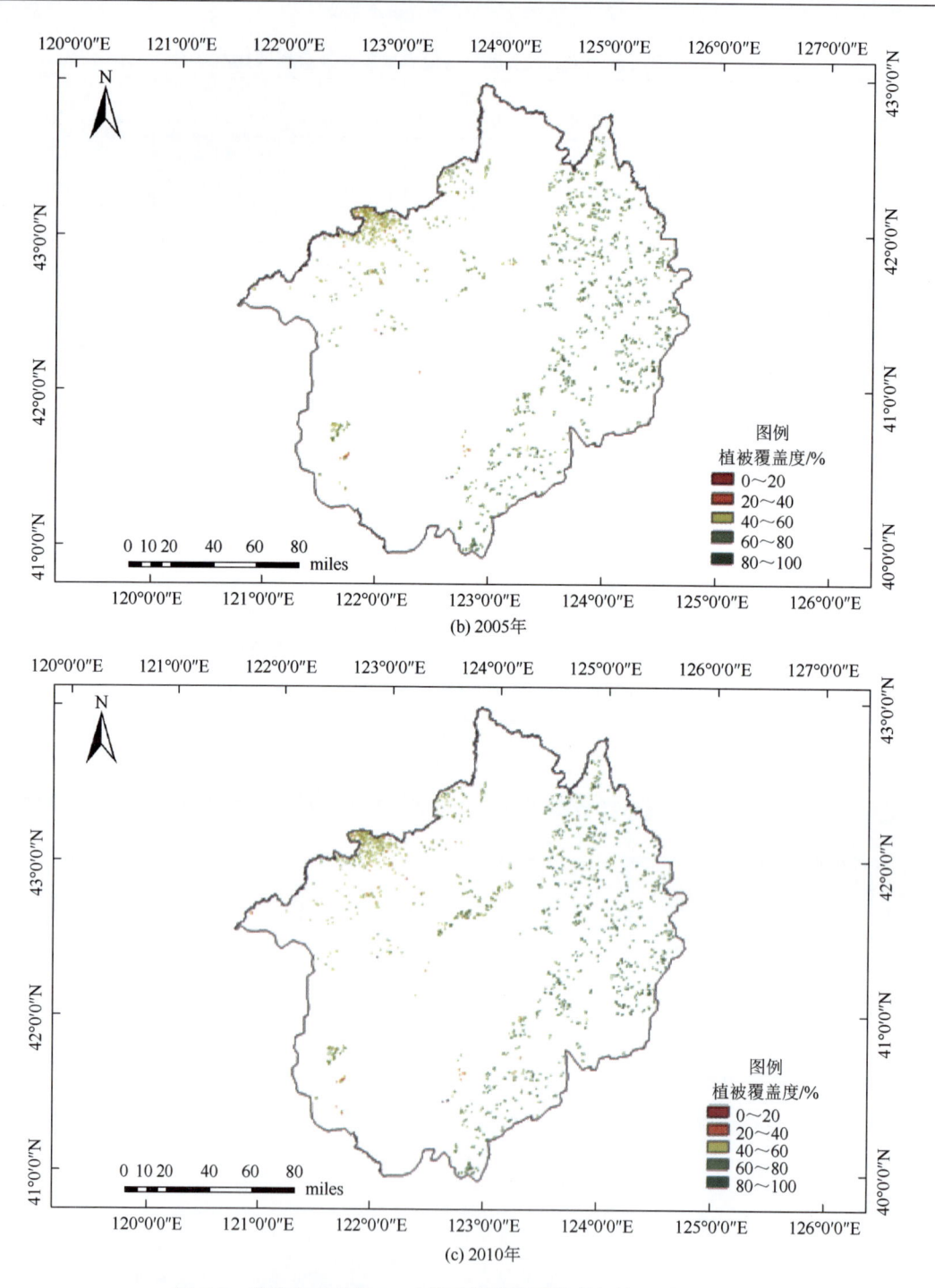

图 7-5　草地生态系统 5~8 月平均植被覆盖度各等级时空分布

B. 辽河流域草地生态系统盖度平均变异系数

2000~2010 年,辽河流域草地生态系统覆盖度的变异系数为 0.2%~0.3%,变化幅度微小(表 7-13)。

表 7-13 2000~2010 年草地生态系统 5~8 月草地盖度平均变异系数（%）

年份	2001	2005	2010
年均变异系数	0.23	0.23	0.22

（3）灌丛生态系统覆盖度

2000~2010 年，辽河流域灌丛生态系统生长季（5~8 月）的平均覆盖度均为 80%~85%，处在高级别，总体变化不大。但 2000~2010 年辽河流域灌丛生长季的年均覆盖度表现为上升趋势（表 7-14）。

表 7-14 2000~2010 年灌丛生态系统 5~8 月平均植被覆盖度（%）

年份	2001	2005	2010
平均盖度	80.20	82.49	81.30

根据表 7-15、图 7-6 和图 7-7 可以得出，辽河流域灌丛生态系统覆盖度在生长季大部分处于高级别（80%~100%），其次处在较高（60%~80%）级别，处于中级别（40%~60%）的相对较少。2000~2010 年，高级别和较高级别覆盖度的灌丛面积呈现波动下降趋势，而中等级覆盖度的灌丛面积经过波动，整体表现为下降趋势，表明 10 年间森林覆盖度有变好的趋势。

表 7-15 灌丛生态系统 5~8 月平均植被覆盖度各等级面积及比例

年份	统计参数	低 (0~20%)	较低 (20%~40%)	中 (40%~60%)	较高 (60%~80%)	高 (80%~100%)
2000	面积/km²	1.44	8.13	132.31	872.13	1437.94
	比例/%	0.06	0.33	5.40	35.57	58.64
2005	面积/km²	1.25	2.31	46.88	716.00	1686.13
	比例/%	0.05	0.09	1.91	29.19	68.75
2010	面积/km²	1.63	5.13	76.25	812.31	1557.56
	比例/%	0.07	0.21	3.11	33.12	63.50

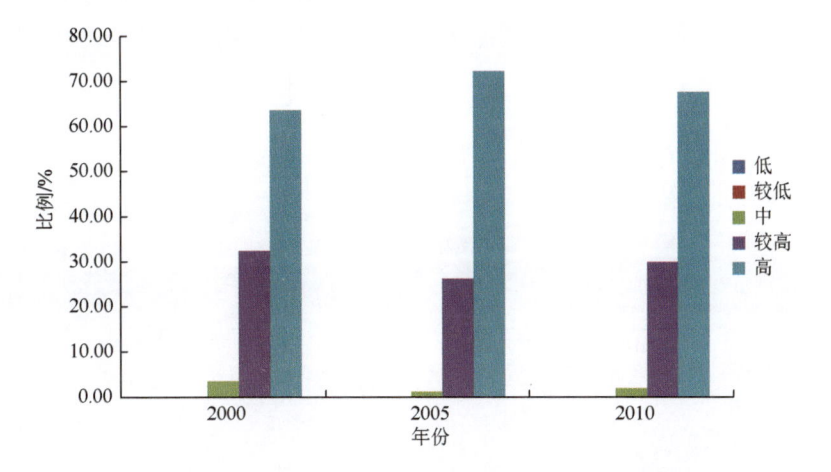

图 7-6 灌丛生态系统 5~8 月平均植被覆盖度各等级面积及比例

(a) 2000年

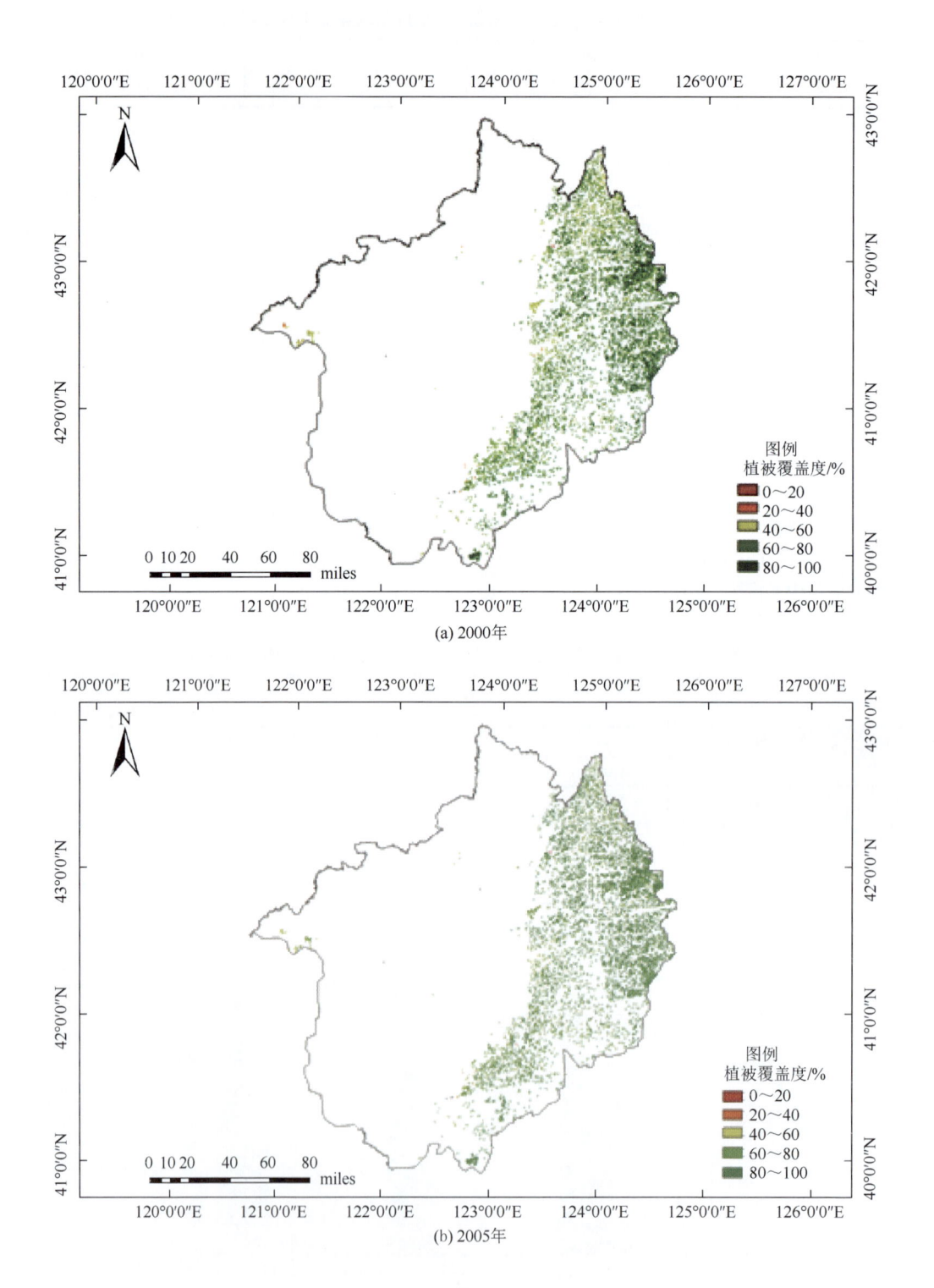

(b) 2005年

(c) 2010年

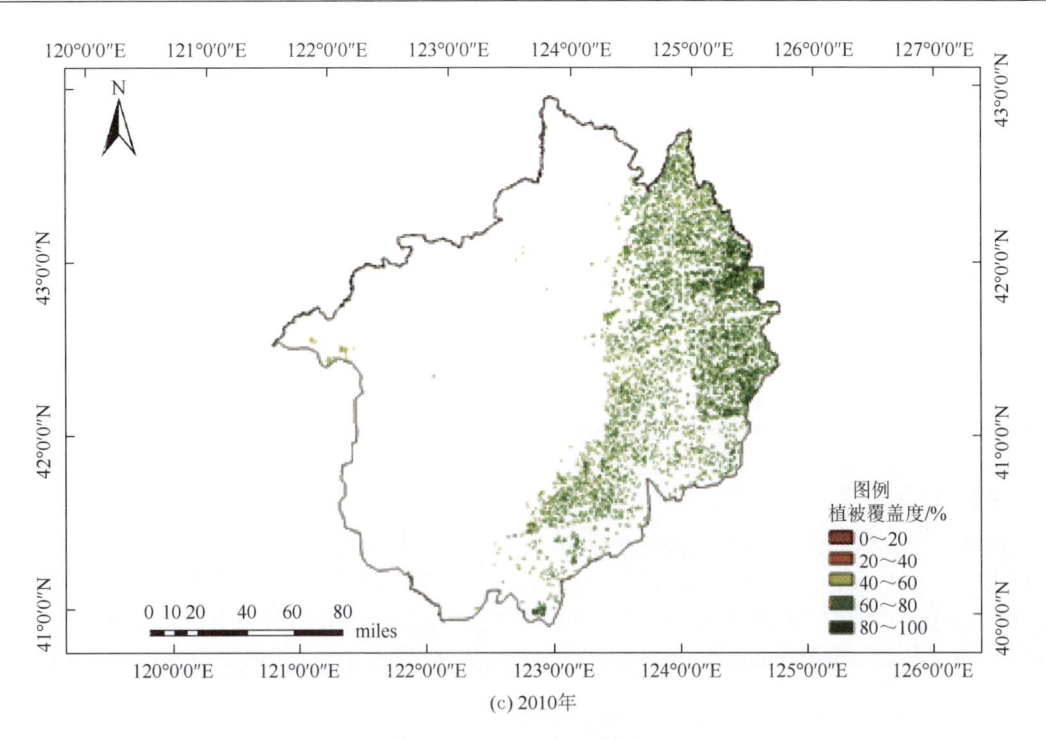

图 7-7　灌丛生态系统 5～8 月平均植被覆盖度各等级时空分布

（二）辽河流域生态服务功能评价

1. 水源涵养功能

（1）计算方法

水源涵养量通过降水量、蒸发量和土壤涵养水源能力等关系推算，其中蒸散发量还可以采用等价的径流量系数表达。此方法既能反映区域实际水源涵养量的平均状况，其动态分析又能反映水源涵养能力的变化（程根伟和石培礼，2004）。

$$W_i = \sum 10 \times A_i \times F_i \times K_i \times P_i \times \partial \tag{7-3}$$

式中，W_i 为研究区域的年水源涵养量（m³）；A_i 为土地利用类型面积（hm²）；F_i 为植被覆盖度；K_i 为发育度指数（表 7-16）；P_i 为年降水量；∂ 为径流系数。

表 7-16　水源涵养评估参数表

生态系统	K_i 值	∂ 值	生态系统	K_i 值	∂ 值	生态系统	K_i 值	∂ 值
常绿阔叶林	0.9	0.84	稀疏草地	0.45	0.4	居住地	0	0
落叶阔叶林		0.83	森林沼泽	0.55	0.6	乔木绿地	0.45	0.17
常绿针叶林		0.85	灌丛沼泽		0.6	灌木绿地		0.3
落叶针叶林		0.84	草本沼泽		0.6	草本绿地		0.35
针阔混交林		0.8	湖泊	1	0.99	工业用地	0	0
稀疏林		0.75	水库/坑塘		0.99	交通用地		0

续表

生态系统	K_i值	α值	生态系统	K_i值	α值	生态系统	K_i值	α值
常绿阔叶灌木林	0.7	0.63	河流	1	0.99	采矿场	0	0
落叶阔叶灌木林		0.6	运河/水渠		0.99	苔藓/地衣	0.1	0.1
常绿针叶灌木林		0.65	水田	0.4	0.5	盐碱地		0.1
稀疏灌木林		0.55	旱地		0.68	沙漠/沙地		0.01
草甸	0.6	0.41	乔木园地	0.45	0.75	裸岩	0.1	0.01
草原		0.35	灌木园地		0.58	裸土		0.2
草丛		0.47						

（2）计算结果

2000年辽河流域生态系统总水源涵养量以及单位面积水源涵养量分别为95.29×10^8t和143.97×10^3t/km²，2010年分别为113.44×10^8t和171.36×10^3t/km²（表7-17）。较2000年相比，2010年辽河流域总水源涵养量和单位面积水源涵养量分别增加了18.15×10^8t和27.42×10^3t/km²，表明2000~2010年辽河流域水源涵养能力有所增加（图7-8）。

表7-17 水源涵养能力变化

水源涵养	2000年	2010年	变化量
总水源涵养量/10^8t	95.29	113.44	18.15
单位面积水源涵养量/（10^3t/km²）	143.94	171.36	27.42

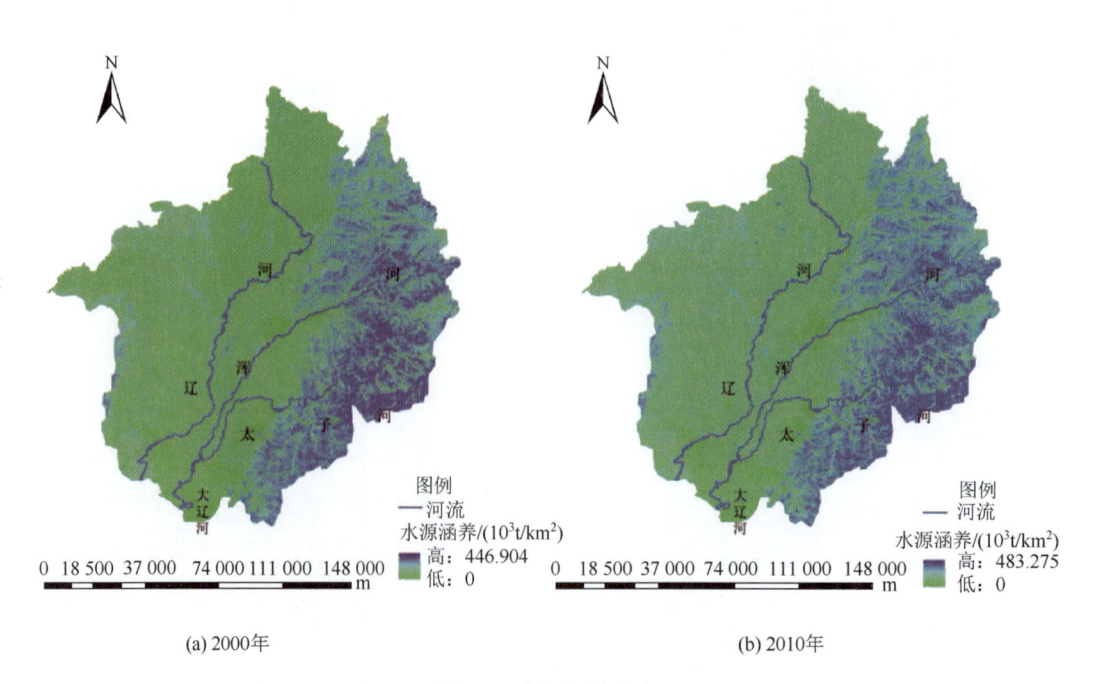

(a) 2000年　　　　　　　　　　　(b) 2010年

图7-8 水源涵养分布

2. 土壤保持功能

(1) 计算方法

采用通用土壤流失方程（USLE）计算土壤侵蚀。USLE 模型只考虑与土壤侵蚀相关的各个因子，它通过获取这些因子的相关数据，进行深入的统计分析，拟合多元回归方程，然后建立各影响因子与土壤侵蚀相互关系的模型（钟德燕，2012）。USLE 模型的数学表达式为

$$A = R \times C \times K \times \text{LS} \times P \tag{7-4}$$

式中，A 为年均土壤侵蚀量[t/(hm²·a)]；R_i 为第 i 月降雨侵蚀力因子[MJ·mm/(hm²·h·a)]；K 代表土壤可蚀性因子[t·h/(hm²·MJ·mm·hm²)]；LS 为地形因子，无量纲，其中 L 代表坡长因子，S 代表坡度因子；C 为植被覆盖因子，无量纲；P 为水土保持措施因子，无量纲。

采用 Wischmeier（1978）经验公式计算降雨侵蚀力 R。Wischmeier 经验公式以月平均、年平均降水量为基础数据：

$$R_i = 1.735 \times 10^{\left(1.5 \times \ln\left(\frac{P_i^2}{P}\right) - 0.8188\right)} \tag{7-5}$$

式中，P 表示年降水总量（mm）；P_i 表示 1~12 月第 i 月的降水量（mm）。根据 2000~2010 年的降雨数据，逐月率定降雨侵蚀力因子。

采用 Williams（1983）等在 EPIC（erosion productivity impact calculator）模型中土壤可蚀性因子 K 值计算方法：

$$\begin{aligned}
K = &\left\{0.2 + 0.3\exp\left[-0.256 S_d\left(1 - \frac{S_i}{100}\right)\right]\right\} \times \left(\frac{S_i}{C_i + S_i}\right)^{0.3} \\
&\times \left[1 - \frac{0.25C}{C + \exp(3.72 - 2.95C)}\right] \\
&\times \left\{1 - \frac{0.7\left(1 - \frac{S_d}{100}\right)}{\left(1 - \frac{S_d}{100}\right) + \exp\left[-5.521 + 2.29\left(1 - \frac{S_d}{100}\right)\right]}\right\}
\end{aligned} \tag{7-6}$$

式中，S_d 表示砂粒含量（%）；S_i 表示粉粒含量（%）；C_i 表示黏粒含量（%）；C 表示有机质含量（%）。

地形因子 LS，是指在其他条件相同的情况下，特定坡面（特定坡度和坡长）的土壤流失量与标准径流小区土壤流失量之比值。其值为坡长因子 L 与坡度因子 S 的乘积，计算公式为

$$\text{LS} = L \times S \tag{7-7}$$

利用马超飞等（2001）采用线性像元分解法建立的 C 与植被覆盖度 F_c 之间的关系式，分别计算植被覆盖因子，计算公式为

$$\begin{cases} C = 1 & F_c = 0 \\ C = 0.6508 - 0.3436\lg F_c & 0 < F_c < 88.3\% \\ C = 0 & F_c > 88.3\% \end{cases} \tag{7-8}$$

式中，C 代表植被覆盖因子；F_c 代表植被覆盖度。计算得到 2000 年和 2010 年 30m×30m

的 C 因子栅格图层。

潜在土壤侵蚀量与实际土壤侵蚀量之差即为生态系统的土壤保持量，计算公式为

$$\text{USLE} = R \times K \times \text{LS} \times (1 - C \times P) \tag{7-9}$$

式中，潜在土壤侵蚀量为 $R \times K \times \text{LS}$，实际土壤侵蚀量为 $R \times K \times \text{LS} \times C \times P$。

（2）计算结果

辽河流域土壤侵蚀以微度侵蚀 $[0\sim200\text{t}/(\text{km}^2 \cdot \text{a})]$ 和轻度侵蚀 $[200\sim2500\text{t}/(\text{km}^2 \cdot \text{a})]$ 为主；平均土壤侵蚀模数分别为 $45.23\text{t}/(\text{km}^2 \cdot \text{a})$ 和 $143.83\text{t}/(\text{km}^2 \cdot \text{a})$，低于水利部颁发的容许土壤流失量 $200\text{t}/(\text{hm}^2 \cdot \text{a})$；2000 年和 2010 年微度侵蚀和轻度侵蚀的侵蚀范围面积之和都在 99% 以上，总体上水土保持良好。2000~2010 年，微度侵蚀所占面积减少，面积分别占侵蚀总面积的 92.16% 和 80.43%，所占比例减少 11.73%，面积减少 7680.38km²；其他级别侵蚀面积均有增加，其中，面积增加最多的为轻度侵蚀，有 7261.44km²，占总侵蚀面积由 2000 年的 7.77% 增加到 18.87%，所占比例增加 11.10%；中度、强烈、极强、剧烈侵蚀等级面积分别增加 280.2km²、51.82km²、34.58km² 和 52.34km²。这表明辽河流域土壤侵蚀从侵蚀范围上呈现由轻度侵蚀向高等级级别侵蚀转移的趋势（表 7-18）。

表 7-18　土壤侵蚀强度分级统计

侵蚀级别	侵蚀模数 t/(km²·a)	2000 年 面积/km²	比例/%	2010 年 面积/km²	比例/%	面积净变化/km²
微度	<200	60 312.88	92.16	52 632.5	80.43	-7 680.38
轻度	200~2 500	5 086.06	7.77	12 347.5	18.87	7 261.44
中度	2 500~5 000	27.37	0.04	307.57	0.47	280.20
强烈	5 000~8 000	7.74	0.01	59.56	0.09	51.82
极强	8 000~15 000	5.49	0.01	40.07	0.06	34.58
剧烈	>15 000	1.30	0.00	53.64	0.08	52.34

3. 生物多样性

（1）计算方法

采用 InVEST 模型中的生境质量指数来进行评价，计算公式如下：

$$Q_{xj} = H_j \left(1 - \left(\frac{D_{xj}^2}{D_{xj}^2 + K^z} \right) \right) \tag{7-10}$$

式中，Q_{xj} 为土地利用与土地覆盖 j 中栅格 x 的生境质量；H_j 为土地利用与土地覆盖 j 的生境适应性；D_{xj} 为土地利用与土地覆盖或生境类型 j 栅格 x 的生境胁迫水平；K 为半饱和常数。

A. InVest 模型介绍

InVEST 模型（the integrate valuation of ecosystem services and tradeoffs tool）是由美国斯坦福大学、世界自然基金会和大自然保护协会联合开发的模型系统，它由水模型和非水模型两大部分构成，通过模拟不同土地利用状态下生态系统物质量和价值量的变化情况来对生态系统服务功能进行评估。目前，随着社会经济的迅猛发展，人类对资源的需求量日益增长，

然而由于生态系统提供的资源和服务功能具有稀缺性的特性,就导致两者之间的矛盾不断加剧。InVEST 模型通过模拟预测不同情景下生态系统自然资源的内在变化,为人们准确掌握生态系统服务功能价值状况,以及对自然资源的科学评估和生态环境的保护提供了决策依据。

B. Biodiversity 模型简介

InVEST 模型下的生物多样性评价模块（biodiversity model）开发的初衷来自于美国土地开发商、自然资源经营者和自然保育机构对于弄清环境资源及其空间分布的诉求,探讨不同管理策略和人为影响因素下对于生态服务功能的价值变动的衡量。其原理实际上是基于人为影响威胁因子来评价,通过威胁因子的影响距离、空间权重、法律保护的准入性等因素,来评估生境退化（degration）、生境质量（habitat quality）,从而揭示土地利用变化可能带来的生态环境功能和质量的相应变化规律。该模型采用土地利用/土地覆盖信息,结合各种对生物多样性构成威胁的生态威胁因子,在区域景观格局上对其生境质量、生境退化状况及生境多样性情况进行总体评价。InVEST 模型中的生物多样性评价模型运行与四大因素紧密相关,它们分别是生态威胁因子的影响范围、生态威胁因子源头距离生境的远近、生境对于生态威胁因子的敏感程度,以及法律保护情况与保护区的设立。相应地,该模型需要的空间分析数据有生态威胁因子的影响范围、土地利用类型图、各土地利用类型对于生态威胁因子的敏感程度,以及自然保护区法律、法规制定情况和实施难易的准入度。本书对于区域的考虑主要是从生态价值和环境保护的角度出发,把森林、红树林、天然河流视为本研究中应该予以保护的区域。

（2）计算结果

A. 生境退化指数

生境退化指数的高低反映了威胁源对该地区生境所造成的潜在破坏及生境质量下降的可能性大小。由图 7-9 可以看出 2000 年辽河流域生境退化程度最为严重的区域集中

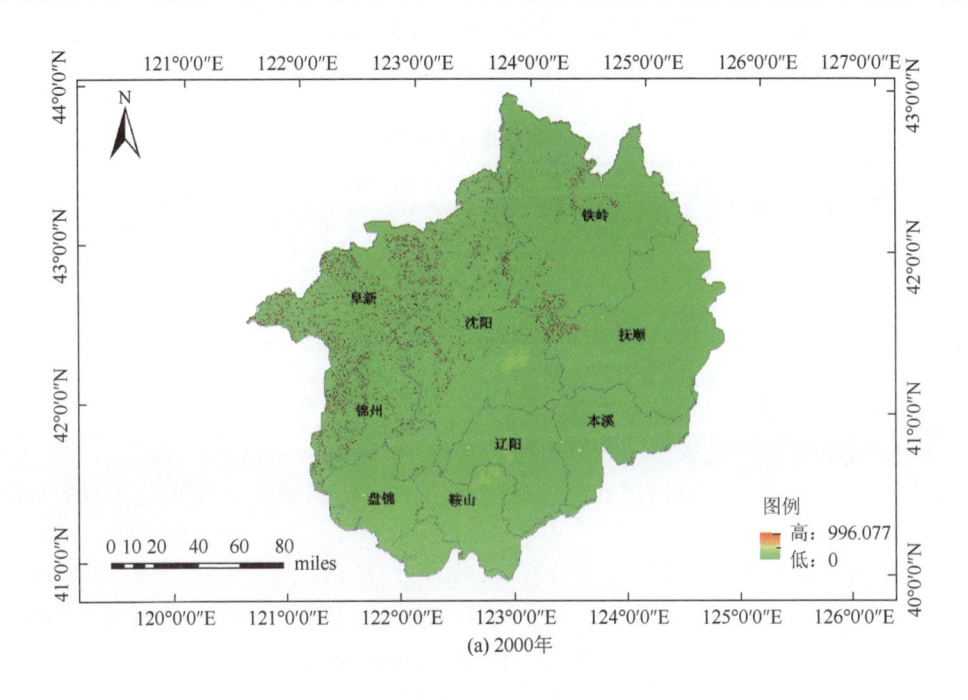

(a) 2000年

(b) 2010年

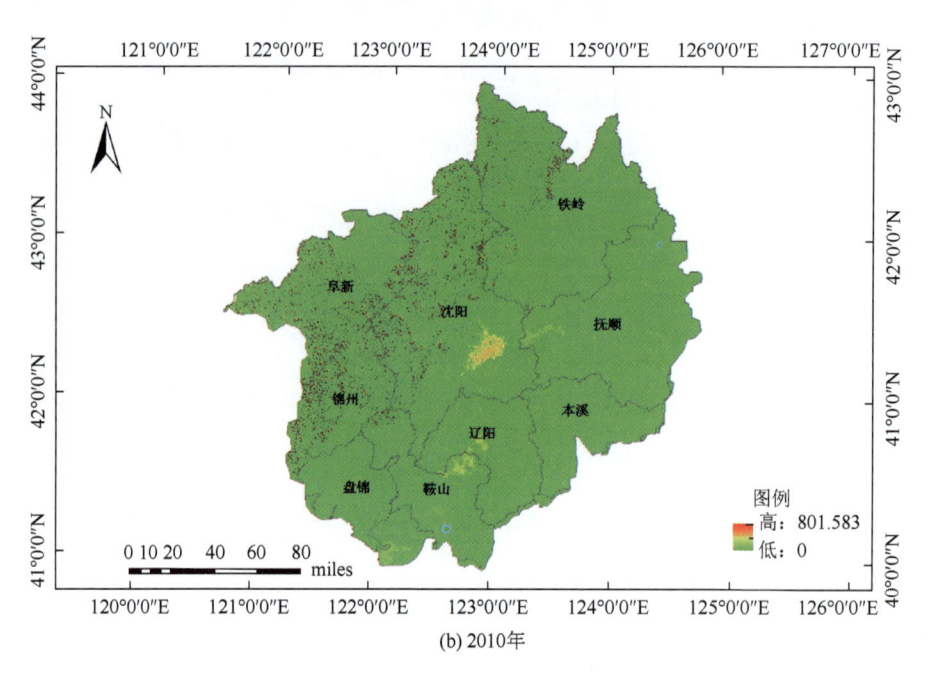

图 7-9　生境质量分布

在西部、北部地区，该区域生境质量退化是由于城镇用地快速扩张造成的；中部、东部地区生境退化程度最低，说明该地区生物栖息地保护良好。

2010 年辽河流域内生境退化严重的区域仍然集中在西部，虽然有所减少，但该区域生境退化程度仍然十分严重。

将生境退化程度分为 3 个等级，各等级土地面积占辽河流域面积的比例见表 7-19。2000~2010 年，辽河流域内大部分生境处于轻微退化状态，处于中度退化程度的生境面积在 2010 年达到极大值，处于中度退化的生境面积在逐渐增加。

表 7-19　生境退化程度统计表

退化程度	2000 年面积比例/%	2005 年面积比例/%	2010 年面积比例/%
轻微退化	94.8	95.37	96.39
中度退化	1.75	1.68	3.61
严重退化	3.44	2.95	0

B. 生境质量分析

2000~2010 年辽河流域中部区域生境质量处于高水平，生境质量较高的区域主要是森林和灌丛生态系统，生境质量低的区域主要分布在西部地区，这类地区以农田为主（图 7-10）。

由表 7-20 可以看出，辽河流域大部分区域生境质量处于较低等级，其中，2000 年低等级质量生境所占比例最高；2000~2010 年高等级生境质量所占面积有所增加，2000~2010 年该中等级、高等级生境均有增加，生境质量有所好转。

(a) 2000年 (b) 2010年

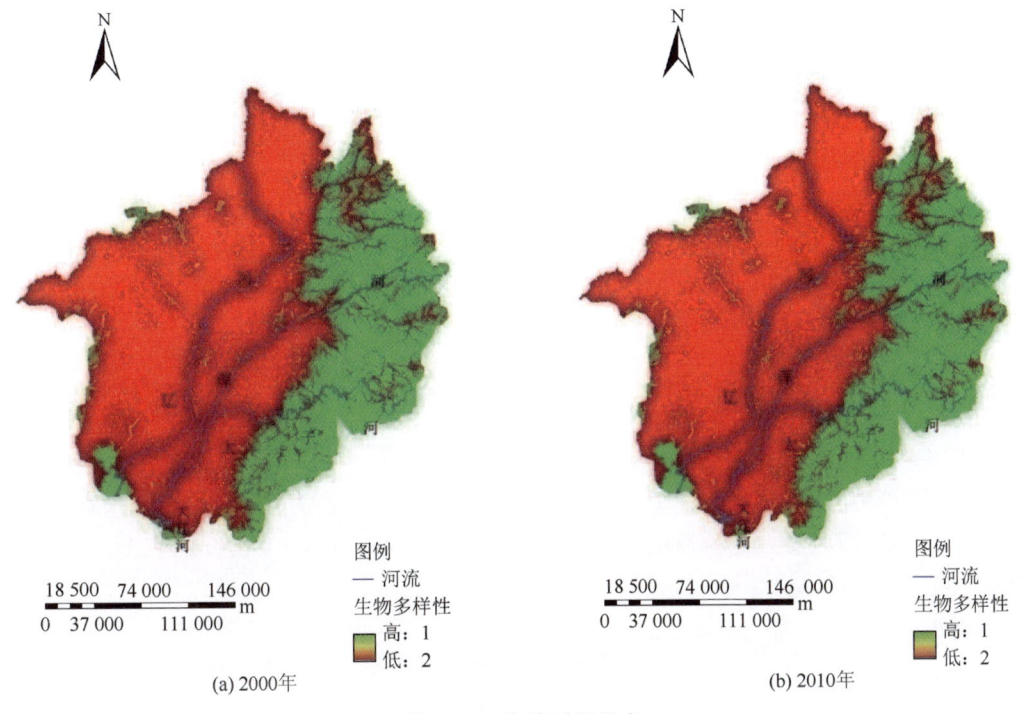

图 7-10　生境质量分布

表 7-20　生境质量指数各等级统计

生境质量	2000 年		2010 年	
	面积/km²	比例/%	面积/km²	比例/%
低等级	46 229.70	69.87	45 634.00	68.97
中等级	741.05	1.12	787.36	1.19
高等级	19 187.94	29	19 743.64	29.84

4. 生态固碳

（1）计算方法

从碳储量和碳汇量两个角度估算生态固碳功能，将两者之和视为总的生态固碳功能。碳储量是指生态系统储存碳的能力，即碳的储存量（碳库），植物通过光合作用可以将大气中的 CO_2 转化为碳水化合物，并以有机碳的形式固定在植物体内或土壤中。生态系统碳库主要包括植被碳库和土壤碳库两部分。碳汇是指从空气中固定 CO_2 的净增量，生态系统整体获得或损失的碳量，可以反映出碳库对于全球大气 CO_2 含量变化的贡献。

本研究采用生物量碳密度法估算植被碳储量，其中，森林植被碳储量为生物量乘以碳转化系数（0.5），其他植被碳储量为生物量乘以碳转化系数（0.45）。土壤碳储量基于全国 1∶100 万土壤数据，采用"土壤类型法"估算生态系统土壤碳储量。

陆地生态系统碳汇功能可以用净生态系统生产力（NEP）来表征，即生态系统总初级生产力（GPP）与生态系统呼吸（Re）的差值。本研究中陆地生态系统总初级生产力和生态系统呼吸模型的构建基于可获取的全球通量网（FLUXNET）664 个站点和中国通量网（ChinaFLUX）72 个站点的年内总初级生产力、生态系统呼吸和净生态系统碳交换量及相关环境变量（光合有效辐射、温度及降水）数据资料。采用模型数据融合、光能利用率模型模拟与中分辨率遥感等现代技术手段相结合，开展区域尺度陆地生态系统碳汇功能的定量评价，量化区域生态系统碳汇功能的时空变化特征。

本研究构建的总初级生产力模型采用光能利用率模型的一般形式，认为生态系统总初级生产力等于植被吸收的光合有效辐射与光能利用率的乘积，而光能利用率等于最大光能利用率与环境限制因子的乘积。研究中构建的光能利用率模型是在植被光合模型的基础上发展起来的。

本研究结合气象数据，基于 MODIS 数据，对辽河流域 2000 年和 2010 年的 GPP 进行遥感估算，基本公式如下：

$$GPP = \varepsilon_g \times FPAR \times PAR \quad (7-11)$$

式中，ε_g 是植被将所吸收的光合有效辐射转化为 GPP 的效率；FPAR 为冠层吸收的光合有效辐射比率；PAR 为光合有效辐射。

生态系统呼吸根据观测数据构建生态系统呼吸与总初级生产力、环境因子的统计模型模拟，其中，环境因子主要考虑温度的影响。本研究根据 ChinaFLUX 和 America FLUX 的数据，分析 R_{eco} 与 GPP 及气温的相关性，根据不同生态系统类型分别建立生态系统呼吸的估算模型，进而计算得到 R_{eco}。森林、草地、灌丛、农田等生态系统呼吸计算公式分别为

$$\begin{cases} R_{eco\_needleleaf} = 0.35GPP + 0.435\exp(0.061T_a) - 0.14 \\ R_{eco\_grass} = 0.567GPP + 0.3\exp(0.049T_a) + 0.95 \\ R_{eco\_crop} = 0.266GPP + 0.308\exp(0.094T_a) + 0.425 \\ R_{eco\_shrub} = 0.633GPP + 0.114\exp(0.06T_a) + 0.092 \\ R_{eco\_broadleaf} = 0.313GPP + 0.299\exp(0.0561T_a) + 0.955 \end{cases} \quad (7-12)$$

式中，T_a 为年均温。本研究基于气象站点年均温数据，采用 Kringing 空间插值法得到各年度年均温空间栅格数据。

研究未考虑城镇、荒漠、冰川/永久积雪、裸土、裸岩及湿地中的河流、湖泊的碳源汇状况，因此，在 ArcGIS 出图结果中表现为空值。

（2）计算结果

2000~2010 年辽河流域生态固碳的分布情况见图 7-11。2000 年辽河流域碳汇总量为 7.06 万 t，2010 年的碳汇总量为 7.67 万 t，10 年增加了 0.61 万 t，增长率为 8.64%（表 7-21）。

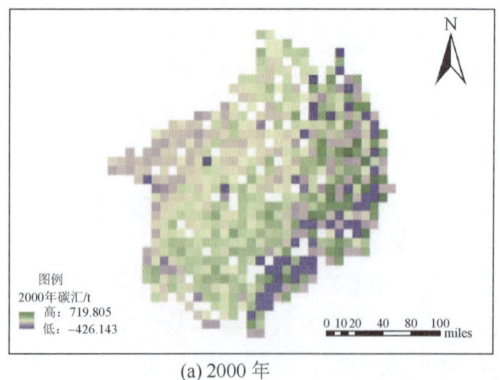

(a) 2000 年

(b) 2010 年

图 7-11 生态固碳分布

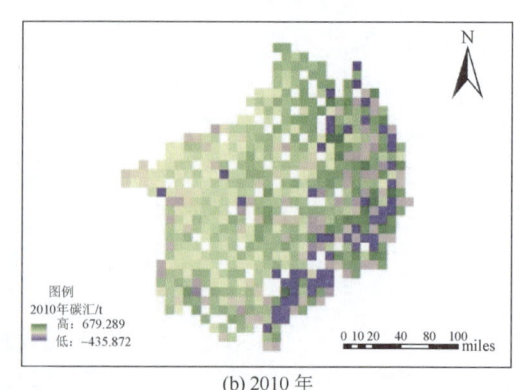

表 7-21 碳汇总量

项目	2000 年固碳量/万 t	2010 土壤固碳量/万 t	变化量/万 t
辽河流域	7.06	7.67	0.61

（三）辽河流域生态安全评价

以辽河流域水生态三级功能分区为基础，构建流域生态安全评价指标体系，专家打分法确定权重，采用综合指数法对辽河流域生态安全进行评价（王文杰等，2012）。

1. 指标构建

（1）指标体系及其权重

流域生态安全评价指标体系见图 7-12。

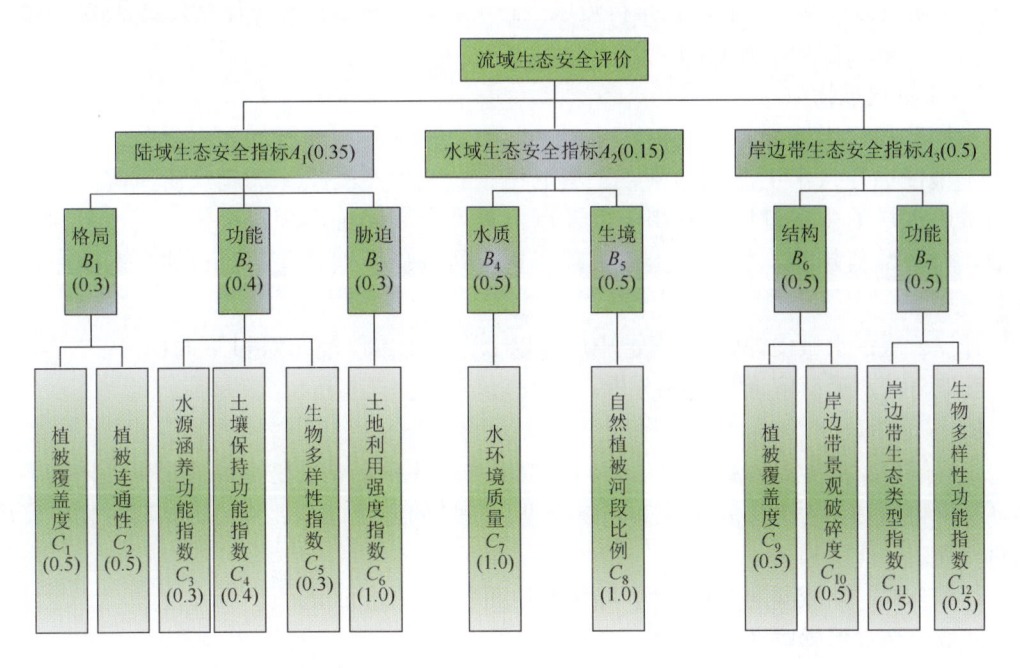

图 7-12 流域生态安全评价指标体系

（2）指标获取方法

A. 植被覆盖度

指标解释：植被覆盖度是植物群落覆盖地表状况的度量指标，同时也是生态系统变化的重要指示因素，植被覆盖度高则生态系统的生产力较强，生物多样性保护功能强。植被覆盖度的测量方法主要包括地面测量和遥感测量法，其中，遥感测量法又可分为回归模型法、植被指数法和像元分解模型法。研究采用植被指数法进行植被平均覆盖度的计算：

$$f = (\text{NDVI} - \text{NDVI}_{\max}) / (\text{NDVI}_{\max} - \text{NDVI}_{\min})\qquad(7\text{-}13)$$

式中，f 为植被平均覆盖度；NDVI 为植被指数，利用 TM 遥感影像的第 3 和第 4 波段值获取；$\text{NDVI}_{\max}$ 为研究区 NDVI 植被指数的最大值；$\text{NDVI}_{\min}$ 为 NDVI 植被指数的最小值。

获取方法：遥感与 GIS 分析。

B. 景观破碎度

指标解释：景观破碎度是描述单位面积内景观斑块数量的景观指数，体现了景观被自然分割和人为切割的破碎化程度。岸边带的景观破碎度越大，其结构的稳定性越差，不利于野生动物的迁徙和污染物的降解，影响岸边带的生态健康。

计算公式：岸边带景观破碎度=岸边带斑块数量/岸边带面积。

获取方法：遥感解译与景观软件分析。

C. 水源涵养指数

指标解释：水源涵养指数表征流域内生态系统水源涵养功能的综合指标。水源涵养功能对反映研究区内水资源状况，维持流域生态平衡具有重要意义。计算公式见式（7-3）。

获取方法：遥感解译与 GIS 分析。

D. 土壤侵蚀指数

指标解释：土壤侵蚀是植被、土壤、地形、土地利用和气候等因素共同作用的结果。土壤侵蚀导致水土流失加剧、土壤退化、农业生产受损，加剧洪涝灾害的发生，从而威胁流域的生态健康。利用中度及以上程度土壤侵蚀面积比例作为土壤侵蚀强度指数，指数数值越大，表明水土流失越严重，结构稳定性越差，流域的生态健康状况越差。

计算公式：土壤侵蚀强度指数=中度及以上程度土壤侵蚀面积/陆域面积。

获取方法：遥感解译与 GIS 分析。

E. 湿地指数

指标解释：湿地是水禽赖以生存的繁殖地和迁移中转站，是重要的野生动植物栖息地，是生物物种相对较丰富的生态系统类型。陆域的湿地面积比例高，则其生物丰富度相对较高。

计算公式：陆域湿地面积比例=陆域湿地面积/陆域总面积。

获取方法：遥感解译。

F. 土地利用强度

指标解释：土地利用是人类活动对自然环境改造的主要体现，土地利用强度是贯穿整个土地利用过程的各影响因素的共同作用结果。随着城市化的进程，人工建设用地面积递增，人类对土地利用的强度也越来越大。人类对土地利用程度越高，潜在的面源污染可能性越大，通过土地利用强度可表征潜在陆源污染物的产生强度。其用利用城镇、工矿交通用地与陆域面积的比值表示。

计算公式：土地利用强度指数=（城镇+工矿交通用地）/陆域面积

获取方法：遥感解译与 GIS 分析。

G. 岸边带生态类型指数

指标解释：岸边带的地表植被类型不同，对阻滞污染物、保护岸边带稳定与河流健康的能力有所差异，通过岸边带的类型表征岸边带的稳定性程度和健康状况（陈晨等，2013）。岸边带生态系统类型指数见表7-22。

计算公式：岸边带类型指数=（岸边带类型健康分值×该岸边带面积）/岸边带总面积。

获取方法：遥感解译。

表7-22 岸边带生态系统类型指数

项目	林地	草地	灌丛	湿地	耕地	城镇	荒漠
分值	0.8	0.6	0.7	1	0.1	0	0.2

H. 水环境质量

指标解释：流域内监测断面的水质状况好，则水环境质量指数高，水域系统的生态健康等级就高。利用流域水质监测断面的水质状况统计数据进行计算。

计算公式：

$$水环境质量指数 = \sum_{i=1}^{n} k_i \times \frac{S_i}{S} \tag{7-14}$$

式中，k_i 表示水质分值；S_i 表示 i 类水的点位个数；S 表示监测点位的总个数。水质分值标准：Ⅱ类水及以上为10，Ⅲ类水为6，Ⅳ类水及以下为2。

获取方法：环保部门水质监测数据。

I. 自然植被河段比例

指标解释：构建水域生态系统向外围50m的河流边缘缓冲带，该缓冲带位于岸边带或陆域范围内，但由于其紧邻水域，对水域健康影响较大。其自然植被覆盖度越高，则阻滞污染物、保护水域生态系统健康的能力就越大。利用其自然植被河段比例作为水域系统的一个健康评估指标，自然植被河段的比例越大，水域的健康状况越好。

计算公式：自然植被河段比例=自然植被河段面积/河流边缘缓冲带总面积。

获取方法：遥感解译。

2. 评估模型与分级

（1）评估模型

多指标综合指数评估模型层次性比较清晰，综合指数评估模型利用流域生态系统分解为陆域、岸边带和水域3个子系统，对各子系统分别选取有代表性的评价因子，将同一个子系统内的各评价因子的指标值加权重进行叠加，再将各子系统评价总指标按权重叠加，得到流域生态安全综合指数（HI）（蔡佳亮等，2010）。

$$HI = H_i \times X_i \tag{7-15}$$

式中，H_i 表示第 i 项指标健康分值；X_i 表示第 i 项指标权重。

（2）评估指标标准化

由于指标体系中评估指标类型复杂多样，量纲也有差异，其评估指标的数值高低往往是一个笼统或模糊的概念，很难对它们的实际数值直接进行加权求和以比较分析。因此，有必要对各项指标的量纲进行统一，即标准化过程。本书采用极差标准化法，即利用任一指标变量与该指标变量的最小值之差和该指标变量的最大值与最小值之差的比值进行计算，在对各指标进行量纲统一时，取值设定在 0～10。

正相关的指标标准化公式为

$$\text{正相关的指标标准化值} = 10 \times (X_i - X_{\min}) / (X_{\max} - X_{\min}) \tag{7-16}$$

负相关的指标标准化公式为

$$\text{负相关的指标标准化值} = 10 \times (X_{\max} - X_i) / (X_{\max} - X_{\min}) \tag{7-17}$$

式中，X_i 为第 i 个评价指标；$X_{\max}$ 为第 i 个指标的最大值；$X_{\min}$ 为第 i 个指标的最小值。

正相关的指标包括陆域植被平均覆盖度、湿地面积比例、岸边带植被覆盖度、岸边带类型指数、岸边带面积比例、水环境质量指数和自然植被河段比例。负相关的指标包括土地利用强度指数、土壤侵蚀强度指数和岸边带景观破碎度。

（3）流域生态健康分级

根据流域生态健康评估的综合指数分值大小，将流域生态健康评估等级分为 5 级（孟伟等，2011；袁春霞，2008），分别为优秀、良好、一般、较差和差，具体指数分值水平划分和级别状况描述详见表 7-23。

表 7-23　生态安全评估等级划分

健康状况	综合指数	描述
优秀	8～10	陆域污染物排放较低、岸边带对污染物阻滞能力强、河流水质达到功能区标准，流域整体生态系统结构稳定、功能完善
良好	6～8	陆域污染物排放适度、岸边带对污染物阻滞能力较强、河流水质基本达到功能区标准，流域整体生态系统结构基本稳定、功能基本完善
一般	4～6	流域污染物排放与自我消减基本持平，流域整体生态系统结构、功能未受显著影响
较差	2～4	陆域污染物排放较高、岸边带对污染物阻滞能力较低、河流水质不能达到功能区标准，流域整体生态系统结构较不稳定、功能较不完善
差	0～2	陆域污染物排放极高、岸边带对污染物阻滞能力极差、河流水质严重超标，流域整体生态系统结构极不稳定、功能极不完善

3. 评价结果

（1）陆域子系统生态安全评价结果

研究区陆域生态安全评价如图 7-13 所示。陆域生态安全指数分数大部分位于 3～8 分；生态安全相对较差的为 352 分区，得分为 2.82 分，该流域植被覆盖度相对较差，生态系统类型以城镇工矿为主，城镇工矿约占陆域面积的 50%，人为干扰剧烈，土地利用强度大。其次是 341 分区、346 分区和 343 分区，主要原因是植被覆盖度较低，土地利用强度较大。

分区 412 虽然湿地指数较低，但由于植被覆盖度高，生态服务功能较好，土地利用强度较低，从而生态安全指数较高，为 8.12，处于优秀等级；处于良好等级的分区有 9 个，占研究区面积的 37.86%。

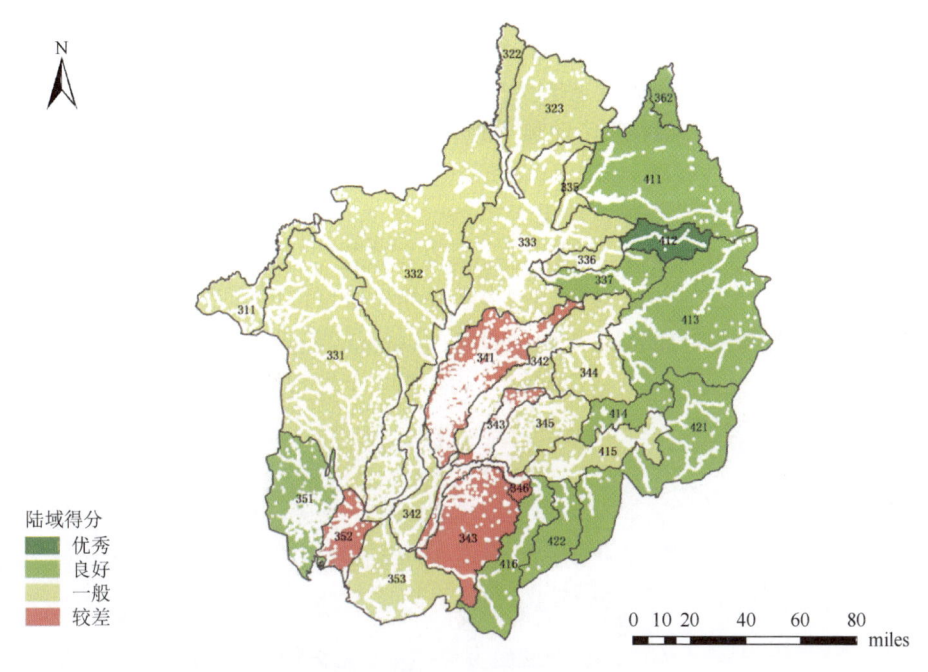

图 7-13 陆域子系统生态安全评价

(2) 岸边带子系统生态安全评价

研究区岸边带子系统生态安全评价如图 7-14 所示。岸边带生态安全指数得分明显低于陆域子系统得分，大部分位于 2~7 分；生态安全等级为良好、一般和较差。其中，良好占研究区岸边带面积的 5.9%，一般占 39.37%，较差占 54.73%。

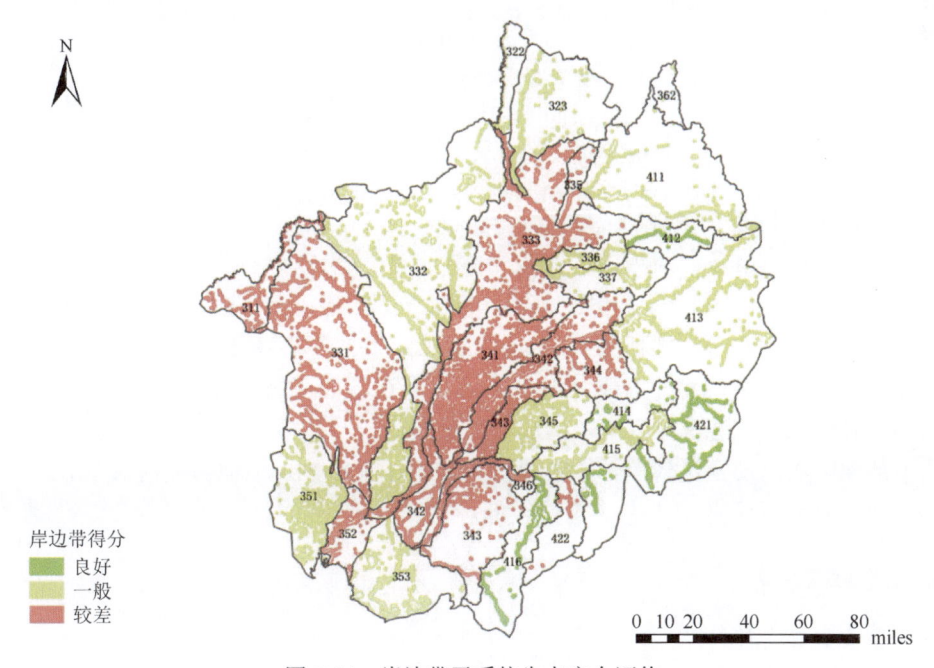

图 7-14 岸边带子系统生态安全评价

生态安全等级为较差的小流域有 11 个，主要是因为这些地区土地利用类型以城镇和耕地为主，自然植被较少，从而生态类型指数得分较低，植被覆盖度较低。生态安全等级为良好的 421、414、412、416 等小流域土地利用主要以林地、草地和灌丛为主，植被覆盖度较高，因此，安全性较高。

（3）水域子系统生态安全评价结果

水域子系统的安全状况见图 7-15，生态安全指数位于 1～10 分，各小流域之间差距较大。其中，414、415 子流域水域生态健康状况相对较好，352、363、322 和 323 子流域相对较差，其他子流域的健康状况居中。水域安全状况较差的子流域自然植被河段比例最小，大多在 10%以下，而且水质情况较差，其生态安全性较低。

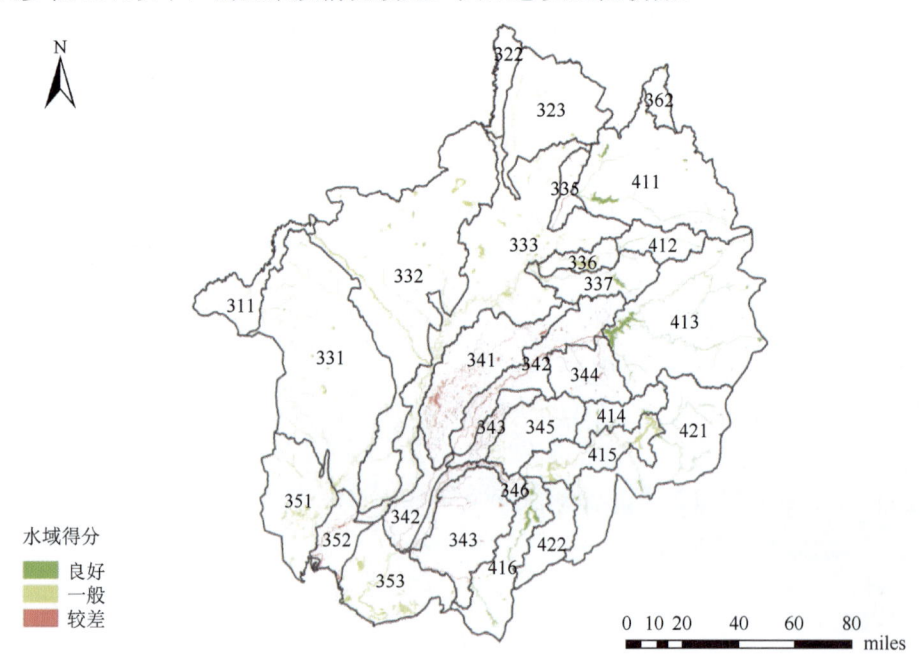

图 7-15　水域子系统生态安全评价

（4）辽河流域生态安全评价

总体来看，研究区各子流域的生态安全综合指数位于 2.8～7.5，各子流域生态安全状况属于良好、一般和较差。其中，良好等级面积占 27.61%，一般等级面积占 56.11%，较差等级面积占 16.27%。整个研究区相对安全状况分布见图 7-16 和图 7-17。

流域内生态较安全的水生态功能分区主要分布在辽河流域东部，包括 337、411、412、413、414、416、421，这些分区中，植被覆盖度较高，水质多为三级以上，其生态安全性较高；中部地区生态安全性较差，主要是因为人类干扰剧烈，植被覆盖度较低，水质多为三级、四级，从而导致流域生态安全性较低。

4. 生态红线划定

（1）生态红线范围

生态红线划定主要从生态安全底线和生态保障线两方面考虑。

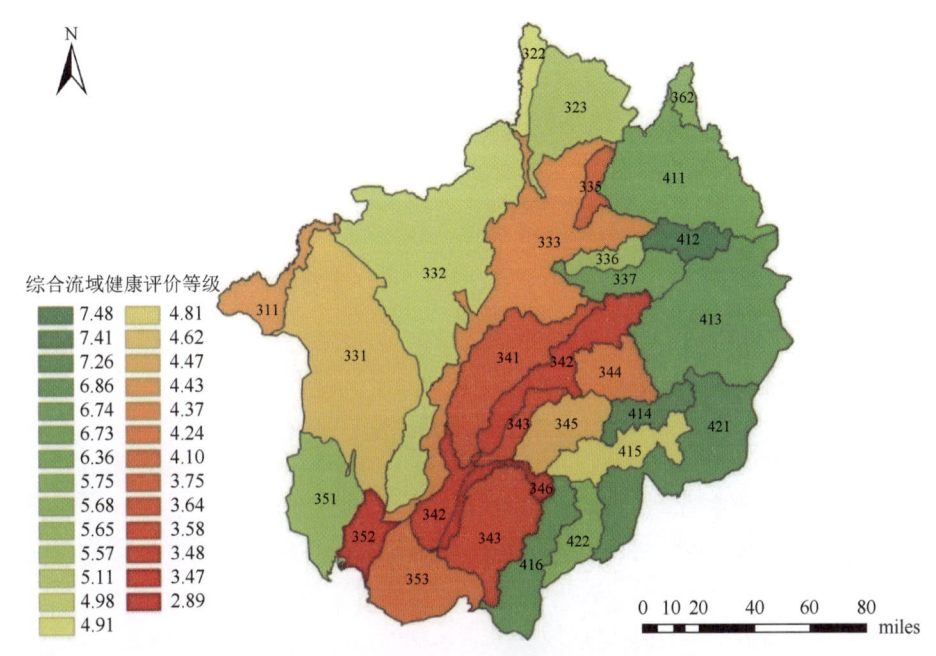

图 7-16　辽河流域生态安全评价得分

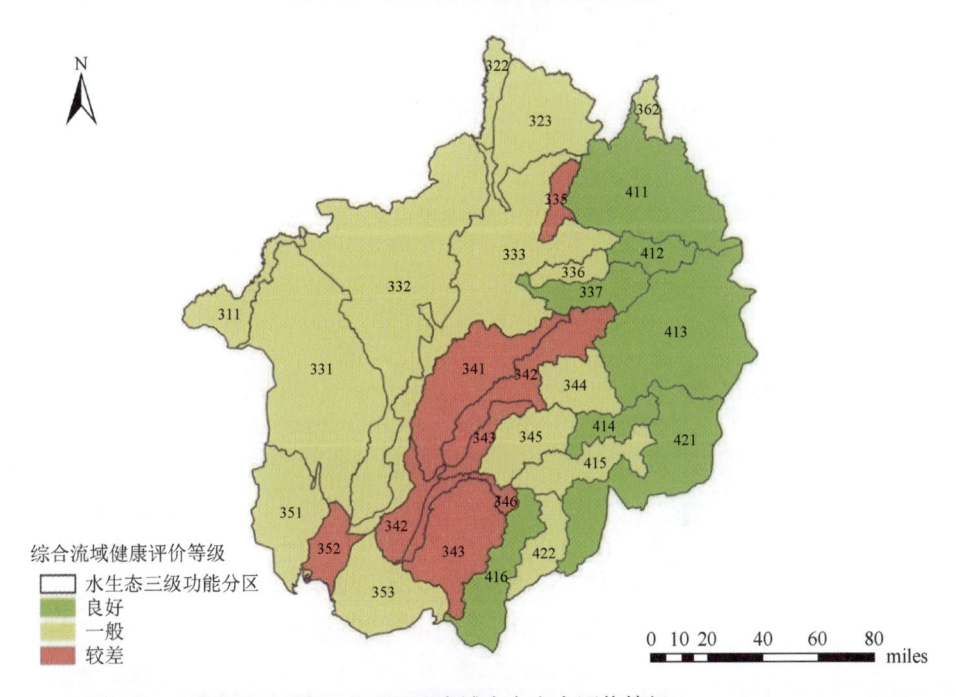

图 7-17　辽河流域生态安全评价等级

生态安全底线主要为禁止开发区和重要生态保护地的范围。禁止开发区包括自然保护区、世界文化自然遗产、风景名胜区、森林公园和地质公园。重要生态保护地包括省重要水源地，以及其他省级人民政府根据需要确定的禁止开发区域。

生态保障线主要包括生态系统服务功能。生态系统服务功能包括水源涵养、土壤保持、生物多样性维持等。生态红线划定参数见图7-18。

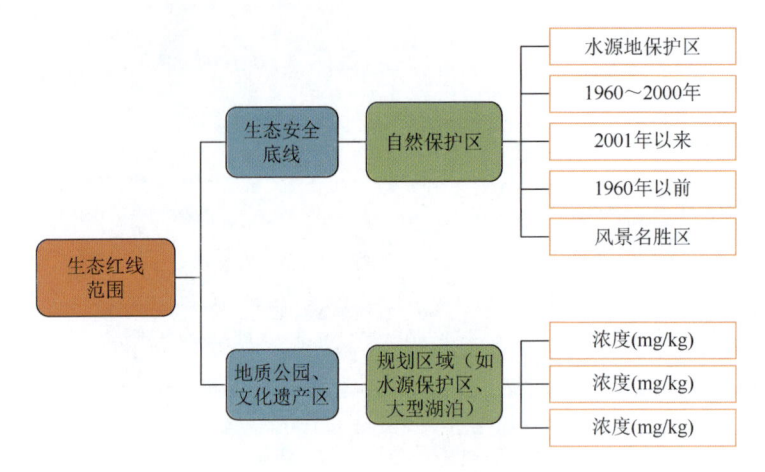

图7-18 生态红线划定参数

(2) 禁止开发区和重要生态保护地

辽河流域重要保护区主要包括10个自然保护区，总面积为1545.98km²，占总面积的2.3%左右（图7-19）。

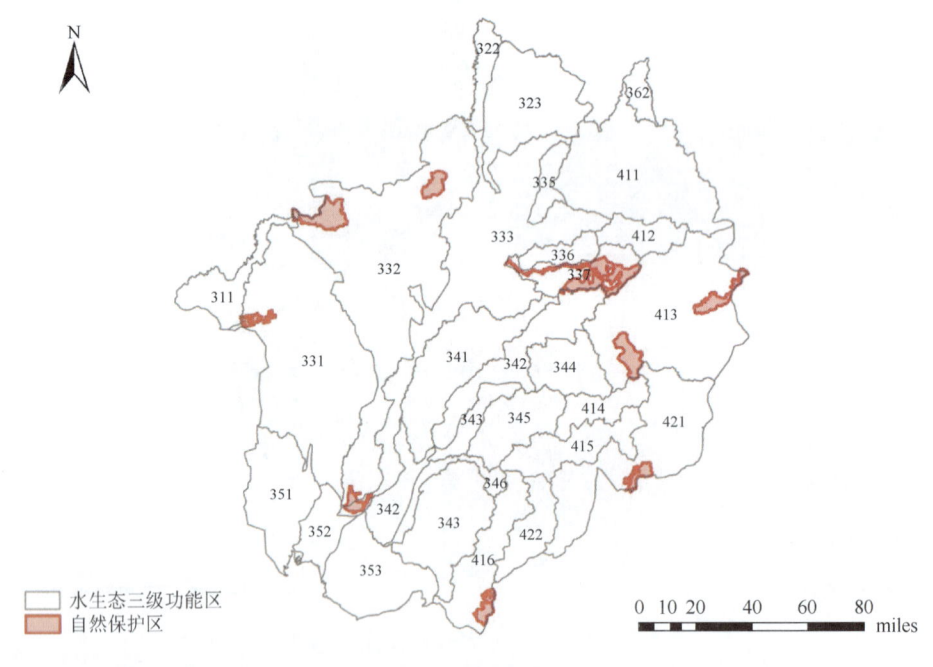

图7-19 重要保护区

(3) 生态功能重要性

将水源涵养、土壤保持、生物多样性保护等生态功能进行分级（一般重要、较重要、中度重要、高度重要和极重要），根据表7-24评分赋值，并根据权重进行叠加，得到辽河流域生态功能重要性分级（图7-20）。

表 7-24　辽河流域功能重要性评价指标体系

一级指标	二级指标	分类条件	评分	权重
生态功能重要性	水源涵养功能	极重要	5	0.35
		高度重要	4	
		中度重要	3	
		较重要	2	
		一般重要	1	
	土壤保持功能	极重要	5	0.35
		高度重要	4	
		中度重要	3	
		较重要	2	
		一般重要	1	
	生物多样性保护功能	极重要	5	0.3
		高度重要	4	
		中度重要	3	
		较重要	2	
		一般重要	1	
		高度脆弱（敏感）	4	
		中度脆弱（敏感）	2	
		轻度脆弱（敏感）	1	

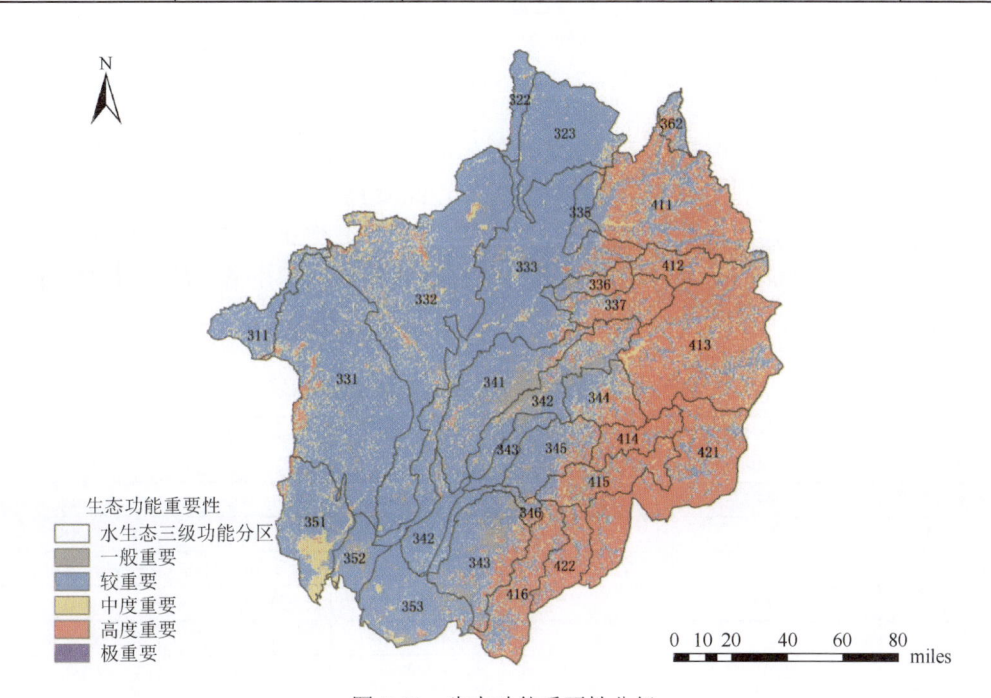

图 7-20　生态功能重要性分级

(4) 生态红线确定

将生态功能重要性中的极重要、高度重要区域与重要保护区叠加,得到辽河流域生态红线范围。经初步统计,辽河流域生态红线区面积为 17 342.65km², 占流域总面积的 28.87%,主要分布在流域的东部(图 7-21)。

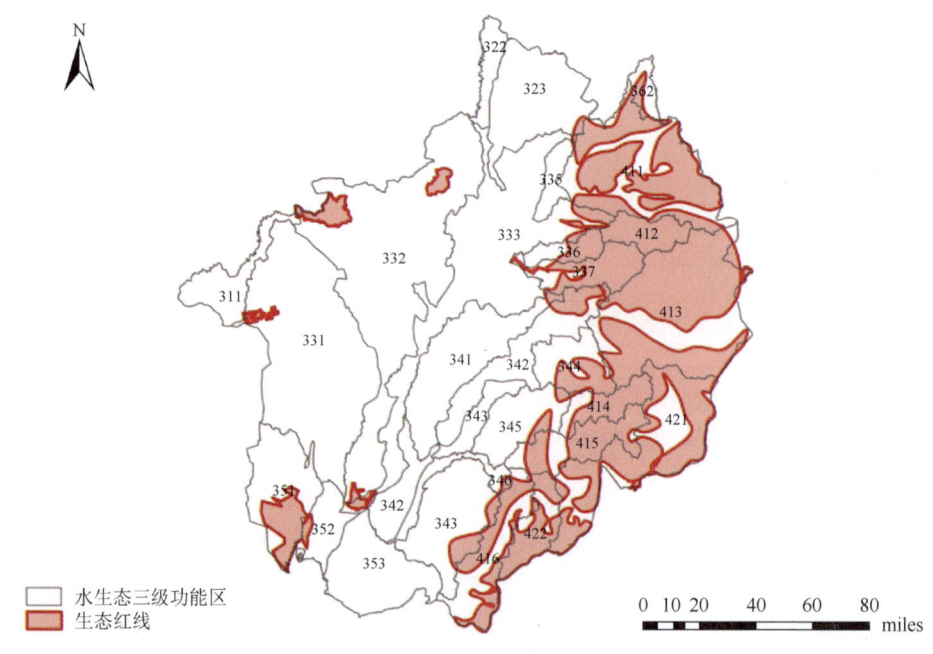

图 7-21 辽河流域生态红线

(四)最小生态用地

最小生态用地是指能够提供生态服务功能的最小生态保护性土地,主要包括林地、灌丛、草地、湿地等土地利用类型(李书娟和曾辉,2002)。

根据国际经验与辽河流域生态文明建设目标,辽河流域生态面积至少维持在其区域范围内土地面积的 45%以上。不同国际城市生态用地比例和世界几个首都城市绿化建设情况见表 7-25 和表 7-26。

表 7-25 不同国际城市生态用地比例表

国家或地区	建成区人均公共绿地面积/m²	城市绿地覆盖率/%	城市森林覆盖率/%	生态用地比例/%	自然保护地占国土面积比例/%
伦敦	24.64	42	43	63	17
弗赖堡(德国)	21	46	49	50	18
堪培拉	70	59	70	65	30
巴黎	19		51	48	15
东京		64.5		58	
巴西利亚	120	60	68	66	
温哥华	33	50	51	64	

续表

国家或地区	建成区人均公共绿地面积/m²	城市绿地覆盖率/%	城市森林覆盖率/%	生态用地比例/%	自然保护地占国土面积比例/%
莫斯科			39		
新加坡	28	58.7	52.5	50	18
香港	23.5	70	67.5	71	60
上海	15	40	35	67.3	14.79
北京	18	48	50	63	10

表 7-26 世界几个首都城市绿化建设情况

城市	用地/km² 市域	用地/km² 市区	城市人口/万	绿地率/% 市区	绿地率/% 市域	城市公共绿地 总面积/km²	城市公共绿地 人均面积/m²	郊区森林绿地 总面积/km²	郊区森林绿地 布局形式
伦敦	6 700	1580	717	13.8	34.8	21 828	30.4	233 100	环城森林绿带
巴黎	12 008	155	232	18.2	23.0	2 821	12.4	276 184	块状森林公园
莫斯科	2 678	878	890	18.0	64.5	15 842	17.8	172 700	环城森林绿带
北京	16 808	422	512	10.5	28.2	3 073	6.00	473 986	远郊山区绿化
东京	2 156	592	835	5.32	39.6	3 150	3.77	85 300	近郊带状绿地

辽河流域现状生态用地面积为 23 641.51km²，占流域土地面积的 36.81%；结合红线保护区域以及国内外最小生态用地比例经验，以辽河流域土地面积的 45% 为标准，提取确定最小生态用地，用地主要分布在辽河流域东部（图 7-22）。每个三级水生态功能分区"三生"（生态、生活、生产）土地利用面积比例见表 7-27。

图 7-22 最小生态用地分布

表 7-27 三级生态水功能分区"三生"面积比例

三级水生态功能分区	土地利用现状三生用地 面积/km² 生态	生活	生产	比例/% 生态	生活	生产	基于"最小生态用地"三生用地 面积/km² 生态	生活	生产	比例/% 生态	生活	生产
柴息牧河源头丘陵台地农业维持中等河流区	230.66	44.06	807.63	21.29	4.07	74.53	338.98	38.92	662.83	32.57	3.74	63.69
东辽河干流中下游生物多样性维持干流区	31.03	32.46	467.03	5.84	6.11	87.86	66.55	35.98	481.75	11.39	6.16	82.45
招苏台河冲积台地冲积平原城市维持中等河流区	143.53	196.97	2351.03	5.32	7.31	87.20	265.85	217.97	2540.13	8.79	7.21	84.00
饶阳河中下游冲积平原农业维持中等河流区	1097.27	536.77	5222.37	16.00	7.83	76.15	1970.15	462.29	4453.99	28.61	6.71	64.68
辽河干流入干冲积平原农业维持中等支流区	1515.30	585.86	6126.96	18.31	7.08	74.05	2324.95	527.63	5465.15	27.95	6.34	65.70
辽河干流中下游冲积平原生物多样性维持干流区	873.46	593.14	4621.22	14.26	9.68	75.45	1369.33	576.96	4496.82	21.25	8.95	69.79
清河下游冲积平原生物多样性维持干流区	41.48	71.19	374.67	8.42	14.45	76.05	80.85	76.94	379.94	15.04	14.31	70.66
紫河下游冲积平原生物多样性维持干流区	314.29	67.75	150.33	58.96	12.71	28.20	371.88	42.31	56.54	79.00	8.99	12.01
汎河中下游平原生物多样性维持干流区	819.47	52.81	318.84	68.79	4.43	26.76	921.91	21.18	88.34	89.38	2.05	8.57
蒲河冲积平原城市维持中等河流区	335.20	592.15	1782.74	12.30	21.73	65.41	703.56	546.08	1569.90	24.95	19.37	55.68
浑河干流中下游冲积平原城市维持中等河流区	687.61	553.21	1611.98	24.04	19.34	56.35	1095.28	461.80	1257.65	38.91	16.41	44.68
子河下游冲积平原城市维持小型河流区	593.02	699.16	1738.96	19.49	22.98	57.16	916.62	653.24	1550.77	29.37	20.93	49.69

第七章 辽河流域城市发展格局优化与城市群建设战略

续表

三级水生态功能分区	土地利用现状三生用地							基于"最小生态用地"三生用地						
	面积/km²			比例/%				面积/km²			比例/%		
	生态	生活	生产	生态	生活	生产		生态	生活	生产	生态	生活	生产
浑河中游平原水源涵养小型河流区	608.96	118.50	512.73	49.10	9.55	41.34		725.97	104.28	296.06	64.46	9.26	26.29
北沙河冲积平原农业维持小型河流区	347.14	216.02	878.36	24.07	14.98	60.90		571.05	178.83	684.39	39.81	12.47	47.72
太子河下游平原城镇生物多样性维持区	128.80	96.74	339.58	22.65	17.01	59.71		199.11	82.60	274.85	35.77	14.84	49.38
饶阳河入海口平原农业维持中等河流	693.31	219.98	1290.50	31.46	9.98	58.56		905.07	166.65	1051.36	42.63	7.85	49.52
辽河干流入海口平原城市维持干流区	54.94	198.37	537.22	6.95	25.09	67.96		111.74	192.59	575.93	12.69	21.88	65.43
大辽河干流入海口平原城市维持中等河流区	193.90	417.75	1525.29	9.07	19.54	71.33		326.51	419.88	1603.12	13.90	17.87	68.23
东辽河上游低海拔丘陵农业维持中等河流区	177.14	8.25	180.48	48.42	2.25	49.33		212.80	5.98	111.09	64.51	1.81	33.68
清河中上游低海拔小起伏山地水源涵养中等河流区	2991.70	92.26	1229.34	69.23	2.13	28.45		3329.65	41.60	360.51	89.22	1.11	9.66
柴河上游低海拔小起伏山地水源涵养中等河流区	618.54	12.77	151.86	78.97	1.63	19.39		651.57	1.30	11.67	98.05	0.20	1.76
浑河上游低海拔小起伏山地水源涵养中等河流区（大伙房水源地）	4270.07	89.48	995.57	79.72	1.67	18.59		4455.97	14.62	84.06	97.83	0.32	1.85
太子河上游低海拔小起伏山地水源涵养小型河流区	702.85	12.01	109.32	85.26	1.46	13.26		694.89	0.20	3.62	99.45	0.03	0.52
太子河中游干流低海拔小起伏山地生物多样性维持中等河流区	1097.61	93.37	260.17	75.45	6.42	17.89		1146.25	32.32	79.35	91.12	2.57	6.31

续表

三级水生态功能分区	土地利用现状三生用地							基于"最小生态用地"三生用地						
	面积/km²			比例/%				面积/km²			比例/%		
	生态	生活	生产	生态	生活	生产		生态	生活	生产	生态	生活	生产
太子河中游低海拔小起伏山地水源涵养中等河流区	1 285.97	53.03	445.49	71.90	2.97	24.91		1 426.04	7.09	101.15	92.95	0.46	6.59
太子河中上游中海拔中起伏山地水源涵养小型河流区	2 972.14	60.91	507.89	83.91	1.72	14.34		2 950.57	8.08	53.20	97.97	0.27	1.77
太子河中游低海拔中起伏山地水源涵养支流区	816.11	15.76	161.38	82.14	1.59	16.24		833.48	1.07	10.15	98.67	0.13	1.20
总和	23 641.5	5 730.73	34 698.94	36.90	8.94	54.16		28 966.58	4 918.39	28 304.32	46.58	7.91	45.51

（五）辽河流域景观格局情景预测

1. 模型选择

根据绪论部分所述，模拟采用 CLUE-S 模型。

2. 模型介绍

CLUE（the conversion of land use and its effects）模型是由荷兰瓦格宁根（Wageningen）大学的 Veldcamp 等于 1996 年提出的，用来经验地定量模拟土地覆被空间分布与其影响因素之间关系的模型。起初该模型主要用以模拟国家和大洲尺度上的 LUCC，并在中美洲、中国、印度尼西亚的爪哇等地区得到了成功应用（Neumann, 1966）。由于空间尺度较大，模型的分辨率很粗糙，每个网格内的土地利用类型由其相对比例代表。而在面对较小尺度的 LUCC 研究中，由于分辨率变得更加精细，致使 CLUE 模型不能直接应用于区域尺度上（Veldkamp and Verburg, 2004）。因此，在原有模型的基础上，Veldkamp 和 Verburg（2004）于 2002 年对 CLUE 模型进行了改进，提出了适用于区域尺度 LUCC 研究的 CLUE-S 模型。2002 年 10 月发布了 CLUE-S 2.1 版，目前最新版本为 2.4。CLUE-S 模型在区域尺度上获得了比较成功的应用，对于土地利用变化的模拟具有良好的空间表达性（彭建和蔡运龙，2002），该模型推出后，随即在国际 LUCC 学界引起了广大学者的关注。近年来，我国一些学者开始尝试运用这一模型来研究我国一些地区的土地利用/覆被变化（黄明等，2012；段增强和 Verburg, 2004）。

（1）模型原理

CLUE-S 模型分为两个模块（图 7-23），即非空间需求模块（或称非空间分析模块）和空间分配过程模块（或称空间分析模块）。非空间需求模块计算研究区每年所有土地利用类型的需求面积变化；空间分配过程模块以非空间需求模块计算结果作为输入数据，在以栅格为基础的系统上，根据模型规划对每年各种土地利用类型的需求进行空间分配，实现对景观变化的空间模型。目前，CLUE-S 模型只支持土地利用变化的空间分配，而非空

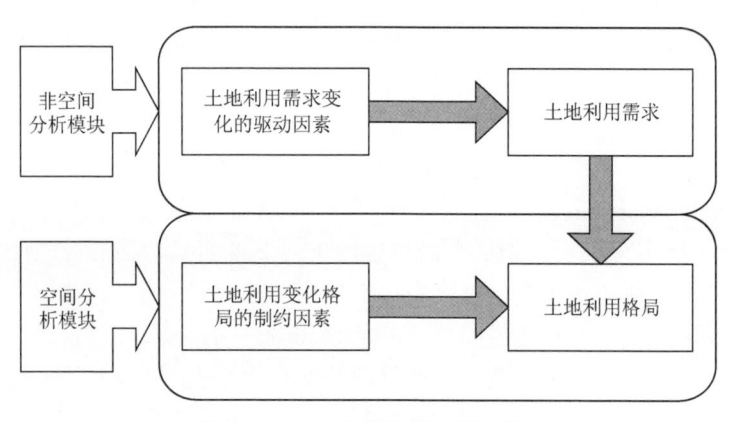

图 7-23　CLUE-S 模型流程示意图

间的土地利用变化需要事先运用别的方法进行计算或估计,然后作为参数进入模型(刘庆凤等,2010)。土地利用需求的计算方法多种多样,可以运用简单的趋势外推法、情景预测法,也可以运用复杂的宏观经济学模型,具体情况视研究区内最重要的土地利用变化类型以及需要考虑的变化情景而定(盛晟等,2008)。

在实际操作中,土地利用变化空间模拟的实现需要4方面数据的支撑(图7-24),即空间政策和限制、土地利用类型转移设置、土地利用需求预测和土地利用类型的空间分布适宜性分析。

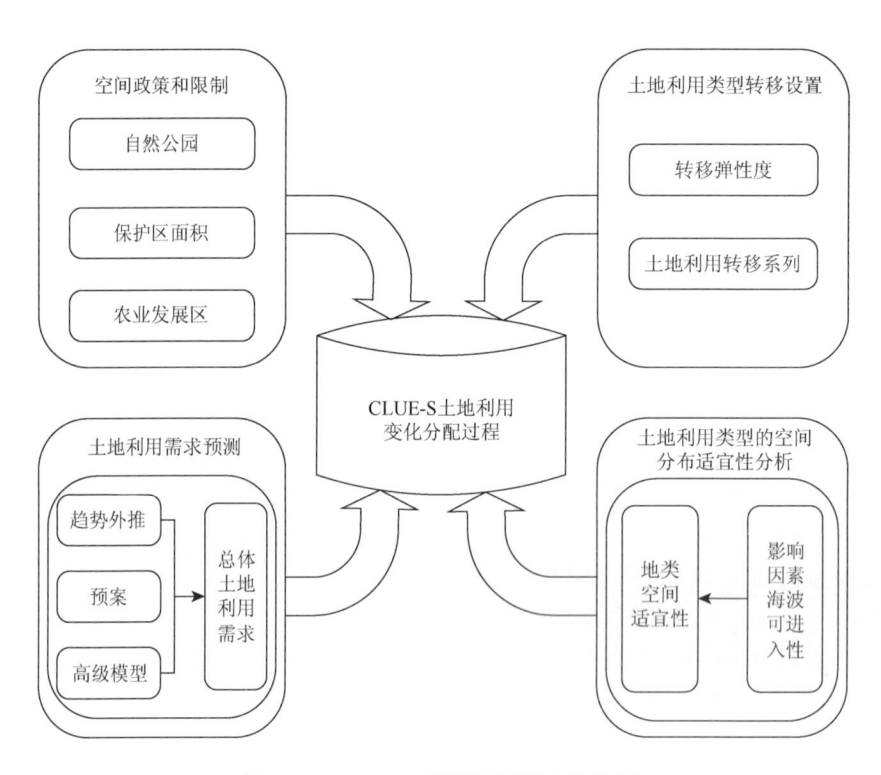

图 7-24 CLUE-S 模型的数据支撑体系

空间政策与土地权属会影响土地利用变化的格局,空间政策与区域限制主要是要指明哪些区域是因为特殊的政策或地权状况而在模拟期内不发生变化的区域,如自然保护区的森林或国家划定的基本农田保护区等。

土地利用类型转移设置会影响模拟的时间动态变化,对于每一种地类,需要表明其转移弹性(conversion elasticity),即在研究期内,一种地类转移为其他地类的可能性大小,一般用一个0~1的值来表示,当这个值越接近1时,说明其转移的可能性就越小,反之越大。例如,建设用地转移为其他地类的可能性很小,可设为1,耕地既可转化为草地,也可转化为建设用地,还可转化为园地,其值就比较小(彭建等,2007)。

土地利用需求预测的关键是要科学计算出每一种土地利用类型在预测期内的需求量,可以是正的,也可以是负的,这一步工作是独立于CLUE-S模型之外的,即在运行模型之前就要事先计算好。

在土地利用类型的空间分布适宜性分析中，需要计算出每一种地类在区域内每一个空间位置上出现的概率大小，然后比较同一位置上各种地类的出现概率，以确定哪种地类占优。出现概率的计算一般用二元逻辑斯蒂（Logistic）回归分析法计算，公式如下：

$$\lg\left(\frac{P_i}{1-P_i}\right) = \beta_0 + \beta_1 X_{1,i} + \beta_2 X_{2,i} + \cdots + \beta_n X_{n,i} \tag{7-18}$$

式中，P_i 为地类（如耕地、林地、水域、建设用地等）i 在某一位置上出现的概率；$X_{n,i}$ 为地类分布格局影响因子（包括比较稳定的因子，如海拔、地形、坡度、动态较大的因子，如人口密度、距离交通道路的距离等）n 在该位置上的值；β（Exp(β)）为各影响因子的回归系数。

回归系数计算的实现途径较多，最常用的是 SPSS。在计算中，回归系数的显著性检验置信度一般至少大于 95%（即 $\alpha \leq 0.05$），低于该值的影响因子不能进入回归方程。对于每一种地类来说，其回归方程中的影响因子组合可能是不一样的。此外，对于由此得到的地类概率分布还需要进一步检验，以评价用回归方程计算出的地类概率分布格局与真实的地类分布之间是否具有较高的一致性，检验采用 ROC 曲线（即受试者工作特征曲线），即看曲线下的面积大小。该值介于 0.5~1，一般来说，该值越接近于 1，曲线 ROC 下的面积在 0.7~0.8，说明该地类的概率分布和真实的地类分布之间具有较好的一致性，回归方程能较好地解释地类的空间分布，反之，若该值等于 0.5，说明回归方程对地类分布的解释没有任何意义。

（2）数据处理

在景观格局空间模拟中，需要建立一个对景观格局分布有重要影响的因子库。对于不同的区域而言，对景观格局影响的因子库不完全相同。一般来说，CLUE-S 模型的运行至少需要一期的土地利用数据。而为了验证模型模拟的精度，至少需要两期的土地利用数据，最好间隔在 10 年左右。对于不同土地利用类型空间格局动态变化的模拟，既需要土地利用数据，还需要那些影响土地利用空间分布的因子库，主要包括人口、土壤、GDP 等因子。

（3）模拟方法

基于 CLUE-S 模型的基本原理，在具体案例研究中，进行土地利用/覆被变化模拟的具体操作步骤一般如下。

1）回归系数计算。首先，准备一期土地利用/覆被数据，将其作为模拟时段初始时的土地利用状况，土地利用/覆被数据一般是遥感解译数据或现成的土地利用图。其次，收集相关的土地利用格局影响因子的资料，如 DEM、地貌图、GDP 图等，并将其制作成具有一定分辨率和统一坐标系统的栅格涂层（由于分辨率的大小会直接影响到像元的数量和以后的运算量，具体设置需要考虑研究区的具体空间尺度）。再次，先在 ArcGIS 平台下，把 Grid 格式转化为 ASCⅡ 格式，然后借助于 CLUE-S 下的 Converter 模块，把 ASCⅡ 数据转化成 SPSS 可以识别的列数据，最后在 SPSS 平台下，导入转化好的土地利用/覆被数据和影响因素列数据，并对每一种地类与其所选的影响因素之间进行二元 Logistic 回归分析，求得相应的回归系数，并将其作为参数输入到 CLUE-S 模型中（即 regression results 设定）。

2）土地利用需求数据。运用趋势外推法、情景分析法、宏观经济模型等方法，分别预测各地类在预测期末可能的土地利用需求量，并作为参数输入到模型中（即 Demand 文件设定，可以有多种情景模拟）。

3）限制区域设定。若区域内有限制区域，即在模拟期间不会发生变化的区域，如自然保护区、基本农田（即 Region_no-park 或 Region_park 设定）。

4）驱动因子文件制作。在 CLUE-S 模型中，需要将驱动因子按照一定的顺序制作成"*.fil"文件，供模型运行时调用。这一步是模型模拟中最为关键也是最容易出问题的地方，一定要确保各文件在像元数量和大小上完全一致，否则会导致模型不收敛。

5）主参数设定。模型的运算还涉及一系列的主参数（main parameters），在运算之前需要先行设定。主要包括的内容见表 7-28。

6）变化矩阵制作。确定预测期内，在一定情景模式下，各主要地类之间相互转移的可能性矩阵，若 A 地类可以转化成 B 地类，则为 1，否则为 0。

7）计算概率密度图。在模型运算之前，可以计算每一地类空间分布概率密度图，供研究者查看它们在研究区内的可能分布情况。这一步骤为可选，可以直接跳过。

8）运行模型。当上述参数均设置正确以后，即可运行模型。在进行一定次数的迭代后，当土地利用的空间分配结果和需求预测的实际数量之间的差值达到一定的阈值时，模型收敛。

9）将模拟结果转化为可视化的地图。由于 CLUE-S 模型模拟的结果是 ASCⅡ格式，需要在 ArcGIS 平台下，运用 Toolbox 工具转化为可视化的 Grid 格式。

需要指出的是，在模拟之前，需要对模型进行检验，即用两期遥感解译的数据，将模拟结果和实际情况之间进行对比，评价模型效果的准确度。CLUE-S 模型中的主要参数见表 7-28。

表 7-28 CLUE-S 模型中的主要参数

编号	参数名称	类型
1	土地利用类型数量	整数型
2	区域数量（包括限制区域）	整数型
3	回归方程中的最大自变量数	整数型
4	总的驱动因子数	整数型
5	行数	整数型
6	列数	整数型
7	像元面积	浮点型
8	原点 X 坐标	浮点型

续表

编号	参数名称	类型
9	原点 Y 坐标	浮点型
10	土地利用类型的数字编码	整数型
11	土地利用转移弹性编码	浮点型
12	迭代变量	浮点型
13	模拟起始和结束年份	整数型
14	动态变化解释因子的数字和编码	整数型
15	输出文件选项（1，0，-2 或 2）	整数型
16	区域具体回归选项（0，1 或 2）	整数型
17	土地利用初始状况（0，1 或 2）	整数型
18	邻域计算选项（0，1 或 2）	整数型
19	空间位置具体附加说明	整数型

3. 模型验证

尽管 CLUE-S 模型在国内外其他地区获得了较成功的运用，但在流域的模拟效果如何，尚需要进行验证，只有当验证可行后，才能应用该模型对辽河流域土地利用变化进行模拟预测。为此，本研究以 2000 年的数据为基础，运用 CLUE-S 模型模拟 2010 年的土地利用图，并用 2010 年的遥感解译的实际土地利用图进行对照，以评价模拟效果。

根据对景观格局驱动机制的分析和模型运行的数据需要，以及研究区数据的可得性等实际情况，选择了 DEM、坡度、到居民点距离、到河流的距离、到公路的距离、土壤类型、人口密度（以县区级为单位）、GDP（以县区 8 个因素作为影响流域土地利用/覆被空间分布的因素），在 ArcGIS10.1 平台下，结合收集到的社会经济统计资料，依次制作栅格式辽河流域的 DEM 图、坡度图、到最近河流的距离图、到最近乡镇点的距离图、到最近公路的距离图、人口密度图（2000 年）、GDP 图（2000 年）、基于 CLUE-S 模型所带示例的默认参数，从 1000m 分辨率（栅格大小为 1000m×1000m）开始，以 100m 为间隔提高空间分辨率，逐步模拟，见图 7-25~图 7-32、表 7-29。结果表明，在辽河流域，CLUE-S 模型最高可运行的分辨率为 500m，其栅格图层包含 678 行、685 列，共 265 069 个栅格。因此，本研究选择的空间尺度为 500m。另外，由于受 CLUE-S 模型面积比例限制（地类面积小于研究总面积的 1%，将不能进入模型），将土地利用类型也合并为 6 类，即森林、灌丛、草地、湿地、耕地和建设用地，将未利用地归并入水域。在这 6 类土地利用类型的弹性系数设置中，结合辽河流域一级生态系统转移矩阵和单一土地利用率得出，10 年间耕地大幅度减少，转为城市建设用地，森林、灌丛、草地变化幅度小。由于沿海地旅游区的开发，湿地景观部分转为建设用地，建设用地一直处于增长状态，并未出现转移其他类情况。设置不同弹性系数逐一带入模型模拟，最终确定模拟 2010 年土地利用 6 地类弹性系数分别为：森林 0.8、灌丛 0.8、草地 0.8、湿地 0.4、耕地 0.2、建设用地 1。

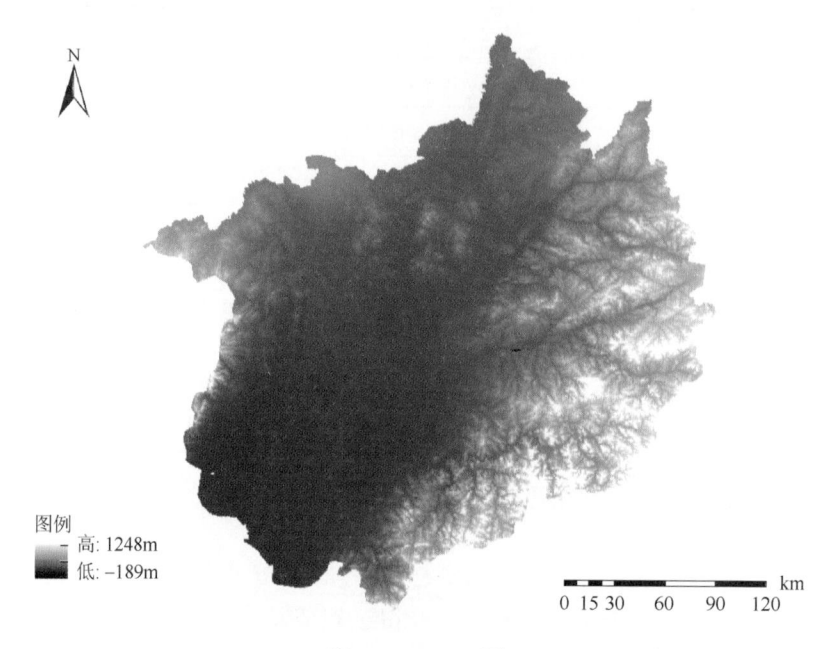

图 7-25　DEM 图

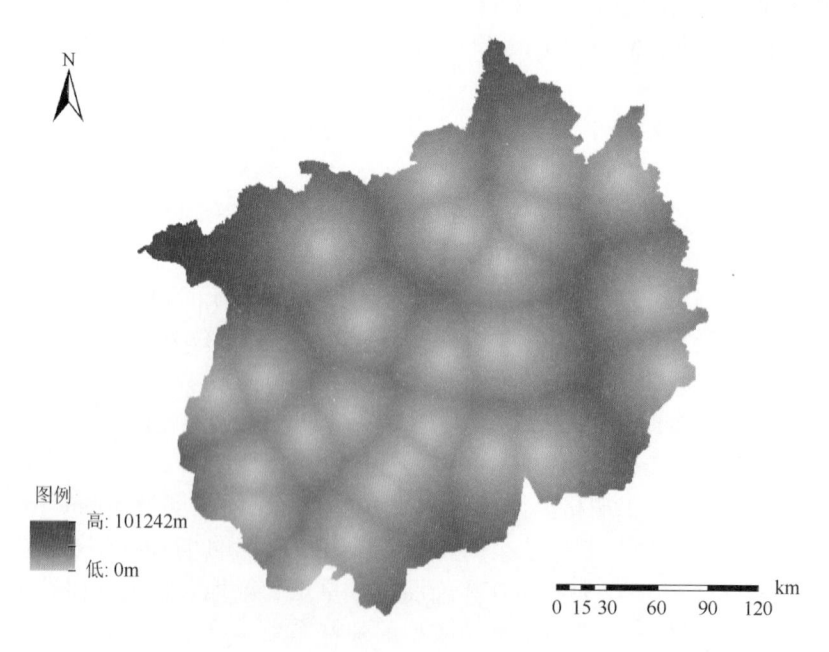

图 7-26　到居民点距离

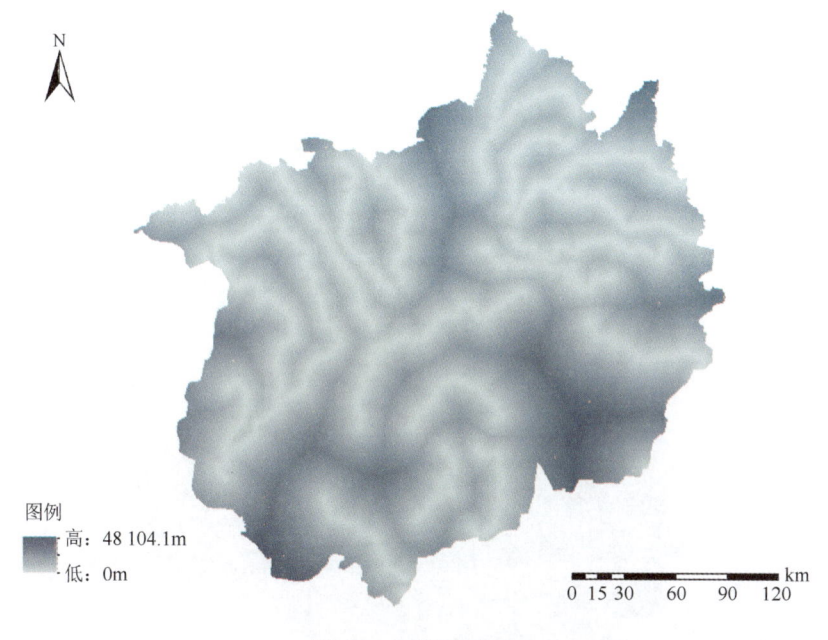

图 7-27 到河流距离

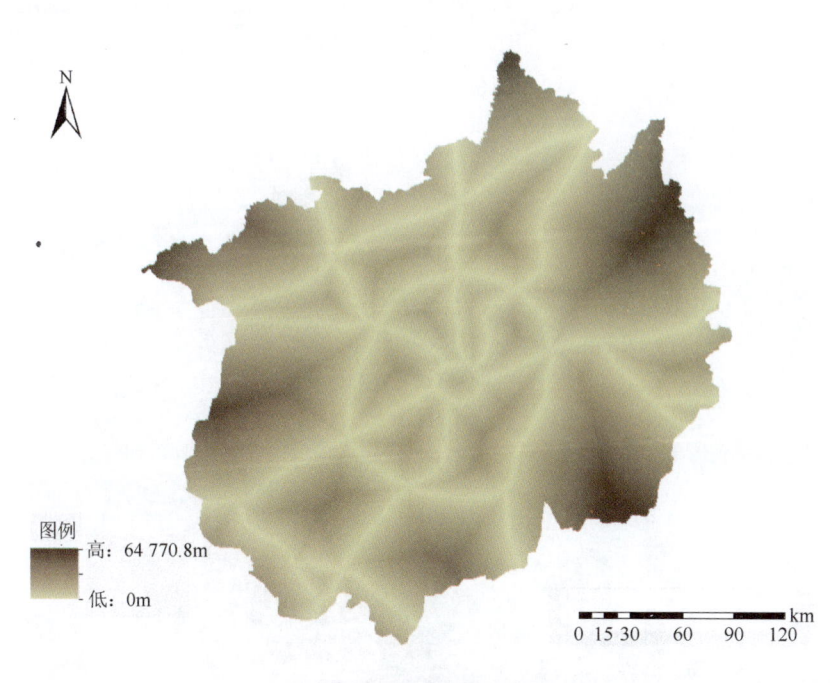

图 7-28 到公路距离

根据《中华人民共和国自然保护区条例》、辽宁流域自然保护区建设情况，制作了辽河流域自然保护区受保护的区域，这些区域是不允许改变的。已经得出的三级水生态评价得分结果，得出最高的分值区域是流域三级水生态功能区最差的区域，并以保护区为限制图层，一同带入模型运算（图 7-33）。

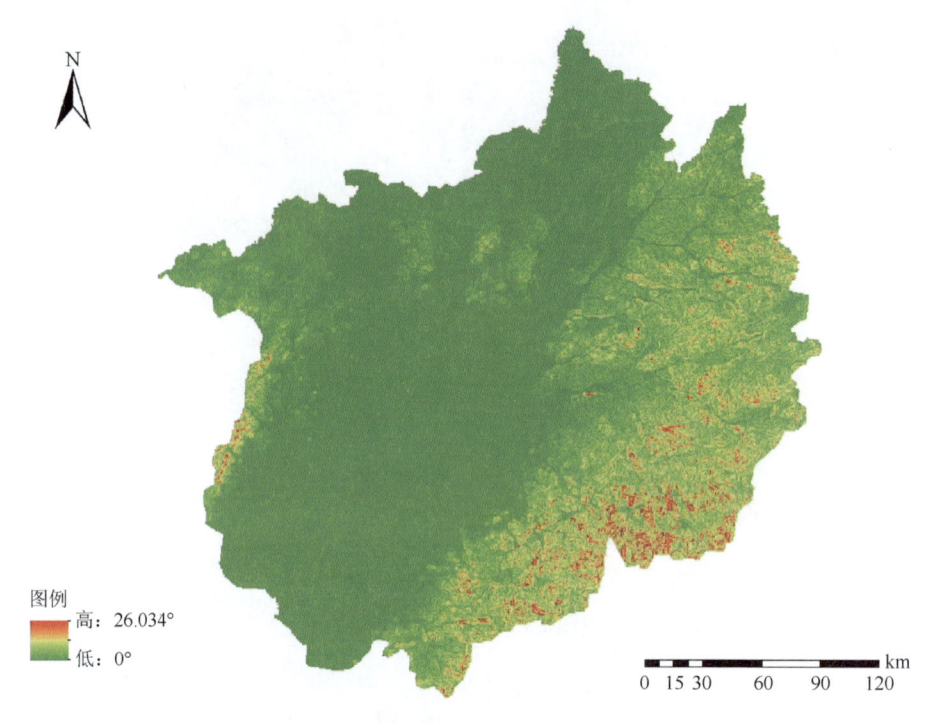

图 7-29　坡度

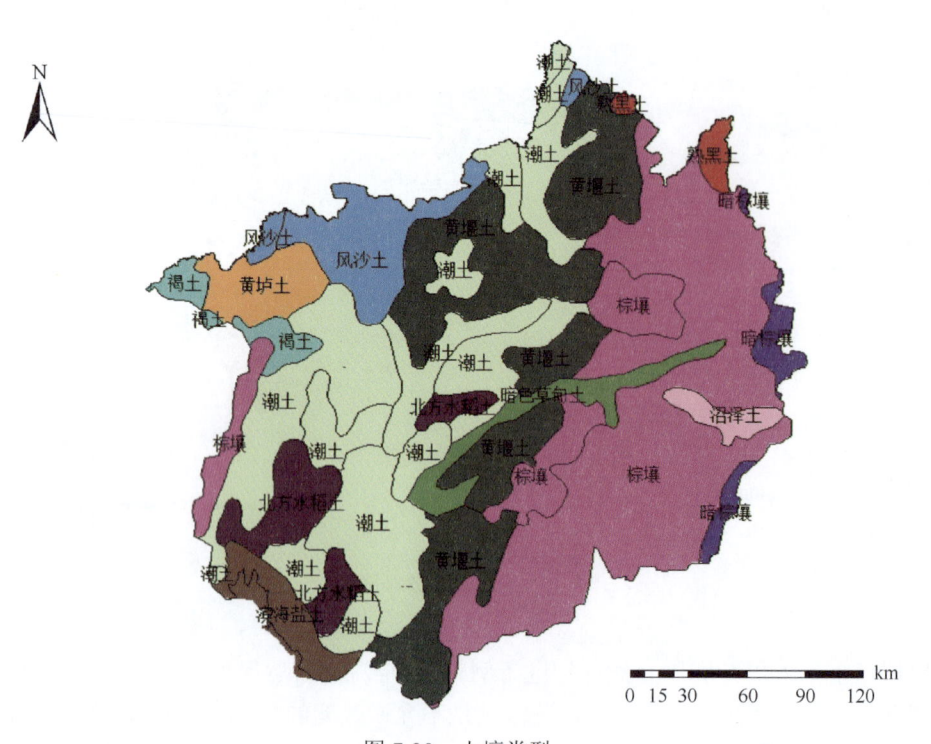

图 7-30　土壤类型

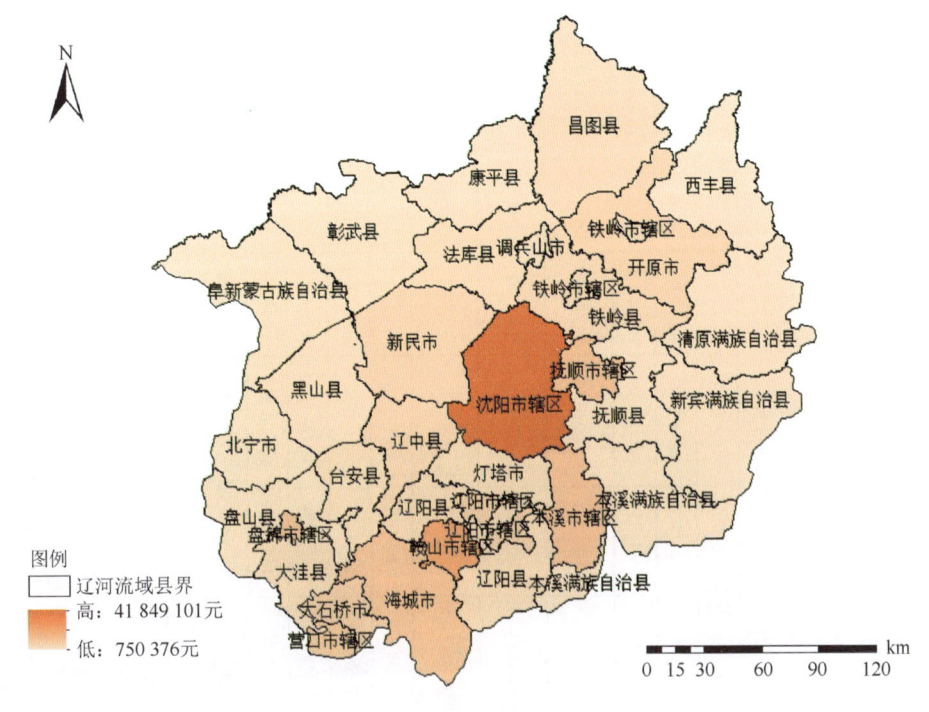

第七章 辽河流域城市发展格局优化与城市群建设战略

图 7-31　2000 年各县 GDP

图 7-32　2000 年各县人口密度

表 7-29 辽河流域 2000 年 CLUE-S 模型回归系数

项目	森林		灌丛		草地		湿地		耕地		建设用地	
驱动因子	Beta 系数	Exp (β)	Beta 系数	Exp (β)	Beta 系数	Exp (β)	Beta 系数	Exp (β)	Beta 系数	Exp (β)	Beta 系数	Exp (β)
高程	0.005 707	1.005 723	0.004 533	1.004 543	0.002 397	1.002 40	−0.009 7	0.990 334	−0.005 35	0.994 662	−0.004 639	0.995 370
到居民点距离	−0.000 006 513 12	0.999 993	−0.000 029 64	0.999 97	0.000 021 310 9	1.000 02	0.000 006 55	1.000 006	0.000 017 2	1.000 017	−0.000 026 3	0.999 973
到河流距离	−0.000 010 831 5	0.999 98	−0.000 032 632	0.999 967	0.000 017 652	1.000 017 6	0.000 014 23	1.000 014	−0.000 005 6	0.999 994	0.000 008 11	1.000 008
到公路距离	0.000 006 101 74	1.000 006	0.000 005 690	1.000 005	−0.000 011 753	0.999 98	−0.000 004 8	0.999 995	—	—	−0.000 000 54	0.999 994
坡度	0.170 902	1.186 375	—	—	−0.075 873	0.926 933	0.138 977	1.149 097	−0.153 78	0.857 45	−0.019 62	0.980 56
土壤类型	0.008 972	1.009 013	—	—	−0.085 851	0.917 73	0.189 376	1.208 49	−0.032 50	0.968 016 9	0.009 287	1.009 33
人口密度	−0.000 143 299 5	0.999 856 7	0.000 549 611	1.000 549	—	—	0.000 091 7	1.000 091	−0.000 347 5	0.999 652	0.000 533	1.000 533
GDP	0.000 000 152 98	1.000	−0.000 000 522	0.999 999	−0.000 000 395	0.999 99	−0.000 000 3	1.000 77	−0.000 045	0.999 999	0.000 008 68	1.000 000
常量	−2.404 83	0.090 280	−3.339 35	0.035 459	−4.237 39	0.014 445	−4.547 5	0.999 9	1.505 9	4.508 432	−1.765 74	0.171 058 9
ROC	0.848		0.793		0.701		0.742		0.773		0.752	

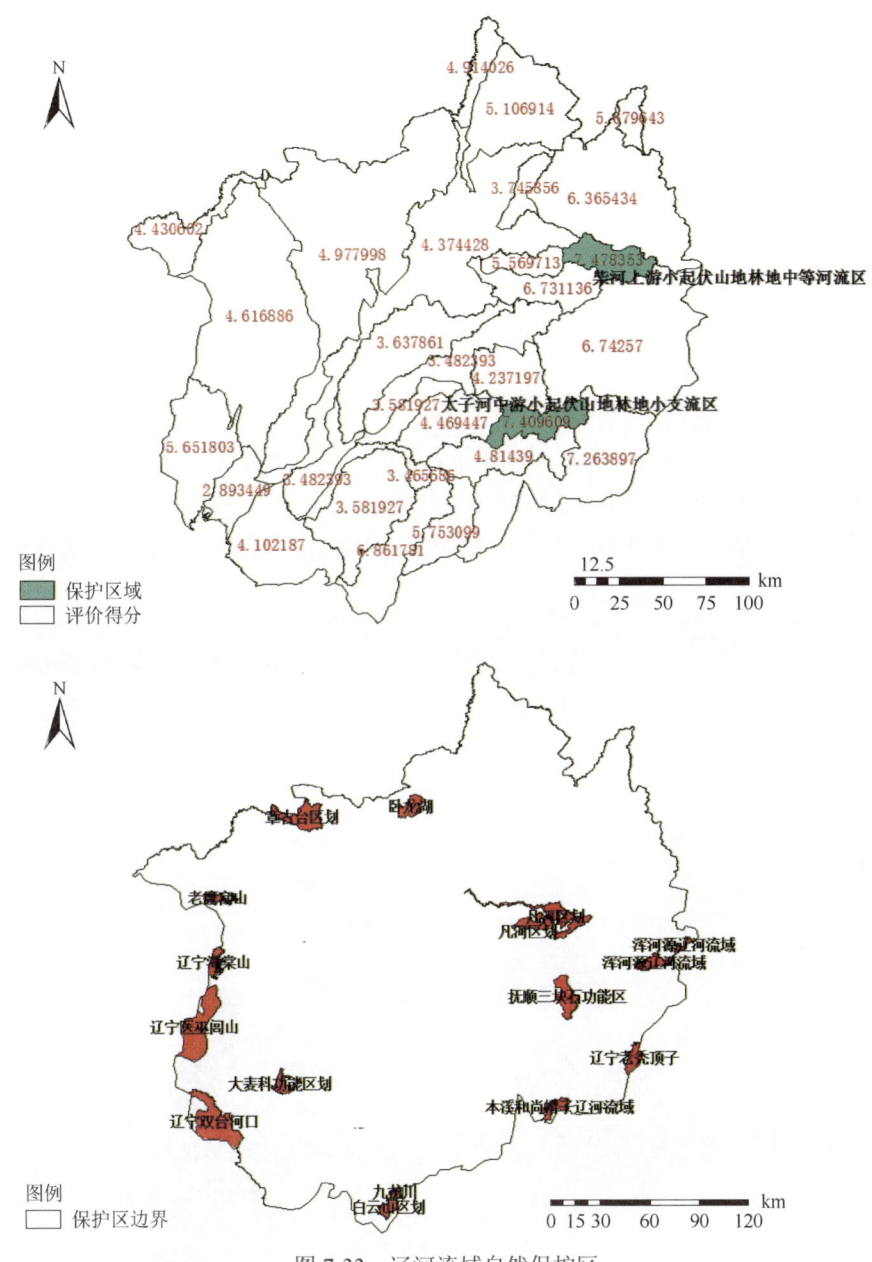

图 7-33 辽河流域自然保护区

为了满足 SPSS 统计分析的需要，计算各地类的分布和这些影响因子之间的二元 Logistic 回归系数，依次把这些栅格图层通过 ArcToolbox 和 CLUE-S 下的 Converter 工具转化为 SPSS 可以识别的 txt 文本。最后，在置信度为 95%的条件下，分别计算了森林、灌丛、草地、湿地、耕地和建设用地与这些因子之间的回归系数。Beta 系数为由 Logistic 回归方程得出的关系系数，其值将作为 CLUE-S 模型中 alloc.reg 文件的内容。Exp（β）值是 Beta 系数的以 e 为底的自然幂指数，其值等于事件的发生比率（odds ratio），表明当解释变量（变量因子）的值每增加一个单位时，土地利用类型发生的变化情况。

Logistic 回归结果采用 ROC 评价。所有土地利用类型 ROC 曲线下的面积在 0.7 以上，说明进入回归方程的因子对土地利用类型的空间分布格局具有较好的解释效果，森林更是高达 0.848，解释效果相当理想。

将计算得到的回归系数作为参数输入到 CLUE-S 模型中，并设好主参数、限制区域、土地需求参数等，其中，模拟期末的土地需求参数分别为 2010 年各土地类型的面积数。当所有参数设置完成后，运行模型。当各土地类型面积分配达到既定标准（即模型分配的每一土地类型的面积和 2010 年各自的面积的差值与各自的面积的百分比小于 0.1%），模型收敛，模拟结束。随后，在 ArcGIS 10.1 平台下，将模拟结果转换成可显示的 Grid 格式，并在相同分辨率（500m）下，将其与 2010 年的土地利用类型图对比（图 7-34 和图 7-35）。

模型验证的方法包括主观评价、图形比较、偏差分析、回归分析、假设检验、多尺度拟合度分析和景观指数分析等方法。本研究中采用了栅格水平上评价的 Kappa 指数系列方法和整体景观水平上的景观指数方法，计算了每一年预测结果的各指数并加以分析。景观指数选取了总斑块数、景观形状指数、蔓延度、香农多样性指数、香农均匀度指数和聚集度指数。

由表 7-30 可以发现，香农均匀度指数、香农多样性指数与聚集度指数的模型图的值与 2010 年土地利用图的值比较相近。由于在模型中各类型土地利用类型面积是预先输入的参数，模型模拟结果与 2010 年的土地利用结果相差不大，这可能是造成这 3 个与面积相关的指数与真实的 2007 年土地利用的值相差不大的原因。总斑块数、景观形状指数和蔓延度的模拟结果的值与 2010 年真实土地利用图有一定的差别，但差别不大。

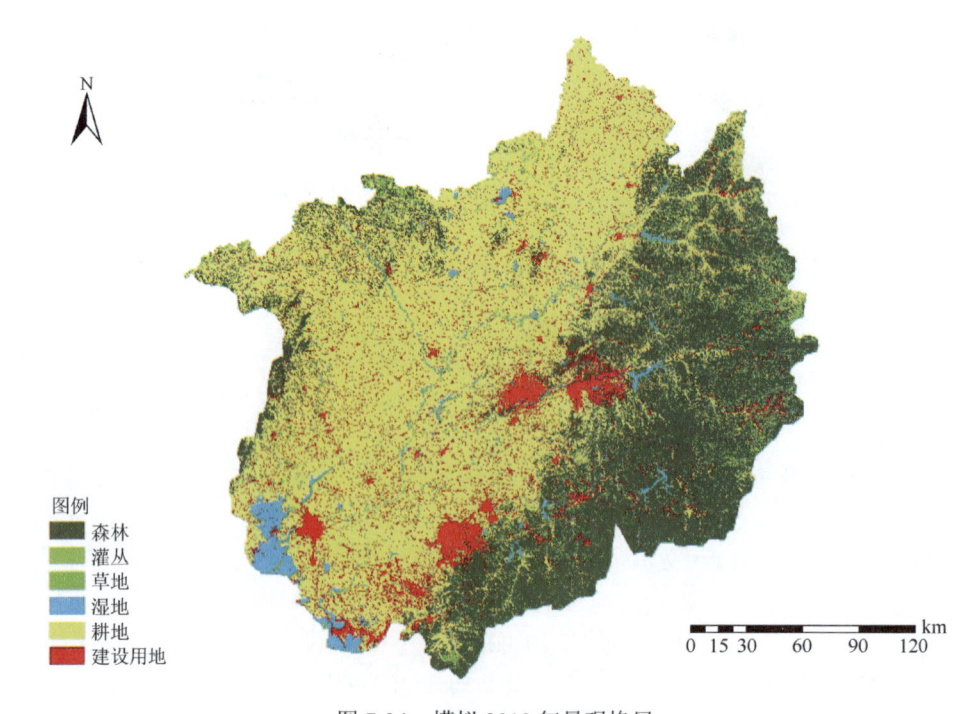

图 7-34 模拟 2010 年景观格局

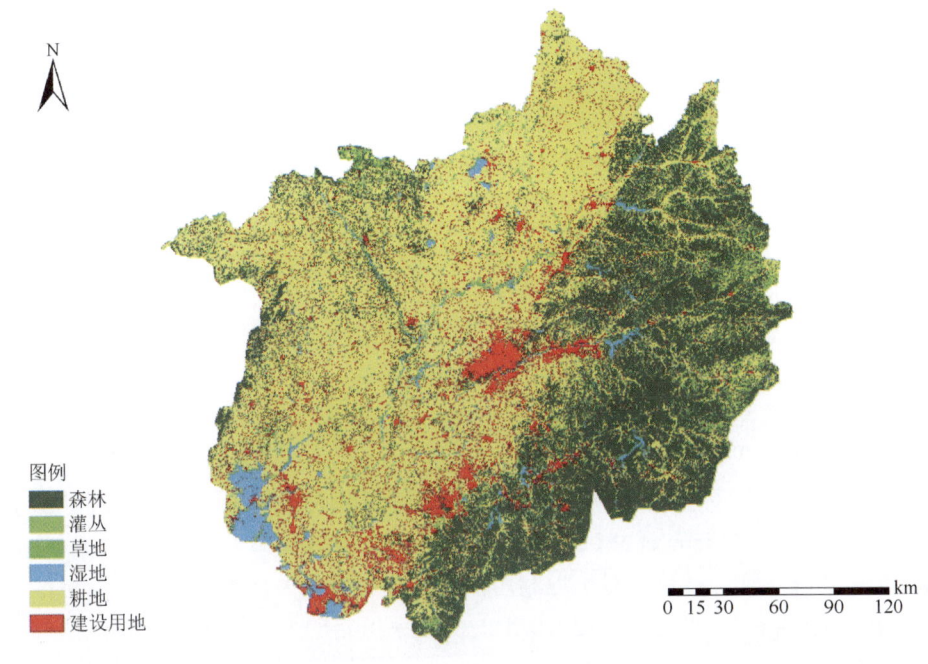

第七章 辽河流域城市发展格局优化与城市群建设战略

图 7-35 2010 年景观格局

表 7-30 模拟结果与 2010 年土地利用图景观指数比较

项目	2010 年模拟	2010 年真实
总斑块数（NP）	17 871	18 542
香农多样性指数（SHDI）	0.871 3	1.115 0
香农均匀度指数（SHEI）	0.541 4	0.622 3
景观形状指数（LSI）	86.098 9	72.642 7
聚集度指数（AI）	70.908 6	83.364 2
蔓延度（CONTAG）	53.870 3	59.289 3

为了更好地证明模拟效果的质量，运用 Kappa 指数系列进一步分析。由表 7-31 可以发现，面积 Kappa 指数（KQuantity）为 90%以上，表明模拟结果图与现实 2010 年土地利用图各土地利用类型面积一致性比较好，这是由于土地利用面积需求是作为参数输入的。标准 Kappa 指数（KStand）、位置 Kappa 指数（KLocation）和随机 Kappa 指数（KNo）系列均大于 90%，且正栅格数达 92.4%，具有较大的一致性，预测结果的误差可以忽略不计，说明应用 CLUE-S 模型能较好地模拟辽河流域景观格局变化，可以将其应用于辽河流域在不同情景下的景观格局变化模拟。

表 7-31 Kappa 指数系列计算结果

KStand	KLocation	KNo	KQuantity
0.907	0.934	0.909	0.971

4. 情景模拟预测

（1）情景设定

根据《辽宁沿海经济带发展规划（2008—2020）》的具体内容与各项发展目标，设计了3个预案。

自然发展趋势情景：根据2000~2010年恒定的土地利用变化率得到2030年土地利用数据。

经济发展优先情景：根据《辽河干流城镇带发展规划（2010—2017）》，构建辽宁中部城市群、沿海城镇带、沈大城镇轴，得到建设用地土地需求量。

生态保护优先预案：构建辽河保护区"一条生命线，一张湿地网，两处景观带，增加湿地面积，森林覆盖达39%"，耕地面积在30%~50%。

（2）土地利用需求预测

运用CLUE-S模型对上述三种情景进行模拟，需要将每种情景下可能的用地需求输入模型，分别进行模拟（Liang et al.，2011；Wang et al.，2011）。

根据情景方案，分三种情况对土地利用需求进行预测，"自然增长"下的土地利用需要根据历史数据分析，按照2000~2010年的变化率恒定的变化，采用线性内插方式，得出土地利用序列。经济发展、生态保护下的土地利用根据辽河保护区制定的相关发展规划（Wei，2010）进行插值，得出规划期间2010~2030年每年的土地利用。

A."自然增长"下的土地利用需求预测

"自然增长"下的土地利用需求预测见表7-32。

表7-32　2010~2030年"自然增长"下的土地利用需求预测　（单位：hm^2）

年份	森林	灌丛	草地	湿地	耕地	建设用地
2010	1 941 850.00	246 425.00	94 575.00	229 425.00	3 483 650.00	630 800.00
2011	1 941 570.03	246 437.51	94 844.95	229 346.79	3 477 740.41	636 785.31
2012	1 941 290.07	246 450.03	95 114.90	229 268.57	3 471 830.82	642 770.61
2013	1 941 010.10	246 462.54	95 384.85	229 190.36	3 465 921.23	648 755.92
2014	1 940 730.13	246 475.05	95 654.80	229 112.15	3 460 011.64	654 741.23
2015	1 940 450.16	246 487.56	95 924.75	229 033.93	3 454 102.06	660 726.54
2016	1 940 170.20	246 500.08	96 194.70	228 955.72	3 448 192.47	666 711.83
2017	1 939 890.23	246 512.59	96 464.65	228 877.51	3 442 282.88	672 697.14
2018	1 939 610.26	246 525.10	96 734.60	228 799.29	3 436 373.29	678 682.46
2019	1 939 330.29	246 537.61	97 004.55	228 721.08	3 430 463.70	684 667.77
2020	1 939 050.33	246 550.13	97 274.50	228 642.87	3 424 554.11	690 653.06
2021	1 938 770.36	246 562.64	97 544.45	228 564.65	3 418 644.52	696 638.38
2022	1 938 490.39	246 575.15	97 814.40	228 486.44	3 412 734.93	702 623.69
2023	1 938 210.42	246 587.66	98 084.35	228 408.22	3 406 825.34	708 609.01
2024	1 937 930.45	246 600.18	98 354.30	228 330.01	3 400 915.75	714 594.31
2025	1 937 650.49	246 612.69	98 624.25	228 251.80	3 395 006.17	720 579.60
2026	1 937 370.52	246 625.20	98 894.20	228 173.58	3 389 096.58	726 564.92
2027	1 937 090.55	246 637.71	99 164.15	228 095.37	3 383 186.99	732 550.23

续表

年份	森林	灌丛	草地	湿地	耕地	建设用地
2028	1 936 810.59	246 650.23	99 434.10	228 017.16	3 377 277.40	738 535.52
2029	1 936 530.62	246 662.74	99 704.05	227 938.94	3 371 367.81	744 520.84
2030	1 936 250.65	246 675.25	99 974.00	227 860.73	3 365 458.22	750 506.15

B. "经济发展优先"下的土地利用需求预测

根据《辽河干流城镇带发展规划（2010—2017）》，构建辽宁中部城市群、沿海城镇带、沈大城镇轴，在辽河流域建成生态良好、产业繁荣、功能完善、环境优美的宜居区域，建成民族风情与历史文化相辉映，革命传统与现代文明相交融的"城市田园"式城镇带。增加城镇带建设，如大型基础设施、公益性设施、历史文化保护等。得出2030年的政策规划下的土地利用需求共计 800 506.15hm^2。然后采用线性插值法，对2010~2030年的土地利用需求进行预测，得到2010~2030年"经济发展优先"情景下的土地需求结果，如表7-33所示。

表7-33 2010~2030年"经济发展优先"下的土地需求　　　　（单位：hm^2）

年份	森林	灌丛	草地	湿地	耕地	建设用地
2010	1 941 850	246 425	94 575	229 425	3 483 650	630 800
2011	1 940 670.03	246 387.51	94 794.95	229 346.79	3 474 740	640 785.3
2012	1 939 490.07	246 350.03	95 014.9	229 268.56	3 465 831	650 770.6
2013	1 938 310.1	246 312.54	95 234.85	229 190.36	3 456 921	660 755.9
2014	1 937 130.13	246 275.05	95 454.8	229 112.15	3 448 012	670 741.2
2015	1 935 950.16	246 237.56	95 674.75	229 033.93	3 439 102	680 726.5
2016	1 934 770.2	246 200.06	95 894.7	228 955.72	3 430 192	690 711.9
2017	1 933 590.23	246 162.59	96 114.65	228 877.5	3 421 283	700 697.2
2018	1 932 410.26	246 125.1	96 334.6	228 799.29	3 412 373	710 682.5
2019	1 931 230.29	246 087.61	96 554.55	228 721.08	3 403 464	720 667.8
2020	1 930 050.33	246 050.13	96 774.5	228 642.85	3 394 554	730 653.1
2021	1 928 870.36	246 012.64	96 994.45	228 564.65	3 385 645	740 638.4
2022	1 927 690.39	245 975.15	97 214.4	228 486.44	3 376 735	750 623.7
2023	1 926 510.42	245 937.66	97 434.35	228 408.23	3 367 825	760 609
2024	1 925 330.45	245 900.18	97 654.3	228 330.01	3 358 916	770 594.3
2025	1 924 150.49	245 862.68	97 874.25	228 251.8	3 350 006	780 579.6
2026	1 922 970.52	245 825.2	98 094.2	228 173.58	3 341 097	790 564.9
2027	1 921 790.55	245 787.71	98 314.15	228 095.37	3 332 187	800 550.2
2028	1 920 610.59	245 750.21	98 534.1	228 017.16	3 323 277	810 535.5
2029	1 919 430.62	245 712.74	98 754.05	227 938.94	3 314 368	820 520.8
2030	1 918 250.65	245 675.25	98 974	227 860.73	3 305 458	830 506.2

C. "生态保护优先"下的土地利用需求预测

根据《沈阳市辽河干流生态带规划》《辽宁省十二五规划》《辽河保护区土地综合治理和开发利用》要求，统筹河道整治与河流湿地恢复、建立生态建设保护带，流域范围内，农业用地面积比为 30%～50%，保持较高的生物完整性和良好栖境，维持河流生态完整性，森林覆盖率达 39%。同时，构建辽河保护区"一条生命线，一张湿地网，两处景观带，增加湿地面积，森林覆盖达 39%"，形成健康的湿地生态系统，生态调节功能显著增强，为生物提供良好的栖息地；得到 2030 年的政策规划下的土地利用需求森林面积为 2 186 819.57hm^2、湿地面积为 227 860.73hm^2。然后采用插值法，对 2010～2030 年的土地利用需求进行预测，得到 2010～2030 年"生态保护优先"情景下的土地需求结果，如表 7-34 所示。

表 7-34 "生态保护优先"下的土地需求 （单位：hm^2）

年份	森林	灌丛	草地	湿地	耕地	建设用地
2010	1 941 850	246 425	94 575	229 425	3 483 650	630 800
2011	1 954 098.48	246 437.51	94 844.95	229 346.79	3 467 337.27	634 660
2012	1 966 346.96	246 450.03	95 114.9	229 268.57	3 451 024.54	638 520
2013	1 978 595.44	246 462.54	95 384.85	229 190.36	3 434 711.81	642 380
2014	1 990 843.91	246 475.05	95 654.8	229 112.15	3 418 399.09	646 240
2015	2 003 092.39	246 487.56	95 924.75	229 033.93	3 402 086.37	650 100
2016	2 015 340.87	246 500.08	96 194.7	228 955.72	3 385 773.63	653 960
2017	2 027 589.35	246 512.59	96 464.65	228 877.51	3 369 460.9	657 820
2018	2 039 837.83	246 525.1	96 734.6	228 799.29	3 353 148.18	661 680
2019	2 052 086.31	246 537.61	97 004.55	228 721.08	3 336 835.45	665 540
2020	2 064 334.79	246 550.13	97 274.5	228 642.87	3 320 522.71	669 400
2021	2 076 583.26	246 562.64	97 544.45	228 564.65	3 304 210	673 260
2022	2 088 831.74	246 575.15	97 814.4	228 486.44	3 287 897.27	677 120
2023	2 101 080.22	246 587.66	98 084.35	228 408.22	3 271 584.55	680 980
2024	2 113 328.7	246 600.18	98 354.3	228 330.01	3 255 271.81	684 840
2025	2 125 577.18	246 612.69	98 624.25	228 251.8	3 238 959.08	688 700
2026	2 137 825.66	246 625.2	98 894.2	228 173.58	3 222 646.36	692 560
2027	2 150 074.13	246 637.71	99 164.15	228 095.37	3 206 333.64	696 420
2028	2 162 322.61	246 650.23	99 434.1	228 017.16	3 190 020.9	700 280
2029	2 174 571.09	246 662.74	99 704.05	227 938.94	3 173 708.18	704 140
2030	2 186 819.57	246 675.25	99 974	227 860.73	3 157 395.45	708 000

（3）土地利用类型转移弹性设置

土地利用类型转移弹性（即 ELAS 参数）是指在一定时期内，研究区内某种土地利用类型可能转化为其他土地利用类型的难易程度,是根据区域土地利用系统中不同土地利用类型变化的历史情况,以及未来土地利用规划的实际情况而设置的,其值越大,稳定性越高。需要说明的是,转移弹性参数的设置主要依靠对研究区土地利用变化的理解与以往的知识经验,当然也可以在模型检验的过程中进行调试。另外,CLUE-S 模型对参数 ELAS 的变化十分灵敏,其一个微小的变化就可能引起模拟结果产生较大的变化,根据研究区土地利用现状特点和变化特征以及转移矩阵分析,分别给不同的土地利用类型赋予 ELAS 参数值,为最后的模拟选择一个较为合适的参数方案。研究区各种土地利用类型转移弹性见表 7-35。

表 7-35 ELAS 参数设置

景观格局类型	森林	灌丛	草地	湿地	耕地	建设用地
自然发展情景	0.8	0.8	0.8	0.5	0.2	1
经济发展优先情景	0.7	0.6	0.6	0.4	0.2	1
生态保护优先情景	0.9	0.8	0.8	0.6	0.2	0.8

在"自然发展情景"下模拟 2030 年辽河流域景观格局,根据过去 10 年的土地利用变化,耕地处于不断下降趋势,每年下降的面积占下降总面积比例较大,经过反复调试,将其系数设为 0.2;建设用地根据历史趋势,变化较快,增长迅速,且建设用地一旦形成,不容易转化为其他景观,故设为 1;森林、灌丛、草地其他土地利用类型基本没有变化,经过模型反复调试,参考相应文献故设为 0.8。

在"经济发展优先情景"下,城市建设开发建设力度加大势必占用更多的耕地和湿地,根据辽河流域 10 年间土地利用转移矩阵可知,建设用地主要由耕地转化而来,还有一部分由湿地转化,面积分别为 1038km^2、91.1km^2,反复带入模型调试,确定将耕地和湿地弹性系数分别设为 0.2、0.4;其他土地利用类型变化不明显,考虑经济发展情景下建设用地为主要增加地类,且一旦形成很难转移,故将建设用地设为 1。

"生态保护优先情景"下,湿地面积扩大明显,采取退耕还林,退耕还湖,森林覆盖增加,人工湿地逐渐扩大,草、灌地有所增加,所以经过模型反复运行调试得出,森林、灌丛、草地的弹性系数较之前两情景较大,森林设为 0.9,灌丛、草地均设为 0.8,湿地设为 0.6,耕地设为 0.2,建设用地相应降低设为 0.8。

(4) 回归系数

预案模拟仍然需要先计算出各土地利用类型与其空间分布影响的自然、社会经济因素之间的二元 Logistic 回归系数(表 7-36)。与先前的模型验证不同的是,由于人口密度、GDP、因素发生了较为明显的变化,因此,在预测中需要将这两个因素的数据更新到 2010 年(图 7-36 和图 7-37)。回归结果表明,进入各地类回归方程的因子发生了一些小的变化,大多数土地利用类型的回归系数的水平有不同程度提高,除草地和园地外,其余土地利用类型的 ROC 值均有所提高,说明回归方程对预测期内各地类空间分布的解释效果更好。

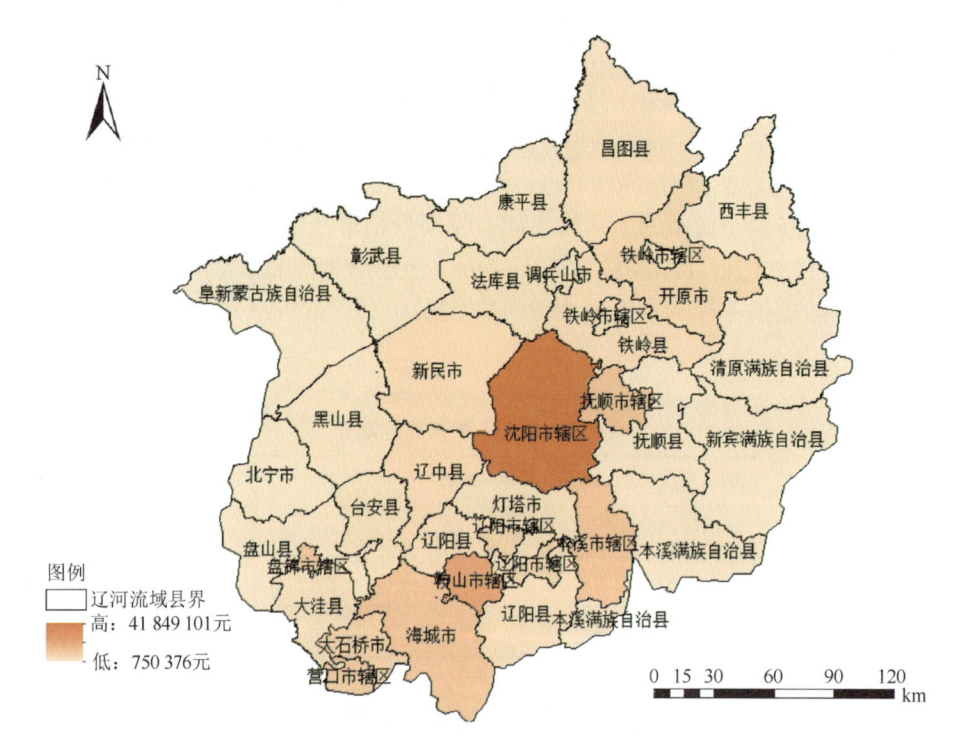

图 7-36　2010 年各县区 GDP

图 7-37　2010 年各县区人口密度

表 7-36　辽河流域 2010 年 CLUE-S 模型回归系数

项目	森林 Beta 系数	森林 Exp (β)	灌丛 Beta 系数	灌丛 Exp (β)	草地 Beta 系数	草地 Exp (β)	湿地 Beta 系数	湿地 Exp (β)	耕地 Beta 系数	耕地 Exp (β)	建设用地 Beta 系数	建设用地 Exp (β)
驱动因子												
高程	0.005 684 01	1.005 723	0.004 451 7	1.004 461	0.002 295 38	1.002 298 021	−0.008 575 94	0.991 460 72	−0.005 299	0.994 714 9	−0.004 737 5	0.995 273 6
到居民点距离	−0.000 006 31	0.999 993	−0.000 029 37	0.999 970 6	0.000 021 921	1.000 021 92	—	—	0.000 001 815	1.000 018 1	−0.000 026 0	0.999 973 96
到河流距离	−0.000 011 1	0.999 98	−0.000 033 74	0.999 966 2	0.000 016 914	1.000 016 914	0.000 009 63	1.000 009 63	0.000 000 305	0.999 996 9	0.000 000 686	1.000 006
到公路距离	0.000 005 46	1.000 006	0.000 006 46	1.000 006 4	−0.000 012 25	0.999 987 74	−0.000 000 311 9	0.999 996 88	0.000 000 123	−1.000 001 23	−0.000 011 4	0.999 988 5
坡度	0.172 172	1.186 375	—	—	−0.086 910 76	0.916 758 897	0.111 501 2	1.117 955 18	−0.151 551	0.859 373	—	—
土壤类型	0.007 996	1.009 013	—	—	−0.086 910 76	0.916 758 89	0.187 195 78	1.205 863 35	−0.028 856	0.971 556 18	0.013 248 54	1.013 336 69
人口密度	0.000 088 9	0.999 856 7	0.000 549 611	1.000 382 58	—	—	−0.000 306 801	0.999 693 245	−0.000 614 79	0.999 385 39	0.000 067 53	1.000 675 5
GDP	—	1.000	−0.000 081 02	0.999 999 91	−0.000 000 380 12	0.999 999 96	−0.000 008 83	0.999 999 99	0.000 002 924	1.000 000	0.000 008 246	1.000 000
常量	−2.374 88	0.093 025	−3.307 222 4	0.036 617 741	−4.169 922	0.015 453 45	−4.436 889	0.011 832 69	1.357 303	3.885 699 6	−1.578 751	0.206 232 49
ROC	0.847		0.797		0.705		0.727		0.770		0.766	

（5）模拟结果

将回归结果输入到模型之中，并设置好其余相关参数，在两个预案下分别对 2010～2030 年的土地利用变化进行模拟，结果见图 7-38～图 7-40。

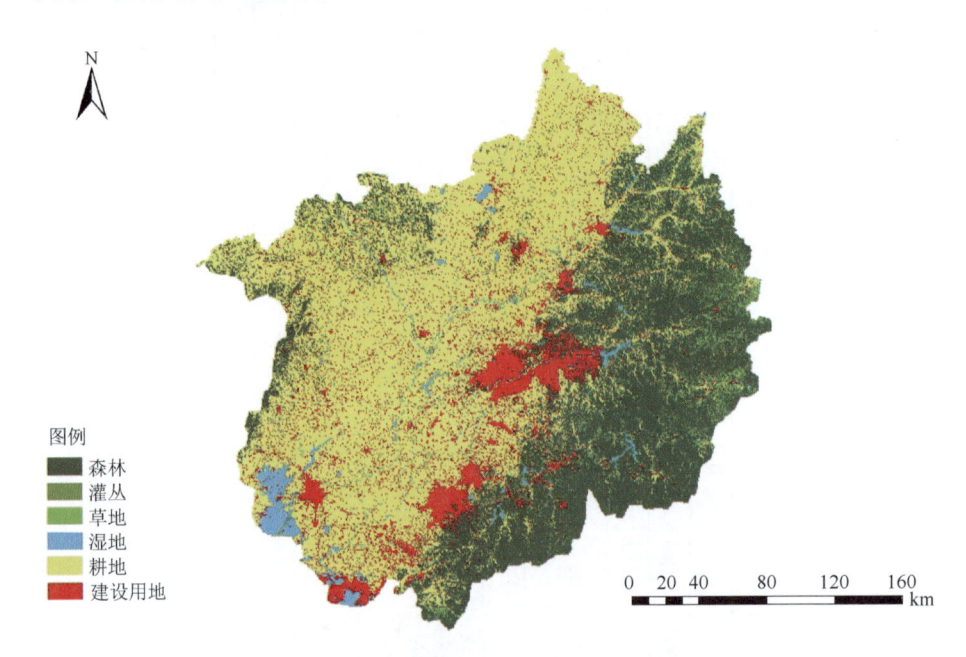

图 7-38　"自然发展情景"下 2030 年的模拟结果

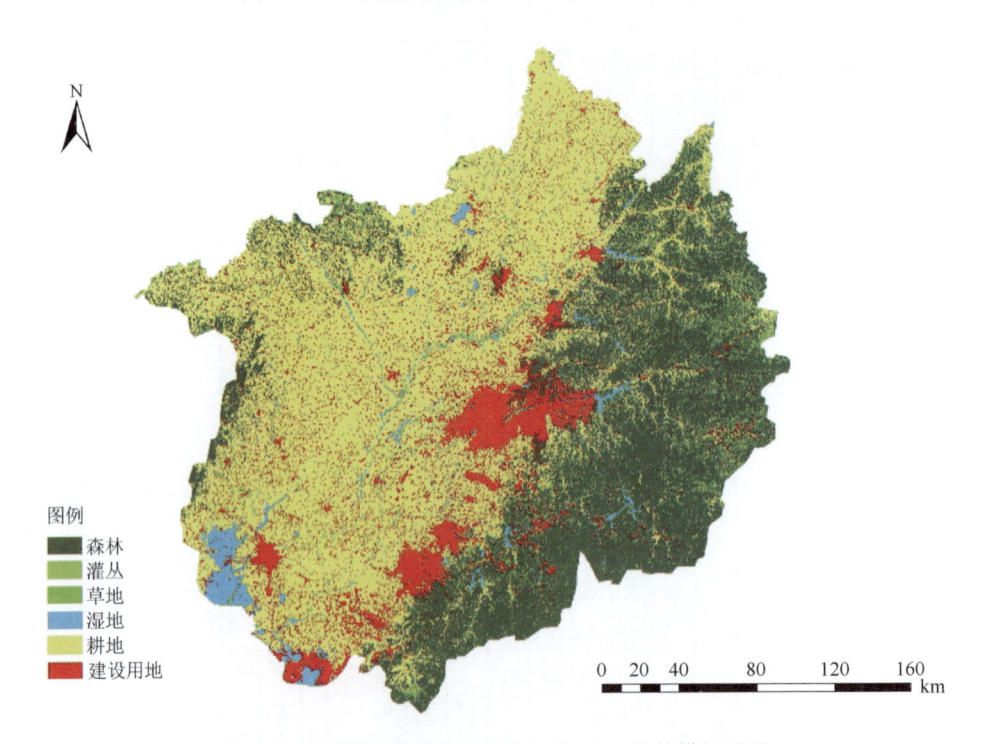

图 7-39　"经济发展优先情景"下 2030 年的模拟结果

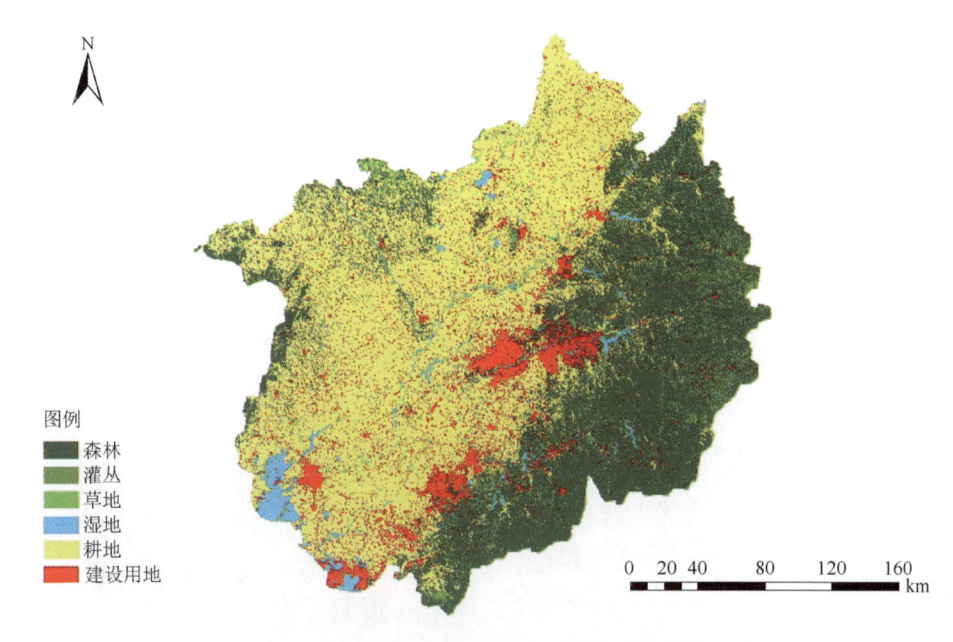

图 7-40 "生态保护优先情景"下 2030 年的模拟结果

虽然面积需求为 CLUE-S 模型中的一部分,应用统计或其他模型方法得到,但土地利用变化也是模型输出的一部分,各土地利用类型面积变化见图 7-38~图 7-40。可以看出,在不同预案下,景观变化的趋势基本一致,但变化幅度有明显差别。三种预案下耕地都趋于减少,但"经济发展优先情景"降幅更大一些。建设用地均在逐渐增加,"经济发展优先情景"扩张更快,面积增加更多。建筑用地变化情况的不同导致其他景观类型的变化有所不同。同时,景观的变化主要以面积变化为主,空间位置上的变化较小,其主要原因是受到辽河流域"三带"规划、《辽河保护区土地利用综合整治与规划》政策的影响。

二、辽河流域城乡发展格局优化战略

流域尺度上的景观格局优化,必须关注到流域范围内因为水体的存在使得不同类型景观斑块之间的联系更为紧密,景观格局的变化会显著影响流域内水体质量。着眼于流域尺度上水环境保护的需要,必须合理考虑景观斑块类型、格局和空间分异特征。因此,本研究结合《辽河干流生态带规划》《辽河干流城镇带规划》《辽河干流旅游带规划》"三带"规划与 CLUE-S 模拟 3 种情景,进行辽河流域城乡发展格局优化,见图 7-41。

根据《辽河干流生态带规划》中的要求,辽河干流沿线城市重点发展"生态带"。强化自然生态景观保护和流域内绿色景观建设,沿辽河干流、支流开展植树造林,特别是规划中的辽河流域北部、南部。优化方案中北部与西部将继续采取退耕还林,增加森林、草地景观,其中重点区域昌图县、台安县、盘山县,提升其生态环境质量与生态系统服务。南部大洼县、盘锦地区紧挨辽河入海口,湿地资源极其宝贵。该区应在保障最小生态用地的基础上,逐步建立人工湿地,扩大森林和湿地面积,形成健康的湿地生态系统,河滨带覆盖度达 90%以上,为生物提供良好的栖息地。

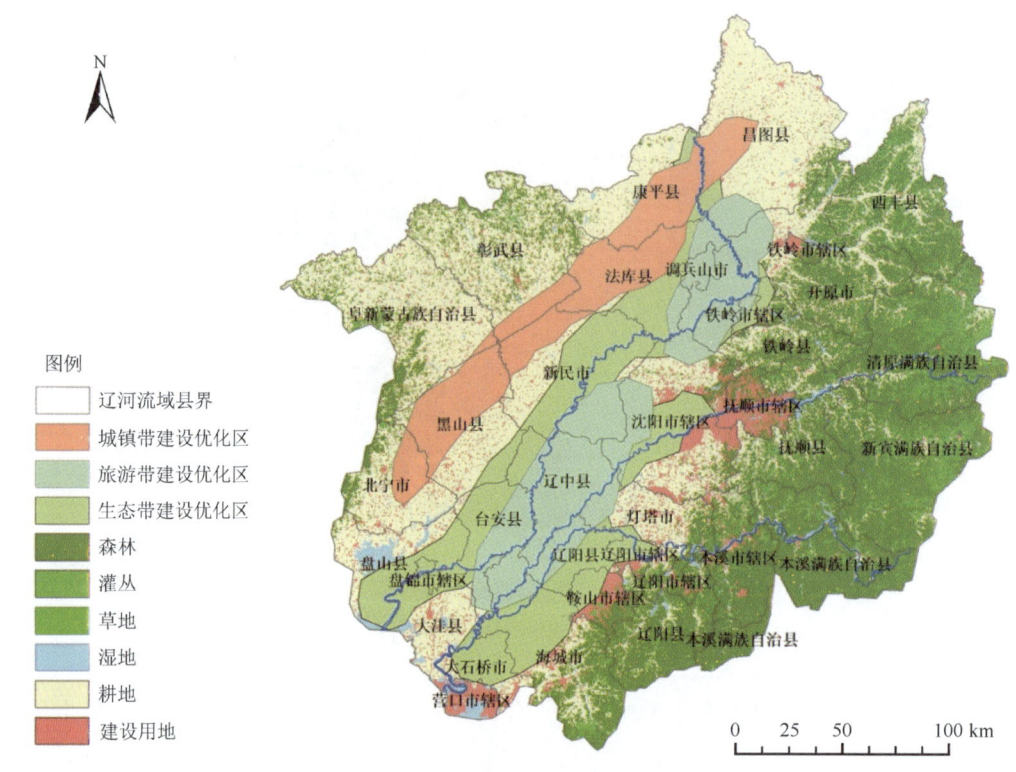

图 7-41　辽河流域"三带"优化结果

根据《辽河干流城镇带规划》中的要求，辽河干流西部将重点建设"辽西城镇带"。具体实施时应遵循地貌格局原则，综合考虑当地的产业结构、产业特征、景观风貌特征乃至风土人情。在昌图—康平区段加强生态农业建设，逐步推进农庄和农场的规模化、产业化耕作和生产方式文化特征。铁岭县、开原、沈北新区段等区鼓励人口的就地城镇化和异地城镇化并重，重点打造具有辽河文化特色的滨水新区，以及各具特色的小城镇。新民北区段发挥临近沈阳都市区的区位优势，积极发展家庭农场，建设都市后花园。鞍山—辽中—盘锦区段濒临渤海、辽河入海口、水库水网密集，湿地面积较大。以此，建立生态湿地、全面推进全域城镇化试点，建设北方田园水乡城镇。

根据《辽河干流旅游带规划》中的要求，积极改善辽河干流国民旅游休闲环境，推进辽河干流国民旅游休闲基础设施建设，加强辽河干流国民旅游休闲产品开发与活动组织，完善辽河干流国民旅游休闲公共服务，提升辽河干流国民旅游休闲服务质量。到规划期末将辽河生态文明示范区打造成为与小康社会相适应的现代国民旅游休闲基地。以辽河入海口为源地，沿着辽河干流铁岭段建设生态圈、沈阳段休闲综合旅游区、鞍山段建设乡村综合旅游区、盘锦段建设奇异风光湿地区，充分发挥辽河流域生态资源优势，提高资源利用率，推动辽河流域旅游业的可持续发展。

（一）改善流域内城市格局，跳出流域发展新城区

依据对辽河的景观格局预测分析，发现位于研究区内东、西、中部各有其占突出优势

的景观类型分别是：东部耕地景观，西部林地景观（主要是森林），中部居住用地景观。以分区平衡发展为原则，协调各区功能，改善城区内部格局，提出以下建议。

1) 减小耕地景观的密度，转型为生态用地景观，形成东部林地，南部湿地群。这样将有利于流域生态健康。

2) 进一步完善道路体系，加强道路间的通达性，避免道路既有交通功能又有生活功能，通过增加城市绿地控制道路密度。

3) 保留园地景观作为城市特色，完善居住用地景观的公共服务设施体系，提高城市综合能力。城市用地结构混乱，城市职能得不到充分发挥，人口增长迅速，城市发展空间日趋狭小和拥挤。而且随着现代信息技术和交通水平的提高，新城区有条件分担主城区功能及发挥新的城市功能，因此，城市应该选择跳出所在的中部地区发展新的城区以满足城市发展新阶段中对城市新功能的要求。

（二）交通管理现代化，交通建设立体化

随着辽河流域内城市规模的不断扩张，功能的持续强化，城市空间的连续拓展，日益要求城市拥有一个能保证社会经济活动有效运行和满足城市居民出行要求的更加有效的交通运输体系，借鉴国内外城市交通管理的成功经验，针对城市群的交通实际问题，以现代化管理和科学的交通体制为核心，以可达性和舒适性为原则，应当加快道路建设，使过境交通与城市内部交通进一步分离。道路空间立体化，建设立交桥等地上交通设施和地下交通体系相结合，形成立体交通网络；建设发达、便捷、公共交通；加强城镇带内城市商服业发展，减轻由于人们到中部购物而产生的交通压力。

（三）大力发展立体绿化，改善生态环境

辽河流域包含大辽河、浑河、太子河，湿地分布较多，工业城市聚集。其中，一级阶地与水域关系密切；二、三级阶地主要是城市建设区，受人类活动影响明显；四、五级阶地则主要受山地地形影响。针对各阶地特点：

1) 一级阶地重点是：建设河道两岸绿色廊道。由于辽河自北向南穿过，所以对辽河两岸进行绿化，对提高流域内城市整体格局绿化有重要意义。同时，河道绿化增加了黄河的可观赏性，将成为城市一道靓丽的风景线，适合各区居民休闲。从对河流的保护和管理来说，河道两岸有植被覆盖的绿地景观，相比于人工景观，对河流防洪效果更好，更利于减少水土流失。

2) 二、三级阶地重点是：建设交通绿色通道，推广立体种植绿化。目前这一区域的土地开发已近饱和，难以在水平方向上扩大绿化面积，为了更高效地利用有限的空间，一方面依托道路，另一方面依托城市建筑物。针对城市街道拥挤与普遍狭窄的状况，可采取复层种植方法。另外，道路绿化还有利于降低道路对两侧的噪声污染。推广立体种植方法，创造多主体多层次的立体绿色空间城市景观。见缝插绿，利用一切可以利用的空间进行绿化。这样不仅可以提高绿地覆盖率和绿视率，而且可以增加景观和生态效应，

发挥美学功能。

3）四、五级阶地重点是：建设山体防护绿化带，南北两山的绿化。对城市周边的山地进行绿化是扩大城市绿地面积的有效途径。考虑南北两山的自然条件和地理位置，根据城市生态的不同要求，因地制宜，合理发展。靠近城区的较低山地应以环境保护林为主；公园风景区周围以风景林为主；立地条件好的地段以培育经济林为主；远离城区、立地条件差的地段以培育水土保持林为主。树种选择以本地适应能力强、防护性能好、观赏价值大、经济效益高的优良乡土树种为主，这将有利于对山地进行绿化。

（四）保护湿地，建设有特色的生态城市

辽河流域有着独特的地理环境，从而形成一些特殊的景观，例如，果园景观和湿地景观，在城市建设中应充分利用好这种生态优势，建设有特色的生态城市。拥有良性的生态功能和极大的生态经济效益潜力的生态景观应予以保留。湿地是人类最重要的环境资源之一，具有重要的环境调节功能和生态效益。太子河段湿地景观，属辽河下游，生态环境脆弱，生态意义更加重要。目前流域内湿地景观普遍存在植被破坏、开发利用管理混乱、水资源破坏严重等现象，加大政府对湿地的保护和建设，如制定严格的湿地保护规章，加强宣传教育，提高公众保护意识等对湿地资源进行保护和管理。

三、辽河流域生态文明示范区城市群建设策略

（一）我国城市群建设现状

城市群是城市化、工业化过程中，城市集聚与扩散而形成的一种城市群体结构，是区域空间内各种自然要素、社会要素构成的综合系统，是由在多方面密切相关的单个城市组成的城市集合体。20世纪90年代中期以后，珠三角、长三角城市群相继形成，京津冀城市群随即崛起（朱英明，1998）。到了2000年，中国城市化水平达36.09%，人均国内生产总值超过800美元，这两项指标表明，中国城市化进程已进入了正常、正确的发展轨道。作为城市群中关键性的大城市或特大城市，其自身在城市化群形成过程中所获得的巨大优势毋庸置疑。目前，我国对城市群的建设和协调发展的重视程度已经上升到了国家层面，城市群已成为国家参与全球竞争与国际分工的新兴地域单元（顾朝林，1999）。进入"十一五"以来，我国加快区域发展格局战略调整，城市群化进程随之加快，长江中游、松嫩平原（哈大长）、辽中南和山东半岛等新兴城市群开始崛起或显示雏形。目前，三大城市群以2%左右的国土面积聚集了全国13%~14%的人口和约40%的国内生产总值，在我国资源配置中的基础性作用日益显现，城市间的分工协作日益加强，并呈现区域一体化和城市网络化发展的态势。区域空间发展的这个新现象表明，我国多极化的区域发展格局初步形成，全国城镇体系布局进入崭新阶段。我国基本形成长三角洲城市群、珠江三角洲城市群、京津冀城市群等共15个达标城市群。而正确认识城市群环境问题的特点和成因是解决城市群环境问题，实现城市群可持续发展的关键（廖重斌，2000）。

（二）城市群建设主要存在的问题及成因

1. 城市群建设存在的主要生态环境问题

城市群是若干相关城市的组群，是区域内空间结构通过不断整合、资源不断优化配置发展形成的。因此，城市群的生态环境具有区域性、整体性和复合性的特征，城市群也存在不同的生态环境问题，城市群环境问题与城市群所处的自然条件、发展模式、产业结构等特点有重要的关系（周生贤，2014），基于城市群的特点及其与环境的关系，城市群的环境问题突出表现在：

（1）城市群水环境污染的集聚叠加

据环境保护部门监测，全国城镇每天至少有1亿t污水零处理直接排入水体，90%的城市水域污染严重，40%的水源已经不能饮用，各地水质型缺水严重。而城市群的迅速发展又加重了水污染的复合作用和叠加效应，导致水污染问题变得更加严重和复杂，污染范围已经从地表水扩散到地下水，从单一水污染发展到复合性水污染，从一般污染物的污染扩展到有毒有害污染物质的污染，已经形成点源污染与面源污染共存、生活污染源和工业污染源彼此叠加、各种一次污染物与二次污染物形成复合污染的态势。以辽东半岛城市群为例，在沈阳，矿业、纸制品业、化工、压延加工业、纺织业及皮革、毛皮与制鞋业6个行业排放的工业废水占工业企业废水排放总量的60%，排放的化学需氧量（COD）和石油类分别占各自排放总量的47%和46%。可见，这6个行业是造成沈阳水体污染的主要行业。在抚顺，上述6个行业的污染物排放也占有较大比例，排放的COD和石油类污染物占各自排放总量的比例也很高。两市产业结构、工业企业分布趋同，导致排放污染物相似，又均以浑河作为排污载体，势必增加了水体污染的叠加效应，这种叠加效应也必然增加了水污染治理的难度。同样存在主要工业企业趋同的本溪和鞍山，对其共同的排污载体太子河的污染叠加效应也十分突出。

（2）城市群的热岛群效应

热岛效应主要是指城市温度高于周边地区的现象，是一种由于城市建筑及人们活动导致的热量在城区空间范围内相对聚集的现象与作用。城市群由若干城市组成，每个城市产生的热岛效应在城市群区域中形成了城市热岛群效应。城市热岛群效应与城市群区域范围、所含城市的个数与规模、城市在群中的布局、人口密度、经济社会特点等条件有关（邹容，2011）。由于城市群的发展，区域内单个城市的热岛效应都在不同程度地增强，城市的热能不断聚集，所产生的能量不断向外辐射，多个城市的能量集聚在一起，加重了城市群区域的热能，使城市群区域的温度高于周围地区。

（3）城市群固体废弃物的集聚扩散

城市群的人口聚集和经济发展导致区域废弃物数量急剧增加。由于城市群对外扩张发展，城市群中的各个城市的边缘区都呈现出空间立体扩展，大面积的垃圾填埋已不现实。城市群内各个城市的发展带来了固体废弃物的集聚，使得城市群的土地利用比单一城市更为紧张。大量的固体废弃物得不到及时的处置，加剧了对大气、土壤、地下水的污染，也造成了土地资源的浪费。

(4) 城市群土壤污染的迁移扩散

城市群内的土壤污染问题,不仅是由单个城市的各种排污造成的,还突出表现为污染物随着水和大气在城市群内迁移转化。例如,工业生产排放出的 SO_2 会溶解在降雨中,形成酸雨,不但会毁坏建筑物、腐蚀金属和文化古迹,还会酸化河流湖泊与土壤。垃圾场的渗滤液向地下渗透,造成了城市群内土壤污染问题的复杂化,甚至污染到地下水。以珠三角城市群为例,东江流域土壤面污染达 40%,西江流域土壤面污染达 60%,土壤污染情况相差不大,但这与珠三角城市群的产业分布并不吻合,说明土壤污染源会通过水体流动和大气沉降使污染物遍布土壤中,所以城市群内个别城市的重污染状况的影响都不会是单个城市,它的迁移扩散性会影响到整个城市群区域。

2. 城市群生态环境问题成因分析

(1) 城市群环境建设缺乏科学规划

现有的城市群规划大都着重于经济发展,对经济发展有明确的目标和具体要求,而对其环境保护则缺乏统一的规划和清晰的目标。城市群作为一个整体,只依靠单个城市分别制定各自的环境保护规划,不能适应城市群的整体发展,不能满足环境保护要求,因此,需要从城市群的整体高度考虑环境规划与环境建设的合理性和有效性。

(2) 缺乏统一的管理机构

中国的环境管理是按行政区域实行的,地方政府对辖区内的环境质量负责,通过计划、组织、调节和监督,协调经济发展和环境保护的关系。由于城市群内各个城市政府相对独立,各自管辖自己区域内的事务,城市群不是清晰的地域行政单元,跨城市的整体性生态规划研究与政策投入不足,区域生态网络格局难以落实,管理上缺乏法定依据。城市群化的结果可能导致资源与生态压力区域化,这样使得城市群环境保护更加难以协调一致,从而加剧城市群环境污染问题。

(3) 城市群环境保护法规建设欠缺

目前国家针对环境保护工作有较系统的法律法规,各个地方政府也结合本地区实际制定了相应的法律规范。但是,城市群作为新的地域单元,它的环境保护工作需要若干个地方政府协调一致进行,而我国目前还没有针对城市群的环境保护工作的法规。如果仅依靠相关地方性环境法规,显然在城市群的环境保护工作中就会缺乏一致性,如各地方政府的环境保护标准、项目准入标准等某些方面的政策和规定会有一定的差异。城市群的环境具有新的特点,应针对城市群区域的环境保护工作制定相应的法律规范。法规建设的不同步,会加大城市群环境保护的工作难度,直接影响城市群环境保护的效果。

(4) 缺乏信息交流和环境联合监测

目前中国的城市群还没有公共环境信息的交流机制,信息的不畅通不利于解决城市群区域的环境污染问题,并且对区域内重大环境事件不能做到迅速反应。信息不畅的一个重要原因就是城市群环境监测系统不完善,针对主要生态系统及其变化的监测能力仍很有限,尚缺少对城市群大尺度、长时间的动态监测;生态系统服务与管理的科学研究缺乏向政策、决策和实践转化的有效渠道。而且监测机构大都偏重于对纵向的环境监测数据的汇总和管理，对城市群城市之间的横向环境监测网络还没有形成，数据的缺乏影响了城市群环境的管理和环境问题的解决。

（三）辽河流域城市群建设策略

根据辽河流域面临的诸多问题，只能走资源集约节约发展的城镇化道路。辽河流域城市群不仅当前，而且未来仍将是承载高强度人口和经济活动的区域，其生产、生活和生态空间利用矛盾将十分突出，必须高度重视流域内城市群国土空间的合理开发和利用，保障区域经济发展与人口资源环境相协调（白平则和吕世辰，2012；李广英，2011）。优化城市群"三生"空间结构，要从区域整体角度出发，制定城市群空间发展策略。

1. 优化"生态"空间结构，划定生态红线，因地制宜，构建完善高效的"斑块—廊道—基质"城市群生态网络系统

辽河流域区域地形地貌复杂，开发历史悠久。流域、湖泊、湿地、山脉等生态系统往往跨越城市行政区范围，成为单一城市国土开发和城市治理的盲区。划定生态保护红线是城市群空间管制规划的重要内容，要构建点线面结合、点状开发、面线保护的基本生态格局，维护区域生态系统的稳定性和完整性，为各城市共同开展生态空间保护提出要求。

在辽河流域城市群区域发展过程中必须立足于辽河流域的生态环境现状，遵循"让江河湖泊休养生息"的国家战略。因地制宜、充分合理地利用城市群区域的沈阳、铁岭、鞍山等城市群，西部耕地，东部森林，以及分布于南部的湖泊、河流等生态环境条件，营造城市群区域西部耕地、中部城市群与东部森林等生态基质，架构城市群区域河流、交通道路、保护区及重要生态功能单元、区域生态廊道、生态保育区、大型工程以及城市内部街道绿化等生态廊道网络，建设城市、低山丘陵等各类生态斑块，并进一步从区域、景观尺度划分这些类型，确定城市群生态网络格局。实施生态系统分类管制、生态需求分片管制、生态功能分区管制、生态用地分级管制。最终形成完善高效的"斑块—廊道—基质"城市群生态网络系统和生态主题分明的辽河流域生态城市发展格局，促使城市群区域人与自然和谐共处、互利共生。

2. 优化"生产"结构，促进辽河流域城市群区域各城市间合理分工，不断形成特色产业簇群

根据比较优势，促进辽河流域城市群区域各城市间合理分工：沈阳——东北城市群龙头城市，辽宁省省会，中国工业名城，东北地区最大的中心城市、重要的现代化物流中心、金融中心、先进制造业基地和科技创新基地，有"东方鲁尔""共和国第一长子"的美誉。沈阳是正在建设中的沈阳经济区的核心城市。沈阳地处东北亚经济圈和环渤海经济圈的中心，工业门类齐全，具有重要的战略地位。以沈阳为中心，半径150km的范围内，集中了以基础工业和加工工业为主的八大城市，构成了资源丰富、结构互补性强、技术关联度高的辽宁中部城市群。作为东北中心城市的沈阳，对周边乃至全国都具有较强的吸纳力、

辐射力和带动力。鞍山——沈阳经济区副中心城市，中国优秀旅游城市、国家森林城市，东北地区最大的钢铁工业城市，新中国钢铁工业的摇篮、中国第一钢铁工业城市，沈大黄金经济带的重要支点，辽宁中部城市群与辽东半岛开放区的重要连接带。铁岭市——沈阳经济区副中心城市，中国的粮食主产区、优质农产品生产加工基地和新兴的煤电能源之城。营口市——物产丰盛、交通便利，是东北重要的出海通道，是环渤海经济圈以及东北亚地区最具发展竞争力的现代化港口城市，全国重点沿海开放城市，辽东湾中心城市，辽东湾经济金融中心，辽东湾现代服务业中心，被誉为"东方贸易总汇"和"关外上海"。盘锦——辽宁省高速公路最密集、公路网密度最大的城市，市南部的盘锦港是东北和蒙东地区最近、最便捷的出海口；盘锦市缘油而建、因油而兴，是一座新兴石油化工城市。辽河城市群各城市间的合理分工，使城市群区域资源比较优势能够及时转化为产业优势，将会有利于城市群区域经济社会环境协调可持续发展，促进"廊道组团网络化城市群生态空间结构"的进一步优化。

辽河流域内，由重大产业带动而形成的城市很多，如沈阳、鞍山等。主导产业拉动建设的城市群中的二三线城市、县乡级城镇，明确产业分工，领衔中小城市迅速发展，以主导产业辐射带动的城市群的发展，加快产业升级的速度和节奏，引进新技术，提高开发水平，形成完整产业链和产业空间布局。

3. 优化"生活"结构，构建流域城市群发展引导机制，使城乡建设转向为更加适宜人们居住的生态环境友好型地区

城市群的发展受各种因素影响，主要包括政策体制、规划导向、产业簇群、交通道路、社会历史文化、新经济环境、自然生态环境等多个方面。在辽河流域城市群的建设发展过程中，要及时构建政策导向机制、规划引导机制、交通道路建设引导机制、产业簇群推动机制、经营管理机制、自然生态环境约束机制等（刘渊和王传胜，2002）。通过各种引导机制作用，使辽河流域城市群区域的城乡建设符合自然生态环境条件正向演变要求，逐步形成"廊道组团网络化城市群生态空间结构"，形成更加适宜人们居住的生态环境友好型地区。合理评估城市群核心城市和外围城市资源环境承载能力及当前承载的产业和人口水平，顺应核心城市去工业化和外围城市产业结构演进的方向，综合考虑核心城市对城市群腹地的辐射带动效应，推动产业和人口向资源环境承载能力较强的城市和地区集聚和转移，置换出核心城市的生活空间和生态空间。优化调整城市群内各城市老旧城区，城市内部和跨城市工矿区、传统产业集聚区的生产和生活空间布局，减缓生产和生活空间混杂布局对生活居住的影响程度。调整生态脆弱地区的生产和生活空间布局，减缓生产空间和生态空间叠加布局、生活空间和生态空间叠加布局对生态空间的破坏和侵占程度。

总之，构建与经济社会发展耦合的"廊道组团网络化生态空间结构优化组合模式"是辽河流域城市群区域生态空间结构演变的重要趋势。它有利于提高流域内城市群区域生态环境承载能力，推动流域内城市群区域经济社会环境协调发展。具体实施时应充分发挥生态带、城镇带和旅游带各自的特点，扶植城市沿河风景带、乡村农事体验、农业观光旅游服务的辽河生态文明示范区建设；探秘幽谷文化生态综合旅游区（铁岭段），休闲乐土都市生态综合旅游区（沈阳段），推动辽河生态文明示范区的可持续发展。

4. 辽河流域城市群优化重点

对于处于快速成长过程中的辽河流域城市群，在生产空间小幅增加的前提下推动核心城市国土空间向更有利于高级生产的方向升级，逐步提升核心城市生活空间人口集聚能力和水平，增加外围城市生活与生产空间比例，率先推动核心城市和外围城市生产空间的对接融合，增强外围城市对核心城市生产空间的置换能力，避免核心城市对外围城市生产空间的单向转移。引导城市与城市之间按照轴向带状扩展模式扩展，避免圈层式空间扩展模式，引导产业和城市空间发展过程中采用"极核—串珠模式"，尽量避免"连绵模式"，防止人工建设切断完整的海陆生态系统。规划城市群各城市生态空间与建设空间相互穿插，依托河流、大型工程、交通道路沿线和城市内部街道构建以楔形、带形、片状为主要形态的生态空间，为实现一体化建设廊道组团网络化城市群生态空间结构奠定基础。

四、小结

本章针对辽河流域生态文明建设目标，对辽河流域社会经济、景观格局与生态功能现状及变化进行分析与诊断，提出辽河流域生态安全格局构建指标体系与方法，构建辽河流域生态安全格局，划定生态红线，结合辽河流域未来土地利用需求，情景预测优化辽河流域城乡发展格局，提出辽河流域生态文明示范区城市群建设策略，为国家、地方政府部门环境管理、流域生态文明建设提供科技支撑。

主要的研究结果如下：

1) 分析辽河流域生态系统类型现状与10年动态变化，得出辽河流域生态系统类型以耕地为主，其次是森林；10年间，类型转化主要为耕地向城镇和湿地转化，净转化面积分别为1038.9km^{2}和100.4km^2；并对流域内的森林、草地、灌丛的生态质量进行分析，得出10年来辽河流域生态质量呈现波动增加的趋势。

2) 采用通用水量平衡法、土壤流失方程，InVEST模型以及光能利用率模型计算辽河流域水源涵养、土壤保持、生物多样性和碳汇功能，以此对辽河流域生态系统服务功能进行评价和动态分析，结果表明10年来辽河流域生态服务功能有所好转。

3) 以水生态功能三级分区为基础，将辽河流域划分为水域、岸边带、陆域3个子系统，根据每个系统的特征选取评价指标，采用综合指数法对辽河流域生态安全状况进行评价，结果表明研究区各子分区的生态安全综合指数在2.8~7.5，良好等级面积占27.61%，一般等级面积占56.11%，较差等级面积占16.27%。计算辽河流域生态功能重要性分布情况，与禁止开发区和重要生态功能保护区域叠加，确定流域的生态红线范围。结果表明辽河流域生态红线区面积为17 342.65km^2，占流域总面积的28.87%，主要分布在流域的东部。

4) 根据国际经验与辽河流域生态文明建设目标，确定辽河流域生态面积至少维持在其区域范围内土地面积的45%以上，同时确定最小生态用地分布状况，并依此为基础确定辽河流域各水生态功能三级分区的"三生"（生态、生产、生活）面积及比例。

5）采用 CLUE-S 模型，分别预测"自然发展趋势""经济优先发展"和"生态保护优先"三种情景下 2010~2030 年辽河流域景观格局状况。结果表明，不同预案下，景观变化的趋势基本一致，但变化幅度有明显差别。三种预案下耕地都趋于减少，但"经济发展情景"降幅更大一些。建设用地均在逐渐增加，"经济发展情景"扩张更快，面积增加更多。

6）结合《辽河干流生态带规划》《辽河干流城镇带规划》《辽河干流旅游带规划》"三带"规划与 CLUE-S 模拟 3 种情景，提出 4 条辽河流域城乡发展格局优化战略，即改善流域内城市格局，跳出流域发展新城区；交通管理现代化，交通建设立体化；大力发展立体绿化，改善生态环境；保护湿地，建设有特色的生态城市。

7）根据国内城市群建设经验，分析辽河流域城市群建设存在的主要问题，以"三生"空间结构为基础，从区域整体角度出发，制定了城市群空间发展策略。

参 考 文 献

白平则，吕世辰.2012.汾河流域生态环境保护机制创新思考.水土保持，58（3）：62-70.
蔡佳亮，殷贺，黄艺.2010.生态功能区划理论研究进展.生态学报，30（11）：3018-3027.
陈晨，王文杰，王维，等.2013.九龙江流域生态健康评价及管理对策.湖南科技大学学报（自然科学版），28（3）：121-128.
程根伟，石培礼.2004.长江上游森林涵养水源效益及其经济价值评估.中国水土保持科学，2（4）：17-20.
段增强，Verburg P H. 2004.土地利用动态模拟模型的构建及其应用——以北京市海淀区为例.地理学报，6：1037-1047.
顾朝林.1999.经济全球化与中国城市发展.北京：商务印书馆.
黄明，张学霞，张建军，等.2012.基于 CLUE-S 模型的罗玉沟流域多尺度土地利用变化模拟.资源科学，33（4）：769-776.
李广英.2011.青海湖流域生态环境保护与经济社会可持续发展对策.生态经济学报，112（11）：150-161.
李书娟，曾辉.2002.遥感技术在景观生态学研究中的应用.遥感学报，6（3）：233-240.
廖重斌.2000. 辽宁城镇群体空间组合. 南京：东南大学出版社.
刘庆凤，刘吉平，宋开山，等.2010.基于 CLUE-S 模型的别拉洪河流域土地利用变化模拟.东北林业大学学报，38（1）：64-67.
刘渊，王传胜.2002.城市群演化的空间过程及土地利用优化配置.地理科学进展，21（2）：95-102.
马超飞，马建文，布和敖斯尔.2001.USLE 模型中植被覆盖因子的遥感数据定量估算.水土保持通报，21（4）：6-9.
孟伟，张远，张楠，等.2011.流域水生态功能分区与质量目标管理技术研究的若干问题.环境科学学报，31（7）：1345-1351.
彭建，蔡运龙.2002.喀斯特生态脆弱区土地利用/覆被变化研究.北京：科学出版社.
彭建，蔡运龙，Verburg P H. 2007. 喀斯特山区土地利用/覆被变化情景模拟.农业工程学报，23（7）：64-70.
盛晟，刘茂松，徐驰，等.2008.CLUE-S 模型在南京市土地利用变化研究中的应用.生态学杂志，27（2）：235-239.
王文杰，张哲，王维，等. 2012.流域生态健康评价框架及其评价方法体系研究（一）——框架和指标体系.环境工程技术学报，2（4）：271-277.
袁春霞.2008.基于 RS 与 GIS 的金川河流域生态系统健康评价. 兰州：兰州大学硕士学位论文.
钟德燕.2012.基于 USLE 模型的黄土丘陵沟壑区土壤侵蚀研究. 杨凌：西北农林科技大学硕士学位论文.
周生贤.2014. 改革生态环境保护管理体制.环境保护，(5)：10-12.
朱英明.1998.中国城市群的界定及其分布研究.地域研究与开发，17（2）：40-43，55.
邹容.2011.健全完善环境保护制度研究.法制与社会，8（中）：49-50.
Liang Y J，Xu Z M，Zhong F L. 2011. Land use scenario analyses by based on system dynamic model and CLUE-S model at regional scale：A case study of Ganzhou district of Zhangye city. Geographical Research，30（3）：564-576.
Neumann J V. 1966. Theory of Self Reproducing Automata. Illinois：University of Illinois Press.
Veldkamp A，Verburg P H. 2004. Modelling land use change and environmental impact. Journal of Environmental Management，12（1-2）：1-3.

Wang Y S, Yu X X, He K N, et al. 2011. Dynamic simulation of land use change in Jihe watershed based on CA-Markov model. Transactions of the Chinese Society of Agricultural Engineering, 27 (12): 330-336.

Wei Q. 2010. Simulation of Dynamic Change in Land Utilization To County Based on CLUE-S Model. Urumqi: Xinjiang University.

Williams J R. 1983. EPIC—A new method for assessing erosion's effect on soil productivity. Journal of soil and water conservation, 38 (5): 381-383.

Wischmeier W S D. 1978. Predicting Rainfall Erosion Losses–A Guide to Conservation Planning with the Universal Soil Loss Equation (USLE). Washington DC: USDA-ARS.

第八章　辽河流域生态文化与生态意识培育发展战略

一、文化内涵与特征

（一）生态文化与传统文化

1. 传统文化

任何一个民族、一个国家都有自己的区别于其他民族、国家的文化。这种具有自己独特民族个性的文化就是人们经常提到的传统文化。

任何民族的传统文化都是在历史不断发展过程中逐步形成和积累起来的，都随着历史的演变而不断发展和积累，但这种发展和积累往往沿着特定的基本线索和基本精神进行，从而形成自己的特色。这种特色体现在有形的物质文化中，但更多的是体现在无形的观念形态方面和活动方式方面，如生活方式、行为方式、风俗习惯、心理特征、价值观念、伦理道德、审美情趣等。由此可见，传统文化就是由历史沿袭而来的物质现象和精神现象的有机复合体。

一般来说，传统文化具有以下几个特征。

1）相对稳定性。社会是一个动态过程，民族文化在这一动态过程中沿着一定的主线丰富和发展，从而构成自己的基本精神，这种基本精神是相对稳定的，它能够超越时代而长久地存在和延续。

2）新旧交融性。传统文化是历史延续而来，同时又融汇了现实文化的创新。有人认为传统文化就是前人传下来的永久不变的文化，这种静止的观点，忽视或者抹杀了历史与现实的交融、古人与今人的文化沟通，忽视了文化的继承性和变异性。

3）伦理性。伦理规范和道德观念是传统文化得以延续的重要动因。伦理规范和道德观念渗透到政治、经济、文化等一切社会生活中，从而保持着民族传统文化发展的基本方向。

4）广泛的社会性。传统文化具有民族整体意识和社会整体意识。它既是古人的，又是今人的，既有少数人的一时思想倾向，又包容着全体社会成员的思想倾向。由于各种文化现象相互制约，相互影响，相互之间具有有机的密切联系，所以任何传统文化都是一个统一的整体。

5）强烈的民族性。任何传统文化都有自己的民族土壤，都由一定的民族创造，都是在血缘和地缘这种天然关系的基础上累积而成的。从而构成了联结民族群体的社会纽带，以此维持和指导着民族生活。

中国传统文化是中华民族在长期的社会生活中创造的一切物质和精神财富。这种财富既有理论化的，又有非理论化的，她蕴涵着在长期生活中凝聚起来的思维方式、行为方式、生活方式、价值取向等精神成果，以及这些精神成果的物化部分。

2. 生态文化

生态文化是建立在生态学基础上的人与自然协调发展的文化，是指人们通过调整制度、自己的意识和行为来适应自然规律，来协调人与自然的关系。

生态文化按照内涵划分包括生态意识文化、生态制度文化和生态行为文化。

生态意识文化是指在人类的活动中，为了协调人与自然的发展，受一定社会文化背景、意识形态等影响而长期形成的一种精神成果或文化观念。它是生态制度文化和生态行为文化之源，它包括以生态价值观为核心的发展观、自然观和科技观等。

生态制度文化是生态文化建设中的与生态相关的各种制度建设，旨在规范政府、企业和公民的行为，贯彻生态理念，实现人与自然的和谐发展。它包括立法机制、投资机制、监督机制、教育机制、激励机制和舆论宣传机制等。生态文化是现代文明的重要内容之一，制度化是现代文明的重要特征。因此，要提高生态文化的建设水平，离不开相关的制度建设。生态文化的制度建设也就是社会经济制度、政治制度和社会体制的生态化过程，完善的生态制度文化建设，是生态文化进步的重要标志。

生态行为文化是以人的行为为形态的生态文化形式，包括生态生产方式和生态消费方式等。例如，在中国"天人合一"自然观指导下，简朴和谐的消费方式和整体、协调、循环、自生的生态控制手段是生态行为文化的宝贵财富。

通过以上分析可以看出，生态意识文化在整个生态文化体系中处于核心地位，生态制度文化是生态意识文化的具体化，生态行为文化受生态制度文化的影响，同时反映着生态意识。虽然从事实上来看，三者的关系是双向的，但是从逻辑上来看，它们之间的关系是：生态意识文化→生态制度文化→生态行为文化。

3. 相互关系

文化的发展改变了生态，生态的发展推动文化的进化。当代生态问题和生态学的发展对社会文化的各个方面产生重大影响，正在形成一种新形式的文化，即生态文化。与传统文化以人统治自然为重要的价值取向不同，生态文化的特点是它以人与自然和谐发展为价值取向，这是一次深刻的文化转向或价值转向。这种转变已经在社会生活的各个领域表现出来，例如，环境保护进入政治结构，经济学与生态学结合的经济学的"绿化"，生态教育兴起，生态哲学、生态文学、生态美学、生态伦理学和生态神学的产生等。发展生态文化是人类摆脱生态危机的重要途径之一。

（二）辽河流域传统文化的形成与发展

1. 辽河流域传统文化的起源

在中华文明起源的过程中，以西辽河流域为中心的辽河流域是中华文明的重要发源地之一（郭大顺，2007）。辽河流域有"古国—方国—帝国"的文明起源与发展历程，是中华文明起源多源性的生动体现，也反映出辽河流域在中华文明起源过程中的重要地位和作用。

（1）第一阶段

早在距今 8000 年前辽河流域就已经出现了龙的形象和成熟的玉器，说明当时已进入文明起步阶段。新石器时代是随着原始农业、家畜饲养、制陶与磨制石器的相继出现而到来的。辽河流域作为东北文化区的组成部分，渔猎经济是主要生活来源，渔业在当时人们生活中占有重要的地位。

在采集和渔猎经济占主导的经济活动之外，原始农业也较早开始出现。辽河流域的先民在较早时期就开始了农作物的栽培，是中国旱作农业的发源地。

原始农业的发展给人们提供长期定居生活的经济基础。辽西地区先民营造家园的历史可以追溯到距今 8000 年前的兴隆洼—查海文化，原始村落已有明确的规划，房屋的布局排列整齐，井然有序，周围有人工壕沟以防野兽侵袭和利于排水，是这个民族营地的界限，也是一种防御设施。居住区中心有大房址和广场，为氏族的公共活动场所。建立在这种多元经济基础上，从距今 8000 多年起，辽河流域的人群就创造了龙崇拜观念。

（2）第二阶段

公元前 3500 年左右，我国的文明进程进入了加速期，随着生产力的不断提高，社会进入了古国时代，逐渐形成了"多元并进"的发展格局。辽宁西部地区发现了牛河梁红山文化规模宏大的"坛庙冢"祭祀礼仪性建筑、成组的女神像以及以龙、凤、人等为题材的玉器群，形成一处史前宗教圣地和政治中心，表明红山文化以原始礼制与神权的高度发达，跨进古国时代。

红山文化以祭坛、女神庙、积石冢群和成套的玉礼器为标志，在距今 5000 年以前率先跨入古国阶段。考古学家苏秉琦指出，古国是指原始公社氏族部落制的发展已达到产生基于公社又凌驾于公社之上的、稳定的、独立的政治实体，即早期城邦式的原始国家已经产生。

（3）第三阶段

经过古国时代各地部族的文化交流、碰撞与融合，凌驾于众部之上的方国在中华大地纷纷崛起。辽河流域也进入了以夏家店下层文化为主体的方国时代。距今公元前 2100～1500 年，即相当于中原夏到早商时期的夏家店下层文化，分布范围北以西拉木伦河为界，南抵永定河，中心范围在燕山北侧。该文化拥有呈立体分布的城堡群、彩绘陶器、青铜器、仿铜陶礼器及成组玉器，反映了当时社会等级、礼制已经形成，是雄踞燕山南北、盛极一时、能与夏王国为伍的北方强大方国，文献中之北土"燕亳"可能与这支文化有关。

夏家店下层文化之后，辽河流域经历了以燕文化为主多民族文化交互融合的反复过程。随着铁器普及奠定的物质基础，最终实现了燕秦汉帝国在东北地区的有效管辖，以至秦统一后择地"为秦东门"（《史记·秦始皇本纪》），实际就选择在渤海湾北岸，即今山海关内外从辽宁省绥中县万家镇姜女石到河北省秦皇岛市金山嘴沿海岸一线的秦行宫遗址群，成为中华统一多民族国家的一个象征。

2. 辽河流域传统文化的基本构成内容

（1）物资层面

1）依托辽河水系形成的自然地理及生态资源，这是辽河文明的物质基础。辽河流经地区的地理环境十分复杂，不仅涉及三大山脉（长白山脉、大兴安岭山脉、燕山山脉），而且流经丘陵、平原、沙漠、湿地，最后注入渤海的辽东湾。流经地域有河北、辽宁、内蒙古、吉林4省（自治区）。史志所载"华实上腴""天地奥区"等，概括了辽河流域的自然资源丰厚。

2）依托辽河流域的自然资源，形成不同区域的多元经济形态。依托辽河上、中、下游不同自然资源，形成了不同区域的经济形态。其中，以东、西辽河交汇为起点，向东西延伸的辽河冲积平原的核心地区，是战国以来，以农业为主、兼营渔牧的中心区。而以东辽河和浑、太二河上游为中心的山川林泽地带，具有依托山林资源的狩猎、捕捞、采集等综合经济特征。西部鲁努儿虎山以西的上辽河流域，则以游牧和群牧为特征。

（2）精神层面

与上述辽河流域不同区域的不同生态资源和经济形态休戚相关，历史上的辽河流域，形成了不同的且独具特色的民族和民俗文化。

被传统的学术界公认的东北除"汉文化"以外的三大土著族系——西部之"燕亳"与"东胡"；东部之"秽貊"；北部之"肃慎"（女真先人），在辽河流域，都留下了自己的足迹。

西辽河流域（医巫闾山以西）早在5000年前和4000年前，已经出现了以"红山文化"为代表的"古国文明"和以"夏家店下层文化"，即"燕亳文化"为代表的"方国文明"（王禹浪，2012）。其后，这种基于原始农业和游牧、渔猎结合的民族文化区，在3000年前后，被从蒙古草原东进的"夏家店上层文化"的"东胡文化"所占据。从此开始了近2000年的从东胡、鲜卑、契丹到蒙元帝国的"草原民族文化"时代。

在医巫闾山以东的下辽河流域和东辽河流域则经历了青铜时代（距今4000~2500年）的"秽貊"族系及其后裔、两汉和魏晋隋唐之际的夫余、高句丽等民族。公元10世纪辽西契丹曾进入辽东200余年，但最终不敌土著在长白山南北的"肃慎系"女真民族的强势文化。从金朝到后金，女真族完成了统一东北和近古统一中国的民族大业。

3. 辽河流域传统文化的特征

辽河文化是多个地域和多个民族在其自身漫长发展过程中形成的各具特色的文化资源，因此，辽河文化资源具有丰富、深厚和多元性的特征（刘国祥，2010）。文化资源内容按不同层面和散布区域可分成各种资源体系。辽河文化从地域文化资源的角度看，包括辽西的兴隆洼文化、红山文化、辽中都市商业文化和辽南自然旅游文化等。从物质文化层面看，主要是指历史遗留物中古代遗址、建筑物、陵墓和民族的传统物质制品，如金牛山、庙后山、红山文化遗址、新乐文化遗址和出土的珍贵文物。从精神文化层面看，辽河文化更多地体现为价值观念、道德信仰、思想和艺术，如代表中国龙文化的查海文化遗址、代表玉文化的红山文化、代表信仰的佛教文化。从民族层面看，有辽文化、元文化、清朝的契丹文化、蒙古文化、满族文化。

（1）古文化特征

辽河文化历史悠久，古文化源远流长，最早的文化可以追溯到旧石器时期的营口金牛山和本溪庙后山、喀左鸽子洞、海城仙人洞和丹东山城子洞的洞穴文化。而随后产生的兴隆洼文化夏家店下层文化等，以及辽代和金代帝陵墓址文化，每一种文化无形中都透露出远古的气息，再现了远古先民告别蒙昧、走向文明的漫长历程。此外，辽河流域红山文化遗址的发现将中国的文明史提前了近千年，它是以燕山南北、长城地带为中心的北方原始文化的代表，它的发现证实了辽河流域是中华文明的发源地之一，并把中华古国史的研究从黄河流域扩大到燕山以北的西辽河流域。

（2）传承历史的特征

辽河流域文化记载了各个历史时期文化，从旧石器时期的金牛山文化到反映中国最后一个王朝清王朝的满族文化。在辽宁省阜新市查海村发现的距今约8000年的查海遗址是辽河流域发现的最早的古人类聚落，被誉为"辽河第一村"。那里有最早的龙纹陶片、最早的玉器，是红山文化的根系。朝阳牛河梁红山文化遗址距今约5000年，从出土的祭坛、积石冢、神庙和女神彩塑头像、玉雕猪龙、彩陶等重要文物看出，这里存在一个初具国家雏形的原始文明社会。夏家店文化反映了多个家族的不同区域以及同一区域中不同墓葬之间存在的等级差别。每一个在这里存在过的朝代和民族都在辽河流域留下了他们的足迹，成为了辽河文化的组成部分，无论时代怎么变迁，展现其历史的辽河文化依然在辽河大地演出一幕幕绘声绘色的文化正剧，始终不渝地为中华文化输送新鲜血液。

（3）地域文化的特征

辽河流域属于东北文化区，是东北文化区与北方草原、中原区交汇的前沿地带，是不同经济类型和不同文化传统的群体间的交汇。地域文化的代表为辽西走廊文化和草原文化。地处冀、蒙、辽三省交汇处的朝阳为著名的辽西历史文化名城，也处于一个多民族交替融合的政治、经济、军事、文化繁荣发展的时期。所有蕴藏于朝阳这片被称为"神秘土地"上的丰富的文物古迹，都是辽西走廊文化的重要成分。而生活在草原上的北方游牧民族，在数千年的历史长河中，创造了豪放壮美、雄浑飘逸、丰富多彩、熠熠生辉的灿烂草原文化。草原文化在经历匈奴、鲜卑、突厥、契丹和蒙、元、清，直至现当代几个高峰期的发展，形成了历史悠久、特色鲜明、内涵丰富的文化体系。

（4）多民族文化的特性

辽河作为华北平原、松辽平原、内蒙古高原的连接点，一直是多民族相互依存、相互融合的交往区域。自古以来，这里生息着的许多民族，如契丹、突厥、蒙古、满、高句丽等，由于受气候、地域及民族心理等因素的作用，在绘画雕塑、建筑形式、民族工艺、宗教信仰、待客礼仪等方面，都有浓郁的民族风格。因此，打造辽宁民族品牌就要打造有特色的、纯正的民族品牌，从民族文化着手，结合其特有民居与风俗、建筑、饮食、服饰和体育艺术，进行挖掘、包装和塑造，最后形成具有文化冲击力和政治影响力的民族文化，形成特色文化，如关东风、龙兴辽东、蒙古风情，以此为辽河文化民族文化品牌建设奠定基础。

（5）王朝文化的特性

在辽河流域生活过很多的王朝，但是最有代表性的王朝文化是辽代文化和清代文化。2000多年前的西汉时期，炎帝后裔、建立巍巍大辽的契丹族就崛起于辽河岸边。辽河流域是辽代的发祥地和统治中心，文化遗存甚为丰富，城址、居址、墓葬、古塔、文化遗物随处可见。辽文化遗存主要有辽代帝陵和墓葬、辽代塔寺。另外一个文化的代表是清文化。满族崛起于白山黑水间，从辽东山区走向辽沈大地，创造了别具一格的民族文化，把辽文化推向了一个新阶段。辽沈大地上留下的"一宫三陵",具有我国古代建筑的优秀传统和满族艺术风格,是我国宝贵的文化遗产,并成为令辽河儿女骄傲的世界文化遗产。

(6)旅游文化的特性

辽河流域的旅游资源,不仅是民族地区的重要社会财富,也是旅游资源宝库中的重要组成部分。在辽河流域有秀美壮丽的自然园林风景,如鞍山的千山、本溪的水洞、内蒙古的马鞍山和北宁的医巫闾山等,还有很多未完全开发的各种文化遗址,如查海文化遗址、红山文化遗址、辽代的皇宫贵族的陵墓等。我们可以借助旅游文化培养,打造辽河流域中具有巨大经济影响力、富有地理特色的城市文化,将自然景观资源开发与历史文化资源开发相结合,打造旅游文化品牌。

(三)辽河流域生态文化的内涵与特征

辽河流域生态文化是基于辽河流域生态环境的人与自然协调发展的文化,是指人们通过调整制度、自己的意识和行为,来适应辽河流域的自然规律,来协调人与辽河流域的生态关系(陈勇,2013)。

1. 辽河流域生态文化的基本构成内容

(1)具有辽河流域特色的生态物质文化

具有辽河流域特色的生态物质文化包括生态资源文化和经济产业文化两个方面。生态资源文化是经济产业文化的基础,经济产业文化促进生态资源文化的发展(张小光,2011)。

A. 生态资源文化

辽河流域面积为 21.96 万 km^2,辽河全长为 1345km。干流河道内主要土地利用类型为农田及蔬菜大棚、河流水体、牛轭湖、自然湿地、水利设施、居民点、河流水体。其中,面积比例最大的土地利用类型为农田(水田、旱田、菜地),比例约为 41.22%,居民点面积相对较小,比例为 0.84%。自然植被湿地比例为 22.42%。保护区内的河流水体和滩地面积约占保护区面积的 28.70%。同时,流域内还有种类繁多的鱼资源,为辽河流域的经济发展提供了物质基础。

B. 经济产业文化

在丰富的土地资源和水利资源基础上,辽河是我国最早的渔猎经济和现代工农业基地之一,如今也成为我国西部大开发与振兴东北老工业基地两大战略的碰撞地带。

中、下游地区经济发达,有沈阳、抚顺、鞍山等重要工业城市,抚顺、辽源等大型煤矿,辽宁、清河等发电厂,鞍山、本溪等钢铁企业,还有辽河油田以及沈山、长大等主要铁路干线和公路网,现有耕地 4300 万亩,内有水稻田 620 万亩,是辽河流域的主要农业区。"十二五"中提及的"一库、一区、四河、八市经济区"中八市经济区便是指沈阳、抚顺、铁岭、本溪、辽阳、鞍山、阜新、营口 8 个城市。

在发展渔业、农业第一产业和工业第二产业的基础上,大力发展旅游业、现代服务业等第三产业，突出辽河流域传统经济的优势，同时发展第三产业，促进辽河流域经济产业全面、综合发展。例如，辽河生态保护区的建设作为新兴产业的代表，可同时实现生态、社会、经济三重效益。

（2）秉承辽河流域历史的生态精神文化

辽河流域的生态精神文化分为3种形态：第一形态是人对自然的依赖关系，这种关系形成了最初的生态精神文化，在这种形态下，人的生产能力只是在狭窄的范围内和孤立的地点上发展着。以物的依赖性为基础的人的独立性是第二大形态，在这种形态下，形成普遍的社会物质变换，全面的关系、多方面的需求以及全面的能力的体系。第三大形态则是建立在个人全面发展和他们共同的社会生产能力成为他们的社会财富这一基础上的自由个性，第二阶段为第三阶段创造条件。

辽河流域早期采猎业文化和农业文化是第一阶段的生态精神文化，简单来讲，这一阶段是"人对自然的依赖阶段"（刘芙君，2010）。该阶段，人类本质力量的表现低下，单个人的劳动内容的全面性是一种原始的全面性。该阶段的生态精神文化总的价值取向是崇尚简朴，满足基本生活需要。

工业时代是辽河流域生态精神文化的第二阶段，这一阶段是"人对物的依赖阶段"。人的发展进入第二阶段以后，需要已经不是量的增加，而是质的变化，即享受需要。社会发展的这种物本倾向，导致人的自我异化，人对物的依赖必然引起人对自然资源掠夺式的开发和大规模的征服自然的活动。工业文化阶段的价值取向是崇尚高消费、追求物质享受。

人的全面发展的阶段是辽河流域生态精神文化追求的第三阶段。该阶段，探索人类的生命本体、探索人对于环境的需求和适应能力、探索人的全面发展的可能性为重心，认为人类与自然应当是一种和睦的、平等的、协调发展的新型关系。人与自然的和谐同人与人之间的和谐是互为条件的，人类之间的合作是协调人类行动、解决人与自然矛盾的必要条件。第三种生态精神文化形态即"生态化的生物产业社会文化"，社会总的价值取向将是崇尚节俭，追求创造。

（3）基于辽河流域沿革的生态制度文化

在辽河流域现有制度的基础上，基于生态文明理念和价值，对现行生态制度进行改革，保持其中有利于社会经济健康发展的部分，改进阻碍生态文明建设进程的部分，在此过程中，在政府、企业、民众间形成的具有生态文明特色的文化总和就是生态制度文化（倪珊等，2013）。

从国内看，我国确立了节约资源、保护环境的基本国策，把生态文明建设提升到与经济建设、政治建设、文化建设、社会建设并列的战略高度，提出了走可持续发展道路、建设资源节约型和环境友好型社会等一系列战略思想和重大举措，形成了比较完善的生态环境保护法律法规体系，生态建设和环境保护力度不断加大。"十二五"期间，在"三河三湖"的治理工作中，国家进一步加强对辽河流域的治理力度。环境保护部对辽河保护区给予了高度关注和大力支持。

从辽宁省内看，为了实现辽河干流生态保护和恢复的目标，2010年辽宁省委、省政府在辽河治理和保护工作方面进行了大胆的探索，划定了辽河保护区，成立了辽河保护区管理局，在保护区范围内统一依法行使环保、水利、林业、海洋、渔业等部门的监督管理和行政执法职责以及保护区建设职责，体现了流域综合管理的理念，实现了辽河治理和保护工作体制和机制创新（朱成全和李立男，2010）。这既是辽宁省建设"两型"社会的重要举措，也是建设生态辽宁的重要组成部分。此举在我国治理和保护流域生态系统方面开创了先河，标志着辽河治理保护工作进入全面整治、科学保护的新时期。辽宁省政府在全省国民经济和社会发展"十二五"规划中，将辽河流域治理，特别是辽河干流治理工作上升到与辽宁经济社会发展同等战略高度来对待。

从辽河保护区看，辽河干流已消灭劣Ⅴ类水体，支流上污水处理厂全部建成并稳定达标运行，基本保证了31条主要支流及排干实现达标排放；严厉打击非法采砂，关闭砂场105家，坚决遏制严重破坏生态环境的行为；2009~2010年开展了辽河生态治理工程，恢复了部分植被，修建了11座生态蓄水工程，扩大了湿地面积；河滩地的土地确权工作已完成，正在编制土地利用规划，为河滨带的生态修复准备了条件；岸坎整治完成，岸线基本平顺清晰，为河势稳定打下了基础；城市段景观化已开工建设，盘锦城市段景观化建设初见成效。所有这些工作，都为根治辽河、彻底恢复辽河生态奠定了良好的基础。

以下为有关辽河流域的法律法规、规划和标准：
1)《中华人民共和国环境保护法》（2014）
2)《中华人民共和国海洋环境保护法》（2000）
3)《中华人民共和国水土保持法》（2011）
4)《中华人民共和国环境影响评价法》（2003）
5)《中华人民共和国可再生能源法》（2006）
6)《中华人民共和国节约能源法》（2008）
7)《中华人民共和国水污染防治法》（2008）
8)《中华人民共和国循环经济促进法》（2009）
9)《中华人民共和国清洁生产促进法》（2012）
10)《全国生态环境建设规划》（1999）
11)《全国生态环境保护纲要》（2000）
12)《渤海碧海行动计划》（2001）
13)《排污费征收使用管理条例》（2003）
14)《排污费征收工作稽查办法》（2007）
15)《规划环境影响评价条例》（2009）
16)《环境行政处罚办法》（2010）
17)《国务院关于加快发展节能环保产业的意见》（2013）
18)《国务院办公厅关于印发实行最严格水资源管理制度考核办法的通知》（2013）
19)《渔业水质标准》（GB 11607—1989）
20)《污水综合排放标准》（GB 8978—1996）
21)《制浆造纸工业水污染物排放标准》（GB 3544—2008）
22)《地表水环境质量标准》（GB 3838—2002）
23)《生活饮用水卫生标准》（GB 5749—2006）

24)《内蒙古自治区自然保护区实施办法》(1998)
25)《内蒙古自治区境内西辽河流域水污染防治条例》(1999)
26)《内蒙古自治区第八届人民代表大会常务委员会关于重视和加强环境与资源保护工作的决议》(1999)
27)《内蒙古自治区环境保护条例》(2002)
28)《辽宁省工业废渣、废水、废气综合利用管理办法》(1991)
29)《辽宁省城市节约用水管理实施办法》(2004)
30)《辽宁省大伙房水库水源保护管理暂行条例》(2004)
31)《辽宁省环境保护条例》(2006)
32)《辽宁省海洋环境保护办法》(2006)
33)《辽宁省生态环境建设规划纲要(1996~2050)》(2008)
34)《辽宁省污水处理厂运行监督管理规定》(2010)
35)《辽宁省辽河流域水污染防治条例》(2011)
36)《辽宁省污水与废气排放标准》(DB21-60-89)
37)《辽宁省沿海地区污水直接排入海域标准》(DB21-60-89)
38)《辽宁省污水综合排放标准》(DB 21/1627—2008)
39)《吉林省自然保护区条例》(1997)
40)《吉林省东辽河流域水污染防治办法》(1997)
41)《吉林省环境保护条例》(2001)
42)《河北省环境保护条例》(2005)
43)《河北省环境监测管理办法》(2007)
44)《河北省环境保护产业管理办法》(2007)
45)《河北省减少污染物排放条例》(2009)

2. 辽河流域生态文化的特征

辽河流域生态文化的特征主要体现在：整体效益性、系统多样性、资源节约性、发展可持续性、消费健康性、法制效应性、公众参与性。

（1）整体效益性

辽河流域生态文化将生态省的发展与辽河流域生态环境保护统一起来，为辽河流域的社会可持续发展提供了思想文化基础，明确了发展辽河流域经济和提高辽河流域生活质量的目标，忽视对辽河流域资源的保护，经济发展就会受到限制；没有经济的发展和人民生活质量的改善，特别是最基本的生活需要的满足，也就无从谈到辽河流域资源和环境的保护，一个可持续发展的社会不可能建立在贫困、饥饿和生产停滞的基础上。因此，辽河流域资源管理系统所追求的，应该包括生态效益、经济效益和社会效益的综合，并把来回流域系统的整体效益放在首位。

（2）系统多样性

辽河流域系统是一个有机系统，其中的有机物、无机物、气候、生产者、消费者之间时时刻刻都存在着物质、能量、信息的变换。多样性是辽河流域自然生态系统内在丰富性的外在表现，在人与自然的关系中，一定要承认并尊重、保护生态多样性。强调人、自然、民族的多样性存在，强调人与自然公平，物种间的公平，承认辽河流域每个物种都有其存在的价值。在生态文化发展过程中，要始终以一种宽阔的胸怀和眼光关怀自然界中的万事万物，保护辽河流域自然界本身的丰富性和多样性。

（3）资源节约性

地球资源是有限的，无论地球的自然价值量多么丰富，它总是以一定的自然物为载体，作为自然的属性和功能而存在，在物质循环和能量流动中形成；同时，自然价值的生成能力是有限的。为了实现可持续发展，则需要人类树立正确的资源观，其核心是建立一种低耗资源的节约型意识，以促进资源的节约，杜绝资源的浪费，降低资源消耗、提高资源利用率和单位资源的人口承载力，增强资源对国民经济发展的保证程度，以缓和资源的供需矛盾。

（4）发展可持续性

人与自然是一个统一的整体。辽河流域可持续文化亦是如此。只有坚持生态文化，才能有效地应对新挑战，实现经济社会的可持续发展。只有发展生态文化，才能使辽河流域人口、环境与社会生产力协调发展，使经济建设与资源、环境循环发展，保证辽河流域世世代代永续发展。

几年来，辽河流域基于传统文化坚持实施"工业立区、项目带动"战略，立足资源优势，加快发展低碳经济和循环经济，全力打造绿色农业、畜禽加工、现代中药、商业贸易、清洁能源、高新技术六大产业园区，以低碳经济、绿色经济为新的增长极，重点发展绿色农业、特色牧业和新能源产业，培育和打造高能效的循环经济产业链，推动辽河流域经济更好、更快发展。

（5）消费健康性

辽河流域生态文化建设要求人们对辽河流域传统消费观念、消费方式来一次新的革命。人们的消费心理要由追求物质享受向崇尚自然、追求健康理性状态转变，倡导符合辽河生态要求的，即有利于环境保护，有利于消费者健康，有利于资源可持续利用，有利于经济可持续发展的消费方式。其基本思想是消费者从关心和维护生命安全、身体健康、生态环境、人类社会的永续发展出发，以强烈的环境意识对市场形成环保压力，从此引导企业生产和制造符合辽河流域环境标准的产品，促进环境保护，以实现辽河流域人民和环境和谐演进的目标。

（6）法制效应性

辽河流域生态文化建设就是要求把可持续发展的指导思想体现在政策、立法之中，通过宣传、教育和培训，加强可持续发展的意识，建立与可持续发展相适应的政策、法规和道德规范。

宣扬、表彰各种促进辽河流域生态文化发展的行为，同时严格执行《辽宁省辽河保护区条例》等各项法律法规规章，严格落实执法监管的各项措施，严厉打击各种违法行为。大力宣传根治辽河、彻底恢复辽河生态的重大意义和环境保护方针政策、法律法规，开展多种形式的科普活动和公益性宣传。积极倡导节约资源、保护环境和绿色消费的生活方式，形成保护辽河生态环境的良好氛围。

(7) 公众参与性

辽河流域生态文化要求建立新的社会价值观与新的生态道德体系，需要依靠广大群众和群众组织来完成。要充分了解群众的要求，动员广大群众参与到生态省建设的全过程中来。

建立并完善辽河保护区综合治理信息公开制度。增加环境管理的透明度，鼓励和引导公众和社会团体参与环境保护，维护广大公众对环境的知情权、参与权和监督权，充分发挥环保举报热线的作用，接受社会各界监督。

3. 辽河流域传统文化与生态文化的相互关系

辽河流域传统文化是辽河流域生态文化的基础，辽河流域生态文化是辽河流域传统文化的发展。传统文化的发展改变了生态，生态文化的发展又推动了传统文化。辽河流域生态文化是以人与自然和谐发展为原则，它改变了辽河流域传统文化以人统治自然的观念。

辽河流域传统文化与生态文化价值取向不同决定了主体的行为选择方式的差异。辽河流域传统文化，尤其是工业文化的"崇尚高消费，追求物质享受"的价值取向的弊端随着生态危机的到来日益显现。辽河流域生态文化的产生是辽河流域发展的要求和必然，其"崇尚节俭，追求创造"的价值取向将是人与自然和谐相处的关键。

辽河流域生态文化是指人类在辽河流域实践活动中保护当地生态环境、追求当地生态平衡的一切活动的成果，也包括人们在与辽河流域自然交往过程中形成的价值观念、思维方式等。可以说，辽河流域生态文化是文化在辽河流域环境下的一种延伸和创新，它倡导绿色的生活方式和文明的人文道德观念，使人们真正地了解辽河流域，崇尚自然，保护自然，享受自然。辽河流域生态文化是人类在认识、完善自身与辽河流域环境的过程中形成而发展的，并规范、约束和指导着人类的社会活动，表现为对人生终极意义的关怀、对人类生死存亡的关注，核心是人与辽河流域生态的和谐发展。

二、生态文化培育战略

（一）辽河流域生态文化发展的驱动因素

辽河流域的生态文化具有历史延续性强、作用因素复杂和现实意义重大的显著特点。在中国史中，辽河流域在早期历史中曾创造过辉煌的生态文化成就（王绵厚，2012），然而随着历史前进，尤其是辽河流域生态环境的累积性破坏和国家迅速统一统治中心南移，以辽河流域为核心的辽河文明逐渐没落；在近代以来，辽河地区因为新中国早期发展战略和远东地区局势等历史契机又重新崛起，此间辽河流域生产力得到显著提升，然而流域生态文化发展历经数次起伏，并最终停滞不前，直接影响到目前辽河流域的生态文明建设；近年来，随着我国经济形势的不断提振和全民生态意识的不断提高，辽河生态文明的没落和因此导致的生态环境破坏受到政府部门和国内外舆论的持续关注。在过去的数十年中，国家、地区政府针对辽河流域生态恢复的经济技术投入已经取得了较好的效果，这为辽河流域生态文化的建设和培育打下了坚实的基础，提供了充足的经验。

辽河流域生态文化发展的驱动因素不同于中国其他流域,辽河流域漫长复杂的历史文化、极具特色的经济格局、本地区当前社情民情和地区环境现状、水文地理条件等因素相互交杂,这决定了辽河流域文化发展的驱动因素是多方面的,是相互牵制的。具体来看,辽河流域生态文化发展的关键驱动因素主要包括如下几个方面。

1. 辽河流域历史文化对地区文明和民众特质潜移默化的影响

辽河流域在地理上作为接续中原地区和蒙古高原、东北平原的要冲,在文化上作为我国汉民族文化的北方的重要发祥地,在历史上孕育了诸多强大少数民族并数次统一华夏文明圈。虽然近代以来随着生产力发展,辽河流域文明和我国其他地区文明体系相互碰撞融合,最终使辽河流域成为我国多民族统一国家的一个重要组成部分,但是辽河流域文明仍然保持着鲜明的地域特色,要发展辽河流域生态文化就不能忽略辽河地区历史传统文化的影响(赵伟韬等,2008)。

在历史上,辽河流域是汉族在东北地区最早也是最主要的聚居区。从远古时代开始,除了汉族作为先民的华夏民族以外,辽宁这块土地上还有东胡、肃慎等民族的先人在此生存、活动。由于各民族先人们的共同努力,同中原地区一样经过漫长的原始社会阶段,积淀了本地深厚的原始文化。此外,高句丽文化、扶余文化、辽金文化、满清文化、东藏文化等少数民族文化,都主要存在于这个地域。各种文明在交流碰撞中不断成长,在数千年中,鬼方、渤海、靺鞨乃至蒙古民族都在此建立了王朝,其中,契丹辽朝、女真金朝和满族清朝先后统一了长江以北和中国全境,这些文明在和中原汉文化的交融中逐渐形成了具有辽河流域地方特色的近现代传统文化,主要包括:一是以"闯关东"为代表的移民文化;二是以满汉融合为主导的北方多民族文化;三是独特的乡土文化。

特定的历史积淀和自然地理环境培育了辽河文化独特的精神内涵。辽河文化特定的民族性、明显的早发性、较强的兼容性、卓越的独创性、频繁的更替性、持续的向心性和不断的赶超性,基于这些独具特点的文化内涵,形成了辽河文化的开放、奉献、和谐和坚韧创业、充满生命活力的奋发向上精神。而作为生态文化的重要践行者,这种文化也深入地影响着辽河流域民众及其精神特质。他们既具有中原汉民族勤劳的作风,又兼备草原民族和东北少数民族粗犷开放的精神风貌,这为生态文明植根于辽河流域民众精神世界提供了一片沃土。

2. 流域经济水平和技术条件对生态文化发展的制约和托举

任何文化的创建和繁荣都是根植于所处的社会经济、技术条件下的。辽河流域处于华北农业文明、蒙古草原文明和东北林原文明的交接咽喉之处,历代以来都是重要的商贸要隘和极具生产活力的地区。从汉代开始,辽河流域先后兴起了繁盛的农业、农牧业、农林业和商业,在清末营口开埠后,西方列强以此为基地向辽河流域大量输入商品,在客观上刺激了本地区经济水平发展。新中国成立后对本地区工业的扶持和投入使得辽河流域经济格局形成了工业独大的特点并延续至今。

发展生态文化,表面上看是要将较落后的文化发展为先进的生态文化,实质上却是在经济基础上借助各种可用手段培育一种新的文化,并使之反过来促进经济技术的良性发展。因此，在建设辽河流域生态文化中，流域经济水平和技术条件既作为发展生态文化的基础，在某些方面也会限制生态文化的发展。由于辽河流域地区严重依赖单一的煤铁产业，而且流域不同地区经济水平差距较大，基于本地区本流域的特色生态技术储备不足，加上作为老工业区以工业为先牺牲环境的执政理念仍未得到彻底更正，这些条件会反之制约生态文化的发展（王新等，2008）。整体来看，经济技术是托举辽河流域生态文化发展的重要驱动因素，利用现有经济技术基础，刺激经济健康发展，引入新锐技术，并通过实现生态文化的繁荣使得流域经济得到反哺并能够形成新模式、新风格，使之成为生态文化的重要组成部分和坚固基石。

3. 国家地区政策决策对辽河流域生态文化建设的扶持和引导

辽河流域纳入中原文化圈的历史长达2000年，在此期间一直作为统一国家的一个重要行政辖区。尤其是新中国成立以来，中央政府和地方政府对该地区的管理更加严密和科学。2007年，"十七大"正式提出了"建设生态文明，基本形成节约能源资源和保护生态环境的产业结构、增长方式、消费模式"，明确了构建社会主义和谐社会，必须高度重视人与自然和谐相处，努力建设生态文明。

2005年以来，辽宁省委、省政府抓住振兴东北老工业基地和沿海开放的双重机遇，统筹兼顾，对区域经济协调发展提出了"五点一线"的战略布局。2006年省委、省政府审时度势，于"十一五"之初便做出建设生态省的战略决策，2008年年初印发了《辽宁生态省建设规划纲要》。紧接着又提出了实施"突破辽西北"的战略，2008年12月辽宁省委、省政府制定并出台了《关于深入实施"突破辽西北"战略的若干意见》。

政府政策决策对生态文明的驱动主要包含对生态建设的政策建立、对生态文化产业的政策支持、对民众生态文明理念的引导和对违反生态文明理念行为的遏制。在政府政策决策的引导下，通过政策扶持和决策引导，辽河流域已经自上而下地贯彻了生态建设和生态整治的相关精神，在防风固沙、保山育林等方面取得了巨大的成就，辽河流域全面规划也已经进入论证准备阶段。在进一步发展生态文化的过程中，政府应在科学发展观以及与其相对应的生态可持续价值理念的指导下，为实现生态和谐，指挥各级政府在宏观调控和微观规划方面形成系统的、可执行的，能够推进生态文化形成、发展、繁荣的政策体系。

（二）辽河流域生态文化传播、交流和合作的推动机制

鉴于辽河流域生态文化的显著特点和其相应驱动因素，在推动生态文化传播、交流和合作的过程中，应该辨明相应驱动因素，基于社会经济技术水平来科学制定相应规划，在政府政策决策引导规制下，紧密结合在群众中开展生态文化宣教工作，使得辽河流域生态文化持久化、科学化和品牌化。具体来说，包括如下3个层面的内容。

1. 打造辽河生态文化品牌和生态文化产业

作为一种鲜明、重要的文化形式，辽河流域生态文化是我国践行科学发展观、推动生态文明的重要产物和宝贵经验。进入21世纪以来，文化因素越来越多地渗透到经济活动

中，使经济获得了新的发展形态和动力。胡锦涛同志在2006年全国科技大会上提出"发展创新文化，努力培育全社会的创新精神"，为新一轮发展指明了方向。当今中国区域之间、城市之间的竞争，从某种程度上说，是文化的竞争。目前已经找不到没有文化标志的产品，找不到不借助文化影响的销售，也找不到不体现文化意义的消费。

因此，在推进辽河流域生态文化的交流过程中，必须将辽河生态文化作为一个鲜明的文化品牌予以塑造和推广（王建学等，2007），将辽河流域生态文化产业作为一项重要的经济发展指标予以重视和投入。

打造辽河生态文化品牌，一方面可提振辽河流域知名度，以生态文化产业为基础，为生态文化的发展和推广提供一个平台；另一方面，可令辽河生态文化具有品牌持久性久，品牌可信度强，品牌附加值高的特点，使辽河流域生态文化产业持续健康发展。

2. 建立持久化、制度化的生态文化交流宣传机制

辽河流域生态文化是一种在新时期、新情况下产生的新兴文化模式。作为一种典型的文化，辽河流域生态文化不仅具有科学性，更具有鲜明的先进性、广泛的内涵和明确的制度。

作为一种新兴文化，辽河流域生态文化将是一种基于对本地区生态环境的科学认识基础上，科学发展并从实际情况出发，不断吸取新内容、拓展新内涵的文化。任何一种文化的繁盛必然伴随着不断的革新和与其他文化间的交流碰撞，辽河生态文化也是如此。建立持久化、制度化的生态文化交流宣传机制包括：①召开辽河流域生态文化报告总结会，由各行业负责人交流生态文化建设情况，并对一段时期内的生态文化发展进行总结；②邀请外国专家赴辽河流域参与生态文化交流，积极吸收国外相关经验，并与泰晤士河、多瑙河流域生态管理部门结对建立固定联络机制；③利用现代媒体和各种信息渠道向公众、国内外媒体公布生态文化建设情况并定期形成报告，配合生态文化品牌推广进行宣传；④最重要的是通过政策制定、立法、国际合作等多种手段将上述机制持久化、制度化，并基于此总结国内外相关技术、经验，并随时将更切合实际、更有优势的新技术、新项目纳入辽河流域生态文明，形成长期的、良性的、可循环的发展模式。

3. 建立以政府为监导、民众为主导、企业为主体的生态文明合作机制

辽河流域生态文化最终反映的是辽河流域人文与自然之间的和谐关系，因此，辽河流域生态文明最终要落实到民众，但是在这一过程中，政府和企业分别需要作为监督者和参与者投入到生态文化的建设中。

民众、政府、企业作为生态文化的重要组成部分和载体，无疑都具有鲜明的特点和巨大的活力，在经济全球化的背景下，民间组织间、政府部门间、企业单位间的合作正在逐渐成为促进生态文化发展的重要手段。民间组织具有非营利性和较高的灵活性，往往是生态文化宣传和培育的重要阵地；政府部门具有法制化和较强的原则性，一般作为生态文化的引导者和监护者；而企业具有高效性和逐利性，能够为生态文化建设提供经济支持和行动活力。

由此可见，通过设立生态文化范围内的行业内部、行业交叉交流平台、国际交流平台，

不仅可以使辽河流域生态文化合作得以加深强化，更有望通过这种合作激发新的灵感、创造新的价值、解决新的问题。

（三）辽河流域生态文化的培育模式

在辽河流域培育生态文化，一方面是推进建设生态文明的重要支撑，另一方面又是促使区域生态经济健康持续发展的助推器。

从哲学角度来看，辽河流域生态文明是承接自然与人文生态文明的具象化体现；从生态角度来看，辽河流域生态文化是体现政府、企业、民众对生态健康与自身发展看法与主张的载体；而从现实角度来看，辽河流域生态文化是指流域内围绕生态发展的各种文化集合。因此，辽河流域生态文化具有多个层次，培育辽河流域生态文化也必然是一个多层面的、广范围的、长时间的工程。

具体来看，培养辽河流域生态文化，在空间上、宏观上强调培育一种泛流域生态文化，在内涵上、微观上注重建设一套泛社会生态文化。

1. 培育一种泛流域生态文化

辽河流域作为我国七大流域之一，文明起源和长江、黄河一样久远。在文化层面，辽河文化不仅自身拥有丰富的内涵和强大的多样性，而且在数千年间是作为一个复合的有机整体参与到中华民族乃至东南亚地区文化发展之中的。纵观辽河文化历史，尽管文化种类繁多并且互相存在一定程度的排斥性，但是整个流域都是作为一个统一文化圈而存在的，辽河流域各文化一荣俱荣、一损俱损。

培育辽河流域的生态文化，主要是在辽河流域基于生态文明的基本内涵、抓住先进理念、依靠企业民众、通过合理设计、借助法律经济手段，建立一种广泛涵盖辽河流域、充分适应本土特色并且有利于经济社会发展、可延续的先进生态文化（王天平，2009）。因此，在辽河流域生态文化培育过程中，首要的一个着眼点是辽河流域生态文化的整体统一。这里提出的泛流域生态文化是指生态文化在空间上应该包括而且必须包括整个辽河流域，突破对辽河流域现有的行政管辖分区壁垒，将辽河东西南北4个部分和各支流统一为一个生态文化整体进行规划和考量；但同时又需要充分意识到辽河流域各地区在经济、科学、人文、历史、地理、环境方面的巨大差异，需要通过生态文化将各区域紧密联系，使之相互协作进而共同繁荣。这就是培育泛流域生态文化的内涵。

在这方面，国内外均有可借鉴的先例（刘水芬等，2009）。莱茵河在近代和辽河有着相近的发展模式，都属于在战争结束后快速恢复和发展的重要地区，在发展初期都走过轻视生态环境的歧途。莱茵河流域和辽河流域最明显的共同点就是：流域面积广大，流经不同的行政辖区；流域范围内文化源远流长、种类繁多；流域内人口密集、工业发达。

从中世纪至20世纪70年代，人们在莱茵河上游段修筑了很多如大坝、水电站一类的水利工程。在第二次世界大战之后，莱茵河沿岸各国开始快速发展，农业、城市化和航运等人类的干扰使得莱茵河出现了许多问题，如水质污染、洪灾、环境公害事件等。

莱茵河流域生态管理出现在19世纪中叶，一直以航运与水资源管理为主。由于莱茵河的污染对位于下游的荷兰产生了巨大的影响，荷兰认识到水保护需要国际合作而不是荷兰自己能够做到的。为了解决这些问题，1950 年由莱茵河流域内的沿河 5 国成立了莱茵河防治污染国际委员会（International Commission for Protection of the Rhine River，ICPR）。

ICPR 成立后发挥了重要的作用，根据 1999 年签署的《新莱茵河公约》，ICPR 的目标是整体莱茵河生态系统的可持续发展。在各国的努力下，莱茵河不仅在流域生态文明建设中取得成功，还依靠流域生态管理新概念、新模式的形成，通过发展流域旅游业、深挖莱茵历史文明，建立起如今享誉全球的莱茵河生态文化。

而对辽河流域来说，辽河及其支流流经几十个县市，不同地区发展模式、经济科技水平是不一样的，关注着眼点也必然有区别，再加上我国行政体系地区间、部门间的壁垒效应，相当长一段时间内对辽河流域生态的治理都是地方县市"单打独斗"。在我国流域生态文明建设中，投入巨大却成果寥寥的先例有很多：在淮河生态环境治理中，由于沿淮河市县较多且工农业混杂，各地往往自行治理，各地对生态文化的建设规划、产业文化的安排和指导理念都不一样，而县市、部门之间又相对缺乏交流和协调，导致淮河治理过程中上下游对污染削减、产业规划、文化构建出现严重不同步甚至是冲突，往往投入巨资却只在局地和有限的时间内保证辖区内生态指标达标或是好转，而在大尺度上，淮河治理时间长达 10 年却未见根本好转；同样的情况也出现在太湖流域和海河流域生态文化建立中，即由于缺乏泛流域管理结构，导致流域生态文明建设的落后和生态文化的"难产"。

事实上，针对这个问题，辽河流域实际上早有成功的经验，即著名的"松辽模式"：20 世纪 70 年代末，针对松花江、辽河流域有机汞污染的严峻形势，国家批准成立了"松花江水系保护领导小组"，由吉林省政府领导担任领导小组组长，辽宁与黑龙江省领导担任副组长。其后几经演变，辽河流域、嫩江流域等纳入领导小组管理范围，内蒙古自治区也加入到领导小组，目前已经成为松花江、辽河等流域管理的决策机构，是"流域管理与行政区管理"相结合的有效方式，被称为"松辽管理模式"。目前该领导小组由领导小组行使决策权，流域机构负责监督与技术支撑，各省市区主管部门负责实施，较好地实现了流域管理中"决策权、监督权和执行权"的有效分离，不仅松辽地区水体重金属污染已经得到根本遏制，而且通过统一管理、严格执行，流域范围内政治文化、生态文化得到了显著提升。"松辽模式"是我国具有一定流域综合管理雏形的成功实践先例，具有重大生态文化建设指导价值。

基于国内外经验，在辽宁省统一对辽河流域生态文明建设进行统一规划后，辽河生态水平得到了显著提高。在接下来培育辽河流域生态文化过程中，应该重视泛辽河流域生态文化的建立，通过建立统一机构、行政交流、搭建平台、出台法律、设立体制，使得流域内地区县市围绕辽河生态文化建设进行统一商讨和规划，利用一切可以利用的手段使泛辽河流域生态文化切实将流域地区纳入文化发展范围，不断通过地区协作商讨解决现实问题、提升文化层次，集中流域力量突破重大问题，协调流域力量解决各自难处，使泛辽河流域生态文化和围绕此文化形成的生态文化产业等各种衍生产物共同成为辽河流域生态文化的组成部分和一大特色，共同实现泛辽河流域生态文化的繁荣和精进。

2. 建设一套泛社会生态文化

对于辽河流域而言，在培育生态文化的过程中应该切实考虑辽河流域生态文化的内涵，分层次、有针对性地培育生态文化。

生态文化作为一种体现人与自然生态文明关系的文化，其构成要素必然是以人为单位及在其基础上衍生出的各种机构体系，生态文化按照构成要素分为3个方面：政府、企业和公众。这三者既是生态文化的创建者，又是生态文化的践行者，因此，建设生态文化的最终目标是要针对这三者及其在生态文化中所处的地位，将三者综合为社会体系进行考察和布局，以期建设一种涵盖政府、企业和民众并使之共同促进、相互支持的文化有机整体，即一种"泛社会生态文化"。

在泛社会生态文化的培育上，日本琵琶湖治理是业内著名的例子（金鸽，2013）。琵琶湖是日本第一大淡水湖，位于日本滋贺县（Shiga）的中部，流域面积为 $3848km^2$，湖面面积为 $674km^2$，出入河流 400 条，蓄水量为 275 亿 m^3，是日本面积最大、储水最多的湖泊，同时也是日本最古老的湖泊。

由于近几十年来，尤其是第二次世界大战前后，日本经济的高速增长，社会生产活动和人类生活方式发生了剧烈改变，琵琶湖的自然和文化面貌也发生了很大的变化。由于没有系统地进行环境保护工作，琵琶湖的异常变化越来越大，如自来水的异味、淡水赤潮、蓝藻的产生，季节性的含氮量超标，微量元素混入湖水中，外来生物的繁殖和原有生物的减少等均有发生，同时在周边区域，由于芦苇群落、内湖、河边森林等减少，自然环境、景观和生态水循环等恶化的情况也日益明显。

环境负荷超过湖水的承受能力后，就会破坏水环境的自循环功能，传统的保护方式和仅以政府为主的单一保护方式已经不能完成琵琶湖的保护任务了，必须寻找一种新的湖泊保护治理思路，这就是要把解决水环境问题当做一种文化创造来对待。把所谓大量生产、大量消费型的现代生活方式转换为立足于自然与人类共生的环境协调型生活方式，要从"源水培育、湖水治理、生态建设、政府主导、全民参与"等方面全面开展工作。根据调查研究，日本制定了琵琶湖 21 世纪综合保护整治计划，计划总体思路是：在全流域成员共同理解、配合和参与的基础上，从各自不同的角度出发考虑湖泊保护治理对策，使相互独立或对立的流域群体变成协调一致的流域治理主体，从片面的开发管理转变成综合性的保护管理，从以政府为主的行政管理走向有广大群众参与的全面管理。

总之，要努力营造各具特色的辽河沿岸城市生态文化氛围，在昌图福德店、沈阳沈北新区七星湿地、鞍山大张桥生态区、盘锦赵圈河镇河口湿地等地点建设科普宣教基地，打造辽河特色生态文化。充分利用媒介，以图片、视频和文字介绍等多种形式，宣传辽河生态文明建设的经验和成果，向公众传播生态文明和环境保护知识。在辽河保护区范围内形成生态友好、绿色文明的可持续理念。

（四）辽河流域生态文化培育的战略措施

培育辽河流域的生态文化，一方面要吃透生态文明的实质，将其引入生态文化的培育过程中并渗入生态文化的各方面,这是生态文化与其他文化相比最大的特色和优势;另一方面,辽河流域的生态文化必须具有辽河特色、辽河精神,在科学辨析辽河流域生态文明建设的基础上,充分吸取相关行业的经验,提出适合辽河流域现状、具有可操作性、具备战略指导性的生态文化培育战略思想。通过前面对于辽河流域生态文化发展驱动因素的辨识、生态文化传播交流合作机制的讨论和生态文化培育模式的总结,提出辽河流域生态文化培育的战略措施。

1. 维护泛流域生态文化的整体性、突出各区域文化的特殊性

辽河流域生态文化包含的是整个流域,由众多地区组成,因此,辽河的生态文化需要体现出整个辽河生态文明的特点。但是不同的地区在经济水平和历史文化上具有差异,同时地理环境和人文方面又具有联系,因此,辽河生态文化建设中既要考虑泛流域生态文化的整体包涵性,也必须突出各区域文化的独立性与特殊性。

在突出各区域文化的特殊性方面,需要认识到辽河流域是由七大支流、科尔沁草原、西拉姆伦河,以及沈阳、鞍山、本溪、辽阳、抚顺、营口、铁岭、盘锦等城市和地区构成的,辽河流域各组成元素之间不论是在地理环境、人文风采,还是经济技术方面都有很大的差别,在进行统一规划时,又不能武断地将所有区域生态文化归于一体:草原生态文化具有鲜明的粗犷特质,但是近年来受到经济水平不高和沙化问题的困扰;辽河下游的沈阳等平原城市具有农业文化的典型特征,生态资源和文化资源丰富,但是近年来受到水质下降、大气污染的限制;而辽河中游地区则处于发展的真空地带,特殊的地形和历史原因使之虽然具有充分的自然人文资源却无法转换形成经济文化资源。这些特殊的文化元素既是辽河流域生态文化的重要组成部分,又是相互间具有不同点甚至是排斥性的特殊个体。

在建设辽河流域生态文化时,必须按照现状对不同生态文化元素采取不同的发展措施,通过建立对话体制、流域补偿、政策引导、民间交流等手段使各种文化不仅不会相互干扰,反而能够相互融合、互相协作,形成辽河流域生态文化"流域调度、统一开发、突出特质、共同繁荣"的生态文化发展新局面,从而进一步培育辽河"人水相亲、自然和谐"的生态文化品牌。

2. 强化和突出政府对生态文化的指导和支持

政府的生态文化是指在一定的发展观以及与其相对应的价值理念的指导下,为实现生态和谐,各级政府在宏观调控和微观规划方面的所有活动成果的总和。政府是生态文化建设的关键。

辽河流域政府在建设生态文化时应该以如下突破点为核心。

1)生态意识的提高。政府作为主导生态文化发展的重要部门,首先要转变以往的发展观,必须把生态文化的建设放在至关重要的地位,然后完善相应的制度去监督教育企业与公民。

2)加大投资力度和对投资的监管力度。政府投资是建设生态文化最重要,也是最直接的促进剂(陆成林,2011)。辽河流域治理不仅是治污,更要实现优化发展、促进减排和带动城市建设。例如,在营口沿海产业基地的建设过程中,"十一五"期间累计完成企

业固定资产投资近400亿元,重点实施了人工造湖、环境基础设施建设和美化陆域等工程,使近岸海域基本保持二类水质;沈阳市通过治理浑河、蒲河,实现了城市的快速发展;铁岭依托汎河湿地建设,打造生态新城,大大提升了城市的影响力。政府对企业的投资偏少,而且很多企业并不是把资金应用到环保问题的解决上,因此,政府不仅要加大投资,更要加大监管力度和透明度。另外,文化产业扶持和生态科学技术建设、生态民生的建设等仍需要政府的大量投入。提高排污费集中比例,设立辽河流域环保基金,以低息贷款、贷款担保等有偿使用的方式,对地方政府和符合条件的企业的流域生态文化重点项目予以融资支持。

3)制定环保绩效指标。可以考虑把环保效率作为政府及政府工作人员绩效考核的一项内容。建立严格的管护责任制度,明确沿河各市、县人民政府是辽河治理保护的责任主体,政府主要领导是第一责任人,建立责任追究制。

4)制定优惠政策,调动社会力量。例如,对投资环境治理的单位和个人,一定时期内应免去税收或减征税收;对从事环境保护的科研单位和个人,应设立专项资金予以保障;对改善生态环境作出贡献的单位和个人,应给予奖励。建议中央财政按照"以奖代补"的方式,对各种污水处理设施运行良好的地方政府给予优先支持,以巩固辽河流域水污染治理的成果。自2011年起,辽宁省政府每年投入2亿多元从沿河农民手中回收回租部分河滩地,打通主行洪保障区,建设生态廊道,共封育河滩地62万亩,退耕还河58万亩。这就需要出台有关失地农民的生活保障政策,科学利用好1800多平方千米的保护区域内的土地资源。

3. 引导和监督企业践行生态文化、参与生态文化产业

企业具有政府不具备的灵活性和民众所没有的技术、金融实力,因此,其往往是政府和民众间的润滑剂和生态文化建设的主要参与者和践行者。企业的生态文化具有广义与狭义之分:广义上是指为了达到人与自然的和谐,实现经济效益、社会效益和生态效益的统一,企业所必须具有的价值理念和以此为指导的生产经营活动所创造的一切物质成果的总和;狭义上是指企业所具有的生态化的价值理念和生态文化产业等。

辽河流域引导和监督企业践行生态文化、参与生态产业主要应当着眼于:

1)加强生态意识教育。通过相应的教育,提升社会责任意识和可持续发展的观念。企业应当正确处理"三废"问题、生态产业建立和循环经济模式确立的根源。所以企业生态意识的建设是企业生态文化建设的关键所在,这就要求决策者具有强烈的社会责任感和正直的公民道德意识。尽快出台对城市污水处理的立法,还要通过宣传教育以增强市民和企业"谁排污谁交费""谁污染谁治理"的公德意识和法制观念。

2)加强工业污染的治理和监管。现阶段企业生态文明意识不强,究其原因,除了企业生态意识观念淡薄之外,资金不到位、行政监督及执法力度不强是重要原因。国营特大型企业和国土资源局下属企业情况较好,能够认真对待,其他企业对于环保检查、环保行为重视不足,并未从根本上意识到工业污染的社会危害性和生存危害性。在对企业的监管上,应建立辽河流域入河排污口审批制度,加强流域工业企业达标排放。对企业的水污染物排放进行总量控制和过程监督。此外,加快完善对污水排放企业的监测网也是一个有效

的方式。

3）发展生态循环经济。企业应当与政府协作，通过确立制度保证循环经济的实施。要改变传统的高能耗、高污染、低效率的生产模式，取而代之的是可持续的循环经济发展模式（钱莹，2013）。2005年以来，循环生产方式和循环生产技术在辽河流域得到了普遍推广和利用。循环开发利用能源和资源成为辽河流域建设循环经济的主要途径。其发展的途径为：产品设计和原材料选择上以环境保护为目标；改革工艺设备、减少物耗、减少污染；废物循环利用；发展环保技术，实行必要的末端处理；开发风能、太阳能、氢能和生物质潜能。

4）发展生态文化产业。在这方面，在政府加大投入和监管的基础上，应当对从事生态旅游、生态影视艺术、生态文化传播、生态产业研究和生态文化周边产品生产以及相关企业进行制度引导和经济补贴，从而使得生态文化产业在经济上形成优势。

4. 培养和提升民众对生态文化的认识程度和影响力

虽然讨论生态文化时公民一般排在最后，但事实上公民才是生态文化建设的重要环节和主要参与者（袁东升，2012）。公民的生态文化是指以一定价值观念为指导，公民生产和消费活动成果的总和。公民是生态意识的贯彻者和执行者，公民整体生态意识的提高是生态文化建设卓有成效的表现，公民绿色消费观念的形成是生态文化建设的重要内容。要努力营造治理保护辽河的良好舆论氛围，进一步动员更多的群众参与到辽河的治理中来。

整体来说，建设辽河流域生态文化，在战略上就是要通过对流域生态文化的整体联系和个别发展的有机结合，通过经济投入、政策拟定，最终实现政府管理企业、引导民众，民众参与企业、影响政府，企业支持政府、吸纳民众的"三位一体"模式，使得辽河流域生态文化上接辽河流域传统文化，下开"人水相亲、自然和谐"的生态文化新局面，并使之持续、有序、健康地发展。

三、生态意识培育战略

随着生态环境问题逐渐成为当今全球普遍关注的问题，公民生态意识也逐渐从一种超前的社会意识形态走向社会生活的中心。那么，究竟什么是生态意识，如何培育公民的生态意识，这个问题就显得格外重要（柴爱仙和赵学慧，2010）。

树立和落实科学发展观是一个创新发展理念、增强发展能力和提升发展水平的过程，生态意识是生态文明建设的重要方面，理应在科学发展观的实践中注重每个社会人生态意识的提高，以促进可持续发展理念的普及，绿色发展能力和绿色发展水平的增强与提升。

（一）生态意识及其影响因素

生态意识受个体生活和教育背景、成长氛围和个体特征等因素的影响，不是自发产生的，需要经过后天的教育、培养和训练。如何针对公众意愿属性去培育其生态意识、规范生态行为，对于辽河流域生态环境资源的保护是十分重要的。

1. 生态意识的内涵

生态意识是生态自觉的产物，生态意识作为一种观念性的存在，涉及生态问题的方方面面，但从总体来看，可以划分为宏观与微观两大层次（龙志芳和尹学朋，2010）。这里所讲的宏观层次的生态意识，主要是就国家与社会的总体而言的；微观层次的生态意识，主要是就社会成员个体而言的。

（1）宏观层次的生态意识

就宏观层次来看，目前重点是要增强这样几种意识。

1）和谐的意识。良性生态的构建，其要义是使人与自然和谐相处。实现人与自然的和谐，就是要寻求生产发展、生活富裕、生态良好的最佳结合。这对我们这样一个人均资源占有量较少和生态环境比较脆弱的国家来说尤为重要。建立人与自然之间新型的和谐观，关键是要明确生产与生态关系的认识，同时还要注意这样人化自然与未人化自然的和谐。

2）文明的意识。将文明引入生态发展，或将生态发展上升到文明的高度来看待，是对生态问题的重大觉醒和认识上的重大升华，是生态意识的明显体现。生态文明的提出并不是纯粹的自然关系引发的，而是由人的行为造成的，并且是由人的生存发展状况突显出来的。要建设生态文明，就必须对人自身的观念、行为做出深刻的审查。

3）持续的意识。伴随科学技术的进步和人类改造自然能力的增强，人们在使经济加速增长的同时，对生态环境的破坏也呈加速的趋势。现实的状况迫切要求我们把经济发展同环境、资源协调起来，促进生态良性循环。正确对待眼前利益与长远利益的关系，是经济与社会真正能够持续发展的必要前提。

（2）微观层次的生态意识

就微观层次来看，即在社会成员（企业及个人）这一层次来看，应当在这样一些认识上实现新的转换。

1）消费意识。经济发展依赖于生产和消费的有力推动，保持生产与消费的良性互动是经济发展的必要条件。这种观念上的转变，就是要求人们的消费应当确立明确的节约意识、保护意识、危机意识，树立理性消费、文明消费的理念。这样的消费模式一旦确立，生态文明无疑会得到有效的构建。

2）价值意识。人的行为总是带有特定的目的，而特定的目的又体现着一定的价值追求，市场大潮的发展，使不少人追求的目标不再仅仅是自然需要的满足，而是更大的利润。正是受这种价值追求的驱动，不少人的胃口越来越大，以致生态严重失衡。因此，在人与自然的关系上，人们必须调整自己的价值观，以和善友好的态度来对待自然。

3）权利与义务意识。在人与自然的关系上，权利与义务是紧密结合在一起的，这就要求我们树立一种新的权利与义务意识，自觉规范和约束自己的行为。这样的意识与规范，实际上就是学界通常所讲的"责任伦理"，"责任伦理"要求我们必须从只把自然当成改造对象的征服意识转化为人与环境统一的伙伴意识。

以上关于宏观与微观两大层次生态意识的划分与界定实际上是相对的。很难做截然的区分，无论是对作为宏观的国家与社会，还是对作为微观的社会成员来说，一些基本的生态意识要求是共同的，一些基本的价值准则也是需要共同遵守的。实际上，主体的存在除了宏观与微观的划分之外，同时是多层次、多样性的，因而所要求树立的生态意识也各有侧重。但不管如何特殊，一些基本的生态意识和生态规范还是需要普遍树立和遵守的。生态意识的普遍增强必然会形成全社会的生态文明。

2. 生态意识的特征体现

生态意识作为生态存在的能动反映，具有如下鲜明的时代特征和指导功能。具体体现在以下几个方面。

（1）生态意识协调人的自然属性与社会属性的双重性

人既是自然的存在，又是社会的存在，是两者的统一体。因此，自然界与人既有相适应的一面，又有不适应的一面。

就其适应性而言，在人的生物属性与自然存在的意义上，自然界提供了人类生存与发展的基本条件。如果没有这种适应性，也就不会有人类的生成，更谈不上人类的发展。为此，人类应该而且必须保护这些自然生态系统的动态协调平衡。

就其不适应性而言，从人的社会属性与文化存在维度审视，人类虽然"脱离"自然界而成为其"对立面"，但还必须同自然界打交道，获得生存发展的物质生活资料。自然界只提供了人类社会生存与发展的可能性，而使这种可能性变为现实性仍需要人类认识、利用和改造自然以及保护、建设和改善自然。

（2）生态意识渗透人的思维方式与实践方式的双向性

传统思维与实践方式具有明显的单向度，在传统生产力中人们只把生态环境看做是改造、征服和统治的对象，而忽视了对它的保护、改善和建设，没有自觉注意到生态系统的动态平衡和环境系统的良性循环是生产力可持续发展的极为重要的自然要素、不可或缺的资源前提和非常必要的环境条件。

从生态哲学来看，人们不再寻求对自然的盲目征服，而是力主与自然协同进化；科技不再是所谓征服自然的统治工具，而是维护并增进人与自然和谐发展的重要手段。因此，我们应在更深的层次上和更广的范围内采取有效的协调行动，共同应对全球性生态危机的严峻挑战，推动人与自然依存关系的整体性与协同进化的协调性的进程。

（3）生态意识辐射人的环境保护与经济发展的双效性

生态意识客观地要求传统发展观、价值观应由单纯追求经济价值目标转向全面追求经济价值、社会价值和生态价值三位一体的综合价值目标，力主在保护生态环境和节约自然资源的前提下寻求发展，在发展的基础上改善生态环境和自然资源。例如，从传统过时的激励过高消耗、过度消费、过量排放向当代倡导的激励循环经济、节约资源、减少污染、投资环保、建设生态的有机化转换。换言之，经济增长必须限制在生态环境和资源的自我再生能力、自我净化能力和自我循环能力阈值内，争取以最小的资源消耗取得最佳的生态经济效益。

总之，生态意识提倡和发育人的全球观念，提醒和加强人的环保理念，提高和维护人的生存质量，提升和强化人的发展能量，从而真正实现人与自然生态环境的和谐发展。因此，自觉地强化和有效地提升人们的生态意识，在构建社会主义和谐社会和节约型社会的过程中，将发挥潜移默化和润物无声的重要功能。

3. 生态意识的影响因素

准确把握公民生态意识的影响因素是有效开展生态意识教育的前提和基础，因此，国内外学者从不同维度对此进行了探究。公民生态意识的形成是多种因素相互作用的结果，从个体的角度看，一个人的生态意识水平有可能受性别、年龄、文化程度、收入水平、职业类型、工作单位、家庭居住地以及宗教信仰等因素的影响和制约。从社会层面看，公民的生态意识受一个社会的经济发展水平、生态环境问题的状况、生态科学发展水平、主导价值观念、政府管理体制、大众传媒的渗透速度、生态意识培育的普及程度以及生态文明建设的力度等因素影响。

（二）辽河流域公众生态意识分析

多年来，辽河流域为了经济的快速发展，采用了粗放型的发展模式，加上人们对保护生态环境的认识不够、意识淡薄等，流域的生态环境正逐渐恶化，这已成为影响吉林省和下游辽宁省经济与社会可持续发展的重大制约性因素。为了解流域公众生态意识，掌握流域生态环境恶化的症结所在，应明确现阶段所应解决的主要问题，并对其产生原因进行探究，方可把握今后辽河流域生态环保宣传、治理工作的重点和方向，为进一步提出改善辽河流域生态环境的对策提供科学依据。

1. 辽河流域公众生态意识存在问题

根据流域各级政府的相关资料，综合学术界对流域公民生态意识培育现状的研究成果（崔朝辉，2011），经综合分析，初步显示流域的公民生态意识培育任重道远，不容乐观。

（1）公众对生态环境问题的关注度低

公民对生态环境问题的关注，主要包括两个基本方面：一是对生态文明建设的认知；二是对生态文明科学知识的了解。公民不但对环境问题的关注、重视程度较低，而且对我国"经济建设和环境保护相互协调"的发展战略缺乏足够的认识。不同的公民群体由于生存环境、教育程度、生产方式等因素的影响程度不同，从而对生态问题认识的程度不同。公民受教育程度越高，生态知识和生态道德水平较高，生态意识比较好，接触原始低下的生产方式的则生态意识较弱。多数公众环保意识较为模糊，有部分公众对治理污染措施的认识还停留在环境卫生的层面上。相当数量的公民对生态文明有所了解，但在认识上比较狭隘和片面，还远远滞后于社会经济的发展。只有当环境污染直接侵害了个人利益时，才会有较多的人愿意采取环保行动，维护自己的合法权益。虽然近几年的生态环境恶化事件提高了公民对生态环境问题的关注度，但总体来说，当前公民的生态知识水平还有待提高，环保政策急需普及。

（2）公众生态道德意识较弱

公众的生态道德意识是人们在生产生活实践活动中对待自然形成的道德认识的整体

表现。目前,辽河流域由于人为造成的生态环境破坏现象日益凸显:在山坡、沟头等乱开荒,坡耕地垦殖指数增高;森林、防护林被乱砍滥伐,降低了蓄水保土能力,加速了土壤侵蚀;加上过度放牧,造成草场沙化和退化等,这说明公众生态道德意识较弱。公众更多地关注与自己切身利益相关的身边的环境问题,认为应当优先解决的都是每天在生活中遇到的各种环境问题,如水和大气污染、噪声、工业垃圾、生活垃圾、食品安全等。"健康源于环境"的理念深入人心,这一趋势表明,对生命的珍稀,进而对环境质量的要求,是推进生态文明建设的重要社会力量。但这些都属于浅层生态意识,也称为"日常生态意识"。而更广泛范围的深层的生态意识,如关于野生动植物保护、耕地减少、森林破坏、荒漠化、海洋污染等离公众日常生活较远的生态环境问题则有相当多的人知之甚浅,即使知道也没有引发深刻的忧患意识。对于所谓气候变暖、酸雨或其他大规模的生态灾难更是无动于衷。这就要求公众提高生态道德修养,树立良好的生态道德意识,在生产实践活动中尊重自然,而不是凌驾于自然之上。

(3)公民参与生态文明建设水平较低

生态文明建设与其他的社会经济建设不同,不但需要观念的深入,更急需生态行为的实施。公民对于与自己没有直接关系的环境问题采取消极的态度,公民参与生态文明建设的程度较低,不能依法积极和有效地抵制破坏环境的行为。目前,公民中只有少数人为解决日常环境污染问题进行投诉、上访,更谈不上有政治含量的生态参与行为。这反映出目前我国公民生态参与水平还有待进一步提高。

(4)公民生态消费意识淡薄

正确看待人与自然的关系是生态文明政策实施的前提。目前,相当部分公众在对人与自然关系的看法上,持有不符合环保观念的人类中心主义的自然观,这不利于实施生态文明建设政策和实现社会可持续发展。作为一名公民,"消费者"是永恒的身份,因此,树立合理的消费观尤为重要。"生态消费"或"绿色消费"是应可持续发展观而提倡的消费方式,是人们为保护和改善环境而在消费上做出的一种主观努力。近年来,由于环境保护运动的发展,我国公民的生态消费意识在逐步提高。但是,由于我国公民对人与自然这一根本关系认识的模糊,多数情况下这种生态消费意识并不能够转化为实际行动。在消费观念上,公民不但"绿色"意识薄弱,且在行动上也缺乏主动性和自觉性。人们的物质消费欲望有增无减,许多人向往既不符合国情也不符合生态意识的奢华生活。可以说,绿色消费观念在中国还只是少数人的呐喊,既没有成为各级政府经济政策的决策依据,也没有成为百姓的日常理念。

(5)公民的生态意识呈"政府依赖型"

中国环境保护和生态文明建设具有鲜明的政府主导色彩,采取的是自上而下的管理模式,这与西方国家自下而上的环境保护管理模式有很大的不同。我国环境保护运动大多是由政府发动、支持和赞助的,如"中华环保世纪行""环境保护宣传月""世界环境日"等。这种由政府组织的大规模的教育模式,能够在短时间内使更多的公民对生态知识和生态问题形成基本的认识,具有见效快、覆盖面广泛的特点,对人口众多、时间紧迫、任务繁重的我国生态意识培育有很大适用性。但同时也养成了公众对政府依赖性强,对个人在生态建设问题上的责任认识不够,不能积极地依法制止破坏生态的行为。作为环境保护中最直接的社会行动者，公民是否关注、认同并参与环保，其生态权利意识和责任意识具有基础作用。

概括而言，当前辽河流域公民生态意识方面的问题主要表现在公民对环境问题的重视程度不够，重直接生活环境而轻间接生态环境，生态知识水平总体偏低，并且知多行少，说多做少，呈严重的"政府依赖型"和"自我保护型"。这种状况不利于生态文明建设的进行。因此，要对公民加强生态意识培育，培育良好的生态意识。

2. 原因探究

(1) 经济发展水平方面

20世纪80年代后期以来，随着改革开放的不断深入，经济环境的不断改善，辽河流域经济增长在诸多方面取得了成绩，农业生产稳定增长，工业生产规模不断扩大，第三产业发展迅速，经济效益显著提高，这一切使辽河流域的经济呈现出强劲的发展势头。在振兴东北地区等老工业基地和西部大开发两大战略的推动下，以省会城市为中心发展城市群和城市经济带，已出现较好的发展势头。公众物质文化和精神文化生活均得到了较大改善。但在两大战略区域交汇处，即辽宁西北部、吉林西南部、内蒙古东部，是辽河流域的上中游地区，这个区域基础薄弱，缺乏技术、资金，生产力水平较低，在招商引资方面也明显处于劣势，是相对贫困地区。这就造成各地区经济发展不均衡，贫富差距较大，对公众生态意识产生不利影响。

(2) 法律制度普及方面

法律制度的不健全，是影响当代中国公民生态法治意识落后的重要原因。以往的法规虽对我国生态环境建设具有重要意义（薛来义，2012），但没有提出具体的、操作性强的政策和相关处罚条例，缺乏足够的具有可操作性的法律措施；加之执法人员生态意识不强，导致法律法规难以落到实处。这些无形中制约了公民生态法制意识水平的提高。从目前的情况看，鼓励和支持公民参与的相关制度同样较为缺失。在认知制度方面，公民在很多情况下的知情权仍得不到保证；在评价制度方面，有关政策制定和项目实施前的听证会制度尚未发挥实质性功能，现有的多数政策评估机制和制度取向仍然摆脱不了短期的经济利益和GDP崇拜，忽略甚至无视生态文明的价值标准。这就需要生态环境的法律和公众参与生态制度的进一步完善和落实，进一步增强我国公民的生态意识。

(3) 公民生态意识教育方面

教育水平是制约生态意识培养和提高的瓶颈，生态意识的教育是进行生态建设不可缺少的关键环节，树立和培养公民生态意识，学校教育和社会教育势在必行。成功的生态教育应当能够使公民在生活中形成良好的保护生态环境的意识和习惯，学校教育和社会教育应当能营造一个良好的关于生态意识的社会舆论氛围。由于我国公民的受教育水平普遍有限，高等教育的人数有限，在农村还存在着大量文盲，从而导致了我国公民生态道德意识薄弱、生态知识缺乏、生态法制意识淡薄等问题，这在很大程度上限制了我国公民生态素养的提高。对于中国的教育制度，我国从很早就开始针对各个年龄阶段学生的思想和成长特点进行生态意识的教育，但这些教育的收效却并非如预期那样乐观。无论是义务教育、高等教育还是继续教育在生态意识教育上均存在各种不足，课程设置不合理、以应试教育为主的大环境迫使公民得不到系统、完善、专业的生态意识教育。尤其是受到传统发展观和政绩观的惯性影响，只顾眼前不顾将来，只顾局部不顾全局的状况时有发生。总之，流域在生态意识教育渗透到各个层面时也存在诸多问题，仍需要做出艰辛的努力和艰苦的探索，特别是人们的环境保护意识亟待系统有序的强化和全面有效的提升。

（4）政府宣传、管理方面

虽然政府为公民的参与活动提供了平台，并积极开展相应的环保宣传活动，提高了公民的生态意识，但宣传方式较为单一，公众从政府有意识开展的宣传和技术推广工作中获取环保知识的占环保知识来源渠道比例较低，平面媒介与代际交流的方式占据了较大比例。法律知识未能有效普及与运用，使得部分公众的法制观念较轻，积极主动学习环保知识的公众人数较少。同时，政府未能正确引导公众养成正确和良好的排污习惯，排污的公共设施建设、人员资金配备也欠周全，大量的污染物排向辽河，直接导致了地表水质的严重恶化，并在一定程度上污染了地下水。日趋严重的水污染不仅降低了水体的使用功能，还进一步加剧了水资源短缺的矛盾，并严重威胁到城市居民的饮水安全和人民群众的健康生活。目前，全省大多数县（市、区）对中小河流没有明确划定具体管理范围，既给政府各部门间造成管理上的麻烦，也给河道管理机构与管理相对人之间造成了很大矛盾。同时，按照分级管理的原则，各市县应合理划分河道管理权限，明确责任主体，但是辽宁省这方面工作相对滞后。总之，地方政府和环保部门的宣传、管理工作存在明显漏洞。这产生了较消极的后果，对公众生活习惯和社会生活方式产生了不良影响。所以要改善生态环境，提高公众的生态意识，必须要改变与自然发展相悖的发展观、生态观、价值观、消费观等思想意识，加强政府的宣传、执法和管理能力。

（5）现有环保经济技术等方面

现阶段，辽河流域生态环境保护和综合治理中，资金投入不足是最大的瓶颈，其次，人才、教育、技术、管理等资源的不足也起到了制约作用，这些是辽河流域现有环保资源不足的重要体现，也是生态意识薄弱的重要原因。先进技术手段的缺乏，限制了流域生态环境的综合治理，只有不断地研发创新，提高技术水平，才能最大限度地发挥出政府投资的推动引导作用。反过来，政府资金也应该加大对技术研发的支持力度，研发治污的新工艺等。资金来源主要为省级集中的污水处理费。尽管中央和辽宁省级财政都设立了专项资金支持辽河流域治理，但实施的时间短，专项资金的总量规模低，与环境治理资金需求相比仍存在着较大的缺口。这些都需要政府予以引导，积极招商引资，给予政策、资金、技术等支持，引领生态建设取得更大突破。

（三）辽河流域生态意识培育战略对策

公众生态意识是文明城市和文明区域创建工作的思想动力，培育公众生态意识是文明城市和文明区域创建工作的重要任务。所谓公众生态意识的培育，就是通过各种培养意识的方法和手段，有组织、有计划地对社会成员施加影响，使人们树立正确的生态意识，并在生产和生活实践中自觉地养成尊重和保护生态的行为习惯，从而能动地协调人与生态的关系，实现人与生态和谐共生和可持续发展。总之，要切实按照党的"十八大"报告"生态文明观念在全社会牢固树立"的要求,大力培育公众的生态文明意识,并且使人们把这种意识转化为自觉的行动,为创建文明城市和文明区域奠定坚实的基础。

1. 坚持正确的指导思想

随着现代化进程的加快,保护生态环境,走可持续发展道路已成为世界的共识。近年来,辽宁经济成功地实现了"三个转变",即从重经济增长轻环境保护转变为保护环境与经济增长并重;从环境保护滞后于经济发展转变为环境保护与经济发展同步;从主要用行政办法保护环境转变为综合运用法律、经济、技术和必要的行政办法解决环境问题。

(1) 运用科学发展理念,提升公民生态意识

科学发展观这一重要理念,不仅对于指导社会经济的健康有序发展具有积极作用,而且对于目前提高我国公民的生态意识也具有重要的指导意义。尤其是我们在处理人与自然的关系中,要切实转变传统观念,按照人与自然和谐相处的理念来指导我们的实践活动。良好的生态环境是人们健康成长的物质条件和可靠保证,辽宁是全国唯一的一个循环经济试点省,为实现生产发展与生态建设的共赢,就要进一步转变发展观念,创新发展模式、提高发展质量,切实转变经济发展方式,着力推进产业结构实现战略性调整,把经济社会发展切实转入科学发展的轨道,实现节约发展、清洁发展、安全发展和全面协调可持续发展。目前,辽河流域正处在全面振兴和沿海开发开放的关键时期,"五点一线"沿海经济带开发正在火热进行,"辽中南城市群"迅速崛起,沈抚同城化建设正在实施,县域经济不断发展壮大,迫切需要在生态优先的理念下进一步加以落实和推进。需树立"生态环境既是资源也是资本"的价值观和"破坏生态环境就是破坏生产力、保护生态环境就是保护生产力、改善生态环境就是发展生产力"的新理念,用行动来实践科学发展观。

(2) 提倡适度绿色消费,崇尚俭朴生活

培养健康节俭的绿色消费方式是真正从源头上培育公民的现代理性环保消费理念。随着经济的发展,中国社会已渐渐步入"用过就扔的一次性社会",在这个潮流的裹挟之下,个人与社会以追求物质满足为目标,人与物之间关系的周期缩短,带来很大的资源浪费。与过度消费相比,适度消费以节俭为特征,在生活中应坚持一切从实际出发,合理地规划消费与支出。在遏制点源污染的同时,也要解决面源污染问题,特别是加强保护区周边的综合整治,促进生活方式、消费方式转变,促进产业结构调整。应推行厉行节约、反对浪费的环保行为规范,提倡使用清洁能源和节能技术产品,积极倡导公共交通;倡导生态旅游和健康、文明的娱乐方式,改革落后的饮食文化习俗,推广生活垃圾分拣处理等。引导公众的绿色消费,使公民的消费与物质生产发展水平相适应,与自然的承载能力相协调,形成崇尚简朴、注重环保的理性消费意识,以实现节约资源、保护生态的双重效应。

(3) 坚持低碳生活,承担环境责任

所谓低碳生活就是在日常生活中提倡低能量、低消耗、低开支的生活方式,把生活耗用能量降到最低,从而减少 CO_2 的排放,阻止地球气候持续变暖。具体到辽河流域,可借生态建设之机充分利用后发优势,选择更先进的生产方式;大力推行清洁生产,创建环境友好型企业和工程;推动节能减排和环境保护从"软约束"向"硬约束"转变。作为调整经济结构、转变发展方式的切入点和突破口,创建一批"零排放"企业,提高资源、能

源综合利用效率,大力发展循环经济,提高节能减排准入门槛,为发展优势主导产业创造空间。选择冶金、石化、电力、煤炭、建材等行业,开展废水处理后回用;冶金行业高炉、转炉和焦炉煤气要基本实现"零排放";废渣要实现资源化。开展创建清洁生产示范企业活动,以鞍钢、沈化、抚顺石化和抚顺矿业等大中型联合企业为重点,开展能流、物流集成和废物循环利用;加强科技创新,坚持走新型工业化道路,推进石化、冶金、机械装备等重点产业向集约化、高级化、系列化和高加工度方向发展,不断提高资源持续利用水平;以重污染行业和重点区域、流域为重点,推进中小企业开展清洁生产审核。以造纸、印染、化工、农副产品加工、食品加工和饮料制造等行业为重点,加大污染深度治理和工艺技术改造力度,提高行业污染治理技术水平。切实提高对水、土地、能源和矿产资源的节约利用和综合开发水平,努力实现经济发展与生态建设协调发展。

2. 塑造公民的生态道德文化

尽管生态道德是一种软实力,但它却有着极其强大的推动力,只有它才能真正驱动人的生态意识和行为的自觉性、自律性与责任感。

(1) 深化对全民生态道德文化教育的认识

提高人们对环境的道德评价能力是确立人们生态意识的重要尺度,直接影响人们的行动或行为能力。生态的破坏、环境的污染、经济发展中的透支等现象,并非主要出自科学上的无知或技术上的缺失,而是与人们的生态道德水平直接相关。人们应该确立对自然环境的道德伦理意识,克服在同自然的交往中的"人类中心主义"意识,做到人与自然共同发展。生态道德教育,包括生态道德意识教育、生态道德规范教育和生态道德素质教育等方面。通过学校教育、社会教育、家庭教育,完成对全民生态道德文化教育的深化,充分发挥家庭教育对公民生态道德文化教育的启蒙作用,学校教育对公民生态道德文化教育的主导作用,以及社会教育对公民生态道德文化教育的舆论传递作用。辽河流域是我国的农牧业生产基地,可以村、组为单位对沿河农村村民进行教育,充分发挥村干部和党员的作用,让其在先学一步的同时,组织和带动全体村民完成生态道德教育的任务。

(2) 加强面向企业的宣传教育

当今世界的大多数环境问题,都与企业活动有关。企业既是社会财富的主要创造者,也是污染物的主要生产者、排放者。辽河流域近年来大中型工业企业投入大量资金进行技术开发和改造,万元工业产值废水排放量呈下降趋势,但是由于工业生产规模的持续扩大,工业废气排放量、固体废弃物产生量仍保持持续增长的状态,工业废水排放量虽呈下降趋势,但排放总量仍很大。辽宁省产业结构重型化的状态在短时间内很难扭转,"工业三废"排放量大的趋势将长期存在,直接影响环境状况的改善。事实表明,亟须以生态道德观加以调节、规范。应当明确的是,在企业价值理念上,讲企业的"最大利益原则",应当是经济效益、社会效益和生态效益的统一,决不能以损害社会和生态效益为代价,单纯追求企业的经济利益。企业在决策中,要有社会、长远和生态、环保观点;在生产过程中应当把采用循环利用技术和清洁工艺,实行绿色生产、生产绿色产品,作为对企业生产的道德文明要求;在企业消耗方面,应当尽量采用替代原料和洁净能源,坚持节约能源、资源、提高使用效率的原则,以减少资源消耗和废物排放。总之,企业应当把发展经济与保护环境结合起来,把保护环境与安全生产作为企业发展最重要的目标任务之一,并提高到企业发展战略的高度。

3. 发挥政府的主导作用

政府是政策的管理者或制定者,政府能够以其行政的强制性权力保障法律制度和契约能够得到遵守,从而保证环境资源产权制度在市场条件下的有效运行。在这种情况下,树立正确的生态价值观,政府在其中的主导作用就显得至关重要。

(1) 转变政府职能

政府职能也称行政职能,反映着公共行政的基本内容和活动方向,是公共行政的本质表现,包括政治职能、经济职能、文化职能和社会职能。只有政府改变主导经济的旧观念,转变政府职能,把配置资源的权力尽可能地交给市场,逐步放开对生产要素和资源性产品的价格管制,形成反映供求关系的价格形成机制,并实行严格的环境执法,使环境成本内部化,严峻的资源环境压力才会传递到企业,逼迫企业改变发展方式,承担社会责任、环境责任,才能使环境恶化的趋势得到有效遏制。党的"十八大"报告为继续推进行政管理体制改革确定了基本方向和目标。加快行政管理体制改革的重要目标就是建设服务型政府,实现向服务型政府转变。

1) 在中央层面上,设立直属国务院领导的全国水资源管理委员会,全面协调指挥全国的水资源管理事务。该委员会可以由国家水利、环保、林业、农业、交通、国土资源等部门涉及流域开发、利用和保护管理方面的相关职能部门组成,由它统一行使我国流域管理的职责。

2) 在流域层面上,按辽河流域设立辽河流域管理委员会,统一负责协调指挥辽河流域内的水资源管理事务。辽河流域管理委员会可在现有的各流域水利委员会的基础上组建,由沿流域各地方水利、环保、农业、林业、交通、国土资源等部门中涉及流域开发利用和保护管理方面的相关职能部门组成。从法律地位上来说,辽河流域管理委员会是全国水资源委员会的"派出管理机构",它直接对全国水资源委员会负责,而不是对沿流域的各地方政府负责,并且直接接受全国水资源委员会的领导。需要指出的是,辽河流域管理委员会可以设立一个专门的技术支持机构,加强辽河流域管理的科学论证工作,从而对委员会的决议提供技术支持和保障。

3) 在支流层面上,辽河流域管理委员会可以根据工作的实际需要,按支流设立各支流管理委员会,如"东辽河管理委员会""西辽河管理委员会"等。这些委员会亦直接对辽河流域管理委员会负责。值得一提的是,为了协调好流域内各方利益主体的关系,在各级流域管理委员会中应吸收一定数量的公众和社会团体参加。另外,国家对水资源实行流域管理与区域管理相结合的管理体制,加强流域的统一管理仍然要注意引导和正确发挥地方的积极性。流域机构应按照有关的法律法规搞好规划、协调、检查、监督等方面的工作,流域机构不可能也没有那么多的人力、财力、物力去管理每个行政区域内的水务,流域管理必须与区域管理相结合。

(2) 强化生态管理,加强公民生态意识培育

1) 转变地方政府的政绩观。政绩观也即干部考核体系,就是以什么指标考核干部。

绩效评价的主要依据一是国家层面的规划、法律法规,包括《重点流域水污染防治规划(2011—2015 年)》《重点流域水污染防治专项规划实施情况考核指标解释》《加快推进辽河流域水污染治理工作的协议》等;二是地方性规划、行政法规和规章制度,如《辽宁省环境保护(十二五)规划》《辽宁省辽河流域水污染防治条例》《辽宁省辽河保护区条例》《辽宁省凌河保护区条例》等。新的政绩考核,应淡化单一对 GDP 增长数量和增长速度的追求,代之以六大注重:注重先进生产力的培养和提高;注重以人为本的全面发展;注重人与自然的和谐;注重"人口、资源、环境、发展"四位一体的总协调;注重四大文明整体推进;注重人民生活质量的持续提高。兼顾当地经济发展效率和质量改善情况,能源资源消耗率情况,区域生态质量改善情况,环境污染治理情况等。

2) 转变政府环境监管模式。环境监管模式是指国家为保护环境所采取的一系列监督管理环境的标准形式。辽河的水生态、水环境整体还比较脆弱,对治理工作需要常抓不懈,坚持治理与保护不放松,防止可能出现的污染反复。应建立严格的水质管理制度,加强排污监控;实施河道综合整治、恢复滩地植被等措施;严格控制排放标准,要从严核定水功能区纳污容量,限制排污总量。一是在国家相关法律法规的指导下,应明确财政部门和项目管理部门作为监管的主体,共同制定实施政府投资监管制度和办法。在做好事后监督的前提下,还要将监管前移到项目立项之初,从预算安排到项目论证都应该符合相关制度办法。二是建立生态环境保护投资责任追究制度。要建立投资责任追究制度,对于绩效差、资金使用存在问题的项目追究责任,依法依规进行处罚,同时在之后的预算安排和项目立项的过程中对相关投资主体予以限制。三是建立跨省级行政区域合作机制。辽河流域主要涉及辽宁、吉林、内蒙古 3 个省份。从地理位置上看,吉林和内蒙古处于流域上游地区,应当承担起保护好流域上游地区生态环境的责任。辽宁处于流域下游地区,应当承担起保护好流域下游地区生态环境的责任。

3) 强化政府生态宣传的责任意识。公民的生态意识不是自发形成的,而是需要教育来获得。辽河流域目前公民的素质普遍还不是很高,他们对于生态科学知识方面了解得还不够充分,这就需要政府组织多种多样的宣传方式来普及生态环境方面的科学知识。在宣传和普及的过程中,应当针对当时当地的自然条件和环境的实际情况,通过电视、网络等多种途径进行宣传,让这种宣传能够贴近每个公民的生活,这样才能够有效地唤起公民的生态意识,使得生态建设的工作取得实效。在宣传手段上,可以选择正面宣传和反面教育相结合的方式。针对辽河流域重化工业污染防治工作的进行,公众对环境的日益关注将逐渐成为监督企业排污行为的重要力量。

4) 加大政府对各项环保事业的财政投入力度。在充分吸引社会资金投向环保事业的同时,政府应准确规划各类环境治理专项资金,并做到专款专用,加大环保公共基础设施的建设力度。现阶段,国家科技重大专项中针对辽河治理中遇到的技术、管理问题已设立多个课题,汇集各大高校、科研院所、管理机构的高层次人才,为辽河治理提供技术支撑,实现了科学治理辽河。在下一步的工作中从细节处还可以做到以下三点:一是辽西北三市的政府生态环境投资要加大在辽宁省的投资比例。虽然城市规模较小,但是作为生态环境相对恶劣的城市,更应加大投资力度。特别是在荒漠化的治理过程中,由于成本大,产出小,所以更需要政府的投入与支持。二是辽河流域治理离不开环境基础设施的建设。政府投资应重点支持污水处理管网建设,提高污水收集能力,支持大伙房水库输水工程建设,优化配置全省水资源,支持林区、湿地等生态隔离带建设。三是辽宁是农业大省,农村面源污染较重,对辽河流域水环境产生了一定的影响。政府投资应支持农村面源污染防治,结合农村环境综合整治工程,降低农业生产化肥、农药施用量,控制耕地水土流失。

4. 加强生态意识培育法制建设

法律是公民生态意识形成的重要保障,环境立法是否健全决定着公民保护环境是否有法可依,严格执法是公民生态意识确立的关键所在。健全的法律体系和良好的法治氛围,对强化公民生态权利和生态意识,引导公民积极参与生态实践,具有其他教育形式所不可替代的作用。

从根本上治理辽河,必须有法可依。近年来,辽河流域内各省(区)以及市级等行政管理部门建立、健全了一系列与环境保护相关的法律法规和制度来保障辽河流域生态环境保护和社会建设事业的发展,如《辽宁省辽河流域水污染防治条例》《辽宁省跨行政区域河流出市断面水质目标考核暂行办法》等,为提高公民生态意识提供了法律、政策和制度的保障。但随着水污染防治法等上位法的修改、新的环保法律的出台,在今后的生态建设工作中,针对辽河流域公民生态意识中存在的各种问题,仍需继续加强和完善这些法律、法规和制度,完善建设地方法规。同时,在政策方面,也要制定相应的具体措施,并进一步加大宣传力度。全面推行执法责任制和责任追究制度,加大对资源环境执法机构和人员的执法监督力度。严格控制资源能源利用效率低、污染物排放强度高的产业发展。实施污染物排放总量控制制度、排污许可制度和区域限批制度,强化限期治理制度。完善流域水污染防治管理体制,建立一个"流域区域结合,部门职责明确,公众参与,合力治污"的流域水污染防治综合管理体制。制定专门的"辽河流域水资源管理条例",如《辽河流域管理条例》,其具体规定:确立辽河水管理的基本原则;确定辽河流域水管理的相关主体及其权利关系,特别是确立辽河流域管理机构的法律地位和具体职责等。从宏观层面上提升生态意识,加强制度创新,完善保护自然生态的各种制度,切实有效地提高公民的生态意识。

5. 提升公民生态行为能力

生态保护是关系公众切身利益的重要的公共性事务,群众作为大众群体和经济社会建设的主体有权也应该积极地参与其中,并发挥重要支撑作用。政府作为管理者应创设宽松良性的育化环境,释放给公民法律上的基本环境权,包括公众的健康权、知情权、检举权、参与权等,充分鼓励群众积极参与生态环境建设。同时借群众积极参与环境建设的热情来鼓励他们监督破坏环境的行为,确保生态安全与社会经济发展。

辽河流域沿岸公民生态行为的提升能够有效地维护整个辽河流域的生态环境,为辽河流域的保护、治理和监管创造良好的社会氛围。可以从以下三方面开展。

1)整合各种教育资源,强化公民的生态环保意识。根据年龄差异、经济发展程度等不同情况,通过各种媒介,搭建不同层次的传播平台,传播生态环保知识,强化公民的生态环保意识。充分利用社区、社团、网络等各方面的教育资源,引导人们日常的生产、生活行为都要以维护大自然生态系统的平衡为标准,提高公众参与环境问题的积极性与主动性。

2)完善法律政策,为公民的生态行为提供法制保障。通过生态法律制度规定公民的生态环境权利与义务,通过生态行政法规制定区域生态治理目标和具有区域特色的环保管理措施。在省内开展流域水环境警示教育,让民众了解水环境问题的现状和风险,唤醒全民水环境忧患意识,激发全民对水环境治理的紧迫感和责任感。建立水环境信息公开透明制度,保证民众的环境知情权,提倡民众监督,强化舆论导向。鼓励民众全程参与对水环境有影响的建设项目和重大举措的监督工作。

3)降低公民环境保护的参与成本,拓宽公民参与环境决策和治理的渠道。开通专门举报电话、邮箱,设置专项环保奖励基金,鼓励社会团体、新闻媒体、公民个人举报企业偷排、超标准排放污染物的行为,有效地调动居民个人参与到企业水污染行为的监督工作中,从而对企业偷排、超标准排放污染物的行为进行有效的社会监督。

6. 建立稳定的生态意识培育队伍

生态意识教育是提高全民族思想道德素质、科学文化素质和生态文明素质的最基本、最有效和最自觉的手段之一。因此,建立健全公民生态意识培育的稳定队伍是实施公民生态意识培育的关键环节,是公民生态意识培育目标实现的前提。不同学科的专家所从事的调研活动为生态保护提供理论依据,为生态保护出谋划策。

目前,不仅是辽河流域,即使在全国范围内,生态意识培育的师资队伍建设都尚处于起步阶段,还没有专门的正规的师资队伍培训,主要是由一些国际组织发起或提供资助的国际项目推动的。此外,部分绿色非政府组织(例如,地球之友、自然之友等)也承担了一定的教师培训任务。为辽河流域建立一支生态意识培育队伍,可以从专业师资队伍和非专业师资队伍两方面出发。首先,政府要协同高校积极组织生态意识培育领域造诣较深的专家和学者,对生态意识培育教师进行职前培训和在职培训,使专业教师不仅具备较扎实的理论基础,同时具有较强的教学、教研能力,充分保证公民生态意识培育教学实践的需要。其次,促进非专业教师生态意识培育素质的提高,通过社会其他非专业生态意识培育的人员,在各行各业各个领域,在日常生活和自身所从事的工作中,对受众渗透一定的生态文明理念和生态文明知识。

为辽河流域建立稳定、高能的公民生态意识培育师资队伍,应该从以下方面着手具体操作工作。

1)增加生态意识培育教师的培训力度。这既包括增加生态意识培育教师的培训次数,也包括增加生态意识培育教师的培训人数,更包括增加生态意识培育教师的培训内容。通过这3方面的强化,使辽河流域迅速建立起一支高水平的生态意识培育师资队伍。同时,要将这种培训制度化、长效化,保持生态意识培育师资队伍培训的可持续发展。

2)将生态文明内容纳入生态意识培育教师的进修培训体系。目前,辽河流域针对各种人员的进修培训越来越多,各种教师进修学校陆续设立,受训的人数也越来越多。由于生态意识培育师资队伍结构的复杂性,在这些培训中也有从事生态意识培育的从教人员,或者有可能成为生态意识培育的教师。因此,在各类进修培训过程中,要根据当前建设生态文明的社会发展大趋势的需要，有意识地将有益于树立生态文明观的课程纳入教师进修培训体系，并进行相应的考核评估，这样不仅为生态意识培育的师资队伍储备了人才，也增加了现有师资队伍的生态文明素养，更提高了更多受众的生态文明知识，在一定程度上使他们树立生态文明的观念。

3）为生态意识培育教师提供更多国际交流和学习的机会。一方面，环境保护、生态伦理都起源于西方发达国家，目前这些国家环保管理体制、机制较完备，国民环保素质也相对较高，社会的整体生态文明程度较高。如果能够让更多的从事生态意识培育的教师参与到这些国际交流和学习中，必将潜移默化地影响他们的生态意识，增加他们对生态意识培育的经验。另一方面，环境问题本身就是一个国际性问题，因此，解决环境问题也需要有国际眼光，只有让生态意识培育教师走出国门，在国际交流与学习中体会生态环境问题的重要性，才能使他们具有全球性的眼光，为生态意识培育增加难以想象的效果。

4）鼓励和引导教师参加生态文明建设实践。生态意识培育师资队伍参加生态文明建设实践是一个重要的、必不可少的环节。通过参加生态文明建设实践，不仅增强了生态意识培育师资队伍自身的生态文明能力，也为今后教学中的实践环节做好了准备。生态意识培育的师资队伍，都在各自的岗位上从事一定专业的研究，很少能够亲自参加到生态文明建设实践中去，而且也很少能够走出自己的研究领域，因此，对一些问题的认识存在片面性。让生态意识培育教师参加到生态文明建设实践中，将促进不同学科人员的交流，增加学科交叉性；同时，增强他们对国情、世情的了解，扩大知识面，克服他们生活枯燥乏味，甚至与社会相脱节的现象，促使教师通过实践进一步强化对生态文明的认识。

7. 引领环保非政府组织健康发展

环保非政府组织（NGO），又名民间公益团体、非营利社会团体或草根组织，指的是那些由民众自发建立、在民政部门登记成立的环保组织（陶圆圆，2010）。

这些组织的作用不仅是响应政府，更重要的是推动了公民普遍环境意识的成长和成熟，增进了社会机构团体和领域之间的交流与合作，扩展了环境危机的解决途径，促进了政府、教育和社会新机制的建立。但在辽河流域，仅有盘锦市黑嘴鸥保护协会、盘锦市大洼县环境科普公益协会、锦斑海豹保护协会等为数不多的几个群众环保社团。盘锦市黑嘴鸥保护协会近年来成功策划了"辽河三角洲观鸟旅游月活动"，找到了旅游与鸟类保护的"结合点"并对盘锦黑嘴鸥进行了有效的保护，使其数量由 1200 只增加到 6000 多只。同时盘锦市大洼县环境科普公益协会也在 2012 年 3 月 9 日组织了"携手保护母亲河，共创绿色盘锦"的启动仪式，旨在传播生态文明的同时，建立起公众与辽河之间的情感对接和动员、组织社会各界力量形成护水联盟，进而促进辽河流域环境状况的改善。

要破除民间环保社团发展的障碍，需要在政府管理层面、社团自身和社会认同等方面做出努力。首先，在政府管理层面，政府应看到环保非政府组织在补偿和辅助政府工作方面不可替代的作用，对它们的活动应予以鼓励和支持，积极鼓励与扶持民间社团的建设与活动开展，为民间环保社团的发展提供更加宽松的环境，并对其适当加以指导和监管，包括制定可行性标准和监督检查组织活动的合法性和社会影响力，确保各项活动合理、有序地开展。其次，就社团自身而言，要有意识地充分利用各种机会、通过各种渠道着力进行自我宣传,为自身树立社会"公益"形象,获得政府部门的认可和信任,积极辅助和支持政府各项环保政策的实施。最后,政府采取有效措施提高社会对民间环保社团的认同感,发动更多的人支持和加入这类组织,加大其在全社会的宣传力度,构建公众的生态意识和参与意识,形成全民参与环境保护工作的新局面。

四、小结

本章主要对生态文化的内涵及特征、生态文化及生态意识的培育战略等问题进行了研究和探讨,提出适合辽河流域现状、具有可操作性、具备战略指导性的生态文化培育战略思想,使辽河流域生态文化得以持续、有序、健康地发展。

1) 根据生态文化的一般要求和辽河流域的特点,研究提出辽河流域生态文化的内涵,即辽河流域生态文化是基于辽河流域生态环境的人与自然协调发展的文化,是指人们通过调整制度、自己的意识和行为,来适应辽河流域的自然规律,来协调人与辽河流域的生态关系。并在回溯辽河流域传统文化的历史和发展现状的基础上,分析了辽河流域生态文化的主要特征,是具有整体效应性、系统多样性、资源节约性、发展可持续性、消费健康性、法制效应性、公众参与性特征的生态文化。明确其与传统辽河文化之间的关系,重点从深度和广度两方面分析生态文化对传统文化的拓展情况。

2) 在流域生态文化现状分析基础上,分析了辽河流域生态文化发展的驱动因素,研究推动辽河流域生态文化传播、交流和合作的推动机制。从生态文化发展的不同层面,研究建立辽河流域生态文化培育模式,在空间上、宏观上强调培育一种泛流域生态文化,在内涵上、微观上注重建设一套泛社会生态文化,并开展了典型案例研究。研究提出辽河流域生态文化培育的战略措施,把生态文明建设融入辽河文化中,进一步培育辽河"人水相亲、自然和谐"的生态文化品牌,突出如何传承传统文化并发扬光大。

3) 从宏观(流域、城市)和微观(社区、企业、公众)两个层面,研究流域生态意识的内涵和影响因素。为了解流域公众生态意识,掌握流域生态环境恶化的症结所在,对公众生态意识进行了分析,明确了现阶段存在的主要问题,并对其产生原因进行了探究。研究提出辽河流域生态意识培育的战略措施,并着重研究了提高企业和公众在生态文明建设中参与程度的对策,使企业和公众成为生态文明建设的主体,倡导和形成合理消费的社会风尚。

参 考 文 献

柴爱仙,赵学慧.2010.公民生态意识形成的内在机制探讨.河南师范大学学报(哲学社会科学版),37(1):250-252.
陈勇.2013.生态文明:内涵价值、现实困境与制度建设.平顶山学院学报,28(3):12-14,18.
崔朝晖.2011.从当前生态现状谈培育全民生态文化素养的迫切性.前沿,(20):194-196.
郭大顺.2007.辽河流域文明起源研究的回顾与前瞻.辽宁师范大学学报(社会科学版),30(1):113-116.
金鸽.2013.国内外公民生态意识教育研究述评.高校社科动态,(4):31-34.
刘芙君.2010.辽河流域早期现代化进程中的文化变迁.沈阳师范大学学报(社会科学版),34(3):131-133.
刘国祥.2010.红山文化与西辽河流域文明起源的模式与特征.内蒙古文物考古,(1):43-51.
刘水芬,周松,宋宇新.2009.中外生态意识的实践分析及其对生态文明建设的启示.湖北社会科学,(8):9-11.

龙志芳，尹学朋.2010.关于建构公民生态意识体系的研究.理论研究，(5)：26-27.
陆成林.2011.辽河流域水环境保护政府投资现状及政策建议.地方财政研究，(3)：40-44.
倪珊，何佳，牛冬杰，等.2013.生态文明建设中不同行为主体的目标指标体系构建.环境污染与防治，35（1）：100-105.
钱莹.2013.对建设生态文明实现永续发展的五维思考.人民论坛，(11)：162-163.
陶圆圆.2010.论政府与民间环保组织在环境保护中的互动.商品与质量·理论研究，(S8)：31.
王建学，张唯，孔秀娥，等.2007.用辽河文化打造辽宁文化品牌.党政干部学刊，(9)：31-32.
王天平.2009.建立辽河流域经济文化一体化的构想.文化学刊，(1)：45-51.
薛来义.2012.依法保护辽河水.中国人大，(11)：34-35.
王禹浪.2012.辽河流域文明之一辽河流域的历史文化与古代文明.哈尔滨学院学报，(4)：1-9.
王新，元文礼，杨成波.2008.科学发展：辽宁振兴选择生态文明建设"绿色通道".全国商情（经济理论研究），(10)：3-4.
王绵厚.2012.纵论辽河文明的文化内涵与辽海文化的关系.辽宁大学学报（哲学社会科学版），40（6）：11-15.
袁东升.2012.生态文明城市建设中发挥市民主体作用的几点思考.三峡论坛：三峡文学，(4)：124-126.
张小光.2011.辽河流域生态环境综合评价.中国科技信息，(9)：45-46.
赵伟韬，金秋，高玉侠.2008.辽河文化在塑造辽宁民族文化品牌中的价值研究.理论界，(3)：166-167.
朱成全，李立男.2010.辽西北生态文化建设现状及发展对策.辽宁经济，(7)：28-29.

第九章　辽河流域环境制度和机制创新战略

一、辽河流域生态文明制度建设现状分析

辽宁省在生态文明建设方面已经开展了一些积极的探索工作,在"十二五"期间,通过实施"碧水、蓝天、青山"三大工程,以环境优化经济发展也同时形成并建立了一系列有利于生态文明建设的体制机制雏形。

1. 在全国率先建立统一的流域管理机构和工作机制

为加强辽河保护工作,辽宁省创新综合治理机制,2010年5月,设立了辽河保护区管理局,统一负责辽河保护区内的污染防治、资源保护和生态建设等管理工作,履行水利、环保、国土资源、交通、林业、农业、渔业等有关监督管理和行政执法职责,实施统筹规划、集中治理、全面保护。

早在2008年,辽宁省借鉴国内其他流域的经验,对全省的河流全部实行了河长制。辽宁省政府明确沿河各市市长为"河长",各县县长为"段长",实行严格的责任制,在辽宁日报上发布接受全社会监督。对治理不力、水质不达标的河流和断面,"河长"或"段长"将受到警告、通报批评直至行政处分。在辽河管理局系统内部建立了以县政府统一领导,县辽河局长负总责,各巡护站(河道所)分工负责的管理机制,为辽河治理保护的各项措施落到实处起到了重要作用。

2010年9月,颁布了《辽宁省辽河保护区条例》。辽河保护区依辽河干流而设,是实行特殊保护和集中管理的辽河流域特定区域。从昌图福德店到盘锦入海口,全长538km,总面积为1869.2km^2,纵贯辽宁中部版图,贯穿辽西北、沈阳经济区和辽宁沿海经济带三大经济区域,社会、经济和生态作用十分重要。

2011年1月辽宁省人大常委会发布了新的《辽宁省辽河流域水污染防治条例》。该条例主要是针对适用于辽宁省内辽河流域的河流、湖泊、水库、渠道等地表水体和地下水体的污染防治。2012年8月,辽宁省省政府与财政部、国家发展和改革委员会、环境保护部共同签署《加快推进辽河流域水污染防治工作协议》,全面推动辽河流域水污染防治工作。

2. 探索开展自然资源资产科学管理和空间规划

1)水资源管理方面。2008年以来,新建干流生态蓄水工程16座和支流口水环境综合整治工程11处,石佛寺水库由滞洪功能调整为生态蓄水,以工程措施新增湿地8万亩,2011年修订了《辽宁省辽河流域水污染防治条例》,明确规定流域内水利工程调节、调度水资源时应当统筹规划(孟伟,2013),为维护水体的自然精华能力和生态功能,应合理

安排，划下最小泄流量。在能源管理方面，制定了《辽宁省节约能源条例》，设立了辽宁省节约能源监察办，实行能源消费总量控制制度、节能评估审查制度和节能问责考核制度，推进了全社会节约能源，提高了能源利用效率和经济效益。

2）土地资源管理方面。2012年辽宁省国土厅出台关于《建立和实施节约集约用地基本制度的若干意见》，从建立并实行建设用地总量控制，建立布局和结构控制，建立功能区控制和空间管制等方面明确了集约用地控制的基本内容。

3）主体功能区规划方面。辽宁省注重空间规划，统筹安排区域空间开发、优化配置国土资源、调控经济社会发展。明确提出在辽河干流沿线建成生态带、旅游带和城镇带，使沿岸老百姓首先分享到辽河治理保护的成果（王俭等，2013）。为此，组织编制了辽河保护区生态带、旅游带和城镇带等的建设规划，见专栏9-1。

专栏9-1 辽河流域空间规划

辽河流域属于土地资源开发较为充分、开发空间相对有限的流域，属于优化开发区，尤其是沈阳核心经济区、铁岭、本溪、抚顺重要基础工业区，大连、丹东沿海经济区，都需要整合各类资源优化发展。辽河流域，尤其是西辽河地区，又是我国重要的农业生产区（曹晓曙等，2005）。这些必然会对辽河流域防洪减灾、水资源供给保障、水生态环境保护、流域综合管理的要求比其他一些流域更高。《辽宁省辽河流域水污染防治条例》第十二条指出辽河流域水生态保护，应当采取划定水生态功能区、河滨湿地建设、清淤疏浚、悬浮物拦截、人工复氧等综合治理措施，并采取退耕还林（草）等措施，建设生态保护带、生态隔离带，实施水生态修复工程。

辽宁省注重生态带、旅游带和城镇带等的建设。生态带是在治理污染和消除人为破坏的基础上，采取汇入口达标排放、滩地自然封育、人工干预等方式，恢复植被，涵养水源，恢复流域动植物生态系统平衡和物种多样性，让辽河成为一条健康的河流，成为一条辽宁大地上的绿色生态带。旅游带以辽河游为主线，依托辽河生态治理成果和流域城镇建设建成，通过深入挖掘辽河流域的人文风俗、历史典故和文化底蕴，建设各具特色的生态旅游、观光农业、民俗旅游、文化旅游段（点），开发形式多样的旅游产品，多点连线并辐射各周边。城镇带包括两个方面，一是继续加强城市段景观化建设，扩大规模和影响；二是结合新农村建设，以促进沿河农村地区经济社会发展，以提高村镇居民生活质量为目的，科学规划建设一批规模适中、交通便利、经济繁荣、环境优美、各具特色的小城镇。

辽宁省编制了《辽河流域生态带规划纲要》，保护区内市县也制定了生态建设规划，通过实施河道清淤，生态护岸，恢复水生植物等工程，整治河道167km，新建4个生态蓄水工程，25处水环境综合整治的重点工程项目。编制了《辽河流域保护区旅游发展规划》，本着开发与保护并重，开源与节流并举的原则，将辽河干流的旅游资源系统梳理整顿推出，展示辽河流域保护区的建设成果（李和跃和李光华，2013）。编制了《大沈阳经济区大生态流域建设总体规划》，提出了建设干支流水体系绿色环境支撑体系，点线面结合的生态结构体系，节能降耗、减污增效的产业结构体系，城乡环境统筹、生态文化繁荣的生态城镇的和谐体系的构想。目前，区域内按照规划统一、环境同治、生态同建、资源同享、旅游同现的原则，正在有序推进。

3. 探索建立自然资源有偿使用制度和生态补偿制度

近年来，辽河流域积极探索生态补偿制度的建设。辽宁省从 2001 年开始探索以生态补偿的办法化解辽河流域上下游之间的矛盾，研究利用水资源的市场供给关系和财政转移支付的办法，如由下游支付费用，补偿上游地区因保护水资源受到开发限制所造成的损失。同时，为保证用水的公平，对上、下游河流断面实行水质考核，上游排出的水质超过标准的，对上游城市实行惩罚性补偿（李璇，2013）。

2007 年 4 月，辽宁省财政厅、国土厅、环保局联合下发了《辽宁省矿山环境恢复治理保证金管理暂行办法》（辽财经（2007）98 号），规定凡在辽宁省行政区域内开采矿产资源的采矿权人，必须依法履行矿山环境恢复治理义务，交存矿山恢复治理保证金。截至 2011 年年底，全省已共计收缴保证金近 10 亿元。鞍山市作为矿山治理恢复保证金使用的试点市，改变以往先开采后治理的方式，让矿山企业边开采边治理，充分发挥矿业治理保证金治理环境的用途。

2007 年省政府出台了《关于对东部生态重点区域实施财政补偿政策》的通知。按照省政府文件的精神，财政厅、水利厅、林业厅和环保厅出台了《辽宁省东部重点环保区域生态补偿政策实施办法》，设立了东部重点区域专项生态补偿资金，以保障流域上游的水源涵养功能（即以保障水量为目标），每年补偿费用达 1.9 亿元。

2008 年 10 月辽宁省政府印发了《辽宁省跨行政区域河流出市断面水质目标考核暂行办法》，对造成河流出市断面水质超标的上游城市实行惩罚性补偿，惩罚资金由省级财政部门根据省级环保部门出具的监测报告实行扣缴，专项用于重点水污染防治项目。这一规定对督促上游城市做好水污染防治工作起到了积极作用。

从 2008 年起，每年通过省对下均衡性转移支付安排相关地区生态补偿资金，支持生态环境建设与保护、乡镇政权运转和农村社会事业发展，一定程度上缓解了对上游地区因为保护生态重点区域所带来的财力运行困难。

2011 年 1 月，辽宁省人大常委会审议通过了《辽宁省辽河流域水污染防治条例》，其中第十五条规定：建立对位于饮用水水源保护区区域和河流、水库上游地区的水环境生态保护补偿机制，建立市、县交界处河流断面水质超标补偿机制。从 2013 年开始，辽宁省省级财政对全省跨界水源引用保护区实行专项补偿，根据水源服务的人口数量、保护区内的面积和人口数量、水质目标等实施补偿。

4. 推行流域环境红色警戒线制度

辽河流域水资源相对短缺，供需矛盾日益突出。流域人均水资源量仅为 656m^3，不足全国平均水平的 1/3。水资源总量为 222 亿 m^3，目前开发利用率已达 77%，其中，浑太河高达 89%，水资源开发利用已接近或超过水资源承载能力极限（党连文，2011）。与此同时，流域用水效率偏低，水资源浪费现象依然严重。辽河流域现状人均用水量为538m³，比全国平均水平高20%，尤其是西辽河流域人均水量比全国平均水平高50%以上；有些灌区毛灌溉定额高达1280m³/亩，还有很大的节水潜力；城市管网漏损率平均超过18%（韩苏，2013）。一系列的发展态势表明，辽河流域必须建立最严格的水资源管理制度，严守用水总量控制、用水效率控制、水功能区限制纳污"三条红线"。辽宁省出台了《辽宁省区域经济可持续发展水资源配置规划》，结合水资源分布特点、经济社会发展布局、已建和拟建的水利工程具体情况，提出北、中、南三线组成的"东水济西"总体水资源配置格局，协调水资源区域发展不平衡、用水总量、水资源污染等问题。同时，为确保土地调控政策全面、准确、规范执行，促进严格规范管理，落实最严格的耕地保护制度和节约用地制度，辽宁省国土资源厅从2009年3~11月开展保增长保红线行动，并制定了《辽宁省国土资源厅保增长保红线行动工作方案》。

2008年开始，辽宁省环保厅推行了红色警戒制度（王耕和吴伟，2008）：把河流化学需氧量浓度超过100mg/L定为红色警戒线，首次超过警戒线的，通报所在地市政府；连续两个月超过警戒线的，进行媒体曝光；连续3个月超过警戒线的，实施流域限批。2008年5月初，辽宁发出了第一批警戒通知单，对沈阳、鞍山有关河流超过警戒线的情况通报给两市政府，引起了很大震动。"红色警戒线"通报制度的实施，有效地促进了辽河支流与干流的同步治理，使所辖支流污染强度明显下降。

5. 强化污染源治理和环境综合整治

一是加强结构减排。辽宁省是我国发展循环经济的第一个试点省，通过发展清洁生产和循环经济，实现结构减排（专栏9-2）（王西琴和张艳会，2007）。"十一五"水专项完成了流域重污染行业管理现状和评估，辽宁省还制定了《辽宁省污水综合排放标准》《水污染排放许可证管理办法》《辽宁省水库供水调度规定》等标准（规范）14项，支撑流域实现结构减排，为流域造纸、糠醛等行业产业结构调整提供了科学依据；制定了《辽河流域冶金行业节水减排清洁生产最佳可行性技术导则》《石化行业（乙烯）清洁生产最佳可行技术导则》等标准（规范）14项，成为管理减排的依据；制定了《流域水环境与产业结构优化方案》《辽河流域产业集群发展规划》等方案和规划，为中长期辽宁省辽河流域的结构减排提供了依据和技术指导。

专栏9-2 辽宁省大力发展循环经济

辽宁省是我国发展循环经济的第一个试点省，提出了影响广泛的"3+1"模式，具体包括："小循环"，在企业层面推行清洁生产，减少产品和服务中物料和能源的消耗量，实现污染物产生量的最小化；"中循环"，在工业区及区域层面发展生态工业，建设生态工业园区，把上游生产过程的副产品或废物用作下游生产过程的原料，形成企业间的工业代谢和共生关系；"大循环"，在社会层面推进绿色消费，建立废物分类回收体系，注重一、二、三产业间物质的循环和能量的梯级利用，最终建立循环型社会。同

> 时建立废物和废旧资源的回收、处理、处置和再生产业（静脉产业），从根本上解决废物和废旧资源在全社会的循环利用问题。

二是强化污染源治理（石玉敏等，2010）。关闭辽河流域内 600 多家污染企业，集中新建、改建城市污水处理厂 134 座、乡镇污水处理厂 121 个，垃圾处理厂 34 个；清除支流河道各类污染源 300.94 万 m³；实施省直水库联合调度生态水；建立了水质分析预警制度，进一步完善了辽河水质监测监控体系，对控制污染、改善水质起到了重要作用。

再有开展疏浚河道，修复岸坎，实施河道综合整治。整治河道两侧岸坎 353km；结合河道清淤、险工治理、生态护岸、恢复水生植物等综合整治河道 167km、治理险工 81 处，部分河段具备了旅游通航条件；关闭河道内采砂点 123 处，搬迁河道内居民 130 户，拆除违建 284 处、大棚 7 万多平方米、套堤 173km；对改变辽河面貌、稳定河势起到了重要作用。

6. 建立环境责任追究和处罚机制

《辽宁省辽河保护区条例》《辽宁省辽河流域水污染防治条例》等均明确规定了对于违反条例的行为以及有关部门人员玩忽职守的严格处理、处罚和追究刑事责任等准则（仇伟光等，2013）。同时，辽宁省与公安部门建立了大家环境犯罪协作机制，与金融部门建立了预测信贷机制。对环境违法企业，实施绿色信贷限制措施，为落实好两高解释，2013 年 8 月辽宁省环保厅会同辽宁省公安厅联合下发了《辽宁省环境污染刑事案件移送处理办法》，对环境案件的标准、证据、移送程序等做出了规定，合理打击环境犯罪行为，维护人民群众的环境权益。同时，联合辽宁省大伙房水源办，成立了辽宁省环境安全保护保卫工作，专门办理环境案件。

二、辽河流域生态文明制度建设框架

（一）国家生态文明制度建设要求综述

党的"十八大"报告指出，必须更加自觉地把全面协调可持续发展作为深入贯彻落实科学发展观的基本要求，全面落实经济建设、政治建设、文化建设、社会建设、生态文明建设五位一体总体布局，促进现代化建设各个方面相协调，促进生产关系与生产力、上层建筑与经济基础相协调，不断开拓生产发展、生活富裕、生态良好的文明发展道路。

生态文明建设的目标是在经济社会发展的过程中处理好人与自然的关系。精神文明建设的目标是处理好人与自然的关系，实现人与自然的和谐发展。但人与自然的关系能否处理好，关键在于人的行为，在于人与人之间的关系能否协调好。人与人之间的关系本质上是一个社会问题，解决社会问题必须要依靠制度。正如"十八大"报告中指出的："保护生态环境必须依靠制度。"生态文明建设的途径之一是加强生态文明的制度建设。把生态文明建设落实于制度建设，标志着生态文明建设进入实质性推进的阶段。

党的十八届三中全会上，生态文明建设成为重要的改革议题之一，具备了更多新的特点。《中共中央关于全面深化改革若干重大问题的决定》（以下简称《决定》）指出，建设生态文明，必须建立系统、完整的生态文明制度体系，实行最严格的源头保护制度、损害赔偿制度、责任追究制度，完善环境治理和生态修复制度，用制度保护生态环境（马英华等，2013）。

生态文明制度建设要解决的主要问题有两个方面：一是促进资源节约高效利用，有效保护自然和生态环境；二是协调各个个体的行为，实现经济社会整体发展的成本最小化或收益最大化。

生态文明制度建设的重点是构建一个制度体系。党的"十八大"报告中提出的生态文明制度建设的主要内容包括三大类型的制度：第一类属于政府监管性制度，如国土空间开发保护制度，耕地保护制度、水资源管理制度、环境保护制度等；第二类是以市场主体交易的形式来实施的制度，如节能量、碳排放权、排污权、水权交易等制度；第三类属于救济性制度，是以行政责任追究和损害赔偿的形式来实施的制度，如生态环境保护责任追究制度、环境损害赔偿制度等。这三类制度共同构成了生态文明制度建设的体系。

（二）辽河流域生态文明建设制度矩阵

流域生态文明是指人类在长期发展过程中，从流域社会—经济—自然复合生态系统的全局，以流域生态系统健康为目标，以水生态承载力为约束，统筹安排，综合管理，将现代社会经济发展建立在流域生态系统动态平衡的基础上，不断优化自然、经济、社会、人类的关系，有效解决人类经济社会活动同流域自然环境之间的矛盾，由单纯追求经济目标向流域生态系统管理模式转变，最终实现人与自然的全面、协调、可持续发展的文明。

流域生态文明的内涵包括三方面：一是以水为纽带的流域自然生态系统的完整性；二是流域经济社会系统发展的可持续性；三是人居环境的生态性。流域生态文明的内涵要求我们必须从系统和整体出发，协调流域上下游之间、经济社会系统发展与自然生态系统保护之间的关系。

党的十八届三中全会通过的《决定》首次确立了生态文明制度体系，建设生态文明，必须建立系统完整的生态文明制度体系，实行最严格的源头保护制度、损害赔偿制度、责任追究制度，完善环境治理和生态修复制度，用制度保护生态环境。

参照《决定》精神，结合辽河流域的实际情况，我们建议从源头、过程、后果的全过程，按照"源头严防、过程严管、后果严惩"的思路，开展生态文明保障制度体系的建立。结合辽河流域的实际情况，可以将辽河流域生态文明制度的建设大致分为三类。

第一类是建立源头严防的制度体系，包括健全自然资源资产产权制度、健全国家自然资源资产管理体制、完善自然资源监管体制、实施主体功能区制度、建立空间规划体系、落实用途管制。

第二类是建立过程严控制度体系，包括实行资源有偿使用制度、实行生态补偿制度、建立资源环境承载能力监测预警机制、完善污染物排放许可制度、实行企事业单位污染物排放总量控制制度等。

第三类是建立后果严惩制度体系,包括建立生态环境损害责任终身追究制和建立损害赔偿制度等。

制度建设适用于流域内土地资源保护、水资源保护、环境保护等多个领域,由此,可以得到一个生态文明制度的矩阵,见表 9-1。

表 9-1　辽河流域生态文明建设制度矩阵

项目	源头严防制度	过程严控制度	后果严惩制度
土地利用	自然资源资产产权制度和管理体制	资源有偿使用制度	责任终身追究制
资源节约	监管体制 主体功能区制度	生态补偿制度 监测预警机制	损害赔偿制度
环境保护	空间规划 用途管制	污染物排放许可制度 污染物排放总量控制制度	

(三) 辽河流域生态文明制度建设存在的问题分析

对照"源头严防、过程严管、后果严惩"的生态文明制度设计思路,辽河流域已从激励和约束两方面全面开展生态文明制度建设,在建立统一的流域管理机构和工作机制、探索自然资源资产管理体制、建立资源环境有偿使用及生态补偿机制、推行流域环境红色警戒线制度、建立生态文明建设考核评价机制和法规保障机制等方面展开行动。但是,纵观整个辽河流域生态文明的制度建设,还存在以下几个方面的问题。

1. 在源头控制方面

(1) 亟待建立完善自然资源资产产权及监管制度

辽宁省为了加强辽河保护区的污染防治、资源保护和生态建设,促进经济社会可持续发展,根据有关法律、法规,结合本省实际,制定了《辽宁省辽河保护区条例》,这是辽宁省对辽河流域进行保护的总纲。从流域自然资源资产产权及自然资源监管的方面来说,辽河流域目前关注的重点是水资源的保护以及水污染的监管和防治。《辽宁省辽河流域水污染防治条例》主要是针对辽宁省辽河段饮用水水源和水生态保护、点源污染防治、面源污染防治、监督管理、法律责任等方面而制定的。然而,自然资源还包括森林资源、矿产资源、海洋(海岸带)资源、土地资源等,目前针对这些资源的流域监管和保护的机制和制度还有待建立和制定(郜珊珊和李艳红,2013)。同时,针对辽河流域的自然资源资产的所有权、行政权和经营权也没有一个明确的划分。涉及自然资源管理和开发的部门包括水利、煤炭等十几个相关的部门,各管一摊,没有统一规划和协调,不利于从总体上做经济核算,流域的管理者并不能够掌握各项资源的使用、消耗和收益等情况。

(2) 亟须划定辽河流域生态功能红线

2011 年,《国务院关于加强环境保护重点工作的意见》明确提出,在重要生态功能区、陆地和海洋生态环境敏感区、脆弱区等区域划定生态红线。生态保护红线是指对维护国家和区域生态安全和经济社会可持续发展,保障人民群众健康具有关键作用,在提升生态功能、改善环境质量、促进资源高效利用等方面必须严格保护的最小空间范围与最高或最低数量限值,具体包括生态功能保障基线、环境质量安全底线和自然资源利用上线,可简称为生态功能红线、环境质量红线和资源利用红线(王耕等,2007)。从生态功能红线的角度来说,辽河流域现有的生态功能区的划分制度主要着眼于流域水污染治理的角度,进行水生态功能区的划分等。从辽河流域生态文明建设的角度看,按照流域内人与自然和谐发展的方式,可以将流域划分为优化开发区域、重点开发区域、限制开发区域和禁止开发区域。这种划分是基于流域内不同地区的资源环境承载能力、现有开发强度和未来发展潜力,以是否适宜或如何进行大规模高强度工业化城镇化开发为基准划分的。《辽河保护区"十二五"治理与保护总体规划》中,根据对辽河干流横向和纵向自然、地理、水文、生态特征,环境现状和保护区用地需求分析进行辽河保护区土地利用规划,在保护区按面积比例由大至小分别为河岸带生物多样性用地、辽河口保护区、生产用地等。但是针对辽河流域的主体功能区的划分,在辽河流域现有的水环境保护政策和制度中都还没有具体涉及。

从空间规划的角度来讲,辽河流经河北、内蒙古、吉林和辽宁4个省份,目前针对辽河流域的规划多数侧重于辽宁省范围内用地空间的治理,在应对基于"流"的功能区发展问题上明显力不从心(侯伟等,2013),因此,构建一个能够有效应对日益增强的跨省的空间联系的新规划就显得尤为重要。同时,空间规划从内容上来说,不仅包括实体性物质建设设施和环境空间的适宜性安排,还包括不同利益主体之间的冲突和关系的协调,后者已经成为空间规划的一个关键。这就需要在制定辽河流域空间规划的时候,规划的权利和职责的重新分配,不同人群就利益诉求和责任分担达成共识。而这在以往的辽河流域的治理和发展规划中也被忽略。

(3)全流域范围的自然资源用途管制制度亟待建立

辽河流域的自然资源用途管制方面,辽宁省已经颁布了一些有关能源、水源和土地资源的使用等方面的条例。但是这些法律是试用于辽宁省全省范围的,针对辽河流域特色的法规制度,目前只有《辽宁省辽河流域水污染防治条例》对水资源做出明确的管理规定。涉及流域内的土地资源、森林资源、矿产资源、能源等方面的开发利用与保护的制度还有待建立。

2. 在过程控制方面

(1)自然资源有偿使用制度有待建立

从自然资源有偿使用角度来讲,辽河整个流域的矿产资源、土地资源以及水生生物资源的相关保护、利用的规划和政策都还比较欠缺,针对这些自然资源的有偿使用的相关制度还有待建立。

(2)流域生态补偿制度需要继续完善

辽河流域的生态补偿制度的建立还需要继续完善。尽管辽宁省在探索建立流域生态补偿机制的过程中取得了积极进展,但是,全流域以水质保护为目标,由下游支付费用,使上游得到补偿,这一有普遍性的具体做法却迟迟没有被认可。主要原因是,起初设计的补偿方案是从水资源费中提取一定比例,补偿给上游。水资源费收入最能够体现上游支出的发展机会成本,最能体现市场调节的基础作用,但是,长久以来,水资源费已经形成了满预算或者超预算的现状,无法再负担以水质保护为目标的补偿费用。最简单的解决办法是提高水资源费征收标准,用增加的收入补给上游,但水资源费属于基础物价,提高征收标准受多方面情况的制约,这一方案又被搁置。辽河流域在生态补偿方面也做了许多试验示范,这为流域生态补偿机制的建立积累了不少经验。但是流域生态补偿主体和对象的界定、补偿方式的选择以及补偿标准的确定等一系列问题还需进一步深化研究。

(3) 需要制定一个环境承载力的综合评价体系

目前对于环境承载力的计算方法有很多,包括生态足迹法、相对资源环境承载力法和层次分析方法等。当前,对于环境承载力的研究和评价多是从土地、水、矿产和旅游等多要素角度出发的,缺乏一个综合评价体系。只有将资源、环境、人口、经济和社会等因素融合,综合考虑才能实现全面的可持续发展。也只有在研究和掌握辽河流域的区域资源环境承载力状况时,才可以制定可行的发展规划。同时,对于资源环境承载力的评价指标需要定量化得出一个综合指标评价体系。

(4) 辽河全流域的排污行政许可管理制度有待建立

"十二五"时期,辽宁省环境问题变得更加复杂:污染介质从以大气和水为主向大气、水、土壤3种污染介质共存转变;污染源由原来的工业点源、城市生活面源向工业点源、城市和农村面源污染并存转变;污染类型从常规污染向常规污染和新型污染的复合型转变;污染防治范围从以城市和局部地区为主向涵盖全省城乡范围转变,在常规污染尚未得到有效控制的情况下,环境问题的复杂化将使改善环境质量的难度持续增加(彭跃,2013)。特别是,辽宁省沿海沿河分布大量重化工等企业,潜在的重大环境风险较多,持久性有机污染物、放射性物质、危险废物和危险化学品等长期存在的环境问题将集中显现,保障环境安全的任务更加艰巨。因此,需要继续建立和完善污染物排放许可的制度体系来约束各个企事业单位的污染物排放行为。虽然辽河流域在一些领域里实施了排污行政许可制度,但是效果不十分明显。与一些发达国家和地区相比,辽河流域的排污许可制度在法律地位、规范对象、制度基础、许可证种类与内容、实施与保障机制等方面都存在较大差距。因此,亟须建立一个统一而完善的针对辽河流域的排污行政许可管理制度。

(5) 污染物排放许可和总量控制制度不完善

根据辽河流域污染物排放总量控制制度现状来看,一是缺少专门立法。目前,根据辽河流域已有部分环境法律、法规对总量控制制度做出了概括性规定,但也仅散见于一些单行法律、法规之中。二是原则规定多,实施细则少。三是配套制度不衔接。总量控制管理的核心手段是发放排污许可证,也就是通过行政许可的方式确定污染源排放的总量是多少,但是由于配套制度不健全,环保部门又没有强制执行权,所以排污许可证的发放一直难以推行。四是部门配合不够。虽然相关法律、法规对部门之间的职责分配有所规定,但实践中,部门之间的协调工作开展起来依然存在诸多困难,很多时候仍然是环保部门在唱独角戏。而总量超标污染的特点是其后果具有持续性,污染时间越长,后果就会越严重。面对这种情况,环保部门时常是有心无力。五是监督和责任机制不健全。由于对企业和个人的处罚力度不够,经常会出现"守法成本高于违法成本"的现象;对于因监管部门监管不力造成的总量超标问题,辽河流域目前还仅仅是将这种行为纳入到工作考核体系中,并没有在法律层面设定相应的追究机制。

3. 在处罚机制方面

环境损害赔偿制度不健全，缺乏严格的责任追究制度。目前辽河流域多次发生环境案件，如 2005 年的张辉诉凌海市安屯乡人民政府、牛克安环境污染损害赔偿纠纷案等，都说明了在辽河流域的管理实践中，对私益环境损害的赔偿远不能足额到位，对公益环境损害的赔偿更是很少涉及。目前辽河流域现行法律法规对环境污染损害行为的行政责任、民事责任和刑事责任都做出了原则规定，如《辽宁省辽河保护区条例》中明确规定了在保护区内禁止从事的活动，需要报批才可以进行的活动，以及对违反条例处以的罚款或者追究刑事责任的规定。但由于缺乏具体可操作的环境污染损害鉴定评估技术规范和管理机制，环境污染案件在审理时仍存在许多技术难题需要解决。

同时，《决定》提出，对造成生态环境损害的地方领导要终身追究责任，让地方大员付出丢"乌纱帽"的代价，让企业付出真金白银，使之今后不敢再破坏生态环境。对辽河流域生态文明的建设不是一朝一夕就可以完成的，为了辽河流域生态文明建设的可持续发展，一些针对流域管理者和领导班子的行为约束制度亟须建立。

三、辽河流域生态文明建设制度和机制创新研究

流域生态文明制度建设是实现流域生态文明的保障，其根本宗旨是让人们了解并遵守各种保护自然、保护环境的制度、法规和条例，从而更加自觉地遵守自然法则。

（一）辽河流域推进"五位一体"建设生态文明对策研究

党的"十八大"报告提出将生态文明纳入中国特色社会主义事业"五位一体"总体布局中。"五位一体"是指中国特色社会主义的经济建设、政治建设、文化建设、社会建设和生态文明建设之间是相互联系、相互促进、相互影响的有机整体。辽河流域生态文明建设中，要按照"五位一体"的总体布局，将流域生态文明建设融入流域经济建设、政治建设、文化建设、社会建设的各方面和全过程。

1. 把生态文明建设融入辽河流域经济建设的各个方面和全过程

首先，把生态文明建设作为加快转变经济发展方式着力点，推动绿色发展、循环发展和低碳发展（杨韡韡，2010）。要转变观念，树立尊重自然、顺应自然、保护自然的生态文明理念。其次，把生态文明建设作为调整产业结构、保证经济增长的抓手，不断挖掘新的经济增长点。再次，建设生态文明是扩大内需、拉动经济增长的重要途径。

2. 把生态文明建设融入辽河流域政治建设的各方面和全过程

从国内角度来说，是否重视生态文明建设以及如何进行生态文明建设已经成为中国共产党最大、最严峻的执政考验。因此，以生态文明建设为主线，以环境更加美好、人们生

活更加富裕作为干部政绩考核目标,将是未来我国政治建设的主方向。从国际政治形势来看,环境问题已经成为各国政府利益博弈的砝码。

3. 把生态文明建设融入辽河流域文化建设各方面和全过程

中国特色社会主义不仅要满足人们的物质需求,更要满足人们的文化和精神需求。首先,以探讨、定位人与自然关系为核心的生态文化建设是增强中国特色社会主义文化整体实力和竞争力的积极手段。其次,人与自然和谐相处价值理念的培育是中国特色社会主义文化建设的重要内容。

4. 把生态文明建设融入辽河流域社会建设各个方面和全过程

生态文明建设是社会矛盾得以解决的重要因素。和谐优美的生态环境与人民群众的生产生活息息相关,生态环境的破坏往往会引发严重的社会问题。生态文明建设也是社会建设的重要内容。最后,生态环境问题的解决是人民群众对民生领域的突出期盼。

（二）创新辽河流域生态文明建设制度和机制

随着辽河流域经济社会的发展,特别是生态文明建设进程的日益推进,客观上对辽河流域生态文明制度的发展和完善提出了更高的要求。特别是"十八大"对生态文明建设的高度重视,进一步增强了生态文明制度建设的重要性和紧迫性（孙新章等,2013）。根据对辽河流域生态文明制度现状的考察和存在问题的分析,提出以下需要重点建立和完善的生态文明制度。

1. 建立自然资源的全面管理制度体系

建立自然资源的全面管理制度,包括"源头严防"制度体系中的自然资源资产产权与管理制度、自然资源监管体制、用途管制制度和"过程严控"制度体系中的资源的有偿使用制度（图9-1）。

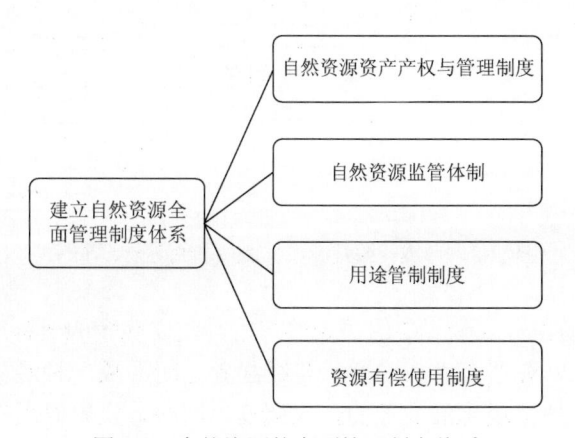

图 9-1 自然资源的全面管理制度体系

辽河流域具有丰富的自然资源，包括水资源，东部山地和西部岛状的森林资源，黑色金属矿资源和能源矿，鞍山、本溪一带的铁矿，抚顺、阜新一带的煤炭资源，海城、营口一带的菱镁矿，红透山的铜、锌矿等。在中国特色社会主义制度下，对于自然资源的管理不仅要从国家、省、市等各级行政单位角度出发，还应该加入市场的主导作用。制度经济学家们认为，明确的产权是保证每一经济主体追求自利最大化，并为此强化自身管理、提高生产技术、参与市场竞争的全部经济活动的基础，也是自然资源发挥其最佳效用的关键。近年来，辽河流域重点城市，如沈阳，大气污染加重与雾霾围城情景的不断出现以及部分地区生产生活环境的日趋恶化，其实也就是因诸如大气等资源作为"无主"资源而被过度开发利用。

而自然资源用途管制制度通俗地说，就是对一定国土空间里的自然资源按照自然资源属性、使用用途和环境功能采取相应方式的用途监管，其侧重强调国家对国土空间内的自然资源按照生活空间、生产空间、生态空间等用途或功能进行监管，表明一定国土空间里自然资源无论所有者是谁，都要按照用途管制规则进行开发，不能随意改变用途。

健全自然资源资产产权制度和用途管理制度，就是为明确环境、生态等公共自然资源系统的"主人"，并赋予其保护自然资源的动力，进而在让其获得使用这些自然资源利益的同时，承担起保护自然资源的责任，解决公共资源的过度使用问题，实现空气、矿产及环境等资源的最佳配置和有效使用。

主要可以从以下几个方面入手（图9-2）。

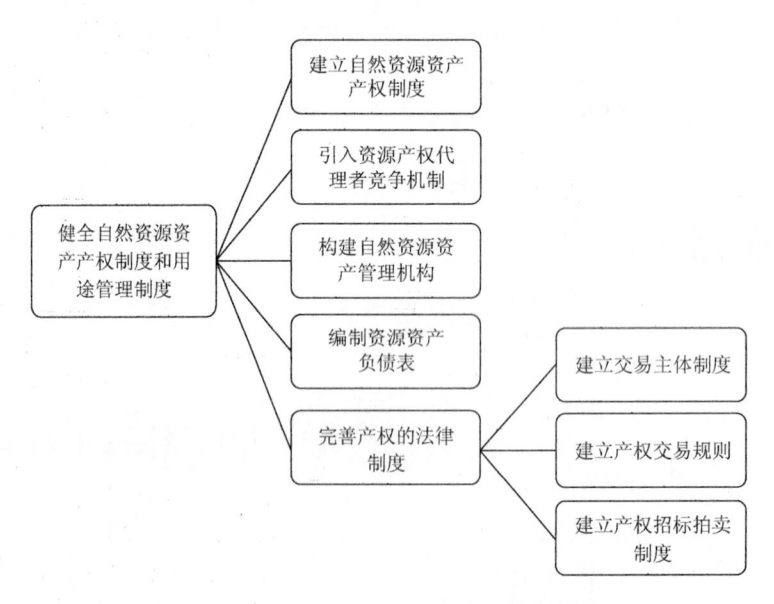

图9-2 自然资源资产产权制度和用途管理制度

1）充分发挥市场在资源配置中的决定性作用，建立明晰的资源产权制度。要将所有权与经营权划分开来，使所有者（国家）与经营者之间形成一种经济契约关系，和其他行业一样，建立起一种市场化的完善的产权制度。同时，要更好发挥政府的作用，政府应在完善自然资源管理中的环境经济政策、建立资源有偿使用制度和生态补偿机制等方面下工夫。

2）引入自然资源产权代理者竞争机制。引入资源产权代理者竞争机制，就是引入政府间的竞争。政府间竞争，就像市场中企业间竞争一样，可以产生实质性的生态效益，因为资源产权代理绩效竞争使相关的各个政府单位都面临压力，为更有效解决这些压力，各个政府单位都会产生自我规范的倾向。同时，政府间引入准市场化的代理竞争，可以迫使政府对公民的环保需求做出迅速有效的反应，从而实现效益最大化，有效解决政府因其他工作目标凌驾于环保目标之上等诸多政府失效问题。

3）构建有效的自然资源资产管理机构，统筹协调自然资源资产管理和监护工作。

4）积极探索和实施编制资产负债表。核算自然资源资产的存量及其变动情况，以全面记录当期自然和各经济主体对生态资产的占有、使用、消耗、恢复和增殖活动，评估当期生态资产实物量和价值量的变化并据此对辖区政府的生态政绩进行严格考核。

5）进一步健全和完善相关法律制度。继续完善产权的法律制度，重点是资源资产产权交易主体、产权交易规则和产权招标拍卖等制度。积极推进为社会公共服务的资源法律制度的建设，重点是公益性地质调查、地质资料的回交和社会利用等方面的制度，为建立市场化的资源产权制度提供法律保障。

辽河流域自然资源监管体系的构建，是结合辽河流域生态文明建设的必要条件。流域自然资源的管理不再是单独的作为经济要素而存在，而是经济、社会和生态的综合体，对于自然资源的利用，需要进行综合评价和考核。由于自然资源产业市场的特殊性及其产权的垄断性，决定了自然资源市场配置和宏观调控的兼容性，这就要求把握和处理好政府与市场的关系，建立"事权和支出责任相适应的制度"。制定和完善矿山等自然资源开发、旅游资源开发等的环境监管制度。开展生态环境监测，落实企业生态保护与恢复的责任机制，规范开发建设与日常经营活动，保护生态环境。这点澳大利亚对于自然资源的监管体系对辽河流域具有良好的借鉴意义（专栏9-3）。

专栏9-3 澳大利亚自然资源监管体系

澳大利亚拥有比较完善的自然资源投资管理制度和自然资源税收管理制度。在对自然资源的管理上，澳大利亚实行联邦和州分权管理。联邦主要负责海上石油立法、环境立法和对外投资等采矿业政策协调与发展相关的立法、限制矿产出口等。各州和地区管理各自司法管辖区内的矿业活动，包括土地产权，监管矿山运营情况，矿山安全、环境、健康，征缴权利金和税费等。在澳大利亚投资自然资源，基本上直接向州和地区政府申请，但若投资涉及《1999年环境和生物多样性保护法》中规定的可能造成重大环境影响的活动，则需由联邦政府审批。与联邦相比，澳大利亚各州及地区在矿产资源的管理上享有更大的权限。目前各州有关矿产资源的法律主要包括：西澳大利亚《1978年矿业法》、昆士兰《1989年矿产资源法》、南澳大利亚《1971年矿业法》、塔斯马尼亚《1995年矿产资源开发法》、新南威尔士《1992年矿业法》、北领地《矿业法》和维多利亚《1990年矿产资源（可持续开发）法》等。澳大利亚在对自然性资源产品进行监管时充分考虑了将环境成本内在化。例如,在投资申请阶段,州和地区政府就明确要求企业提交环境影响评估、缴纳矿区复垦抵押金,在生产阶段,矿企需要向政府缴纳环境税(碳税),还需接受年度环境检查。这一系列措施保证了资源开发企业的成本内在化,不对环境造成破坏性影响。同时,澳大利亚联邦和州及地区政府对自然资源征收不同的税种,设计企业所得税、商品服务税、石油资源租赁税、矿产资源租赁税、碳税等。

2. 建立资源环境承载力监测预警机制

《决定》提出建立资源环境承载力监测预警机制,对水土资源、环境容量和海洋资源超载区域实行限制性措施。建立资源环境承载力监测预警机制有利于落实主体功能区战略,建立完善科学的空间规划体系,加强生态环境的保护、恢复和监管,是建设美丽中国、实现生态文明的重要改革部署。所谓资源环境承载力,是指在确保生态可恢复与可持续,并满足人类需求的前提下,一个地区、一定时间内资源环境数量与质量,能够承载经济、社会可持续发展需求的能力。资源环境承载力是一个动态变化过程,受到人口规模、开发程度、城镇化规模、产业发展、基础设施建设、空间布局、气候和自然条件等多重因素的影响,建立监测预警机制有利于实时掌握当前的资源环境承受能力,制定符合当前资源环境形势的决策部署和相关政策,找准承载力的制约因素和薄弱环节进行补充强化,避免过度开发,突破资源环境承载力的底线,一旦自然环境失去自我恢复的能力,将产生不可逆的后果。

建立辽河流域资源环境承载力监测预警机制可以考虑从以下几方面入手(图9-3)。

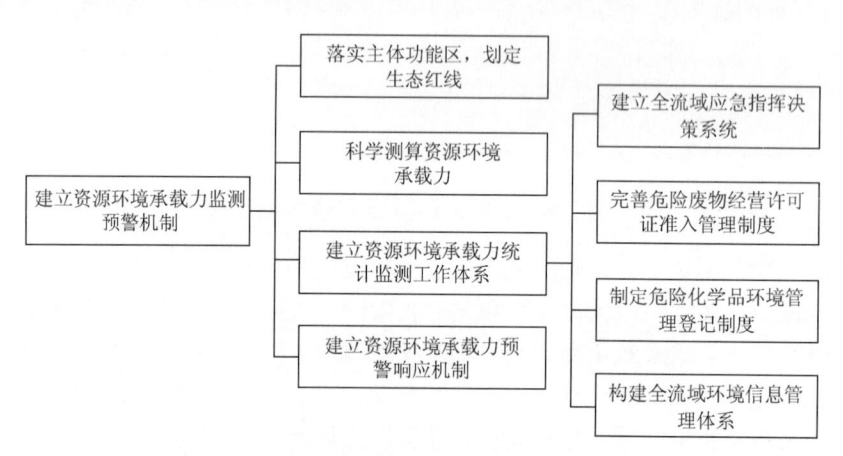

图9-3 辽河流域资源环境承载力监测预警机制

(1)落实主体功能区战略,划定生态红线

随着沈阳、鞍山等老工业基地的全面振兴,沿海经济带开发开放上升为国家战略,以及沈阳经济区被确定为综合配套改革试验区,辽宁全省经济总量快速增加的同时,不可避免地对辽河流域资源环境提出更高的要求。在流域内需要进行主体功能区规划,建立国土空间开发保护制度,并按照主体功能区定位推动发展。可以通过建立红线区分类管控制度、推进红线区生态系统保护与整治修复、严格监管红线区的污染排放，促进产业布局优化、加强红线区内综合管控，提高应对能力等重点任务逐步实施，来保障生态红线制度的落实。在流域经济社会发展中，对重大决策、规划实施以及重点开发建设活动可能带来的环境影响进行充分的调研、论证和咨询，把总量控制要求、环境功能区划和环境风险评估内容等作为重要决策依据，合理调控发展规模，优化产业结构和布局。全面落实环境影响评价制度，对流域海域开发利用、重要产业发展、资源开发利用等开展规划环境影响评价，并完善规划环评和项目环评联动机制。

辽宁省已经划定了海洋生态红线区，包括大连市渤海海域、营口、盘锦、锦州和葫芦岛市海域，共计34个，总面积为5920.80km^2。因此，在辽河保护区内铁岭、沈阳、鞍山和盘锦4个行政市，14个县（区），68个乡（镇、场），288个行政村，划定辽河流域生态红线，实施生态红线制度，才能更好地维护辽河流域生态健康与安全，更好地保护辽河流域重要生态功能区、生态敏感区和生态脆弱区，从而有效减轻辽河流域的生态环境压力，为辽河流域生态文明建设奠定基础。

（2）科学测算资源环境承载力

科学测算区域的资源环境承载力是国土空间规划的基础，是划定主体功能定位的基本依据。应建立一套系统完整规范的资源环境承载力综合评价指标体系，结合现有的研究成果，应采用综合评价的方法对资源环境承载力进行测算。由于辽河流域福德店—三河下拉段、柴河—汎河段、石佛寺水库—柳河段等8个地区的资源禀赋和环境条件存在巨大差异，应结合主体功能区划进行分类测算，根据城市（群）地区发育程度、资源的储量与保障能力、生态重要性与生态脆弱性等因素，将地区划分为城市群地区、资源型城市、生态保护重点区等类型。同时，资源环境承载力的测算结果应该是确定合理的人口规模，产业规模，建设用地供应量、资源开采量、能源消费总量，污染物排放总量等的依据，各地区应结合自己的实际情况积极开展研究。

（3）努力建立资源环境承载力统计监测工作体系，加强基础能力建设

建立环境监测、应急预警指挥、统计分析、信息管理、舆情及公众参与网络体系。布局建设覆盖区域范围内所有敏感区、敏感点的主要污染物监测网络，完善资源环境的信息采集工作体系，建立资源环境承载力动态数据库和计量、仿真分析和预警系统。深入研究不同发展情景下的资源压力、环境影响及其时空特征，使资源环境承载力的动态性特征在评价过程中加以体现。迫切需要加强资源环境承载力监测评价的规范化与标准化工作，积极开展区域承载力监测评价与示范。

A. 建立全流域应急指挥决策系统

加强对重大环境风险源的动态监控、风险控制，建立风险源基本信息数据库，基本建立全流域风险源管理地理信息系统，基本完成环境事故应急管理子系统，构建环境应急预警系统框架，基本完成全省突发环境事件应急指挥决策管理系统框架。建立应急物资储备制度。

B. 完善固体废弃物、危险物的管理制度

强化固体、危险废物管理，完善危险废物经营许可证准入管理制度，促进危险废物处理处置设施专业化运营，提高固体废物，特别是危险废物污染防治水平。制定历史遗留危

险废物污染防治和环境治理行动计划,重点推进历史遗留铬渣等危险废物的无害化处置。按照园区化、产业化、规范化、生态化和高技术化发展理念,推进危险废物再生资源产业园的建设,实现安全处置、资源化利用和有序监管。

C. 强化化学品环境风险防范制度

制定和实施危险化学品环境管理登记制度,严格限制并逐步淘汰高毒、高残留、对环境危害严重的物质生产、销售和使用。完善危险化学品储存和运输过程中的环境风险管理制度。推行重点环境管理类化工有毒污染物排放、转移登记(PRTR)制度。

D. 优化区域空气质量监测评价体系

在更新完善现有城市环境空气质量监测系统的基础上,建设新标准监测体系。加强重点区域空气质量自动监测站能力建设,增加和优化区域空气质量监测点位,健全区域空气质量监测网络以及信息交流与信息管理体系。建设细颗粒物($PM_{2.5}$)监测体系,构建重点区域灰霾监测体系,加强对臭氧、挥发性有机物(VOCs)、有毒有害废气,特别是汞等污染物的常规监测,并逐步将其纳入区域空气质量评价指标。构建动态监测体系,搭建区域大气污染事故预报、预警和应急响应平台。初步建成布局合理、技术规范、数据有效的区域大气污染立体监测网络,实现区域内各行政区间日常监测数据的交流与通报。

E. 规划在辽河保护区内建设水质污染自动监测系统(WPMS)

水质污染自动监测系统由中心站(保护区综合管理平台所在地)、支流汇入口子站、干流子站和数据传输系统组成,随时对区域的水质污染状况进行连续自动监测,形成一个连续自动监测系统。信息传输系统充分利用流域现有的通信网和计算机网络,建立覆盖流域水资源监测实验室的计算机网络系统,实现水资源信息的网上传输和资料共享,以达到快速、准确地传递水质信息的目的,为充分利用水资源提供服务。

F. 建设保护区内动物巡护及监测站

选择保护区内重要的生态结点、重点湿地,野生动物、鸟类、水生生物栖息地,建设巡护及生态监测站,具有巡护、湿地监测、珍稀野生动植物监测、鸟类和鱼类观测功能。采用人工监测、自动站观测和遥感监测分析手段相结合的方法,对保护区内野生动植物、鸟类、水生生物资源的变化状况以及河滨湿地状况进行观测,分析保护区内生态质量的变化趋势,分析流域水资源利用、水利工程建设和水污染排放对保护区湿地生态系统的影响规律。

G. 构建起全流域环境监测监控体系、环境统计体系、环境应急指挥体系和环境信息管理体系

整合环境在线监测、环境事故应急、污染源减排、污染源普查、环境地理信息系统、环境综合业务,实现环境管理的系统化、网络化、信息化。实现环境政务/业务信息化、环境管理信息资源化、环境管理决策科学化和环境信息服务规范化。继续加强重点污染源监控系统、城镇污水处理厂监控系统、主要河流断面监控系统、14个设区城市环境空气质量监控系统、城市主要饮用水水源地监控系统建设,实现省、市、县三级环保部门监控信息的联网、集成和共享。同时,辽河保护区内的专业设施(水质监测断面、水文站、排灌站、生态综合监测站、汇入口、堤坝等)分布较广;保护区内的林业、土地、湿地等地理数据也需要准确的管理和规划。所以,以地理信息系统为中心,进行辽河保护区信息化

建设,能够将多种数据资源进行集成,直观地反映保护区的状况,方便地为各个职能部门和下级单位进行数据共享,为保护区的管理工作提供决策支持。

(4) 建立资源环境承载力预警响应机制

开展定期监控,设立资源环境承载力综合指数,设置预警控制线和响应线。建立资源环境承载力公示制度。做好与关联的资源环境制度政策的配套和衔接。大力加强环境执法监管,严格问责,在环境污染重点区域有效开展污染联防联控工作,逐步建立协作长效机制。

结合辽河保护区内区域布局、产业结构特点,以省及沈阳、丹东、锦州、营口、铁岭5个市为重点,打造辐射半径100km,覆盖全辽宁省的环境应急监测、应急指挥网络。加强环境应急物资保障能力建设,建立健全应急物资储备体系,优化储备布局和储备方式,统筹安排实物储备和能力储备。完善环境应急物资管理制度,建立完善应急物资储备综合信息库,实行动态管理。提高环境突发事件应对能力,实现第一时间到达现场、第一时间获取数据、第一时间提出应对方案,妥善处理处置突发环境事故。

3. 建立生态环境损害责任终身追究制

《决定》指出,探索编制自然资源资产负债表,对领导干部实行自然资源资产离任审计。建立生态环境损害责任终身追究制十分重要(图9-4)。生态文明的建设需要地方党委做决策,并承担决策方面的责任。

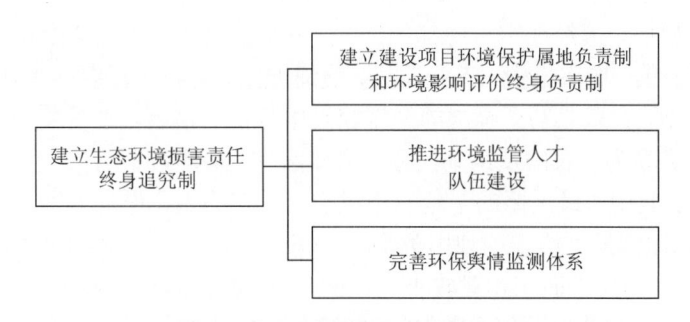

图 9-4 生态环境损害责任终身追究制

从时间周期的角度看,生态文明的建设很难在短期内看到效果。因此,有必要建立回溯追究责任机制,甚至终身追责。只要超出预先的评估就应该追责,恶化程度越高,追责力度就应该越大。从涉及面的角度看,必须在项目的立项之初和进行过程中,主动与相关的利益群体和社会组织进行沟通和协商,积极动员全社会的力量,引导公民和其他利益相关者有效参与。靠追责个别人,无论是谁,肯定对生态环境的损害起不到直接的弥补作用。追责主要是发挥警示作用,提高震慑力,让参与人树立权责一致的意识。因此,除党政领导外,前面谈到的技术层面的专家论证和评估、具体执行等方面也应该明确责任范围。总之,不能出现责任缺位现象。在建立生态环境损害责任终身追究制方面,还需要做好以下工作。

1) 流域内各级政府是实施规划的责任主体,要进一步建立健全目标责任制,将污染物总量控制、环境质量改善、环境风险防范、集中式饮用水源地保护、区域大气污染联防联控等纳入考核范围，落实责任制和问责制，并将考核结果作为考核领导干部政绩的重要内容，作为干部任免奖惩的重要依据。探索建立并实施生态文明建设指标体系和考核办法，逐步纳入领导干部政绩考核内容。

2）加强建设项目环境保护监察工作，全面推行建设项目施工期环境保护监理制度，建立建设项目环境保护属地负责制和环境影响评价终身负责制，完善环评后评估机制。

3）推进环境监管人才队伍建设。以流域内市、县为重点，加强环境监管队伍培训，加大对辽西地区、辽东地区等不发达县区的环保人才培养，培养一支数量充足、业务精通、结构合理的环境监管人才队伍。

4）完善环保舆情监测体系，保证社会公众的环境知情权、参与权和监督权。总结国内外的经验我们可以从以下两方面借鉴：①多元主体、多层主体的参与和问责。所谓多元主体，是指全社会各类组织和个人，包括政府、社会组织、公民等；所谓多层次主体，不仅是指行政机关，还包括立法机关、司法机关等。总之，这种多元化和多层次形成的是一张网，能起到疏而不漏的作用。②相关信息的充分公开。由于环境问题关系到每个人的切身利益，在流域内更是跨市区的全流域问题，因此相关信息必须要向全社会公开。因此，要建立公众监督机制，加强舆论监督，落实环境污染公众举报制度，鼓励群众积极参与环保监督管理。

4. 完善生态红线的划定和主体功能区的划分

辽河上游的西辽河和东辽河于福德店相汇后进入辽宁省境内，纵贯全省的辽北康法丘陵区与下辽河平原区，流经辽宁省中部的铁岭、沈阳、鞍山、盘锦4个市。辽河干流地区资源丰富、人口密集、城市集中、工业发达、交通方便，是我国重要的工业、装备制造业、能源和商品粮基地，在东北乃至全国的经济建设中都占有极为重要的地位。辽河干流河道内主要土地利用类型为：农田及蔬菜大棚、河流水体、牛轭湖、自然湿地、水利设施、居民点、河流水体。其中，最主要的土地利用类型以农田为主，作物类型包括玉米、高粱和水稻。其中，面积比例最大的土地利用类型为农田（水田、旱田、菜地），面积为639.4km^2，比例约为41.22%，居民点面积相对较小，比例为0.84%。自然植被湿地比例为22.42%。保护区内的河流水体和滩地面积约占保护区面积的28.70%。西辽河郑家屯以上为辽河上游，面积为13.6万km^2，区内气候干旱，主要支流有老哈河、教来河、西拉木伦河等。其中，老哈河、教来河位于冀北辽西山地和黄土丘陵区，植被覆盖率不到30%，水土流失十分严重。而上游耕地现约2600万亩，主要用于经营旱作农业和畜牧业。

为了适应辽河流域生态文明建设要求，必须尽快改变流域内空间规划缺失的局面，应根据辽河流域不同地区的资源环境综合承载能力和经济社会发展规划，统筹陆海、区域、城乡发展，统筹各类产业和生产、生活、生态空间；划定流域生态功能红线，全面加强流域空间开发的管控。辽河流域空间可以分为以下主体功能区：按开发方式，分为优化开发区域、重点开发区域、限制开发区域和禁止开发区域；按开发内容，分为城市化地区、农产品主产区和重点生态功能区；按层级，分为流域和地市两个层面。优化开发区域、重点开发区域、限制开发区域和禁止开发区域，是基于流域内不同地区的资源环境承载能力、现有开发强度和未来发展潜力，以是否适宜或如何进行大规模高强度工业化城镇化开发为基准划分的。城市化区域、农产品主产区和重点生态功能区,是以提供主体产品的类型为基准划分的。在整体规划流域空间开发布局时,要牢固树立生态红线的观念,划定并严守生态红线。可根据《全国主体功能区发展规划》和《辽宁省主体功能区规划》的规定,按照重点开发、限制开发和禁止开发的方式,确定各主体功能区生态环境保护的空间红线。在划分方式上,可采取上下联动的方式,国家确定生态红线划分的技术规范和划定标准,划分国家层面生态红线,流域层面的生态红线由辽宁省在国家标准规范的基础上进一步划分。省级的生态红线必须包括国家生态红线的范围,管理也应严于国家生态红线。

5. 完善生态补偿制度

流域生态补偿作为生态补偿的一个分支,国内学者无论是在理论基础研究、价值化研究还是在实践研究方面都进行了大量的探索,提出了有益的建议。辽河流域在生态补偿方面也做了许多试验示范,这为流域生态补偿机制的建立积累了不少经验。但是流域生态补偿主体和对象的界定、补偿方式的选择和补偿标准的确定等一系列问题还需进一步深化研究(图9-5)。

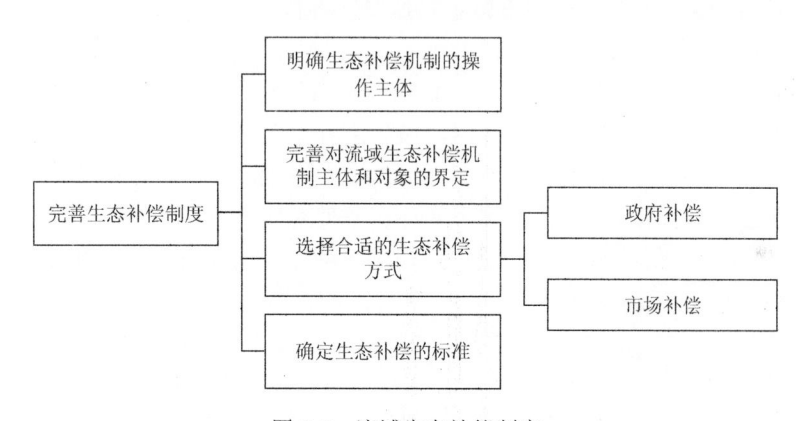

图 9-5 流域生态补偿制度

(1) 流域生态补偿机制的操作主体

流域生态补偿涉及补偿主体和补偿对象。补偿对象范围的界定、对其生态价值的评估、因保护生态环境可能导致的经济损失、补偿主体受益的价值量确定、双方赔偿与补偿平台的建立等,需要客观、公正的第三方进行评判与操作。根据我国国情及辽河流域生态补偿试点实践,流域生态补偿机制的操作应以政府为主导。

(2) 流域生态补偿主体和对象的界定

在生态补偿过程中,其行为主体分为补偿主体和补偿对象。补偿主体包括两个方面:一是一切从利用流域水资源中受益的群体;二是一切生活或生产过程中向外界排放污染物,影响流域水量和流域水质的个人、企业或单位。补偿对象是执行水生态保护工作等保障水资源可持续利用作出贡献的地区,一般是流域上游区域(包括流域上游周边地区)。对于补偿主体和对象在界定中的不确定性,应按照事权划分,对于受益对象明确的,由受益对象补偿;社会受益或受益对象不明确的,由政府补偿。针对流域多种生态要素、多元主体的特点，在实际操作过程中，应在生态功能区划的基础上确定实施地区，划定补偿对象，可有效避免单要素生态补偿重复实施的缺陷。

（3）流域生态补偿方式的选择

流域生态补偿的方式，按照实施主体和运作机制的差异，大致可分为政府补偿和市场补偿两大类。从流域源头保护补偿实践看，国内流域生态补偿主要是政府间的补偿，通常采用上下级政府间的纵横财政转移支付和同级财政间的横向财政转移支付两种补偿方式。目前，辽河流域的生态补偿方式也主要采取政府补偿，为解决上文中提到的补偿资金来源于水资源费和水资源费不足的矛盾，可以考虑从下游某个城市的整体财力（而不是某个单独财政收入）中支出补偿资金的措施。这样做一是考虑单独某项财政收入不足以承担补偿资金，提高征收标准增加某项收入又困难；二是从整体财力中支出补偿金的决定者正是该补偿办法的立法决策者，而这个决策只涉及资金向哪个方向投入的问题，与部门的意见和专项资金的法定使用方向无关；三是按照这一想法所设计的政策和具体办法既能体现市场的公平性，又有由政府财政统一拨付的效率保障。除了政府补偿以外，还应鼓励尝试市场补偿的方式。和政府补偿相比，市场补偿具有补偿方式灵活、管理和运行成本较低、适用范围广泛、补偿主体多元化、补偿主体平等自愿性等特点。

（4）流域生态补偿标准的确定

补偿标准确定是否合理是流域生态补偿机制能否发挥效能的关键因素之一，直接关系到补偿的效果和可行性。结合辽宁省辽河流域生态补偿实践的初步经验，流域生态补偿标准确定可将流域上下游及专门针对水源地的生态补偿标准分别考虑。流域上下游各地区间补偿标准的确定应基于水质、水量和生态环境服务效益等因素，包括考虑上游地区生态环境建设的综合投入，为保护水资源所受到的开发限制造成的经济损失，以及下游地区从上游的付出中获得的生态服务价值。

6. 完善污染排放物许可制

环境包括水、大气、土壤等环境要素。在进行区域环境容量确定时，应进行充分的调查、研究和严格的测算，合理地规划，以保证确定环境容量的准确性。具体工作中要根据地区的自然特征、经济发展水平和资源分布情况，查清辽河流域目前的环境污染状况，污染物在环境中的扩散、迁移和转移规律与对污染物的净化规律，计算出环境容量，并综合分析该区域内的污染源，通过建立一定的数学模型，计算出每个源的污染分担率和相应的污染物允许排放总量，求得最优方案，使每个污染源只能在总量指标内排污。

完善辽河流域的污染物排放许可制度的对策主要有以下两方面。

1）统一排污行政许可制度的立法。这就需要统一流域内立法的地相，完善污染物排放许可制度的立法质量，提高立法技术，还要统一污染物排放许可制度的法律规定。

2）要明确污染物排放许可制度的基本原则，包括法定原则、公开公平公正原则、便民与效率原则、环境责任原则、协调发展原则、预防和有限原则、遵循自然生态规律原则。

7. 完善污染物排放总量控制制度

污染物排放总量控制制度是指控制一定时间、区域内排放污染物总量的环境管理制

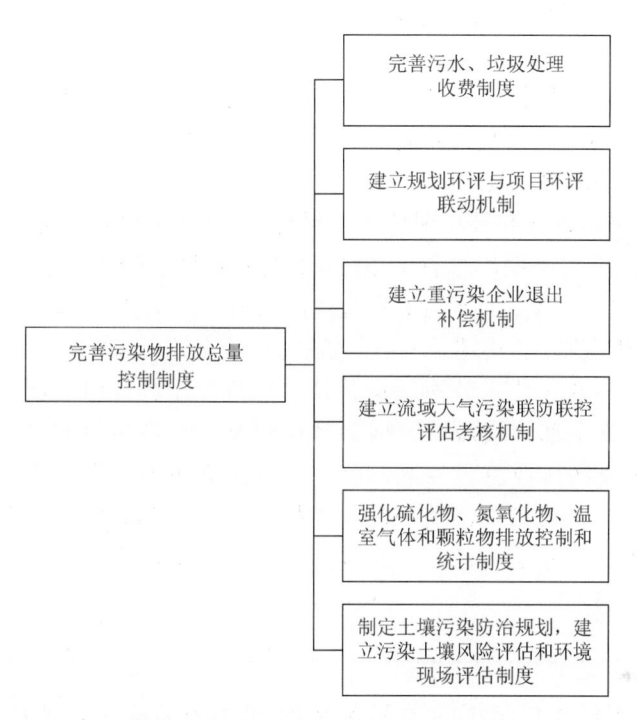

度。作为制度组合的污染物排放总量控制制度至少应包括污染物排放总量控制确定阶段的纳污总量测算制度、排放量统计制度；污染物排放总量控制分配阶段的排放量初始分配制度；污染物排放总量控制落实执行阶段的排污配额交易制度；污染物排放总量控制的监督实施及相应的超量排放法律责任阶段的排放监督制度、超量排放责任制度等（图9-6）。

图 9-6　污染物排放总量控制制度

目前，国家将化学需氧量、SO_2、烟尘、工业粉尘、石油类、氰化物、砷、汞、铅、铬、六价铬、工业固体废物 12 种主要污染物列为总量控制指标，有关部门正在开展环境容量、总量指标的设定和总量分配方法的科学研究。因此，辽河流域有关部门应该按照国家目标要求，落实工程减排，完善监督减排，全面削减化学需氧量、氨氮、SO_2 和 NO_x 排放总量。进一步完善排污收费政策，逐步实行排污指标有偿使用和排污权交易制度，建立主要污染物总量交易平台，筹措污染治理资金。

完善污水、垃圾处理收费制度，收费标准要满足污水处理厂、垃圾处理厂稳定运行和污泥无害化处理需求。出台有利于污水回用的价格优惠政策，以经济杠杆推动污水资源化。引进多种经济成分，采取 BOT 等灵活多样的方式建设城市污水、垃圾处理系统。引入市场机制，建立健全排污权有偿取得和使用制度，规范排污权交易行为，推动资源环境产权有序流转和公开、公平、公正交易。

建立规划环评与项目环评联动机制，继续把总量控制和清洁生产作为新、改、扩项目环保审批的前置条件，建立新建项目与污染减排、淘汰落后产能相衔接的审批机制，落实"等量置换"或"减量置换"制度，严格控制产能过剩和"两高一资"项目建设。

强化产业转移环境监管，提高重污染落后企业信贷风险等级，实施差别电价、差别水价等限制政策，建立重污染企业退出补偿机制。

建立完善的流域大气污染联防联控评估考核机制，对于未按时完成规划任务且空气质量状况未有好转的城市，严格控制其新增大气污染物排放的建设项目。加强温室气体排放源的监测和监管，探索将减缓和适应气候变化的指标纳入环境影响评价指标体系。优化调整声环境功能区划，在城市规划和建设中落实声环境功能区要求，从规划布局上避免噪声扰民问题。

制定土壤污染防治规划。建立土壤环境质量监测制度，建立全省重点污灌区、菜篮子基地、基本农田保护区土壤环境质量定期评价制度，主要粮食产地和菜篮子工程基地严格控制污水灌溉，确保食品环境安全。

建立污染土壤风险评估和环境现场评估制度。开展典型地区土壤污染成因调查、区域污染风险评价与安全区划，明确全省土壤污染优先控制区及控制对象。初步建立土壤污染防治和修复机制，以高浓度、高风险、重金属污染为主，开展典型区域、典型类型污染土壤修复示范工程，积极推动历史遗留问题的解决。搬迁企业必须做好原厂址土壤修复工作。

美国自 20 世纪 60 年代末就对污染物排污总量控制进行研究，现此制度无论在理论研究还是实践运作上都比较成熟，成为其他国家在污染防治方面非常值得借鉴的成功典范。美国的污染物排放总量控制制度在大气污染防治、水污染防治方面的运用及相关规定（专栏 9-4），可为辽河流域污染物排放总量控制制度的完善提供借鉴，同时针对我国的实际情况，还要构建一些制度措施，为污染物排放总量控制制度的有效运行提供保障。

> **专栏 9-4 美国大气和水污染总量控制有关制度规定**
>
> 美国《清洁空气法》（1990）在总量控制的区域方面规定设立跨州的"空气质量控制区"，用来解决跨界空气污染问题，同时利用国家空气质量标准和排放配额分配制度解决地区性的空气污染问题。在总量初始分配方面，《清洁空气法》（1990）将排放量的初始分配分为两个阶段。新的排污单位在第一阶段实行的时间范围内只能通过排污配额交易市场向其他排污单位购买排放份来获得新的排放量。在第二个阶段，清洁空气法授权联邦环境保护总署综合考虑排污企业节能减排技术的应用、第一阶段的达标状况、空气质量环境的改良状况、阶段性的实施目标等方面，向各个排污单位核发排放量。此外，还规定在全国总量控制的范围内预留出相当数量的排放配额用于奖励和交易。在排污许可证方面，此法规定排污许可制度的适用范围为国土内的所有区域，所有的排污单位都需要取得联邦环境保护总署颁发的空气污染物质排放许可证。自然排污许可证的审核、发放主体规定为联邦环境保护总署。在排污配额交易方面，政府仅作为一个服务机构，为企业提供一个参与的平台。在排放总量执行与监管方面，监管主体依靠在线监测系统和许可证跟踪系统加大对此制度运行情况的监督管理。在超量排放责任方面，《清洁空气法》规定了行政保障措施、公民诉讼和刑事保障措施。此外，该法还详细规定了酸雨控制的实施计划。

> 美国的《清洁水法》303（d）条款对美国各州、领地水域水体的水质标准和相应的 TMDL 计划的制订和实施做出了具体的相应规定。其"其控制的对象包括点源和非点源，以'日'为总量的监测和计量单位，同时根据某一特定水域的水质标准计算出该水域最大能容纳的某种污染物的总量；在分配时讲求按照点源与非点源造成污染的比例将负荷量在点源与非点源间平均分配"。同时"考虑季节变化和安全边际，从而采取适当的污染控制措施来保证目标水体达到相应的水质标准"。
>
> 《清洁水法》402条款规定了国家污染物排放消除制度，要求任何排污单位向污染物、点源和水域排放污染物质，必须要拥有美国环境总署或有授权的州政府颁发的污染物排放消除系统许可证。而且《清洁水法》还规定了一个针对非点源控制的资助项目。《清洁水法》规定了相当完善的监督管理和实施机制来保证许可证的有效运行，赋予联邦环保总署和被授权享有实施污染物排放消除系统许可证的州广泛的检查和监控的权力。同时督促环境管理人员履行责任，确定监测和汇报要求，及时反馈排污处理设备的运行情况。《清洁水法》还对此许可证的持有者规定了诸多义务。此外，《清洁水法》规定了公众参与和自觉执行政策激励排污者遵守排污许可，同时还对违法排污单位规定了行政责任、民事责任和严厉的刑事责任。

8. 完善损害赔偿制度

（1）制定技术规范

研究制定环境污染损害范围认定与损害鉴定评估、污染修复与生态恢复、后评估与监测等方面的技术规范与标准，逐步形成覆盖水污染、大气污染、噪声污染、土壤污染、放射性污染、生态破坏等多个领域的污染损害鉴定评估方法。建立一套完整的环境污染损害鉴定评估与环境风险评估技术体系，同时加快环境损害修复技术的研究，为科学化、定量化评估环境污染损害奠定技术基础。

（2）组建专业队伍

依托环境保护系统内现有科研技术单位的业务优势，组建环境污染损害鉴定评估管理与技术支撑队伍，明确职能定位。环境污染损害鉴定评估要与环境执法分离，保证其独立性和中立性。根据国家有关规定，推动环境污染损害鉴定评估队伍逐步纳入国家司法鉴定体系。

（3）健全工作机制

辽河流域亟须开展环境污染损害鉴定评估工作，因为在环境责任、环境污染损害赔偿和土壤污染防治等方面规定的不完善以及环境污染损害鉴定评估机制的缺失，在一定程度上影响了污染者负担原则的有效落实。抓紧建立高效便民的环境污染损害鉴定评估机制，逐步规范运行模式，完善管理制度。联合相关研究机构、大专院校以及辽宁省环境保护科研技术单位，形成环境污染损害鉴定评估技术研究体系。开展环境污染损害鉴定评估工作，研究建立环境污染损害鉴定评估技术规范和工作机制，可以为司法机关审理环境污染案件提供专业技术支持，将有助于推动环境司法的深入开展，切实维护群众合法环境权益，依法严厉惩治环境违法犯罪行为。

严格执行环境保护法律法规，建立"权责明确、行为规范、监督有效、保障有力"的执法体制。实施"网格化监管"，提高执法效率。深化挂牌督办、重点监管单位等督查制度。围绕制约经济发展、危害群众健康、影响社会稳定的突出环境问题。

四、小结

《决定》首次确立了生态文明制度体系，建设生态文明，必须建立系统完整的生态文明制度体系，实行最严格的源头保护制度、损害赔偿制度、责任追究制度，完善环境治理和生态修复制度，用制度保护生态环境。

参照《决定》精神，结合辽河流域实际情况，我们建议从源头、过程、后果的全过程，按照"源头严防、过程严管、后果严惩"的思路，开展生态文明保障制度体系的建立。结合辽河流域的实际情况，可以将辽河流域生态文明制度的建设大致分为三类。

1）建立源头严防的制度体系，这包括健全自然资源资产产权制度、健全国家自然资源资产管理体制、完善自然资源监管体制、实施主体功能区制度、建立空间规划体系、落实用途管制；

2）建立过程严控制度体系，包括实行资源有偿使用制度、实行生态补偿制度、建立资源环境承载能力监测预警机制、完善污染物排放许可制度、实行企事业单位污染物排放总量控制制度等；

3）建立后果严惩制度体系，包括建立生态环境损害责任终身追究制和建立损害赔偿制度等。

对照"源头严防、过程严管、后果严惩"的生态文明制度设计思路，辽河流域已从激励和约束两方面全面开展生态文明制度建设，在建立统一的流域管理机构和工作机制、探索自然资源资产管理体制、建立资源环境有偿使用及生态补偿机制、推行流域环境红色警戒线制度、建立生态文明建设考核评价机制和法规保障机制等方面展开行动。

根据对辽河流域生态文明制度现状的考察和存在问题的分析，本章提出以下需要重点建立和完善的生态文明制度。

建立自然资源的全面管理制度，包括"源头严防"制度体系中的自然资源资产产权与管理制度、自然资源监管体制、用途管制制度和"过程严控"制度体系中的资源有偿使用制度。

建立辽河流域资源环境承载力监测预警机制，可以考虑从以下几方面入手：落实主体功能区战略，划定生态红线；科学测算资源环境承载力；努力建立资源环境承载力统计监测工作体系，加强基础能力建设；建立资源环境承载力预警响应机制。

建立生态环境损害责任终身追究制，流域内各级政府是实施规划的责任主体，要将相关环境指标等纳入考核范围，落实责任制和问责制，并将考核结果作为考核领导干部政绩的重要内容。加强建设项目环境保护监察工作，完善环评后评估机制。推进环境监管人才队伍建设。完善环保舆情监测体系，保证社会公众的环境知情权、参与权和监督权。

完善生态红线的划定和主体功能区的划分。根据辽河流域不同地区的资源环境综合承载能力和经济社会发展规划，统筹陆海、区域、城乡发展，统筹各类产业和生产、生活、生态空间；划定流域生态功能红线，全面加强流域空间开发的管控。可以根据《全国主体功能区发展规划》和《辽宁省主体功能区规划》的规定，按照重点开发、限制开发和禁止开发的方式，确定各主体功能区生态环境保护的空间红线。

辽河流域在生态补偿方面也做了许多试验示范，这为流域生态补偿机制的建立积累了不少经验。但是流域生态补偿主体和对象的界定、补偿方式的选择和补偿标准的确定等一系列问题还需进一步深化研究。例如，明确流域生态补偿机制的操作主体，界定流域生态补偿主体和对象，选择流域的生态补偿方式和确定流域生态补偿的标准。

完善辽河流域的污染物排放许可制度。对策主要可以从下面两方面入手：统一排污行政许可制度的立法，要明确污染物排放许可制度的基本原则，完善损害赔偿制度；制定技术规范，组建专业队伍，健全工作机制。

参 考 文 献

曹小曙，李平，颜廷真，等.2005.近百年来西辽河流域土地开垦及其对环境的影响.地理研究，24（6）：889-898.
党连文.2011.辽河流域水资源综合规划概要.中国水利，(23)：101-104.
韩苏.2013."十二五"辽河流域沈阳段污染治理对策初探.环境科学导刊，32（5）：65-67.
侯伟，王毅，马溪平，等.2013.辽河流域生态系统时空格局及服务价值变化研究.气象与环境学报，29（4）：71-76.
李和跃，李光华.2013.辽河流域水利发展相关问题的定位和思考.中国水利，31（13）：11-12.
李璇.2013.辽宁省辽河流域生态补偿现状分析及策略思考.才智，（14）：134.
马英华，张玉钧，石玲.2013.辽河流域台安生态旅游区规划必要性探究.沈阳农业大学学报（社会科学版），15（2）：224-228.
孟伟，2013.辽河流域水污染治理和水环境管理技术体系构建——国家重大水专项在辽河流域的探索与实践.中国工程科学，15（3）：4-10.
彭跃.2013.流域水生态系统脆弱性分析——以辽河流域为例.环境保护与循环经济，33（4）：47-53.
仇伟光，李艳红，邰姗姗.2013.辽河流域水环境管理对策研究.环境与可持续发展，38（3）：89-91.
石玉敏，王彤，胡成.2010.辽河流域水污染防治规划实施状况分析.安徽农业科学，38（36）：20869-20871.
孙新章，王兰英，姜艺，等.2013.以全球视野推进我国生态文明建设.中国人口·资源与环境，23（7）：9-12.
邰姗姗，李艳红.2013.辽河流域水环境管理技术研究进展.环境与可持续发展，(1)：78-80.
王耕，王利，吴伟.2007.区域生态安全灾变态势分析方法——以辽河流域为例.生态学报，27（5）：2002-2011.
王耕，吴伟.2008.区域生态安全预警指数——以辽河流域为例.生态学报，28（8）：3535-3542.
王俭，韩婧男，王蕾，等.2013.基于水生态功能分区的辽河流域控制单元划分.气象与环境学报，29（3）：107-111.
王西琴，张艳会.2007.辽宁省辽河流域污染现状与对策.环境保护科学，33（3）：26-31.
杨鞞鞞.2010.辽河流域综合规划与经济社会发展的保障度评价.兰州学报，(2)：58-61.

第十章 结论与展望

一、主要结论

1）以理论性、科学性和实用性为原则，结合五位一体的总框架要求，建立了由流域开发空间格局、资源能源利用效率、河流生态系统健康、人居环境、生态文明制度建设共5个方面，34项指标构成的流域生态文明建设指标体系。

2）根据辽河流域水生态健康现状，提出以下具体措施：①落实水生态功能分区，制定水生态保护目标，重点优化河岸带土地利用格局；②优先发展氨氮等20种优控污染物的水生生物基准和人体健康基准；③建立统一的水资源管理机制，合理配置水资源，生态改造水工建筑物，增加流域生态流量；④全面推进辽河流域基于容量总量控制的水环境管理模式。

3）针对辽河流域主要大气环境问题，以保护人群健康为目标，提出辽河流域大气环境保护战略任务：①控制燃煤总量，优化能源消费结构；②深化节能减排，提高能源利用效率；③调整产业结构，加快产业转型升级；④优化产业布局，合理规划工业园区；⑤控制机动车量，淘汰治理落后车辆；⑥优化空间布局，降低城市热岛效应；⑦加强区域协调，建立联防联控机制；⑧发挥市场机制作用，创新环境经济管理措施。

4）在土壤环境保护领域，辽河流域需要优先解决历史遗留的突出的土壤环境问题，逐步过渡到完善制度、提高能力，以保护和持续改善为主，实现绿水青山。具体包括：①完成农田土壤重金属污染高风险区（包括老污灌区）的治理，有序推进城市企业搬迁遗留工业污染场地再开发利用前的土壤污染治理与修复，着重解决固体废物集中处理处置场地、采油区、采矿区等重污染、高风险区域；②建立耕地和集中式饮用水水源地土壤环境保护制度，全面摸清本省土壤环境状况，为城市发展规划提供基础依据。

5）针对辽河流域产业结构和布局不尽合理、资源环境压力不断加大，提出优化产业布局、结构，提升产业生态水平的建议：①以生态功能区为引导，优化产业空间布局；②以资源和环境承载力为约束，促进产业转型升级；③全面推进企业清洁生产；④构建循环经济模式；⑤促进低碳经济发展。

6）提出辽河流域城乡发展格局优化战略，即改善流域内城市格局，跳出流域发展新城区；交通管理现代化，交通建设立体化；大力发展立体绿化，改善生态环境；保护湿地，建设有特色的生态城市。根据国内城市群建设经验，提出以"三生"空间结构为基础，从区域整体角度出发，制定了优化"生态、生产、生活"结构的辽河流域城市群空间发展策略。

7）针对生态文化的内涵及特征、生态文化及生态意识的培育战略等问题，提出辽河流域生态文化的培育是要把生态文明建设融入辽河文化中，进一步培育辽河"人水相亲、自然和谐"的生态文化品牌，突出如何传承传统文化并发扬光大。提出辽河流域生态意识培育的战略措施，重点要提高企业和公众在生态文明建设中的参与程度，使企业和公众成为生态文明建设的主体，倡导和形成合理消费的社会风尚。

8）结合辽河流域实际情况，提出从源头、过程、后果的全过程，建立"源头严防、过程严管、后果严惩"的辽河流域生态文明保障制度体系。重点包括：①建立自然资源的全面管理制度；②建立辽河流域资源环境承载力监测预警机制；③建立生态环境损害责任终身追究制；④完善生态红线的划定和主体功能区的划分；⑤完善辽河流域生态补偿制度；⑥完善辽河流域的污染物排放许可制度。

9）在上述研究的基础上，制定了辽河流域生态文明建设总体行动战略，明确了主要战略思想和战略目标，提出了重点任务及相关重大工程和重点行动。根据辽河保护区的具体特点和建设需求，制定了辽河保护区生态文明建设规划。

二、重大政策建议

根据辽河流域生态文明建设需求及当前迫切需要解决的重大问题，提出以下重大政策建议。

1）以辽河流域建立"山水林田湖"模式，保护修复流域自然循环系统。综合考虑辽河流域经济社会发展和环境要素之间的关系，依据环境质量改善要求，优化调整经济社会空间格局，把握生态环境质量重点控制方向。建议尽快制定流域层面行动方案，重点做好以下工作：①优化生态空间结构。减小耕地景观的密度，转型为生态用地景观，形成东部林地，南部湿地群。根据辽河流域不同阶地特点，大力发展立体绿化，改善生态环境。②充分发挥生态带、城镇带和旅游带特点，扶植以城市沿河风景带、乡村农事体验、农业观光旅游服务的辽河生态文明示范区建设。③根据生态功能区划，在辽河平原温带半湿润生态区、辽西低山丘陵温带半湿润半干旱生态区两个功能区应适度控制冶金、石化等高消耗、高污染行业的发展，实施产业发展的等量替换策略，淘汰部分落后产能，鼓励发展绿色、清洁的接续产业。④严格控制辽宁中部城市群空气质量。⑤以辽宁省耕地以及14个城市的42个集中式饮用水源地作为土壤环境保护优先区域，禁止在优先区域内新建有色金属、皮革制品、石油煤炭、化工医药、铅蓄电池制造等项目。

2）尽快推动辽宁省人大发布辽河流域水生态功能分区方案，基于分区开展流域水质基准和标准制定和发布。在"分类、分区、分期、分级"的流域水环境管理思路下，基于国家"水体污染控制与治理"科技重大专项的辽河流域水生态功能分区研究成果，尽快推动辽宁省人大发布相关管理条例。基于辽河流域水生态功能分区，评估流域水生态系统健康状况，对水生生物多样性保护等重大生态安全问题进行识别，构建辽河流域水生态功能区管理技术体系；选取辽河流域典型水生生物，发展氨氮等20种辽河流域优控污染物的水质基准，实施冬夏两季的氨氮水环境基准标准，修订完善辽河流域现有的环境质量标准体系。

3）基于容量总量控制，全面推进流域水环境管理模式，建立排污许可证管理体系。推动辽河流域水环境管理从目标总量控制向容量总量控制、行政区管理向流域管理的转变。根据辽河流域水污染现状，加强对流域氨氮、总氮和特征污染物的控制和管理，制定相应容量总量规划。规范和强化辽河流域排污许可证管理，强化排污许可处罚力度，有计划地削减排污量；完善辽河流域水污染物排放总量控制制度，通过立法的形式确保流域容量总量控制管理的法律地位，保证辽河流域污染物排放总量控制制度行之有效。

4）打造辽河流域生态经济区，优化辽河产业结构，大力发展清洁生产和循环经济，提升产业生态化水平。以主体功能区划为指引，促进辽中、辽南、辽西北等经济区的形成与发展，充分发挥辽宁中部城市群经济区的先导联动作用，向其他经济区疏散部分经济职能，促进区域协调发展。以资源和环境承载力为约束，优化辽河流域农业产业结构，延伸农业产业化链条，推进包括农—牧—沼生产等多种模式在内的农村循环经济模式，提高农业可再生资源综合利用率。充分发挥辽河流域石化、冶金、装备制造和农副产品加工行业的辐射带动作用，加快发展生物制药、新能源、新材料行业，拓展和优化行业内部及行业间的产品链和废物链，促进主导行业的产品升级和生态化发展，构筑高效的主导产业空间体系。大力发展现代服务业，加快产业结构升级。全面推进企业清洁生产，健全完善清洁生产法规制度，增强企业清洁生产内在动力，加强清洁生产咨询机构能力建设。加快构建循环型产业体系、资源和能源节约利用体系、再生资源回收利用体系、循环型社会体系和循环经济支撑体系等五大体系，探索建立集约、绿色、环保、循环的新型发展模式。争取到 2020 年，形成较为合理的辽河流域产业布局和结构，清洁生产水平和资源综合利用效率达到国际先进水平，经济社会可持续发展能力显著增强。

5）完善优先控制的有毒有害化学品排放清单，构建污染源排水毒性和流域水环境风险管理。对辽河流域有毒有害化学品的污染现状进行调查，针对典型行业开展有毒有害物污染源及污染负荷的调查，查清污染物来源、排放情况、环境保护措施、周围环境敏感受体，建立污染源完整的成分谱等，明确辽河流域优先控制污染物，建立优先控制有毒化学品清单。在此基础上，制定重点行业有毒有机物排放限制，构建相关环境监管体系，特别针对流域石化、冶金等重点污染源开展排水综合毒性控制，构建流域累积性水环境风险预警评估平台，降低流域水环境风险，建立基于流域尺度的特征有毒有害化学品的各项管理制度和政策法规。

6）推动辽河流域生态文明建设制度和机制，着力培育辽河流域生态文化和生态意识。建立自然资源的全面管理制度体系、资源环境承载力监测预警机制和生态环境损害责任终身追究制，完善生态红线的划定和主体功能区的划分、生态补偿制度、污染排放物许可制、污染物排放总量控制制度和损害赔偿制度等制度体系。维护泛流域生态文化的整体性、突出各区域文化的特殊性，强化和突出政府对生态文化的指导和支持，引导和监督企业践行生态文化、参与生态文化产业，培养和提升民众对生态文化的认识程度和影响力。坚持科学发展理念，塑造公民的生态道德文化，发挥政府的主导作用，加强生态意识培育法制建设，提升公民生态行为能力，建立稳定的生态意识培育队伍，引领环保非政府组织健康发展。

编 后 语

中国环境科学研究院牵头编写的《辽河流域生态文明建设发展战略研究》，是在中国工程院咨询项目"辽河流域生态文明建设发展战略研究"的研究成果基础上产生的。主要针对辽河流域突出的生态环境问题，以及可持续发展的迫切需求。因为辽河流域一直是国家优先关注、环境保护部重点治理的流域，经过十几年的治理，辽河流域生态环境质量得到明显改善。但是，单纯的生态环境治理仍然没有从根本上扭转高消耗、高排放的不合理生产生活方式，从而成为辽河流域经济社会发展和生态环境改善和谐共存的重要瓶颈。

"辽河流域生态文明建设发展战略研究"项目集国内优势单位和知名专家，组建了由首席专家和责任专家牵头的编写专家组，以及由相关领域知名院士领头的顾问专家组。经过多次调研和召开咨询会，项目组在深刻理解流域生态文明思想内涵的基础上，以维持流域生态系统健康和完整性为理论基础，研究流域生态文明建设的发展战略，重新构建流域生态文明指标体系，进一步创新流域环境保护管理理念，探索流域环境保护新道路，促进流域环境保护与行政区管理相互协调，实现流域环境保护与社会经济的协调发展。

本书以大力推进生态文明建设为目标，以辽河流域为案例，按"五位一体"和"四化同步"的指导原则，突破城镇生态文明建设的局限性，辨析流域生态文明的概念与内涵，提出流域生态文明建设的主要内容，形成基于流域生态完整性的流域生态文明建设理论体系，从流域水生态系统健康保护、大气与土壤环境保护、生态经济发展、生态安全格局构建、城乡发展、生态文明建设保障机制等方面，提出辽河流域的生态文明建设对策和发展战略，形成一整套流域生态文明监测、评价和考核技术方法，为全面建成小康社会、建设美丽中国提供支撑。

经过系统研究，本书提出辽河流域生态文明建设七大战略，即：
1）辽河流域水生态系统健康保护战略；
2）辽河流域大气环境保护战略；
3）辽河流域土壤环境保护战略；
4）辽河流域清洁生产与循环经济发展战略；
5）辽河流域城市发展格局优化与城市群建设战略；
6）辽河流域生态文化与生态意识培育发展战略；
7）辽河流域环境制度和机制创新战略。

在此基础上，提出了辽河流域生态文明建设总体行动战略和辽河保护区生态文明建设规划。

本书由中国环境科学研究院主要承担撰写，书中所提出的观点和建议希望能起到预警的作用，并为流域生态文明的影响提供一些认识与适应性对策建议。由于流域生态文明的复杂性和工作时间等方面的限制，书中仍然存在许多问题和不足，需要进一步研究和完善。

参与本次咨询报告工作的咨询顾问有刘鸿亮、孟伟、金鉴明、王文兴、张杰、侯立安、任阵海、丁德文、王浩、郝吉明、段宁、陆钟武、温铁军等院士和专家。王秉杰主任、朱京海厅长、李忠国局长、王德佳局长、宋永会副院长、柴发合副院长、李发生总工程师、栾天新处长、王治江副厅长、李宇斌副厅长、肖建辉副局长等领导在项目建议与实施过程中给予了直接指导和支持。承担该任务及各个子课题的负责人，以及一批参与项目的专家和研究生，辛勤劳动，多次研讨，为本书的出版付出了心血和汗水。

感谢辽宁省环境保护厅、辽河凌河保护区管理局、辽宁省环境科学研究院、中国水利水电科学研究院、中国人民大学等单位的支持。

本书在撰写过程中，我们对已有的工作与文献进行了比较广泛的调研与收集，参照、引用并分析集成了国内外众多科学家、学者的相关研究成果，包括插图、表格等，书中均有标注，在此向他们表示诚挚的感谢。